U0955131

离散数学

理论·分析·题解

左孝凌
李为镒　编著
刘永才

上海科学技术文献出版社

图书在版编目(CIP)数据

离散数学:理论·分析·题解/左孝凌,李为鑑,刘永才编著. —上海:上海科学技术文献出版社,1988(2024.2 重印)

ISBN 978-7-80513-138-2

Ⅰ.①离… Ⅱ.①左…②李…③刘… Ⅲ.①离散数学—高等学校—教材 Ⅳ.①O158

中国版本图书馆 CIP 数据核字(2018)第 002463 号

责任编辑:方金善
封面设计:何永平

离散数学:理论·分析·题解
左孝凌　李为鑑　刘永才　编著
出版发行:上海科学技术文献出版社
地　　址:上海市长乐路 746 号
邮政编码:200040
经　　销:全国新华书店
印　　刷:常熟市人民印刷有限公司
开　　本:850×1168　1/32
印　　张:17.75
字　　数:477 000
印　　数:129101—132400
版　　次:1988 年 5 月第 1 版　2024 年 2 月第 19 次印刷
书　　号:ISBN 978-7-80513-138-2
定　　价:35.00 元
http://www.sstlp.com

序　　言

离散数学是计算机科学中重要的基础理论之一，它也是培养学生缜密思维，提高学生素质的核心课程。在离散数学的教学中，解题方法起着特殊重要的作用。与各种基础数学一样解题是巩固知识、深化理解的一个必要途径，通过解题方法的训练，可以培养学生的综合分析和理论联系实际的能力。

在离散数学的解题方法中，除了应用演绎法、分析法、枚举法、归纳法等常用的方法外，还往往应用反证法、归缪法、对应法和构造法等一些现代数学的方法。但是试图对离散数学中的问题给予方法分类，几乎是不可能的，因为对于特定问题的解法常常因人而异，所谓仁者见仁，智者见智，各抒己见，巧妙不同。

我们编写本书的目的是给学习离散数学的读者，提供一些解题方法的指导，并给自学离散数学的读者，在自己做完习题后有一个参考解答。

本书按章分类，每章分三部分：第一部分是理论，它是离散数学中相应章节的概括，也是解答习题所涉及的课程范围，相当于一个详细的复习提纲。第二部分是选题例解，主要提供了解题方法的分析，希望读者通过选例分析能够举一反三，触类旁通。当然解题分析，观感不同，纵横剖析，可以各有侧重。我们提供的仅是对问题概略分析和具体解题思路，一家之见，难成范典。我们希望通过这些分析，使读者能略涉技苑，拓广思维，以便逐步提高分析问题和解决问题的能力。当然解题分析是解题步骤的思考，是审题后的构思，寓成于心，在题解中不必写出。第三部分是习题与解。我们除解了《离散数学》(上海科学技术文献出版社，1982 年)一书的全部习题外，还补充了很多增新知识、开拓思维、加深理解、应用实践的习题，我们的解答虽力图详尽、正确，但决非唯一标准。希望读者能够独立解答，提出更多精巧的解法。

最后，我们要特别指出，本书仅是教学参考资料，它决非解题的万能钥匙，希望读者务必先学习课程，然后经过独立作业，再参阅解答，这样体会深刻，事半功倍。

本书共收录选题例解 81 道，习题 647 道。习题按章编号，凡属原书习题，则在题目最后标以原书题号，如【3-2,(5)】表示原书第三章，第二节习题的第 5 题。

本书序言，第一、二、三、四章由左孝凌撰写，第五、六章由李为鑑撰写，第八、九章由刘永才撰写。第七章由三人共同撰写。

限于作者水平，全书疏漏难免，欢迎读者批评指正。

作　　者

1986.10.

目　　录

第一章 命题逻辑

A 内容提要

1 命题及其表示法

命题 能表达判断的语句，并具有确定真值的陈述句。

真值 一个命题总具有一个“值”，称为真值。真值只有真和假两种，分别记为 $\boldsymbol{T}$ 和 $\boldsymbol{F}$。

原子命题 不能分解为更简单的陈述句，称原子命题。

复合命题 由联结词、标点符号和原子命题复合构成的命题，称复合命题。

命题标识符 表示命题的符号。

命题常量 一个命题标识符表示确定的命题，该标识符称作命题常量。

命题变元 命题标识符如仅是表示任意命题的位置标志，就称为命题变元。

原子变元 当命题变元表示原子命题时，该变元称原子变元。

2 联结词

否定 设 P 为一命题，P 的否定是一个新的命题，记作 $\neg P$（亦可记作 $\overline{P}$）。若 P 为 $\boldsymbol{T}$，$\neg P$ 为 $\boldsymbol{F}$；若 P 为 $\boldsymbol{F}$，$\neg P$ 为 $\boldsymbol{T}$。

合取 两个命题 P 和 Q 的合取是一个复合命题，记作 $P \wedge Q$。当且仅当 P，Q 同时为 $\boldsymbol{T}$ 时，$P \wedge Q$ 为 $\boldsymbol{T}$。在其他情况下，$P \wedge Q$ 的真值为 $\boldsymbol{F}$。

析取 两个命题 P 和 Q 的析取是一个复合命题，记作 $P \vee Q$。当且仅当 P，Q 同时为 $\boldsymbol{F}$ 时，$P \vee Q$ 的真值为 $\boldsymbol{F}$，否则 $P \vee Q$ 的真值

为 $\boldsymbol{T}$。

条件 给定两个命题 P 和 Q,其条件命题是一个复合命题,记作 $P \to Q$,当且仅当 P 的真值为 $\boldsymbol{T}$,Q 的真值为 $\boldsymbol{F}$ 时,$P \to Q$ 的真值为 $\boldsymbol{F}$,否则 $P \to Q$ 的真值为 $\boldsymbol{T}$。

双条件 给定两个命题 P 和 Q,其复合命题 $P \leftrightarrows Q$,称作双条件命题;当 P 和 Q 的真值相同时,$P \rightleftarrows Q$ 的真值为 $\boldsymbol{T}$,否则 $P \rightleftarrows Q$ 的真值为 $\boldsymbol{F}$。

3 命题公式与翻译

合式公式 命题演算的合式公式规定为:

(1) 单个命题变元本身是一个合式公式;

(2) 如果 A 是合式公式,那么 $\neg A$ 是合式公式;

(3) 如果 A 和 B 是合式公式,那么 $(A \wedge B)$, $(A \vee B)$, $(A \to B)$ 和 $(A \rightleftarrows B)$ 都是合式公式;

(4) 当且仅当能够有限次地应用(1),(2),(3)所得到的包含命题变元,联结词和括号的符号串是合式公式。

翻译 把自然语言中的有些语句,翻译成数理逻辑中的形式符号。

优先次序 规定联结词运算的优先次序为:$\neg$, $\wedge$, $\vee$, $\to$, $\rightleftarrows$。

4 真值表与等价公式

真值表 在命题公式中,对于分量指派真值的各种可能组合,就确定了这个命题公式的各种真值情况,把它汇列成表,就是命题公式的真值表。

逻辑相等 给定两个命题公式 A 和 B,设 P_1, P_2, …, P_n 为所有出现于 A 和 B 中的原子变元,若给 P_1, P_2, …, P_n 任一组真值指派,A 和 B 的真值都相同,则称 A 和 B 是等价的或逻辑相等。记作 $A \Leftrightarrow B$。

子公式 如果 X 是合式公式 A 的一部分,且 X 本身也是一个合式公式，则称 X 为公式 A 的子公式。

定理 1-4.1 设 X 是合式公式 A 的子公式，若 $X \Leftrightarrow Y$，如果将 A 中的 X 用 Y 来置换，所得公式 B 与公式 A 等价，即 $A \Leftrightarrow B$。

5 重言式与蕴含式

重言式 给定一个命题公式，若无论对分量作怎样的指派，其对应的真值永为 $\boldsymbol{T}$，则称命题公式为重言式或永真公式。

矛盾式 给定一个命题公式，若无论对分量作怎样的指派，其对应的真值永为 $\boldsymbol{F}$，则称该命题为矛盾式或永假公式。

蕴含式 当且仅当 $P \rightarrow Q$ 是一个重言式时，称 P 蕴含 Q，并记作 $P \Rightarrow Q$。

逆换式 对 $P \rightarrow Q$ 来说，$Q \rightarrow P$ 称作它的逆换式。

反换式 对 $P \rightarrow Q$ 来说，$\neg P \rightarrow \neg Q$ 称作它的反换式。

逆反式 对 $P \rightarrow Q$ 来说，$\neg Q \rightarrow \neg P$ 称作它的逆反式。

定理 1-5.1 任何两个重言式的合取或析取，仍然是一个重言式。

定理 1-5.2 一个重言式，对同一分量都用任何合式公式置换，其结果仍为一重言式。

定理 1-5.3 设 A，B 为两个命题公式，$A \Leftrightarrow B$ 当且仅当 $A \rightleftarrows B$ 为一个重言式。

定理 1-5.4 设 P，Q 为任意两个命题公式，$P \Leftrightarrow Q$ 的充要条件是 $P \Rightarrow Q$ 且 $Q \Rightarrow P$。

6 其他联结词

不可兼析取 设 P 和 Q 是两个命题公式，复合命题 $P \overline{\vee} Q$ 称作 P 和 Q 的不可兼析取。当且仅当 P 与 Q 的真值相异时，$P \overline{\vee} Q$ 为 $\boldsymbol{T}$，否则 $P \overline{\vee} Q$ 为 $\boldsymbol{F}$。

逆条件 设 P 和 Q 是两个命题公式，复合命题 $P \xrightarrow{c} Q$ 称作命题 P 和 Q 的逆条件或条件否定。当且仅当 P 的真值为 $\boldsymbol{T}$，Q 的真

值为 **F** 时，$P \xrightarrow{c} Q$ 的真值为 **T**。否则 $P \xrightarrow{c} Q$ 的真值为 **F**。

与非 设 P 和 Q 是两个命题公式，复合命题 $P \uparrow Q$ 称作 P 和 Q 的“与非”。当且仅当 P 和 Q 的真值都是 **T** 时，$P \uparrow Q$ 的真值为 **F**。否则 $P \uparrow Q$ 的真值都为 **T**。

或非 设 P 和 Q 是两个命题公式，复合命题 $P \downarrow Q$ 称作 P 和 Q 的“或非”。当且仅当 P 和 Q 的真值都为 **F** 时，$P \downarrow Q$ 的真值为 **T**。否则 $P \downarrow Q$ 的真值都为 **F**。

$\overline{\vee}$ 的有关性质

(1) $P \overline{\vee} Q \Leftrightarrow Q \overline{\vee} P$；

(2) $(P \overline{\vee} Q) \overline{\vee} R \Leftrightarrow P \overline{\vee} (Q \overline{\vee} R)$；

(3) $P \wedge (Q \overline{\vee} R) \Leftrightarrow (P \wedge Q) \overline{\vee} (P \wedge R)$；

(4) $(P \overline{\vee} Q) \Leftrightarrow (P \wedge \neg Q) \vee (\neg P \wedge Q)$；

(5) $(P \overline{\vee} Q) \Leftrightarrow \neg (P \leftrightarrows Q)$；

(6) $P \overline{\vee} P \Leftrightarrow F$，$F \overline{\vee} P \Leftrightarrow P$，$T \overline{\vee} P \Leftrightarrow \neg P$。

$\uparrow$ 的有关性质

(1) $P \uparrow P \Leftrightarrow \neg P$；

(2) $P \wedge Q \Leftrightarrow (P \uparrow Q) \uparrow (P \uparrow Q)$；

(3) $P \vee Q \Leftrightarrow (P \uparrow P) \uparrow (Q \uparrow Q)$。

$\downarrow$ 的有关性质

(1) $P \downarrow P \Leftrightarrow \neg P$；

(2) $P \vee Q \Leftrightarrow (P \downarrow Q) \downarrow (P \downarrow Q)$；

(3) $P \wedge Q \Leftrightarrow (P \downarrow P) \downarrow (Q \downarrow Q)$。

最小联结词组 对于任何一个命题公式，都能由仅含这些联结词的命题公式等价代换，而比这些联结词再少的命题公式不能对给定的公式作等价代换，这样的联结词组就是最小联结词组。

7 对偶与范式

对偶式 在给定的命题公式 A 中，将联结词 $\vee$ 变换成 $\wedge$，及 $\wedge$ 换成 $\vee$，若有特殊变元 **F** 和 **T** 亦相互取代，所得公式 A^* 称为 A 的对偶式。

合取范式 一个命题公式称为合取范式，当且仅当它具有形式 $A_1 \wedge A_2 \wedge \cdots \wedge A_n$ $(n \geqslant 1)$。其中 $A_1, A_2, \cdots, A_n$ 都是由命题变元或其否定所组成的析取式。

析取范式 一个命题公式称为析取范式，当且仅当它具有形式 $A_1 \vee A_2 \vee \cdots \vee A_n$ $(n \geqslant 1)$。其中 $A_1, A_2, \cdots, A_n$ 都是由命题变元或其否定所组成的合取式。

小项 n 个命题变元的合取式，称作小项或布尔合取，其中每个变元与它的否定不能同时存在，但两者必须出现且仅出现一次。

大项 n 个命题变元的析取式，称作大项或布尔析取，其中每个变元与它的否定不能同时存在，但两者必须出现且仅出现一次。

小项性质

(1) 每个小项当其真值指派与编码相同时，其真值为 $\boldsymbol{T}$，在其余 2^n-1 种指派情况下均为 $\boldsymbol{F}$；

(2) 任意两个不同小项的合取式永为 $\boldsymbol{F}$；

(3) 全体小项的析取式永为 $\boldsymbol{T}$。

大项性质

(1) 每个大项当其真值指派与编码相同时，其真值为 $\boldsymbol{F}$，在其余 2^n-1 种指派情况下均为 $\boldsymbol{T}$；

(2) 任意两个大项的析取式永为 $\boldsymbol{T}$；

(3) 全体大项的合取式永为 $\boldsymbol{F}$。

主析取范式 对于给定的命题公式，如果有一个等价公式，它仅由小项的析取所组成，则该等价式称作原式的主析取范式。

主合取范式 对于给定的命题公式，如果有一个等价公式，它仅由大项的合取所组成，则该等价式称作原式的主合取范式。

定理 1-7.1 设 A 和 A^* 是对偶式，$P_1, P_2, \cdots, P_n$ 是出现在 A 和 A^* 中的原子变元，则

$$\neg A(P_1, P_2, \cdots, P_n) \Leftrightarrow A^*(\neg P_1, \neg P_2, \cdots, \neg P_n)$$

$$A(\neg P_1, \neg P_2, \cdots, \neg P_n) \Leftrightarrow \neg A^*(P_1, P_2, \cdots, P_n)$$

定理 1-7.2 设 $P_1,P_2,\cdots,P_n$ 是出现在公式 A 和 B 中的所有原子变元,如果 $A\Leftrightarrow B$,则 $A^*\Leftrightarrow B^*$。

定理 1-7.3 在真值表中,一个公式的真值为 $\boldsymbol{T}$ 的指派所对应的小项的析取,即为此公式的主析取范式。

定理 1-7.4 在真值表中,一个公式的真值为 $\boldsymbol{F}$ 的指派所对应的大项的合取,即为此公式的主合取范式。

8 推理理论

有效结论 设 A 和 C 是两个命题公式,当且仅当 $A\rightarrow C$ 为一重言式,即 $A\Rightarrow C$,称 C 是 A 的有效结论。或 C 可由 A 逻辑地推出,这里 A 可以有 n 个前提 $H_1,H_2,\cdots,H_n$。

***P* 规则** 前提在推导过程中的任何时候都可以引入使用。

***T* 规则** 在推导中,如果有一个或多个公式,重言蕴含着公式 S,则公式 S 可以引入推导之中。

相容 假设公式 H_1, H_2, $\cdots$, H_n 中的命题变元为:P_1, $P_2,\cdots,P_n$,对于 $P_1,P_2,\cdots,P_n$ 的一些真值指派,如果能使 $H_1\wedge H_2\wedge\cdots\wedge H_n$ 的真值为 $\boldsymbol{T}$,则称公式 $H_1,H_2,\cdots,H_n$ 是相容的。

不相容 假设公式 H_1, H_2, $\cdots$, H_n 中的命题变元为:P_1, $P_2,\cdots$, P_n, 如果对于 P_1, P_2, $\cdots$, P_n 的每一组真值指派,使得 $H_1\wedge H_2\wedge\cdots\wedge H_n$ 的真值均为 $\boldsymbol{F}$,则称公式 $H_1,H_2,\cdots,H_n$ 是不相容的。

直接证法 由一组前提,利用一些公认的推理规则,根据已知的等价或蕴含公式,推演得到有效的结论。常用的蕴含式和等价式列入表 1-1 和表 1-2 中。

间接证法

(1) 要证明 $H_1\wedge H_2\wedge\cdots\wedge H_m\Rightarrow C$,只要证明 $H_1,H_2,\cdots$, H_m 与 $\neg C$ 不相容。

(2) 要证明 $H_1\wedge H_2\wedge\cdots\wedge H_m\Rightarrow(R\rightarrow C)$,如能证明 $H_1\wedge H_2\wedge\cdots\wedge H_m\wedge R\Rightarrow C$,即证得 $H_1\wedge H_2\wedge\cdots\wedge H_m\Rightarrow(R\rightarrow C)$。这个证明称为 CP 规则。

表 1-1 蕴含公式表

序号	公式
I_1	$P \wedge Q \Rightarrow P$
I_2	$P \wedge Q \Rightarrow Q$
I_3	$P \Rightarrow P \vee Q$
I_4	$Q \Rightarrow P \vee Q$
I_5	$\neg P \Rightarrow P \rightarrow Q$
I_6	$Q \Rightarrow P \rightarrow Q$
I_7	$\neg(P \rightarrow Q) \Rightarrow P$
I_8	$\neg(P \rightarrow Q) \Rightarrow \neg Q$
I_9	$P, Q \Rightarrow P \wedge Q$
I_{10}	$\neg P, P \vee Q \Rightarrow Q$
I_{11}	$P, P \rightarrow Q \Rightarrow Q$
I_{12}	$\neg Q, P \rightarrow Q \Rightarrow \neg P$
I_{13}	$P \rightarrow Q, Q \rightarrow R \Rightarrow P \rightarrow R$
I_{14}	$P \vee Q, P \rightarrow R, Q \rightarrow R \Rightarrow R$
I_{15}	$A \rightarrow B \Rightarrow (A \vee C) \rightarrow (B \vee C)$
I_{16}	$A \rightarrow B \Rightarrow (A \wedge C) \rightarrow (B \wedge C)$

表 1-2 等价公式表

序号	公式
E_1	$\neg\neg P \Leftrightarrow P$
E_2	$P \wedge Q \Leftrightarrow Q \wedge P$
E_3	$P \vee Q \Leftrightarrow Q \vee P$
E_4	$(P \wedge Q) \wedge R \Leftrightarrow P \wedge (Q \wedge R)$
E_5	$(P \vee Q) \vee R \Leftrightarrow P \vee (Q \vee R)$
E_6	$P \wedge (Q \vee R) \Leftrightarrow (P \wedge Q) \vee (P \wedge R)$
E_7	$P \vee (Q \wedge R) \Leftrightarrow (P \vee Q) \wedge (P \vee R)$
E_8	$\neg(P \wedge Q) \Leftrightarrow \neg P \vee \neg Q$
E_9	$\neg(P \vee Q) \Leftrightarrow \neg P \wedge \neg Q$
E_{10}	$P \vee P \Leftrightarrow P$
E_{11}	$P \wedge P \Leftrightarrow P$
E_{12}	$R \vee (P \wedge \neg P) \Leftrightarrow R$
E_{13}	$R \wedge (P \vee \neg P) \Leftrightarrow R$
E_{14}	$R \vee (P \vee \neg P) \Leftrightarrow \mathbf{T}$
E_{15}	$R \wedge (P \wedge \neg P) \Leftrightarrow \mathbf{F}$
E_{16}	$P \rightarrow Q \Leftrightarrow \neg P \vee Q$
E_{17}	$\neg(P \rightarrow Q) \Leftrightarrow P \wedge \neg Q$
E_{18}	$P \rightarrow Q \Leftrightarrow \neg Q \rightarrow \neg P$
E_{19}	$P \rightarrow (Q \rightarrow R) \Leftrightarrow (P \wedge Q) \rightarrow R$
E_{20}	$P \leftrightarrows Q \Leftrightarrow (P \rightarrow Q) \wedge (Q \rightarrow P)$
E_{21}	$P \leftrightarrows Q \Leftrightarrow (P \wedge Q) \vee (\neg P \wedge \neg Q)$
E_{22}	$\neg(P \leftrightarrows Q) \Leftrightarrow P \leftrightarrows \neg Q$

9　应用

命题逻辑联结词相对应的门电路如图 1-1 所示。

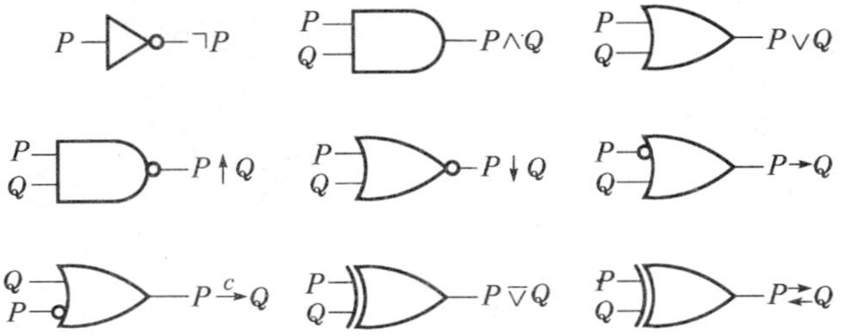

图　1-1

B　选题例解

例题 1-1　符号化下列命题：

(1) 辱骂和恐吓决不是战斗；

(2) 除非天气好，否则我是不会去公园的；

(3) 如果晚上做完作业且没有其他的事，他就会去看电视或听音乐。

分析　给定一个命题进行符号化，就是要把这个命题表达成合乎规定的命题表达式，因此在具体表达时，首先要列出原子命题，然后根据给定命题的含义，把所设的原子命题用适当的联结词连结起来，在这个过程中，确定原子命题和选用联结词，主要应根据命题的实际含义，而不拘泥于原句形式。如在本题(1)中：实际含义是辱骂不是战斗，恐吓也不是战斗，辱骂和恐吓在一起也不是战斗；在题(2)中：这个句子的实际含义是，我去公园必定是天气好，至于天气好是否去公园，在命题中未曾涉及。所以天气好是去公园的必要条件。另外在这个命题中，没有提出天气好和去公园的具体时间，因此仅按字面意义去列出原子命题，就将出现不完整的陈述句，实际上在叙述这个命题时是有着特定的时间，例如可设

原子命题 P,表示今天天气好;而不是设 P 为天气好。

此外,在命题符号化的过程中,必须注意消除自然语言中的歧义性,例如在题(3)中,看电影或听音乐,可以是兼而有之,也可以是或此则彼。所以在进行符号翻译时,必须明确含义,以便确定是选用联结词$\overline{\vee}$还是选用联结词$\vee$。总之,对于具有歧义性的自然语言,在进行命题符号化以前,必须明确含义,删除歧义,这是命题翻译的关键之点。

解 (1) 设P:辱骂不是战斗。

Q:恐吓不是战斗。

$$P \vee Q$$

(2) 设 P:今天天气好。Q:我去公园。

$$Q \to P$$

(3) 设 P:他晚上做完了作业。Q:他晚上没有其他事情。L:他看电视。M:他听音乐。

$$(P \wedge Q) \to (L \overline{\vee} M)$$

例题 1-2 证明 $P \to (Q \to R) \Rightarrow (P \to Q) \to (P \to R)$。

分析 这是一个蕴含式的证明题,可以用多种方法论证本题。首先是用直接证法,就是在假设前提为真时,推证结论为真。其次是反证法,即是假设蕴含式的后件为假,推证蕴含式的前件为假。此外还可以根据蕴含式的定义,求证 $S \Rightarrow C$,即需要证明条件式$S \to C$为永真。对于这三种证法,在具体证明时,又常采取列真值表法,逻辑推证,以及等价变换等各种不同论证方法。

在列真值表法中,a)直接证法是检验在各种指派情况下,前件真值为 $\boldsymbol{T}$ 时,对应的后件真值是否均为 $\boldsymbol{T}$。

b) 间接证法是检验在各种指派情况下,后件真值为 $\boldsymbol{F}$ 时,对应的前件真值是否均为 $\boldsymbol{F}$。

c) 条件永真的方法是检验原式中蕴含式改为条件式时,公式的真值是否为永真。

关于逻辑论证:主要是根据联结词和一些基本等价式,采用直接论证或反证法,进行逻辑分析和推证。

条件永真的证明：主要是根据基本等价公式表，对原式进行等价变换后，推证条件永真的结论。

下面给出本题的各种证明。

证明 （Ⅰ）列真值表

见表 1-3。

表 1-3

P Q R	$Q\to R$	$P\to(Q\to R)$	$P\to Q$	$P\to R$	$(P\to Q)\to(P\to R)$	S
T **T** **T**	**T**	**T**	**T**	**T**	**T**	**T**
T **T** **F**	**F**	**F**	**T**	**F**	**F**	**T**
T **F** **T**	**T**	**T**	**F**	**T**	**T**	**T**
T **F** **F**	**T**	**T**	**F**	**F**	**T**	**T**
F **T** **T**	**T**	**T**	**T**	**T**	**T**	**T**
F **T** **F**	**F**	**T**	**T**	**T**	**T**	**T**
F **F** **T**	**T**	**T**	**T**	**T**	**T**	**T**
F **F** **F**	**T**	**T**	**T**	**T**	**T**	**T**

设　　$S\Leftrightarrow(P\to(Q\to R))\to((P\to Q)\to(P\to R))$

从真值表 1-3 上观察：

a）直接证法：$P\to(Q\to R)$的真值为 $\boldsymbol{T}$（有七种），其对应指派下$(P\to Q)\to(P\to R)$的真值均为 $\boldsymbol{T}$。

b）反证法：$(P\to Q)\to(P\to R)$的真值为 $\boldsymbol{F}$（有一种），其对应指派下 $P\to(Q\to R)$的真值为 $\boldsymbol{F}$。

c）条件永真式：从表上看$(P\to(Q\to R))\to((P\to Q)\to(P\to R))$的真值都为 $\boldsymbol{T}$，即为永真式。

（Ⅱ）逻辑推证

a）直接证法：设 $P\to(Q\to R)$为 $\boldsymbol{T}$，则

(1) P 为 $\boldsymbol{T}$，$Q\to R$ 为 $\boldsymbol{T}$，有三种情况：

① P 为 $\boldsymbol{T}$，Q 为 $\boldsymbol{T}$，R 为 $\boldsymbol{T}$，则$(P\to Q)\to(P\to R)$为 $\boldsymbol{T}$；

② P 为 $\boldsymbol{T}$，Q 为 $\boldsymbol{F}$，R 为 $\boldsymbol{T}$，则$(P\to Q)\to(P\to R)$为 $\boldsymbol{T}$；

③ P 为 $\boldsymbol{T}$，Q 为 $\boldsymbol{F}$，R 为 $\boldsymbol{F}$，则$(P\to Q)\to(P\to R)$为 $\boldsymbol{T}$。

(2) 若 P 为 $\boldsymbol{F}$，$(Q\to R)$为 $\boldsymbol{F}$，则 P 为 $\boldsymbol{F}$，Q 为 $\boldsymbol{T}$，R 为 $\boldsymbol{F}$，所以

$(P \to Q)$为 $\boldsymbol{T}$，$(P \to R)$为 $\boldsymbol{T}$，得$(P \to Q) \to (P \to R)$为 $\boldsymbol{T}$。

(3) 若 P 为 $\boldsymbol{F}$，$(Q \to R)$为 $\boldsymbol{T}$，则：

① P 为 $\boldsymbol{F}$，Q 为 $\boldsymbol{T}$，R 为 $\boldsymbol{T}$，得$(P \to Q) \to (P \to R)$为 $\boldsymbol{T}$；

② P 为 $\boldsymbol{F}$，Q 为 $\boldsymbol{F}$，R 为 $\boldsymbol{F}$，得$(P \to Q) \to (P \to R)$为 $\boldsymbol{T}$；

③ P 为 $\boldsymbol{F}$，Q 为 $\boldsymbol{F}$，R 为 $\boldsymbol{T}$，得$(P \to Q) \to (P \to R)$为 $\boldsymbol{T}$。

综上各点，当 $P \to (Q \to R)$为 $\boldsymbol{T}$ 时，必有$(P \to Q) \to (P \to R)$为 $\boldsymbol{T}$。

b) 间接证法：设$(P \to Q) \to (P \to R)$为 $\boldsymbol{F}$，则必有 $P \to Q$ 为 $\boldsymbol{T}$，$P \to R$为 $\boldsymbol{F}$，故得 P 为 $\boldsymbol{T}$，Q 为 $\boldsymbol{T}$，R 为 $\boldsymbol{F}$。所以 $P \to (Q \to R)$为 $\boldsymbol{F}$。

(Ⅲ) 等价变换

$$
\begin{aligned}
S &\Leftrightarrow (P \to (Q \to R)) \to ((P \to Q) \to (P \to R)) \\
&\Leftrightarrow (\neg P \vee (\neg Q \vee R)) \to ((\neg P \vee Q) \to (\neg P \vee R)) \\
&\Leftrightarrow \neg(\neg P \vee \neg Q \vee R) \vee (\neg(\neg P \vee Q) \vee (\neg P \vee R)) \\
&\Leftrightarrow (P \wedge Q \wedge \neg R) \vee ((P \wedge \neg Q) \vee \neg P \vee R) \\
&\Leftrightarrow (P \wedge Q \wedge \neg R) \vee ((\neg P \vee R \vee P) \wedge (\neg Q \vee \neg P \vee R)) \\
&\Leftrightarrow (P \wedge Q \wedge \neg R) \vee (\neg P \vee \neg Q \vee R) \\
&\Leftrightarrow (P \wedge Q \wedge \neg R) \vee \neg(P \wedge Q \wedge \neg R) \Leftrightarrow \boldsymbol{T}
\end{aligned}
$$

例题 1-3 证明$\{\rightleftarrows, \neg\}$不是最小联结词组。

分析 一个最小的联结词组，必须是功能完备的，即是对任何命题公式，可用最小联结词组中所包含的联结词所组成的等价式表达。而且对最小联结词中，删除任何一个联结词，就不能把所有的命题公式表达出来。本题要证明$\{\rightleftarrows, \neg\}$不是最小联结词组，可证明仅有$\rightleftarrows$，$\neg$两种联结词，不能表达所有命题公式。考虑到两个变元所形成的命题公式共有 $2^{2^2}=16$ 个彼此不等价的公式，因此如用$\rightleftarrows$，$\neg$两种联结词，对两个变元不断的结合，如能产生 16 个独立的式子，则$\{\rightleftarrows, \neg\}$可能是最小联结词组；如果生成不到 16 个独立式子，则$\{\rightleftarrows, \neg\}$必不是最小联结词组。

证明 设变元 P，Q，用联结词$\rightleftarrows$，$\neg$作用于 P，Q 得到：P，Q，$\neg P$，$\neg Q$，$P \rightleftarrows Q$，$P \rightleftarrows P$，$Q \rightleftarrows Q$，$Q \rightleftarrows P$。但$(P \rightleftarrows Q) \Leftrightarrow (Q \rightleftarrows P)$，$(P \rightleftarrows P) \Leftrightarrow (Q \rightleftarrows Q)$，故实际有：

$$P, Q, \neg P, \neg Q, P \rightleftarrows Q, P \rightleftarrows P(\boldsymbol{T}) \tag{A}$$

用$\neg$作用于(A)类，得到扩大的公式类(包括原公式类)：

$$P, Q, \neg P, \neg Q, \neg(P \rightleftarrows Q), \boldsymbol{T}, \boldsymbol{F}, P \rightleftarrows Q \qquad \text{(B)}$$

用$\rightleftarrows$作用于(A)类得到：

$P \rightleftarrows Q, P \rightleftarrows \neg P(\boldsymbol{F}), P \rightleftarrows \neg Q \Leftrightarrow \neg(P \rightleftarrows Q)$

$P \rightleftarrows (P \rightleftarrows Q) \Leftrightarrow Q, P \rightleftarrows (P \rightleftarrows P) \Leftrightarrow P$

$Q \rightleftarrows \neg P \Leftrightarrow \neg(P \rightleftarrows Q), Q \rightleftarrows \neg Q \Leftrightarrow \boldsymbol{F}$

$Q \rightleftarrows (P \rightleftarrows Q) \Leftrightarrow P, Q \rightleftarrows \boldsymbol{T} \Leftrightarrow Q$

$\neg P \rightleftarrows \neg Q \Leftrightarrow P \rightleftarrows Q, \neg P \rightleftarrows (P \rightleftarrows Q) \Leftrightarrow \neg Q$

$\neg P \rightleftarrows \boldsymbol{T} \Leftrightarrow \neg P, \neg Q \rightleftarrows (P \rightleftarrows Q) \Leftrightarrow \neg P$

$\neg Q \rightleftarrows \boldsymbol{T} \Leftrightarrow \neg Q, (P \rightleftarrows Q) \rightleftarrows (P \rightleftarrows P) \Leftrightarrow P \rightleftarrows Q$

因此(A)类使用$\rightleftarrows$运算后，仍在(B)类中。

对(B)类使用$\neg$运算得：

$\neg P, \neg Q, P, Q, P \rightleftarrows Q, \boldsymbol{F}, \boldsymbol{T}, \neg(P \rightleftarrows Q)$

仍在(B)类中。

对(B)类使用$\rightleftarrows$运算得：

$P \rightleftarrows Q$，　$P \rightleftarrows \neg P \Leftrightarrow \boldsymbol{F}$，　$P \rightleftarrows \neg Q \Leftrightarrow \neg(P \rightleftarrows Q)$

$P \rightleftarrows \neg(P \rightleftarrows Q) \Leftrightarrow \neg Q$，　$P \rightleftarrows \boldsymbol{T} \Leftrightarrow P$

$P \rightleftarrows \boldsymbol{F} \Leftrightarrow \neg P$，　$P \rightleftarrows (P \rightleftarrows Q) \Leftrightarrow Q$

$Q \rightleftarrows \neg P \Leftrightarrow \neg(P \rightleftarrows Q)$，　$Q \rightleftarrows \neg Q \Leftrightarrow \boldsymbol{F}$

$Q \rightleftarrows \neg(P \rightleftarrows Q) \Leftrightarrow \neg P$，　$Q \rightleftarrows \boldsymbol{T} \Leftrightarrow Q$

$Q \rightleftarrows \boldsymbol{F} \Leftrightarrow \neg Q$，　$Q \rightleftarrows (P \rightleftarrows Q) \Leftrightarrow \neg P$

$\neg P \rightleftarrows \neg Q \Leftrightarrow P \rightleftarrows Q$，　$\neg P \rightleftarrows \neg(P \rightleftarrows Q) \Leftrightarrow Q$

$\neg P \rightleftarrows \boldsymbol{T} \Leftrightarrow \neg P$，　$\neg P \rightleftarrows \boldsymbol{F} \Leftrightarrow P$，　$\neg P \rightleftarrows (P \rightleftarrows Q) \Leftrightarrow \neg Q$

$\neg Q \rightleftarrows \neg(P \rightleftarrows Q) \Leftrightarrow P$，　$\neg Q \rightleftarrows \boldsymbol{T} \Leftrightarrow \neg Q$

$\neg Q \rightleftarrows \boldsymbol{F} \Leftrightarrow Q$，　$\neg Q \rightleftarrows (P \rightleftarrows Q) \Leftrightarrow \neg P$

$\neg(P \rightleftarrows Q) \rightleftarrows \boldsymbol{T} \Leftrightarrow \neg(P \rightleftarrows Q)$

$\neg(P \rightleftarrows Q) \rightleftarrows \boldsymbol{F} \Leftrightarrow P \rightleftarrows Q$

$\neg(P \rightleftarrows Q) \rightleftarrows (P \rightleftarrows Q) \Leftrightarrow \boldsymbol{F}$

$\boldsymbol{T} \rightleftarrows \boldsymbol{F} \Leftrightarrow \boldsymbol{F}$，　$\boldsymbol{T} \rightleftarrows (P \rightleftarrows Q) \Leftrightarrow P \rightleftarrows Q$

$\boldsymbol{F} \rightleftarrows (P \rightleftarrows Q) \Leftrightarrow \neg(P \rightleftarrows Q)$

故由(B)类使用$\rightleftarrows$运算后，结果仍在(B)中。

由上证明：用$\rightleftarrows$，$\neg$两个联结词，反复作用在两个变元的公式中，结果只能产生(B)类中的公式，总共仅八个不同公式，故$\{\rightleftarrows, \neg\}$不能是功能完备的，更不能是最小联结词组。

例题 1-4 求$(A \to B \wedge C) \wedge (\neg A \rightleftarrows (\neg B \wedge \neg C))$的主析取范式与主合取范式。

分析 求给定命题公式的主析取范式与主合取范式，通常有两种方法，即列表法和公式推导法。

(Ⅰ) 列表法

列出给定公式的真值表，其真值为 **T** 的指派所对应的小项析取，即为此公式的主析取范式。同理，其真值为 **F** 的指派所对应的大项的合取，即为此公式的主合取范式。

(Ⅱ) 公式推导法

在应用公式推导法时，首先要将公式中的条件和双条件联结词化去，使整个公式化归为析取范式，然后删去其中所有的永假析取项，再将析取式中重复出现的合取项和相同的变元合并，最后对合取项添加没有出现的命题变元，就是合取$(P \vee \neg P)$，经过化简整理，即可得到主析取范式。

对于求主合取范式的方法，基本与上述相同。只是在开始时，将公式化归为合取范式，在添加项时，要析取永假式$(P \wedge \neg P)$。

此外，利用主范式的编码方法，在求出主析取范式的编码后，可立即写出主合取范式的编码。对于给定 n 个变元的命题公式，其$\sum$和$\prod$对应的编码共有 2^n 项。在应用编码表达时，需特别注意的是大项编码对应的指派与小项编码对应的指派情况相反。

解 (Ⅰ) 列表法

见表 1-4。设 $S \Leftrightarrow (A \to (B \wedge C)) \wedge (\neg A \rightleftarrows (\neg B \wedge \neg C))$

根据真值表中 S 真值为 **T** 的指派，所对应的小项析取即为 S 的主析取范式，由表 1-2 可知：

$$S \Leftrightarrow (A \wedge B \wedge C) \vee (\neg A \wedge \neg B \wedge \neg C)$$

同理，S 真值为 **F** 的指派，所对应的大项合取即为主合取范

表 1-4

A	B	C	$B\wedge C$	$A\rightarrow(B\wedge C)$	$\neg A$	$\neg B\wedge\neg C$	$\neg A\rightleftarrows(\neg B\wedge\neg C)$	S
T	**T**	**T**	**T**	**T**	**F**	**F**	**T**	**T**
T	**T**	**F**	**F**	**F**	**F**	**F**	**T**	**F**
T	**F**	**T**	**F**	**F**	**F**	**F**	**T**	**F**
T	**F**	**F**	**F**	**F**	**F**	**T**	**F**	**F**
F	**T**	**T**	**T**	**T**	**T**	**F**	**F**	**F**
F	**T**	**F**	**F**	**T**	**T**	**F**	**F**	**F**
F	**F**	**T**	**F**	**T**	**T**	**F**	**F**	**F**
F	**F**	**F**	**F**	**T**	**T**	**T**	**T**	**T**

式。所以有

$$S\Leftrightarrow(\neg A\vee\neg B\vee C)\wedge(\neg A\vee B\vee\neg C)\wedge(\neg A\vee B\vee C)$$
$$\wedge(A\vee\neg B\vee\neg C)\wedge(A\vee\neg B\vee C)\wedge(A\vee B\vee\neg C)$$

(Ⅱ) 公式推导法

$$S\Leftrightarrow(A\rightarrow(B\wedge C))\wedge(\neg A\rightleftarrows(\neg B\wedge\neg C)$$
$$\Leftrightarrow(\neg A\vee(B\wedge C)\wedge(\neg A\rightarrow(\neg B\wedge\neg C))$$
$$\wedge((\neg B\wedge\neg C)\rightarrow\neg A)$$
$$\Leftrightarrow(\neg A\vee(B\wedge C))\wedge(A\vee(\neg B\wedge\neg C))$$
$$\wedge((B\vee C)\vee\neg A)$$
$$\Leftrightarrow((\neg A\wedge\neg B\wedge\neg C)\vee(A\wedge B\wedge C))\wedge(\neg A\vee B\vee C)$$
$$\Leftrightarrow((\neg A\wedge\neg B\wedge\neg C)\wedge(\neg A\vee B\vee C))$$
$$\vee((A\wedge B\wedge C)\wedge(\neg A\vee B\vee C))$$
$$\Leftrightarrow(\neg A\wedge\neg B\wedge\neg C)\vee(A\wedge B\wedge C)$$
$$\Leftrightarrow m_{000}\vee m_{111}=\sum{}_{0,7}$$

又 $(A\rightarrow(B\wedge C))\wedge(\neg A\rightleftarrows(\neg B\wedge\neg C))$

$$\Leftrightarrow(\neg A\vee(B\wedge C))\wedge(A\vee(\neg B\wedge\neg C))$$
$$\wedge((B\vee C)\vee\neg A)$$
$$\Leftrightarrow(\neg A\vee B)\wedge(\neg A\vee C)\wedge(A\vee\neg B)$$
$$\wedge(A\vee\neg C)\wedge(\neg A\vee B\vee C)$$
$$\Leftrightarrow(\neg A\vee B\vee C)\wedge(\neg A\vee B\vee\neg C)\wedge(\neg A\vee B\vee C)$$
$$\wedge(\neg A\vee\neg B\vee C)\wedge(A\vee\neg B\vee C)$$

$\wedge(A\vee\neg B\vee\neg C)\wedge(A\vee B\vee\neg C)$

$\wedge(A\vee\neg B\vee\neg C)\wedge(\neg A\vee B\vee C)$

$\Leftrightarrow(\neg A\vee B\vee C)\wedge(\neg A\vee B\vee\neg C)$

$\wedge(\neg A\vee\neg B\vee C)\wedge(A\vee\neg B\vee C)$

$\wedge(A\vee\neg B\vee\neg C)\wedge(A\vee B\vee\neg C)$

$\Leftrightarrow M_{100}\wedge M_{101}\wedge M_{110}\wedge M_{010}\wedge M_{011}\wedge M_{001}$

$=\prod_{1,2,3,4,5,6}$

本题用公式推导时，当求出主析取范式的编码表达式后可直接利用编码关系，解出主合取范式。即：

$(A\rightarrow(B\wedge C))\wedge(\neg A\rightleftarrows(\neg B\wedge\neg C))$

$\Leftrightarrow(\neg A\wedge\neg B\wedge\neg C)\vee(A\wedge B\wedge C)$

$\Leftrightarrow m_{000}\vee m_{111}=\sum_{0,7}$

$\Leftrightarrow\prod_{1,2,3,4,5,6}\Leftrightarrow M_{001}\wedge M_{010}\wedge M_{011}\wedge M_{100}\wedge M_{101}\wedge M_{110}$

$\Leftrightarrow(\neg A\vee B\vee C)\wedge(\neg A\vee B\vee\neg C)\wedge(\neg A\vee\neg B\vee C)$

$\wedge(A\vee\neg B\vee C)\wedge(A\vee\neg B\vee\neg C)\wedge(A\vee B\vee\neg C)$

例题 1-5 甲、乙、丙、丁四个人有且仅有两人参加围棋优胜比赛。关于谁参加竞赛，下列四种判断都是正确的；

(1) 甲和乙只有一人参加；

(2) 丙参加，丁必参加；

(3) 乙或丁至多参加一人；

(4) 丁不参加，甲也不会参加。

请推出哪两个人参加了围棋优胜比赛。

分析 这是一个逻辑推理的题目，要求从四个人中，推断出其中两个人参加竞赛。题设条件给出了四种情况，因此可先把原题表达成一个合取范式。为了要推证结果，需先将合取范式化为主析取范式，这样每个小项就是一种可能产生的结果。由于题目条件是有且仅有两人参加比赛，故在主析取范式中，可将不符题意的小项删除，其剩下的即为所求的可能结果。

在推证本题过程中，首先是设好作为前提的命题。其次，在化简时要尽量利用 $P\vee\neg P\Leftrightarrow\boldsymbol{T}$ 以及 $\boldsymbol{T}\vee P\Leftrightarrow P$ 这两个等价关系式，

以使化简过程中的项数尽量减少，这样就能简化推证过程，迅速得到结果。

解 设A：甲参加了竞赛。 B：乙参加了竞赛。

C：丙参加了竞赛。 D：丁参加了竞赛。

依照题意有

$$((A\wedge\neg B)\bar{\vee}(\neg A\wedge B))\wedge(C\rightarrow D)\wedge(\neg B\vee\neg D)$$
$$\wedge(\neg D\rightarrow\neg A)\Leftrightarrow \boldsymbol{T}$$

但 $((A\wedge\neg B)\bar{\vee}(\neg A\wedge B))$

$$\Leftrightarrow((A\wedge\neg B)\wedge\neg(\neg A\wedge B))$$
$$\vee(\neg(A\wedge\neg B)\wedge(\neg A\wedge B))$$
$$\Leftrightarrow((A\wedge\neg B)\wedge(A\vee\neg B))$$
$$\vee((\neg A\vee B)\wedge(\neg A\wedge B))$$
$$\Leftrightarrow(A\wedge\neg B)\vee(\neg A\wedge B)$$
$$\Leftrightarrow A\bar{\vee}B$$

故原题为

$$((A\wedge\neg B)\vee(\neg A\wedge B))\wedge(C\rightarrow D)$$
$$\wedge(\neg B\vee\neg D)\wedge(\neg D\rightarrow\neg A)$$
$$\Leftrightarrow((A\wedge\neg B)\vee(\neg A\wedge B))\wedge(\neg C\vee D)$$
$$\wedge(\neg B\vee\neg D)\wedge(D\vee\neg A)$$
$$\Leftrightarrow((A\wedge\neg B\wedge\neg C)\vee(A\wedge\neg B\wedge D)$$
$$\vee(\neg A\wedge B\wedge\neg C)\vee(\neg A\wedge B\wedge D))$$
$$\wedge((\neg B\wedge D)\vee(\neg B\wedge\neg A)\vee(\neg D\wedge\neg A))$$
$$\Leftrightarrow(A\wedge\neg B\wedge\neg C\wedge D)\vee(A\wedge\neg B\wedge D)$$
$$\vee(\neg A\wedge B\wedge\neg C\wedge\neg D)\Leftrightarrow \boldsymbol{T}$$

但根据题意条件，有且仅有两人参加竞赛，故$(\neg A\wedge B\wedge\neg C\wedge\neg D)$为 $\boldsymbol{F}$。所以只有

$$(A\wedge\neg B\wedge\neg C\wedge D)\vee(A\wedge\neg B\wedge D)\Leftrightarrow \boldsymbol{T}$$

即甲、丁参加了围棋比赛。

例题 1-6 用推理规则论证下述问题。

或者是天晴，或者是下雨。如果是天晴，我去看电影。如果我

去看电影，我就不看书。所以，如果我在看书，则天在下雨。

分析 用推理规则进行逻辑论证，可用直接证明和间接证明等不同方法。在对问题论证前，必须先列出前提和结论。对于直接证法，首先假设前提为真，推证结论为真。对于间接证法，一般有两种方法：即把结论的否定作为附加前提，推证它与前提不相容；另一种方法是当结论为条件式时，可把条件式的前件作为附加前提，以推证条件式的后件为真，这就是 CP 规则。

在应用推理规则证明时，需特别注意的是在推证每一步时，只能应用假设前提（P 规则）或者是根据给定的等价公式表和蕴含公式表，以及在前面每步推证所得到的结果（T 规则）。只有这些可作为推证的根据，除此之外都不能作为推证依据。特别是不能像在等价推演时，可省略一些推证步骤，否则都要视作推理证明的逻辑错误。

在本题中给定的前提有三个式子：其中一个是析取式，两个是条件式。结论也是条件式，故如应用 CP 规则进行推证时最为简单。当然本题也可应用直接证法或其他反证法。在推证本题时，要注意的是前提的析取式，它是一个不可兼析取式。因为或者天晴，或者下雨，从本题的上下文看，应该是不可兼析取。此外本题的推证，对题设时间无关，但为了列出命题的需要，可把天晴、下雨等假设在某一具体时间，以使论证更趋缜密、合理。

解 设 S：今天天晴。 R：今天下雨。

E：我去看电影。 B：我去看书。

本题符号化为：

$$S \overline{\vee} R,\quad S \to E,\quad E \to \neg B \Rightarrow B \to R$$

因为 $$S \overline{\vee} R \Leftrightarrow \neg(S \rightleftarrows R)$$

故本题为 $\neg(S \rightleftarrows R),\quad S \to E,\quad E \to \neg B \Rightarrow B \to R$

（Ⅰ）直接证法

(1)	$\neg(S \rightleftarrows R)$	P
(2)	$S \rightleftarrows \neg R$	(1)T,E
(3)	$(S \to \neg R) \wedge (\neg R \to S)$	(2)T,E

(4)	$\neg R \to S$	(3)T,I
(5)	$S \to E$	P
(6)	$\neg R \to E$	(4)(5)T,I
(7)	$E \to \neg B$	P
(8)	$\neg R \to \neg B$	(6)(7)T,I
(9)	$B \to R$	(8)T,E

（Ⅱ）间接证法

a)

(1)	$\neg(S \rightleftarrows R)$	P
(2)	$S \rightleftarrows \neg R$	(1)T,E
(3)	$(S \to \neg R) \wedge (\neg R \to \neg S)$	(2)T,E
(4)	$\neg R \to S$	(3)T,I
(5)	$\neg(B \to R)$	P(附加前提)
(6)	$B \wedge \neg R$	(5)T,E
(7)	B	(6)T,I
(8)	$\neg R$	(6)T,I
(9)	S	(4)(8)T,I
(10)	$S \to E$	P
(11)	E	(4)(10)T,I
(12)	$E \to \neg B$	P
(13)	$\neg B$	(11)(12)T,I
(14)	$B \wedge \neg B$	矛盾(7)(13)

b)

(1)	B	P(附加前提)
(2)	$E \to \neg B$	P
(3)	$\neg E$	(1)(2)T,I
(4)	$S \to E$	P
(5)	$\neg S$	(3)(4)T,I
(6)	$\neg(S \rightleftarrows R)$	P
(7)	$S \rightleftarrows \neg R$	(6)T,E
(8)	$(S \to \neg R) \wedge (\neg R \to S)$	(7)T,E
(9)	$\neg R \to S$	(8)T,I

(10)	$\neg S \to R$	(9)T,E
(11)	R	(5)(10)T,I
(12)	$B \to R$	CP

C 习题与解

1-1 指出下列语句哪些是命题,哪些不是命题,如果是命题,指出它的真值:

a) 离散数学是计算机科学系的一门必修课。

b) 计算机有空吗?

c) 明天我去看电影。

d) 请勿随地吐痰!

e) 不存在最大质数。

f) 如果我掌握了英语、法语,那么学习其他欧洲语言就容易得多了。

g) $9+5\leqslant 12$。

h) $x=3$。

i) 我们要努力学习。【1-1,1-2.(1)】

解 a) 是命题,真值为 $\boldsymbol{T}$。

b) 不是命题。

c) 是命题,真值要根据具体情况确定。

d) 不是命题。

e) 是命题,真值为 $\boldsymbol{T}$。

f) 是命题,真值为 $\boldsymbol{T}$。

g) 是命题,真值为 $\boldsymbol{F}$。

h) 不是命题。

i) 不是命题。

1-2 举例说明原子命题和复合命题。【1-1,1-2.(2)】

解 例如 原子命题:我今天去北京。

复合命题:如果天不下雨,那么今天将如期进行篮球赛。

1-3 设 P 表示命题"天下雪",Q 表示命题"我将去镇上",R 表示命题"我有时间"。以符号形式写出下列命题:

a) 如果天不下雪和我有时间,那么我将去镇上。

b) 我将去镇上,仅当我有时间。

c) 天不下雪。

d) 天下雪,那么我不去镇上。 【1-1,1-2.(3)】

解 a) $(\neg P \wedge R) \rightarrow Q$; b) $Q \rightarrow R$;

c) $\neg P$; d) $P \rightarrow \neg Q$。

1-4 用汉语写出一个句子,对应下列每一命题:

a) $Q \rightleftarrows (R \wedge \neg P)$; b) $R \wedge Q$;

c) $(Q \rightarrow R) \wedge (R \rightarrow Q)$。 【1-1,1-2.(4)】

解 a) 设 Q:我将去镇上。R:我有时间。P:天下雨。

$Q \rightleftarrows (R \wedge \neg P)$:我将去镇上当且仅当我有时间和天不下雨。

b) 设 R:我去镇上开会。Q:我去镇上买书。

$R \wedge Q$:我去镇上开会并买书。

c) 设 Q:一个数是奇数。R:一个数不能被 2 除。

$(Q \rightarrow R) \wedge (R \rightarrow Q)$:一个数是奇数,则它不能被 2 整除并且一个数不能被 2 整除,则它是奇数。

1-5 将下列命题符号化:

a) 王强身体很好,成绩也很好。

b) 小李一边看书,一边听音乐。

c) 气候很好或很热。

d) 如果 a 和 b 是偶数,则 $a+b$ 是偶数。

e) 四边形 $ABCD$ 是平行四边形,仅当其对边平行。

【1-1,1-2.(5)】

解 a) 设 S:王强身体很好。R:王强成绩很好。则有:

$$S \wedge R$$

b) 设 P:小李看书。Q:小李听音乐。则有:

$$P \wedge Q$$

c) 设 P:气候很好。R:气候很热。则有:

$$P \overline{\vee} R$$

d）设 Q:a 和 b 是偶数。R:$a+b$ 是偶数。则有：

$$Q \rightarrow R$$

e）设 Q:四边形 $ABCD$ 是平行四边形。S:四边形 $ABCD$ 的对边平行。则有：

$$Q \rightleftarrows S$$

1-6 将下列复合命题分成若干原子命题：

a）天气炎热且正在下雨；　b）天气炎热但湿度较低；

c）天正在下雨或湿度很高；　d）刘英与李进上山；

e）老王或小李是革新者；

f）如果你不看电影，那么我也不看电影；

g）我既不看电视也不外出，我在睡觉；

h）控制台打字机既可作输入设备，又可作输出设备。

【1-1，1-2.（6）】

解　a）设 P:天气炎热。Q:正在下雨。则有：

$$P \wedge Q$$

b）设 P:天气炎热。R:湿度较低。则有：

$$P \wedge R$$

c）设 Q:天正下雨。S:湿度很高。则有：

$$Q \vee S$$

d）设 E:刘英上山。G:李进上山。则有：

$$E \vee G$$

e）设 W:老王是革新者。L:小李是革新者。则有：

$$W \vee L$$

f）设 S:你看电影。H:我看电影。则有：

$$\neg S \rightarrow \neg H$$

g）设 P:我不看电视，Q:我不外出。R:我不睡觉。则有：

$$P \wedge Q \wedge \neg R$$

h）设 P:控制台打字机作输入设备。G:控制台打字机作输出设备。则有：

$$P \wedge G$$

1-7 判别下列公式哪些是合式公式，哪些不是合式公式：

a) $(Q \to R \wedge S)$； b) $(P \rightleftarrows (R \to S))$；

c) $((\neg P \to Q) \to (Q \to P)))$； d) $(RS \to T)$；

e) $((P \to (Q \to R)) \to ((P \to Q) \to (P \to R)))$。 【1-3.(1)】

解 a) 不是合式公式。(若规定运算符次序后亦可作为合式公式)

b) 是合式公式。c) 不是合式公式。(括弧不配对)

d) 不是合式公式。(RS 之间缺联结词) e) 是合式公式。

1-8 根据合式公式的定义，说明下列公式是合式公式：

a) $(A \to (A \vee B))$；

b) $((\neg A \wedge B) \wedge A)$；

c) $((\neg A \to B) \to (B \to A))$；

d) $((A \to B) \vee (B \to A))$。 【1-3.(2)】

解 a) A 是合式公式，$(A \vee B)$ 是合式公式，$(A \to (A \vee B))$ 是合式公式。这个过程可简记为：

$$A;(A \vee B);(A \to (A \vee B))$$

同理可记

b) $A;\neg A;(\neg A \wedge B);((\neg A \wedge B) \wedge A)$。

c) $A;\neg A;B;(\neg A \to B);(B \to A);((\neg A \to B) \to (B \to A))$。

d) $A;B;(A \to B);(B \to A);((A \to B) \vee (B \to A))$。

1-9 对下列各式用指定的公式进行代换：

a) $(((A \to B) \to B) \to A)$，用 $(A \to C)$ 代换 A，用 $((B \wedge C) \to A)$ 代换 B。

b) $((A \to B) \vee (B \to A))$，用 B 代换 A，A 代换 B。 【1-3.(3)】

解 a) $((((A \to C) \to ((B \wedge C) \to A)) \to ((B \wedge C) \to A)) \to (A \to C))$。

b) $((B \to A) \vee (A \to B))$。

1-10 下列几个式子中有哪几个是其他式子经过代换得到的。

a) $(P \to (Q \to P))$；

b) $((((P\to Q)\wedge(R\to S))\wedge(P\vee R))\to(Q\vee S))$;

c) $(Q\to((P\to P)\to Q))$; d) $(P\to((P\to(Q\to P))\to P))$;

e) $(((R\to S)\wedge(Q\to P))\wedge(R\vee Q))\to(S\vee P))$。【1-3.(4)】

解 a) 是由 c)式进行代换得到,在 c)中用 Q 代换 P,$(P\to P)$代换 Q。

d) 是由 a)式进行代换得到,在 a)中用 $P\to(Q\to P)$代换 Q。

e) 是由 b)式进行代换得到,用 R 代换 P,S 代换 Q,Q 代换 R,P 代换 S。

1-11 试把原子命题表示为 P,Q,R 等,然后用符号译出下列各句子:

a) 或者你没有写信,或者它在途中丢失了;

b) 如果张三和李四都不去,他就去;

c) 我们不能既划船又跑步;

d) 如果你来了,那末他唱不唱歌将看你是否伴奏而定。

【1-3.(5)】

解 a) 设 P:你没有给我写信。R:信在途中丢失了。则有:

$$P\overline{\vee}Q$$

b) 设 P:张三不去。Q:李四不去。R:他就去。则有:

$$(P\wedge Q)\to R$$

c) 设 P:我们能划船。Q:我们能跑步。则有:

$$\neg(P\wedge Q)$$

d) 设 P:你来了。Q:他唱歌。R:你伴奏。则有:

$$P\to(Q\rightleftarrows R)$$

1-12 一个人起初说"占据空间的,有质量的而且不断变化的叫做物质";后来他改说"占据空间的有质量的叫做物质,而物质是不断变化的"。问他前后主张的差异在什么地方,试以命题形式进行分析。【1-3.(6)】

解 P:它占据空间。 R:它不断变化。

Q:它有质量。 S:它是物质。

这个人开头主张: $(P\wedge Q\wedge R)\rightleftarrows S$

后来改说：　　$(P\wedge Q\rightleftarrows S)\wedge(S\rightarrow R)$

此人开头主张和后来主张不同点在于：后来认为如有 $P\wedge Q$ 必同时有 R，开头时没有这样的主张。

1-13　用符号形式写出下列命题：

a）假如上午不下雨，我去看电影；否则就在家里读书或看报。

b）我今天进城，除非下雨。

c）仅当你走，我将留下。　【1-3.(7)】

解　a）P：上午天下雨。Q：我去看电影。

R：我在家读书。S：我在家看报。

$$(\neg P\rightarrow Q)\overline{\vee}(P\rightarrow(R\vee S))$$

b）P：我今天进城。Q：天下雨。

$$\neg Q\rightarrow P$$

c）P：你走了。Q：我留下。

$$Q\rightarrow P$$

1-14　求下列各复合命题的真值表：

a）$P\rightarrow(Q\vee R)$；

b）$(P\vee R)\wedge(P\rightarrow Q)$；

c）$(P\vee Q)\rightleftarrows(Q\vee R)$；

d）$(P\vee\neg Q)\wedge R$；

e）$(P\rightarrow(Q\rightarrow R))\rightarrow((P\rightarrow Q)\rightarrow(P\rightarrow R))$。　【1-4.(1)】

解　a）见表 1-5。

表 1-5

P	Q	R	$Q\vee R$	$P\rightarrow(Q\vee R)$
T	**T**	**T**	**T**	**T**
T	**T**	**F**	**T**	**T**
T	**F**	**T**	**T**	**T**
T	**F**	**F**	**F**	**F**
F	**T**	**T**	**T**	**T**
F	**T**	**F**	**T**	**T**
F	**F**	**T**	**T**	**T**
F	**F**	**F**	**F**	**T**

b）见表 1-6。

表 1-6

P	Q	R	$P\vee R$	$P\rightarrow Q$	$(P\vee Q)\wedge(P\rightarrow Q)$
T	T	T	T	T	T
T	T	F	T	T	T
T	F	T	T	F	F
T	F	F	T	F	F
F	T	T	T	T	T
F	T	F	F	T	F
F	F	T	T	T	T
F	F	F	F	T	F

c）见表 1-7。

表 1-7

P	Q	R	$P\vee Q$	$Q\vee R$	$(P\vee Q)\rightleftarrows(Q\vee R)$
T	T	T	T	T	T
T	T	F	T	T	T
T	F	T	T	T	T
T	F	F	T	F	F
F	T	T	T	T	T
F	T	F	T	T	T
F	F	T	F	T	F
F	F	F	F	F	T

d）见表 1-8。

表 1-8

P	Q	R	$\neg Q$	$P\vee\neg Q$	$(P\vee\neg Q)\wedge R$
T	T	T	F	T	T
T	T	F	F	T	F
T	F	T	T	T	T
T	F	F	T	T	F
F	T	T	F	F	F
F	T	F	F	F	F
F	F	T	T	T	T
F	F	F	T	T	F

e）设 $S \Leftrightarrow (P \to (Q \to R)) \to ((P \to Q) \to (P \to R))$，见表 1-9。

表 1-9

P Q R	$Q \to R$	$P \to (Q \to R)$	$P \to Q$	$P \to R$	$(P \to Q) \to (P \to R)$	S
T T T	**T**	**T**	**T**	**T**	**T**	**T**
T T F	**F**	**F**	**T**	**F**	**F**	**T**
T F T	**T**	**T**	**F**	**T**	**T**	**T**
T F F	**T**	**T**	**F**	**F**	**T**	**T**
F T T	**T**	**T**	**T**	**T**	**T**	**T**
F T F	**F**	**T**	**T**	**T**	**T**	**T**
F F T	**T**	**T**	**T**	**T**	**T**	**T**
F F F	**T**	**T**	**T**	**T**	**T**	**T**

1－15 试求下列命题的真值表并解释其结果。

a）$(P \to Q) \wedge (Q \to P)$；

b）$(P \wedge Q) \to P$；

c）$Q \to (P \vee Q)$；

d）$(P \to Q) \rightleftarrows (\neg P \vee Q)$；

e）$(\neg P \vee Q) \wedge (\neg(\neg P \wedge \neg Q))$。 【1-4.(2)】

解

a）从真值表 1-10 中可看出

$$(P \to Q) \wedge (Q \to P) \Leftrightarrow P \rightleftarrows Q$$

表 1-10

P	Q	$P \to Q$	$Q \to P$	$(P \to Q) \wedge (Q \to P)$
T	**T**	**T**	**T**	**T**
T	**F**	**F**	**T**	**F**
F	**T**	**T**	**F**	**F**
F	**F**	**T**	**T**	**T**

b）从真值表 1-11 中可看出，$(P \wedge Q) \to P$ 是一个永真式。

c）从真值表 1-12 中可看出，$Q \to (P \vee Q)$是一个永真式。

d）从真值表 1-13 中可看出，$(P \to Q) \rightleftarrows (\neg P \vee Q)$是永真式。

e）从真值表 1-14 中可看出，

$$(\neg P \vee Q) \wedge (\neg (P \wedge \neg Q))$$
$$\Leftrightarrow \neg P \vee Q$$
$$\Leftrightarrow P \to Q \Leftrightarrow \neg (P \wedge \neg Q)$$

表 1-11

P	Q	$P \wedge Q$	$(P \wedge Q) \to P$
T	**T**	**T**	**T**
T	**F**	**F**	**T**
F	**T**	**F**	**T**
F	**F**	**F**	**T**

表 1-12

P	Q	$P \vee Q$	$Q \to (P \vee Q)$
T	**T**	**T**	**T**
T	**F**	**T**	**T**
F	**T**	**T**	**T**
F	**F**	**F**	**T**

表 1-13

P	Q	$\neg P$	$P \to Q$	$\neg P \vee Q$	$(P \to Q) \rightleftarrows (\neg P \vee Q)$
T	**T**	**F**	**T**	**T**	**T**
T	**F**	**F**	**F**	**F**	**T**
F	**T**	**T**	**T**	**T**	**T**
F	**F**	**T**	**T**	**T**	**T**

表 1-14

P	Q	$\neg P$	$\neg Q$	$\neg P \vee Q$	$\neg (P \wedge \neg Q)$	$(\neg P \vee Q) \wedge (\neg (P \wedge \neg Q))$
T	**T**	**F**	**F**	**T**	**T**	**T**
T	**F**	**F**	**T**	**F**	**F**	**F**
F	**T**	**T**	**F**	**T**	**T**	**T**
F	**F**	**T**	**T**	**T**	**T**	**T**

1-16 作出下列命题的真值表：并非“室内很冷或很乱”，也不是“室外暖和且室内太脏”。 【1-4.(3)】

解 P:室内很冷。Q:室内很乱。

R:室外暖和。S:室内太脏。

本题可用符号表示为:

$$\neg(P\vee Q)\wedge\neg(R\wedge S)$$

其真值表如表 1-15。

表 1-15

P	Q	R	S	$\neg(P\vee Q)$	$\neg(R\wedge S)$	$\neg(P\vee Q)\wedge\neg(R\wedge S)$
T	**T**	**T**	**T**	**F**	**F**	**F**
T	**T**	**T**	**F**	**F**	**T**	**F**
T	**T**	**F**	**T**	**F**	**T**	**F**
T	**T**	**F**	**F**	**F**	**T**	**F**
T	**F**	**T**	**T**	**F**	**F**	**F**
T	**F**	**T**	**F**	**F**	**T**	**F**
T	**F**	**F**	**T**	**F**	**T**	**F**
T	**F**	**F**	**F**	**F**	**T**	**F**
F	**T**	**T**	**T**	**F**	**F**	**F**
F	**T**	**T**	**F**	**F**	**T**	**F**
F	**T**	**F**	**T**	**F**	**T**	**F**
F	**T**	**F**	**F**	**F**	**T**	**F**
F	**F**	**T**	**T**	**T**	**F**	**F**
F	**F**	**T**	**F**	**T**	**T**	**T**
F	**F**	**F**	**T**	**T**	**T**	**T**
F	**F**	**F**	**F**	**T**	**T**	**T**

1-17 试以真值表证明下列命题:

a) 合取运算之结合律;

b) 析取运算之结合律;

c) 合取($\wedge$)对析取($\vee$)之分配律;

d) 德·摩根律。 【1-4.(4)】

解 a) 如表 1-16。

$$P\wedge(Q\wedge R)\Leftrightarrow(P\wedge Q)\wedge R$$

b) 如表 1-17。

$$P\vee(Q\vee R)\Leftrightarrow(P\vee Q)\vee R$$

表 1-16

P	Q	R	$Q\wedge R$	$P\wedge(Q\wedge R)$	$P\wedge Q$	$(P\wedge Q)\wedge R$
T	**T**	**T**	**T**	**T**	**T**	**T**
T	**T**	**F**	**F**	**F**	**T**	**F**
T	**F**	**T**	**F**	**F**	**F**	**F**
T	**F**	**F**	**F**	**F**	**F**	**F**
F	**T**	**T**	**T**	**F**	**F**	**F**
F	**T**	**F**	**F**	**F**	**F**	**F**
F	**F**	**T**	**F**	**F**	**F**	**F**
F	**F**	**F**	**F**	**F**	**F**	**F**

表 1-17

P	Q	R	$Q\vee R$	$P\vee(Q\vee R)$	$P\vee Q$	$(P\vee Q)\vee R$
T	**T**	**T**	**T**	**T**	**T**	**T**
T	**T**	**F**	**T**	**T**	**T**	**T**
T	**F**	**T**	**T**	**T**	**T**	**T**
T	**F**	**F**	**F**	**T**	**T**	**T**
F	**T**	**T**	**T**	**T**	**T**	**T**
F	**T**	**F**	**T**	**T**	**T**	**T**
F	**F**	**T**	**T**	**T**	**F**	**T**
F	**F**	**F**	**F**	**F**	**F**	**F**

c）如表 1-18。

$$P\wedge(Q\vee R)\Leftrightarrow(P\wedge Q)\vee(P\wedge R)$$

表 1-18

P	Q	R	$Q\vee R$	$P\wedge(Q\vee R)$	$P\wedge R$	$P\wedge Q$	$(P\wedge Q)\vee(P\wedge R)$
T	**T**	**T**	**T**	**T**	**T**	**T**	**T**
T	**T**	**F**	**T**	**T**	**F**	**T**	**T**
T	**F**	**T**	**T**	**T**	**T**	**F**	**T**
T	**F**	**F**	**F**	**F**	**F**	**F**	**F**
F	**T**	**T**	**T**	**F**	**F**	**F**	**F**
F	**T**	**F**	**T**	**F**	**F**	**F**	**F**
F	**F**	**T**	**T**	**F**	**F**	**F**	**F**
F	**F**	**F**	**F**	**F**	**F**	**F**	**F**

d）如表1-19。

$$\neg(P\wedge Q)\Leftrightarrow\neg P\vee\neg Q,\neg(P\vee Q)\Leftrightarrow\neg P\wedge\neg Q$$

表 1-19

P	Q	$\neg P$	$\neg Q$	$\neg P\vee\neg Q$	$\neg(P\wedge Q)$	$\neg P\wedge\neg Q$	$\neg(P\vee Q)$
T	**T**	**F**	**F**	**F**	**F**	**F**	**F**
T	**F**	**F**	**T**	**T**	**T**	**F**	**F**
F	**T**	**T**	**F**	**T**	**T**	**F**	**F**
F	**F**	**T**	**T**	**T**	**T**	**T**	**T**

1-18 由表1-20求出公式E_1，E_2，E_3，E_4，E_5，E_6。在表上有问号(?)的地方以F或T代入都可以，只要所求公式形式较简单。【1-4.(5)】

表 1-20

P	Q	R	E_1	E_2	E_3	E_4	E_5	E_6
T	**T**	**T**	**T**	**F**	**T**	**T**	**F**	? **F**
T	**T**	**F**	**F**	**F**	**T**	**F**	**F**	? **F**
T	**F**	**T**	**T**	**F**	**F**	**T**	**T**	? **F**
T	**F**	**F**	**F**	**T**	**F**	**T**	? **T**	? **F**
F	**T**	**T**	**T**	**F**	**F**	**T**	**T**	**F**
F	**T**	**F**	**T**	**F**	**F**	**F**	**T**	**F**
F	**F**	**T**	**T**	**F**	**T**	**T**	? **T**	**F**
F	**F**	**F**	**F**	**T**	**F**	**T**	? **T**	**T**

解 如表1-20，对问号所填的情况，可得公式$E_1\sim E_6$，可表达为：

E_1：$(Q\rightarrow P)\rightarrow R$

E_2：$(P\wedge\neg Q\wedge\neg R)\vee(\neg P\wedge\neg Q\wedge\neg R)$

E_3：$(P\rightleftarrows Q)\wedge(Q\vee R)$

E_4：$(\neg P\vee\neg Q\vee R)\wedge(P\vee\neg Q\vee R)$

E_5：$(\neg P\vee\neg Q\vee R)\wedge(\neg P\vee\neg Q\vee\neg R)$

E_6：$\neg(P\vee Q\vee R)$

1-19 表1-21为含有两个变元的命题公式的各种情况的

真值表；对于每一列，试写出一个至多包含此两个变元的命题公式。 【1-4.(6)】

表 1-21

P	Q	1	2	3	4	5	6	7	8
T	***T***	***F***	***F***	***F***	***F***	***F***	***F***	***F***	***F***
T	***F***	***F***	***F***	***F***	***F***	***T***	***T***	***T***	***T***
F	***T***	***F***	***F***	***T***	***T***	***F***	***F***	***T***	***T***
F	***F***	***F***	***T***	***F***	***T***	***F***	***T***	***F***	***T***
P	Q	9	10	11	12	13	14	15	16
T	***T***	***T***	***T***	***T***	***T***	***T***	***T***	***T***	***T***
T	***F***	***F***	***F***	***F***	***F***	***T***	***T***	***T***	***T***
F	***T***	***F***	***F***	***T***	***T***	***F***	***F***	***T***	***T***
F	***F***	***F***	***T***	***F***	***T***	***F***	***T***	***F***	***T***

解 由上表可得有关公式为：

1. F； 2. $\neg(P \vee Q)$； 3. $\neg(Q \rightarrow P)$； 4. $\neg P$； 5. $\neg(P \rightarrow Q)$； 6. $\neg Q$； 7. $7(P \rightleftarrows Q)$； 8. $\neg(P \wedge Q)$； 9. $P \wedge Q$； 10. $P \rightleftarrows Q$； 11. Q； 12. $P \rightarrow Q$； 13. P； 14. $Q \rightarrow P$； 15. $P \vee Q$； 16. T。

1-20 证明下列等价式：

a) $A \rightarrow (B \rightarrow A) \Leftrightarrow \neg A \rightarrow (A \rightarrow \neg B)$；

b) $\neg(A \rightleftarrows B) \Leftrightarrow (A \vee B) \wedge \neg(A \wedge B)$；

c) $\neg(A \rightarrow B) \Leftrightarrow A \wedge \neg B$；

d) $\neg(A \rightleftarrows B) \Leftrightarrow (A \wedge \neg B) \vee (\neg A \wedge B)$；

e) $(((A \wedge B) \wedge C) \rightarrow D) \wedge (C \rightarrow (A \vee (B \wedge D))) \Leftrightarrow ((C \wedge (A \rightleftarrows B)) \rightarrow D)$；

f) $A \rightarrow (B \vee C) \Leftrightarrow (A \wedge \neg B) \rightarrow C$；

g) $(A \rightarrow D) \wedge (B \rightarrow D) \Leftrightarrow (A \vee B) \rightarrow D$；

h) $((A \wedge B) \rightarrow C) \wedge (B \rightarrow (D \vee C)) \Leftrightarrow (B \wedge (D \rightarrow A)) \rightarrow C$。

【1-4.(7)】

证明 a) $A \rightarrow B \rightarrow A) \Leftrightarrow \neg A \vee (\neg B \vee A)$

$\Leftrightarrow A \vee (\neg A \vee \neg B) \Leftrightarrow A \vee (A \to \neg B)$

$\Leftrightarrow \neg A \to (A \to \neg B$

b) $\neg (A \rightleftarrows B) \Leftrightarrow \neg ((A \to B) \wedge (B \to A))$

$\Leftrightarrow \neg ((\neg A \vee B) \wedge (\neg B \vee A))$

$\Leftrightarrow \neg ((\neg A \wedge \neg B) \vee (\neg A \wedge A)$

$\vee (B \wedge \neg B) \vee (B \wedge A))$

$\Leftrightarrow \neg (\neg (A \vee B) \vee (A \wedge B))$

$\Leftrightarrow (A \vee B) \wedge \neg (A \wedge B)$

c) $\neg (A \to B) \Leftrightarrow \neg (\neg A \vee B) \Leftrightarrow A \wedge \neg B$

d) $\neg (A \rightleftarrows B) \Leftrightarrow \neg ((A \to B) \wedge (B \to A))$

$\Leftrightarrow \neg ((\neg A \vee B) \wedge (\neg B \vee A))$

$\Leftrightarrow (A \wedge \neg B) \vee (B \wedge \neg A)$

e) $(((A \wedge B \wedge C) \to D) \wedge (C \to (A \vee B \vee D)))$

$\Leftrightarrow ((\neg (A \wedge B \wedge C) \vee D)$

$\wedge (\neg C \vee (A \vee B \vee D)))$

$\Leftrightarrow (\neg A \vee \neg B \vee \neg C \vee D)$

$\wedge (\neg C \vee A \vee B \vee D)$

$\Leftrightarrow (\neg C \vee D) \vee [(\neg A \vee \neg B) \wedge (A \vee B)]$

$\Leftrightarrow (\neg C \vee D) \vee [(A \wedge \neg B) \vee (B \wedge \neg A)]$

$\Leftrightarrow (\neg C \vee D) \vee \neg [(\neg A \vee B) \wedge (\neg B \vee A)]$

$\Leftrightarrow \neg [C \wedge (\neg A \vee B) \wedge (\neg B \vee A)] \vee D$

$\Leftrightarrow \neg [C \wedge (A \to B) \wedge (B \to A] \vee D$

$\Leftrightarrow ((C \wedge (A \rightleftarrows B)) \to D)$

f) $A \to (B \vee C) \Leftrightarrow \neg A \vee (B \vee C)$

$\Leftrightarrow \neg (A \wedge \neg B) \vee C \Leftrightarrow (A \wedge \neg B) \to C$

g) $(A \to D) \wedge (B \to D) \Leftrightarrow (\neg A \vee D) \wedge (\neg B \vee D)$

$\Leftrightarrow (\neg A \wedge \neg B) \vee D \Leftrightarrow \neg (A \vee B) \vee D$

$\Leftrightarrow (A \vee B) \to D$

h) $((A \wedge B) \to C) \wedge (B \to (D \vee C))$

$\Leftrightarrow (\neg (A \wedge B) \vee C) \wedge (\neg B \vee (D \vee C))$

$$\Leftrightarrow(\neg A\vee\neg B\vee C)\wedge(\neg B\vee D\vee C)$$
$$\Leftrightarrow(\neg A\wedge D)\vee(\neg B\vee C)$$
$$\Leftrightarrow\neg B\vee(\neg A\wedge D)\vee C$$
$$\Leftrightarrow\neg(B\wedge(A\vee\neg D))\vee C$$
$$\Leftrightarrow(B\wedge(A\vee\neg D))\rightarrow C\Leftrightarrow(B\wedge(D\rightarrow A))\rightarrow C$$

1-21 化简以下各式：

a) $((A\rightarrow B)\rightleftarrows(\neg B\rightarrow\neg A))\wedge C$；

b) $A\vee(\neg A\vee(B\wedge\neg B))$；

c) $(A\wedge B\wedge C)\vee(\neg A\wedge B\wedge C)$。 【1-4.(8)】

解 a) $((A\rightarrow B)\rightleftarrows(\neg B\rightarrow\neg A))\wedge C$

$$\Leftrightarrow((A\rightarrow B)\rightleftarrows(A\rightarrow B))\wedge C\Leftrightarrow \boldsymbol{T}\wedge C\Leftrightarrow C$$

b) $A\vee(\neg A\vee(B\wedge\neg B))\Leftrightarrow A\vee(\neg A\vee \boldsymbol{F})$

$$\Leftrightarrow A\vee\neg A\Leftrightarrow \boldsymbol{T}$$

c) $(A\wedge B\wedge C)\vee(\neg A\wedge B\wedge C)$

$$\Leftrightarrow(A\vee\neg A)\wedge(B\wedge C)$$
$$\Leftrightarrow \boldsymbol{T}\wedge(B\wedge C)\Leftrightarrow B\wedge C$$

1-22 如果 $A\vee C\Leftrightarrow B\vee C$，是否有 $A\Leftrightarrow B$？如果 $A\wedge C\Leftrightarrow B\wedge C$，是否有 $A\Leftrightarrow B$？如果 $\neg A\Leftrightarrow\neg B$，是否有 $A\Leftrightarrow B$？ 【1-4.(9)】

解 1) 设有某种指派，使公式 C 的真值为 $\boldsymbol{T}$，但 A 的真值为 $\boldsymbol{T}$，B 的真值为 $\boldsymbol{F}$(或 A 为 $\boldsymbol{F}$，B 为 $\boldsymbol{T}$)，则 $A\vee C$ 和 $B\vee C$ 的真值都为 $\boldsymbol{T}$，故 $A\vee C\Leftrightarrow B\vee C$ 成立，但 $A\Leftrightarrow B$ 不一定成立。

2) 设有某种指派，使公式 C 的真值为 $\boldsymbol{F}$，但 A 的真值为 $\boldsymbol{T}$，B 的真值为 $\boldsymbol{F}$(或 A 为 $\boldsymbol{F}$，B 为 $\boldsymbol{T}$)，则 $A\wedge C$ 和 $B\wedge C$ 的真值均为 $\boldsymbol{F}$。故 $A\wedge C\Leftrightarrow B\wedge C$ 成立时，$A\Leftrightarrow B$ 不一定成立。

3) 因为 $(A\rightarrow B)\Leftrightarrow(\neg B\rightarrow\neg A)$，所以 $\neg B\rightarrow\neg A$ 为永真式时，$A\rightarrow B$ 也是永真式。即 $\neg B\Rightarrow\neg A$ 时，$A\Rightarrow B$。

同理 $\neg A\Rightarrow\neg B$ 时，$B\Rightarrow A$，所以 $\neg B\Leftrightarrow\neg A$ 时，必有 $A\Leftrightarrow B$。

1-23 试证下列各式为重言式：

a) $(P\wedge(P\rightarrow Q))\rightarrow Q$；

b) $\neg P\rightarrow(P\rightarrow Q)$；

c) $((P\to Q)\wedge(Q\to R))\to(P\to R)$;

d) $((a\wedge b)\vee(b\wedge c)\vee(c\wedge a))\rightleftarrows((a\vee b)\wedge(b\vee c)\wedge(c\vee a))$。【1-5.(1)】

证明 a) $(P\wedge(P\to Q))\to Q\Leftrightarrow(P\wedge(\neg P\vee Q))\to Q$

$$\Leftrightarrow((P\wedge\neg P)\vee(P\wedge Q))\to Q$$

$$\Leftrightarrow(P\wedge Q)\to Q\Leftrightarrow\neg(P\wedge Q)\vee Q$$

$$\Leftrightarrow\neg P\vee\neg Q\vee Q\Leftrightarrow\neg P\vee \boldsymbol{T}\Leftrightarrow \boldsymbol{T}$$

b) $\neg P\to(P\to Q)\Leftrightarrow P\vee(\neg P\vee Q)\Leftrightarrow \boldsymbol{T}\vee Q\Leftrightarrow \boldsymbol{T}$

c) 因为 $(P\to Q)\wedge(Q\to R)\Rightarrow P\to R$

所以 $((P\to Q)\wedge(Q\to R))\to(P\to R)$

为重言式。

d) 因为 $(a\wedge b)\vee(b\wedge c)\vee(c\wedge a)$

$$\Leftrightarrow(b\wedge(a\vee c))\vee(c\wedge a)$$

$$\Leftrightarrow(b\vee(c\wedge a))\wedge((a\vee c)\vee(c\wedge a))$$

$$\Leftrightarrow(b\vee c)\wedge(b\vee a)\wedge(a\vee c)$$

所以 $((a\wedge b)\vee(b\wedge c)\vee(c\wedge a))\rightleftarrows((a\vee b)\wedge(b\vee c)\wedge(c\vee a))$

是重言式。

1-24 不构造真值表证明下列蕴含式:

a) $(P\to Q)\Rightarrow P\to(P\wedge Q)$;

b) $(P\to Q)\to Q\Rightarrow P\vee Q$;

c) $(Q\to(P\wedge\neg P))\to(R\to(R\to(P\wedge\neg P))\Rightarrow R\to Q$。

【1-5.(2)】

证明 a) 解法 1 设 $P\to Q$ 为 $\boldsymbol{T}$,

(1) 若 P 为 $\boldsymbol{T}$, 得 Q 为 $\boldsymbol{T}$, 所以 $P\wedge Q$ 为 $\boldsymbol{T}$, 故 $P\to(P\wedge Q)$ 为 $\boldsymbol{T}$。

(2) 若 P 为 $\boldsymbol{F}$, 得 Q 为 $\boldsymbol{F}$, 所以 $P\wedge Q$ 为 $\boldsymbol{F}$, 故 $P\to(P\wedge Q)$ 为 $\boldsymbol{T}$。

解法 2 设 $P\to(P\wedge Q)$ 为 $\boldsymbol{F}$,则 P 为 $\boldsymbol{T}$,$P\wedge Q$ 为 $\boldsymbol{F}$,故必有 P 为 $\boldsymbol{T}$,Q 为 $\boldsymbol{F}$,所以 $P\to Q$ 为 $\boldsymbol{F}$。

解法 3 $(P\to Q)\Rightarrow(P\to(P\wedge Q))$

$$\Leftrightarrow \neg(\neg P \vee Q) \vee (\neg P \vee (P \wedge Q))$$

$$\Leftrightarrow \neg(\neg P \vee Q) \vee ((\neg P \vee P) \wedge (\neg P \vee Q)) \Leftrightarrow \boldsymbol{T}$$

所以 $(P \rightarrow Q) \Rightarrow (P \rightarrow (P \wedge Q))$

b) 设 $P \vee Q$ 为 $\boldsymbol{F}$,则 P 为 $\boldsymbol{F}$ 且 Q 为 $\boldsymbol{F}$,故 $P \rightarrow Q$ 为 $\boldsymbol{T}$,$(P \rightarrow Q) \rightarrow Q$ 为 $\boldsymbol{F}$。所以$(P \rightarrow Q) \rightarrow Q \Rightarrow P \vee Q$。

c) 设 $R \rightarrow Q$ 为 $\boldsymbol{F}$, 则 R 为 $\boldsymbol{T}$, Q 为 $\boldsymbol{F}$。因 $P \wedge \neg P$ 为 $\boldsymbol{F}$,所以 $Q \rightarrow (P \wedge \neg P)$ 为 $\boldsymbol{T}$, $R \rightarrow (P \wedge \neg P)$ 为 $\boldsymbol{F}$, 于是得到: $R \rightarrow (R \rightarrow (P \wedge \neg P))$ 为 $\boldsymbol{F}$。则

$$(Q \rightarrow (P \wedge \neg P)) \rightarrow (R \rightarrow (R \rightarrow (P \wedge \neg P))$$

为 $\boldsymbol{F}$。即

$$(Q \rightarrow (P \wedge \neg P)) \rightarrow (R \rightarrow (R \rightarrow (P \wedge \neg P)) \Rightarrow R \rightarrow Q$$

成立。

1-25 设 P 表示命题“8 是偶数”。Q 表示命题“糖是甜的”,试以句子写出:

a) $P \rightarrow Q$;

b) 写出 a)的逆换式;

c) 写出 a)的反换式;

d) 写出 a)的逆反式。 【1-5.(3)】

解 a) $P \rightarrow Q$ 表示命题:如果 8 是偶数,则糖是甜的。

b) $Q \rightarrow P$ 表示命题:如果糖是甜的,则 8 是偶数。

c) $\neg P \rightarrow \neg Q$ 表示命题:如果 8 不是偶数,则糖不是甜的。

d) $\neg Q \rightarrow \neg P$ 表示命题:如果糖不是甜的,则 8 不是偶数。

1-26 叙述下列命题的逆换式和逆反式,并以符号写出:

a) 如果天下雨,我不去。

b) 仅当你走,我将留下。

c) 如果我不能获得更多帮助,我不能完成这个任务。

【1-5.(4)】

解 a) 设 P:天下雨。Q:我不去。有式 $P \rightarrow Q$。则其:

逆换式 $Q \rightarrow P$ 表示命题:如果我不去,则天下雨。

逆反式 $\neg Q \rightarrow \neg P$ 表示命题:如果我去,则天不下雨。

b) 在本题中，原命题：仅当你走我将留下，理解为：我留下的必要条件是你走。或者就是你不走则我不留下。

设 S：你走了。R：我将留下。有式 $R\rightarrow S$。

逆换式 $S\rightarrow R$ 表示命题：如果你走了则我将留下。

逆反式 $\neg S\rightarrow\neg R$ 表示命题：如果你不走，则我不留下。

c) 设 E：我不能获得更多帮助。H：我不能完成这个任务。

$$E\rightarrow H$$

逆换式 $H\rightarrow E$ 表示命题：我不能完成这个任务，则我不能获得更多帮助。

逆反式 $\neg H\rightarrow\neg E$ 表示命题：我完成这个任务，则我能获得更多帮助。

1-27 试证明 $P\rightleftarrows Q$，Q 逻辑蕴含 P。 【1-5.(5)】

证明 本题要求证明 $(P\rightleftarrows Q)\wedge Q\Rightarrow P$。设 $(P\rightleftarrows Q)\wedge Q$ 为 $\boldsymbol{T}$，则 $P\rightleftarrows Q$ 为 $\boldsymbol{T}$，Q 为 $\boldsymbol{T}$，故由 $\rightleftarrows$ 的定义，必有 P 为 $\boldsymbol{T}$。所以

$$(P\rightleftarrows Q)\wedge Q\Rightarrow P$$

1-28 检验下述论证的有效性：

如果我学习，那么我数学不会不及格。

如果我不热衷于玩扑克，那么我将学习。

但我数学课不及格，因此我热衷于玩扑克。 【1-5.(6)】

解 设 P：我学习。Q：我的数学课考试不及格。R：我热衷于玩扑克。本题符号化为：

$$P\rightarrow\neg Q,\ \neg R\rightarrow P,\ Q\Rightarrow R$$

验证：设 $(P\rightarrow\neg Q)\wedge(\neg R\rightarrow P)\wedge Q$ 为 $\boldsymbol{T}$，则因 Q 为 $\boldsymbol{T}$，$P\rightarrow\neg Q$ 为 $\boldsymbol{T}$，可得 P 为 $\boldsymbol{F}$，由 $\neg R\rightarrow P$ 为 $\boldsymbol{T}$，得到 $\neg R$ 为 $\boldsymbol{F}$，即 R 为 $\boldsymbol{T}$，故本题论证有效。

1-29 用符号写出下列各式，并且验证论证的有效性：

如果 6 是偶数，则 7 被 2 除不尽。

或 5 不是素数，或 7 被 2 除尽。

但 5 是素数。

所以 6 是奇数。 【1-5.(7)】

解 设P:6是偶数。Q:7被2除尽。R:5是素数。故本题符号化为;

$$(P\rightarrow\neg Q)\wedge(\neg R\vee Q)\wedge R\Rightarrow\neg P$$

验证:设$(P\rightarrow\neg Q)\wedge(\neg R\vee Q)\wedge R$为$\boldsymbol{T}$,则有$R$为$\boldsymbol{T}$,且$\neg R\vee Q$为$\boldsymbol{T}$,故$Q$为$\boldsymbol{T}$,再因$P\rightarrow\neg Q$为$\boldsymbol{T}$,得到$\neg P$为$\boldsymbol{T}$。

注意:本题结论6是奇数(即6不是偶数)与实际意义虽然不符,但其前提中或5不是素数,或7被2除尽,也不符实际意义。故本题仅是逻辑推证有效。

1-30 逻辑推证以下各式:

a) $P\Rightarrow(\neg P\rightarrow Q)$;

b) $\neg A\wedge B\wedge C\Rightarrow C$;

c) $C\Rightarrow A\vee B\vee\neg B$;

d) $\neg(A\wedge B)\Rightarrow\neg A\vee\neg B$;

e) $\neg A\rightarrow(B\vee C),D\vee E,(D\vee E)\rightarrow\neg A\Rightarrow B\vee C$;

f) $(A\wedge B)\rightarrow C,\neg D,\neg C\vee D\Rightarrow\neg A\vee\neg B$。 【1-5.(8)】

证明 a) 假定P为$\boldsymbol{T}$,则$\neg P$为$\boldsymbol{F}$,故$\neg P\rightarrow Q$为$\boldsymbol{T}$。

b) 假定$\neg A\wedge B\wedge C$为$\boldsymbol{T}$,则C为$\boldsymbol{T}$。

c) 因为$A\vee B\vee\neg B$为永真,故$C\Rightarrow A\vee B\vee\neg B$成立。

d) 假定$\neg(A\wedge B)$为$\boldsymbol{T}$,则$A\wedge B$为$\boldsymbol{F}$。

若A为$\boldsymbol{F}$,B为$\boldsymbol{T}$,则$\neg A$为$\boldsymbol{T}$,$\neg B$为$\boldsymbol{F}$,故$\neg A\vee\neg B$为$\boldsymbol{T}$;若A为$\boldsymbol{T}$,B为$\boldsymbol{F}$,则$\neg A$为$\boldsymbol{F}$,$\neg B$为$\boldsymbol{T}$,故$\neg A\vee\neg B$为$\boldsymbol{T}$;若A为$\boldsymbol{F}$,B为$\boldsymbol{F}$,则$\neg A$为$\boldsymbol{T}$,$\neg B$为$\boldsymbol{T}$,故$\neg A\vee\neg B$为$\boldsymbol{T}$。故$\neg(A\wedge B)\Rightarrow\neg A\vee\neg B$成立。

e) 假定$\neg A\rightarrow(B\vee C),D\vee E,(D\vee E)\rightarrow\neg A$为$\boldsymbol{T}$,则因为$D\vee E$与$(D\vee E)\rightarrow\neg A$为$\boldsymbol{T}$,必有$\neg A$为$\boldsymbol{T}$,又$\neg A\rightarrow(B\vee C)$为$\boldsymbol{T}$,故有$B\vee C$为$\boldsymbol{T}$。

f) 假定$\neg A\vee\neg B$为$\boldsymbol{F}$,则$\neg(A\wedge B)$为$\boldsymbol{F}$。因为在条件式$(A\wedge B)\rightarrow C$中,$A\wedge B$为$\boldsymbol{T}$,故:

(1) 若C为$\boldsymbol{T}$,则$\neg C$为$\boldsymbol{F}$,若D为$\boldsymbol{T}$,则$\neg D$为$\boldsymbol{F}$,故有$((A\wedge B)\rightarrow C)\wedge(\neg D)\wedge(\neg C\vee D)$为$\boldsymbol{F}$。

(2) 若 D 为 $\mathbf{F}$,则 $\neg C \vee D$ 为 $\mathbf{F}$,故 $((A \wedge B) \to C) \wedge (\neg D) \wedge (\neg C \vee D)$ 为 $\mathbf{F}$。

(3) 若 C 为 $\mathbf{F}$,则 $(A \wedge B) \to C$ 为 $\mathbf{F}$,因此 $((A \wedge B) \to C) \wedge (\neg D) \wedge (\neg C \vee D)$ 为 $\mathbf{F}$。

综上各种情况 $(A \wedge B) \to C, \neg D, \neg C \vee D \Rightarrow \neg A \vee \neg B$ 成立。

1-31 求与下列命题等价的逆反式:

a) 如果他有勇气,他将得胜。

b) 仅当他不累,他将得胜。 【1-5.(9)】

解 a) 设 P:他有勇气。R:他将得胜。$P \to R$。逆反式 $\neg R \to \neg P$ 表示命题:如他不得胜,则他没有勇气。

b) 设 E:他不累。R:他将得胜。$R \to E$。逆反式 $\neg E \to \neg R$ 表示命题:他累了则他不能得胜。

1-32 已知 A 是 B 的充分条件,B 是 C 的必要条件,C 是 D 的必要条件,D 是 B 的必要条件,问:

a) A 是 D 的什么条件?

b) B 是 D 的什么条件?

解 已知 $A \Rightarrow B, C \Rightarrow B, D \Rightarrow C, B \Rightarrow D$,故有

a) $A \Rightarrow B, B \Rightarrow D$,故 $A \Rightarrow D$,即 A 是 D 的充分条件。

b) B 是 D 的充分条件。

1-33 把下列各式用只含 $\vee$ 和 $\neg$ 的等价式表达,并要尽可能简单:

a) $(P \wedge Q) \wedge \neg P$;

b) $(P \to (Q \vee \neg R)) \wedge \neg P \wedge Q$;

c) $\neg P \wedge \neg Q \wedge (\neg R \to P)$。 【1-6.(1)】

解 a) $(P \wedge Q) \wedge \neg P \Leftrightarrow (\neg P \wedge P) \wedge Q \Leftrightarrow \neg (T \vee Q)$

b) $(P \to (Q \vee \neg R)) \wedge \neg P \wedge Q$

$$\begin{aligned}&\Leftrightarrow (\neg P \vee Q \vee \neg R) \wedge \neg P \wedge Q\\&\Leftrightarrow (\neg P \wedge \neg P \wedge Q) \vee (Q \wedge \neg P \wedge Q)\\&\quad \vee (\neg R \wedge \neg P \wedge Q)\\&\Leftrightarrow (\neg P \wedge Q) \vee (\neg P \wedge Q) \vee (\neg P \wedge \neg R \wedge Q)\end{aligned}$$

$\Leftrightarrow \neg P \wedge Q \Leftrightarrow \neg(P \vee \neg Q)$

c) $\neg P \wedge \neg Q \wedge (\neg R \to P) \Leftrightarrow \neg P \wedge \neg Q \wedge (R \vee P)$

$\Leftrightarrow (\neg P \wedge \neg Q \wedge R) \vee (\neg P \wedge \neg Q \wedge P)$

$\Leftrightarrow (\neg P \wedge \neg Q \wedge R) \vee \boldsymbol{F} \Leftrightarrow (\neg P \vee Q \vee \neg R)$

1-34 对下列各式仅用“或非”($\downarrow$)表达:

a) $\neg P$;

b) $P \vee Q$;

c) $P \wedge Q$。 【1-6.(2)】

解 a) $\neg P \Leftrightarrow P \downarrow P$

b) $P \vee Q \Leftrightarrow \neg(P \downarrow Q) \Leftrightarrow (P \downarrow Q) \downarrow (P \downarrow Q)$

c) $P \wedge Q \Leftrightarrow \neg P \downarrow \neg Q \Leftrightarrow (P \downarrow P) \downarrow (Q \downarrow Q)$

1-35 把 $P \to (\neg P \to Q)$ 表示为只含“$\uparrow$”的等价公式,把同样的公式表示为只含“$\downarrow$”的等价公式。 【1-6.(3)】

解 $P \to (\neg P \to Q) \Leftrightarrow \neg P \vee (P \vee Q) \Leftrightarrow \boldsymbol{T} \vee Q \Leftrightarrow \boldsymbol{T}$

$\Leftrightarrow \neg P \vee P \Leftrightarrow (\neg P \uparrow \neg P) \uparrow (P \uparrow P) \Leftrightarrow P \uparrow (P \uparrow P)$

$\Leftrightarrow ((P \downarrow P) \downarrow P) \downarrow ((P \downarrow P) \downarrow P)$

1-36 把 $P \uparrow Q$ 表示为只含有“$\downarrow$”的等价公式,把 $P \downarrow Q$ 表示为只含有“$\uparrow$”的等价公式。 【1-6.(4)】

解 $P \uparrow Q \Leftrightarrow \neg(P \wedge Q) \Leftrightarrow \neg P \vee \neg Q$

$\Leftrightarrow (P \downarrow P) \vee (Q \downarrow Q)$

$\Leftrightarrow ((P \downarrow P) \downarrow (Q \downarrow Q)) \downarrow ((P \downarrow P) \downarrow (Q \downarrow Q))$

$P \downarrow Q \Leftrightarrow \neg(P \vee Q) \Leftrightarrow \neg P \wedge \neg Q$

$\Leftrightarrow (P \uparrow P) \wedge (Q \uparrow Q)$

$\Leftrightarrow ((P \uparrow P) \uparrow (Q \uparrow Q)) \uparrow ((P \uparrow P) \uparrow (Q \uparrow Q))$

1-37 证明:a) $\neg(B \uparrow C) \Leftrightarrow \neg B \downarrow \neg C$;

b) $\neg(B \downarrow C) \Leftrightarrow \neg B \uparrow \neg C$。 【1-6.(5)】

证明 a) $\neg(B \uparrow C) \Leftrightarrow B \wedge C \Leftrightarrow \neg(\neg B \vee \neg C)$

$\Leftrightarrow \neg B \downarrow \neg C$

b) $\neg(B \downarrow C) \Leftrightarrow B \vee C \Leftrightarrow \neg(\neg B \wedge \neg C)$

$\Leftrightarrow \neg B \uparrow \neg C$

1-38 联结词"$\uparrow$"和"$\downarrow$"服从结合律吗？ 【1-6.(6)】

解 联结词"$\uparrow$"和"$\downarrow$"不满足结合律。举例如下：

a) 给出一组指派：P 为 $\boldsymbol{F}$，Q 为 $\boldsymbol{T}$，R 为 $\boldsymbol{T}$，则 $(P\uparrow Q)\uparrow R$ 为 $\boldsymbol{F}$，但 $P\uparrow(Q\uparrow R)$ 为 $\boldsymbol{T}$，故

$$(P\uparrow Q)\uparrow R \not\Leftrightarrow P\uparrow(Q\uparrow R)$$

b) 给出一组指派：P 为 $\boldsymbol{T}$，Q 为 $\boldsymbol{F}$，R 为 $\boldsymbol{F}$，则 $(P\downarrow Q)\downarrow R$ 为 $\boldsymbol{T}$，$P\downarrow(Q\downarrow R)$ 为 $\boldsymbol{F}$，即

$$(P\downarrow Q)\downarrow R \not\Leftrightarrow P\downarrow(Q\downarrow R)$$

1-39 证明$\{\rightleftarrows,\neg\}$和$\{\overline{\vee},\neg\}$不是最小联结词组。

【1-6.(7)】

证明 由例题 1-3，已证$\{\rightleftarrows,\neg\}$不是最小联结词组，又因为 $P\overline{\vee}Q\Leftrightarrow\neg(P\rightleftarrows Q)$，故任何命题公式中的联结词，如仅用$\{\neg,\overline{\vee}\}$表达，则必可用$\{\rightleftarrows,\neg\}$表达，其逆亦真。故$\{\neg,\overline{\vee}\}$也必不是最小联结词组。

1-40 证明$\{\vee\}$，$\{\wedge\}$和$\{\rightarrow\}$不是最小联结词组。【1-6.(8)】

证明 若$\{\vee\}$或$\{\wedge\}$是最小联结词组，则

$$\neg P\Leftrightarrow(P\vee\cdots)$$

$$\neg P\Leftrightarrow(P\wedge\cdots)$$

对所有命题变元指派 $\boldsymbol{T}$，则等价式左边为 $\boldsymbol{F}$，右边为 $\boldsymbol{T}$，与等价表达式矛盾。

若$\{\rightarrow\}$是最小联结词组，则

$$\neg P\Leftrightarrow P\rightarrow(P\rightarrow(P\rightarrow\cdots)\cdots)$$

对所有命题变元指派 $\boldsymbol{T}$，则等价式左边为 $\boldsymbol{F}$，右边为 $\boldsymbol{T}$，矛盾。

1-41 证明$\{\neg,\rightarrow\}$，$\{\neg,\overset{c}{\rightarrow}\}$是最小联结词组。 【1-6.(9)】

证明 因为$\{\neg,\vee\}$是最小联结词组，且 $P\vee Q\Leftrightarrow\neg P\rightarrow Q$，故$\{\neg,\rightarrow\}$是功能完备的联结词组，又$\{\neg\}$和$\{\rightarrow\}$都不是功能完备的，所以$\{\neg,\rightarrow\}$为最小联结词组。

又因为 $P\rightarrow Q\Leftrightarrow\neg(P\overset{c}{\rightarrow}Q)$，故$\{\neg,\overset{c}{\rightarrow}\}$也是功能完备的联结

词组。但$\{\overset{c}{\rightarrow}\}$不是功能完备的。因为若不然，则

$$\neg P \Leftrightarrow P \overset{c}{\rightarrow} (P \overset{c}{\rightarrow} \cdots (P \overset{c}{\rightarrow} \cdots) \cdots)$$

对 P 指派 $\boldsymbol{F}$，左边的 $\neg P$ 为 $\boldsymbol{T}$，右边为 $\boldsymbol{F}$，矛盾。

所以$\{\neg, \overset{c}{\rightarrow}\}$是最小联结词组。

1-42 求公式 $P \wedge (P \rightarrow Q)$ 的析取范式和合取范式。

【1-7.(1)】

解 $P \wedge (P \rightarrow Q) \Leftrightarrow P \wedge (\neg P \vee Q)$

$\Leftrightarrow (P \wedge \neg P) \vee (P \wedge Q)$

$P \wedge (P \rightarrow Q) \Leftrightarrow P \wedge (\neg P \vee Q)$

$\Leftrightarrow (P \vee (Q \wedge \neg Q)) \wedge (\neg P \vee Q)$

$\Leftrightarrow (P \vee Q) \wedge (P \vee \neg Q) \wedge (\neg P \vee Q)$

1-43 把下列各式化为析取范式(每项两个变元)。

a) $(\neg P \wedge Q) \rightarrow R$;

b) $P \rightarrow ((Q \wedge R) \rightarrow S)$;

c) $\neg (P \vee \neg Q) \wedge (S \rightarrow T)$;

d) $(P \rightarrow Q) \rightarrow R$;

e) $\neg (P \wedge Q) \wedge (P \vee Q)$。 【1-7.(2)】

解 a) $(\neg P \wedge Q) \rightarrow R \Leftrightarrow \neg (\neg P \wedge Q) \vee R$

$\Leftrightarrow P \vee \neg Q \vee R \Leftrightarrow (P \wedge Q) \vee (P \wedge \neg Q)$

$\vee (\neg Q \wedge R) \vee (\neg Q \wedge \neg R)$

$\vee (R \wedge P) \vee (R \wedge \neg P)$

b) $P \rightarrow ((Q \wedge R \rightarrow S) \Leftrightarrow \neg P \vee (\neg (Q \wedge R) \vee S)$

$\Leftrightarrow \neg P \vee \neg Q \vee \neg R \vee S$

$\Leftrightarrow (\neg P \wedge Q) \vee (\neg P \wedge \neg Q) \vee (\neg Q \wedge R)$

$\vee (\neg Q \wedge \neg R) \vee (\neg R \wedge S)$

$\vee (\neg R \wedge \neg S) \vee (S \wedge \neg P) \vee (S \wedge P)$

c) $\neg (P \vee \neg Q) \wedge (S \rightarrow T) \Leftrightarrow (\neg P \wedge Q) \wedge (\neg S \vee T)$

$\Leftrightarrow (\neg P \wedge Q \wedge \neg S) \vee (\neg P \wedge Q \wedge T)$

d) $(P \rightarrow Q) \rightarrow R \Leftrightarrow \neg (\neg P \vee Q) \vee R$

$\Leftrightarrow (P \wedge \neg Q) \vee R \Leftrightarrow (P \vee R) \wedge (\neg Q \vee R)$

e) $\neg (P \wedge Q) \wedge (P \vee Q) \Leftrightarrow (\neg P \vee \neg Q) \wedge (P \vee Q)$

$\Leftrightarrow (\neg P \wedge P) \vee (\neg Q \wedge P)$

$\vee (\neg P \wedge Q) \vee (\neg Q \wedge Q)$

$\Leftrightarrow (\neg Q \wedge P) \vee (\neg P \wedge Q)$

1-44 把下列各式化为合取范式：

a) $P \vee (\neg P \wedge Q \wedge R)$；

b) $\neg (P \to Q) \vee (P \vee Q)$；

c) $\neg (P \to Q)$；

d) $(P \to Q) \to R$；

e) $(\neg P \wedge Q) \vee (P \wedge \neg Q)$。 【1-7.(3)】

解 a) $P \vee (\neg P \wedge Q \wedge R)$

$\Leftrightarrow (P \vee \neg P) \wedge (P \vee Q) \wedge (P \vee R)$

$\Leftrightarrow (P \vee Q) \wedge (P \vee R)$

b) $\neg (P \to Q) \vee (P \vee Q)$

$\Leftrightarrow \neg (\neg P \vee Q) \vee (P \vee Q)$

$\Leftrightarrow (P \wedge \neg Q) \vee (P \vee Q)$

$\Leftrightarrow (P \vee Q \vee P) \wedge (\neg Q \vee P \vee Q)$

c) $\neg (P \to Q) \Leftrightarrow \neg (\neg P \vee Q) \Leftrightarrow P \wedge \neg Q$

$\Leftrightarrow (P \vee Q) \wedge (P \vee \neg Q) \wedge (\neg Q \vee \neg P)$

d) $(P \to Q) \to R \Leftrightarrow \neg (\neg P \vee Q) \vee R$

$\Leftrightarrow (P \wedge \neg Q) \vee R \Leftrightarrow (P \vee R) \wedge (\neg Q \vee R)$

e) $(\neg P \wedge Q) \vee (P \wedge \neg Q)$

$\Leftrightarrow (\neg P \vee P) \wedge (\neg P \vee \neg Q)$

$\wedge (Q \vee P) \wedge (Q \vee \neg Q)$

$\Leftrightarrow (\neg P \vee \neg Q) \wedge (Q \vee P)$

1-45 求下列各式的主析取范式及主合取范式，并指出下列各式哪些是重言式：

a) $(\neg P \vee \neg Q) \to (P \rightleftarrows \neg Q)$；

b) $Q \wedge (P \vee \neg Q)$；

c) $P \vee (\neg P \to (Q \vee (\neg Q \to R)))$;

d) $(P \to (Q \wedge R)) \wedge (\neg P \to (\neg Q \wedge \neg R))$;

e) $P \to (P \wedge (Q \to P))$;

f) $(Q \to P) \wedge (\neg P \wedge Q)$。 【1-7.(4)】

解 a) $(\neg P \vee \neg Q) \to (P \rightleftarrows \neg Q)$

$\Leftrightarrow \neg(\neg P \vee \neg Q) \vee (P \rightleftarrows \neg Q)$

$\Leftrightarrow (P \wedge Q) \vee (P \wedge \neg Q) \vee (\neg P \wedge Q)$

$\Leftrightarrow \sum_{1,2,3} \Leftrightarrow P \vee Q = \prod_0$

b) $Q \wedge (P \vee \neg Q) \Leftrightarrow (P \wedge Q) \vee (Q \wedge \neg Q)$

$\Leftrightarrow P \wedge Q = \sum_3$

$\Leftrightarrow \prod_{0,1,2} = (P \vee Q) \wedge (P \vee \neg Q) \wedge (\neg P \vee Q)$

c) $P \vee (\neg P \to (Q \vee (\neg Q \to R))$

$\Leftrightarrow P \vee (P \vee (Q \vee (Q \vee R))$

$\Leftrightarrow P \vee Q \vee R = \prod_0$

$\Leftrightarrow \sum_{1,2,3,4,5,6,7} = (\neg P \wedge \neg Q \wedge R)$

$\vee (\neg P \wedge Q \wedge \neg R) \vee (\neg P \wedge Q \wedge R)$

$\vee (P \wedge \neg Q \wedge R) \vee (P \wedge \neg Q \wedge R)$

$\vee (P \wedge Q \wedge \neg R) \vee (P \wedge Q \wedge R)$

d) $(P \to (Q \wedge R)) \wedge (\neg P \to (\neg Q \wedge \neg R))$

$\Leftrightarrow (\neg P \vee (Q \wedge R)) \wedge (P \vee (\neg Q \wedge \neg R))$

$\Leftrightarrow (\neg P \vee Q) \wedge (\neg P \vee R)$

$\wedge (P \vee \neg Q) \wedge (P \vee \neg R)$

$\Leftrightarrow (\neg P \vee Q \vee R) \wedge (\neg P \vee Q \vee \neg R)$

$\wedge (\neg P \vee R \vee Q) \wedge (\neg P \vee R \vee \neg Q)$

$\wedge (P \vee \neg Q \vee R) \wedge (P \vee \neg Q \vee \neg R)$

$\wedge (P \vee \neg R \vee Q) \wedge (P \vee \neg R \vee \neg Q)$

$\Leftrightarrow (\neg P \vee Q \vee R) \wedge (\neg P \vee Q \vee \neg R)$

$\wedge (\neg P \vee \neg Q \vee R) \wedge (P \vee \neg Q \vee R)$

$\wedge (P \vee \neg Q \vee R) \wedge (P \vee Q \vee \neg R)$

$= \prod_{1,2,3,4,5,6}$

$$\Leftrightarrow \sum_{0,7} = (P \wedge Q \wedge R) \vee (\neg P \wedge \neg Q \wedge \neg R)$$

e) $P \to (P \wedge (Q \to P)) \Leftrightarrow \neg P \vee (P \wedge (\neg Q \vee P))$

$$\Leftrightarrow (\neg P \vee P) \wedge (\neg P \vee Q \vee P)$$

$$\Leftrightarrow \boldsymbol{T} \wedge (\boldsymbol{T} \vee \neg Q) \Leftrightarrow \boldsymbol{T}$$

$$\Leftrightarrow \sum_{0,1,2,3} = (P \wedge Q) \vee (\neg P \vee Q)$$

$$\vee (\neg P \wedge Q) \vee (\neg P \wedge \neg Q)$$

f) $(Q \to P) \wedge (\neg P \wedge Q) \Leftrightarrow (\neg Q \vee P) \wedge (\neg P \wedge Q)$

$$\Leftrightarrow (\neg P \wedge Q \wedge P) \vee (\neg Q \wedge \neg P \wedge Q)$$

$$\Leftrightarrow (\boldsymbol{F} \wedge Q) \vee (\boldsymbol{F} \wedge \neg P) \Leftrightarrow \boldsymbol{F}$$

$$\Leftrightarrow (P \vee Q) \wedge (P \vee \neg Q) \wedge (\neg P \vee Q)$$

$$\wedge (\neg P \vee \neg Q) = \prod_{0,1,2,3}$$

1-46 用将合式公式化为范式的方法证明下列各题中两式是等价的。

a) $(A \to B) \wedge (A \to C)$，$A \to (B \wedge C)$；

b) $(A \to B) \to (A \wedge B)$，$(\neg A \to B) \wedge (B \to A)$；

c) $A \wedge B \wedge (\neg A \vee \neg B)$，$\neg A \wedge \neg B \wedge (A \vee B)$；

d) $A \vee (A \to (A \wedge B))$，$\neg A \vee \neg B \vee (A \wedge B)$。 【1-7.(5)】

证明 a) $(A \to B) \wedge (A \to C) \Leftrightarrow (\neg A \vee B) \wedge (\neg A \vee C)$

$$A \to (B \wedge C) \Leftrightarrow \neg A \vee (B \wedge C)$$

$$\Leftrightarrow (\neg A \vee B) \wedge (\neg A \vee C)$$

b) $(A \to B) \to (A \wedge B) \Leftrightarrow \neg(\neg A \vee B) \vee (A \wedge B)$

$$\Leftrightarrow (A \wedge \neg B) \vee (A \wedge B)$$

$$\Leftrightarrow A \wedge (\neg B \vee B)$$

$$\Leftrightarrow A \wedge \boldsymbol{T} \Leftrightarrow A$$

$$(\neg A \to B) \wedge (B \to A) \Leftrightarrow (A \vee B) \wedge (\neg B \vee A)$$

$$\Leftrightarrow A \wedge (B \vee \neg B) \Leftrightarrow A$$

c) $A \wedge B \wedge (\neg A \vee \neg B) \Leftrightarrow (A \wedge B) \wedge \neg (A \wedge B)$

$$\Leftrightarrow \boldsymbol{F}$$

$$\neg A \wedge \neg B \wedge (A \vee B) \Leftrightarrow (\neg A \vee B) \wedge (A \vee B) \Leftrightarrow \boldsymbol{F}$$

d) $A \vee (A \to (A \wedge B)) \Leftrightarrow A \vee (\neg A \vee (A \wedge B))$

$$\Leftrightarrow \boldsymbol{T} \vee (A \wedge B) \Leftrightarrow \boldsymbol{T}$$

$$\neg A \vee \neg B \vee (A \vee B) \Leftrightarrow \neg (A \wedge B) \vee (A \wedge B) \Leftrightarrow \mathbf{T}$$

1-47 如果 $A(P,Q,R)$ 由 $R \uparrow (Q \wedge \neg (R \downarrow P))$ 给出，求它的对偶 $A^*(P,Q,R)$，并求出与 A 及 A^* 等价且仅包含联结词“$\wedge$”，“$\vee$”及“$\neg$”的公式。 【1-7.(6)】

解 $A \Leftrightarrow R \uparrow (Q \wedge \neg (R \downarrow P))$，则 $A^* \Leftrightarrow R \downarrow (Q \vee \neg (R \uparrow P))$。

$$\begin{aligned} R \uparrow (Q \wedge \neg (R \downarrow P)) &\Leftrightarrow R \uparrow (Q \wedge (R \vee P)) \\ &\Leftrightarrow \neg (R \wedge (Q \wedge (R \vee P)) \\ &\Leftrightarrow (\neg R \vee \neg Q \vee \neg (R \vee P)) \\ &\Leftrightarrow \neg (R \wedge Q) \vee \neg (R \vee P) \end{aligned}$$

$$\begin{aligned} R \downarrow (Q \vee \neg (R \uparrow P)) &\Leftrightarrow R \downarrow (Q \vee (R \wedge P)) \\ &\Leftrightarrow \neg (R \vee (Q \vee (R \wedge P)) \\ &\Leftrightarrow \neg R \wedge \neg Q \wedge \neg (R \wedge P) \\ &\Leftrightarrow \neg (R \vee Q) \wedge \neg (R \wedge P) \end{aligned}$$

1-48 已知定理，如果 $A \vee B \Leftrightarrow A \vee C$，$\neg A \vee B \Leftrightarrow \neg A \vee C$，则 $B \Leftrightarrow C$ 写出它的对偶定理，并验证。

解 对偶定理为：如果 $A \wedge B \Leftrightarrow A \wedge C$，$\neg A \wedge B \Leftrightarrow \neg A \wedge C$，则 $B \Leftrightarrow C$。其证明如下：

$$\begin{aligned} B &\Leftrightarrow B \wedge (A \vee \neg A) \Leftrightarrow (B \wedge A) \vee (B \wedge \neg A) \\ &\Leftrightarrow (A \wedge B) \vee (\neg A \wedge B) \Leftrightarrow (A \wedge C) \vee (\neg A \wedge C) \\ &\Leftrightarrow (A \vee \neg A) \wedge C \Leftrightarrow \mathbf{T} \wedge C \Leftrightarrow C \end{aligned}$$

1-49 A,B,C,D 四个人中要派两个人出差，按下述三个条件有几种派法？如何派？

(1) 若 A 去，则 C 和 D 中要去一人。

(2) B 和 C 不能都去。

(3) C 去则 D 要留下。 【1-7.(7)】

解 设 A：A 去出差。B：B 去出差。

C：C 去出差。D：D 去出差。

按题意应有：$A \rightarrow C \overline{\vee} D$，$\neg (B \wedge C)$，$C \rightarrow \neg D$ 必须同时成立。因为

$$C \overline{\vee} D \Leftrightarrow (C \wedge \neg D) \vee (D \wedge \neg C)$$

故 $(A\rightarrow C\overline{\vee}D)\wedge\neg(B\wedge C)\wedge(C\rightarrow\neg D)$

$$\Leftrightarrow(\neg A\vee(\neg C\wedge D)\vee(\neg D\wedge C))$$
$$\wedge(\neg B\vee\neg C)\wedge(\neg C\vee\neg D)$$
$$\Leftrightarrow(\neg A\vee(\neg C\wedge D)\vee(\neg D\wedge C))$$
$$\wedge((\neg B\wedge\neg C)\vee(\neg B\wedge D\neg)$$
$$\vee(\neg C\wedge\neg D)\vee\neg C)$$
$$\Leftrightarrow\underline{(\neg A\wedge\neg B\wedge\neg C)\vee(\neg A\wedge\neg B\wedge\neg D)}$$
$$\vee\underline{(\neg A\wedge\neg C\wedge\neg D)}\vee(\neg A\wedge\neg C)$$
$$\vee(\neg B\wedge\neg C\wedge D)\vee\underline{(\neg A\wedge D\wedge\neg B\wedge\neg D)}$$
$$\vee\underline{(\neg C\wedge D\wedge\neg C\wedge\neg D)}\vee(\neg C\wedge D\wedge\neg C)$$
$$\vee\underline{(\neg D\wedge C\wedge\neg B\wedge\neg C)}$$
$$\vee(\neg D\wedge C\wedge\neg B\wedge\neg D)$$
$$\vee\underline{(\neg D\wedge C\wedge\neg C\wedge\neg D)}$$
$$\vee\underline{(\neg D\wedge C\wedge\neg C)}$$

在上述的析取范式中，有些项不符题意，如$(\neg A\wedge\neg C\wedge\neg D)$表示三人都不出差，这不可能，另外如$(\neg C\wedge D\wedge\neg C\wedge\neg D)$等都属矛盾，应在式中删除，故原式应为：

$(\neg A\wedge\neg C)\vee(\neg C\wedge D\wedge\neg B)\vee(\neg C\wedge D)\vee(\neg D\wedge C\wedge\neg B)$

故派法为：$B\wedge D$，或 $D\wedge A$，或 $C\wedge A$。

注意：上式$(\neg C\wedge D)$这项表示可派 $D\wedge A$，或 $D\wedge B$，故与其他三项合并，总共为三种派法。

1-50 三人估计比赛结果，甲说“A 第一，B 第二”。乙说“C 第二，D 第四”，丙说“A 第二，D 第四”。结果三人估计得都不全对，但都对了一个，问 A,B,C,D 的名次。【1-7.(8)】

解 设 P：A 是第一。Q：B 是第二。R：C 是第二。S：D 是第四。E：A 是第二。根据题意为：

$$(P\overline{\vee}Q)\wedge(R\overline{\vee}S)\wedge(E\overline{\vee}S)$$

原式$\Leftrightarrow((P\wedge\neg Q)\vee(\neg P\wedge Q))\wedge((R\wedge\neg S)$

$$\vee(\neg R\wedge S))\wedge((E\wedge\neg S)\vee(\neg E\wedge S))$$
$$\Leftrightarrow((\neg P\wedge Q\wedge R\wedge\neg S)$$

$$\vee \underline{(P \wedge \neg Q \wedge \neg R \wedge S)}$$
$$\vee \underline{(\neg P \wedge Q \wedge R \wedge \neg S)}$$
$$\vee (\neg P \wedge Q \wedge \neg R \wedge S)) \wedge ((E \wedge \neg S)$$
$$\vee (\neg E \wedge S))$$

因为$(P \wedge \neg Q \wedge \neg R \wedge S)$与$(\neg P \wedge \neg Q \wedge R \wedge \neg S)$不符题意，故可在式中删去，原式即为：

$$((P \wedge \neg Q \wedge R \wedge \neg S) \vee (\neg P \wedge Q \wedge \neg R \wedge S))$$
$$\wedge ((E \wedge \neg S) \vee (\neg E \wedge S))$$
$$\Leftrightarrow (P \wedge \neg Q \wedge R \wedge \neg S \wedge E \wedge \neg S)$$
$$\vee (P \wedge \neg Q \wedge R \wedge \neg S \wedge \neg E \wedge S)$$
$$\vee (\neg P \wedge Q \wedge \neg R \wedge S \wedge E \wedge \neg S)$$
$$\vee (\neg P \wedge Q \wedge \neg R \wedge S \wedge \neg E \wedge S)$$
$$\Leftrightarrow (P \wedge \neg Q \wedge R \wedge \neg S \wedge E)$$
$$\vee (\neg P \wedge Q \wedge \neg R \wedge S \wedge \neg E)$$

因R与E矛盾，故$\neg P \wedge Q \wedge \neg R \wedge S \wedge \neg E$为真。即$A$不是第一，$B$为第二，$C$不是第二，$D$为第四，$A$不是第二，于是得到：

C为第一，B为第二，A为第三，D为第四。

1-51 甲、乙、丙、丁四人参加考试后，有人问他们，谁的成绩最好，甲说"不是我"，乙说"是丁"，丙说"是乙"，丁说"不是我"。四人的回答只有一人符合实际，问是谁的成绩最好，只有一人成绩最好的是谁。

解 设A：甲的成绩最好，B：乙的成绩最好，

C：丙的成绩最好，D：丁的成绩最好。

因为四人的回答只有一人符合实际，故

$$(\neg A \wedge \neg D \wedge \neg B \wedge D) \vee (A \wedge D \wedge \neg B \wedge D)$$
$$\vee (A \wedge \neg D \wedge B \wedge D)$$
$$\vee (A \wedge \neg D \wedge \neg B \wedge \neg D) \Leftrightarrow \mathbf{T}$$

即 $$(A \wedge \neg B \wedge D) \vee (A \wedge \neg B \wedge \neg D) \Leftrightarrow \mathbf{T}$$

但 $$(A \wedge \neg B \wedge D) \vee (A \wedge \neg B \wedge \neg D)$$
$$\Leftrightarrow (A \wedge \neg B \wedge D \wedge C) \vee (A \wedge \neg B \wedge D \wedge \neg C)$$

$\vee(A \wedge \neg B \wedge \neg D \wedge C)$

$\vee(A \wedge \neg B \wedge \neg D \wedge \neg C)$

故有(1)甲、丙、丁三人并列成绩最好。

(2)甲、丁并列成绩最好。

(3)甲、丙并列成绩最好。

(4)甲的成绩最好。

所以只有一人成绩最好,就是甲。

1-52 张三说李四在说谎，李四说王五在说谎，王五说张三、李四都在说谎，问张三、李四、王五三人，到底谁说真话，谁说假话。

解 设 A:张三说真话;B:李四说真话;C:王五说真话。

依题意有 $A \Leftrightarrow \neg B, B \Leftrightarrow \neg C, C \Leftrightarrow \neg A \wedge \neg B$ 为真。但 $A \Leftrightarrow \neg B$ 成立,即 $(A \rightarrow \neg B) \wedge (\neg B \rightarrow A)$ 为 $\boldsymbol{T}$。

同理,$B \Leftrightarrow \neg C$ 成立,即 $(B \rightarrow \neg C) \wedge (\neg C \rightarrow B)$ 为 $\boldsymbol{T}$。

$C \Leftrightarrow \neg A \wedge \neg B$ 成立,即 $(C \rightarrow (\neg A \wedge \neg B)) \wedge ((\neg A \wedge \neg B) \rightarrow C)$ 为 $\boldsymbol{T}$。

故原题为 $((A \wedge \neg B) \vee \neg (A \wedge B)) \wedge ((B \wedge \neg C) \vee (\neg B \wedge C)) \wedge ((\neg A \wedge \neg B \wedge C) \vee (\neg A \wedge \neg B \wedge \neg C))$ 为 $\boldsymbol{T}$。即 $((\neg A \wedge B \wedge \neg C) \vee ((A \vee B) \wedge C)) \wedge ((\neg A \wedge \neg B \wedge C) \vee (A \wedge \neg C) \vee (B \wedge \neg C))$ 为 $\boldsymbol{T}$。得 $\neg A \wedge B \wedge \neg C$ 为 $\boldsymbol{T}$。

即,张三说假话,王五说假话,而李四说真话。

1-53 将下列推理符号化,并判断推理是否正确。

(1) 若 a,b 两数之积是负的,则 a,b 中恰有一个负数。a,b 两数之积是非负的,所以 a,b 中没有负数。

(2) 若一个数为整数,则它为无理数;若一个数为有理数,则它为实数;有一个数为整数,所以它为实数。

(3) 若一个数是实数,则它是复数;若一个数是质数,则它也是复数;一个数既不是实数,又不是虚数,所以它不是复数。

(4) 一个数是复数,仅当它是实数或是虚数;一个数既不是实数又不是虚数,所以它不是复数。

解 (1) 设 P:a,b两数之积是负的。Q:a是负数。R:b是负数。故本题的推证为

$$P\to(Q\overline{\vee}R),\ \neg P\to\neg Q\wedge\neg R$$

设 $$S\Leftrightarrow((P\to(Q\overline{\vee}R))\wedge\neg P)\to(\neg Q\wedge\neg R)$$

则 $$\begin{aligned}S&\Leftrightarrow((\neg P\vee(Q\overline{\vee}R))\wedge\neg P\to(\neg Q\wedge\neg R)\\&\Leftrightarrow\neg P\to(\neg Q\wedge\neg R)\\&\Leftrightarrow P\vee(\neg Q\wedge\neg R)\end{aligned}$$

当P为$\boldsymbol{F}$,Q为$\boldsymbol{T}$,R为$\boldsymbol{F}$时,S为$\boldsymbol{F}$,故S不是重言式,故本题推理不正确。

(2) 设 P:一个数为整数;Q:一个数为有理数;R:一个数为实数。故本题的推证为

$$((P\to Q)\wedge(Q\to R)\wedge P)\Rightarrow R$$

令 $$S\Leftrightarrow((P\to Q)\wedge(Q\to R)\wedge P)\to R$$

则 $$\begin{aligned}S&\Leftrightarrow((\neg P\vee Q)\wedge(\neg Q\vee R)\wedge P)\to R\\&\Leftrightarrow(P\wedge\neg Q)\vee(Q\wedge\neg R)\vee\neg P\vee R\\&\Leftrightarrow(\neg Q\vee\neg P)\vee(Q\vee R)\\&\Leftrightarrow\neg Q\vee Q\vee\neg P\vee R\\&\Leftrightarrow T\vee\neg P\vee R\Leftrightarrow\boldsymbol{T}\end{aligned}$$

因为S为重言式,故本题的推理成立。

(3) 设 R:一个数是实数;H:一个数是虚数;G:一个数是复数。故本题的推证为

$$(R\to G)\wedge(H\to G)\wedge(\neg R\wedge\neg H)\Rightarrow\neg G$$

令 $$\begin{aligned}S&\Leftrightarrow((R\to G)\wedge(H\to G)\wedge(\neg R\wedge\neg H))\to\neg G\\&\Leftrightarrow((\neg R\vee G)\wedge(\neg H\vee G)\\&\quad\wedge(\neg R\wedge\neg H))\to\neg G\\&\Leftrightarrow(R\wedge\neg G)\vee(H\wedge\neg G)\vee(R\vee H)\vee\neg G\\&\Leftrightarrow(R\wedge\neg G)\vee\neg G\vee(H\wedge\neg G)\vee H\vee R\\&\Leftrightarrow\neg G\vee H\vee R\end{aligned}$$

当G为$\boldsymbol{T}$,H为$\boldsymbol{F}$,R为$\boldsymbol{F}$时,$S\Leftrightarrow\boldsymbol{F}$,所以$S$不是重言式,即本题推理不能成立。

(4) 设　R：一个数是实数；H：一个数为虚数；G：一个数是复数。

故本题的推证为

$$(G \rightleftarrows (R \vee H)) \wedge (\neg R \wedge \neg H) \Rightarrow \neg G$$

令　$S \Leftrightarrow ((G \rightleftarrows (R \vee H)) \wedge (\neg R \wedge \neg H)) \rightarrow \neg G$

则　$S \Leftrightarrow ((G \rightarrow R \vee H)) \wedge ((R \vee H) \rightarrow G)$

$\wedge (\neg R \wedge \neg H)) \rightarrow \neg G$

$\Leftrightarrow ((G \vee \neg R \vee H) \wedge (\neg (R \vee H) \vee G)$

$\wedge (\neg R \wedge \neg H)) \rightarrow \neg G$

$\Leftrightarrow ((\neg G \vee R \vee H) \wedge (\neg R \wedge \neg H)) \rightarrow \neg G$

$\Leftrightarrow (G \wedge \neg R \wedge \neg H) \vee (R \vee H) \vee \neg G$

$\Leftrightarrow (G \wedge \neg R \wedge \neg H) \vee \neg (G \wedge \neg R \wedge \neg H) \Leftrightarrow \mathbf{T}$

因为 S 为重言式，故本题推理成立。

1-54　用符号形式写出下题的推理过程，并指出推理是否正确：

(1) 菱形的对角线相互垂直且二等分，若一个四边形的对角线互相垂直且二等分，则此四边形是菱形。

(2) 如果这里有球赛，则通行是困难的；如果他们按指定的时间到达，则通行是不困难的；他们按指定的时间到达了，所以这里没有球赛。

(3) 如果甲得冠军，则乙或丙将得亚军；如果乙得亚军，则甲不能得冠军；如果丁得亚军，丙不能得亚军。事实是甲已得冠军，可知丁不能得亚军。

解　(1) 设 A：四边形是菱形。

B：四边形的对角线互相垂直且二等分。

本题的推理为　$A \rightarrow B, B \Rightarrow A$

令　$S \Leftrightarrow ((A \rightarrow B) \wedge B) \rightarrow A$

其真值表如表 1-22。由真值表可看到 S 不是永真式，故本题的推理不成立。

(2) 设 A：这里有球赛；B：通行是困难的；C：他们按指定时间

表 1-22

A　B	$A\rightarrow B$	$(A\rightarrow B)\wedge B$	S
T　**T**	**T**	**T**	**T**
T　**F**	**F**	**F**	**T**
F　**T**	**T**	**T**	**F**
F　**F**	**T**	**F**	**T**

到达。

本题的推理为

$$(A\rightarrow B),(C\rightarrow \neg B),C\Rightarrow \neg A$$

因为 C 为 **T**,$C\rightarrow \neg B$ 为 **T**,故有 $\neg B$ 为 **T**,即 B 为 **F**,但 $A\rightarrow B$ 为真,故必须是 $\neg A$ 为 **T**。

由上论证,说明 $(A\rightarrow B)\wedge(C\rightarrow \neg B)\wedge C\Rightarrow \neg A$ 成立。

(3) 设　A:甲得冠军。B:乙得亚军。C:丙得亚军。D:丁得亚军。

本题的推理为

$$(A\rightarrow B\vee C),(B\rightarrow \neg A)$$

$$(D\rightarrow \neg C),A\Rightarrow A\rightarrow \neg D$$

因为 A 为 **T**,$A\rightarrow B\vee C$ 为 **T**,故有 $B\vee C$ 为 **T**;又 $B\rightarrow \neg A$ 为 **T**,故必有 $B\vee C\rightarrow \neg A\vee C$ 为 **T**,所以得到 $\neg A\vee C$ 为 **T**,即 $A\rightarrow C$ 为 **T**。由 $D\rightarrow \neg C$ 为 **T**,得 $C\rightarrow \neg D$ 为 **T**。所以由 $A\rightarrow C$ 为 **T**,$C\rightarrow \neg D$ 为 **T**,得 $A\rightarrow \neg D$ 为 **T**。故本题推理成立。

1-55　用推理规则证明以下各式:

a) $\neg(P\wedge \neg Q),\neg Q\vee R,\neg R\Rightarrow \neg P$;

b) $J\rightarrow(M\vee N),(H\vee G)\rightarrow J,H\vee G\Rightarrow M\vee N$;

c) $B\wedge C,(B\rightleftarrows C)\rightarrow(H\vee G)\Rightarrow G\vee H$;

d) $P\rightarrow Q$, $(\neg Q\vee R)\wedge \neg R$, $\neg(\neg P\wedge S)\Rightarrow \neg S$。

【1-8.(1)】

证明　a) (1) $\neg R$　　P

(2) $\neg Q\vee R$　　P

(3) $\neg Q$　　(1)(2)T,I

(4) $\neg(P \wedge \neg Q)$ $\quad P$

(5) $\neg P \vee Q$ $\quad (4)T,E$

(6) $\neg P$ $\quad (3)(5)T,I$

b) (1) $(H \vee G) \rightarrow J$ $\quad P$

(2) $(H \vee G)$ $\quad P$

(3) J $\quad (1)(2)T,I$

(4) $J \rightarrow (M \vee N)$ $\quad P$

(5) $M \vee N$ $\quad (3)(4)T,I$

c) (1) $B \wedge C$ $\quad P$

(2) B $\quad (1)T,I$

(3) C $\quad (1)T,I$

(4) $B \vee \neg C$ $\quad (2)T,I$

(5) $C \vee \neg B$ $\quad (3)T,I$

(6) $C \rightarrow B$ $\quad (4)T,E$

(7) $B \rightarrow C$ $\quad (5)T,E$

(8) $B \rightleftarrows C$ $\quad (6)(7)T,E$

(9) $(B \rightleftarrows C) \rightarrow (H \vee G)$ $\quad P$

(10) $H \vee G$ $\quad (8)(9)T,I$

d) (1) $(\neg Q \vee R) \wedge \neg R$ $\quad P$

(2) $\neg Q \vee R$ $\quad (1)T,I$

(3) $\neg R$ $\quad (1)T,I$

(4) $\neg Q$ $\quad (2)(3)T,I$

(5) $P \rightarrow Q$ $\quad P$

(6) $\neg P$ $\quad (4)(5)T,I$

(7) $\neg(\neg P \wedge \neg S)$ $\quad P$

(8) $P \vee \neg S$ $\quad (7)T,E$

(9) $\neg S$ $\quad (6)(8)T,I$

1-56 仅用规则 P 和 T 推证以下公式：

a) $\neg A \vee B, C \rightarrow \neg B \Rightarrow A \rightarrow \neg C$;

b) $A \rightarrow (B \rightarrow C), (C \wedge D) \rightarrow E, \neg F \rightarrow (D \wedge \neg E) \Rightarrow A \rightarrow (B \rightarrow F)$;

c) $A \vee B \to C \wedge D, D \vee E \to F \Rightarrow A \to F$；

d) $\neg B \vee D, (E \to \neg F) \to \neg D \Rightarrow B \to E$；

e) $(A \to B) \wedge (C \to D), (B \to E) \wedge (D \to F), \neg(E \wedge F), A \to C \Rightarrow \neg A$。 【1-8.(2)】

证明 a)

(1)	$\neg(A \to \neg C)$	P(附加前提)
(2)	A	(1)T,I
(3)	C	(1)T,I
(4)	$\neg A \vee B$	P
(5)	B	(2)(4)T,I
(6)	$C \to \neg B$	P
(7)	$\neg B$	(3)(6)T,I
(8)	$B \wedge \neg B$	矛盾。(5),(7)

b)

(1)	$\neg(A \to (B \to F))$	P(附加前提)
(2)	A	(1)T,I
(3)	$\neg(B \to F)$	(1)T,I
(4)	B	(3)T,I
(5)	$\neg F$	(3)T,I
(6)	$A \to (B \to C)$	P
(7)	$B \to C$	(2)(6)T,I
(8)	C	(4)(7)T,I
(9)	$\neg F \to (D \wedge \neg E)$	P
(10)	$D \wedge \neg E$	(5)(9)T,I
(11)	D	(10)T,I
(12)	$C \wedge D$	(8)(11)T,I
(13)	$(C \wedge D) \to E$	P
(14)	E	(12)(13)T,I
(15)	$\neg E$	(10)T,I
(16)	$E \wedge \neg E$	矛盾。(14),(15)

c)

(1)	$\neg(A \to F)$	P(附加前提)
(2)	A	(1)T,I

	(3) $\neg F$	(1)T,I
	(4) $A \vee B$	(2)T,I
	(5) $(A \vee B) \to C \wedge D$	P
	(6) $C \wedge D$	(4)(5)T,I
	(7) C	(6)T,I
	(8) D	(6)T,I
	(9) $D \vee E$	(8)T,I
	(10) $D \vee E \to F$	P
	(11) F	(9)(10)T,I
	(12) $F \wedge \neg F$	矛盾。(3),(11)
d)	(1) $\neg(B \to E)$	P(附加前提)
	(2) B	(1)T,I
	(3) $\neg E$	(1)T,I
	(4) $\neg B \vee D$	P
	(5) D	(2)(4)T,I
	(6) $(E \to \neg F) \to \neg D$	P
	(7) $\neg(E \to \neg F)$	(5)(6)T,I
	(8) E	(7)T,I
	(9) $E \wedge \neg E$	矛盾。(3),(8)
e)	(1) $(A \to B) \wedge (C \to D)$,	P
	(2) $A \to B$	(1)T,I
	(3) $(B \to E) \wedge (D \to F)$	P
	(4) $B \to E$	(3)T,I
	(5) $A \to E$	(2)(4)T,I
	(6) $\neg(E \wedge F)$	P
	(7) $\neg E \vee \neg F$	(6)T,E
	(8) $E \to \neg F$	(7)T,E
	(9) $A \to \neg F$	(5)(8)T,I
	(10) $C \to D$	(1)T,I
	(11) $D \to F$	(3)T,I

(12) $C \to F$ (10)(10)T,I

(13) $A \to C$ P

(14) $A \to F$ (13)(12)T,I

(15) $\neg F \to \neg A$ (14)T,E

(16) $A \to \neg A$ (9)(15)T,I

(17) $\neg A \vee \neg A$ (16)T,E

(18) $\neg A$ (17)T,E

1-57 用 CP 规则证明上题中 a），b），c）各式。【1-8.(3)】

证明 a）(1) A P(附加前提)

(2) $\neg A \vee B$ P

(3) B (1)(2)T,I

(4) $C \to \neg B$ P

(5) $\neg C$ (3)(4)T,I

(6) $A \to \neg C$ CP

b）(1) A P(附加前提)

(2) $A \to (B \to C)$ P

(3) $B \to C$ (1)(2)T,I

(4) B P(附加前提)

(5) C (3)(4)T,I

(6) $(C \wedge D) \to E$ P

(7) $C \to (D \to E)$ (6)T,E

(8) $D \to E$ (5)(7)T,I

(9) $\neg D \vee E$ (8)T,E

(10) $\neg(D \wedge \neg E)$ (9)T,E

(11) $\neg F \to (D \wedge \neg E)$ P

(12) F (10)(11)T,I

(13) $B \to F$ CP

(14) $A \to (B \to F)$ CP

c）(1) A P(附加前提)

(2) $A \vee B$ (1)T,I

(3)	$A \vee B \to C \wedge D$	P
(4)	$C \wedge D$	(2)(3)T,I
(5)	D	(4)T,I
(6)	$D \vee E$	(5)T,I
(7)	$D \vee E \to F$	P
(8)	F	(6)(7)T,I
(9)	$A \to F$	CP

1-58 证明下列各式

a) $R \to \neg Q, R \vee S, S \to \neg Q, P \to Q \Rightarrow \neg P$；

b) $S \to \neg Q, S \vee R, \neg R, \neg R \rightleftarrows Q \Rightarrow \neg P$；

c) $\neg(P \to Q) \to \neg(R \vee S), ((Q \to P) \vee \neg R), R \Rightarrow P \rightleftarrows Q$。

【1-8.(4)】

证明 a) 解法 1

(1)	$R \to \neg Q$	P
(2)	$R \vee S$	P
(3)	$S \to \neg Q$	P
(4)	$\neg Q$	(1)(2)(3)T,I
(5)	$P \to Q$	P
(6)	$\neg P$	(4)(6)T,I

解法 2

(1)	P	P(附加前提)
(2)	$P \to Q$	P
(3)	Q	(1)(2)T,I
(4)	$S \to \neg Q$	P
(5)	$\neg S$	(3)(4)T,I
(6)	$R \vee S$	P
(7)	R	(5)(6)T,I
(8)	$R \to \neg Q$	P
(9)	$\neg Q$	(7)(8),T,I(矛盾)

b)

(1)	$S \vee R$	P
(2)	$\neg R$	P

(3)	S	(1)(2)T,I
(4)	$S\to\neg Q$	P
(5)	$\neg Q$	(3)(4)T,I
(6)	$\neg R\rightleftarrows Q$	P
(7)	$(\neg R\to Q)\wedge(Q\to\neg R)$	(6)T,E
(8)	$\neg R\to Q$	(7)T,I
(9)	R	(5)(8)T,I
(10)	$R\wedge\neg R$	矛盾。(2),(9)

c)

(1)	R	P
(2)	$(Q\to P)\vee\neg R$	P
(3)	$Q\to P$	(1)(2)T,I
(4)	$\neg(P\to Q)\to\neg(R\vee S)$	P
(5)	$(R\vee S)\to(P\to Q)$	(4)T,E
(6)	$R\vee S$	(1)T,I
(7)	$P\to Q$	(5)(6)T,I
(8)	$(P\to Q)\wedge(Q\to P)$	(3)(7)T,I
(9)	$P\rightleftarrows Q$	(8)T,E

1-59 对下面的每一组前提,写出可能导出的结论,以及所用的推理规则:

a) 如果我跑步,那么我很疲劳。
我没有疲劳。

b) 如果他犯了错误,那么他神色慌张。
他神色慌张。

c) 如果我的程序通过,那么我很快乐。
如果我快乐,那么阳光很好。
现在是晚上十一点,天很暖。【1-8.(5)】

解 a) 设 P:我跑步。Q:我很疲劳。

前提为:$P\to Q$, $\neg Q$

(1)	$P\to Q$	P
(2)	$\neg Q$	P

(3) $\neg P$ (1)(2)T,I

结论为：$\neg P$，我没有跑步。

b) 设 S：他犯了错误。R：他神色慌张。

前提为：$S\rightarrow R, R$

因为$(S\rightarrow R)\wedge R\Leftrightarrow(\neg S\vee R)\wedge R\Leftrightarrow R$。故本题没有确定的结论。实际上，若 $S\rightarrow R$ 为 $\boldsymbol{T}$，R 为 $\boldsymbol{T}$，则 S 可为 $\boldsymbol{T}$，S 也可为 $\boldsymbol{F}$。故无有效推论。

c) 设 P：我的程序通过。Q：我很快乐。

R：阳光很好。 S：天很暖和。

(把晚上十一点理解为阳光不好)

前提为：$P\rightarrow Q,\ Q\rightarrow R,\ \neg R\wedge S$

(1)	$P\rightarrow Q$	P
(2)	$Q\rightarrow R$	P
(3)	$P\rightarrow R$	(1)(2)T,I
(4)	$\neg R\wedge S$	P
(5)	$\neg R$	(4)T,I
(6)	$\neg P$	(3)(5)T,I

结论为：$\neg P$，我的程序没有通过。

1-60 下式推证是否有效？

甲、乙、丙、丁四人参加拳击比赛。如果甲获胜，则乙失败；如果丙获胜，则乙也获胜；如果甲不获胜，则丁不失败。所以如果丙获胜，则丁不失败。

解 设A：甲获胜。B：乙获胜。

C：丙获胜。D：丁获胜。

前提为：$A\rightarrow\neg B, C\rightarrow B, \neg A\rightarrow D$

结论为： $C\rightarrow D$

(1)	$A\rightarrow\neg B$	P
(2)	$B\rightarrow\neg A$	(1)T,E
(3)	$\neg A\rightarrow D$	P
(4)	$B\rightarrow D$	(2)(3)T,I

(5) $C \to B$ $\qquad\qquad\qquad$ P

(6) $C \to D$ $\qquad\qquad\qquad$ (5)(4) T, I

故本题的推证有效。

1-61 证明

$(\neg A \to (B_1 \vee B_2 \vee \cdots \vee B_n)) \wedge (\neg B_1 \wedge \neg B_2 \wedge \cdots \wedge \neg B_n) \Rightarrow A$

是一个正确的推理形式。

证明 要证本题为正确推理形式，即证：

$((\neg A \to (B_1 \vee B_2 \vee \cdots \vee B_n)) \wedge (\neg B_1 \wedge \neg B_2 \wedge \cdots \wedge \neg B_n) \to A$ 是永真式。

令 $B \Leftrightarrow B_1 \vee B_2 \vee \cdots \vee B_n$，则 $\neg B \Leftrightarrow \neg B_1 \wedge \neg B_2 \wedge \cdots \wedge \neg B_n$，故原式为

$$
\begin{aligned}
((\neg A \to B) \wedge \neg B) \to A &\Leftrightarrow \neg ((A \vee B) \wedge \neg B) \vee A \\
&\Leftrightarrow \neg (A \wedge \neg B) \vee A \\
&\Leftrightarrow \neg A \vee B \vee A \Leftrightarrow T
\end{aligned}
$$

1-62 证明

$(A_1 \to B) \wedge (A_2 \to B) \wedge \cdots \wedge (A_n \to B) \wedge (A_1 \vee A_2 \vee \cdots \vee A_n) \Rightarrow B$

是一个正确的推理形式。

证明 要证本题是一个正确推理形式，即证：

$(A_1 \to B) \wedge (A_2 \to B) \wedge \cdots \wedge (A_n \to B) \wedge (A_1 \vee A_2 \vee \cdots \vee A_n) \to B$

是一个永真表达式。用归纳法：

当 $n=1$ 时，

$$
\begin{aligned}
((A_1 \to B) \wedge A_1) \to B &\Leftrightarrow (\neg A_1 \vee B) \wedge A_1 \to B \\
&\Leftrightarrow \neg ((A_1 \vee B) \wedge A_1) \vee B \\
&\Leftrightarrow \neg ((\neg A_1 \wedge A_1) \vee (B \wedge A_1)) \vee B \\
&\Leftrightarrow \neg B \vee \neg A_1 \vee B \Leftrightarrow \boldsymbol{T}
\end{aligned}
$$

设当 $n=k-1$ 时推理表达式为 $\boldsymbol{T}$，即设

$$
\begin{aligned}
&(A_1 \to B) \wedge (A_2 \to B) \wedge \cdots \wedge (A_{k-1} \to B) \\
&\quad \wedge (A_1 \vee A_2 \vee \cdots \vee A_{k-1}) \to B
\end{aligned}
$$

为 $\boldsymbol{T}$。令 $\quad C \Leftrightarrow A_1 \vee A_2 \vee \cdots \vee A_{k-1}$

$$D \Leftrightarrow (A_1 \to B) \wedge (A_2 \to B) \wedge \cdots \wedge (A_{k-1} \to B)$$

即设 $C \wedge D \to B$ 为 $\boldsymbol{T}$。则当 $n=k$ 时有

$$
\begin{aligned}
&(D \wedge (A_k \to B) \wedge (C \vee A_k)) \to B \\
&\Leftrightarrow (D \wedge (\neg A_k \vee B) \wedge (C \vee A_k)) \to B \\
&\Leftrightarrow \neg D \vee (A_k \wedge \neg B) \vee (\neg C \wedge \neg A_k) \vee B \\
&\Leftrightarrow \neg D \vee A_k \vee B \vee (\neg C \wedge \neg A_k) \\
&\Leftrightarrow \neg D \vee B \vee A_k \vee \neg C \\
&\Leftrightarrow \neg (D \wedge C) \vee B \vee A_k \\
&\Leftrightarrow (C \wedge D \to B) \vee A_k \Leftrightarrow T \vee A_k \Leftrightarrow \boldsymbol{T}
\end{aligned}
$$

所以原题是一个正确推理形式。

1-63 银行的金库装有自动报警装置，仅当总经理室的一个人工控制开关合上时，它才能动作。如果这个人工开关合上，那么当金库的门被撬时或者当工作人员尚未切断监视器电源且通向金库的通道有人时，就要发出警报。试设计这个控制线路。

【1-9.(1)】

解 设 P：人工开关合上。Q：金库的门被撬。

R：工作人员尚未切断监视器电源。

S：通向金库的通道有人。

F：自动报警装置报警。

则有

$$F \Leftrightarrow P \wedge (Q \vee (R \wedge S))$$

其控制线路如图 1-2 所示。

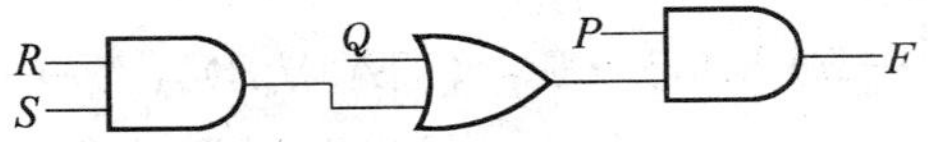

图 1-2

1-64 设计一个控制盥洗室照明的电路，使得分别装在卧室和盥洗室的两只开关都能控制照明。【1-9.(2)】

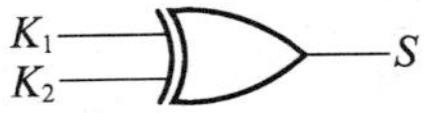

图 1-3

解 设盥洗室和卧室的控制开关分别为 K_1 和 K_2，S 表示盥洗室照明状态，灯亮为"1"，灯暗为"0"。且 K_1 和 K_2 两种状态也以"0"和"1"表示，则

$$S \Leftrightarrow (K_1 \wedge \neg K_2) \vee (\neg K_1 \wedge K_2) \Leftrightarrow K_1 \overline{\vee} K_2$$

所以控制电路如图 1-3 所示。

1-65 设计一个二进制半加器的电路，它的功能如表 1-23 所示，其中 x 和 y 是被加数，S 是和，C 是进位。【1-9.(3)】

表 1-23

x	y	S	C
0	0	0	0
0	1	1	0
1	0	1	0
1	1	0	1

解 半加器是由 x 与 y 相加，求出和 S 以及进位 C 的一种逻辑线路，这一线路有两个输入 x，y 和两个输出 S 与 C。由上表所列情况可知：

$$S \Leftrightarrow x \overline{\vee} y, \quad C \Leftrightarrow x \wedge y$$

故逻辑线路如图 1-4 所示。

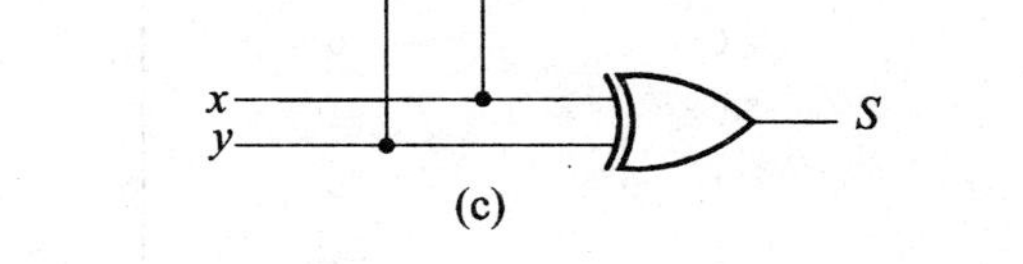

图 1-4

1-66 设计红绿灯自动控制线路，要求传感器中计数器内容 Z，当 $Z \geqslant 5$ 时亮绿灯，当 $Z \leqslant 2$，亮红灯，当 $2 < Z < 5$ 时亮黄灯。

【1-9.(4)】

解 设 $P: Z \geqslant 5$ 且 $P \Rightarrow L_1$（亮绿灯）

$Q: Z \leqslant 2$ 且 $Q \Rightarrow L_2$（亮红灯）

$S: 2<Z<5, S \Rightarrow L_3$（亮黄灯）

因为　　　　$S \Leftrightarrow \neg P \wedge \neg Q \Leftrightarrow \neg(P \vee Q)$

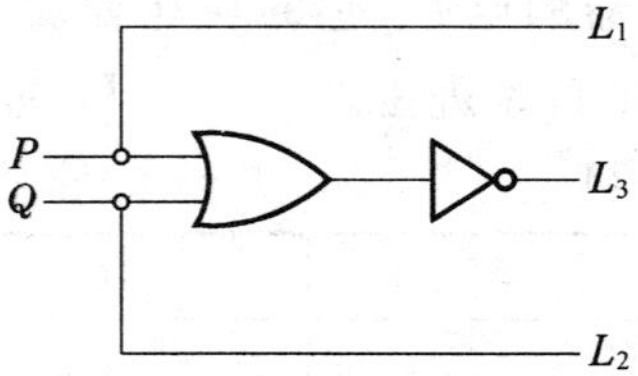

图　1-5

故控制电路如图 1-5 所示。

1-67　设三人表决器装有 A，B，C 三个按钮，其中 A 为主按钮，仅当 A 及其他两个按钮至少有一个按下时，表决器灯亮，试设计此表决器线路。

解　由题意可列出真值表 1-24。由表有：

$$F \Leftrightarrow (A \wedge \neg B \wedge C) \vee (A \wedge B \wedge \neg C) \vee (A \wedge B \wedge C)$$
$$\Leftrightarrow (A \wedge \neg B \wedge C) \vee ((A \wedge B) \wedge (\neg C \vee C))$$
$$\Leftrightarrow (A \wedge \neg B \wedge C) \vee (A \wedge B)$$
$$\Leftrightarrow A \wedge (B \vee C)$$

故表决器线路如图 1-6 所示。

表　1-24

A	B	C	F
0	0	0	0
0	0	1	0
0	1	0	0
0	1	1	0
1	0	0	0
1	0	1	1
1	1	0	1
1	1	1	1

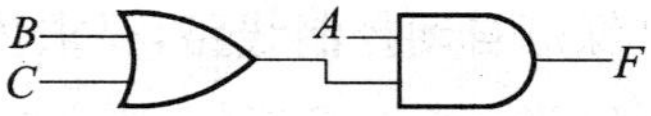

图　1-6

1-68　设计一种保密锁的控制电路，锁上共有三个键钮 A，B，C。当三键同时按下，或只有 A，B 两键按下，或只有 A，B 其

表 1-25

A	B	C	G
1	1	1	1
1	1	0	1
1	0	0	1
0	1	0	1
1	0	1	0
0	1	1	0
0	0	1	0
0	0	0	0

中之一按下时，锁被打开，请写出此控制电路的公式并画出线路图。

解 根据题目要求,列出开锁条件的真值表如表 1-25 所示。由真值表可写出逻辑表达式为：

$$
\begin{aligned}
G &\Leftrightarrow (A \wedge B \wedge C) \vee (A \wedge B \wedge \neg C) \\
&\quad \vee (A \wedge \neg B \wedge \neg C) \vee (\neg A \wedge B \wedge \neg C) \\
&\Leftrightarrow (A \wedge B) \vee (A \wedge \neg B \wedge \neg C) \vee (\neg A \wedge B \wedge \neg C) \\
&\Leftrightarrow (A \wedge (B \vee (\neg B \wedge \neg C))) \vee (\neg A \wedge B \wedge \neg C) \\
&\Leftrightarrow (A \wedge (B \vee \neg C)) \vee (\neg A \wedge B \wedge \neg C) \\
&\Leftrightarrow (A \wedge B) \vee (A \wedge \neg C) \vee (\neg A \wedge B \wedge \neg C) \\
&\Leftrightarrow (A \wedge B) \vee ((A \vee (\neg A \wedge B)) \wedge \neg C) \\
&\Leftrightarrow (A \wedge B) \vee ((A \vee B) \wedge \neg C)
\end{aligned}
$$

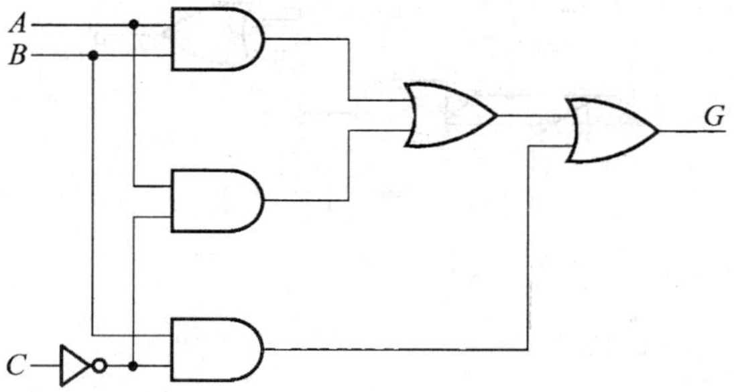

图 1-7

$$\Leftrightarrow (A \wedge B) \vee (A \wedge \neg C) \vee (B \wedge \neg C)$$

故保密锁的控制电路如图 1-7 所示。

1-69 在上题中,附加一个报警装置的控制电路,当出现不符上述开锁信号时,使电铃发响报警。

解 设报警器的输出信号为 S,在上题所列出的真值表中,使 G 为 0 的变元指派,应是使 S 真值为 1 的变元指派,但还要除去 A,B,C 均为 0 的情况。故可列出真值表 1-26。

表 1-26

A	B	C	S
1	0	1	1
0	1	1	1
0	0	1	1

由真值表列出报警器的逻辑表达式:

$$\begin{aligned} S &\Leftrightarrow (A \wedge \neg B \wedge C) \vee (\neg A \wedge B \wedge C) \\ &\quad \vee (\neg A \wedge \neg B \wedge C) \\ &\Leftrightarrow ((\neg B \wedge C) \wedge (A \vee \neg A)) \vee (\neg A \wedge B \wedge C) \\ &\Leftrightarrow C \wedge (\neg B \vee (\neg A \wedge B)) \\ &\Leftrightarrow C \wedge (\neg B \vee \neg A) \\ &\Leftrightarrow (\neg B \wedge C) \vee (\neg A \wedge C) \end{aligned}$$

故其电路如图 1-8 所示。

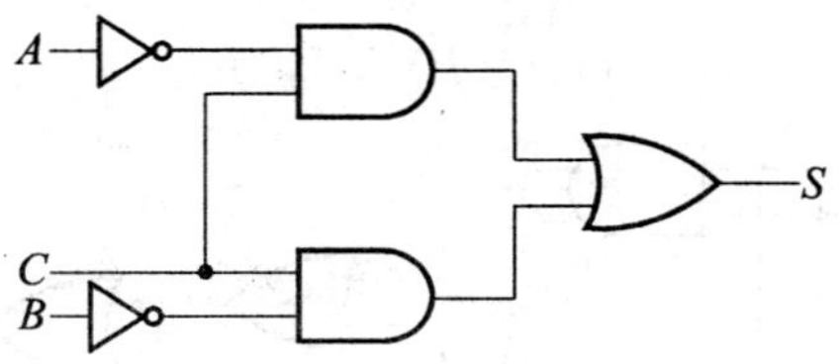

图 1-8

第二章　谓 词 逻 辑

A　内 容 提 要

1　谓词的概念与表示

谓词　在反映判断的句子中，用以刻划客体的性质或关系的即是谓词。

谓词填式　单独一个谓词不是完整的命题，把谓词字母后填以客体所得的式子称为谓词填式。

***n* 元谓词**　由 n 个客体插入到固定位置上的谓词填式，例如 $A(b)$ 称作一元谓词，$B(a,b)$ 称作二元谓词，$L(a,b,c)$ 称作三元谓词，依次类推。

2　命题函数与量词

命题函数　由一个谓词，一些客体变元组成的表达式称为简单命题函数。

复合命题函数　由一个或 n 个简单命题函数以及括号、逻辑联结词组合而成的表达式称复合命题函数。

个体域　在命题函数中，命题变元的论述范围称作个体域。

全总个体域　个体域可以是有限的，也可以是无限的，把各种个体域综合在一起，作为论述范围的域，称为全总个体域。

全称量词　符号"$\forall$"称为全称量词，用来表达"对所有的"，"每一个"，"对任一个"，"凡"，"一切"等词。

存在量词　符号"$\exists$"称为存在量词，用以表达"某个"，"存在一些"，"至少有一个"，"对于一些"等词。

存在唯一量词　符号 $\exists!$ 称为存在唯一量词，用以表达"恰有一个”,“存在唯一一个”等词。

特性谓词 在讨论带有量词的命题函数时，必须确定其个体域，为了方便，可使用全总个体域。限定客体变元变化范围的谓词，称作特性谓词。

3 谓词公式与翻译

原子公式 把形如 $A(x_1,x_2,\cdots,x_n)$ 称作谓词演算的原子公式，其中 $x_1,x_2,\cdots,x_n$ 是客体变元。

合式公式 谓词演算的合式公式，由如下各条组成：

(1) 原子谓词公式是合式公式。

(2) 若 A 是合式公式，则 $\neg A$ 是一个合式公式。

(3) 若 A 和 B 都是合式公式，则 $(A\wedge B)$，$(A\vee B)$，$(A\rightarrow B)$ 和 $(A\rightleftarrows B)$ 是合式公式。

(4) 如果 A 是合式公式，x 是 A 中出现的任何变元，则 $(\forall x)A$，$(\exists x)A$ 和 $(\exists !x)A$ 都是合式公式。

(5) 只有经过有限次地应用(1)，(2)，(3)，(4)所得到的公式是合式公式。

4 变元的约束

指导变元 给定 α 为一个谓词公式，其中有一部分公式形式为 $(\forall x)P(x)$，或 $(\exists x)P(x)$，或 $(\exists !x)P(x)$，这里的 $\forall$，$\exists$，$\exists !$ 后面所跟的 x，称为相应量词的指导变元。

辖域 给定谓词公式中，形式为 $(\forall x)P(x)$，$(\exists x)P(x)$ 和 $(\exists !x)P(x)$ 中的 $P(x)$ 称为相应量词的作用域，或辖域。

约束变元 在作用域中，x 的一切出现，称为 x 在谓词公式 α 中的约束出现，所有约束出现的变元，叫做约束变元。

自由变元 在谓词公式 α 中，除去约束变元以外所出现的变元，称作自由变元。

换名 对公式 α 中的约束变元，遵照一定规则更改名称符号，称为约束变元的换名。

代入 是对自由变元代以式子,要求代入后的结果式是原式的特例(代入式子的值域与被代入变元的变域相同)。

5 谓词演算的等价式与蕴含式

赋值 在谓词公式中常包含命题变元和客体变元,当客体变元由确定的客体所取代,命题变元用确定的命题所取代时,就称作对谓词公式赋值。一个谓词公式经过赋值以后,就成为具有确定真值的命题。

等价 给定任何两个谓词公式 wff$A$ 和 wff$B$,设它们有共同的个体域 E,若对 A 和 B 的任一组变元进行赋值所得命题的真值相同,则称谓词公式 A 和 B 在 E 上是等价的,并记作 $A \Leftrightarrow B$。

有效 给定任意谓词公式 wff$A$,其个体域为 E,对于 A 的所有赋值,wff$A$ 都为真,则称 wff$A$ 在 E 上是有效的(或永真的)。

不可满足 一个谓词公式 wff$A$,如果在所有赋值下都为假,则称该 wff$A$ 为不可满足的(或永假的)。

可满足 一个 wff$A$,如果至少在一种赋值下为真,则称该 wff$A$ 为可满足的。

谓词演算中的等价式和蕴含式 命题演算中的等价公式表和蕴含公式表都可推广到谓词演算中使用,此外还有如下一些谓词的等价公式和蕴含公式。

a) 蕴含公式

$$(\forall x)A(x) \vee (\forall x)B(x) \Rightarrow (\forall x)(A(x) \vee B(x))$$

$$(\exists x)(A(x) \wedge B(x)) \Rightarrow (\exists x)A(x) \wedge (\exists x)B(x)$$

$$(\exists x)A(x) \rightarrow (\forall x)B(x) \Rightarrow (\forall x)(A(x) \rightarrow B(x))$$

b) 等价公式

$$(\exists x)(A(x) \vee B(x)) \Leftrightarrow (\exists x)A(x) \vee (\exists x)B(x)$$

$$(\forall x)(A(x) \wedge B(x)) \Leftrightarrow (\forall x)A(x) \wedge (\forall x)B(x)$$

$$\neg(\exists x)A(x) \Leftrightarrow (\forall x)\neg A(x)$$

$$\neg(\forall x)A(x) \Leftrightarrow (\exists x)\neg A(x)$$

$$(\forall x)(A \vee B(x)) \Leftrightarrow A \vee (\forall x)B(x)$$

$$(\exists x)(A \wedge B(x)) \Leftrightarrow A \wedge (\exists x)B(x)$$

$$(\exists x)(A(x) \rightarrow B(x)) \Leftrightarrow (\forall x)A(x) \rightarrow (\exists x)B(x)$$

$$(\forall x)A(x) \rightarrow B \Leftrightarrow (\exists x)(A(x) \rightarrow B)$$

$$(\exists x)A(x) \rightarrow B \Leftrightarrow (\forall x)(A(x) \rightarrow B)$$

$$A \rightarrow (\forall x)B(x) \Leftrightarrow (\forall x)(A \rightarrow B(x))$$

$$A \rightarrow (\exists x)B(x) \Leftrightarrow (\exists x)(A \rightarrow B(x))$$

6　前束范式

前束范式　一个公式如果量词均包含在全式的开头，它们的作用域延伸到整个公式的末尾，则该公式叫做前束范式。其形式为$(\Box v_1)(\Box v_2)\cdots(\Box v_n)A$，其中$\Box$是量词$\forall$或$\exists$，$v_i$是客体变元，$A$是没有量词的谓词公式。

前束合取范式　一个 wff$A$ 如果具有如下形式，则称为前束合取范式：

$$(\Box v_1)(\Box v_2)\cdots(\Box v_n)[(A_{11} \wedge A_{12} \wedge \cdots \wedge A_{1l_1}) \vee (A_{21} \wedge A_{22} \wedge \cdots A_{2l_2}) \vee \cdots \vee (A_{m_1} \wedge A_{m_2} \wedge \cdots A_{ml_m})]$$

其中$\Box$，v_i，A_{ij}的意义与上述相同。

定理 2-6.1　任意一个谓词公式，均和一个前束范式等价。

定理 2-6.2　每一个 wff$A$ 都可转化为与其等价的前束合取范式。

定理 2-6.3　每一个 wff$A$ 都可转化为与其等价的前束析取范式。

7　谓词演算的推理理论

全称指定规则　如果对论域中所有客体 x，$P(x)$成立，则对论域中某个任意客体 c，$P(c)$成立。这个规则可表示为：$\dfrac{(\forall x)P(x)}{P(c)}$，它简记为$US$。

全称推广规则　如果能够证明对论域中每一个客体 c 断言 $P(c)$都成立，则可得到结论$(\forall x)P(x)$成立。这个规则可表示为：$\dfrac{P(x)}{(\forall x)P(x)}$，它简记为 UG。

存在指定规则 如果对于论域中某些客体 $P(x)$ 成立，则必有某个特定客体 c，使 $P(c)$ 成立。这个规则可表示为：$\dfrac{(\exists x)P(x)}{P(c)}$，它简记为 ES。

存在推广规则 如果对论域中某个特定客体 c，有 $P(c)$ 成立，则在论域中，必存在 x，使得 $P(x)$ 成立。这个规则可表示为：$\dfrac{P(c)}{(\exists x)P(x)}$，它简记为 EG。

带有量词的蕴含公式和等价公式如表 2-1 所示。

表 2-1

序 号	公 式
I_{17}	$(\forall x)A(x)\vee(\forall x)B(x)\Rightarrow((\forall x)(A(x)\vee B(x))$
I_{18}	$(\exists x)(A(x)\wedge B(x))\Rightarrow(\exists x)A(x)\wedge(\exists x)B(x)$
I_{19}	$(\exists x)A(x)\rightarrow(\forall x)B(x)\Rightarrow(\forall x)(A(x)\rightarrow B(x))$
E_{23}	$(\exists x)(A(x)\vee B(x))\Leftrightarrow(\exists x)A(x)\vee(\exists x)B(x)$
E_{24}	$(\forall x)(A(x)\wedge B(x))\Leftrightarrow(\forall x)A(x)\wedge(\forall x)B(x)$
E_{25}	$\neg(\exists x)A(x)\Leftrightarrow(\forall x)\neg A(x)$
E_{26}	$\neg(\forall x)A(x)\Leftrightarrow(\exists x)\neg A(x)$
E_{27}	$(\forall x)(A\vee B(x))\Leftrightarrow A\vee(\forall x)B(x)$
E_{28}	$(\exists x)(A\wedge B(x))\Leftrightarrow A\wedge(\exists x)B(x)$
E_{29}	$(\exists x)(A(x)\rightarrow B(x))\Leftrightarrow(\forall x)A(x)\rightarrow(\exists x)B(x)$
E_{30}	$(\forall x)A(x)\rightarrow B\Leftrightarrow(\exists x)(A(x)\rightarrow B)$
E_{31}	$(\exists x)A(x)\rightarrow B\Leftrightarrow(\forall x)(A(x)\rightarrow B)$
E_{32}	$A\rightarrow(\forall x)B(x)\Leftrightarrow(\forall x)(A\rightarrow B(x))$
E_{33}	$A\rightarrow(\exists x)B(x)\Leftrightarrow(\exists x)(A\rightarrow B(x))$

B 选 题 例 解

例题 2-1 符号化下列命题：

(1) 没有不犯错误的人；

(2) 发光的不都是金子；

(3) 在上海高校学习的学生，未必都是上海籍的学生。

分析 用一阶谓词表达式符号化命题，首先要注意到带有量词的各种情况。本题中都是具有全称量词命题，例如(1)中“没有不犯错误”，(2)中的“不都是”，(3)中的“都是”等。这些词句都是对命题中的全体客体所具有性质的描述。由于全称量词的否定与存在量词之间的联系，我们可以把同一问题用不同量词的形式表达，如(1)中“没有不犯错误的人”可解释为：“只要是人，必然会犯错误”或者也可解释为：“存在不犯错误的人是不可能的”。这两种不同的形式化描述，在前者是对“所有”人，而在后者是对“存在”某个人的否定。

其次在应用谓词对命题符号化过程中，由于汉语上的习惯用法，可以对某些客体予以省略，而在符号化时，为了表达清晰，必须予以补充明确。如(2)中“发光的不都是金子”实际上是指“发光的东西不都是金子”。这里论述的客体是“发光的东西”而非“发光的”。因此(2)可理解为：“不是发光的东西都是金子”，或者是“存在着发光的东西不是金子”。此外，对于用谓词符号化命题时，需要注意的是刻划客体属性的深度问题。例如(3)中，“在上海高校学习的学生”，可以作为一个谓词刻划，也可以把它分解为：“在上海的学生”以及“是在高校学习的学生”这两个谓词。同理，“是上海籍学生”这个谓词，可加深刻划为“是学生”，以及“是上海籍的人”这两个谓词的合取式。在符号化命题的过程中，刻划谓词的深度，将由题目要求决定，有时为了强调某些客体的属性，在符号化过程中，就需将这些特殊属性，单独列成谓词予以描述。

解 (1) 设 $M(x)$：x 是人。$Q(x)$：x 犯错误。

本题符号化为： $(\forall x)(M(x)\rightarrow Q(x))$

或者 $\neg(\exists x)(M(x)\wedge\neg Q(x))$

(2) 设 $L(x)$：x 是发光的东西。$G(x)$：x 是金子。

$$(\exists x)(L(x)\wedge\neg G(x))$$

或 $\neg(\forall x)(L(x)\rightarrow G(x))$

(3) 设 $S(x)$：x 是上海高校学习的学生。

$F(x)$：x 是上海籍学生。

则 $$(\exists x)(S(x) \wedge \neg F(x))$$

本题也可加深刻划。设 $S(x)$：x 是学生。$L(x)$：x 在学习。$H(x)$：x 在上海高校。$G(x)$：x 是上海籍贯的人。则

$$\neg(\forall x)(S(x) \wedge L(x) \wedge H(x) \rightarrow G(x) \wedge S(x))$$

例题 2-2 写出 $(\forall x)(F(x) \rightarrow G(x)) \rightarrow ((\exists x)F(x) \rightarrow (\exists x)G(x))$ 的前束范式。

分析 一个 wff$A$，如果量词均在全式的开头，它们的作用域延伸到整个公式的末尾，则该公式称为前束范式。为了要使本题中的量词都放到全式开头，首先要把全式中的条件式化掉，然后再利用变元的约束情况，将量词推到全式的最前面。在本式中 $(\forall x)$ 和 $(\exists x)$ 中的指导变元 x 名称相同，故在考虑辖域时极易造成混乱。为此在转换过程中对量词及其辖域中的指导变元进行改名，改名时一定要更改为作用域中没有出现的变元名称。

在量词推向全式最前方时，量词前不能带有"$\neg$"记号，为此，在转换前束范式的过程中，"$\neg$"记号深入各个量词辖域中是极为重要的步骤。

解 $(\forall x)(F(x) \rightarrow G(x)) \rightarrow ((\exists x)F(x) \rightarrow (\exists x)G(x))$

$$\Leftrightarrow (\forall x)(\neg F(x) \vee G(x))$$
$$\rightarrow (\neg(\exists x)F(x) \vee (\exists x)G(x))$$
$$\Leftrightarrow \neg(\forall x)(\neg F(x) \vee G(x))$$
$$\vee (\neg(\exists x)F(x) \vee (\exists x)G(x))$$
$$\Leftrightarrow (\exists x)((F(x) \wedge \neg G(x))$$
$$\vee G(x)) \vee (\forall x)\neg F(x)$$
$$\Leftrightarrow (\exists x)(F(x) \vee G(x)) \vee (\forall x)\neg F(x)$$
$$\Leftrightarrow (\exists x)(F(x) \vee G(x)) \vee (\forall y)\neg F(y)$$
$$\Leftrightarrow (\exists x)(\forall y)(F(x) \vee G(x) \vee \neg F(y))$$

例题 2-3 用推理规则证明：

前提 $(\exists x)P(x) \rightarrow (\forall x)((P(x) \vee Q(x)) \rightarrow R(x))$

$(\exists x)P(x)$，$(\exists x)Q(x)$

结论　　　　$(\exists x)(\exists y)(R(x) \wedge R(y))$

分析　一阶谓词逻辑中的逻辑推证也经常用到 P, T, CP 等推理规则，其意义与命题公式中的对应规则相同，只是在带量词的谓词表达式进行推理证明时，除公式表上已列出的带量词公式变换外，一般要先应用 US 或 ES 规则，将量词指定后再对谓词公式进行逻辑推证，然后再应用 UG 和 EG 规则，对命题进行量化。在应用指定规则时，特别要注意 US 和 ES 应用的先后次序。如本题中先指定 $(\exists x)$ 中的 x 后，对 $(\forall x)$ 中的 x 可随意指定，但如果先指定 $(\forall x)$ 中的 x 后，对 $(\exists x)$ 中的 x 就不能任意作特称指定。

本题结论是 $(\exists x)(\exists y)(R(x) \wedge R(y))$，因此要两次分别指定 $(\exists x)$ 中的 x 和 $(\exists y)$ 中的 y。即是要根据变元的情况，作两次存在推广。

证明

(1)	$(\exists x)P(x) \to (\forall x)((P(x) \vee Q(x)) \to R(x))$	P
(2)	$(\exists x)P(x)$	P
(3)	$(\forall x)((P(x) \vee Q(x)) \to R(x))$	(1)(2) T, I
(4)	$P(c)$	(2) ES
(5)	$(P(c) \vee Q(c)) \to R(c)$	(3) US
(6)	$P(c) \vee Q(c)$	(4) T, I
(7)	$R(c)$	(5)(6) T, I
(8)	$(\exists x)Q(x)$	P
(9)	$Q(d)$	(8) ES
(10)	$(P(d) \vee Q(d)) \to R(d)$	(3) US
(11)	$Q(d) \vee P(d)$	(9) T, I
(12)	$R(d)$	(10)(11) T, I
(13)	$R(c) \wedge R(d)$	(7)(12) T, I
(14)	$(\exists y)(R(c) \wedge R(y))$	(13) EG
(15)	$(\exists x)(\exists y)(R(x) \wedge R(y))$	(14) EG

例题 2-4　改正下题证明中的错误：

前提　$(\forall x)((\exists y)(S(x,y) \wedge M(y)) \to (\exists z)(P(z) \wedge R(x,z)))$

结论　$\neg(\exists z)P(z)\rightarrow(\forall x)(\forall y)(S(x,y)\rightarrow\neg M(y))$

证明过程：

(1)	$(\forall x)((\exists y)(S(x,y)\wedge M(y))\rightarrow(\exists z)(P(z)\wedge R(x,z)))$	P
(2)	$(\exists y)(S(b,y)\wedge M(y))\rightarrow(\exists z)(P(z)\wedge R(b,z))$	(1)US
(3)	$\neg(\exists z)P(z)$	P(附加前提)
(4)	$(\forall z)\neg P(z)$	(3)T,E
(5)	$\neg P(a)$	(4)US
(6)	$\neg P(a)\vee\neg R(b,a)$	T,(5)I
(7)	$(\forall z)(\neg P(z)\vee\neg R(b,z))$	(6)UG
(8)	$\neg(\exists z)(P(z)\wedge R(b,z))$	(7)T,E
(9)	$\neg(\exists y)(S(b,y)\wedge M(y))$	(2)(8)T,I
(10)	$(\forall y)(\neg S(b,y)\vee\neg M(y))$	(9)T,E
(11)	$(\forall y)(S(b,y)\rightarrow\neg M(y))$	(10)T,E
(12)	$(\forall x)(\forall y)(S(x,y)\rightarrow\neg M(y))$	(11)UG
(13)	$\neg(\exists z)P(z)\rightarrow(\forall x)(\forall y)(S(x,y)\rightarrow\neg M(y))$	CP

分析　带量词的谓词合式公式，在进行逻辑推证时，必须正确使用 US，ES，UG，EG 这几个消除量词和扩张量词的规则。在推理过程中，谓词公式只能应用表 2-1 所列的蕴含式与等价式，除表中所列的带量词公式外，一般的不能在量词后面的辖域内进行蕴含推证或等价变换。如

$$(\forall z)(\neg P(z)\vee\neg R(b,z))\Leftrightarrow(\forall z)\neg(P(z)\wedge R(b,z))$$

但在推理中不能作为公式引用，因为它未列入推理公式表中。因此必须根据 US 或 UG 规则，消除量词后，才能对谓词公式进行蕴含或等价推证。在作了适当的推演后，再应用 ES，EG 规则恢复约束关系，以完成带量词公式的逻辑推证。根据上述分析，本例中(7)⇒(8)，(9)⇒(10)，(10)⇒(11)都是错误步骤。其中(7)⇒(8)，(9)⇒(10)还包括了“省略”步骤的错误。本题的正确证明如下：

证明

(1) $(\forall x)((\exists y)(S(x,y) \wedge M(y)) \rightarrow (\exists z)(P(z) \wedge R(x,z)))$ $\quad P$

(2) $(\exists y)(S(b,y) \wedge M(y)) \rightarrow (\exists z)(P(z) \wedge R(b,z))$ $\quad (1)US$

(3) $\neg(\exists z)P(z)$ $\quad P$(附加前提)

(4) $(\forall z)\neg P(z)$ $\quad (3)T,E$

(5) $\neg P(a)$ $\quad (4)US$

(6) $\neg P(a) \vee \neg R(b,a)$ $\quad (5)T,I$

(7) $\neg(P(a) \wedge R(b,a))$ $\quad (6)T,E$

(8) $(\forall z)\neg(P(z) \wedge R(b,z))$ $\quad (7)UG$

(9) $\neg(\exists z)(P(z) \wedge R(b,z))$ $\quad (8)T,E$

(10) $\neg(\exists y)(S(b,y) \wedge M(y))$ $\quad (2)(9)T,I$

(11) $(\forall y)\neg(S(b,y) \wedge M(y))$ $\quad (10)T,I$

(12) $\neg(S(b,c) \wedge M(c))$ $\quad (11)US$

(13) $\neg S(b,c) \vee \neg M(c)$ $\quad (12)T,E$

(14) $S(b,c) \rightarrow \neg M(c)$ $\quad (13)T,E$

(15) $(\forall y)(S(b,y) \rightarrow \neg M(y))$ $\quad (14)UG$

(16) $(\forall x)(\forall y)(S(x,y) \rightarrow \neg M(y))$ $\quad (15)UG$

(17) $\neg(\exists z)P(z) \rightarrow (\forall x)(\forall y)(S(x,y) \rightarrow \neg M(y))$ $\quad CP$

C 习 题 与 解

2-1 用谓词表达式写出下列命题：

a) 小张不是工人；

b) 他是田径或球类运动员；

c) 小莉是非常聪明和美丽的；

d) 若 m 是奇数，则 $2m$ 不是奇数；

e) 每一个有理数是实数；

f）某些实数是有理数；

g）并非每个实数都是有理数；

h）直线 A 与直线 B 平行当且仅当直线 A 与 B 不相交。

【2-1，2-2.(1)】

解 a）设 $W(x)$：x 是工人。c：小张。则有

$$\neg W(c)$$

b）设 $S(x)$：x 是田径运动员。$B(x)$：x 是球类运动员。h：他。则有

$$S(h) \vee B(h)$$

c）设 $C(x)$：x 是聪明的。$B(x)$：x 是美丽的。l：小莉。则有

$$C(l) \wedge B(l)$$

d）设 $O(x)$：x 是奇数。则有

$$O(m) \rightarrow \neg O(2m)$$

e）设 $R(x)$：x 是实数。$Q(x)$：x 是有理数。则有

$$(\forall x)(Q(x) \rightarrow R(x))$$

f）设 $R(x)$：x 是实数。$Q(x)$：x 是有理数。则有

$$(\exists x)(R(x) \wedge Q(x))$$

g）设 $R(x)$：x 是实数。$Q(x)$：x 是有理数。则有

$$\neg(\forall x)(R(x) \rightarrow Q(x))$$

h）设 $P(x,y)$：直线 x 平行于直线 y。$G(x,y)$：直线 x 相交于直线 y。则有

$$P(A,B) \rightleftarrows \neg G(A,B)$$

2-2 找出以下十二个句子所对应的谓词表达式：

a）所有教练员是运动员（$J(x)$，$L(x)$）；

b）某些运动员是大学生（$S(x)$）；

c）某些教练是年老的，但是健壮的（$O(x)$，$V(x)$）；

d）金教练既不老但也不是健壮的（j）；

e）不是所有运动员都是教练；

f）某些大学生运动员是国家队选手（$C(x)$）；

g）没有一个国家队选手不是健壮的；

h）所有老的国家队选手都是运动员；

i）没有一位女同志既是国家队选手又是家庭妇女（$W(x)$，$H(x)$）；

j）有些女同志既是教练员又是国家队选手；

k）所有运动员都钦佩某些教练（$A(x,y)$）；

l）有些大学生不钦佩运动员。 【2-1,2-2.(2)】

解 a）设 $J(x)$：x 是教练员。$L(x)$：x 是运动员。得

$$(\forall x)(J(x)\rightarrow L(x))$$

b）设 $S(x)$：x 是大学生。$L(x)$：x 是运动员。则有

$$(\exists x)(L(x)\wedge S(x))$$

c）设 $J(x)$：x 是教练员。$O(x)$：x 是年老的。$V(x)$：x 是健壮的。则有

$$(\exists x)(J(x)\wedge O(x)\wedge V(x))$$

d）设 $O(x)$：x 是年老的。$V(x)$：x 是健壮的。j：金教练。则有

$$\neg O(j)\wedge\neg V(j)$$

e）设 $L(x)$：x 是运动员。$J(x)$：x 是教练员。则有

$$\neg(\forall x)(L(x)\rightarrow J(x))$$

本题亦可理解为：某些运动员不是教练。故

$$(\exists x)(L(x)\wedge\neg J(x))。$$

f）设 $S(x)$：x 是大学生。$L(x)$：x 是运动员。$C(x)$：x 是国家队选手。故有

$$(\exists x)(S(x)\wedge L(x)\wedge C(x))$$

g）设 $C(x)$：x 是国家队选手。$V(x)$：x 是健壮的。故有

$$(\forall x)(C(x)\rightarrow V(x))\text{或}\neg(\exists x)(C(x))\wedge\neg V(x))$$

h）设 $O(x)$：x 是老的。$L(x)$：x 是运动员。$C(x)$：x 是国家队选手。则有

$$(\forall x)(O(x)\wedge C(x)\rightarrow L(x))$$

i）设 $W(x)$：x 是女同志。$H(x)$：x 是家庭妇女。$C(x)$：x 是国家队选手。得

$$\neg(\exists x)(W(x)\wedge C(x)\wedge H(x))$$

j）设 $W(x)$：x 是女同志。$C(x)$：x 是国家队选手。$J(x)$：x 是教练员。则有

$$(\exists x)(W(x)\wedge J(x)\wedge C(x))$$

k）设 $L(x)$：x 是运动员。$J(y)$：y 是教练。$A(x,y)$：x 钦佩 y。故有

$$(\forall x)(L(x)\rightarrow(\exists y)(J(y)\wedge A(x,y))$$

l）设 $S(x)$：x 是大学生。$L(x)$：x 是运动员。$A(x,y)$：x 钦佩 y。故有

$$(\exists x)(S(x)\wedge\forall y(L(y)\rightarrow\neg A(x,y)))$$

2-3　令 $P(x)$为“x 是质数”，$E(x)$为“x 是偶数”，$O(x)$为“x 是奇数”，$D(x,y)$为“x 除尽 y”。把下列各式译成汉语。

a）$P(5)$；

b）$E(2)\wedge P(2)$；

c）$(\forall x)(D(2,x)\rightarrow E(x))$；

d）$(\exists x)(E(x)\wedge D(x,6))$；

e）$(\forall x)(\neg E(x)\rightarrow\neg D(2,x))$；

f）$(\forall x)(E(x)\rightarrow(\forall y)(D(x,y)\rightarrow E(x)))$；

g）$(\forall x)(P(x)\rightarrow(\exists y)(E(y)\wedge D(x,y)))$；

h）$(\forall x)(O(x)\rightarrow(\forall y)(P(y)\rightarrow\neg D(x,y))$。　【2-3.(1)】

解　a）5 是质数。

b）2 是偶数且 2 是质数。

c）对所有 x，若 x 被 2 除尽，则 x 是偶数。

d）存在 x，x 是偶数，且 x 除尽 6(即某些偶数能除尽 6)。

e）对所有 x，若 x 不是偶数，则 x 不能被 2 除尽。

f）对所有 x，若 x 是偶数，则对所有 y，若 x 除尽 y，则 y 是偶数。

g）对所有 x，如果 x 是质数，则存在 y，y 是偶数且 x 除尽 y(即所有质数能除尽某些偶数)。

h）对所有 x，若 x 是奇数，则对所有 y，y 是质数，则 x 不能除尽 y(即任何奇数不能除尽任何质数)。

2-4 设 $P(x)$,$L(x)$,$R(x,y,z)$和 $E(x,y)$分别表示"x 是一个点","x 是一条直线","z 通过 x 和 y","$x=y$",符号化下面句子:

对每两个点,有且仅有一条直线通过该两点。【2-3.(2)】

解

$$(\forall x)(\forall y)((P(x)\land P(y)\land \neg E(x,y))$$
$$\rightarrow(\exists !z)(L(z)\land R(x,y,z)))$$

2-5 利用谓词公式翻译下列命题:

a) 如果有限个数的乘积为零,那么至少有一个因子等于零。

b) 对于每一个实数 x,存在一个更大的实数 y。

c) 存在实数 x,y 和 z,使得 x 与 y 之和大于 x 与 z 之积。

【2-3.(3)】

解 a) 设 $N(x)$:x 是有限个数的乘积。$z(y)$:y 为 0。$P(x)$:x 的乘积为零。$F(y)$:y 是乘积中的一个因子。则有

$$(\forall x)((N(x)\land P(x)\ \rightarrow(\exists y)(F(y)\land z(y)))$$

b) 设 $R(x)$:x 是实数。$Q(x,y)$:y 大于 x。则有

$$(\forall x)(R(x)\rightarrow(\exists y)(Q(x,y)\land R(y)))$$

c) $R(x)$:x 是实数。$G(x,y)$:x 大于 y。则有

$$(\exists x)(\exists y)(\exists z)(R(x)\land R(y)\land R(z)\land G(x+y,x\cdot z)$$

2-6 用谓词公式写出下式:

若 $x<y$,且 $z<0$,则 $x\cdot z>y\cdot z$。【2-3.(4)】

解 设 $G(x,y)$:x 大于 y。则有

$$(\forall x)(\forall y)(\forall z)(G(y,x)\land G(0,z)\rightarrow G(x\cdot z,y\cdot z))$$

2-7 自然数共有三条公理:

a) 每个数都有唯一的一个数是它的后继数;

b) 没有一个数,使数 1 是它的后继;

c) 每个不等于 1 的数,都有唯一的一个数是它的直接先行者。

用两个谓词表达上述三条公理。【2-3.(5)】

解 设 $N(x)$:x 是一个数。$S(x,y)$:y 是 x 的后继数(即 x 是 y 的直接先行者,如 2 的直接先行者是 1)。则

a) $(\forall x)(N(x)\rightarrow(\exists !y)(N(y)\wedge S(x,y)))$;

b) $\neg(\exists x)(N(x)\wedge S(x,1))$;

c) $(\forall x)(N(x)\wedge \neg S(x,2)\rightarrow(\exists !y)(N(y)\wedge S(y,x)))$。

2-8 用谓词公式刻划下述命题：

那位戴眼镜的用功的大学生在看这本大而厚的巨著。

【2-3.(6)】

解 设$S(x)$:x是大学生。$E(x)$:x是戴眼镜的。

$F(x)$:x是用功的。$R(x,y)$:x在看y。

$G(y)$:y是大的。$K(y)$:y是厚的。$J(y)$:y是巨著。

a:这本。b:那位。则有

$$E(b)\wedge F(b)\wedge S(b)\wedge R(b,a)\wedge G(a)\wedge K(a)\wedge J(a)$$

2-9 取个体域为实数集R，函数f在a点连续的定义是：f在点a连续当且仅当对每个$\varepsilon>0$，存在一个$\delta>0$，使得对所有x，若$|x-a|<\delta$，则$|f(x)-f(a)|<\varepsilon$。把上述定义用符号化形式表达。

【2-3.(7)】

解 设$P(x,y)$:x在y连续。$Q(x,y)$:$x>y$。则有

$$P(f,a)\rightleftarrows((\forall\varepsilon)(\exists\delta)(\forall x)(Q(\varepsilon,0) \rightarrow(Q(\delta,0)\wedge Q(\delta,|x-a|) \rightarrow Q(\varepsilon,|f(x)-f(a)|))))$$

2-10 用谓词表达式符号化下列命题：

(1) 有一数比任何数都大；

(2) 并非一切劳动都能用机器代替；

(3) 存在着一个并且仅存在一个偶数。

解 (1) 设$N(x)$:x是数。$G(x,y)$:x大于y。则有

$$(\exists x)(N(x)\wedge(\forall y)(N(y)\rightarrow G(x,y)))$$

(2) 设$L(x)$:x为劳动。$M(x)$:x为机器。$R(x,y)$:x被y代替。则有

$$\neg(\forall x)(L(x)\rightarrow(\exists y)(M(y)\wedge R(x,y)))$$

(3) 设$P(x)$:x是偶数。则有

$$(\exists x)P(x)\wedge(\exists !x)P(x)$$

2-11 对下面每个公式指出约束变元和自由变元：

a) $(\forall x)P(x)\rightarrow P(y)$；

b) $(\forall x)(P(x)\wedge Q(x))\wedge(\exists x)S(x)$；

c) $(\exists x)(\forall y)(P(x)\wedge Q(y)\rightarrow(\forall x)R(x))$；

d) $(\exists x)(\exists y)(P(x,y)\wedge Q(z))$。 【2-4.(1)】

解 a) x 是约束变元，y 是自由变元。

b) x 是约束变元，在 $P(x)\wedge Q(x)$ 中的 x 受全称量词($\forall$)约束，在 $S(x)$ 中的 x 受存在量词($\exists$)的约束。

c) x,y 都是约束变元，$P(x)$ 中的 x 受($\exists$)的约束，$R(x)$ 中的 x 受($\forall$)的约束。

d) x,y 是约束变元，z 是自由变元。

2-12 如果论域是集合$\{a,b,c\}$，试消去下面公式中的量词。

a) $(\forall x)P(x)$；

b) $(\forall x)R(x)\wedge(\forall x)S(x)$；

c) $(\forall x)(P(x)\rightarrow Q(x))$；

d) $(\forall x)\neg P(x)\vee(\forall x)P(x)$；

e) $(\forall x)R(x)\wedge(\exists x)S(x)$。 【2-4.(2)】

解 a) $(\forall x)P(x)\Leftrightarrow P(a)\wedge P(b)\wedge P(c)$

b) $(\forall x)R(x)\wedge(\forall x)S(x)\Leftrightarrow$

$$R(a)\wedge R(b)\wedge R(c)\wedge S(a)\wedge S(b)\wedge S(c)$$

c) $(P(a)\rightarrow Q(a))\wedge(P(b)\rightarrow Q(b))\wedge(P(c)\rightarrow Q(c))$

d) $(\neg P(a)\wedge\neg P(b)\wedge\neg P(c))\vee(P(a)\wedge P(b)\wedge P(c))$

e) $(R(a)\wedge R(b)\wedge R(c))\wedge(S(a)\vee S(b)\vee S(c))$

2-13 设个体域为$\{0,1\}$，将下列命题转换成不含量词的形式：

a) $(\forall x)F(0,x)$；

b) $(\forall x)(\forall y)F(x,y)$；

c) $(\exists !x)(\forall y)F(x,y)$；

d) $(\exists x)((\forall y)F(x,y)\vee G(x))$；

e) $(\exists x)F(x)\rightarrow(\forall y)G(y)$；

f) $(\forall x)((\exists y)F(x,y)\to G(x))$。

解 a) $(\forall x)F(0,x)\Leftrightarrow F(0,0)\wedge F(0,1)$

b) $(\forall x)(\forall y)F(x,y)\Leftrightarrow(\forall x)(F(x,0)\wedge F(x,1))$

$$\Leftrightarrow(F(0,0)\wedge F(0,1))\wedge(F(1,0)\wedge F(1,1))$$

c) $(\exists !x)(\forall y)F(x,y)\Leftrightarrow(\exists !x)(F(x,0)\wedge F(x,1))$

$$\Leftrightarrow(F(0,0)\wedge F(0,1)\wedge \neg(F(1,0)\wedge F(1,1)))$$
$$\vee(F(1,0)\wedge F(1,1)\wedge \neg(F(0,0)\wedge F(0,1)))$$

d) $(\exists x)((\forall y)F(x,y)\vee G(x))$

$$\Leftrightarrow(\exists x)((F(x,0)\wedge F(x,1))\vee G(x))$$
$$\Leftrightarrow((F(0,0)\wedge F(0,1))\vee G(0))$$
$$\vee((F(1,0)\wedge F(1,1))\vee G(1))$$

e) $(\exists x)F(x)\to(\forall y)G(y)$

$$\Leftrightarrow F(0)\vee F(1)\to G(0)\wedge G(1)$$

f) $(\forall x)((\exists y)F(x,y)\to G(x))$

$$\Leftrightarrow(\forall x)(F(x,0)\vee F(x,1)\to G(x))$$
$$\Leftrightarrow(F(0,0)\vee F(0,1)\to G(0))$$
$$\wedge(F(1,0)\vee F(1,1)\to G(1))$$

2-14 寻求下列各式的真值:

a) $(\forall x)(P(x)\vee Q(x))$,其中 $P(x):x=1,Q(x):x=2$ 且论域是$\{1,2\}$;

b) $(\forall x)(P\to Q(x))\vee R(a)$,其中 $P:2>1,Q(x):x\leqslant 3,R(x):x>5,a:5$ 且论域$\{-2,3,6\}$。 【2-4.(3)】

解 a) $(\forall x)(P(x)\vee Q(x))\Leftrightarrow(P(1)\vee Q(1))\wedge(P(2)\vee Q(2))$但 $P(1)$为 $\boldsymbol{T}$,$Q(1)$为 $\boldsymbol{F}$,$P(2)$为 $\boldsymbol{F}$, $Q(2)$为 $\boldsymbol{T}$,所以

$$(\forall x)(P(x)\vee Q(x))\Leftrightarrow(\boldsymbol{T}\vee\boldsymbol{F})\wedge(\boldsymbol{F}\vee\boldsymbol{T})\Leftrightarrow\boldsymbol{T}$$

b) $(\forall x)(P\to Q(x))\vee R(a)\Leftrightarrow((P\to Q(-2))\wedge(P\to Q(3))$

$$\wedge(P\to Q(6)))\vee R(a)$$

因为 P 为 $\boldsymbol{T}$,$Q(-2)$为 $\boldsymbol{T}$,$Q(3)$为 $\boldsymbol{T}$,$Q(6)$为 $\boldsymbol{F}$,$R(5)$为 $\boldsymbol{F}$,所以

$$(\forall x)(P\to Q(x))\vee R(a)\Leftrightarrow(\boldsymbol{T}\to\boldsymbol{T})\wedge(\boldsymbol{T}\to\boldsymbol{T})$$

$\wedge(\boldsymbol{T}\to\boldsymbol{F}))\vee\boldsymbol{F}\Leftrightarrow\boldsymbol{F}$

2-15 证明公式$(\forall x)P(x)\wedge(\exists y)\neg P(y)$是永假式。

证明 假定公式$(\forall x)P(x)\wedge(\exists y)\neg P(y)$不是永假式，那么至少存在某个赋值 $\boldsymbol{T}$，在此赋值情况下$(\forall x)P(x)$与$(\exists y)\neg P(y)$同时为 $\boldsymbol{T}$。因为$(\forall x)P(x)$为 $\boldsymbol{T}$，故在论域 D 中对任意元 x，$P(x)$都为 $\boldsymbol{T}$。$(\exists y)\neg P(y)$为 $\boldsymbol{T}$，则在论域 D 中，至少有某个元素 c，使得$\neg P(c)$为 $\boldsymbol{T}$，因而在这赋值情况下，有 $P(c)$为 $\boldsymbol{F}$。但由$(\forall x)P(x)$为 $\boldsymbol{T}$，可得 $P(c)$为 $\boldsymbol{T}$，矛盾。

因此$(\forall x)P(x)\wedge(\exists y)\neg P(y)$必是永假式。

2-16 对下列谓词公式中的约束变元进行换名：

a) $(\forall x)(\exists y)(P(x,z)\to Q(y))\rightleftarrows S(x,y)$；

b) $(\forall x)(P(x)\to(R(x)\vee Q(x))\wedge(\exists x)R(x)\to(\exists z)S(x,z)$。 【2-4.(4)】

解 a) $(\forall u)(\exists v)(P(u,z)\to Q(v))\rightleftarrows S(x,y)$；

b) $(\forall u)(P(u)\to(R(u)\vee Q(u))\wedge(\exists v)R(v)\to(\exists z)S(x,z)$。

2-17 对下列谓词公式中的自由变元进行代入：

a) $((\exists y)A(x,y)\to(\forall x)B(x,z))\wedge(\exists x)(\forall z)C(x,y,z)$；

b) $((\forall y)P(x,y)\wedge(\exists z)Q(x,z))\vee(\forall x)R(x,y)$。

【2-4.(5)】

解 a) $((\exists y)A(u,y)\to(\forall x)B(x,v))\wedge(\exists x)(\forall z)C(x,t,z)$

b) $((\forall y)P(u,y)\wedge(\exists z)Q(v,z))\vee(\forall x)R(x,t)$

2-18 考虑以下赋值：论域 $D=\{1,2\}$

指定常数 a 和 b

a	b
1	2

指定函数 f

$f(1)$	$f(2)$
2	1

指定谓词 P

$P(1,1)$	$P(1,2)$	$P(2,1)$	$P(2,2)$
$\mathbf{T}$	$\mathbf{T}$	$\mathbf{F}$	$\mathbf{F}$

求以下各式的真值：

a) $P(a,f(a)) \wedge P(b,f(b))$；

b) $(\forall x)(\exists y)P(y,x)$；

c) $(\forall x)(\forall y)(P(x,y) \rightarrow P(f(x),f(y)))$。 【2-5.(1)】

解 a) $P(a,f(a)) \wedge P(b,f(b))$

$\Leftrightarrow P(1,f(1)) \wedge P(2,f(2))$

$\Leftrightarrow P(1,2) \wedge P(2,1) \Leftrightarrow \mathbf{T} \wedge \mathbf{F} \Leftrightarrow \mathbf{F}$

b) $(\forall x)(\exists y)P(y,x) \Leftrightarrow (\forall x)(P(1,x) \vee P(2,x))$

$\Leftrightarrow (P(1,1) \vee P(2,1)) \wedge (P(1,2) \vee P(2,2))$

$\Leftrightarrow (\mathbf{T} \vee \mathbf{T}) \wedge (\mathbf{F} \vee \mathbf{F}) \Leftrightarrow \mathbf{F}$

c) $(\forall x)(\forall y)(P(x,y) \rightarrow P(f(x),f(y)))$

$\Leftrightarrow (\forall x)((P(x,1) \rightarrow P(f(x),f(1)))$

$\wedge (P(x,2) \rightarrow P(f(x)f(2))))$

$\Leftrightarrow (P(1,1) \rightarrow P(f(1),f(1)))$

$\wedge (P(1,2) \rightarrow P(f(1),f(2)))$

$\wedge (P(2,1) \rightarrow P(f(2),f(1)))$

$\wedge (P(2,2) \rightarrow P(f(2),f(2)))$

$\Leftrightarrow (P(1,1) \rightarrow P(2,2))$

$\wedge (P(1,2) \rightarrow P(2,1))$

$\wedge (P(2,1) \rightarrow P(1,2))$

$\wedge (P(2,2) \rightarrow P(1,1))$

$\Leftrightarrow (\mathbf{T} \rightarrow \mathbf{F}) \wedge (\mathbf{T} \rightarrow \mathbf{F}) \wedge (\mathbf{F} \rightarrow \mathbf{T}) \wedge (\mathbf{F} \rightarrow \mathbf{T})$

$\Leftrightarrow \mathbf{F} \wedge \mathbf{F} \wedge \mathbf{T} \wedge \mathbf{T} \Leftrightarrow \mathbf{F}$

2-19 对以下各公式赋值后求真值：

a) $(\forall x)(P(x) \rightarrow Q(f(x),a))$；

b) $(\exists x)(P(f(x)) \wedge Q(x,f(a)))$；

c) $(\exists x)(P(x)\wedge Q(x,a))$；

d) $(\forall x)(\exists y)(P(x)\wedge Q(x,y))$。

其中，论域 $D=\{1,2\}$，$a=1$。 【2-5.(2)】

$f(1)$	$f(2)$
2	1

$P(1)$	$P(2)$
F	**T**

$Q(1,1)$	$Q(1,2)$	$Q(2,1)$	$Q(2,2)$
T	**T**	**F**	**F**

解 a) $(\forall x)(P(x)\to Q(f(x),a))$

$$\Leftrightarrow(P(1)\to Q(f(1),1))\wedge(P(2)\to Q(f(2),1))$$

$$\Leftrightarrow(\boldsymbol{F}\to Q(2,1))\wedge(\boldsymbol{T}\to Q(1,1))$$

$$\Leftrightarrow(\boldsymbol{F}\to\boldsymbol{F})\wedge(\boldsymbol{T}\to\boldsymbol{T})\Leftrightarrow\boldsymbol{T}$$

b) $(\exists x)(P(f(x))\wedge Q(x,f(a))$

$$\Leftrightarrow(P(f(1))\wedge Q(1,f(1)))\vee(P(f(2))$$

$$\wedge Q(2,f(1))\Leftrightarrow(\boldsymbol{T}\wedge\boldsymbol{T})\vee(\boldsymbol{F}\wedge\boldsymbol{F})\Leftrightarrow\boldsymbol{T}$$

c) $(\exists x)(P(x)\wedge Q(x,a))$

$$\Leftrightarrow(P(1)\wedge Q(1,a))\vee(P(2)\wedge Q(2,a))$$

$$\Leftrightarrow(P(1)\wedge Q(1,1))\vee(P(2)\wedge Q(2,1))$$

$$\Leftrightarrow(\boldsymbol{F}\wedge\boldsymbol{T})\vee(\boldsymbol{T}\wedge\boldsymbol{F})\Leftrightarrow\boldsymbol{F}$$

d) $(\forall x)(\exists y)(P(x)\wedge Q(x,y))$

$$\Leftrightarrow(\forall x)(P(x)\wedge(\exists y)Q(x,y))$$

$$\Leftrightarrow(\forall x)(P(x)\wedge(Q(x,1)\vee Q(x,2)))$$

$$\Leftrightarrow((P(1)\wedge(Q(1,1)\vee Q(1,2)))$$

$$\wedge(P(2)\wedge(Q(2,1)\vee Q(2,2)))$$

$$\Leftrightarrow(\boldsymbol{F}\wedge(\boldsymbol{T}\vee\boldsymbol{T}))\wedge(\boldsymbol{T}\wedge(\boldsymbol{F}\vee\boldsymbol{F}))\Leftrightarrow\boldsymbol{F}$$

2-20 举例说明下列各蕴含式：

a) $\neg((\exists x)P(x)\wedge Q(a))\Rightarrow(\exists x)P(x)\to\neg Q(a)$；

b) $(\forall x)(\neg P(x)\to Q(x)),(\forall x)\neg Q(x)\Rightarrow P(a)$；

c) $(\forall x)(P(x)\to Q(x)),(\forall x)(Q(x)\to R(x))$

$$\Rightarrow(\forall x)(P(x)\to R(x));$$

d) $(\forall x)(P(x)\vee Q(x)),(\forall x)\neg P(x)\Rightarrow(\exists x)Q(x)$;

e) $(\forall x)(P(x)\vee Q(x)),(\forall x)\neg P(x)\Rightarrow(\forall x)Q(x)$。

【2-5.(3)】

解 a) 因为

$$\neg((\exists x)P(x)\wedge Q(a))\Leftrightarrow\neg(\exists x)P(x)\vee\neg Q(a)$$

故原式为

$$\neg(\exists x)P(x)\vee\neg Q(a)\Rightarrow(\exists x)P(x)\to\neg Q(a)$$

设 $P(x)$:x 是大学生。$Q(x)$:x 是运动员。

前提　或者不存在 x,x 是大学生,或者 a 不是运动员。

结论　如果存在 x 是大学生,则必有 a 不是运动员。

b) 设 $P(x)$:x 是研究生。$Q(x)$:x 是大学生。a:论域中的某人。

前提　对论域中所有 x,如果 x 不是研究生,则 x 是大学生。

　　对论域中所有 x,x 不是大学生。

结论　对论域中的所有 x 都是研究生。故对论域中的某个 a,必有结论 a 是研究生,即 $P(a)$成立。

c) 设 $P(x)$:x 是研究生。$Q(x)$:x 曾读过大学。$R(x)$:x 曾读过中学。

前提　对所有 x,如果 x 是研究生,则 x 曾读过大学。

　　对所有 x,如果 x 曾读过大学,则 x 曾读过中学。

结论　对所有 x,如果 x 是研究生,则 x 曾读过中学。

d) 设 $P(x)$:x 是研究生。$Q(x)$:x 是运动员。

前提　对所有 x,或者 x 是研究生,或者 x 是运动员。

　　对所有 x,x 不是研究生。

结论　必存在 x,x 是运动员。

e) 设 $P(x)$:x 是研究生。$Q(x)$:x 是运动员。

前提　对所有 x,或者 x 是研究生,或者 x 是运动员。

　　对所有 x,x 不是研究生。

结论　对所有 x，x 是运动员。

2-21　求证

$$(\exists x)(A(x)\to B(x))\Leftrightarrow(\forall x)A(x)\to(\exists x)B(x)$$

【2-5.(4)】

证明　$(\exists x)(A(x)\to B(x))\Leftrightarrow(\exists x)(\neg A(x)\lor B(x))$

$$\Leftrightarrow(\exists x)\neg A(x)\lor(\exists x)B(x)$$

$$\Leftrightarrow\neg(\forall x)A(x)\lor(\exists x)B(x)$$

$$\Leftrightarrow(\forall x)A(x)\to(\exists x)B(x)$$

2-22　设论域 $D=\{a,b,c\}$，求证

$$(\forall x)A(x)\lor(\forall x)B(x)\Rightarrow(\forall x)(A(x)\lor B(x))$$

【2-5.(5)】

证明　因为论域 $D=\{a,b,c\}$，所以

$$(\forall x)A(x)\lor(\forall x)B(x)$$

$$\Leftrightarrow(A(a)\land A(b)\land A(c))\lor(B(a)\land B(b)\land B(c))$$

$$\Leftrightarrow(A(a)\lor B(a))\land(A(a)\lor B(b))$$

$$\land(A(a)\lor B(c))\land(A(b)\lor B(a))$$

$$\land(A(b)\lor B(b))\land(A(b)\lor B(c))$$

$$\land(A(c)\lor B(a))\land(A(c)\lor B(b))$$

$$\land(A(c)\lor B(c))$$

$$\Rightarrow(A(a)\lor B(a))\land(A(b)\lor B(b))\land(A(c)\lor B(c))$$

$$\Leftrightarrow(\forall x)(A(x)\lor B(x))$$

所以

$$(\forall x)A(x)\lor(\forall x)B(x)\Rightarrow(\forall x)((A(x)\lor B(x))$$

2-23　判断下列推证是否正确：

$$(\forall x)(A(x)\to B(x))$$

$$\Leftrightarrow(\forall x)(\neg A(x)\lor B(x))$$

$$\Leftrightarrow(\forall x)\neg(A(x)\land\neg B(x))$$

$$\Leftrightarrow\neg(\exists x)(A(x)\land\neg B(x))$$

$$\Leftrightarrow\neg((\exists x)A(x)\land(\exists x)\neg B(x))$$

$$\Leftrightarrow\neg(\exists x)A(x)\lor(\forall x)B(x)$$

$$\Leftrightarrow (\exists x)A(x)\to(\forall x)B(x) \qquad【2\text{-}5.(6)】$$

解 推证不正确,因为

$$\neg(\exists x)(A(x)\wedge\neg B(x))\not\Leftrightarrow\neg((\exists x)A(x)\wedge(\exists x)\neg B(x))$$

2-24 求证$(\forall x)(\forall y)(P(x)\to Q(y))\Leftrightarrow(\exists x)P(x)\to(\forall y)Q(y)$

【2-5.(7)】

证明 左式$\Leftrightarrow(\forall x)(\forall y)(\neg P(x)\vee Q(y))$

$$\Leftrightarrow(\forall x)\neg P(x)\vee(\forall y)Q(y)$$

$$\Leftrightarrow\neg(\exists x)P(x)\vee(\forall y)Q(y)$$

$$\Leftrightarrow(\exists x)P(x)\to(\forall y)Q(y)$$

2-25 把以下各式化为前束范式:

a) $(\forall x)(P(x)\to(\exists y)Q(x,y))$;

b) $(\exists x)(\neg((\exists y)P(x,y))\to((\exists z)Q(z)\to R(x)))$;

c) $(\forall x)(\forall y)(((\exists z)P(x,y,z)\wedge(\exists u)Q(x,u))\to(\exists v)Q(y,v))$。 【2-6.(1)】

解 a) $(\forall x)(P(x)\to(\exists y)Q(x,y))$

$$\Leftrightarrow(\forall x)(\neg P(x)\vee(\exists y)Q(x,y))$$

$$\Leftrightarrow(\forall x)(\exists y)(\neg P(x)\vee Q(x,y))$$

b) $(\exists x)(\neg((\exists y)P(x,y))\to((\exists z)Q(z)\to R(x)))$

$$\Leftrightarrow(\exists x)((\exists y)P(x,y)\vee((\exists z)Q(z)\to R(x)))$$

$$\Leftrightarrow(\exists x)((\exists y)P(x,y)\vee(\neg(\exists z)Q(z)\vee R(x)))$$

$$\Leftrightarrow(\exists x)((\exists y)P(x,y)\vee((\forall z)\neg Q(z)\vee R(x)))$$

$$\Leftrightarrow(\exists x)(\exists y)(\forall z)(P(x,y)\vee\neg Q(z)\vee R(x))$$

c) $(\forall x)(\forall y)(((\exists z)P(x,y,z)\wedge(\exists u)Q(x,u))\to(\exists v)Q(y,v))$

$$\Leftrightarrow(\forall x)(\forall y)(\neg((\exists z)P(x,y,z)\wedge(\exists u)Q(x,u))\vee(\exists v)Q(y,v))$$

$$\Leftrightarrow(\forall x)(\forall y)((\forall z)\neg P(x,y,z)\vee(\forall u)\neg Q(x,u)\vee(\exists v)Q(y,v))$$

$$\Leftrightarrow(\forall x)(\forall y)(\forall z)(\forall u)(\exists v)(\neg P(x,y,z)\vee\neg Q(x,u)\vee Q(y,v))$$

2-26 求等价于下面公式的前束合取范式与前束析取范式：

a) $((\exists x)P(x) \vee (\exists x)Q(x)) \rightarrow (\exists x)(P(x) \vee Q(x))$；

b) $(\forall x)(P(x) \rightarrow (\forall y)((\forall z)Q(x,y) \rightarrow \neg(\forall z)R(y,x)))$；

c) $(\forall x)P(x) \rightarrow (\exists x)((\forall z)Q(x,z) \vee (\forall z)R(x,y,z))$；

d) $(\forall x)(P(x) \rightarrow Q(x,y)) \rightarrow ((\exists y)P(y) \wedge (\exists z)Q(y,z))$。

【2-6.(2)】

解 a) $((\exists x)P(x) \vee (\exists x)Q(x)) \rightarrow (\exists x)(P(x) \vee Q(x))$

$\Leftrightarrow \neg(\exists x)(P(x) \vee Q(x)) \rightarrow (\exists x)(P(x) \vee Q(x)) \Leftrightarrow \boldsymbol{T}$

因是特殊式永真，不写为前束范式形式。

b) $(\forall x)(P(x) \rightarrow (\forall y)((\forall z)Q(x,y) \rightarrow \neg(\forall z)R(y,x)))$

$\Leftrightarrow (\forall x)(\neg P(x) \vee (\forall y)(Q(x,y) \rightarrow \neg R(y,x)))$

$\Leftrightarrow (\forall x)(\forall y)(\neg P(x) \vee \neg Q(x,y) \vee \neg R(y,x))$

前束合取范式

$\Leftrightarrow (\forall x)(\forall y)((P(x) \wedge Q(x,y) \wedge R(y,x))$

$\vee (P(x) \wedge Q(x,y) \wedge \neg R(y,x))$

$\vee (P(x) \wedge \neg Q(x,y) \wedge R(y,x))$

$\vee (\neg P(x) \wedge Q(x,y) \wedge R(y,x))$

$\vee (\neg P(x) \wedge \neg Q(x,y) \wedge R(y,x))$

$\vee (P(x) \wedge \neg Q(x,y) \wedge \neg R(y,x))$

$\vee (\neg P(x) \wedge Q(x,y) \wedge \neg R(y,x)))$

前束析取范式

c) $(\forall x)P(x) \rightarrow (\exists x)((\forall z)Q(x,z) \vee (\forall z)R(x,y,z))$

$\Leftrightarrow \neg(\forall x)P(x) \vee (\exists x)((\forall z)Q(x,z)$

$\vee (\forall z)R(x,y,z))$

$\Leftrightarrow (\exists x)\neg P(x) \vee (\exists x)((\forall z)Q(x,z)$

$\vee (\forall u)R(x,y,u))$

$\Leftrightarrow (\exists x)(\neg P(x) \vee (\forall z)Q(x,z)$

$\vee (\forall u)R(x,y,u))$

$\Leftrightarrow (\exists x)(\forall z)(\forall u)(\neg P(x) \vee Q(x,z)$

$\vee R(x,y,u))$

前束合取范式

$\Leftrightarrow(\exists x)(\forall z)(\forall u)(P(x)\wedge Q(x,z)\wedge R(x,y,u))$

$\vee(P(x)\wedge Q(x,z)\wedge\neg R(x,y,u))$

$\vee(P(x)\wedge\neg Q(x,z)\wedge R(x,y,u))$

$\vee(P(x)\wedge\neg Q(x,z)\wedge\neg R(x,y,u))$

$\vee(\neg P(x)\wedge Q(x,z)\wedge\neg R(x,y,u))$

$\vee(\neg P(x)\wedge\neg Q(x,z)\wedge R(x,y,u))$

$\vee(\neg P(x)\wedge\neg Q(x,z)\wedge\neg R(x,y,u))$

前束析取范式

d) $(\forall x)(P(x)\rightarrow Q(x,y))\rightarrow((\exists y)P(y)\wedge(\exists z)Q(y,z))$

$\Leftrightarrow\neg(\forall x)(\neg P(x)\vee Q(x,y))$

$\vee((\exists y)P(y)\wedge(\exists z)Q(y,z))$

$\Leftrightarrow(\exists x)(P(x)\wedge\neg Q(x,y))$

$\vee((\exists u)P(u)\wedge(\exists z)Q(y,z))$

$\Leftrightarrow(\exists x)(\exists u)(\exists z)((P(x)\wedge\neg Q(x,y))$

$\vee(P(u)\wedge Q(y,z))$

前束析取范式

$\Leftrightarrow(\exists x)(\exists u)(\exists z)((P(x)\vee P(u))$

$\wedge(P(x)\vee Q(y,z))$

$\wedge(\neg Q(x,y)\vee P(u))$

$\wedge(\neg Q(x,y)\vee Q(y,z)))$

前束合取范式

2-27 证明以下各式：

a) $(\forall x)(\neg A(x)\rightarrow B(x)),(\forall x)\neg B(x)\Rightarrow(\exists x)A(x)$；

b) $(\exists x)A(x)\rightarrow(\forall x)B(x)\Rightarrow(\forall x)(A(x)\rightarrow B(x))$；

c) $(\forall x)(A(x)\rightarrow B(x)),(\forall x)(C(x)\rightarrow\neg B(x))$

$\Rightarrow(\forall x)(C(x)\rightarrow\neg A(x))$；

d) $(\forall x)(A(x)\vee B(x)),(\forall x)(B(x)\rightarrow\neg C(x),(\forall x)C(x)$

$\Rightarrow(\forall x)A(x)$。 【2-7.(1)】

证明 a) (1) $(\forall x)(\neg A(x)\rightarrow B(x))$ P

(2) $\neg A(u)\rightarrow B(u)$ (1)US

(3)	$(\forall x)\neg B(x)$	P
(4)	$\neg B(u)$	(3)US
(5)	$A(u)\vee B(u)$	(2)T,E
(6)	$A(u)$	(4)(5)T,I
(7)	$(\exists x)A(x)$	EG

b)

(1)	$\neg(\forall x)(A(x)\rightarrow B(x))$	P(附加前提)
(2)	$(\exists x)\neg(A(x)\rightarrow B(x))$	(1)T,I
(3)	$\neg(A(c)\rightarrow B(c))$	(2)ES
(4)	$A(c)$	(3)T,I
(5)	$\neg B(c)$	(3)T,I
(6)	$(\exists x)A(x)$	(4)EG
(7)	$(\exists x)A(x)\rightarrow(\forall x)B(x)$	P
(8)	$(\forall x)B(x)$	(6)(7)T,I
(9)	$B(c)$	(8)US
(10)	$B(c)\wedge\neg B(c)$	矛盾(5)(9)

c)

(1)	$(\forall x)(A(x)\rightarrow B(x))$	P
(2)	$A(u)\rightarrow B(u)$	(1)ES
(3)	$(\forall x)(C(x)\rightarrow\neg B(x))$	P
(4)	$C(u)\rightarrow\neg B(u)$	(3)ES
(5)	$\neg B(u)\rightarrow\neg A(u)$	(2)T,E
(6)	$C(u)\rightarrow\neg A(u)$	(4)(5)T,I
(7)	$(\forall x)(C(x)\rightarrow\neg A(x))$	(6)UG

d)

(1)	$(\forall x)(B(x)\rightarrow\neg C(x))$	P
(2)	$B(u)\rightarrow\neg C(u)$	(1)US
(3)	$(\forall x)C(x)$	P
(4)	$C(u)$	(3)US
(5)	$\neg B(u)$	(2)(4)T,I
(6)	$(\forall x)(A(x)\vee B(x))$	P
(7)	$A(u)\vee B(u)$	(6)US
(8)	$A(u)$	(5)(7)T,I

(9) $(\forall x)A(x)$ (8)UG

2-28 用 CP 规则证明：

a) $(\forall x)(P(x)\to Q(x))\Rightarrow(\forall x)P(x)\to(\forall x)Q(x)$；

b) $(\forall x)(P(x)\lor Q(x))\Rightarrow(\forall x)P(x)\lor(\exists x)Q(x)$。

【2-7.(2)】

证明

a) (1) $(\forall x)P(x)$ P(附加前提)

(2) $P(u)$ (1)US

(3) $(\forall x)(P(x)\to Q(x))$ P

(4) $P(u)\to Q(u)$ (3)US

(5) $Q(u)$ (2)(4)T,I

(6) $(\forall x)Q(x)$ (5)UG

(7) $(\forall x)P(x)\to(\forall x)Q(x)$ CP

b) 因为

$(\forall x)P(x)\lor(\exists x)Q(x)\Leftrightarrow\neg(\forall x)P(x)\to(\exists x)Q(x)$

故本题就是推证：

$(\forall x)(P(x)\lor Q(x))\Rightarrow\neg(\forall x)P(x)\to(\exists x)Q(x)$

(1) $\neg(\forall x)P(x)$ P(附加前提)

(2) $(\exists x)\neg P(x)$ (1)T,E

(3) $\neg P(c)$ (2)ES

(4) $(\forall x)(P(x)\lor Q(x))$ P

(5) $P(c)\lor Q(c)$ (4)US

(6) $Q(c)$ (3)(5)T,I

(7) $(\exists x)Q(x)$ (6)EG

(8) $\neg(\forall x)P(x)\to(\exists x)Q(x)$ CP

2-29 符号化下列命题，并推证其结论：

a) 所有有理数是实数，某些有理数是整数，因此某些实数是整数。

b) 任何人如果他喜欢步行，他就不喜欢乘汽车，每一个人或者喜欢乘汽车，或者喜欢骑自行车。有的人不爱骑自行车，因而有的人不爱步行。

c) 每个大学生，不是文科学生，就是理工科学生，有的大学生是优等生，小张不是理工科学生，但他是优等生，因而如果小张是大学生，他就是文科生。 【2-7.(3)】

解

a) 设 $R(x)$：x 是实数。$Q(x)$：x 是有理数。$I(x)$：x 是整数。

本题符号化为：

$$(\forall x)(Q(x)\rightarrow R(x))\wedge(\exists x)(Q(x)\wedge I(x))$$
$$\Rightarrow(\exists x)(R(x)\wedge I(x))$$

(1)	$(\exists x)(Q(x)\wedge I(x))$	P
(2)	$Q(c)\wedge I(c)$	(1)ES
(3)	$(\forall x)(Q(x)\rightarrow R(x))$	P
(4)	$Q(c)\rightarrow R(c)$	(3)US
(5)	$Q(c)$	(2)T,I
(6)	$R(c)$	(4)(5)T,I
(7)	$I(c)$	(2)T,I
(8)	$R(c)\wedge I(c)$	(6)(7)T,I
(9)	$(\exists x)(R(x)\wedge I(x))$	(8)EG

b) 设 $P(x)$：x 喜欢步行。$Q(x)$：x 喜欢乘汽车。$R(x)$：x 喜欢骑自行车。

本题符号化为：

$$(\forall x)(P(x)\rightarrow\neg Q(x)),(\forall x)(Q(x)\vee R(x)),$$
$$(\exists x)\neg R(x)\Rightarrow(\exists x)\neg P(x)$$

(1)	$(\exists x)\neg R(x)$	P
(2)	$\neg R(c)$	(1)ES
(3)	$(\forall x)(Q(x)\vee R(x))$	P
(4)	$Q(c)\vee R(c)$	(3)US
(5)	$Q(c)$	(2)(4)T,I
(6)	$(\forall x)(P(x)\rightarrow\neg Q(x))$	P
(7)	$P(c)\rightarrow\neg Q(c)$	(6)US

(8) $\neg P(c)$ (5)(7)T,I

(9) $(\exists x)\neg P(x)$ (8)EG

c) 设 $G(x)$：x 是大学生。$L(x)$：x 是文科学生。$P(x)$：x 是理工科学生。$S(x)$：x 是优秀生。c：小张。

本题符号化为：

$$(\forall x)(G(x)\to L(x)\vee P(x)),(\exists x)(G(x)\wedge S(x)),$$
$$\neg P(c),S(c)\Rightarrow G(c)\to L(c)$$

(1) $G(c)$ P(附加前提)

(2) $(\forall x)(G(x)\to L(x)\vee P(x))$ P

(3) $G(c)\to L(c)\vee P(c)$ (2)US

(4) $L(c)\vee P(c)$ (1)(3)T,I

(5) $\neg P(c)$ P

(6) $L(c)$ (4)(5)T,I

(7) $G(c)\to L(c)$ CP

注意：本题在推证过程中未用到前提$(\exists x)(G(x)\wedge S(x))$以及 $S(c)$。主要是 $S(x)$：x 是优等生，这个条件与其他前提的联系对证明结论没有影响，因 $S(x)$ 与其他前提不矛盾，故本题推证仍是有效的。

2-30 用推理规则证明下式：

前提 $(\exists x)(F(x)\wedge S(x))\to(\forall y)(M(y)\to W(y))$

$(\exists y)(M(y)\wedge\neg W(y))$

结论 $(\forall x)(F(x)\to\neg S(x))$

证明

(1) $(\exists y)(M(y)\wedge\neg W(y))$ P

(2) $M(c)\wedge\neg W(c)$ (1)ES

(3) $\neg(M(c)\to W(c))$ (2)T,E

(4) $(\exists y)\neg(M(y)\to W(y))$ (3)EG

(5) $\neg(\forall y)(M(y)\to W(y))$ (4)T,E

(6) $(\exists x)(F(x)\wedge S(x))$

$\to(\forall y)(M(y)\to W(y))$ P

(7)	$\neg(\exists x)(F(x)\wedge S(x))$	(5)(6)T,I
(8)	$(\forall x)\neg(F(x)\wedge S(x))$	(7)T,I
(9)	$\neg(F(a)\wedge S(a))$	(8)US
(10)	$\neg F(a)\vee\neg S(a)$	(9)T,E
(11)	$F(a)\rightarrow\neg S(a)$	(10)T,E
(12)	$(\forall x)(F(x)\rightarrow\neg S(x))$	(11)UG

2-31 指出下面推理中的错误：

设个体域为整数集 I,$G(x,y):x>y$。

(1)	$(\forall x)(\exists y)G(x,y)$	P
(2)	$(\exists y)G(a,y)$	(1)US
(3)	$G(a,c)$	(2)ES
(4)	$(\forall x)G(x,c)$	(3)UG
(5)	$(\exists y)(\forall x)G(x,y)$	(4)EG

解 (3)⇒(4)错误,应按量词次序自右而左顺序推广,要保持多重量词的原来次序。

第三章　集合与关系

A　内容提要

1　集合的概念和表示法

集合　集合是一个不能精确定义的基本概念。一般地说，把具有共同性质的一些东西汇集成一个整体，就形成一个集合。

元素　组成集合的事物称作元素。若元素 a 属于集合 A，记作 $a \in A$，否则记作 $a \notin A$。

子集　设 A，B 是任意两个集合，假如 A 的每一个元素是 B 的成员，则称 A 为 B 的子集(或 A 包含在 B 内，或 B 包含 A)记作 $A \subseteq B$(或 $B \supseteq A$)。

真子集　如果集合 A 的每一个元素都属于 B，但集合 B 中至少有一个元素不属于 A，称 A 为 B 的真子集，记作 $A \subset B$(或 $B \supset A$)。

空集　不包含任何元素的集合称为空集，记作 $\varnothing$。

全集　在一定范围内，如果所有集合均为某一集合的子集，则称该集合为全集，记作 E。

幂集　给定集合 A，由集合 A 的所有子集为元素组成的集合，称为集合 A 的幂集，记为 $\mathscr{P}(A)$。

外延性原理　两个集合是相等的，当且仅当它们有相同的成员。两个集合 A 和 B 相等，记作 $A = B$。

定理 3-1.1　集合 A 和集合 B 相等的充分必要条件是这两个集合互为子集。

定理 3-1.2　对任意一个集合 A，$\varnothing \subseteq A$。

定理 3-1.3　如果有限集合 A 有 n 个元素，则其幂集 $\mathscr{P}(A)$

有 2^n 个元素。

2 集合的运算

集合的交 设任意两个集合 A 和 B，由集合 A 和 B 的所有共同元素组成的集合 S，称集合 A 和 B 的交集，记作 $S=A\cap B$。

集合的并 设任意两个集合 A 和 B，所有属于 A 或属于 B 的元素组成的集合 S，称为集合 A 和 B 的并集，记作 $S=A\cup B$。

集合的补 设任意两个集合 A 和 B，所有属于 A 而不属于 B 的一切元素组成的集合 S，称作 B 对于 A 的补集（或相对补），记作 $S=A-B$。

集合的绝对补 设 E 为全集，对任一集合 A 关于 E 的补 $E-A$，称为集合 A 的绝对补，记作 $\sim A$（或 $\overline{A}$）。

集合的对称差 设任意两个集合 A 和 B，A 和 B 的对称差集记为 S，其元素或属于 A，或属于 B，但不能既属于 A 又属于 B，记作 $A\oplus B$。

子集簇成员的并 设 C 是全集 E 的某些子集的聚集，子集簇 C 成员的并，记作 $\bigcup\limits_{S\in C} S$，定义：

$$\bigcup_{S\in C} S=\{x \mid \exists S(S\in C\wedge x\in S)\}$$

子集簇成员的交 设 C 是全集 E 的某些子集的聚集，$C\neq\varnothing$，子集簇 C 成员的交，记作 $\bigcap\limits_{S\in C} S$，定义：

$$\bigcap_{S\in C} S=\{x \mid \forall S(S\in C\rightarrow x\in S)\}$$

集合运算的性质

a) $A\cap A=A, A\cup A=A, A\oplus A=\varnothing$;

b) $A\cap\varnothing=\varnothing, A\cup\varnothing=A, A\oplus\varnothing=A$;

c) $A\cap E=A, A\cup E=E, A\oplus E=\sim A$;

d) $A\cap B=B\cap A, A\cup B=B\cup A, A\oplus B=B\oplus A$;

e) $(A\cap B)\cap C=A\cap(B\cap C)$, $(A\cup B)\cup C=A\cup(B\cup C)$, $(A\oplus B)\oplus C=A\oplus(B\oplus C)$;

f) $\sim(\sim A)=A$;

g) $\sim E=\varnothing$;

h) $\sim\varnothing=E$;

i) $A\cap\sim A=\varnothing$, $A\cup\sim A=E$, $A\oplus\sim A=E$。

定理 3-2.1 设 A,B,C 为三个集合，则下列分配律成立：

a) $A\cap(B\cup C)=(A\cap B)\cup(A\cap C)$;

b) $A\cup(B\cap C)=(A\cup B)\cap(A\cup C)$。

定理 3-2.2 设 A,B 为任意两个集合，则下列吸收律成立：

a) $A\cup(A\cap B)=A$;

b) $A\cap(A\cup B)=A$。

定理 3-2.3 $A\subseteq B$ 仅当 $A\cup B=B$ 或 $A\cap B=A$。

定理 3-2.4 设 A,B 为任意两个集合，则有下列关系成立：

a) $\sim(A\cup B)=\sim A\cap\sim B$;

b) $\sim(A\cap B)=\sim A\cup\sim B$。

定理 3-2.5 设 A,B 为任意两个集合，则下列关系式成立：

a) $A-B=A\cap\sim B$;

b) $A-B=A-(A\cap B)$。

定理 3-2.6 设 A,B,C 为三个集合，则

$$A\cap(B-C)=(A\cap B)-(A\cap C)$$

定理 3-2.7 设 A,B 为两个集合，若 $A\subseteq B$，则

a) $\sim B\subseteq\sim A$;

b) $(B-A)\cup A=B$。

3 包含排斥原理

有限集 一个集合若其组成集合的元素个数是有限的，则称作有限集。

有限集计数有如下几个性质：

a) $|A_1\cup A_2|\leqslant|A_1|+|A_2|$;

b) $|A_1\cap A_2|\leqslant\min(|A_1|,|A_2|)$;

c) $|A_1-A_2|\geqslant|A_1|-|A_2|$；

d) $|A_1\oplus A_2|=|A_1|+|A_2|-2|A_1\cap A_2|$。

定理 3-3.1 设 A_1，A_2 为有限集合，其元素个数分别为 $|A_1|$，$|A_2|$，则

$$|A_1\cup A_2|=|A_1|+|A_2|-|A_1\cap A_2|$$

定理 3-3.2 设 $A_1,A_2,A_3,\cdots,A_n$ 为有限集合，其元素个数分别为 $|A_1|,|A_2|,\cdots,|A_n|$，则

$$\begin{aligned}|A_1\cup A_2\cup\cdots\cup A_n|&=\sum_{i=1}^{n}|A_i|-\sum_{i,j}|A_i\cap A_j|\\&\quad+\sum_{i,j,k}|A_i\cap A_j\cap A_k|+\cdots\\&\quad+(-1)^{n-1}|A_1\cap A_2\cap\cdots\cap A_n|\end{aligned}$$

定理 3-3.3 设全集 E，有限子集 $A_1,A_2,\cdots,A_n$ 的元素个数为 $|A_1|,|A_2|,\cdots,|A_n|$。设 $\overline{A}_i=E-A_i$，则

$$\begin{aligned}|\overline{A}_1\cap\overline{A}_2\cap\cdots\cap\overline{A}_n|&=|E|-|A_1\cup A_2\cup\cdots\cup A_n|\\&=|E|-\sum_{i=1}^{n}|A_i|+\sum_{i,j}|A_i\cap A_j|\\&\quad-\sum_{i,j,k}|A_i\cap A_j\cap A_k|+\cdots\\&\quad+(-1)^n|A_1\cap A_2\cap\cdots\cap A_n|\end{aligned}$$

4 序偶与笛卡尔积

序偶 两个具有固定次序的客体组成的集合，记作：$\langle x,y\rangle$，即 $\langle x,y\rangle=\{\{x\},\{x,y\}\}$。

三元组 三元组是一个序偶，其第一元素本身也是一个序偶，可形式化表示为 $\langle\langle x,y\rangle,z\rangle$。

***n* 元组** n 元组是一个序偶，其第一元素为 $(n-1)$ 元组可形式化表示为：$\langle\langle x_1,x_2,\cdots,x_{n-1}\rangle,x_n\rangle$。

笛卡尔积 设 A 和 B 是任意两个集合，若序偶的第一成员是 A 的元素，第二成员是 B 的元素，所有这样序偶的集合，称为集合 A 与 B 的笛卡尔积（直积），记作 $A\times B$。

多重直积

$$\begin{aligned}&A_1\times A_2\times\cdots\times A_n\\&\quad=(A_1\times A_2\times\cdots\times A_{n-1})\times A_n\\&\quad=\{\langle x_1,x_2,\cdots,x_n\rangle\mid x_1\in A_1\wedge x_2\in A_2\cdots x_n\in A_n\}\end{aligned}$$

定理 3-4.1 设 A,B,C 为任意三个集合,则有

a) $A\times(B\cup C)=(A\times B)\cup(A\times C)$;

b) $A\times(B\cap C)=(A\times B)\cap(A\times C)$;

c) $(A\cup B)\times C=(A\times C)\cup(B\times C)$;

d) $(A\cap B)\times C=(A\times C)\cap(B\times C)$。

定理 3-4.2 若 $C\neq\varnothing$,则有

$$A\subseteq B\Leftrightarrow(A\times C\subseteq B\times C)\Leftrightarrow(C\times A\subseteq C\times B)$$

定理 3-4.3 设 A, B, C, D 为四个非空集合,则 $A\times B\subseteq C\times D$ 的充要条件为 $A\subseteq C,B\subseteq D$。

5 关系及其表示

关系 任一序偶的集合,确定了一个二元关系 R,在 R 中的任一序偶 $\langle x,y\rangle$,可记为 $\langle x,y\rangle\in R$ 或 xRy。关系也可定义为:设有任意两个集合 X 和 Y,直积 $X\times Y$ 的子集 R 称作 X 到 Y 的关系。

前域 设二元关系 R,由 $\langle x,y\rangle\in R$ 中的所有 x 组成的集合,称为 R 的前域,记作 dom R。

值域 设二元关系 R,由 $\langle x,y\rangle\in R$ 中的所有 y 组成的集合,称为 R 的值域,记作 ran R。

恒等关系 设 I_X 是 X 上的二元关系,且满足条件

$$I_X=\{\langle x,x\rangle\mid x\in X\}$$

则称 I_X 是 X 上的恒等关系。

全域关系 $X\times Y$ 的平凡子集 $X\times Y$ 称为 X 到 Y 的全域关系。

空关系 $X\times Y$ 的平凡子集$\varnothing$,称为 X 到 Y 的空关系。

关系矩阵 设两个有限集合

$$X=\{x_1,x_2,\cdots,x_m\},Y=\{y_1,y_2,\cdots,y_n\}$$

R 为 X 到 Y 的一个二元关系，对应于关系 R 有一个关系矩阵

$$M_R=[r_{ij}]_{m\times n}$$

其中

$$r_{ij}=\begin{cases}1,当\langle x_i,y_j\rangle\in R\\0,当\langle x_i,y_j\rangle\notin R\end{cases}$$

$$(i=1,2,\cdots,m;j=1,2,\cdots,n)$$

关系图 设两个有限集合

$$X=\{x_1,x_2,\cdots,x_m\},Y=\{y_1,y_2,\cdots,y_n\}$$

以及 X 到 Y 的二元关系 R，在平面上作 m 个结点和 n 个结点，若 x_iRy_j，则可自结点 x_i 至 y_j 作一有向弧；若 $x_i \not R y_j$，则 x_i 和 y_j 间没有连线，这种方法所联的图称为 R 的关系图。当 R 为 X 上的二元关系时，关系图中的结点仅表示 X 中的元素。

定理 3-5.1 若 Z 和 S 是从集合 X 到集合 Y 的两个关系，则 Z,S 的并、交、补、差仍是 X 到 Y 的关系。

6 关系的性质

自反关系 设 R 为 X 上二元关系，如果对于 $x\in X$ 必有 xRx，称 R 为 X 上的自反关系，即 $(\forall x)(x\in X\to xRx)$ 为真。

对称关系 设 R 为 X 上二元关系，如果对于每个 $x,y\in X$，每当 xRy，就有 yRx，则称 R 是 X 上的对称关系，即 $(\forall x)(\forall y)(x\in X\land y\in X\land xRy\to yRx)$ 为真。

传递关系 设 R 为 X 上二元关系，如果对于任意 $x,y,z\in X$，每当 xRy，yRz 时必有 xRz，称 R 为 X 上的传递关系，即 $(\forall x)(\forall y)(\forall z)(x\in X\land y\in X\land z\in X\land xRy\land yRz\to xRz)$ 为真。

反自反关系 设 R 为 X 上二元关系，如果对于每个 $x\in X$，都有 $\langle x,x\rangle\notin R$，称 R 为 X 上的反自反关系，即 $(\forall x)(x\in X\to\langle x,x\rangle\notin R)$ 为真。

反对称关系 设 R 为 X 上二元关系，对于每一个 $x,y\in X$，每当 xRy 和 yRx 时，必有 $x=y$，则称 R 为 X 上的反对称关系，即

$(\forall x)(\forall y)(x\in X\wedge y\in X\wedge xRy\wedge yRx\rightarrow x=y)$为真。

7　复合关系和逆关系

复合关系　设 R 为 X 到 Y 的关系，S 为从 Y 到 Z 的关系，则 $R\circ S$ 称为 R 和 S 的复合关系，即

$$R\circ S=\{\langle x,z\rangle \mid x\in X\wedge z\in Z\wedge(\exists y)(y\in Y\wedge \langle x,y\rangle\in R\wedge\langle y,z\rangle\in S)\}$$

逆关系　设 R 为 X 到 Y 的二元关系，如将 R 中每一序偶的元素顺序互换，所得到的集合称为 R 的逆关系，记作 R^c，即

$$R^c=\{\langle y,x\rangle\mid\langle x,y\rangle\in R\}$$

定理 3-7.1　设 R，R_1 和 R_2 都是从 X 到 Y 的二元关系，则下列各式成立：

a) $(R_1\cup R_2)^c=R_1^c\cup R_2^c$；

b) $(R_1\cap R_2)^c=R_1^c\cap R_2^c$；

c) $(A\times B)^c=B\times A$；

d) $(\overline{R})^c=\overline{R^c}$，这里 $\overline{R}=A\times B-R$；

e) $(R_1-R_2)^c=R_1^c-R_2^c$。

定理 3-7.2　设 T 为从 X 到 Y 的关系，S 为从 Y 到 Z 的关系，则$(T\circ S)^c=S^c\circ T^c$。

定理 3-7.3　设 R 为 X 上的二元关系，则

a) R 是对称的，仅当 $R=R^c$；

b) R 是反对称的，仅当 $R\cap R^c\subseteq I_X$。

8　关系的闭包运算

闭包　设 R 是 X 上的二元关系，如果有另一个关系 R'满足：

a) R'是自反的(对称的，可传递的)；

b) $R'\supseteq R$；

c) 对于任何自反的(对称的，可传递的)关系 R''，如果有 $R''\supseteq R$，就有 $R''\supseteq R'$。

则称关系 R' 为 R 的自反(对称,传递)闭包。并记作 $r(R)$,$(s(R), t(R))$。

传递闭包 R^+ 的 Warshall 算法

(1) 置新矩阵 $A:=M$;

(2) 置 $i:=1$;

(3) 对所有 j,如果 $A[j,i]=1$,对 $k=1, 2, \cdots, n$,则有 $A[j,k]:=A[j,k]+A[i,k]$;

(4) i 加 1;

(5) 如果 $i \leqslant n$,则转到步骤(3),否则停止。

定理 3-8.1 设 R 是 X 上的二元关系,那么

a) R 是自反的,当且仅当 $r(R)=R$;

b) R 是对称的,当且仅当 $s(R)=R$;

c) R 是传递的,当且仅当 $t(R)=R$。

定理 3-8.2 设 R 是集合 X 上的二元关系,则有

$$r(R)=R \cup I_X$$

定理 3-8.3 设 R 是集合 X 上的二元关系,则有

$$s(R)=R \cup R^c$$

定理 3-8.4 设 R 是集合 X 上的二元关系,则有

$$t(R)=\bigcup_{i=1}^{\infty} R^i = R \cup R^2 \cup R^3 \cup \cdots$$

定理 3-8.5 设 X 是含有 n 个元素的集合,R 是 X 上的二元关系,则存在一个正整数 $k \leqslant n$,使得

$$t(R)=R \cup R^2 \cup R^3 \cup \cdots \cup R^k$$

定理 3-8.6 设 X 是集合,R 是 X 上的二元关系,则有

a) $rs(R)=sr(R)$;

b) $rt(R)=tr(R)$;

c) $ts(R) \supseteq st(R)$。

9 集合的划分和覆盖

覆盖 若把一个集合 A 分成若干个叫做分块的非空子集,使

得 A 中每个元素至少属于一个分块,这些分块的全体叫做 A 的一个覆盖。即是:设 A 为非空集合,$S=\{S_1,S_2,\cdots,S_m\}$,其中 $S_i\subseteq A$,$S_i\neq\varnothing(i=1,2,\cdots,m)$且

$$\bigcup_{i=1}^{m} S_i=A$$

则集合 S 称作集合 A 的覆盖。

划分 给定集合 A 的一个覆盖 S,若 A 中的每个元素属于且仅属于 S 的一个分块,那末 S 称作是 A 的一个划分。即是:若 S 是集合 A 的覆盖,且满足 $S_i\cap S_j=\varnothing$,这里$(i\neq j)$则称 S 是 A 的划分。

交叉划分 若$\{A_1,A_2,\cdots,A_r\}$与$\{B_1,B_2,\cdots,B_s\}$是同一集合 A 的两种划分,则其中所有 $A_i\cap B_j$ 组成的非空集合,称为是原来两种划分的交叉划分。

加细 给定 X 的任意两个划分$\{A_1,A_2,\cdots,A_r\}$和$\{B_1,B_2,\cdots,B_s\}$,若对于每一个 A_j,均有 B_k 使 $A_j\subseteq B_k$,则称$\{A_1,A_2,\cdots,A_r\}$为$\{B_1,B_2,\cdots,B_s\}$的加细。

划分积 非空集合 A 的划分 Π_1 与 Π_2 的积,记作 $\Pi=\Pi_1\cdot\Pi_2$,满足 Π 细分 Π_1 和 Π_2,若有 Π' 细分 Π_1 和 Π_2,则 Π' 细分 Π。

划分和 非空集合 A 的划分 Π_1 与 Π_2 的和,记作 $\Pi=\Pi_1+\Pi_2$,满足 Π_1 和 Π_2 细分 Π,且若有 Π' 被 Π_1 和 Π_2 细分,则 Π 细分 Π'。

定理 3-9.1 设$\{A_1,A_2,\cdots,A_r\}$与$\{B_1,B_2,\cdots,B_s\}$是同一集合 X 的两种划分,则其交叉划分亦是原集合的一种划分。

定理 3-9.2 任何两种划分的交叉划分,都是原来各划分的一种加细。

10 等价关系与等价类

等价关系 设 R 为定义在集合 A 上的一个关系,若 R 是自反的、对称的和传递的,则 R 称为 A 上的等价关系。

等价类 设 R 为集合 A 上的等价关系,对任何 $a\in A$,集合

$[a]_R=\{x \mid x\in A, aRx\}$，称为元素 a 形成的 R 等价类。

商集 集合 A 上等价关系 R，其等价类集合 $\{[a]_R \mid a\in A\}$，称作 A 关于 R 的商集，记作 A/R。

定理 3-10.1 设给定集合 A 上等价关系 R，对于 $a,b\in A$，有 aRb，iff $[a]_R=[b]_R$。

定理 3-10.2 集合 A 上有一个等价关系 R，决定了 A 的一个划分，该划分就是商集 A/R。

定理 3-10.3 集合 A 的一个划分确定 A 的元素间的一个等价关系。

定理 3-10.4 设 R_1 和 R_2 为非空集合 A 上的等价关系，则有 $R_1=R_2$，iff $A/R_1=A/R_2$。

11 相 容 关 系

相容关系 给定集合 A 上关系 r，若 r 是自反的，对称的，则称 r 是相容关系。

相容类 设 r 是集合 A 上的相容关系，若 $C\subseteq A$，如果对于 C 中任意两个元素 a_1，a_2 有 a_1ra_2，称 C 是由相容关系 r 产生的相容类。

最大相容类 设 r 是集合 A 上的相容关系，不能真包含在任何其他相容类中的相容类，称作最大相容类，记作 C_r。

完全覆盖 在集合 A 上给定相容关系 r，其最大相容类的集合，称作集合 A 的完全覆盖，记作 $G_r(A)$。

定理 3-11.1 设 r 是有限集 A 上的相容关系，C 是一个相容类，那么必存在一个最大相容类 C_r，使得 $C\subseteq C_r$。

定理 3-11.2 给定集合 A 的覆盖 $\{A_1,A_2,\cdots,A_n\}$，由它确定的关系 $R=A_1\times A_1\cup A_2\times A_2\cup\cdots\cup A_r\times A_n$ 是相容关系。

定理 3-11.3 集合 A 上相容关系 r 与完全覆盖 $C_r(A)$ 存在一一对应。

12 序关系

偏序集 设A是一个集合，如果A上的一个关系R，满足自反性、反对称性和传递性，则称R是A上的一个偏序关系，并记为“$\preccurlyeq$”。

盖住关系 在偏序集合$\langle A,\preccurlyeq\rangle$中，如果$x$，$y\in A$，$x\preccurlyeq y$，$x\neq y$，且没有其他元素$z$满足$x\preccurlyeq z$，$z\preccurlyeq y$，则称元素$y$盖住元素$x$。

链 设$\langle A,\preccurlyeq\rangle$是一个偏序集合，在$A$的一个子集中，如果每两个元素都是有关系的，则称这个子集为链。

反链 设$\langle A,\preccurlyeq\rangle$是一个偏序集合，在$A$的一个子集中如果每两个元素都是无关的，则称这个子集为反链。（若A的子集只有单个元素，则这个子集既是链又是反链。）

全序集 设$\langle A,\preccurlyeq\rangle$为一个偏序集，若$A$是一个链，则称$\langle A,\preccurlyeq\rangle$是全序集或线序集。在这种情况下，二元关系$\preccurlyeq$称为全序关系或线序关系。

极大元 设$\langle A,\preccurlyeq\rangle$是一个偏序集合，且$B$是$A$的子集，对于$B$中一个元素$b$，如果$B$中没有任何元素$x$，满足$b\neq x$，且$b\preccurlyeq x$，则称$b$为$B$的极大元。

极小元 设$\langle A,\preccurlyeq\rangle$是一个偏序集合，且$B$是$A$的子集，对于$B$中一个元素$b$，如果$B$中没有任何元素$x$，满足$b\neq x$，且$x\preccurlyeq b$，则称$b$为$B$的极小元。

最大元 设$\langle A,\preccurlyeq\rangle$是一个偏序集，且$B$是$A$的子集，若有某个元素$b\in B$，对于$B$中每个元素$x$有$x\preccurlyeq b$，则称$b$为$\langle B,\preccurlyeq\rangle$的最大元。

最小元 设$\langle A,\preccurlyeq\rangle$是一个偏序集，且$B$是$A$的子集，若有某个元素$b\in B$，对于$B$中每个元素$x$有$b\preccurlyeq x$，则称$b$为$\langle B,\preccurlyeq\rangle$的最小元。

上界 设$\langle A,\preccurlyeq\rangle$为一偏序集，对于$B\subseteq A$，如果有$a\in A$，且对于$B$的任意元素$x$，都满足$x\preccurlyeq a$，则称$a$为子集$B$的上界。

下界 设$\langle A,\preccurlyeq\rangle$为一偏序集，对于$B\subseteq A$，如果有$a\in A$，且对$B$的任何元素$x$，都满足$a\preccurlyeq x$，则称$a$为子集$B$的下界。

最小上界(上确界) 设$\langle A,\preccurlyeq\rangle$为偏序集，且$B\subseteq A$，$a$为$B$的某一上界，若对$B$的所有上界$y$，均有$a\preccurlyeq y$，则称$a$为$B$的最小上界(上确界)。

最大下界(下确界) 设$\langle A,\preccurlyeq\rangle$为偏序集，且$B\subseteq A$，$b$为$B$的某一下界，若对$B$的所有下界$z$，均有$z\preccurlyeq b$，则称$b$为$B$的最大下界(下确界)。

良序集 任一偏序集合，假如他的每一个非空子集存在最小元素，这种偏序集称为良序集。

严格序关系 X上二元关系R，若满足反自反、反对称和传递性，则称R为X上的严格序关系。

拟序关系 X上二元关系R，若满足反自反和传递性则，称R为X上的拟序关系。

定理 3-12.1 设$\langle A,\preccurlyeq\rangle$为偏序集，且$B\subseteq A$，若$B$有最大(最小)元，则必是唯一的。

定理 3-12.2 每一个良序集合，一定是全序集合。

定理 3-12.3 每一个有限的全序集合，一定是良序集。

B 选题例解

例题 3-1 证明$(A-B)\cup(B-A)=(A\cup B)-(A\cap B)$。

分析 由集合运算定义知道，两个集合的并、交、差各个运算的结果仍是一个集合，所以本题就是求证等式两边集合相等。证明两个集合相等，可用三种方法：

(1) 基本法 就是根据集合相等的充要条件是该两集合互为子集，为此在本题中，可求证两集合互相包含。故若有任意x，能使

$$x\in[(A-B)\cup(B-A)]\Rightarrow x\in[(A\cup B)-(A\cap B)]$$

同时又能使

$$x\in[(A\cup B)-(A\cap B)]\Rightarrow x\in[(A-B)\cup(B-A)]$$

则命题成立。但上两式,可由运算的基本定义,逐步得到结果。

(2) 公式法　即是由交、并、差的集合的代数性质,通过推演,进行集合的恒等式证明。

(3) 图示法　利用文氏图对给定命题进行说明。这对复杂的集合等式比较困难,但简单的等式还是可用图示法予以说明。图示法是一种辅助证明,一般的仅作为直观说明,本题仅有两个集合,进行三种运算,故极易用文氏图给予验证。

证明　(1) 设有任意 $x\in[(A-B)\cup(B-A)]$,则必有 $x\in A-B$ 或 $x\in B-A$。

若 $x\in A-B$,则 $x\in A$ 且 $x\notin B$,故 $x\in A\cup B$ 且 $x\notin A\cap B$,即 $x\in[(A\cup B)-(A\cap B)]$。

若 $x\in B-A$,则 $x\in B$ 且 $x\notin A$,故 $x\in A\cup B$ 且 $x\notin A\cap B$,即 $x\in[(A\cup B)-(A\cap B)]$。

由上证得

$$[(A-B)\cup(B-A)]\subseteq[(A\cup B)-(A\cap B)]$$

反之,设任意 $x\in[(A\cup B)-(A\cap B)]$,则有 $x\in A\cup B$ 且$x\notin A\cap B$,即 $x\in A$ 且 $x\notin B$,或 $x\in B$ 且 $x\notin A$。得 $x\in A-B$ 或$x\in B-A$,故 $x\in[(A-B)\cup(B-A)]$,所以

$$[(A\cup B)-(A\cap B)]\subseteq[(A-B)\cup(B-A)]$$

因此　$(A-B)\cup(B-A)=(A\cup B)-(A\cap B)$

(2) $(A-B)\cup(B-A)=(A\cap\sim B)\cup(B\cap\sim A)$

$$=(A\cup B)\cap(B\cup\sim B)\cap(\sim A\cup A)\cap(\sim B\cup\sim A)$$

$$=(A\cup B)\cap E\cap E\cap\sim(B\cap A)$$

$$=(A\cup B)\cap\sim(A\cap B)=(A\cup B)-(A\cap B)$$

(3) 等式的左边,是文氏图中的阴影部分$(A-B)\cup(B-A)$。等式的右边,可看作文氏图中由 $A\cup B$,删去了 $A\cap B$,它也表示为图中的阴影部分,故本题集合的等式成立。见图 3-1。

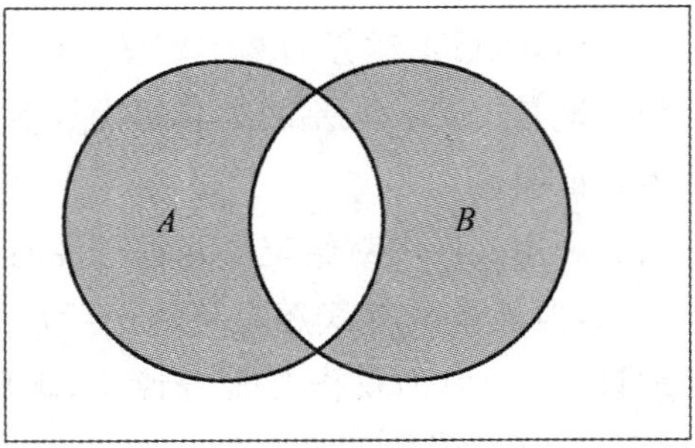

图 3-1

例题 3-2 某学院学生选课情况如下:260 人选艺术课,208 人选生物课,160 人选计算机课,76 人选艺术与生物课,48 人选艺术与计算机课,62 人选生物与计算机课,全部三门课程都选的是 30 人,三门都不选的是 150 人,问:

a) 共有多少名学生;

b) 有多少学生选艺术和生物课,但不选计算机课;

c) 有多少学生选艺术和计算机课,但不选生物课;

d) 有多少学生选生物和计算机课,但不选艺术课;

e) 有多少学生选艺术课,但不选生物或计算机课;

f) 有多少学生选生物课,但不选艺术或计算机课;

g) 有多少学生选计算机课,但不选艺术或生物课。

分析 这是一个典型的容斥原理应用的例题。在容斥(即包含排斥)原理中,首先要搞清讨论的范围是什么?即是那些是全集中的元素。在本题中,某学院的学生构成了全集中的元素。其次需将全集中的元素分类,本题就是按照学生的选课情况作出分类。假设学生选修艺术课为具有性质 P_A,选修生物课为具有性质 P_B,选修计算机课为具有性质 P_C,则具有上述各性质元素的集合可分别记为 A,B,C。要注意的是在题设中列出的数目都不是问题的直接答案,例如题设中有 76 人选艺术与生物课,这似乎与问题 b)相同,但实质上问题 b)是要求出选艺术课和生物课,但不选计算机课的学生数目。而问题中给出的 76 人是选艺术课和生物课的

所有学生数目，其中包括选修计算机课的学生数。在计算 b)时由于集合 $A\cap B$ 中包括集合 $A\cap B\cap C$，故仅有性质 P_A 和 P_C 的元素数目是 $|A\cap B|-|A\cap B\cap C|$。类似的其他各问题，都需根据包含和排斥的关系进行计算得到，为了计算的方便，可借助于文氏图（见图 3-2）观察写出相应的计算公式。

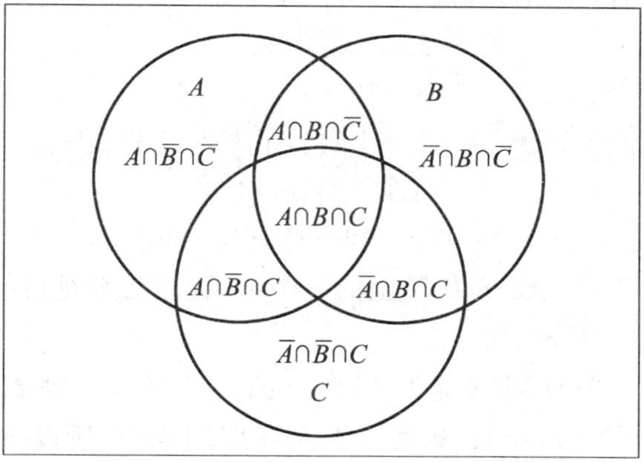

图 3-2

解 设 $A=\{$选修艺术课学生$\}$；$B=\{$选修生物课学生$\}$；$C=\{$选修计算机课学生$\}$。

按题意有

$$|A|=260,\ |B|=208,\ |C|=160$$
$$|A\cap B|=76,\ |A\cap C|=48,\ |B\cap C|=62$$
$$|A\cap B\cap C|=30,\ |\overline{A\cup B\cup C}|=150$$

a) 学生总数为

$$\begin{aligned}N&=|A\cup B\cup C|+|\overline{A\cup B\cup C}|\\&=|A|+|B|+|C|-|A\cap B|-|A\cap C|-|B\cap C|\\&\quad+|A\cap B\cap C|+|\overline{A\cup B\cup C}|\\&=260+208+160-76-48-62+30+150=622\end{aligned}$$

b) 由图 3-2 可知

$$|A\cap B\cap\overline{C}|=|A\cap B|-|A\cap B\cap C|=76-30=46$$

c) $|A \cap \overline{B} \cap C| = |A \cap C| - |A \cap B \cap C| = 48 - 30 = 18$

d) $|\overline{A} \cap B \cap C| = |B \cap C| - |A \cap B \cap C| = 62 - 30 = 32$

e) $|A \cap \overline{B} \cap \overline{C}| = |A| - |A \cap B \cap \overline{C}|$

$$- |A \cap \overline{B} \cap C| - |A \cap B \cap C|$$

$$= 260 - 46 - 18 - 30 = 166$$

f) $|\overline{A} \cap B \cap \overline{C}| = |B| - |\overline{A} \cap B \cap C| - |A \cap B \cap \overline{C}|$

$$- |A \cap B \cap C|$$

$$= 208 - 32 - 46 - 30 = 100$$

g) $|\overline{A} \cap \overline{B} \cap C| = |C| - |\overline{A} \cap B \cap C| - |A \cap \overline{B} \cap C|$

$$- |A \cap B \cap C|$$

$$= 160 - 32 - 18 - 30 = 80$$

例题 3-3 设 S 为 X 上的一个关系,证明 S 是 $\bigcup\bigcup S$ 上的一个关系,且 $\bigcup\bigcup S \subseteq X$。

分析 要证明 S 是 $\bigcup\bigcup S$ 上的一个关系,则就是要证明 $S \subseteq (\bigcup\bigcup S \times \bigcup\bigcup S)$。因为关系是序偶的集合,所以 S 的元素必须是序偶。但 $\bigcup S = \{x \mid x \in X$ 对某个 $X \in S\}$,因此若 $\alpha \in \bigcup S$,则 $\alpha \in X$,但 $X \in S$,故 X 是关系 S 的元素,即 X 是一个序偶,所以 $\alpha \in \bigcup S$,则 α 属于某些序偶。我们知道,序偶 $\langle x, y\rangle$ 写成集合的表达式为 $\{\{x\}, \{x, y\}\}$,这样可得 $\alpha \in \langle x, y\rangle \Leftrightarrow \alpha = \{x\} \vee \alpha = \{x, y\}$。根据上述情况,如果设 $\beta \in \bigcup\bigcup S$,则 $\beta \in \alpha$,且有 $\alpha \in \bigcup S$。由此可推得 $\beta = x$,或 $\beta = y$,由 $\langle x, y\rangle \in S$ 可设法证得 $x \in \bigcup\bigcup S$ 和 $y \in \bigcup\bigcup S$。即 $S \subseteq \bigcup\bigcup S \times \bigcup\bigcup S$。根据 $\bigcup\bigcup S$ 的定义,也容易证明 $\bigcup\bigcup S \subseteq X$。

证明 因为

$\alpha \in \bigcup S \Leftrightarrow$ 对某个 $\langle x, y\rangle \in S$,有 $\alpha \in \langle x, y\rangle$

$\Leftrightarrow$ 对某个 $\langle x, y\rangle \in S$,有 $\alpha \in \{\{x\}, \{x, y\}\}$

$\Leftrightarrow$ 对某个 $\langle x, y\rangle \in S$,有 $\alpha = \{x\}$ 或 $\alpha = \{x, y\}$

但 $\beta \in \bigcup\bigcup S \Leftrightarrow$ 对某个 $\alpha \in \bigcup S$,有 $\beta \in \alpha$

$\Leftrightarrow$ 对某个 $\langle x, y\rangle \in S$,有 $\beta \in \{x\}$ 或 $\beta \in \{x, y\}$

现在,若 $\langle x, y\rangle \in S$,则有 $x \in \bigcup\bigcup S$ 且 $y \in \bigcup\bigcup S$,故得到

$$\langle x,y\rangle\in\bigcup\bigcup S\times\bigcup\bigcup S$$

所以有
$$S\subseteq\bigcup\bigcup S\times\bigcup\bigcup S$$

其次，设 $\beta\in\bigcup\bigcup S$，则存在 $\langle x,y\rangle\in S\subseteq X\times X$，使得 $\beta=x$，或者存在 $\langle x,y\rangle\in S\subseteq X\times X$，使得 $\beta=y$。于是 $\beta\in X$，即

$$\bigcup\bigcup S\subseteq X$$

例题 3-4 设 R 为 X 上的二元关系：

a) 若 R 是自反的，则 $s(R)$ 和 $t(R)$ 是自反的；

b) 若 R 是对称的，则 $r(R)$ 和 $t(R)$ 是对称的；

c) 若 R 是传递的，则 $r(R)$ 是传递的。

分析 在定理 3-8.1 中，曾经给出了关系 R 是自反的（对称的或传递的），仅当 $r(R)=R(s(R)=R$ 或 $t(R)=R)$，本题是由 R 的自反、对称、传递性质去推证有关 $s(R),t(R),r(R)$ 等的相应性质。为此首先可考虑 R 与各种闭包之间的关系。由于 $R\subseteq s(R)$ 和 $R\subseteq t(R)$，所以问题 a) 中自反性的证明，可以由 R 的自反性直接引伸得到。又因为 $r(R)=R\cup I_X$，所以问题 b) 和 c) 中 $r(R)$ 的对称和传递性，可以通过 R 的相应性质予以推证。本题中比较困难的是 $t(R)$ 的对称性质证明。因为 $t(R)=\bigcup_{i=1}^{\infty}R^i$，所以 $t(R)$ 与 R 之间是由复合关系 R^i 建立联系的。由于 $t(R)$ 中每个元素必属于某个 R^s 之中，故证明 $t(R)$ 的对称性，就需考虑 R^s 与 R 之间有关复合关系的联系。这种证明 $t(R)$ 性质的常用方法，就像定理3-8.4中所给出的证明方法一样，即设

$$\langle x,y\rangle\in t(R)\Rightarrow\langle x,y\rangle\in R^s\Rightarrow\langle y,x\rangle\in R^s\Rightarrow\langle y,x\rangle\in t(R)$$

又这种 $t(R)$ 与 R 之间利用中间关系 R^s 的方法，也适用于对 $r(R)$ 的传递性质的证明。但 R 是传递的，仅当 $R=t(R)$，因此如果能够证得 $tr(R)=r(R)$，那么 $r(R)$ 也必是传递的。这是对本题 c) 的另一种证明方法。

证明 a) 由闭包定义，$R\subseteq s(R)$，$R\subseteq t(R)$，因为 R 在 X 上是自反的，对任意 $x\in X$，必有 $\langle x,x\rangle\in R$，故有 $\langle x,x\rangle\in s(R)$ 和 $\langle x,x\rangle\in t(R)$，因此 $s(R),t(R)$ 在 X 上是自反的。

b）设任意 $x,y\in X$，若 $\langle x,y\rangle\in r(R)$，则

$$\langle x,y\rangle\in R\cup I_X\Rightarrow\langle x,y\rangle\in R\vee\langle x,y\rangle\in I_X$$

当 $x\neq y$ 时，因为 R 是对称的，故 $\langle y,x\rangle\in R$，即 $\langle y,x\rangle\in R\cup I_X$，得 $\langle y,x\rangle\in r(R)$。当 $x=y$ 时，$\langle y,x\rangle\in r(R)$，所以 $r(R)$ 在 X 上是对称的。

又对任意 $\langle x,y\rangle\in t(R)$，则必然存在 $S\in N$，使 $\langle x,y\rangle\in R^s$，故有序列 $e_1,e_2,\cdots,e_{s-1}$ 使 $\langle x,e_1\rangle\in R$，$\langle e_1,e_2\rangle\in R\cdots\langle e_{s-1},y\rangle\in R$。但 R 是对称的，故有 $\langle e_1,x\rangle\in R$，$\langle e_2,e_1\rangle\in R$，$\cdots$，$\langle y,e_{k-1}\rangle\in R$。得到 $\langle y,x\rangle\in R^s$，即 $t(R)$ 在 X 上对称。

c）证法 1　对任意 $x,y,z\in X$，若

$$\begin{aligned}&\langle x,y\rangle\in r(R)\wedge\langle y,z\rangle\in r(R)\\ \Rightarrow&\langle x,y\rangle\in R\cup I_X\wedge\langle y,z\rangle\in R\cup I_X\\ \Rightarrow&(\langle x,y\rangle\in R\vee\langle x,y\rangle\in I_X)\wedge(\langle y,z\rangle\in R\vee\langle y,z\rangle\in I_X)\\ \Rightarrow&(\langle x,y\rangle\in R\wedge\langle y,z\rangle\in R)\vee(\langle x,y\rangle\in R\wedge\langle y,z\rangle\in I_X)\\ &\vee(\langle x,y\rangle\in I_X\wedge\langle y,z\rangle\in R)\vee(\langle x,y\rangle\in I_X\wedge\langle y,z\rangle\in I_X)\end{aligned}$$

因为 R 是传递的，且 I_X 是恒等关系，故得 $\langle x,z\rangle\in R$，即 $\langle x,z\rangle\in R\cup I_X$。所以 $\langle x,z\rangle\in r(R)$，故 $r(R)$ 是传递的。

证法 2　　$tr(R)=t(R\cup I_X)=\bigcup\limits_{i=1}^{\infty}(R\cup I_X)^i$

用归纳法可证明　$(R\cup I_X)^i=\bigcup\limits_{j=0}^{i}R^j$

由定理 3-8.1，可得 $t(R)=R$，故

$$\begin{aligned}tr(R)&=\bigcup_{i=1}^{\infty}(R\cup I_X)^i=\bigcup_{i=1}^{\infty}\bigcup_{j=0}^{i}R^j=\bigcup_{j=0}^{\infty}R^j\\&=I_X\cup\bigcup_{j=1}^{\infty}R^j=I_X\cup t(R)=I_X\cup R=r(R)\end{aligned}$$

例题 3-5　设 R_1 和 R_2 是集合 A 中的等价关系，C_1 和 C_2 分别是 A 中关于 R_1 和 R_2 的等价划分。证明 $R_1\subseteq R_2$，当且仅当 C_1 中的每个等价类是包含于 C_2 的一些等价类之中。

分析　我们知道，在集合 A 上的任一个等价关系，都可以诱导出一个划分，这个划分就是商集 A/R，其元素是有关等价类。

本题中的 C_1 和 C_2，就是 A/R_1 和 A/R_2。反之，对于集合 A 的任一划分，都可以构造一个等价关系。本题要证明 $R_1 \subseteq R_2$，当且仅当 C_1 的每个等价类包含于 C_2 的一些等价类之中，因此证明本题的最初工作，就是建立 R 与等价类之间的联系，这就是由给定划分去构造一个等价关系。由于 C_1 和 C_2 中的等价类就是商集 A/R_1 和 A/R_2 中的元素，它们都是 A 的子集，所以要建立 $R_1 \subseteq R_2$ 与 C_1 和 C_2 的等价类的包含关系之间能够相互推证的充要条件，就需考虑 A 中的元素组成等价类的特点，即是 $\langle a,b\rangle \in R \Leftrightarrow [a]_R = [b]_R$。由 $a \in [a]_R$ 和 $b \in [b]_R$，说明 A 中满足等价关系的元素必在同一等价类中。因此由 $R_1 \subseteq R_2$，可推证出 C_1 和 C_2 的等价类中的包含关系。注意到本题中求证的"当且仅当"就是充分必要条件，所以在上述的必要条件证明以后，还需由等价类的包含关系，推证出 $R_1 \subseteq R_2$。

为了清晰地论证本题，下面先推证一个引理。

引理　设 R 是集合 A 上的等价关系，C 是 A 中关于 R 的等价分割，$C = A/R = \{C_1, C_2, \cdots, C_m\}$，则 $R = \bigcup_{i=1}^{m} C_i \times C_i$。

证　对任意 $x, y \in A$，若 $\langle x,y\rangle \in \bigcup_{i=1}^{m} C_i \times C_i$，则必存在某个 k $(1 \leqslant k \leqslant m)$，使得 $\langle x,y\rangle \in C_k \times C_k$，故有 $x \in C_k, y \in C_k$。令 $C_k = [a]_R$，则有 $x \in [a]_R \wedge y \in [a]_R \Rightarrow aRx \wedge aRy \Rightarrow xRa \wedge aRy \Rightarrow xRy$，故 $\bigcup_{i=1}^{m} C_i \times C_i \subseteq R$。

反之，对任意 $x, y \in A$，若有 $\langle x, y\rangle \in R$，由定理 3-10.1，必有 $[x]_R = [y]_R$。令 $[x]_R = C_k$，因为 $x \in [x]_R$，$y \in [y]_R$，故 $x \in C_k$，$y \in C_k$。得到 $\langle x,y\rangle \in C_k \times C_k \Rightarrow \langle x,y\rangle \in \bigcup_{i=1}^{m} C_i \times C_i$，即 $R \subseteq \bigcup_{i=1}^{m} C_i \times C_i$。

综上所述得
$$R = \bigcup_{i=1}^{m} C_i \times C_i$$

有了这个引理，下面可对本例题作出完整的证明。

证明　设　$C_1 = A/R_1 = \{C_{11}, C_{12}, \cdots, C_{1m}\}$

$$C_2=A/R_2=\{C_{21},C_{22},\cdots,C_{2n}\}$$

由引理知

$$R_1=\bigcup_{i=1}^{m}C_{1i}\times C_{1i},R_2=\bigcup_{k=1}^{n}C_{2k}\times C_{2k}$$

(1) 必要性

若 $R_1\subseteq R_2$，当 C_{1i} 是单元素集合时，设 $C_{1i}=\{x\}$，则因 $x\in A$，故必存在 $j(1\leqslant j\leqslant n)$，使得 $x\in C_{2j}$，即 $C_{1i}\subseteq C_{2j}$。

设 C_{1i} 不是单元素集合，则至少有两个元素 $x,y\in C_{1i}$，因此 $\langle x,y\rangle\in C_{1i}\times C_{1i}$，得到 $\langle x,y\rangle\in R_1$。但 $R_1\subseteq R_2$，所以 $\langle x,y\rangle\in R_2$。由 $\langle x,y\rangle\in\bigcup_{k=1}^{n}C_{2k}\times C_{2k}$，必存在某个 $j(1\leqslant j\leqslant n)$，使得 $\langle x,y\rangle\in C_{2j}\times C_{2j}$，即 $x\in C_{2j}\wedge y\in C_{2j}$。

若除 $x,y\in C_{1i}$ 外，有元素 $z\in C_{1i}$，则 $\langle x,z\rangle\in C_{1i}\times C_{1i}$，得到 $\langle x,z\rangle\in R_1$。由 $R_1\subseteq R_2\Rightarrow\langle x,z\rangle\in R_2$，故必存在 $t(1\leqslant t\leqslant n)$，使得 $\langle x,z\rangle\in C_{2t}\times C_{2t}\Rightarrow x\in C_{2t}\wedge z\in C_{2t}$。因为 $C_{2j}\cap C_{2t}\neq\varnothing$，故 $C_{2j}=C_{2t}$。于是 x,y,z 在同一等价类 C_{1i} 中，必可推得 x,y,z 同在 C_{2j} 中，依此类推，可知 $C_{1i}\subseteq C_{2j}$。由 i 的任意性，因此当 $R_1\subseteq R_2$ 时，C_1 的等价类必包含于 C_2 的某等价类中。

(2) 充分性

若 $C_{1i}\subseteq C_{2k}$ 中对每个 $i=1, 2, \cdots, m$，有 $C_{1i}\times C_{1i}\subseteq C_{2k}\times C_{2k}$，于是

$$R_1=\bigcup_{i=1}^{m}C_{1i}\times C_{1i}\subseteq\bigcup_{k=1}^{n}C_{2k}\times C_{2k}=R_2$$

例题 3-6 设 R_1 和 R_2 是集合 A 上的等价关系，并分别有秩 r_1 和 r_2（即 $|A/R_1|=r_1$，$|A/R_2|=r_2$），试证 $R_1\cap R_2$ 也是集合 A 上的等价关系，且 $R_1\cap R_2$ 的秩至多为 $r_1\cdot r_2$。

分析 本题要证明两部分，即 $R_1\cap R_2$ 是 A 上的等价关系，以及 $R_1\cap R_2$ 的秩至多为 $r_1\cdot r_2$。

第一部分的证明比较直接，由于 R_1 和 R_2 是等价关系，所以它们都是序偶的集合，因此 $R_1\cap R_2$ 也是序偶的集合，故 $R_1\cap R_2$ 也必是一个 A 上的关系。要证明这个关系具有等价性，就需证明

$R_1 \cap R_2$满足自反、对称和传递性质，这可由关系性质的定义直接证明。

第二部分的证明，可由分析秩的概念入手。因为等价关系 R 的秩，就是这等价关系所诱导划分的元素的数目，所以要讨论 $R_1 \cap R_2$ 的秩，必须先研究 R_1 和 R_2 分别对应的划分 C_1 和 C_2 与 $R_1 \cap R_2$ 所对应的划分 C_3 之间的关系。由定理 3-10.2，我们知道等价关系 R 所诱导的划分，就是商集 A/R。而商集 A/R 就是 A 中元素关于 R 等价类的集合。因此我们要证明 $C_3 = A/R_1 \cap R_2$ 中的任一元素 C_{3k} 是 $C_1 = A/R_1$ 和 $C_2 = A/R_2$ 中的等价类 C_{1i} 和 C_{2j} 的交所构成的子集，即是证明 $C_{3k} \subseteq C_{1i} \cap C_{2j}$。同时每个 C_{3k} 只能包含在唯一个 $C_{1i} \cap C_{2j}$ 之中。考虑到 $|C_1| = r_1$，$|C_2| = r_2$，可知 $C_{1i} \cap C_{2j}$ 最多只能形成 $r_1 \cdot r_2$ 个不同的交集，由此可证得 $|C_3|$ 最多为 $r_1 \cdot r_2$。

证明 （一）先证 $R_1 \cap R_2$ 是 A 上等价关系。

a）对任意 $x \in A$，因为 R_1 和 R_2 为自反的，故有

$$\langle x,x\rangle \in R_1 \wedge \langle x,x\rangle \in R_2 \Rightarrow \langle x,x\rangle \in R_1 \cap R_2$$

即 $R_1 \cap R_2$ 为自反的。

b）对任意 $x, y \in A$，若 $\langle x,y\rangle \in R_1 \cap R_2$，则 $\langle x,y\rangle \in R_1 \wedge \langle x,y\rangle \in R_2$，又因 R_1 和 R_2 有对称性，得到

$$\langle y,x\rangle \in R_1 \wedge \langle y,x\rangle \in R_2 \Rightarrow \langle y,x\rangle \in R_1 \cap R_2$$

即 $R_1 \cap R_2$ 为对称的。

c）对任意 $x,y,z \in A$，若 $\langle x,y\rangle \in R_1 \cap R_2 \wedge \langle y,z\rangle \in R_1 \cap R_2$，则

$$\begin{aligned}&\langle x,y\rangle \in R_1 \wedge \langle x,y\rangle \in R_2 \wedge \langle y,z\rangle \in R_1 \wedge \langle y,z\rangle \in R_2\\ &\Rightarrow \langle x,y\rangle \in R_1 \wedge \langle y,z\rangle \in R_1 \wedge \langle x,y\rangle \in R_2 \wedge \langle y,z\rangle \in R_2\\ &\Rightarrow \langle x,z\rangle \in R_1 \wedge \langle x,z\rangle \in R_2\\ &\Rightarrow \langle x,z\rangle \in R_1 \cap R_2\end{aligned}$$

即 $R_1 \cap R_2$ 是传递的。于是得 $R_1 \cap R_2$ 是 A 上的等价关系。

（二）再证 $R_1 \cap R_2$ 的秩至多为 $r_1 \cdot r_2$。

设 R_1, R_2 和 $R_1 \cap R_2$ 分别诱导的划分为：

$$C_1=\{C_{11},C_{12},\cdots,C_{1m}\},C_2=\{C_{21},C_{22},\cdots,C_{2n}\}$$
$$C_3=\{C_{31},C_{32},\cdots,C_{3p}\}$$

任取 $C_{3k}\in C_3(1\leqslant k\leqslant p)$。因为 $C_{3k}\neq\varnothing$,故必有某个 $x\in A\wedge x\in C_{3k}$。因为 C_1 和 C_2 均为 A 的划分，故必存在 $C_{1i}\in C_1$，使得 $x\in C_{1i}$,且存在 $C_{2j}\in C_2$,使得 $x\in C_{2j}$,即

$$x\in C_{1i}\cap C_{2j}$$

若 $C_{3k}=\{x\}$,则 $C_{3k}\subseteq C_{1i}\cap C_{2j}$。若另有任意 $y\in C_{3k}$,则因 C_{3k}是关于$R_1\cap R_2$ 的等价类,故有

$$x\in C_{3k}\wedge y\in C_{3k}\Rightarrow\langle x,y\rangle\in R_1\cap R_2$$
$$\Rightarrow\langle x,y\rangle\in R_1\wedge\langle x,y\rangle\in R_2$$

但 $x\in C_{1i}\wedge x\in C_{2j}$,故有

$$y\in C_{1i}\wedge y\in C_{2j}$$

即 $y\in C_{1i}\cap C_{2j}$。由 y 的任意性，得 $C_{3k}\subseteq C_{1i}\cap C_{2j}$，且 $C_{3k}\subseteq C_{1i}\cap C_{2j}$是唯一的。

因为 $C_{3k}\subseteq C_{1i}\cap C_{2j}$,且 $C_{3k}\subseteq C_{1s}\cap C_{2t}$,则对任意 $x\in C_{3k}$必有

$$x\in C_{1i}\wedge x\in C_{2j}\wedge x\in C_{1s}\wedge x\in C_{2t}$$
$$\Rightarrow x\in(C_{1i}\cap C_{1s})\wedge x\in(C_{2j}\cap C_{2t})$$

因为 C_{1i}和 C_{1s}是 C_1 中的等价类,C_{2j}和 C_{2t}是 C_2 中的等价类，在每个划分中两个等价类有公共元素，此两等价类相等。故得 $C_{1i}=C_{1s},C_{2j}=C_{2t}$,即 C_{3k}只能属于同一个 $C_{1i}\cap C_{2j}$中。此外,C_3 的两个不同元素,必是不同的 $C_{1i}\cap C_{2j}$ 的子集。设 $C_{3k}\in C_3,C_{3p}\in C_3$,若 $C_{3k}\subseteq C_{1i}\cap C_{2j}\wedge C_{3p}\subseteq C_{1i}\cap C_{2j}$,因为 $C_{3k}\cap C_{3p}=\varnothing$,故必有 $x\in C_{3k}\wedge y\in C_{3p}$,使得:

$$x\notin C_{3p}\wedge y\notin C_{3k}$$

由 $\quad x\in C_{3k}\Rightarrow x\in C_{1i}\wedge x\in C_{2j},y\in C_{3p}\Rightarrow y\in C_{1i}\wedge y\in C_{2j}$

故

$$x\in C_{3k}\wedge y\in C_{3p}\Rightarrow x\in C_{1i}\wedge y\in C_{1i}\wedge x\in C_{2j}\wedge y\in C_{2j}$$
$$\Rightarrow\langle x,y\rangle\in R_1\wedge\langle x,y\rangle\in R_2$$
$$\Rightarrow\langle x,y\rangle\in R_1\cap R_2$$

$$\Rightarrow C_{3k}=C_{3p}$$

于是对任意一个 $C_{3k}\in C_3$，必有唯一的 $C_{1i}\cap C_{2j}$，使得 $C_{3k}\subseteq C_{1i}\cap C_{2j}$ 中，且对任意一个 $C_{1i}\cap C_{2j}$ 来说，至多只有一个 C_{3k}，满足

$$C_{3k}\subseteq C_{1i}\cap C_{2j}$$

因为 $|C_1|=r_1$，$|C_2|=r_2$，故 $i=1,2,\cdots,r_1$，$j=1,2,\cdots,r_2$，$C_{1i}\cap C_{2j}$ 至多有 $r_1\cdot r_2$ 个不同的交集。故 $|C_3|$ 至多为 $r_1\cdot r_2$。

例题 3-7 设 R 为 X 上的自反和传递关系，证明在 X 上存在一个等价关系 S，且在 X/S 上存在偏序关系 R'，使得

$$\langle[x]_S,[y]_S\rangle\in R' \quad \text{iff} \quad \langle x,y\rangle\in R$$

分析 本题证明包括两个部分，一个是证明 X 上存在等价关系 S，另外是证明在 X/S 上存在偏序关系 R'。

证明在 X 上存在等价关系 S，就是要在 X 上构造出一个关系，并证明其满足自反、对称和传递性质。由于 X/S 是 S 所诱导的 X 的划分，其元素是 S 的等价类，因此 X/S 上存在的偏序关系 R'，其元素是 S 的等价类所构成的序偶。因为关系 R' 在题目中已给定为 $\langle[x]_S,[y]_S\rangle\in R'\Leftrightarrow\langle x,y\rangle\in R$，因此在给定条件的情况下，只需证明 R' 满足自反、反对称和传递三个性质，则 R' 就是 X/S 上的偏序关系。

本题证明的关键是构造出 S。由于 S 与 R' 有关，R' 与 R 有关，所以构造 S 必须与 R 联系。R 是自反和传递的，而 S 又是 X 上的等价关系，故要使 S 与 R 联系时产生等价条件，就要保证 S 是自反、对称和传递的。为此可定义 S 为

$$\langle x,y\rangle\in S\Leftrightarrow\langle x,y\rangle\in R\wedge\langle y,x\rangle\in R$$

这样定义的 S 就可以证明是符合题设要求的。

注意：本题要证明的结论不是充要条件，$\langle[x]_S,[y]_S\rangle\in R'$ iff $\langle x,y\rangle\in R$，这仅是给定 R' 的条件。

本题要求证的是：

S 为 X 上等价关系，并且 R' 为 X/S 上的偏序关系。

证明 （一）在 X 上存在等价关系 S。

在 X 上定义一个关系 S 为

$$\langle x,y\rangle \in S \quad \text{iff} \quad \langle x,y\rangle \in R \wedge \langle y,x\rangle \in R$$

则对任意 $x\in X$,因为 R 为自反的,故有

$$\langle x,x\rangle \in R \wedge \langle x,x\rangle \in R \Leftrightarrow \langle x,x\rangle \in S$$

即 S 在 X 上自反。对任意 $x,y\in X$,若$\langle x,y\rangle \in S$,则有

$$\begin{aligned}\langle x,y\rangle \in R \wedge \langle y,x\rangle \in R &\Leftrightarrow \langle y,x\rangle \in R \wedge \langle x,y\rangle \in R\\ &\Leftrightarrow \langle y,x\rangle \in S\end{aligned}$$

故 S 在 X 上是对称的。对任意 $x,y,z\in X$,若$\langle x,y\rangle \in S \wedge \langle y,z\rangle \in S$,则有

$$\begin{aligned}&\langle x,y\rangle \in R \wedge \langle y,x\rangle \in R \wedge \langle y,z\rangle \in R \wedge \langle z,y\rangle \in R\\ &\quad \Leftrightarrow \langle x,y\rangle \in R \wedge \langle y,z\rangle \in R \wedge \langle z,y\rangle \in R \wedge \langle y,x\rangle \in R\\ &\quad \Leftrightarrow \langle x,z\rangle \in R \wedge \langle z,x\rangle \in R\\ &\quad \Leftrightarrow \langle x,z\rangle \in S\end{aligned}$$

故由 R 在 X 上传递,得到 S 在 X 上是传递的。

由上述证明 S 是 X 上的等价关系。

(二) 证明 R'为 X/S 上的偏序关系。

因为 R 是 X 上自反的,故对任意 $x\in X$ 有

$$\langle x,x\rangle \in R \Leftrightarrow \langle [x]_S,[x]_S\rangle \in R'$$

但$[x]_S\in X/S$,故 R'在 X/S 上是自反的。设

$$\begin{aligned}&\langle [x]_S,[y]_S\rangle \in R' \wedge \langle [y]_S,[x]_S\rangle \in R'\\ &\quad \Leftrightarrow \langle x,y\rangle \in R \wedge \langle y,x\rangle \in R\\ &\quad \Rightarrow \langle x,y\rangle \in S \Rightarrow [x]_S=[y]_S\end{aligned}$$

所以 R'在 X/S 上是反对称的。设对任意$[x]_S,[y]_S,[z]_S\in X/R$,若

$$\begin{aligned}&\langle [x]_S,[y]_S\rangle \in R' \wedge \langle [y]_S,[z]_S\rangle \in R'\\ &\quad \Rightarrow \langle x,y\rangle \in R \wedge \langle y,z\rangle \in R \Rightarrow \langle x,z\rangle \in R\\ &\quad \Leftrightarrow \langle [x]_S,[z]_S\rangle \in R'\end{aligned}$$

即 R'在 X/S 上是传递的。

由上证明可得 R'是 X/S 上的偏序关系。

C 习题与解

3-1 写出下列集合的表达式：

a）所有一元一次方程的解组成的集合；

b）x^6-1 在实数域中的因式集；

c）在直角坐标系中单位圆内（不包括单位圆周）的点集；

d）极坐标系中，单位圆外（不包括单位圆周）的点集；

e）能被 5 整除的整数集。【3-1.(1)】

解 a）$S=\{x\mid ax+b=0,a\neq 0\}$

b）$D=\{x+1,x-1,x^2+x+1,x^2-x+1,x^2-1,$
$x^3+2x^2+2x+1,x^3+1,x^3-1,x^3-2x^2+2x+1,$
$x^4+x^2+1,x^5-x^4+x^3-x^2+x-1,$
$x^5+x^4+x^3+x^2+x+1,x^4-x^3+x-1,$
$x^4+x^3-x-1,x^6-1\}$

c）$P=\{\langle x,y\rangle\mid x^2+y^2<1\}$

d）$P=\{\langle\rho,\theta\rangle\mid\rho^2>1\}$

e）$I_5=\{5x\mid x\in I\}$

3-2 某电视台，拟制定一项为时半小时的节目，其中包含戏剧、音乐与广告，每项节目都定为五分钟的倍数，试求：

a）各种时间分配情况的集合；

b）戏剧所分配的时间较音乐多的集合；

c）广告所分配的时间与音乐或戏剧所分配的时间相等的集合；

d）音乐所分配的时间恰为五分钟的集合。【3-1.(2)】

解 a）各种时间分配情况的集合：

$T=\{\langle 5,5,20\rangle,\langle 5,10,15\rangle,\langle 5,15,10\rangle,\langle 5,20,5\rangle,$
$\langle 10,5,15\rangle,\langle 10,10,10\rangle,\langle 10,15,5\rangle,\langle 15,5,10\rangle,$
$\langle 15,10,5\rangle,\langle 20,5,5\rangle\}$

b）戏剧所分配的时间较音乐多的集合：

$D=\{\langle 10,5,15\rangle,\langle 15,5,10\rangle,\langle 15,10,5\rangle,\langle 20,5,5\rangle\}$

c) 广告分配的时间与音乐或戏剧所分配的时间相等的集合：

$$S=\{\langle 5,20,5\rangle,\langle 10,10,10\rangle,\langle 20,5,5\rangle\}$$

d) 音乐所分配的时间恰为五分钟的集合：

$M=\{\langle 5,5,20\rangle,\langle 10,5,15\rangle,\langle 15,5,10\rangle,\langle 20,5,5\rangle\}$

3-3 给定集合 A,B 和 C 的例子，使得

$$A\in B,B\in C,\text{和 } A\notin C$$ 【3-1.(3)】

解 设 $A=\{1\},B=\{1,\{1\}\},C=\{2,\{1,\{1\}\}\}$，就有

$$A\in B,B\in C,\text{和 } A\notin C$$

3-4 给定集合 A 描述为 $A=\{2,4,8,\cdots\}$，你能认为 $16\in A$ 吗？

解 如果 $A=\{x\mid x\in 2^n,n\text{ 是正整数}\}$，则 $16\in A$；如果 $A=\{x\mid x=2+n(n-1),n\text{ 是正整数}\}$，则 $16\notin A$。

3-5 设 $R=\{1,3,\Pi,4.1,9,10\}$，$S=\{\{1\},3,9,10\}$，$T=\{1,3,\Pi\}$，$U=\{\{1,3,\Pi\},1\}$。以下各式中哪些为真？哪些不成立，为什么不成立？

a) $S\subseteq R$；

b) $1\in R$；

c) $1\in S$；

d) $1\subseteq U$；

e) $\{1\}\subseteq T$；

f) $\{1\}\subseteq S$；

g) $T\subseteq R$；

h) $\{1\}\in S$；

i) $\varnothing\subseteq S$；

j) $T\subseteq U$；

k) $T\in U$；

l) $T\notin R$。

解 b) 真；e) 真；g) 真；

h) 真；i) 真；k) 真；l) 真。

a) 假，因为 $\{1\}\in S$ 但 $\{1\}\notin R$；

c) 假，因为 $\{1\}\in S$，不是 $1\in S$；

d) 假，1 不是一个集合；

f) 假，$1\notin S$；

j) 假，$3\notin U$ 且 $\Pi\notin U$。

3-6 对任意集合 A, B, C 确定下列命题是否为真，并证明之。

a）如果 $A\in B$ 及 $B\subseteq C$,则 $A\in C$;

b）如果 $A\in B$ 及 $B\subseteq C$,则 $A\subseteq C$;

c）如果 $A\subseteq B$ 及 $B\in C$,则 $A\in C$;

d）如果 $A\subseteq B$ 及 $B\in C$,则 $A\subseteq C$;

e）如果 $A\in B$ 及 $B\nsubseteq C$,则 $A\notin C$;

f）如果 $A\subseteq B$ 及 $B\in C$,则 $A\notin C$。 【3-1.(4)】

解 a）真。因为 $B\subseteq C$,故 $A\in B\Rightarrow A\in C$。

b）假。例如 $A=\{a\},B=\{b,\{a\}\},C=\{d,b,\{a\}\}$,则 $A\in B$, $B\subseteq C$,但 $A\nsubseteq C$。

c）假。例如 $A=\{a\},B=\{a,b\},C=\{a,\{a,b\}\}$,则 $A\subseteq B$, $B\in C$,但 $A\notin C$。

d）假。例如 $A=\{1,2\},B=\{1,2,\{3\}\},C=\{\{1,2,\{3\}\},4\}$,则 $A\subseteq B,B\in C$ 但 $A\nsubseteq C$。

e）假。例如 $A=\{a\},B=\{\{a\},b\},C=\{\{a\},d\}$,则 $A\in B$, $B\nsubseteq C$,但 $A\in C$。

f）假。例如 $A=\{a\},B=\{a,b\},C=\{\{a,b\},\{a\}\}$,则 $A\subseteq B$, $B\in C$,且 $A\in C$。

3-7 $A\subseteq B,A\in B$ 是可能的吗？予以说明。 【3-1.(5)】

解 是可能的。因为 $A\subseteq B$,要求 A 中的元素都在 B 中,但 B 中除去 A 的元素外,还可能有其他元素。故如 B 中有元素为集合 A 时,则本命题就可能成立的。

例如:$A=\{a\},B=\{a,\{a\}\}$,则就有 $A\subseteq B\wedge A\in B$。

3-8 确定下列集合的幂集：

a）$\{a,\{a\}\}$；b）$\{\{1,\{2,3\}\}\}$；c）$\{\varnothing,a,\{b\}\}$；

d）$\mathscr{P}(\varnothing)$；e）$\mathscr{P}(\mathscr{P}(\varnothing))$。 【3-1.(6)】

解 a）设 $A=\{a,\{a\}\}$,则

$$\mathscr{P}(A)=\{\varnothing,\{a\},\{\{a\}\},\{a,\{a\}\}\}$$

b）设 $B=\{\{1,\{2,3\}\}\}$,则

$$\mathscr{P}(B)=\{\varnothing,\{\{1,\{2,3\}\}\}\}$$

c) 设 $E=\{\varnothing,a,\{b\}\}$，则

$$\mathscr{P}(E)=\{\varnothing,\{a\},\{\{b\}\},\{\varnothing\},\{\varnothing,a\},\{\varnothing,\{b\}\},\{a,\{a\}\},\{\varnothing,a,\{b\}\}\}$$

d) 因为 $\mathscr{P}(\varnothing)=\{\varnothing\}$，则

$$\mathscr{P}(\mathscr{P}(\varnothing))=\{\varnothing,\{\varnothing\}\}$$

e) $\mathscr{P}(\mathscr{P}(\mathscr{P}(\varnothing)))=\{\varnothing,\{\varnothing\},\{\{\varnothing\}\},\{\varnothing,\{\varnothing\}\}\}$

3-9 证明 若 $B\subseteq C$，则 $\mathscr{P}(B)\subseteq\mathscr{P}(C)$。

证明 $\forall X\in\mathscr{P}(B)$，则 $X\subseteq B$。因为 $B\subseteq C$，故 $X\subseteq C$，即 $X\in\mathscr{P}(C)$，于是 $\mathscr{P}(B)\subseteq\mathscr{P}(C)$。

3-10 证明 对任意集合 A 和 B，$\mathscr{P}(A)\cap\mathscr{P}(B)=\mathscr{P}(A\cap B)$。

证明 设任意 $x\in[\mathscr{P}(A)\cap\mathscr{P}(B)]$，则 $x\in\mathscr{P}(A)$ 且 $x\in\mathscr{P}(B)$，即有

$$x\subseteq A \text{ 且 } x\subseteq B\Rightarrow x\subseteq A\cap B\Rightarrow x\in\mathscr{P}(A\cap B)$$

所以
$$[\mathscr{P}(A)\cap\mathscr{P}(B)]\subseteq\mathscr{P}(A\cap B)$$

反之，对任意 $x\in\mathscr{P}(A\cap B)\Rightarrow x\subseteq A\cap B$。故对所有 $a\in x$，有 $a\in A\cap B$，即 $a\in x$ 则 $a\in A$ 且 $a\in B$，所以 $a\in x$，则 $a\in A$，且 $a\in x$ 则 $a\in B$，即 $x\subseteq A$ 且 $x\subseteq B$，得到 $x\in\mathscr{P}(A)$ 且 $x\in\mathscr{P}(B)$，故 $x\in[\mathscr{P}(A)\cap\mathscr{P}(B)]$。所以

$$\mathscr{P}(A\cap B)\subseteq[\mathscr{P}(A)\cap\mathscr{P}(B)]$$

综上可得

$$\mathscr{P}(A)\cap\mathscr{P}(B)=\mathscr{P}(A\cap B)$$

3-11 证明 $\mathscr{P}(A)\cup\mathscr{P}(B)\subseteq\mathscr{P}(A\cup B)$，在什么条件下等式成立。

证明 设任意 $x\in(\mathscr{P}(A)\cup\mathscr{P}(B))$，则 $x\in\mathscr{P}(A)$ 或 $x\in\mathscr{P}(B)$。

a) 若 $x\in\mathscr{P}(A)$，则 $x\subseteq A$，对任意

$$a\in x\Rightarrow a\in A\Rightarrow a\in A\cup B$$

b) 若 $x\in\mathscr{P}(B)$，则 $x\subseteq B$，对任意

$$a\in x\Rightarrow a\in B\Rightarrow a\in A\cup B$$

由 a),b)得 $x \subseteq A \cup B$,即 $x \in \mathscr{P}(A \cup B)$,所以

$$\mathscr{P}(A) \cup \mathscr{P}(B) \subseteq \mathscr{P}(A \cup B)$$

当 $A \subseteq B$ 时,$\mathscr{P}(A) \subseteq \mathscr{P}(B)$,故 $A \subseteq B$ 时有 $A \cup B = B$,且

$$\mathscr{P}(A) \cup \mathscr{P}(B) = \mathscr{P}(B)$$

即题设的等式成立。

$B \subseteq A$ 时情况同。

3-12 $\mathscr{P}(A-B)$是否等于$\mathscr{P}(A)-\mathscr{P}(B)$,试予证明。

证明 $\mathscr{P}(A-B)$不一定等于$\mathscr{P}(A)-\mathscr{P}(B)$。例如:设 $A \cap B \neq \varnothing$,且 $A \cap B \neq A$,若 $x \in A \cap B$,则 $x \in A$ 且 $x \in B$。又设 $y \in A-B$,则 $y \in A \wedge y \notin B$。由$\{x, y\} \in \mathscr{P}(A)$,有

$$\{x, y\} \subseteq A$$

同样$\{x, y\} \notin \mathscr{P}(B)$,有

$$\{x, y) \nsubseteq B$$

对$\{x, y\} \in (\mathscr{P}(A)-\mathscr{P}(B))$,因为 $x \in A \cap B$,有 $x \nsubseteq A-B$,所以$\{x, y\} \nsubseteq A-B$,即$\{x, y\} \notin \mathscr{P}(A-B)$。

于是 $\mathscr{P}(A-B) \neq \mathscr{P}(A)-\mathscr{P}(B)$

3-13 证明对每个集合 S,$\{\varnothing, \{\varnothing\}\} \in \mathscr{P}\mathscr{P}\mathscr{P}(S)$成立。

证明 对所有集合 S,$\varnothing \subseteq S$,所以$\varnothing \in \mathscr{P}(S)$,$\{\varnothing\} \subseteq \mathscr{P}(S)$,$\{\varnothing\} \in \mathscr{P}\mathscr{P}(S)$。因为$\varnothing \subseteq \mathscr{P}(S)$,故$\varnothing \in \mathscr{P}\mathscr{P}(S)$,所以$\{\varnothing, \{\varnothing\}\} \subseteq \mathscr{P}\mathscr{P}(S)$,即$\{\varnothing, \{\varnothing\}\} \in \mathscr{P}\mathscr{P}\mathscr{P}(S)$。

3-14 假定$\mathscr{P}(A)=\mathscr{P}(B)$,证明 $A=B$。

证明 对任意 $a \in A$ 有$\{a\} \subseteq A$,所以$\{a\} \in \mathscr{P}(A)$。因为$\mathscr{P}(A)=\mathscr{P}(B)$,故$\{a\} \in \mathscr{P}(B)$即$\{a\} \subseteq B$,得到 $a \in B$。所以 $A \subseteq B$。

同理可证 $B \subseteq A$。

因此 $A=B$。

3-15 假定 $x \in B$,$y \in B$,证明$\{\{x\}, \{x, y\}\} \in \mathscr{P}(\mathscr{P}(B))$。

证明 由 $x \in B$,$y \in B$,得$\{x\} \in \mathscr{P}(B)$,$\{x, y\} \in \mathscr{P}(B)$,故$\{\{x\}, \{x, y\}\} \subseteq \mathscr{P}(B)$,所以$\{\{x\}, \{x, y\}\} \in \mathscr{P}(\mathscr{P}(B))$。

3-16 设 $A=\{\varnothing\}$,$B=\mathscr{P}(\mathscr{P}(A))$:

a）是否$\varnothing \in B$？是否$\varnothing \subseteq B$？

b）是否$\{\varnothing\} \in B$？是否$\{\varnothing\} \subseteq B$？

c）是否$\{\{\varnothing\}\} \subseteq B$？是否$\{\{\varnothing\}\} \subseteq B$？ 【3-1.(7)】

解 设$A=\{\varnothing\}$，$\mathscr{P}(A)=\{\varnothing, \{\varnothing\}\}$，$B=\mathscr{P}(\mathscr{P}(A))=\{\varnothing,\{\varnothing\},\{\{\varnothing\}\},\{\varnothing,\{\varnothing\}\}\}$，则

a）$\varnothing \in B$，$\varnothing \subseteq B$成立；

b）$\{\varnothing\} \in B$，且$\{\varnothing\} \subseteq B$成立；

c）$\{\{\varnothing\}\} \in B$，且$\{\{\varnothing\}\} \subseteq B$成立。

3-17 证明 若a,b,c是任意客体，则

$$\{\{a\},\{a,b\}\}=\{\{c\},\{c,d\}\}$$

当且仅当$a=c$，且$b=d$。 【3-1.(8)】

证明 充分性 若$a=c$，$b=d$，则$\{a\}=\{c\}$且$\{a,b\}=\{c,d\}$，故$\{\{a\},\{a,b\}\}=\{\{c\},\{c,d\}\}$。

必要性 若$\{\{a\},\{a,b\}\}=\{\{c\},\{c,d\}\}$，由集合相等的条件，必有

a）$\{a\}=\{c\}$且$\{a,b)=\{c,d\}$，则有$a=c$且$\{a,b\}=\{c,d\}$，故有$a=c$且$b=d$；

b）$\{a\}=\{c,d\}$且$\{c\}=\{a,b\}$，则有$c=d=a$，且$c=a=b$，即$c=a=b=d$。

3-18 设某集合有101个元素，试问：

a）可构成多少个子集？

b）其中有多少个子集元素为奇数？

c）是否有102个元素的子集？ 【3-1.(9)】

解 a）可构成2^{101}个子集；

b）有$2^{101}/2$个子集元素为奇数；

c）不能有102个元素的子集。

3-19 设$S=\{a_1,a_2,\cdots,a_8\}$，B_i是S的子集，由B_{17}和B_{31}表达的子集是什么？应如何规定子集$\{a_2,a_6,a_7\}$和$\{a_1,a_8\}$。

【3-1.(10)】

解 $B_{17}=B_{00010001}=\{a_4,a_8\}$

$B_{31}=B_{00011111}=\{a_4,a_5,a_6,a_7,a_8\}$

$$\{a_2, a_6, a_7\} = B_{0100011} = B_{35}$$

$$\{a_1, a_8\} = B_{10000001} = B_{129}$$

3-20 设 $A=\{x|x<5, x\in N\}$，$B=\{x|x<7, x$ 是正偶数$\}$，求 $A\cup B$，$A\cap B$。【3-2.(1)】

解 $A\cup B=\{0,1,2,3,4,6\}$

$A\cap B=\{2,4\}$

3-21 设 $A=\{x|x$ 是 book 中的字母$\}$，$B=\{x|x$ 是 black 中的字母$\}$，求 $A\cup B$，$A\cap B$。【3-2.(2)】

解 $A\cup B=\{\mathrm{b,l,a,c,o,k}\}$，$A\cap B=\{\mathrm{b,k}\}$

3-22 给定下列自然数子集：

$A=\{1,2,7,8\}$；

$B=\{i|i^2<50\}$；

$C=\{i|i$ 可被 3 整除，$0\leqslant i\leqslant 30\}$；

$D=\{i|i=2^K, K\in I_+, 1\preccurlyeq K\preccurlyeq 6\}$

求下列集合：

a) $A\cup(B\cup(C\cup D))$；　　b) $A\cap(B\cap(C\cap D))$；

c) $B-(A\cup C)$；　　d) $(\sim A\cap B)\cup D$。

【3-2.(3)】

解 因为

$A=\{1,2,7,8\}$

$B=\{0,1,2,3,4,5,6,7\}$

$C=\{0,3,6,9,12,15,18,21,24,27,30\}$

$D=\{2,4,8,16,32,64\}$

则

a) $A\cup(B\cup(C\cup D))=A\cup B\cup C\cup D$
$=\{0,1,2,3,4,5,6,7,8,9,12,15,16,18,21,24,27,30,32,64\}$

b) $A\cap(B\cap(C\cap D))=A\cap B\cap C\cap D=\varnothing$

c) $A\cup C=\{0,1,2,3,6,7,8,9,12,15,18,21,24,27,30\}$

所以 $$B-(A\cup C)=\{4,5\}$$

d) 由于 $(\sim A\cap B)=B-A=\{0,3,4,5,6\}$

故 $$(\sim A\cap B)\cup D=\{0,2,3,4,5,6,8,16,32,64\}$$

3-23 设 $A=\{2,4,5,6,8\}$，$B=\{1,4,5,9\}$，$C=\{x\mid x\in I_+ 且 2\leqslant x<5\}$，为 $S=\{0,1,2,3,4,5,6,7,8,9\}$的子集，求

a) $\sim(A\cap B)$； b) $C-B$；

c) $(C\cap B)\cup\sim A$； d) $\sim(B-A)\cap(A-B)$；

e) $\sim(\sim C\cup B)$。

解 a) 因 $A\cap B=\{4,5\}$，故

$$\sim(A\cap B)=S-(A\cap B)=\{0,1,2,3,6,7,8,9\}$$

b) $$C-B=\{2,3\}$$

c) 因 $C\cap B=\{4\}$，$\sim A=\{0,1,3,7,9\}$，故

$$(C\cap B)\cup\sim A=\{0,1,3,4,7,9\}$$

d) 因$\sim(B-A)=\{0,2,3,4,5,6,7,8\}$，$A-B=\{2,6,8\}$，故

$$\sim(B-A)\cap(A-B)=\{2,6,8\}$$

e) 因$\sim C=\{0,1,5,6,7,8,9\}$$\sim C\cup B=\{0,1,4,5,6,7,8,9\}$，

故 $$\sim(\sim C\cup B)=\{2,3\}$$

3-24 证明 对任意集合 A,B,C 有

$$(A\cap B)\cup C=A\cap(B\cup C)\quad \text{iff}\quad C\subseteq A$$ 【3-2.(4)】

证明 必要性 对任意 $x\in C$，必有 $x\in(A\cap B)\cup C$，因为

$$A\cap(B\cup C)=(A\cap B)\cup C$$

故 $$x\in C\Rightarrow x\in A\cap(B\cup C)\Rightarrow x\in A\wedge x\in(B\cup C)$$

即 $C\subseteq A$。

充分性 若 $C\subseteq A$，则 $A\cup C=A$，但

$$(A\cap B)\cup C=(A\cup C)\cap(B\cup C)=A\cap(B\cup C)$$

3-25 证明 对任意集合 A,B,C 有

a) $(A-B)-C=A-(B\cup C)$；

b) $(A-B)-C=(A-C)-B$；

c) $(A-B)-C=(A-C)-(B-C)$。 【3-2.(5)】

证明 a) 对任意

$$\begin{aligned}x\in(A-B)-C &\Leftrightarrow x\in(A-B)\wedge x\notin C\\ &\Leftrightarrow x\in A\wedge x\notin B\wedge x\notin C\\ &\Leftrightarrow x\in A\wedge x\notin(B\cup C)\\ &\Leftrightarrow x\in A-(B\cup C)\end{aligned}$$

所以 $$(A-B)-C=A-(B\cup C)$$

b) $$\begin{aligned}(A-B)-C &=(A-B)\cap\sim C=(A\cap\sim B)\cap\sim C\\ &=(A\cap\sim C)\cap\sim B=(A-C)\cap\sim B\\ &=(A-C)-B\end{aligned}$$

c) $$\begin{aligned}(A-B)-C &=(A\cap\sim C)\cap\sim B=A\cap\sim(C\cup B)\\ &=A-(C\cup B)=A-((C\cup B)\cap(C\cup\sim C))\\ &=A-(C\cup(B\cap\sim C))=A-(C\cup(B-C))\\ &=(A-C)-(B-C)\end{aligned}$$

3-26 确定以下各式：

a) $\varnothing\cap\{\varnothing\}$；b) $\{\varnothing\}\cap\{\varnothing\}$；c) $\{\varnothing,\{\varnothing\}\}-\varnothing$；

d) $\{\varnothing,\{\varnothing\}\}-\{\varnothing\}$；e) $\{\varnothing,\{\varnothing\}\}-\{\{\varnothing\}\}$。

【3-2.(6)】

解 a) $\varnothing$；b) $\{\varnothing\}$；c) $\{\varnothing,\{\varnothing\}\}$；d) $\{\{\varnothing\}\}$；e) $\{\varnothing\}$。

3-27 假定 A 和 B 是 E 的子集，证明以下各式中每个关系式彼此等价：

a) $A\subseteq B,\sim A\supseteq\sim B,A\cup B=B,A\cap B=A$；

b) $A\cap B=\varnothing,A\subseteq\sim B,B\subseteq\sim A$；

c) $A\cup B=E,\sim A\subseteq B,\sim B\subseteq A$；

d) $A=B,A\oplus B=\varnothing$。 【3-2.(7)】

证明 a) 因为

$$A\subseteq B\Leftrightarrow(\forall x)(x\in A\rightarrow x\in B)$$

但 $$\begin{aligned}(x\in A\rightarrow x\in B) &\Leftrightarrow(x\notin B\rightarrow x\notin A)\\ &\Leftrightarrow(x\in\sim B\rightarrow x\in\sim A)\end{aligned}$$

$$A\subseteq B\Leftrightarrow(\forall x)(x\in A\rightarrow x\in B)$$

$$\Leftrightarrow(\forall x)(x\in\sim B\to x\in\sim A)$$

$$\Leftrightarrow\sim B\subseteq\sim A$$

由定理 3-2.3 可得

$$A\subseteq B\Leftrightarrow A\cup B=B$$

但 $(A\cup B=B)\Rightarrow(A\cap(A\cup B)=A\cap B)\Leftrightarrow A\cap B=A$

$(A\cap B=A)\Rightarrow((A\cap B)\cup B=A\cup B)\Rightarrow A\cup B=B$

故 $$A\cup B=B\Leftrightarrow A\cap B=A$$

b) $(A\cap B=\varnothing)\Leftrightarrow(\forall x)(x\in A\to x\notin B)$

$\Leftrightarrow(\forall x)(x\in A\to x\in\sim B)\Leftrightarrow(A\subseteq\sim B)$

$\Leftrightarrow(B\subseteq\sim A)$

c) $(A\cup B=E)\Leftrightarrow(\forall x)(x\notin A\to x\in B)$

$\Leftrightarrow(\forall x)(x\in\sim A\to x\in B)\Leftrightarrow\sim A\subseteq B$

$(A\cup B=E)\Leftrightarrow(\forall x)(x\notin B\to x\in A)$

$\Leftrightarrow(\forall x)(x\in\sim B\to x\in A)\Leftrightarrow\sim B\subseteq A$

d) 若 $A=B$,有

$A\oplus B=(A\cap\sim B)\cup(B\cap\sim A)$

$=(A\cap\sim A)\cup(B\cap\sim B)=\varnothing\cup\varnothing=\varnothing$

反之,若 $A\oplus B=\varnothing$,有

$$A\oplus A=\varnothing$$

所以 $A\oplus B=A\oplus A$,可推得 $A=B$(见习题 3-28c))。

3-28 a) 已知 $A\cup B=A\cup C$,是否必须 $B=C$?

b) 已知 $A\cap B=A\cap C$,是否必须 $B=C$?

c) 已知 $A\oplus B=A\oplus C$,是否必须 $B=C$? 【3-2.(8)】

解 a) 不一定。例如 $A=\{a\}$, $B=\{a,c\}$, $C=\{c\}$,则有 $A\cup B=A\cup C$,但 $B\neq C$。

b) 不一定。例如 $A=\{a\}$,$B=\{a,b\}$,$C=\{a,c\}$,则有 $A\cap B=A\cap C$,但 $B\neq C$。

c) $B=C$。因为若 $A\oplus B=A\oplus C$,对任意 $x\in B$,

(1) 若

$$x\in A\Rightarrow x\in A\cap B\Rightarrow x\notin A\oplus B\Leftrightarrow x\notin A\oplus C$$

由 $x\in A\wedge x\notin A\oplus C\Rightarrow x\in A\cap C\Rightarrow x\in C$，所以 $B\subseteq C$。

(2) $$x\notin A\Rightarrow x\notin A\cap B$$

因为 $$x\in B\Rightarrow x\in A\cup B$$

由 $$x\notin A\cap B\wedge x\in A\cup B\Rightarrow x\in A\oplus B\Rightarrow x\in A\oplus C$$

但 $$x\notin A\wedge x\in A\oplus C\Rightarrow x\in C$$

即 $B\subseteq C$。

用同样的方法，可证 $C\subseteq B$。

因此 $A\oplus B=A\oplus C$ 时，必有 $B=C$。

3-29 设 A,B,C 是集合，在什么条件下，下列命题是真的？

a) $(A-B)\cup(A-C)=A$；

b) $(A-B)\cup(A-C)=\varnothing$；

c) $(A-B)\cap(A-C)=\varnothing$；

d) $(A-B)\oplus(A-C)=\varnothing$。 【3-2.(9)】

解 a) 因为

$$(A-B)\cup(A-C)=(A\cap\sim B)\cup(A\cap\sim C)$$
$$=A\cap\sim(B\cap C)=A-(B\cap C)$$

故当 $A\cap(B\cap C)=\varnothing$ 时，$A-(B\cap C)=A$ 成立。

b) 要使 $(A-B)\cup(A-C)=\varnothing$，则需使

$$(A\cap\sim B)\cup(A\cap\sim C)=\varnothing$$

即要使 $$A-(B\cap C)=\varnothing$$

故当 $A\subseteq B\cap C$ 时，

$$(A-B)\cup(A-C)=\varnothing$$

c) $$(A-B)\cap(A-C)=(A\cap\sim B)\cap(A\cap\sim C)$$
$$=A\cap\sim(B\cup C)$$
$$=A-(B\cup C)$$

所以当 $A\subseteq B\cup C$ 时，$A-(B\cup C)=\varnothing$ 成立。即 $A\subseteq B\cup C$ 时，

$$(A-B)\cap(A-C)=\varnothing$$

d) 因为 $A\oplus A=\varnothing$，故当 $A-B=A-C$ 时，

$$(A-B)\oplus(A-C)=\varnothing$$

3-30 借助于文氏图考察以下命题的正确性：

a) 若 A,B 和 C 是 E 的子集，使得 $A\cap B\subseteq\sim C$，且 $A\cup C\subseteq B$，则 $A\cap C=\varnothing$。

b) 若 A,B 和 C 是 E 的子集，使得 $A\subseteq\sim(B\cup C)$ 且 $B\subseteq\sim(A\cup C)$，则 $B=\varnothing$。【3-2.(10)】

解 文氏图如图 3-3(a)和(b)所示。由图可知命题 a)，b)是正确的。

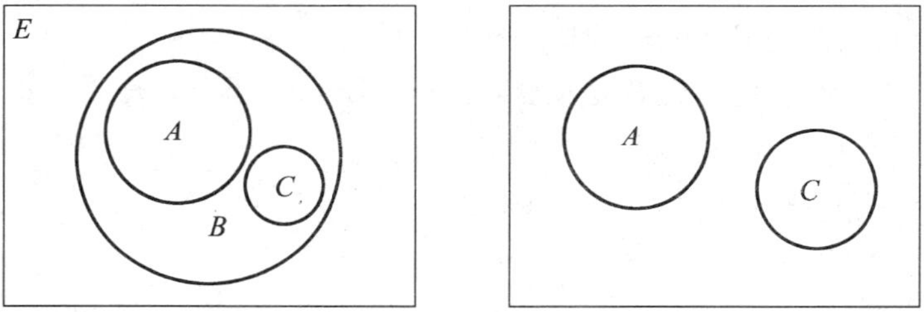

(a) (b)

图 3-3

3-31 证明

a) $A\cap(B\oplus C)=(A\cap B)\oplus(A\cap C)$；

b) $A\cup(B\oplus C)=(A\cup B)\oplus(A\cup C)$不一定成立。【3-2.(11)】

证明

a) $(A\cap B)\oplus(A\cap C)$

$=((A\cap B)\cap\sim(A\cap C))\cup((A\cap C)\cap\sim(A\cap B))$

$=((A\cap B)\cap(\sim A\cup\sim C))\cup((A\cap C)\cap(\sim A\cup\sim B))$

$=(A\cap B\cap\sim A)\cup(A\cap B\cap\sim C)\cup(A\cap C\cap\sim A)$
$\cup(A\cap C\cap\sim B)$

$=(A\cap B\cap\sim C)\cup(A\cap C\cap\sim B)$

$=A\cap((B\cap\sim C)\cup(C\cap\sim B))$

$=A\cap((B-C)\cup(C-B))=A\cap(B\oplus C)$

b) 设 $A=\{2,3\}$，$B=\{1,4,7\}$，$C=\{3,5\}$，则

$$B\oplus C=\{1,3,4,5,7\}$$

所以　　　　$A\cup(B\oplus C)=\{1,2,3,4,5,7\}$

但　　　　$A\cup B=\{1,2,3,4,7\}$

$A\cup C=\{2,3,5\}$

故　　　　$(A\cup B)\oplus(A\cup C)=\{1,4,5,7\}$

因此　　　　$A\cup(B\oplus C)=(A\cup B)\oplus(A\cup C)$

不一定成立。

3-32　给定正整数集合 I_+ 的下列子集：

$A=\{n|n<12\}$，　　　　$B=\{n|n\leqslant 8\}$，

$C=\{n|n=2k,k\in I_+\}$，　　　　$D=\{n|n=3k,k\in I_+\}$，

$F=\{n|n=2k-1,k\in I_+\}$。

试用 A,B,C,D 和 F，表达下列集合；

a) $\{2,4,6,8\}$；

b) $\{3,6,9\}$；

c) $\{10\}$；

d) $\{n|n$ 是偶数，$n>10\}$；

e) $\{n|n$ 是偶数且 $n\leqslant 10$，或 n 是奇数，且 $n\geqslant 9\}$。

解　a) $\{2,4,6,8\}=B-F$

b) $\{3,6,9\}=A\cap D$

c) $\{10\}=(A-B)-F$

d) $\{n|n$ 是偶数，$n>10\}=C-A$

e) $\{n|n$ 是偶数且 $n\leqslant 10$，或 n 是奇数且 $n\geqslant 9\}$

$=(A\cap C)\cup(F-B)$

3-33　设所有整数集合 I，已知 I 的子集：

$$A=\{x|x=3y,y\in I,y\geqslant 4\}$$

$$B=\{x|x=2y,y\in I\}$$

$$C=\{x|x\in I,|x|\leqslant 10\}$$

试用 A,B,C 和集合的运算，表达下列集合：

a) 所有奇整数的集合；

b) $\{-10,-8,-6,-4,-2,0,2,4,6,8,10\}$；

c) $\{x|x=6y,y\in I,y\geqslant 2\}$；

d) $\{-9,-7,-5,-3,-1,1,3,5,7,9\}$；

e) $\{x \mid x=2y+1, y\in I, y\geqslant 5\}$

$\cup\{x \mid x=2y-1, y\in I, y\leqslant -5\}$。

解 a) $\sim B$；　　b) $B\cap C$；　　c) $A\cap B$；

d) $\sim B\cap C$；　　e) $\sim B\cap\sim C$(或$\sim B-C$)。

3-34 证明 若 $A\subseteq B$,则$\cup A\subseteq\cup B$。

证明 对任意 $x\in\cup A$，必存在某个 $a\in A$，使 $x\in a$，因为 $A\subseteq B$,所以存在某个 $a\in B$,使 $x\in a$,即 $x\in\cup B$。

于是
$$\cup A\subseteq\cup B$$

3-35 证明 对任意集合 A,$\cup\mathscr{P}(A)=A$。

证明 设任意 $x\in\cup\mathscr{P}(A)$,则存在 $S\in\mathscr{P}(A)$,使得 $x\in S$。又因 $S\subseteq A$,故 $x\in A$,于是$\cup\mathscr{P}(A)\subseteq A$。反之,设任意 $x\in A$,$x\in\{x\}\subseteq A$,故$\{x\}\in\mathscr{P}(A)$。因此 $x\in\cup\mathscr{P}(A)$,得到
$$A\subseteq\cup\mathscr{P}(A)$$
于是
$$\cup\mathscr{P}(A)=A$$

3-36 证明 若 $S\in B$,则$\mathscr{P}(S)\in\mathscr{P}\mathscr{P}(\cup B)$。

证明 对所有 $X\in\mathscr{P}(S)$,有 $X\subseteq S$,对任意 $x\in X$,可得 $x\in S$。因为 $S\in B$,有 $x\in\cup B$,即 $X\subseteq\cup B$,故 $X\in\mathscr{P}(\cup B)$。所以$\mathscr{P}(S)\subseteq\mathscr{P}(\cup B)$,即
$$\mathscr{P}(S)\in\mathscr{P}\mathscr{P}(\cup B)$$

3-37 证明$\cup(A\cup B)=(\cup A)\cup(\cup B)$。

证明 对任意 $x\in\cup(A\cup B)$,则必存在 $a\in A\cup B$,且 $x\in a$,故 $a\in A$ 或 $a\in B$,且 $x\in a$,所以 $x\in\cup A$ 或 $x\in\cup B$,即
$$x\in(\cup A)\cup(\cup B)$$
于是
$$\cup(A\cup B)\subseteq(\cup A)\cup(\cup B)$$
反之,设任意
$$\begin{aligned}&x\in(\cup A)\cup(\cup B)\\&\Rightarrow x\in\cup A \text{ 或 } x\in\cup B\\&\Rightarrow(\exists a\in A, x\in a)\text{或}(\exists b\in B, x\in b)\\&\Rightarrow(\exists a\in A\cup B, x\in a)\text{或}(\exists b\in A\cup B, x\in b)\end{aligned}$$

$$\Rightarrow x\in \bigcup(A\cup B)$$

所以 $$(\bigcap A)\cup(\bigcup B)\subseteq \bigcup(A\cup B)$$

于是 $$\bigcup(A\cup B)=(\bigcup A)\cup(\bigcup B)$$

3-38 证明 若 B 是非空集,则

$$A\cup(\bigcap B)=\bigcap\{A\cup X \mid X\in B\}$$

证明 对任意 $x\in A\cup(\bigcap B)$,若 $x\in A$,则 $x\in A\cup X$(对 $\forall X\in B$),所以 $x\in \bigcap\{A\cup X \mid X\in B\}$。

若 $x\notin A$,则 $x\in \bigcap B$,所以对所有 $X\in B$,$x\in X$,故有对所有 $X\in B$,$x\in A\cup X$,即 $x\in \bigcap\{A\cup X \mid X\in B\}$,所以

$$A\cup(\bigcap B)\subseteq \bigcap\{A\cup X \mid X\in B\}$$

$$\forall x\in \bigcap\{A\cup X \mid X\in B\}\Rightarrow x\in A\cup X(\forall X\in B)$$

若 $$x\in A,\text{有 } x\in A\cap \bigcup B$$

若 $$x\notin A\Rightarrow x\in X(\forall X\in B)$$

则 $$x\in \bigcap B\Rightarrow x\in A\cup \bigcap B$$

故 $$\bigcap\{A\cup X \mid X\in B\}\subseteq A\cup \bigcap B$$

于是 $$A\cup(\bigcap B)=\bigcap\{A\cup X \mid X\in B\}$$

3-39 证明 若 A 是非空集,则

$$\mathscr{P}(\bigcap A)=\bigcap\{\mathscr{P}(X) \mid X\in A\}$$

证明 对所有 $x\in \mathscr{P}(\bigcap A)$,则 $x\subseteq \bigcap A$,即对任意 $a\in x$ 必有 $a\in \bigcap A$。所有 $X\in A$,有 $a\in X$。于是 $x\subseteq X$,得到 $x\in \mathscr{P}(X)$,对所有 $X\in A$,故 $x\in \bigcap\{\mathscr{P}(X) \mid X\in A\}$,于是证得

$$\mathscr{P}(\bigcap A)\subseteq \bigcap\{\mathscr{P}(X) \mid X\in A\}$$

反之,设任意 $x\in \bigcap\{\mathscr{P}(X) \mid X\in A\}$,则对所有 $X\in A$,$x\in \mathscr{P}(X)$ 即 $x\subseteq X$。所以所有 $X\in A$,$a\in x$,则对所有 $X\in A$,$a\in X$,因此 $a\in \bigcap A$,有

$$x\subseteq \bigcap A\Rightarrow x\in \mathscr{P}(\bigcap A)$$

所以 $$\bigcap\{\mathscr{P}(X) \mid X\in A\}\subseteq \mathscr{P}(\bigcap A)$$

于是 $$\bigcap\{\mathscr{P}(X) \mid X\in A\}=\mathscr{P}(\bigcap A)$$

3-40 证明 $\bigcup\{\mathscr{P}(X) \mid X\in A\}\subseteq \mathscr{P}(\bigcup A)$,在什么情况下,等式成立。

证明 对任意 $x\in\bigcup\{\mathscr{P}(X)\mid X\in A\}$，必存在 $\mathscr{P}(X_i)$，$X_i\in A$，使得 $x\in\mathscr{P}(X_i)$ 成立，故有 $x\subseteq X_i$。为此，对任意 $a\in x$，必有 $a\in X_i$。因 $X_i\in A$，故 $a\in\bigcup A$，于是 $x\subseteq\bigcup A$，即 $x\in\mathscr{P}(\bigcup A)$，有

$$\bigcup\{\mathscr{P}(X)\mid X\in A\}\subseteq\mathscr{P}(\bigcup A)$$

当集合 A 中只有一个元素时上面式子中的等式成立。

3-41 给定集合 A 和 B 的一个例子，使得 $A\cap B\neq\varnothing$，且 $(\bigcap A)\cap(\bigcap B)\neq\bigcap(A\cap B)$。

解 设 $A=\{\{1,2,3\},\{2,3,4\},\{2,3,4,6\}\}$

$$B=\{\{2,3,4\},\{2,3,4,6\},\{2,3,4,8\}\}$$

则

$$\bigcap A=\{2,3\},\bigcap B=\{2,3,4\}$$

$$A\cap B=\{\{2,3,4\},\{2,3,4,6\}\}$$

$$(\bigcap A)\cap(\bigcap B)=\{2,3\},\bigcap(A\cap B)=\{2,3,4\}$$

所以

$$(\bigcap A)\cap(\bigcap B)\neq\bigcap(A\cap B)$$

3-42 设 C 为全集 E 的非空子集簇，证明以下德·摩根定理的推广。

a) $\overline{\bigcup\limits_{S\in C}S}=\bigcap\limits_{S\in C}\overline{S}$； b) $\overline{\bigcap\limits_{S\in C}S}=\bigcup\limits_{S\in C}\overline{S}$ $(\overline{S}=\sim S)$。

证明 a)

$$\begin{aligned}\bigcap_{S\in C}\overline{S}&=\{x\mid(\forall S)(S\in C\rightarrow x\in\overline{S})\}\\&=\{x\mid(\forall S)(\neg(S\in C)\vee(x\in\overline{S}))\}\\&=\{x\mid\neg(\exists S)((S\in C)\wedge(x\in S))\}\\&=\{\overline{x\mid(\exists S)(S\in C\wedge x\in S)}\}\\&=E-\{x\mid(\exists S)(S\in C\wedge x\in S)\}=\overline{\bigcup_{S\in C}S}\end{aligned}$$

b)

$$\begin{aligned}\bigcup_{S\in C}\overline{S}&=\{x\mid(\exists S)(S\in C\wedge x\in\overline{S})\}\\&=\{x\mid(\exists S)(\neg(S\notin C\vee x\in S)\}\\&=\{x\mid\neg\forall S(S\in C\rightarrow x\in S)\}\\&=\{\overline{x\mid\forall S(S\in C\rightarrow x\in S)}\}=\overline{\bigcap_{S\in C}S}\end{aligned}$$

3-43 设对自然数定义为：

$0=\varnothing,1=0\cup\{0\},2=1\cup\{1\},3=2\cup\{2\},4=3\cup\{3\},\cdots$

设 $X=\{\{2,5\},4,\{4\}\}$，求 $\bigcap(\bigcup X-4)$。

解 由题设定义，

$$1=\varnothing\cup\{\varnothing\}=\{\varnothing\}=\{0\}$$
$$2=\{0\}\cup\{1\}=\{0,1\}$$
$$3=\{0,1\}\cup\left\{\{0,1\}\right\}=\{0,1,2\}$$
$$4=\{0,1,2\}\cup\{3\}=\{0,1,2,3\}$$

所以 $$X=\{\{2,5\},\{0,1,2,3\},\{4\}\}$$
$$\bigcup X=\{0,1,2,3,4,5\}$$
$$\begin{aligned}\bigcup X-4&=\{0,1,2,3,4,5\}-\{0,1,2,3\}=\{4,5\}\\&=\{\{0,1,2,3\},\{0,1,2,3,4\}\}\end{aligned}$$

因此 $$\bigcap(\bigcup X-4)=\{0,1,2,3\}=4$$

3-44 求$\bigcap\bigcup(\mathscr{P}\,2-2)$。

解 由于

$$\mathscr{P}2=\mathscr{P}(\{0,1\})=\{\varnothing,\{0\},\{1\},\{0,1\}\}$$
$$\mathscr{P}2-2=\{\varnothing,\{0\},\{1\},\{0,1\}\}-\{0,1\}=\{\{1\},\{0,1\}\}$$

所以 $$\bigcup(\mathscr{P}2-2)=\{0,1\}$$
$$\bigcap\bigcup(\mathscr{P}2-2)=\varnothing$$

3-45 设 $X=\{\{\{1,2\},\{1\}\},\{1,0\}\}$,求$\bigcup X,\bigcap X,\bigcup\bigcup X,\bigcap\bigcap X,\bigcup\bigcap X,\bigcap\bigcup X$。

解 $\bigcup X=\{\{1,2\},\{1\},\{1,0\}\}$;$\bigcap X=\varnothing$;

$\bigcup\bigcup X=\{0,1,2\}=3$;$\bigcap\bigcap X$ 无定义;

$\bigcup\bigcap X=\varnothing=0$;$\bigcap\bigcup X=\{1\}$。

3-46 设 $X=\{\{1,2\},\{2,0\},\{1,3\}\}$,求$\bigcup X,\bigcap X,\bigcup\bigcup X,\bigcap\bigcap X,\bigcup\bigcap X,\bigcap\bigcup X$。

解 $\bigcup X=\{0,1,2,3\}=4$;$\bigcap X=\varnothing=0$;

$\bigcup\bigcup X=\bigcup\{0,\{0\},\{0,1\},\{0,1,2\}\}=\{0,1,2\}=3$;

$\bigcap\bigcap X$ 无定义;$\bigcup\bigcap X=\varnothing=0$;$\bigcap\bigcup X=\varnothing=0$。

3-47 设 A_i 是实数集合,它被定义为:

$$A_0=\{a\mid a<1\},A_i=\left\{a\mid a\leqslant 1-\frac{1}{i}\right\}\quad(i=1,2,\cdots)$$

则
$$\bigcup_{i=1}^{\infty} A_i = A_0$$

证明 (1) 先证 $\bigcup_{i=1}^{\infty} A_i \subseteq A_0$。

设 $x\in \bigcup_{i=1}^{\infty} A_i$,则必存在某个自然数 k,使 $x\in A_k$ 即 $x\leqslant 1-\frac{1}{k}$,则 $x<1$,故 $x\in A_0$。

(2) 再证 $\bigcup_{i=1}^{\infty} A_i \supseteq A_0$。

设 $x\in A_0$,即 $x<1$,对 x 必有一 $\varepsilon>0$,使 $x=1-\varepsilon$。

令 $k=\left[\frac{1}{\varepsilon}\right]+1$,则 $x\leqslant 1-\frac{1}{k}$,即 $x\in A_k$,所以 $x\in \bigcup_{i=1}^{\infty} A_i$,故有
$$A_0 \subseteq \bigcup_{i=1}^{\infty} A_i$$

由以上情况,即得到
$$\bigcup_{i=1}^{\infty} A_i = A_0$$

3-48 设 B_i 是实数集,它被定义为:
$$B_0=\{b \mid b\leqslant 1\},B_i=\left\{b \mid b<1+\frac{1}{i}\right\} \quad (i=1,2,\cdots)$$

证明
$$\bigcap_{i=1}^{\infty} B_i = B_0$$

证明 (1) 先证 $B_0 \subseteq \bigcap_{i=1}^{\infty} B_i$。

设 $x\in B_0$,即 $x\leqslant 1$,对任一个 i,均有 $x<1+\frac{1}{i}$,设对任何 i,$x\in B_i$,所以 $x\in \bigcap_{i=1}^{\infty} B_i$。

(2) 再证 $\bigcap_{i=1}^{\infty} B_i \subseteq B_0$。

设 $x\in \bigcap_{i=1}^{\infty} B_i$,则 $x\in B_i(i=1, 2, \cdots)$。对任何 i,$x<1+\frac{1}{i}$ 都成立,则必有 $x\leqslant 1$。若不然,即 $x>1$,则必有某个 $\varepsilon>0$,使 $x=1+\varepsilon$。

令 $k=\left[\frac{1}{\varepsilon}\right]+1$,则 $x\geqslant 1+\frac{1}{k}$,故 $x\notin B_k$,但 $x\in B_i(i=1,

2,…)矛盾，因此 $x\leqslant 1$ 即 $x\in B_0$，所以 $\bigcap_{i=1}^{\infty} B_i\subseteq B_0$。

由上述证明可得

$$\bigcap_{i=1}^{\infty} B_i=B_0$$

3-49 设某校足球队有球衣 38 件，篮球队有球衣 15 件，棒球队有球衣 20 件，三队队员的总数为 58 人，其中有三人同时参加三队，试求同时参加二队的队员共有几人？ 【3-3.(1)】

解 设A_1 表示参加足球队的队员集合；

A_2 表示参加篮球队的队员集合；

A_3 表示参加棒球队的队员集合。

根据题意有 $|A_1|=38,|A_2|=15,|A_3|=20$

$$|A_1\cup A_2\cup A_3|=58,|A_1\cap A_2\cap A_3|=3$$

由容斥原理

$$\begin{aligned}|A_1\cup A_2\cup A_3|=&|A_1|+|A_2|+|A_3|-|A_1\cap A_2|\\&-|A_1\cap A_3|-|A_2\cap A_3|\\&+|A_1\cap A_2\cap A_3|\end{aligned}$$

$$58=38+15+16-|A_1\cap A_2|-|A_1\cap A_3|-|A_2\cap A_3|+3$$

所以， $|A_1\cap A_2|+|A_1\cap A_3|+|A_2\cap A_3|=18$

参加二个队的队员共 18 人。

3-50 设由某项调查，发现学生阅读杂志的情况如下：

百分之六十阅读甲类杂志；

百分之五十阅读乙类杂志；

百分之五十阅读丙类杂志；

百分之三十阅读甲类杂志与乙类杂志；

百分之三十阅读乙类杂志与丙类杂志；

百分之三十阅读甲类杂志与丙类杂志；

百分之十阅读三类杂志。

问 a）试求确实阅读两类杂志的学生的百分比。

b）试求不读任何杂志的学生的百分比。 【3-3.(2)】

解　设A_1 表示阅读甲类杂志学生的集合；

A_2 表示阅读乙类杂志学生的集合；

A_3 表示阅读丙类杂志学生的集合。

则按题意有：$|A_1|=60\%,|A_2|=50\%,|A_3|=50\%$

$|A_1\cap A_2|=30\%,|A_2\cap A_3|=30\%$

$|A_1\cap A_3|=30\%,|A_1\cap A_2\cap A_3|=10\%$

a）$|A_1\cap A_2|+|A_2\cap A_3|+|A_1\cap A_3|-3|A_1\cap A_2\cap A_3|$

$=30\%+30\%+30\%-3\cdot 10\%=60\%$

b）$|A_1\cup A_2\cup A_3|=|A_1|+|A_2|+|A_3|-|A_1\cap A_2|$

$-|A_1\cap A_3|-|A_2\cap A_3|$

$+|A_1\cap A_2\cap A_3|$

$=60\%+50\%+50\%-30\%-30\%$

$-30\%+10\%=80\%$

所以　$|\sim A_1\cap\sim A_2\cap\sim A_3|=1-|A_1\cup A_2\cup A_3|=20\%$

3-51　75 个儿童到公园游乐场，他们在那里可以骑旋转木马，坐滑行铁道，乘宇宙飞船，已知其中 20 人这三种东西都乘坐过，其中 55 人至少乘坐过其中两种。若每样乘坐一次的费用是 0.50 元，公园游乐场总共收入 70 元，试确定有多少儿童没有乘坐过其中任何一种。

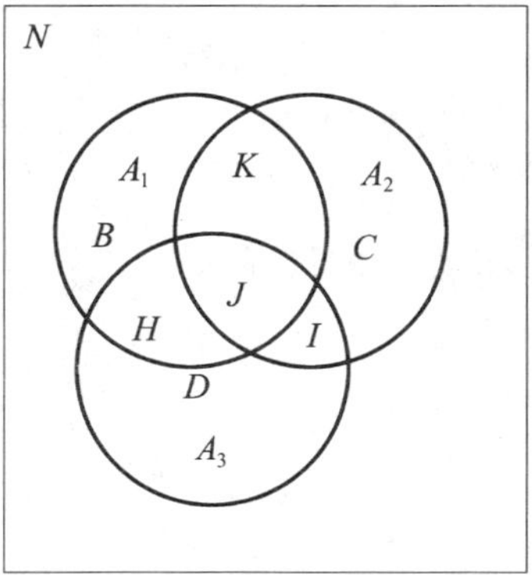

图　3-4

解　设

$A_1=\{$骑过旋转木马的儿童$\}$；

$A_2=\{$坐过滑行铁道的儿童$\}$；

$A_3=\{$乘过宇宙飞船的儿童$\}$。

集合 $A_1\cup A_2\cup A_3$ 的图示如图 3-4 所示。

因为　$|A_1|=|B|+|H|+|K|+|J|$

$|A_2|=|C|+|I|+|K|+|J|$

$$|A_3| = |D| + |H| + |I| + |J|$$

去公园游乐场儿童总数为 $N=75$。

$$|A_1 \cap A_2 \cap A_3| = |J| = 20$$

$$|K| + |H| + |I| + |J| = 55$$

$$0.5 \times (|A_1| + |A_2| + |A_3|) = 70$$

即 $|B| + |C| + |D| + 2 \times (|K| + |H| + |I|) + 3 \times |J| = 70/0.5$

得到 $$|B| + |C| + |D| = 10$$

$$N(0) = N - |A_1 \cup A_2 \cup A_3| = 75 - (10+55) = 10$$

所以没有乘过其中任何一种的儿童共 10 人。

3-52 a）在一个班级的 50 个学生中，有 26 人在第一次考试中得到 A，21 人在第二次考试中得到 A，假如有 17 人两次考试都没有得到 A，问有多少学生两次考试中都得到 A。

b）若全班有 50 个学生，在这些学生中，如果第一次考试中得到 A 的人数，等于第二次考试中得到 A 的人数，如果仅在一次考试中得到 A 的学生总数是 40，并且如果有 4 个学生两次考试都没有得到 A，问有多少学生仅在第一次考试中取得 A？问有多少学生仅在第二次考试中取得 A？又问有多少学生在两次考试中都得到 A。【3-3.(4)】

解 a）设第一次考试得到 A 的人为具有性质 P_1，其集合为 A_1，第二次考试得到 A 的人为具有性质 P_2，其集合为 A_2，则按题意有：

$$|A_1 \cup A_2| = 50 - 17 = 33$$

由容斥原理

$$|A_1 \cap A_2| = |A_1| + |A_2| - |A_1 \cup A_2| = 26 + 21 - 33 = 14$$

故两次考试都得到 A 的人数为 14 人。

b）$|A_1| = |A_2|$

因为 $|A_1 \cup A_2| = |A_1 \cap \sim A_2| + |A_2 \cap \sim A_1| + |A_1 \cap A_2|$

但 $$|A_1 \cup A_2| = 50 - 4 = 46$$

$$|A_1 \cap \sim A_2| + |A_2 \cap \sim A_1| = 40$$

故 $$|A_1 \cap A_2| = 46 - 40 = 6$$

即在两次考试中均有 6 人得到 A。

$$|A_1 \cup A_2| = |A_1| + |A_2| - |A_1 \cap A_2|$$

得到 $$46 = 2|A_1| - 6$$

即 $$|A_1| = |A_2| = 26$$

故在第一次(或第二次)考试中有 26 人得到 A,而仅在一次考试中得到 A 的人数为 26－6＝20(人)。

3-53 对 200 名大学一年级的学生进行调查的结果是:其中 67 人学数学,47 人学物理,95 人学生物,26 人既学数学又学物理,27 人既学物理又学生物,50 人这三门课都不学。

a) 求出对三门课都学的学生人数;

b) 在文氏图中以正确的学生人数填入其中 8 个区域。

【3-3.(5)】

解 a) 设学生学习数学为具有性质 P_1,其集合为 A_1;学生学物理为具有性质 P_2,其集合为 A_2;学生学生物为具有性质 P_3,其集合为 A_3。

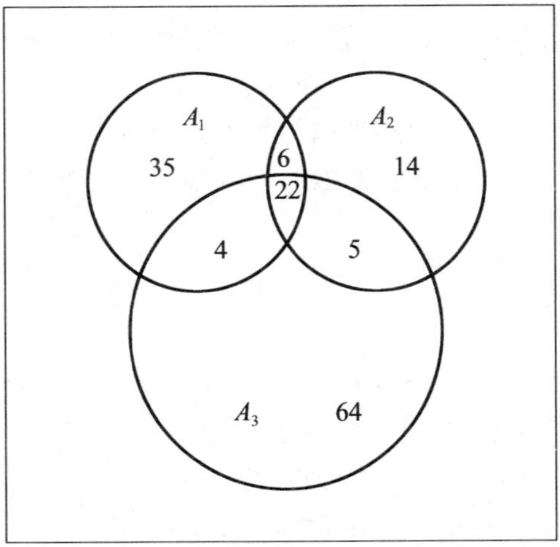

图 3-5

由题设 $|A_1|=67,|A_2|=47,|A_3|=95$

$$|A_1\cap A_3|=26,|A_1\cap A_2|=28,|A_1\cap A_2|=27$$

$$|\sim A_1\cap\sim A_2\cap\sim A_3|=50,N=200$$

$$\begin{aligned}|\sim A_1\cap\sim A_2\cap\sim A_3|=N-|A_1|-|A_2|-|A_3|+|A_1\cap A_2|\\+|A_1\cap A_3|+|A_2\cap A_3|\\-|A_1\cap A_2\cap A_3|\end{aligned}$$

$$50=200-67-47-95+28+26+27-|A_1\cap A_2\cap A_3|$$

所以 $|A_1\cap A_2\cap A_3|=22$(人)

b) 见图3-5。

3-54 试求在1到10000之间不能被4,5或6整除的整数的个数。

解 设 A_i 是1到10000之间能为 i 除尽的整数的集合,则有:

$$|A_4|=\left[\frac{10000}{4}\right]=2500$$

$$|A_5|=\left[\frac{10000}{5}\right]=2000$$

$$|A_6|=\left[\frac{10000}{6}\right]=1666$$

$$|A_4\cap A_5|=\left[\frac{10000}{20}\right]=500$$

$$|A_4\cap A_6|=\left[\frac{10000}{12}\right]=833$$

$$|A_5\cap A_6|=\left[\frac{10000}{30}\right]=333$$

$$|A_4\cap A_5\cap A_6|=\left[\frac{10000}{60}\right]=166$$

根据容斥原理

$$\begin{aligned}N(0)=N-|A_4|-|A_5|-|A_6|+|A_4\cap A_5|\\+|A_4\cap A_6|+|A_5\cap A_6|-|A_4\cap A_5\cap A_6|\end{aligned}$$

所以 $N(0)=10000-(2500+2000+1666)+(500+833+333)-166=5334$

这里 $N(0)=|\overline{A}_4\cap\overline{A}_5\cap\overline{A}_6|$。所以满足题意的整数个数为：5334。

3-55 设有集合$\{1,2,3,\cdots,n\}$，其无重复的一个排列

$$(a_1,a_2,\cdots,a_n)$$

满足条件 $a_i\neq i(i=1,2,\cdots,n)$，则称该排列为一个错列。求证集合$\{1,2,3,\cdots,n\}$的错列个数 D_n 为

$$D_n=\left(1-\frac{1}{1!}+\frac{1}{2!}-\frac{1}{3!}+\cdots+(-1)^n\frac{1}{n!}\right)(n!)$$

证明 令 S 是$\{1,2,\cdots,n\}$的所有无重复排列的集合，则

$$|S|=n!$$

设有一个排列如果 j 在第 j 个位置上，称该排列具有性质 P_j，设 A_j 是具有性质 P_j 的排列的集合，故 $A_j\subseteq S$。对于$\{1,2,\cdots,n\}$中的任意一个错乱排列，当且仅当这个排列为不具有性质 P_1，$P_2,\cdots,P_n$ 中任意一个性质。所以全部错乱排列组成的集合应该是

$$\overline{A}_1\cap\overline{A}_2\cap\cdots\cap\overline{A}_n$$

在集合 A_1 中，所有排列应具有形式 $1,i_2,i_3,\cdots,i_n$，其中：$i_2,i_3,\cdots,i_n$ 是集合$\{2,3,\cdots,n\}$的一个无重复排列。因而有 $|A_1|=(n-1)!$。同理当 $1\leqslant j\leqslant n$ 时，我们都有

$$|A_j|=(n-1)!$$

在集合 $A_1\cap A_2$ 中的排列应具有形式 $1,2,i_3,i_4,\cdots,i_n$，其中 i_3，$i_4,\cdots,i_n$ 是$\{3,4,\cdots,n\}$的一个无重复的排列。所以有

$$|A_1\cap A_2|=(n-2)!$$

同理 $1\leqslant i<j\leqslant n$ 时有：

$$|A_i\cap A_j|=(n-2)!$$

一般地，对 $1\leqslant i_1<i_2<\cdots<i_k\leqslant n$，有

$$|A_{i_1}\cap A_{i_2}\cap\cdots\cap A_{i_k}|=(n-k)!$$

集合$\{1,2,3,\cdots,n\}$的 k-组合数是$\binom{n}{k}$，故由容斥原理

$$|\overline{A}_1 \cap \overline{A}_2 \cap \cdots \cap \overline{A}_n| = |S| - \sum |A_i| + \sum |A_i \cap A_j| \\ - \sum |A_i \cap A_j \cap A_k| + \cdots \\ + (-1)^m |A_1 \cap A_2 \cap \cdots \cap A_n|$$

所以

$$D_n = n! - \binom{n}{1}(n-1)! + \binom{n}{2}(n-2)! \\ + (-1)^k \binom{n}{k}(n-k)! + \cdots (-1)^n \binom{n}{n} 0! \\ = n! - \frac{n!}{1!} + \frac{n!}{2!} + \cdots + (-1)^n \frac{n!}{n!} \\ = \left(1 - \frac{1}{1!} + \frac{1}{2!} + \cdots + (-1)^n \frac{1}{n!}\right) \cdot n!$$

3-56 设 $A=\{0,1\}$，$B=\{1,2\}$，确定下列集合：

a) $A\times\{1\}\times B$；

b) $A^2\times B$；

c) $(B\times A)^2$。 【3-4.(1)】

解 a) $A\times\{1\}\times B=\{\langle 0,1,1\rangle,\langle 0,1,2\rangle,\langle 1,1,1\rangle,\langle 1,1,2\rangle\}$

b) $A^2\times B=\{\langle 0,0,1\rangle,\langle 0,1,1\rangle,\langle 0,0,2\rangle,\langle 0,1,2\rangle,\langle 1,0,1\rangle,\langle 1,0,2\rangle,\langle 1,1,1\rangle,\langle 1,1,2\rangle\}$

c) $(B\times A)^2=\{\langle\langle 1,0\rangle,\langle 1,0\rangle\rangle,\langle\langle 1,0\rangle,\langle 1,1\rangle\rangle,$
$\langle\langle 1,0\rangle,\langle 2,0\rangle\rangle,\langle\langle 1,0\rangle,\langle 2,1\rangle\rangle,$
$\langle\langle 1,1\rangle,\langle 1,0\rangle\rangle,\langle\langle 1,1\rangle,\langle 1,1\rangle\rangle,$
$\langle\langle 1,1\rangle,\langle 2,0\rangle\rangle,\langle\langle 1,1\rangle,\langle 2,1\rangle\rangle,$
$\langle\langle 2,0\rangle,\langle 1,0\rangle\rangle,\langle\langle 2,0\rangle,\langle 1,1\rangle\rangle,$
$\langle\langle 2,0\rangle,\langle 2,0\rangle\rangle,\langle\langle 2,0\rangle,\langle 2,1\rangle\rangle,$
$\langle\langle 2,1\rangle,\langle 1,0\rangle\rangle,\langle\langle 2,1\rangle,\langle 1,1\rangle\rangle,$
$\langle\langle 2,1\rangle,\langle 2,0\rangle\rangle,\langle\langle 2,1\rangle,\langle 2,1\rangle\rangle\}$

3-57 设 $A=\{a,b\}$，请构成集合 $\mathscr{P}(A)\times A$。 【3-4.(2)】

解 $\mathscr{P}(A)=\{\varnothing,\{a\},\{b\},\{a,b\}\}$

$$\mathscr{P}(A)\times A=\{\langle\varnothing,a\rangle,\langle\varnothing,b\rangle,\langle\{a\},a\rangle,\langle\{a\},b\rangle,$$
$$\langle\{b\},a\rangle,\langle\{b\},b\rangle,\langle\{a,b\},a\rangle,\langle\{a,b\},b\rangle\}$$

3-58 设 A,B,C 是任意三个集合，则下式成立：

$$(A\cap B)\times(C\cap D)=(A\times C)\cap(B\times D)$$

证明 因为 $A\cap B\subseteq A,C\cap D\subseteq C$

故 $$(A\cap B)\times(C\cap D)\subseteq A\times C$$

同理可证

$$(A\cap B)\times(C\cap D)\subseteq B\times D$$

所以 $$(A\cap B)\times(C\cap D)\subseteq(A\times C)\cap(B\times D)$$

反之，若 $\langle x,y\rangle\in(A\times C)\cap(B\times D)$，则

$$\langle x,y\rangle\in A\times C\wedge\langle x,y\rangle\in B\times D$$

得到

$$x\in A\wedge y\in C\wedge x\in B\wedge y\in D\Rightarrow x\in A\cap B\wedge y\in C\cap D$$
$$\Rightarrow\langle x,y\rangle\in(A\cap B)\times(C\cap D)$$

所以 $$(A\times C)\cap(B\times D)\subseteq(A\cap B)\times(C\cap D)$$

综上所述有

$$(A\cap B)\times(C\cap D)=(A\times C)\cap(B\times D)$$

3-59 下列各式中哪些成立，哪些不成立，为什么？

a) $(A\cup B)\times(C\cup D)=(A\times C)\cup(B\times D)$；

b) $(A-B)\times(C-D)=(A\times C)-(B\times D)$；

c) $(A\oplus B)\times(C\oplus D)=(A\times C)\oplus(B\times D)$；

d) $(A-B)\times C=(A\times C)-(B\times C)$；

e) $(A\oplus B)\times C=(A\times C)\oplus(B\times C)$。 【3-4.(3)】

证明 a) 不成立。设 $A=\{a\},B=\{b\},C=\{c\},D=\{d\}$，有

$$A\cup B=\{a,b\},C\cup D=\{c,d\}$$

$$(A\cup B)\times(C\cup D)=\{\langle a,c\rangle,\langle a,d\rangle,\langle b,c\rangle,\langle b,d\rangle\}$$

但 $$A\times C=\{\langle a,c\rangle\},B\times D=\{\langle b,d\rangle\}$$

故 $$(A\times C)\cup(B\times D)=\{\langle a,c\rangle,\langle b,d\rangle\}$$

即 $$(A\cup B)\times(C\cup D)\neq(A\times C)\cup(B\times D)$$

b) 不成立。设 $A=\{a,e\},B=\{a,b\},C=\{c,f\},D=\{d\}$，

$A-B=\{e\}$，$C-D=\{c,f\}$，则有：

$$(A-B)\times(C-D)=\{\langle e,c\rangle,\langle e,f\rangle\}$$

但 $$A\times C=\{\langle a,c\rangle,\langle a,f\rangle,\langle e,c\rangle,\langle e,f\rangle\}$$

$$B\times D=\{\langle a,d\rangle,\langle b,d\rangle\}$$

$$(A\times C)-(B\times D)=\{\langle a,c\rangle,\langle a,f\rangle,\langle e,c\rangle,\langle e,f\rangle\}$$

即 $$(A-B)\times(C-D)\neq(A\times C)-(B\times D)$$

c）不成立。设 $A=\{a\}$，$B=\{b\}$，$C=\{c\}$，$D=\{d\}$，$A\oplus B=\{a,b\}$，$C\oplus D=\{c,d\}$，则有：

$$(A\oplus B)\times(C\oplus D)=\{\langle a,c\rangle,\langle a,d\rangle,\langle b,c\rangle,\langle b,d\rangle\}$$

$$A\times C=\{\langle a,c\rangle\},B\times D=\{\langle b,d\rangle\}$$

$$(A\times C)\oplus(B\times D)=\{\langle a,c\rangle,\langle b,d\rangle\}$$

即 $$(A\oplus B)\times(C\oplus D)\neq(A\times C)\oplus(B\times D)$$

d）成立。因为

$$(A-B)\times C=\{\langle x,y\rangle\mid x\in(A-B)\land y\in C\}$$

所以

$$\begin{aligned}\langle x,y\rangle\in(A-B)\times C&\Leftrightarrow x\in(A-B)\land y\in C\\&\Leftrightarrow(x\in A\land x\notin B)\land y\in C\\&\Leftrightarrow(x\in A\land y\in C\land x\notin B)\lor(x\in A\\&\quad\land y\in C\land y\notin C)\\&\Leftrightarrow(x\in A\land y\in C)\land(x\notin B\lor y\notin C)\\&\Leftrightarrow(x\in A\land y\in C)\land\neg(x\in B\land y\in C)\\&\Leftrightarrow\langle x,y\rangle\in A\times C\land\langle x,y\rangle\notin B\times C\\&\Leftrightarrow\langle x,y\rangle\in[(A\times C)-(B\times C)]\end{aligned}$$

即 $$(A-B)\times C=(A\times C)-(B\times C)$$

e）成立。因为

$$\begin{aligned}(A\oplus B)\times C&=[(A-B)\cup(B-A)]\times C\\&=[(A-B)\times C]\cup[(B-A)\times C]\\&=[(A\times C)-(B\times C)]\\&\quad\cup[(B\times C)-(A\times C)]\\&=(A\times C)\oplus(B\times C)\end{aligned}$$

3-60 证明　若 $X\times X=Y\times Y$，则 $X=Y$。【3-4.(4)】

证明　设任意 $x\in X$，则 $\langle x,x\rangle\in X\times X$，即 $\langle x,x\rangle\in Y\times Y$，$x\in Y$，所以 $X\subseteq Y$。

同理可证 $Y\subseteq X$。

综上所述，$X=Y$ 得证。

3-61 证明　若 $X\times Y=X\times Z$，且 $X\neq\varnothing$，则 $Y=Z$。

【3-4.(5)】

证明　若 $Y=\varnothing$，则 $X\times Y=\varnothing$，故 $X\times Z=\varnothing$，即 $Z=\varnothing$，所以 $Y=Z$。

若 $Y\neq\varnothing$，设任意 $y\in Y$，因为 $X\neq\varnothing$，令 $a\in X$，则 $\langle a,y\rangle\in X\times Y$，即 $\langle a,y\rangle\in X\times Z$，故 $y\in Z$，所以 $Y\subseteq Z$。同理可证 $Z\subseteq Y$。

综上所述，即 $Y=Z$ 得证。

3-62 证明

$$A\times B=B\times A\Leftrightarrow(A=\varnothing)\vee(B=\varnothing)\vee(A=B)$$

证明　必要性　若 $A\times B=B\times A$，则

1）当 $A\times B=B\times A=\varnothing$ 时，$(A=\varnothing)\vee(B=\varnothing)$；

2）当 $A\times B=B\times A\neq\varnothing$ 时，任取 $\langle x,y\rangle\in A\times B$，必有 $\langle x,y\rangle\in B\times A$，故 $x\in A\wedge x\in B$，且 $y\in B\wedge y\in A$。由 $\langle x,y\rangle$ 的任意性，所以 $A\subseteq B\wedge B\subseteq A$，得到 $A=B$。

所以

$$A\times B=B\times A\Rightarrow(A=\varnothing)\vee(B=\varnothing)\vee(A=B)$$

充分性　若 $(A=\varnothing)\vee(B=\varnothing)\vee(A=B)$，则

1）当 $A\neq B$ 时，$A=\varnothing$，$B\neq\varnothing$，有 $A\times B=B\times A$。

$A\neq\varnothing$，$B\neq\varnothing$，有 $A\times B=B\times A$。

2）当 $A=B$ 时，$A\times B=B\times A$。

所以

$$(A=\varnothing)\vee(B=\varnothing)\vee(A=B)\Rightarrow A\times B=B\times A$$

3-63 若 $A\cap B\neq\varnothing$，求证：

$$\begin{aligned}(A\cap B)\times(A\cap B)&=(A\times A)\cap(B\times B)\\&=(A\times B)\cap(B\times A)\end{aligned}$$

证明 对任意

$\langle x,y\rangle \in (A\cap B)\times(A\cap B)$

$\Leftrightarrow (x\in A\cap B)\wedge(y\in A\cap B)$

$\Leftrightarrow x\in A\wedge x\in B\wedge y\in A\wedge y\in B$

$\Leftrightarrow (\langle x,y\rangle\in A\times A)\wedge(\langle x,y\rangle\in B\times B)$

$\Leftrightarrow \langle x,y\rangle\in(A\times A)\cap(B\times B)$

所以

$$(A\cap B)\times(A\cap B)=(A\times A)\cap(B\times B)$$

又对任意

$\langle x,y\rangle \in (A\cap B)\times(A\cap B)$

$\Leftrightarrow (x\in A\cap B)\wedge(y\in A\cap B)$

$\Leftrightarrow x\in A\wedge x\in B\wedge y\in A\wedge y\in B$

$\Leftrightarrow (x\in A\wedge y\in B)\wedge(x\in B\wedge y\in A)$

$\Leftrightarrow (\langle x,y\rangle\in A\times B)\wedge(\langle x,y\rangle\in B\times A)$

$\Leftrightarrow \langle x,y\rangle\in(A\times B)\cap(B\times A)$

所以

$$(A\cap B)\times(A\cap B)=(A\times B)\cap(B\times A)$$

3-64 若 $A\cap B\neq\varnothing$,求证:

1) $(A\cup B)\times(A\cap B)((A\times A)\cup(B\times B)$;

2) $(A\cap B)\times(A\cup B)\subseteqq((A\times A)\cup(B\times B)$。

证明

1) $\langle x,y\rangle\in(A\cup B)\times(A\cap B)$

$\Rightarrow (x\in A\cup B)\wedge(y\in A\cap B)$

$\Rightarrow (x\in A\vee x\in B)\wedge(y\in A\wedge y\in B)$

$\Rightarrow (x\in A\wedge y\in A\wedge y\in B)\vee(x\in B\wedge y\in A\wedge y\in B)$

$\Rightarrow (x\in A\wedge y\in A)\vee(x\in B\wedge y\in B)$

$\Rightarrow (\langle x,y\rangle\in A\times A)\vee(\langle x,y\rangle\in B\times B)$

$\Rightarrow \langle x,y\rangle\in(A\times A)\cup(B\times B)$

所以

$$(A\cup B)\times(A\cap B)\subseteq(A\times A)\cup(B\times B)$$

2) $\langle x,y\rangle\in(A\cap B)\times(A\cup B)$

$$\Rightarrow(x\in A\cap B)\wedge(y\in A\cup B)$$
$$\Rightarrow(x\in A\cap B)\wedge(y\in A\vee y\in B)$$
$$\Rightarrow((x\in A\cap B)\wedge y\in A)\vee((x\in A\cap B)\wedge y\in B)$$
$$\Rightarrow(x\in A\wedge y\in A)\vee(x\in B\wedge y\in B)$$
$$\Rightarrow(\langle x,y\rangle\in A\times A)\wedge(\langle x,y\rangle\in B\times B)$$
$$\Rightarrow\langle x,y\rangle\in(A\times A)\cup(B\times B)$$

所以

$$(A\cap B)\times(A\cup B)\subseteq(A\times A)\cup(B\times B)$$

3-65 列出所有从 $X=\{a,b,c\}$ 到 $Y=\{s\}$ 的关系。【3-5.(1)】

解 $Z_1=\{\langle a,s\rangle\}$，　$Z_2=\{\langle b,s\rangle\}$

$Z_3=\{\langle c,s\rangle\}$，　$Z_4=\{\langle a,s\rangle,\langle b,s\rangle\}$

$Z_5=\{\langle a,s\rangle,\langle c,s\rangle\}$，　$Z_6=\{\langle b,s\rangle,\langle c,s\rangle\}$

$Z_7=\{\langle a,s\rangle,\langle b,s\rangle,\langle c,s\rangle\}$

3-66 在一个有 n 个元素的集合上，可以有多少种不同的关系。【3-5.(2)】

解 因为在 X 中的任何二元关系都是 $X\times Y$ 的子集，而 $X\times X=X^2$ 中共有 n^2 个元素，取 0 个到 n^2 个元素，共可组成 2^{n^2} 个子集，即 $|\mathscr{P}(X\times X)|=2^{n^2}$。

故在 n 个元素集合上，共有 2^{n^2} 个不同的关系。

3-67 设 $A=\{6:00,6:30,7:00,\cdots,9:30,10:00\}$ 表示在晚上每隔半小时的九个时刻的集合，设 $B=\{3,12,15,17\}$ 表示本地四个电视频道的集合，设 R_1 和 R_2 是从 A 到 B 的两个二元关系，对于二元关系 $R_1,R_2,R_1\cup R_2,R_1\cap R_2,R_1\oplus R_2$ 和 R_1-R_2 可分别得出怎样的解释。【3-5.(3)】

解 $A\times B$ 表示在晚上九个时刻和四个电视频道所组成的电视节目表。

R_1 和 R_2 分别是 $A\times B$ 的两个子集，例如 R_1 表示音乐节目播出的时间表，R_2 是戏曲节目的播出时间表，则 $R_1\cup R_2$ 表示音乐或戏曲节目的播出时间表，$R_1 \cap R_2$ 表示音乐和戏曲一起播出的时间表，$R_1 \oplus R_2$ 表示音乐节目表以及戏曲节目表，但不是音乐和戏曲一起的节目表，$R_1 - R_2$ 表示不是戏曲时间的音乐节目时间表。

3-68 设 L 表示关系“小于或等于”，D 表示“整除”关系，L 和 D 均定义于$\{1,2,3,6\}$，分别写出 L 和 D 的所有元素并求出 $L \cap D$。【3-5.(4)】

解 $L=\{\langle 1,2\rangle,\langle 1,3\rangle,\langle 1,6\rangle,\langle 2,3\rangle,\langle 2,6\rangle,\langle 3,6\rangle,\langle 1,1\rangle,\langle 2,2\rangle,\langle 3,3\rangle,\langle 6,6\rangle\}$

$D=\{\langle 1,2\rangle,\langle 1,3\rangle,\langle 1,6\rangle,\langle 2,6\rangle,\langle 3,6\rangle,\langle 1,1\rangle,\langle 2,2\rangle,\langle 3,3\rangle,\langle 6,6\rangle\}$

$L \cap D=\{\langle 1,1\rangle,\langle 2,2\rangle,\langle 3,3\rangle,\langle 6,6\rangle,\langle 1,2\rangle,\langle 1,3\rangle,\langle 1,6\rangle,\langle 2,6\rangle,\langle 3,6\rangle\}$

3-69 对下列每一式，给出 A 上的二元关系，试给出关系图：

a) $\{\langle x,y\rangle \mid 0 \leqslant x \wedge y \leqslant 3\}$，这里 $A=\{0,1,2,3,4\}$；

b) $\{\langle x,y\rangle \mid 2 \leqslant x, y \leqslant 7$ 且 x 除尽 $y\}$，这里 $A=\{n \mid n \in N \wedge n \leqslant 10\}$；

c) $\{\langle x,y\rangle \mid 0 \leqslant x-y<3\}$，这里 $A=\{0,1,2,3,4\}$；

d) $\{\langle x,y\rangle \mid x$ 和 y 是互质的$\}$，这里 $A=\{2,3,4,5,6\}$。

【3-5.(5)】

解 a) $R=\{\langle 0,0\rangle,\langle 0,1\rangle,\langle 0,2\rangle,\langle 0,3\rangle,\langle 1,0\rangle,\langle 1,1\rangle,\langle 1,2\rangle,\langle 1,3\rangle,\langle 2,0\rangle,\langle 2,1\rangle,\langle 2,2\rangle,\langle 2,3\rangle,\langle 3,0\rangle,\langle 3,1\rangle,\langle 3,2\rangle,\langle 3,3\rangle,\langle 4,0\rangle,\langle 4,1\rangle,\langle 4,2\rangle,\langle 4,3\rangle\}$

b) $R=\{\langle 2,0\rangle,\langle 2,2\rangle,\langle 2,4\rangle,\langle 2,6\rangle,\langle 3,0\rangle,\langle 3,3\rangle,\langle 3,6\rangle,\langle 4,0\rangle,\langle 4,4\rangle,\langle 5,0\rangle,\langle 5,5\rangle,\langle 6,0\rangle,\langle 6,6\rangle,\langle 7,0\rangle,\langle 7,7\rangle\}$

c) $R=\{\langle 0,0\rangle,\langle 1,0\rangle,\langle 2,0\rangle,\langle 1,1\rangle,\langle 2,1\rangle,\langle 2,2\rangle,\langle 3,1\rangle,\langle 3,2\rangle,\langle 4,2\rangle,\langle 3,3\rangle,\langle 4,3\rangle,\langle 4,4\rangle\}$

d) $R=\{\langle 2,3\rangle,\langle 3,2\rangle,\langle 2,5\rangle,\langle 5,2\rangle,\langle 3,5\rangle,\langle 3,4\rangle,\langle 4,3\rangle$

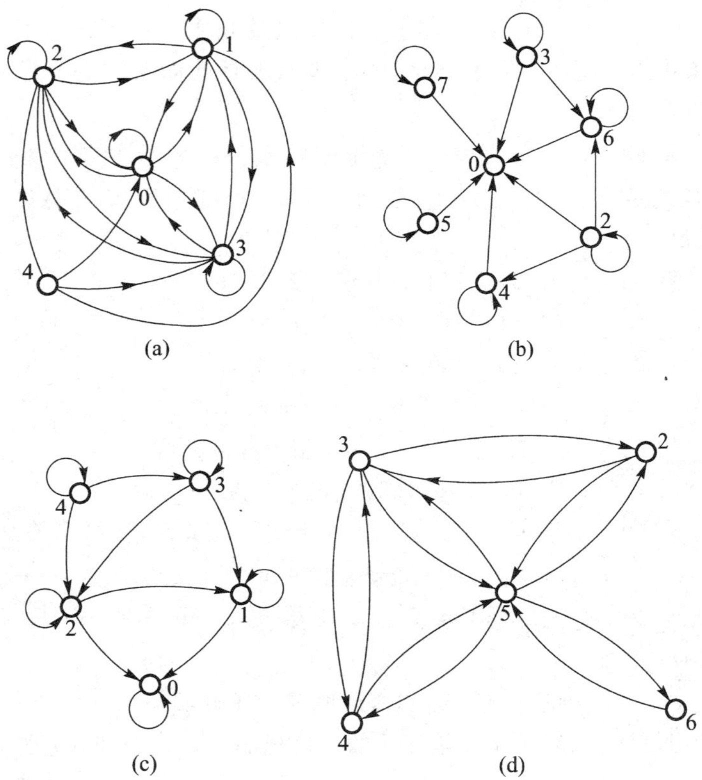

图　3-6

$\langle 4,5\rangle,\langle 5,4\rangle,\langle 5,3\rangle,\langle 5,6\rangle,\langle 6,5\rangle\}$

其图如图 3-6 所示。

3-70　对 $P=\{0,1,2,3,4,5,6\}$上的二元关系，$R=\{\langle x,y\rangle \mid x<y \vee x$ 是质数$\}$写出关系矩阵。　【3-5.(6)】

解　$R=\{\langle 0,1\rangle,\langle 0,2\rangle,\langle 0,3\rangle,\langle 0,4\rangle,\langle 0,5\rangle,$

$\langle 0,6\rangle,\langle 1,2\rangle,\langle 1,3\rangle,\langle 1,4\rangle,\langle 1,5\rangle,$

$\langle 1,6\rangle,\langle 2,3\rangle,\langle 2,4\rangle,\langle 2,5\rangle,\langle 2,6\rangle,$

$\langle 3,4\rangle,\langle 3,5\rangle,\langle 3,6\rangle,\langle 4,5\rangle,\langle 4,6\rangle,$

$\langle 5,6\rangle,\langle 2,0\rangle,\langle 2,1\rangle,\langle 2,2\rangle,\langle 3,0\rangle,$

$\langle 3,1\rangle,\langle 3,2\rangle,\langle 3,3\rangle,\langle 5,0\rangle,\langle 5,1\rangle,$

$\langle 5,2\rangle,\langle 5,3\rangle,\langle 5,4\rangle,\langle 5,5\rangle\}$

其关系矩阵为：

$$M_P=\begin{vmatrix}0&1&1&1&1&1&1\\0&0&1&1&1&1&1\\1&1&1&1&1&1&1\\1&1&1&1&1&1&1\\0&0&0&0&0&1&1\\1&1&1&1&1&1&1\\0&0&0&0&0&0&0\end{vmatrix}$$

3-71 设 $P=\{\langle 1,2\rangle,\langle 2,4\rangle,\langle 3,3\rangle\}$ 和 $Q=\{\langle 1,3\rangle,\langle 2,4\rangle,\langle 4,2\rangle\}$，找出 $P\cup Q, P\cap Q$, $\mathrm{dom}P$, $\mathrm{dom}Q$, $\mathrm{ran}P$, $\mathrm{ran}Q$, $\mathrm{dom}(P\cap Q)$, $\mathrm{ran}(P\cap Q)$。 【3-5.(7)】

解 $P\cup Q=\{\langle 1,2\rangle,\langle 1,3\rangle,\langle 2,4\rangle,\langle 3,3\rangle,\langle 4,2\rangle\}$

$P\cap Q=\{\langle 2,4\rangle\}$

$\mathrm{dom}P=\{1,2,3\}$， $\mathrm{dom}Q=\{1,2,4\}$

$\mathrm{ran}P=\{2,3,4\}$， $\mathrm{ran}Q=\{2,3,4\}$

$\mathrm{dom}(P\cap Q)=\{2\}$， $\mathrm{ran}(P\cap Q)=\{4\}$

3-72 证明 集合 A 是一个关系，当且仅当：

$$A\subseteq \mathrm{dom}A\times \mathrm{ran}A$$ 【3-5.(8)】

证明 设 $\langle x,y\rangle\in A$，则 $x\in \mathrm{dom}A$，$y\in \mathrm{ran}A$，所以

$$\langle x,y\rangle\in \mathrm{dom}A\times \mathrm{ran}A$$

即
$$A\subseteq \mathrm{dom}A\times \mathrm{ran}A$$

反之，设 $A\subseteq \mathrm{dom}A\times \mathrm{ran}A$，因为 $\mathrm{dom}A\times \mathrm{ran}A$ 为序偶的集合，故 A 也必是序偶的集合，即 A 是一个关系。

3-73 分析集合 $A=\{1,2,3\}$上的下述五个关系：

(1) $R=\{\langle 1,1\rangle,\langle 1,2\rangle,\langle 1,3\rangle,\langle 3,3\rangle\}$；

(2) $S=\{\langle 1,1\rangle,\langle 1,2\rangle,\langle 2,1\rangle,\langle 2,2\rangle,\langle 3,3\rangle\}$；

(3) $T=\{\langle 1,1\rangle,\langle 1,2\rangle,\langle 2,2\rangle,\langle 2,3\rangle\}$；

(4) $\varnothing=$空关系；

(5) $A\times A$=全域关系。

判断 A 中的上述关系是否为 a) 自反的，b) 对称的，c) 可传递的，d) 反对称的。【3-6.(1)】

解 (1) R 是可传递的。

(2) S 是自反、对称和可传递的。

(3) T 关于 a),b),c),d)都不成立。

(4) 空关系可定义为自反、对称和可传递的。

(5) 全域关系是自反、对称和可传递的。

3-74 给定 $A=\{1, 2, 3, 4\}$，考虑 A 上的关系 R,若 $R=\{\langle 1,3\rangle,\langle 1,4\rangle,\langle 2,3\rangle,\langle 2,4\rangle,\langle 3,4\rangle\}$。

a) 在 $A\times A$ 的坐标图上标出 R,并绘出它的关系图；

b) R 是 (i) 自反的，(ii) 对称的，(iii) 可传递的，(iv) 反对称的吗？【3-6.(2)】

解 a) 见图 3-7。

b) R 是可传递和反对称的,但不是自反和对称的。

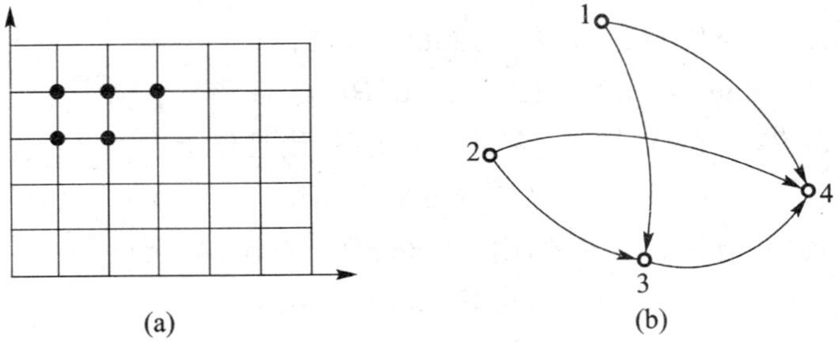

图 3-7

3-75 举出 $A=\{1,2,3\}$上关系 R 的例子,使其具有下述性质：

a) 既是对称的,又是反对称的；

b) R 既不是对称的,又不是反对称的；

c) R 是可传递的。【3-6.(3)】

解 a) $R=\{\langle 1,1\rangle,\langle 2,2\rangle,\langle 3,3\rangle\}$

b) $R=\{\langle 1,2\rangle,\langle 2,1\rangle,\langle 2,3\rangle\}$

c) $R=\{\langle 1,2\rangle,\langle 2,1\rangle,\langle 1,1\rangle,\langle 2,2\rangle,\langle 3,3\rangle\}$

3-76 举出一个集合，在上面定义出一个关系，分别适合于自反性、对称性和传递性中的两个且仅适合两个。

解 设 $A=\{a,b,c\}$，定义：

1) $R_1=\{\langle a,a\rangle\}$，则 R_1 为对称和传递的，但 R_1 不是自反的，因为 $\langle b,b\rangle\notin R_1$，$\langle c,c\rangle\notin R_1$。

2) $R_2=\{\langle a,a\rangle,\langle b,b\rangle,\langle c,c\rangle,\langle a,b\rangle\}$，则 R_2 为自反和传递的，但无对称性，因为 $\langle a,b\rangle\in R$ 但 $\langle b,a\rangle\notin R$。

3) $R_3=\{\langle a,a\rangle,\langle b,b\rangle,\langle c,c\rangle,\langle a,b\rangle,\langle b,a\rangle,\langle a,c\rangle,\langle c,a\rangle\}$，则 R_3 具有自反性和对称性，但无传递性。例如 $\langle b,a\rangle\in R\wedge\langle a,c\rangle\in R$，但 $\langle b,c\rangle\notin R$。

3-77 如果关系 R 和 S 是自反的、对称的和可传递的，证明 $R\cap S$ 也是自反、对称和可传递的。 【3-6.(4)】

证明 设 R 和 S 是 X 上的自反关系。

1) 对任意 $x\in X$，有 $\langle x,x\rangle\in R$ 和 $\langle x,x\rangle\in S$，所以 $\langle x,x\rangle\in R\cap S$，即 $R\cap S$ 在 X 上是自反的。

2) 对任意 $\langle x,y\rangle\in R\cap S$，有 $\langle x,y\rangle\in R\wedge\langle x,y\rangle\in S$。因为 R 和 S 是对称的，故必有 $\langle y,x\rangle\in R\wedge\langle y,x\rangle\in S$，即 $\langle y,x\rangle\in R\cap S$，所以 $R\cap S$ 在 X 上是对称的。

3) 对任意 $\langle x,y\rangle\in R\cap S\wedge\langle y,z\rangle\in R\cap S$，则有

$$\langle x,y\rangle\in R\wedge\langle x,y\rangle\in S\wedge\langle y,z\rangle\in R\wedge\langle y,z\rangle\in S$$

因为 R 和 S 是传递的，故得 $\langle x,z\rangle\in R$，$\langle x,z\rangle\in S$，即 $\langle x,z\rangle\in R\cap S$，所以 $R\cap S$ 在 X 上是传递的。

3-78 给定 $S=\{1,2,3,4\}$ 和 S 上关系：

$$R=\{\langle 1,2\rangle,\langle 4,3\rangle,\langle 2,2\rangle,\langle 2,1\rangle,\langle 3,1\rangle\}$$

说明 R 是不可传递的，找出关系 $R_1\supseteq R$，使得 R_1 是可传递的，还能找出另一个 $R_2\supseteq R$，也是可传递的吗？ 【3-6.(5)】

解 1) 因为 $\langle 4,3\rangle\in R$，$\langle 3,1\rangle\in R$，但 $\langle 4,1\rangle\notin R$，故 R 不是可传递的。

2) 作 $R_1=\{\langle 1,2\rangle,\langle 4,3\rangle,\langle 2,2\rangle,\langle 2,1\rangle,\langle 3,1\rangle,$

$$\langle 4,1\rangle,\langle 1,1\rangle,\langle 3,2\rangle,\langle 4,2\rangle\}$$

则 R_1 是可传递的，且 $R_1 \supseteq R$。

3）作 $R_2 = R_1 \cup \{\langle 3,3\rangle\} = \{\langle 1,2\rangle,\langle 4,3\rangle,\langle 2,2\rangle,\langle 2,1\rangle,$

$$\langle 3,1\rangle,\langle 4,1\rangle,\langle 1,1\rangle,\langle 3,2\rangle,\langle 4,2\rangle,\langle 3,3\rangle\}$$

故 $R_2 \supseteq R$，且 R_2 是可传递的。

3-79 设 R 是集合 X 上的一个自反关系，求证：R 是对称和传递的，当且仅当 $\langle a,b\rangle$ 和 $\langle a,c\rangle$ 在 R 之中，并有：$\langle b,c\rangle \in R$。

【3-6.(6)】

证明 设 R 是集合 X 上的一个自反关系，如果 R 是 X 上对称和传递的，则当任意 $a,b,c \in X$，若有

$$\langle a,b\rangle \in R \wedge \langle a,c\rangle \in R$$

则 $$\langle b,a\rangle \in R \wedge \langle a,c\rangle \in R$$

故得 $$\langle b,c\rangle \in R$$

反之，若 $\langle a,b\rangle \in R$，$\langle a,c\rangle \in R$，必有 $\langle b,c\rangle \in R$，则对任意 $a,b \in X$，若 $\langle a,b\rangle \in R$（因 $\langle a,a\rangle \in R$），得到 $\langle b,a\rangle \in R$，故 R 是对称的。

若 $$\langle a,b\rangle \in R \wedge \langle b,c\rangle \in R$$

则 $$\langle b,a\rangle \in R \wedge \langle b,c\rangle \in R$$

所以 $\langle a,c\rangle \in R$，即 R 是可传递的。

3-80 设 R_1 和 R_2 为 A 到 B 上的二元关系，则

a） $\varnothing^c = \varnothing$；　　b） $R_1 \subseteq R_2 \Rightarrow R_1^c \subseteq R_2^c$。

证明 a） $\varnothing^c = \{\langle x,y\rangle \mid \langle y,x\rangle \in \varnothing\}$，因 $\langle y,x\rangle \in \varnothing$ 为假，所以

$$\varnothing^c = \varnothing$$

b）设 $R_1 \subseteq R_2$，则

$$\langle y,x\rangle \in R_1^c \Leftrightarrow \langle x,y\rangle \in R_1 \Rightarrow \langle x,y\rangle \in R_2 \Rightarrow \langle y,x\rangle \in R_2^c$$

所以 $$R_1^c \subseteq R_2^c$$

3-81 设 R_1 和 R_2 是 A 上任意关系，说明以下命题的真假并予以证明：

a）若 R_1 和 R_2 是自反的，则 $R_1 \circ R_2$ 也是自反的；

b）若 R_1 和 R_2 是反自反的，则 $R_1 \circ R_2$ 也是反自反的；

c）若 R_1 和 R_2 是对称的，则 $R_1 \circ R_2$ 也是对称的；

d）若 R_1 和 R_2 是传递的，则 $R_1 \circ R_2$ 也是传递的。【3-7.(1)】

证明　a）真。对任意 $a \in A$，设 R_1 和 R_2 是自反的，则

$$\langle a,a\rangle \in R_1,\quad \langle a,a\rangle \in R_2$$

所以，$\langle a,a\rangle \in R_1 \circ R_2$，即 $R_1 \circ R_2$ 也是自反的。

b）假。例如：设 $A=\{a,b\}$，有

$$R_1=\{\langle a,b\rangle\}\quad 与\quad R_2=\{\langle b,a\rangle\}$$

R_1 和 R_2 都是反自反。但 $R_1 \circ R_2=\{\langle a,a\rangle\}$，所以 $R_1 \circ R_2$ 在 A 上不是反自反的。

c）假。例如：设 $A=\{a,b,c\}$，有

$$R_1=\{\langle a,b\rangle,\langle b,a\rangle,\langle c,c\rangle\},\quad R_2=\{\langle b,c\rangle,\langle c,b\rangle\}$$

R_1 与 R_2 是对称的，但

$$R_1 \circ R_2=\{\langle a,c\rangle,\langle c,b\rangle\}$$

所以，$R_1 \circ R_2$ 不是对称的。

d）假。例如：设 $A=\{a,b,c\}$，有

$$R_1=\{\langle a,b\rangle,\langle b,c\rangle,\langle a,c\rangle\}, R_2=\{\langle b,c\rangle,\langle c,a\rangle,\langle b,a\rangle\}$$

则 R_1,R_2 都是传递的。但

$$R_1 \circ R_2=\{\langle a,c\rangle,\langle a,a\rangle,\langle b,a\rangle\}$$

所以，$R_1 \circ R_2$ 不是传递的。

3-82　证明　若 S 为集合 X 上的二元关系：

a）S 是传递的，当且仅当 $(S \circ S) \subseteq S$；

b）S 是自反的，当且仅当 $I_X \subseteq S$；

c）证明定理 3-7.3(b)（即 S 是反对称的，当且仅当 $S \cap S^c \subseteq I_X$）。【3-7.(2)】

证明　a）设 S 为传递的，若 $\langle x,z\rangle \in S \circ S$，则存在某个 $y \in X$，使得 $\langle x,y\rangle \in S$，且 $\langle y,z\rangle \in S$。

若 S 是传递的，$\langle x,z\rangle \in S$，所以 $S \circ S \subseteq S$。

反之，设 $S \circ S \subseteq S$，假定 $\langle x,y\rangle \in S$ 且 $\langle y,z\rangle \in S$，则 $\langle x,z\rangle \in S \circ S$。因为 $S \circ S \subseteq S$，故 $\langle x,z\rangle \in S$，得到 S 是传递的。

b）设 S 是自反的，令 $\langle x,y\rangle \in I_X$，则 $x=y$。但 $\langle x,x\rangle \in S$，因

此$\langle x,y\rangle=\langle x,x\rangle\in S$,得 $I_X\subseteq S$。

反之,令 $I_X\subseteq S$,设任意 $x\in X$,$\langle x,x\rangle\in I_X$,故$\langle x,x\rangle\in S$,因此 S 是自反的。

c) 设 S 是反对称的。假定$\langle x,y\rangle\in S\cap S^c$,则

$$\langle x,y\rangle\in S\wedge\langle x,y\rangle\in S^c\Rightarrow\langle x,y\rangle\in S\wedge\langle y,x\rangle\in S$$

因为 R 是反对称的,故 $x=y$,所以$\langle x,y\rangle=\langle x,x\rangle\in I_X$,即 $S\cap S^c\subseteq I_X$。

反之,若 $S\cap S^c\subseteq I_X$,设$\langle x,y\rangle\in S$ 且$\langle y,x\rangle\in S$,则

$$\langle x,y\rangle\in S\wedge\langle x,y\rangle\in S^c\Leftrightarrow\langle x,y\rangle\in S\cap S^c\Rightarrow\langle x,y\rangle\in I_X$$

故 $x=y$,即 S 是反对称的。

3-83 设 S 是 X 上的二元关系,证明:

a) S 是反自反的,当且仅当 $I_X\cap S=\varnothing$;

b) S 是对称的,当且仅当 $S=S^c$。

证明 a) 设 S 是反自反的$\Leftrightarrow(\forall x)(x\in X\rightarrow\langle x,x\rangle\notin S)$,但对所有 $x\in X$,$\langle x,x\rangle\in I_X$,故对所有 $x\in X$,$\langle x,x\rangle\notin S\wedge\langle x,x\rangle\in I_X$,即 $S\cap I_X=\varnothing$。

b) 设 S 是对称的,则有:

$$(\forall x)(\forall y)(x\in X\wedge y\in X\wedge\langle x,y\rangle\in S\rightarrow\langle y,x\rangle\in S)$$
$$\Leftrightarrow(\forall x)(\forall y)(x\in X\wedge y\in X\wedge\langle x,y\rangle\in S\rightarrow\langle x,y\rangle\in S^c)$$
$$\Leftrightarrow S\subseteq S^c$$

同理可证,S 是对称的$\Leftrightarrow S^c\subseteq S$。

综上所述,S 是对称的,当且仅当 $S=S^c$。

3-84 设 S 为 X 上的关系,证明:若 S 是自反的和传递的,则 $S\circ S=S$,其逆为真吗? 【3-7.(3)】

证明 若 S 是 X 上传递关系,由习题 3-82(a)可知 $S\circ S\subseteq S$,令$\langle x,y\rangle\in S$,根据自反性,必有$\langle x,x\rangle\in S$,因此有$\langle x,y\rangle\in S\circ S$,即 $S\subseteq S\circ S$。得到

$$S=S\circ S$$

这个定理的逆不真。例如 $X=\{1,2,3\}$,$S=\{\langle 1,2\rangle,\langle 2,2\rangle,\langle 1,1\rangle\}$,$S\circ S=S$,但 S 不是自反的。

3-85 设 S 为 X 到 Y 的关系，T 为 Y 到 Z 的关系，对于 $A\subseteq X$，定义 $S(A)=\langle y\mid\langle x,y\rangle\in S\wedge x\in A\rangle$。证明：

a) $S(A)\subseteq Y$；

b) $(S\circ T)(A)=T(S(A))$；

c) $S(A\cup B)=S(A)\cup S(B)$；

d) $S(A\cap B)\subseteq S(A)\cap S(B)$。 【3-7.(4)】

证明 a) 设

$$y\in S(A)\Rightarrow(\exists x)(x\in A\wedge\langle x,y\rangle\in S)$$
$$\Rightarrow(\exists x)(x\in X\wedge\langle x,y\rangle\in S)\Rightarrow y\in Y$$

所以 $$S(A)\subseteq Y$$

b) 设

$$z\in(S\circ T)(A)\Leftrightarrow x\in A\wedge y\in Y\wedge z\in Z\wedge\langle x,y\rangle\in S\wedge\langle y,z\rangle\in T$$
$$\Leftrightarrow z\in T(S(A))$$

所以 $$(S\circ T)(A)=T(S(A))$$

c) 设

$$y\in S(A\cup B)\Leftrightarrow(\langle x,y\rangle\in S)\wedge(x\in A\cup B)$$
$$\Leftrightarrow(\langle x,y\rangle\in S\wedge x\in A)\vee(\langle x,y\rangle\in S\wedge x\in B)$$
$$\Leftrightarrow y\in S(A)\vee y\in S(B)\Leftrightarrow y\in S(A)\cup S(B)$$

所以 $$S(A\cup B)=S(A)\cup S(B)$$

d) 设

$$y\in S(A\cap B)\Leftrightarrow(\langle x,y\rangle\in S)\wedge(x\in A\cap B)$$
$$\Leftrightarrow(\langle x,y\rangle\in S)\wedge(x\in A)\wedge(x\in B)$$
$$\Leftrightarrow(\langle x,y\rangle\in S\wedge x\in A)\wedge(\langle x,y\rangle\in S\wedge x\in B)$$
$$\Leftrightarrow y\in S(A)\wedge y\in S(B)$$
$$\Leftrightarrow y\in(S(A)\cap S(B))$$

所以 $$S(A\cap B)\subseteq S(A)\cap S(B)$$

3-86 R 是 A 上的一个二元关系，如果 R 是自反的，则 R^c 一定是自反的吗？如果 R 是对称的，则 R^c 一定是对称吗？如果 R 是传递的，R^c 一定是传递吗？ 【3-7.(5)】

证明 a) 若 R 是自反的，则对所有 $x\in A$，有 $\langle x,x\rangle\in R$，故

$\langle x,x\rangle\in R^c$，即 R^c 是自反的。

b）若 R 是对称的，则 $R=R^c$，所以 R^c 也是对称的。

c）若 R 是传递的，则对所有 $x, y, z\in A$，若 $\langle x,y\rangle\in R^c\wedge\langle y,z\rangle\in R^c$，必有

$$\langle y,x\rangle\in R\wedge\langle z,y\rangle\in R\Rightarrow\langle z,y\rangle\in R\Rightarrow\langle x,z\rangle\in R^c$$

故 R^c 是传递的。

3-87 设 R 为集合 X 上的二元关系，R 在 X 上是反传递$\Leftrightarrow(\forall x)(\forall y)(\forall z)(x\in X\wedge y\in X\wedge z\in X\wedge xRy\wedge yRz\rightarrow\neg(xRz))$，试证 R 是反传递的，当且仅当$(R\circ R)\cap R=\varnothing$。

【3-7.(6)】

证明 设 R 是反传递的，设有$\langle x,z\rangle\in R\circ R$，则必有某个 $y\in X$，使得$\langle x,y\rangle\in R\wedge\langle y,z\rangle\in R$。因为 R 是反传递的，故必有$\langle x,z\rangle\notin R$，所以

$$(R\circ R)\cap R=\varnothing$$

反之，设$(R\circ R)\cap R=\varnothing$，令$\langle x,y\rangle\in R\wedge\langle y,z\rangle\in R$，则$\langle x,z\rangle\in R\circ R$。由$(R\circ R)\cap R=\varnothing$，所以$\langle x,z\rangle\notin S$，即 R 为反传递的。

3-88 如果 R 是反对称关系，则在 $R\cap R^c$ 的关系矩阵中有多少非零值。 【3-7.(7)】

解 如果 R 是反对称关系，则在 $R\cap R^c$ 的关系矩阵中只有对角线上有非零值。如果 R 又是反自反的，则对角线上也无非零值。

3-89 设 R,S,T 为集合 X 上的关系，试证：

$$R\circ(S\cup T)=R\circ S\cup R\circ T$$ 【3-7.(8)】

证明 设 $a,c\in X$，$\langle a,c\rangle\in R\circ(S\cup T)$，当且仅当存在某个$b\in X$，使得$\langle a,b\rangle\in R\wedge\langle b,c\rangle\in S\cup T$，即是

$(\exists b)(\langle a,b\rangle\in R\wedge\langle b,c\rangle\in S\cup T)$

$\Leftrightarrow(\exists b)(\langle a,b\rangle\in R\wedge(\langle b,c\rangle\in S\vee\langle b,c\rangle\in T))$

$\Leftrightarrow(\exists b)((\langle a,b\rangle\in R\wedge\langle b,c\rangle\in S)$

$\vee(\langle a,b\rangle\in R\wedge\langle b,c\rangle\in T))$

$\Leftrightarrow\langle a,c\rangle\in R\circ S\vee\langle a,c\rangle\in S\circ T\Leftrightarrow\langle a,c\rangle\in(R\circ S\cup S\circ T)$

所以 $$R\circ(S\cup T)=R\circ S\cup R\circ T$$

3-90 设R_1为A到B的关系,R_2和R_3是B到C的关系,则有:

a) $R_1\circ(R_2\cup R_3)=R_1\circ R_2\cup R_1\circ R_3$;

b) $R_1\circ(R_2\cap R_3)\subseteq R_1\circ R_2\cap R_1\circ R_3$;

c) 在式 b)中,能用"="代表"$\subseteq$"吗?

证明 a) 设$\langle a,c\rangle\in R_1\circ(R_2\cup R_3)$,则必存在某个$b\in B$,使得

$$\langle a,b\rangle\in R_1\wedge\langle b,c\rangle\in R_2\cup R_3$$

但是

$$\begin{aligned}
&(\exists b)[\langle a,b\rangle\in R_1\wedge\langle b,c\rangle\in R_2\cup R_3]\\
&\Leftrightarrow(\exists b)(\langle a,b\rangle\in R_1\wedge(\langle b,c\rangle\in R_2\vee\langle b,c\rangle\in R_3))\\
&\Leftrightarrow(\exists b)(\langle a,b\rangle\in R_1\wedge\langle b,c\rangle\in R_2)\\
&\quad\vee(\langle a,b\rangle\in R_1\wedge\langle b,c\rangle\in R_3))\\
&\Leftrightarrow(\langle a,c\rangle\in R_1\circ R_2)\vee(\langle a,c\rangle\in R_1\circ R_3)\\
&\Leftrightarrow\langle a,c\rangle\in R_1\circ R_2\cup R_1\circ R_3
\end{aligned}$$

所以 $$R_1\circ(R_2\cup R_3)=R_1\circ R_2\cup R_1\circ R_3$$

b) 设$\langle a,c\rangle\in R_1\circ(R_2\cap R_3)$,则必存在$b\in B$,使得

$$\langle a,b\rangle\in R_1,\langle b,c\rangle\in R_2\cap R_3$$

因为

$$\begin{aligned}
&(\exists b)(\langle a,b\rangle\in R_1\wedge\langle b,c\rangle\in R_2\cap R_3)\\
&\Leftrightarrow(\exists b)(\langle a,b\rangle\in R_1\wedge(\langle b,c\rangle\in R_2\wedge\langle b,c\rangle\in R_3))\\
&\Leftrightarrow(\exists b)((\langle a,b\rangle\in R_1\wedge\langle b,c\rangle\in R_2)\\
&\quad\wedge(\langle a,b\rangle\in R_1\wedge\langle b,c\rangle\in R_3))\\
&\Rightarrow(\exists b)(\langle a,b\rangle\in R_1\wedge\langle b,c\rangle\in R_2)\\
&\quad\wedge(\exists b)(\langle a,b\rangle\in R_1\wedge\langle b,c\rangle\in R_3))\\
&\Leftrightarrow\langle a,c\rangle\in R_1\circ R_2\wedge\langle a,c\rangle\in R_1\circ R_3\\
&\Leftrightarrow\langle a,c\rangle\in R_1\circ R_2\cap R_1\circ R_3
\end{aligned}$$

即 $$\langle a,c\rangle\in R_1\circ(R_2\cap R_3)\Rightarrow\langle a,c\rangle\in R_1\circ R_2\cap R_1\circ R_3$$

所以 $$R_1\circ(R_2\cap R_3)\subseteq R_1\circ R_2\cap R_1\circ R_3$$

c) 在式 b)中,不能用"="代表"$\subseteq$"。

例如:设 $A=\{a\},B=\{1,2,3\},C=\{c\}$

$$R_1=\{\langle a,1\rangle,\langle a,3\rangle\},R_2=\{\langle 2,c\rangle,\langle 3,c\rangle\},R_3=\{\langle 1,c\rangle\}$$

$$R_1\circ(R_2\cap R_3)=\varnothing,R_1\circ R_2\cap R_1\circ R_3=\{\langle a,c\rangle\}$$

所以 $$R_1\circ(R_2\cap R_3)\neq R_1\circ R_2\cap R_1\circ R_3$$

3-91 设 A 为具有 n 个元素的有限集，R 是 A 上的关系，则必存在 s 和 t，使得 $R^s=R^t$，且 $0\leqslant s<t\leqslant 2^{n^2}$。

证明 因为 A 上的每个关系 R 都是 $A\times A$ 的子集，而 $A\times A$ 共有 n^2 个元素，故有 2^{n^2} 个子集，即在 A 上有 2^{n^2} 个不同的关系。但是 $R^0,R^1,R^2,\cdots,R^{2n^2}$，有 $2^{n^2}+1$ 项，故在 A 上必有两项 $R^s=R^t$，且 $0\leqslant s<t\leqslant 2^{n^2}$ 成立。

3-92 根据图 3-8 中的有向图，写出邻接矩阵和关系 R，并求出 R 的自反闭包和对称闭包。 【3-8.(1)】

解 邻接矩阵为：

$$M_R=\begin{vmatrix}1 & 1 & 0\\ 0 & 0 & 1\\ 0 & 1 & 0\end{vmatrix}$$

$$R=\{\langle a,a\rangle,\langle a,b\rangle,\langle b,c\rangle,\langle c,b\rangle\}$$

$$r(R)=R\cup I_X$$

$$=\{\langle a,a\rangle,\langle b,b\rangle,\langle c,c\rangle,\langle a,b\rangle,\langle b,c\rangle,\langle c,b\rangle\}$$

$$s(R)=R\cup R^c=\{\langle a,a\rangle,\langle a,b\rangle,\langle b,a\rangle,\langle b,c\rangle,\langle c,b\rangle\}$$

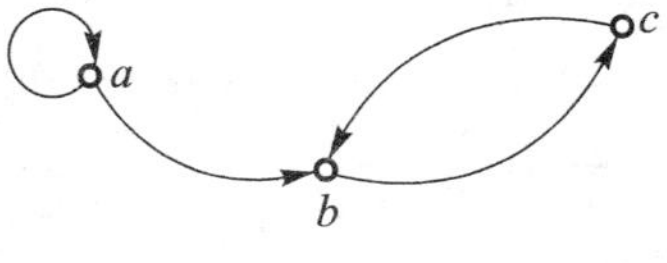

图 3-8

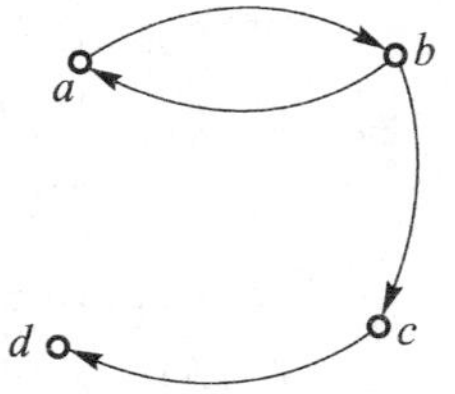

图 3-9

3-93 设集合 $A=\{a,b,c,d\}$ 上关系

$$R=\{\langle a,b\rangle,\langle b,a\rangle,\langle b,c\rangle,\langle c,d\rangle\}$$

a) 用矩阵运算和作图方法求出 R 的自反、对称、传递闭合；

b) 用 Warshall 算法，求出 R 的传递闭包。 【3-8.(2)】

解 a) 矩阵为：

$$M_R=\begin{vmatrix}0&1&0&0\\1&0&1&0\\0&0&0&1\\0&0&0&0\end{vmatrix}$$

R 的关系图如图 3-9 所示。

$$M_R+M_{I_A}=\begin{vmatrix}0&1&0&0\\1&0&1&0\\0&0&0&1\\0&0&0&0\end{vmatrix}+\begin{vmatrix}1&0&0&0\\0&1&0&0\\0&0&1&0\\0&0&0&1\end{vmatrix}$$

$$=\begin{vmatrix}1&1&0&0\\1&1&1&0\\0&0&1&1\\0&0&0&1\end{vmatrix}$$

$r(R)=R\cup I_A=\{\langle a,a\rangle,\langle a,b\rangle,\langle b,a\rangle,\langle b,b\rangle,$
$\langle b,c\rangle,\langle c,c\rangle,\langle c,d\rangle,\langle d,d\rangle\}$ （图 3-10(a)）

$$M_R+M_{R^c}=\begin{vmatrix}0&1&0&0\\1&0&1&0\\0&0&0&1\\0&0&0&0\end{vmatrix}+\begin{vmatrix}0&1&0&0\\1&0&0&0\\0&1&0&0\\0&0&1&0\end{vmatrix}$$

$$=\begin{vmatrix}0&1&0&0\\1&0&1&0\\0&1&0&1\\0&0&1&0\end{vmatrix}$$

$s(R)=R\cup R^2=\{\langle a,b\rangle,\langle b,a\rangle,\langle b,c\rangle,\langle c,b\rangle,$

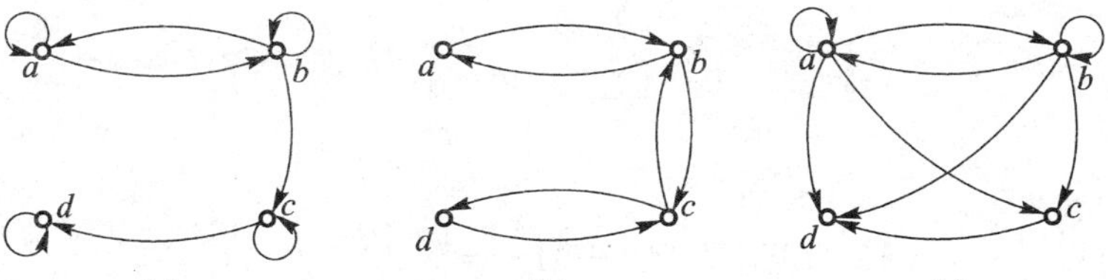

(a) (b) (c)

图 3-10

$\langle c,d\rangle,\langle d,c\rangle\}$ (见图 3-10(b))

$$M_{R^2}=M_R\circ M_R=\begin{vmatrix}0&1&0&0\\1&0&1&0\\0&0&0&1\\0&0&0&0\end{vmatrix}\circ\begin{vmatrix}0&1&0&0\\1&0&1&0\\0&0&0&1\\0&0&0&0\end{vmatrix}$$

$$=\begin{vmatrix}1&0&1&0\\0&1&0&1\\0&0&0&0\\0&0&0&0\end{vmatrix}$$

$$M_{R^3}=M_{R^2}\circ M_R=\begin{vmatrix}1&0&1&0\\0&1&0&1\\0&0&0&0\\0&0&0&0\end{vmatrix}\circ\begin{vmatrix}0&1&0&0\\1&0&1&0\\0&0&0&1\\0&0&0&0\end{vmatrix}$$

$$=\begin{vmatrix}0&1&0&1\\1&0&1&0\\0&0&0&0\\0&0&0&0\end{vmatrix}$$

$$M_{R^4}=M_{R^3}\circ M_R=\begin{vmatrix}0&1&0&1\\1&0&1&0\\0&0&0&0\\0&0&0&0\end{vmatrix}\circ\begin{vmatrix}0&1&0&0\\1&0&1&0\\0&0&0&1\\0&0&0&0\end{vmatrix}$$

$$=\begin{vmatrix}1&0&1&0\\0&1&0&1\\0&0&0&0\\0&0&0&0\end{vmatrix}$$

所以 $$M_R+M_{R^2}+M_{R^3}+M_{R^4}=\begin{vmatrix}1&1&1&1\\1&1&1&1\\0&0&0&1\\0&0&0&0\end{vmatrix}$$

b) $$A:=M_R=\begin{vmatrix}0&1&0&0\\1&0&1&0\\0&0&0&1\\0&0&0&0\end{vmatrix}$$

$i=1, A[2,1]=1$，将第一行加到第二行得

$$A:=\begin{vmatrix}0&1&0&0\\1&1&1&0\\0&0&0&1\\0&0&0&0\end{vmatrix}$$

$i=2, A[1,2]=A[2,2]=1$，将第二行加到第一行及第二行上得到

$$A:=\begin{vmatrix}1&1&1&0\\1&1&1&0\\0&0&0&1\\0&0&0&0\end{vmatrix}$$

$i=3, A[1,3]=A[2,3]=1$，将第三行加到第一行及第二行得到

$$A:=\begin{vmatrix}1&1&1&1\\1&1&1&1\\0&0&0&1\\0&0&0&0\end{vmatrix}$$

$i=4, A[1,4]=A[2,4]=A[3,4]=1$，将第四行加到第一、第二及第三行得到

$$A:=\begin{vmatrix}1&1&1&1\\1&1&1&1\\0&0&0&1\\0&0&0&0\end{vmatrix}$$

$t(R)=\{\langle a,a\rangle,\langle a,b\rangle,\langle a,c\rangle,\langle a,d\rangle,\langle b,a\rangle,$
$\langle b,b\rangle,\langle b,c\rangle,\langle b,d\rangle,\langle c,d\rangle\}$ （见图 3-10(c)）

3-94 归纳出用矩阵和作图方法求出自反(对称、传递)闭包

的一般方法。 【3-8.(3)】

解 设有 $X=\{x_1,x_2,\cdots,x_n\}$ 上关系 R，其关系矩阵为 M_R，关系图为 G_R。如果求 R 的自反闭包 $r(R)$，在 M_R 中，只需将其对角线上的元素都改为 1，即在 M_R 中使 $a_{ii}=1, 1\leqslant i\leqslant n$。在关系图 G_R 上只需对每个结点画上自回路。

对于求 R 的对称闭包 $s(R)$，在关系矩阵 M_R 中，若有 $a_{ij}=1$，则可添加 $a_{ji}=1$，在关系图 G_R 上，只要对任意两个结点间有连线，可使该两结点添加为双向线。

对于求 R 的传递闭包，矩阵 M_R 可利用 Warshall 算法，求得传递闭包的矩阵，其算法为：

(1) 置新矩阵 $A:=M$；

(2) 置 $i:=1$；

(3) 对所有 j，如果 $A[j,i]=1$，则对 $k=1,2,\cdots,n$，有

$$A[j,k]:=A[j,k]+A[i,k]$$

(4) i 加 1；

(5) 如果 $i\leqslant n$ 则转到步骤(3)，否则停止。

对于关系图 G_R，可自某一结点开始，逐点检查，若有三个结点 x_i,x_j,x_k 满足 $\langle x_i,x_j\rangle\in R$，$\langle x_j,x_k\rangle\in R$ 则可连结 x_i 与 x_j。这样对所有邻接边都逐对检查，直至结束。

3-95 设 R 是有限集 X 上的一个二元关系，定义：

$$R^+=R\cup R^2\cup\cdots\cup R^n\cup\cdots$$

证明 a) 对于任意 X 上的二元关系 R，则 R^+ 是传递的；

b) 若有 X 上其他传递关系 P，使得 $P\supseteq R$，则必有 $R^+\subseteq P$；

c) R^+ 就是内容提要 8 中所说的传递闭包。 【3-8.(4)】

证明 a) 设 $x,y,z\in X$，对任意 $\langle x,y\rangle\in R^+$，$\langle y,z\rangle\in R^+$ 必存在正整数 s 和 t，使 $\langle x,y\rangle\in R^s\wedge\langle y,z\rangle\in R^t$，即有 $\langle x,z\rangle\in R^s\circ R^t=R^{s+t}$，但 $R^{s+t}\subseteq R^+$，所以 $\langle x,z\rangle\in R^+$，故 R^+ 为传递的。

b) 对任意 $\langle x,y\rangle\in R^+$，必有某个正整数 s，使得 $\langle x,y\rangle\in R^s$，即存在 $l_1,l_2,\cdots,l_{s-1}$，且有 $\langle x,l_1\rangle\in R$，$\langle l_1,l_2\rangle\in R,\cdots,\langle l_{s-1},y\rangle\in R$。因为 $R\subseteq P$，故有 $\langle x,l_1\rangle\in P$，$\langle l_1,l_2\rangle\in P,\cdots,\langle l_{s-1},y\rangle\in P$，由

P 的传递性，得到$\langle x,y\rangle \in P$，所以 $R^{+}\subseteq P$。

c) 按假设 $R^{+}\supseteq R$，由 a)，b)证明了 R^{+} 是包含 R 的最小传递关系，故它就是内容提要 8 中的传递闭包。

3-96 设 R 为有限集 X 上的传递关系，证明：$(R^{c})^{+}=R^{c}$。

证明 题设中的$(R^{c})^{+}=t(R^{c})$，设任意 $a,b,c\in X$，如果$\langle a,b\rangle \in R^{c}\wedge\langle b,c\rangle \in R^{c}$，则$\langle b,a\rangle \in R$，$\langle c,b\rangle \in R$。因为 R 是传递的，故$\langle c,a\rangle \in R$，所以$\langle a,c\rangle \in R^{c}$，即 R^{c} 是 X 上传递关系，由定理3-8.1c)，得到 $R^{c}=t(R^{c})$。

3-97 试证 a) 若 R 是自反的，则 $s(R)$和 $t(R)$是自反的；

b) 若 R 是对称的，则 $r(R)$和 $t(R)$是对称的；

c) 若 R 是传递的，则 $r(R)$是传递的。

证明 a) 设 R 是 X 上的自反关系，因此 $I_X\subseteq R$，由 $s(R)$定义，$s(R)\supseteq R$，故 $s(R)\supseteq I_X$。对所有 $x\in X$，有$\langle x,x\rangle \in I_X$，得到$\langle x,x\rangle \in s(R)$，即 $s(R)$是 X 上的自反关系。

同理，对任意 $x\in X$，$\langle x,x\rangle \in R$。因为 $t(R)=R\cup R^{2}\cup,\cdots$，故必有$\langle x,x\rangle \in t(R)$，即 $t(R)$是 X 上自反关系。

b) 设 R 是 X 上对称关系，对任意 $x,y\in X$，若有$\langle x,y\rangle \in r(R)$，则$\langle x,y\rangle \in R\vee\langle x,y\rangle \in I_X$，即

$$\langle x,y\rangle \in R\vee x=y\Rightarrow\langle y,x\rangle \in R\vee x=y$$

故 $r(R)$在 X 上是对称的。

又，如果$\langle x,y\rangle \in t(R)=R\cup R^{2}\cup R^{3}\cup\cdots$，则必存在某个 s，使得$\langle x,y\rangle \in R^{s}$，故有序列 $l_1,l_2,\cdots,l_{s-1}$使得

$$\langle x,l_1\rangle \in R,\langle l_1,l_2\rangle \in R\cdots\langle l_{s-1},y\rangle \in R$$

因为 R 是对称的，故有

$$\langle y,l_{s-1}\rangle \in R\cdots\langle l_2,l_1\rangle \in R,\langle l_1,x\rangle \in R$$

得到$\langle y,x\rangle \in R^{s}$，即$\langle y,x\rangle \in t(R)$，所以 $t(R)$在 X 上是对称的。

c) 因为由定理 3-8.1，R 传递当且仅当 $t(R)=R$。故要证 $r(R)$为传递，只需证得 $tr(R)=r(R)$。

因为 $$tr(R)=t(R\cup I_x)=\bigcup_{i=1}^{\infty}(R\cup I_x)^i$$
由归纳法可证
$$(R\cup I_x)^i=\bigcup_{j=0}^{i}R^i$$
故
$$tr(R)=\bigcup_{i=1}^{\infty}\bigcup_{j=0}^{i}R^j=\bigcup_{i=0}^{\infty}R^i=I_x\cup\bigcup_{i=1}^{\infty}R^i=I_x\cup t(R)$$
$$=I_x\cup R=r(R)$$
即 $$tr(R)=r(R)$$

3-98 设 R_1 和 R_2 是集合 A 上的关系，且 $R_1\supseteq R_2$，求证：

a) $r(R_1)\supseteq r(R_2)$；

b) $s(R_1)\supseteq s(R_2)$；

c) $t(R_1)\supseteq t(R_2)$。 【3-8.(5)】

证明 a) 因为 $R_1\supseteq R_2$，故 $R_1\cup I_A\supseteq R_2\cup I_A$，即
$$r(R_1)\supseteq r(R_2)$$

b) 因为 $s(R_1)$对称，且 $s(R_1)\supseteq R_1$，但 $R_1\supseteq R_2$，故 $s(R_1)\supseteq R_2$，由 $s(R_2)$的定义，$s(R_2)$是包含 R_2 的最小对称关系，故
$$s(R_1)\supseteq s(R_2)$$

c) 因为 $t(R_1)$传递，且 $t(R_1)\supseteq R_1$，但 $R_1\supseteq R_2$，故
$$t(R_1)\supseteq R_2$$
因 $t(R_2)$是包含 R_2 的最小传递关系，所以
$$t(R_1)\supseteq t(R_2)$$

3-99 证明定理 3-8.6 的 c)。 【3-8.(6)】

证明 设 X 是集合，R 是 X 上的二元关系，则
$$ts(R)\supseteq st(R)$$
因为 $R_1\supseteq R_2$ 时，$s(R_1)\supseteq s(R_2)$，且 $t(R_1)\supseteq t(R_2)$，根据对称闭包定义，$s(R)\supseteq R$，故
$$ts(R)\supseteq t(R),\quad sts(R)\supseteq st(R)$$

由 $s(R)$对称，以及习题 3-97b)可知 $ts(R)$是对称的，再由定理 3-8.1 得到
$$sts(R)=ts(R)$$

所以　　$ts(R) \supseteq st(R)$

3-100　设 R_1 和 R_2 是 A 上的关系，证明：

a) $r(R_1 \cup R_2) = r(R_1) \cup r(R_2)$；

b) $s(R_1 \cup R_2) = s(R_1) \cup s(R_2)$；

c) $t(R_1 \cup R_2) \supseteq t(R_1) \cup t(R_2)$。　　【3-8.(7)】

证明

a) $r(R_1 \cup R_2) = R_1 \cup R_2 \cup I_X = R_1 \cup I_X \cup R_2 \cup I_X$

$= r(R_1) \cup r(R_2)$

b) $s(R_1 \cup R_2) = (R_1 \cup R_2) \cup (R_1 \cup R_2)^c$

$= R_1 \cup R_2 \cup R_1^c \cup R_2^c$

$= (R_1 \cup R_1^c) \cup (R_2 \cup R_2^c)$

$= s(R_1) \cup s(R_2)$

c) 因为 $R_1 \cup R_2 \supseteq R_1$，由习题 3-98，则

$$t(R_1 \cup R_2) \supseteq t(R_1)$$

同理　　$t(R_1 \cup R_2) \supseteq t(R_2)$

所以　　$t(R_1 \cup R_2) \supseteq t(R_1) \cup t(R_2)$

3-101　设 R 是集合 A 上的一个任意关系，证明下列各式：

a) $(R^+)^+ = R^+$；

b) $R \circ R^* = R^+ = R^* \circ R$；

c) $(R^*)^* = R^*\ (R^* = tr(R))$。　　【3-8.(8)】

证明　a) $(R^+)^+ = t(t(R))$，因为 $t(R)$ 是传递的，根据定理 3-8.1，$t(t(R)) = t(R)$，即 $(R^+)^+ = R^+$。

b) $R \circ R^* = R \circ (tr(R)) = R \circ (rt(R)) = R \circ (t(R) \cup I_A)$

$$= R \circ t(R) \cup R \circ I_A = R \circ \bigcup_{i=1}^{\infty} R^i \cup R$$

$$= \bigcup_{i=2}^{\infty} R^i \cup R = \bigcup_{i=1}^{\infty} R^i = t(R) = R^+$$

同理可证　　$R^+ = R^* \circ R$

c) 因为 $r(R)$ 是自反的，由习题 3-97a)，$tr(R)$ 是自反的，根据定理 3-8.1，$rtr(R) = tr(R)$，即 $r(R^*) = R^*$，但 R^* 传递的，故 $t(R^*) = R^*$，即 $tr(R^*) = R^*$。所以，$(R^*)^* = R^*$。

3-102 考虑图 3-11 所示四颗骰子,称其为 A,B,C,D。任取其中两颗骰子 x 和 y 投掷,若 x 的点数大于 y 的点数,则称为"x 胜于 y"。

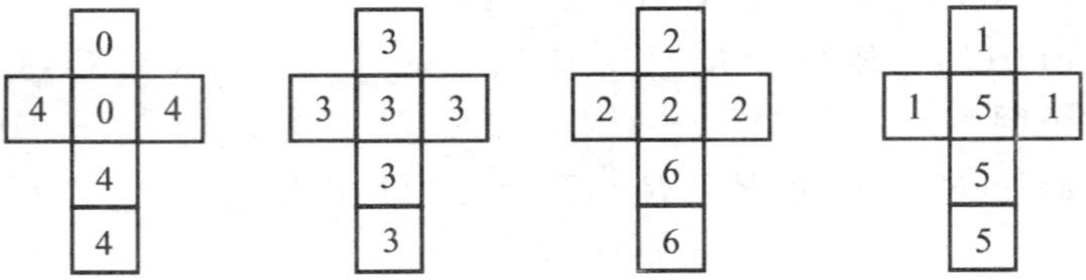

图 3-11

a) 对每一对骰子 x 和 y,计算"x 胜于 y"的概率,用二维数组表示这些结果,使得数组的填入值正好是概率。

设 R 是集合$\{A,B,C,D\}$上的二元关系,R 定义如下:

$$xRy \Leftrightarrow x \text{ 打败 } y \text{ 的概率大于 } 1/2。$$

b) 给出 R 的关系图和关系表达式。

c) 找出 R 的传递闭包。

d) 关系 R 是可传递吗?

e) 假定有人提出下面的游戏办法:让你先从$\{A,B,C,D\}$中任选一颗骰子,在你选定后,他从剩下的三颗骰子中选一颗骰子,然后投掷这两颗骰子,点数大的人得胜,输者要向赢者付钱,问这个游戏办法,你是否能接受?为什么?

解 a) 设任取两颗骰子如 A,B,投掷后将 A 的点数 x 和 B 的点数 y 作成点数序偶$\langle x,y\rangle$,若在$\langle x,y\rangle$中有 $x>y$ 则称此点数序偶为胜数序偶。因为投掷 A,B 两颗骰子,共有 36 个点数序偶,其中 24 个为胜数序偶,故 A 胜于 B 的概率为 $24/36=2/3$。类似这样的方法,可得每对骰子的"胜于"概率(表 3-1)。在表中位于第 i 行和第 j 列的值,是第 i 颗骰子胜于第 j 颗骰子的概率。

b) 从表 3-1 中看出,概率大于 1/2 共有 5 项:

$$B=\{\langle A,B\rangle,\langle B,C\rangle,\langle C,A\rangle,\langle C,D\rangle,\langle D,A\rangle\}$$

关系图如图 3-12 所示。

表 3-1

	A	B	C	D
A	$\frac{2}{9}$	$\frac{2}{3}$	$\frac{4}{9}$	$\frac{1}{3}$
B	$\frac{1}{3}$	0	$\frac{2}{3}$	$\frac{1}{2}$
C	$\frac{5}{9}$	$\frac{1}{3}$	$\frac{2}{9}$	$\frac{2}{3}$
D	$\frac{2}{3}$	$\frac{1}{2}$	$\frac{1}{3}$	$\frac{1}{4}$

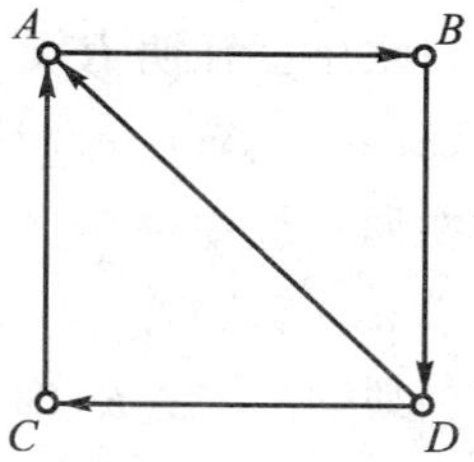

图 3-12

c) 由 Warshall 算法得 R^+ 为 $S=\{A,B,C,D\}$ 上的全域关系，即 $R^+=S\times S$。

d) R 不是传递的。因为 $\langle B,C\rangle\in R$，$\langle C,A\rangle\in R$，但 $\langle B,A\rangle\notin R$，故 R 不是传递的。

e) 所提游戏办法不能接受。因为从 a)所列表 3-1 中，可以看出在任意 i 行，都能找到一个 j，使该项的概率为 2/3，故不论你选那颗骰子，你的对手必可选出一颗骰子，使胜你的概率为 2/3。

3-103 设 R 为集合 A 上的反对称关系，则 $t(R)$ 一定是反对称吗？

证明 设 R 为 A 上反对称关系，则 $t(R)$ 在 A 上不一定是反对称的。例如，设

$$A=\{a,b,c,d\}$$
$$R=\{\langle a,b\rangle,\langle b,c\rangle,\langle c,d\rangle,\langle d,a\rangle\}$$

则 R 的传递闭包

$$t(R)=\{\langle a,b\rangle,\langle b,c\rangle,\langle c,d\rangle,\langle d,a\rangle,\langle a,c\rangle,\langle c,a\rangle,\langle a,d\rangle,\langle d,c\rangle,\langle b,d\rangle,\langle d,b\rangle,\langle c,b\rangle,\langle b,a\rangle,\langle a,a\rangle,\langle b,b\rangle,\langle c,c\rangle,\langle d,d\rangle\}$$

在本例中，R 是反对称的，但是 $t(R)$ 是对称的。

3-104 4 个元素的集合共有多少不同的划分。 【3-9.(1)】

解 整数 4 可划分为：4，1+3，1+1+2，2+2，1+1+1+1。

$$1+C_4^1+C_4^2+\frac{1}{2}C_4^2+1=15(\text{种})$$

3-105 设 $\{A_1,A_2,\cdots,A_k\}$ 是集合 A 的一个划分，我们定义

A 上的一个二元关系 R，使 $\langle a,b\rangle\in R$ 当且仅当 a 和 b 在这个划分的同一块中。证明 R 是自反的、对称的和传递的。【3-9.(2)】

证明 设对任意 $a\in A$，则必存在 A_i，使 $a\in A_i$，因 a 与 a 必可看作在同一块中，故有 $\langle a,a\rangle\in R$，即 R 是自反的。

设 $a,b\in A$，若有 $\langle a,b\rangle\in R$，则 a 与 b 必在同一块，故 b 与 a 亦在同一块，$\langle b,a\rangle\in R$，即 R 是对称的。

设 $a,b,c\in A$，若有 $\langle a,b\rangle\in R\wedge\langle b,c\rangle\in R$，则必 $\exists i$，使得 $a\in A_i\wedge b\in A_i$，且必 $\exists j$，使 $b\in A_j\wedge c\in A_j$，这样 $i=j$。因为若 $i\neq j$，则 $b\in A_i\cap A_j$，故 $A_i\cap A_j\neq\varnothing$。这与 A_i,A_j 是 A 的划分块矛盾。由此得 a,b,c 均属同一分块 A_i，因此 $\langle a,c\rangle\in R$，即 R 是传递的。

3-106 设 Π_1 和 Π_2 是非空集合 A 的划分，说明下列各式，哪些是 A 的划分，哪些可能是 A 的划分，哪些不是 A 的划分，并给予证明。

a）$\Pi_1\cup\Pi_2$；

b）$\Pi_1\cap\Pi_2$；

c）$\Pi_1-\Pi_2$。【3-9.(3)】

证明 a）当 $\Pi_1=\Pi_2$ 时，$\Pi_1\cup\Pi_2=\Pi_1$，故 $\Pi_1\cup\Pi_2$ 是 A 的划分。设 $\Pi_1=\{A_1,A_2,\cdots,A_k\}$，$\Pi_2=\{B_1,B_2,\cdots,B_j\}$。

当 $\Pi_1\neq\Pi_2$ 时，必存在 $B_i\in\Pi_2$，但 $B_i\notin\Pi_1$。为此，$B_i\in\Pi_1\cup\Pi_2$。如果 $\Pi_1\cup\Pi_2$ 是 A 的划分，则根据划分的定义，$B_i\cap A_1=\varnothing$，$B_i\cap A_2=\varnothing,\cdots,B_i\cap A_k=\varnothing$。设对任意 $x\in B_i$，则 $x\in A$，但因 $x\in B_i$，故 $x\notin A_1,x\notin A_2,x\notin A_3,\cdots,x\notin A_k$。这与

$$\bigcup_{i=1}^{k}A_i=A$$

矛盾。所以当 $\Pi_1\neq\Pi_2$ 时，$\Pi_1\cup\Pi_2$ 不是 A 的划分。

b）当 $\Pi_1=\Pi_2$ 时，$\Pi_1\cap\Pi_2=\Pi_1$ 是 A 的划分。

当 $\Pi_1\neq\Pi_2$ 时，设 $\Pi_1=\{A_1,A_2,\cdots,A_r\}$，$\Pi_2=\{B_1,B_2,\cdots,B_j\}$，则必存在 $B_i\in\Pi_2$，但 $B_i\notin\Pi_1$，故 $B_i\notin\Pi_1\cap\Pi_2$，为此可得 $\Pi_1\cap\Pi_2\subset\Pi_2$，$\Pi_2$ 是 A 的划分，故其真子集 $\Pi_1\cap\Pi_2$ 必不是 A 的

划分。

c）若 $\Pi_1\cap\Pi_2=\varnothing$，则 $\Pi_1-\Pi_2=\Pi_1$ 是 A 的划分。

若 $\Pi_1\cap\Pi_2\neq\varnothing$，必有 $A_i\in\Pi_1\wedge A_i\in\Pi_2$，故必有 $A_i\notin\Pi_1-\Pi_2$，因此 $\Pi_1-\Pi_2\subset\Pi_1$。Π_1 是 A 的划分，所以其真子集 $\Pi_1-\Pi_2$，必不是 A 的划分。

3-107 设 R 是集合 A 上的一个自反、对称和传递的关系，若 $\{A_1,A_2,\cdots,A_k\}$ 是 A 的子集的集合，当 $i\neq j$ 时，$A_i\not\subseteq A_j$，使得 a 和 b 在同一个子集中，当且仅当 $\langle a,b\rangle\in R$。求证：$\{A_1,A_2,\cdots,A_k\}$ 是 A 的一个划分。【3-9.(4)】

证明 设 $A_i(i=1,2,\cdots,k)$ 为 A 的子集，即 $A_i\subseteq A$，所以

$$\bigcup_{i=1}^{k}A_i\subseteq A$$

设有任意 $a\in A$，因为 R 是 A 上等价关系，得 $\langle a,a\rangle\in R$，故 a 与 a 在同一子集 A_i 中，即

$$a\in A_i\Rightarrow a\in\bigcup_{i=1}^{k}A_i$$

所以有 $A\subseteq\bigcup_{i=1}^{k}A_i$，得到

$$A=\bigcup_{i=1}^{k}A_i$$

其次可以证明，当 $i\neq j$ 时，$A_i\cap A_j=\varnothing$。因为 $i\neq j$ 时，$A_i\not\subseteq A_j$，故 A_i，A_j 非空。

设有 $a\in A_j$，对任意 $b\in A_i(i\neq j)$，则必有 $\langle a,b\rangle\notin R$。因为如果 $\langle a,b\rangle\in R$，则 a，b 属于同一子集，故有 $b\in A_j$，于是有 $A_i\subseteq A_j$，与题设 $A_i\not\subseteq A_j$ 矛盾。因此若有 $A_i\cap A_j\neq\varnothing$，则有 $C\in A_i\cap A_j$，对

$$a\in A_j\wedge b\in A_i\Rightarrow\langle a,c\rangle\in R\wedge\langle c,b\rangle\in R$$

因 R 是等价关系，得到 $\langle a,b\rangle\in R$，与 $\langle a,b\rangle\notin R$ 矛盾。所以 $A_i\cap A_j=\varnothing$，于是证得：$\{A_1,A_2,\cdots,A_n\}$ 是 A 的划分。

3-108 设 $\{A_1,A_2,\cdots,A_n\}$ 是集合 A 的划分，若 $A_i\cap B\neq\varnothing$，$1\leqslant i\leqslant n$，试证明 $\{A_1\cap B,\ A_2\cap B,\ \cdots,\ A_n\cap B\}$ 是集合 $A\cap B$ 的划分。【3-9.(5)】

证明 因为$\{A_1,A_2,\cdots,A_n\}$是集合 A 的划分，故

$$A=\bigcup_{i=1}^{B}A_i, A_i\cap A_j=\varnothing(i\neq j)$$

但
$$A\cap B=(\bigcup_{i=1}^{n}A_i)\cap B=\bigcup_{i=1}^{n}(A_i\cap B)$$

当 $i\neq j$ 时，

$$(A_i\cap B)\cap(A_j\cap B)=\varnothing$$

当 $i=j$ 时，

$$A_i\cap B=A_j\cap B$$

所以，$\{A_1\cap B,A_2\cap B,\cdots,A_n\cap B\}$是 $A\cap B$ 的划分。

3-109 设 R 和 R'是集合 A 上的等价关系，用例子说明 $R\cup R'$不一定是等价关系。 【3-10.(1)】

证明 设 $A=\{1,2,3\}, S=R\cup R'$

$$R=\{\langle 1,1\rangle,\langle 2,2\rangle,\langle 3,3\rangle,\langle 3,1\rangle,\langle 1,3\rangle\}$$
$$R'=\{\langle 1,1\rangle,\langle 2,2\rangle,\langle 3,3\rangle,\langle 3,2\rangle,\langle 2,3\rangle\}$$

则

$$R\cup R'=\{\langle 1,1\rangle,\langle 2,2\rangle,\langle 3,3\rangle,\langle 3,1\rangle,\langle 1,3\rangle,\langle 3,2\rangle,\langle 2,3\rangle\}$$

因为如$\langle 2,3\rangle\in S\wedge\langle 3,1\rangle\in S$，但$\langle 2,1\rangle\notin S$，故 $R\cup R'$不是传递的，即 $R\cup R'$不是 A 上的等价关系。

3-110 试问：由 4 个元素组成的有限集上所有等价关系的个数为多少？ 【3-10.(2)】

解 因为集合 X 上的等价关系与 X 的划分是一一对应的，所以 4 个元素的有限集上等价关系的数目，与 4 个元素集合进行划分的数目是相同的，由习题 3-104 可知共有 15 个不同的等价关系。

3-111 给定集合 $S=\{1,2,3,4,5\}$，找出 S 上的等价关系 R，此关系 R 能产生划分$\{\{1,2\},\{3\},\{4,5\}\}$，并画出关系图。

【3-10.(3)】

解 我们可用如下方法产生一个等价关系：

$R_1=\{1,2\}\times\{1,2\}=\{\langle 1,1\rangle,\langle 1,2\rangle,\langle 2,1\rangle,\langle 2,2\rangle\}$

$R_2=\{3\}\times\{3\}=\{\langle 3,3\rangle\}$

$R_3=\{4,5\}\times\{4,5\}$

$=\{\langle 4,4\rangle,\langle 4,5\rangle,\langle 5,4\rangle,\langle 5,5\rangle\}$

$R=R_1\cup R_2\cup R_3$

$=\{\langle 1,1\rangle,\langle 2,2\rangle,\langle 3,3\rangle,\langle 4,4\rangle,$

$\langle 5,5\rangle,\langle 1,2\rangle,\langle 2,1\rangle,\langle 4,5\rangle,$

$\langle 5,4\rangle\}$

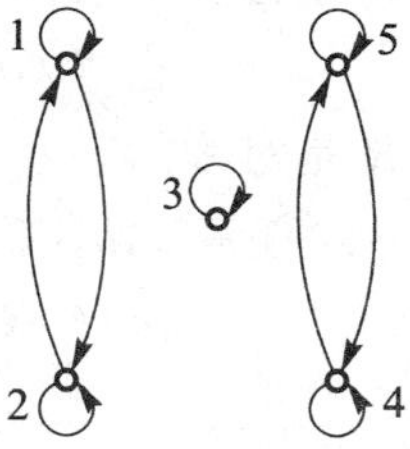

图 3-13

关系图如图 3-13。

3-112 设 R 是一个二元关系，$S=\{\langle a,b\rangle\mid$ 对于某一 c，有 $\langle a,c\rangle\in R\wedge\langle c,b\rangle\in R\}$，证明若 R 是一个等价关系，则 S 也是一个等价关系。 【3-10.(4)】

证明 设 R 是 A 上的等价关系：

(1) 对任一 $x\in A$，因为 R 在 A 上自反，所以 $\langle x,x\rangle\in R$。由 S 定义，$\langle x,x\rangle\in S$，所以 S 是自反的。

(2) 对任意 x，$y\in A$，若 $\langle x,y\rangle\in S$，则存在某个 c，使得 $\langle x,c\rangle\in R\wedge\langle c,y\rangle\in R$，因为 R 对称，故有 $\langle y,c\rangle\in R\wedge\langle c,x\rangle\in R$，由 S 的定义，可知 $\langle y,x\rangle\in S$，所以 S 是对称的。

(3) 对任意 $x,y,z\in A$，若 $\langle x,y\rangle\in S$，及 $\langle y,z\rangle\in S$，则必存在某个 c_1，使 $\langle x,c_1\rangle\in R$，$\langle c_1,y\rangle\in R$，由 R 传递性，可知 $\langle x,y\rangle\in R$。同理存在 c_2，使 $\langle y,c_2\rangle\in R\wedge\langle c_2,z\rangle\in R$，由 R 传递，可知 $\langle y,z\rangle\in R$。再由 S 定义，得 $\langle x,z\rangle\in S$，故 S 是传递的。

综上可知，S 是 A 上的等价关系。

3-113 设 R 是集合 A 上的一个自反关系，证明：R 是等价关系当且仅当若 $\langle a,b\rangle\in R\wedge\langle a,c\rangle\in R$ 时，则 $\langle b,c\rangle\in R$。

证明

必要性 设 R 是 A 上等价关系，由对称性及传递条件，得

$$\langle a,b\rangle\in R\wedge\langle a,c\rangle\in R\Rightarrow\langle b,a\rangle\in R\wedge\langle c,a\rangle\in R$$

$$\Rightarrow\langle b,c\rangle\in R$$

充分性 设有

$$\langle a,b\rangle\in R\wedge\langle a,c\rangle\in R\Rightarrow\langle b,c\rangle\in R$$

且 R 是自反关系，则对任意 $a\in A$，必有$\langle a,a\rangle\in R$，若

$$\langle a,b\rangle\in R\wedge\langle a,a\rangle\in R\Rightarrow\langle b,a\rangle\in R$$

故 R 是对称的。

对任意 $a,b,c\in A$，若$\langle a,b\rangle\in R\wedge\langle b,c\rangle\in R$，则必有

$$\begin{aligned}\langle b,a\rangle\in R\wedge\langle c,b\rangle\in R&\Rightarrow\langle b,c\rangle\in R\wedge\langle b,a\rangle\in R\\&\Rightarrow\langle c,a\rangle\in R\Rightarrow\langle a,c\rangle\in R\end{aligned}$$

故 R 是传递的，于是证明了 R 是一个等价关系。

3-114 设 R 是集合 X 上的二元关系，对任意 $x_i,x_j,x_k\in X$，每当$\langle x_i,x_j\rangle\in R\wedge\langle x_j,x_k\rangle\in R$ 时，必有$\langle x_k,x_i\rangle\in R$，则称 R 是循环的。试证：R 是等价关系，当且仅当 R 是自反和循环的。

证明 设 R 是 X 上的等价关系，则对任意 $x_i,x_j,x_k\in X$，每当$\langle x_i,x_j\rangle\in R\wedge\langle x_j,x_k\rangle\in R$ 时，必有$\langle x_i,x_k\rangle\in R$。因为 R 是对称的，故必有$\langle x_k,x_i\rangle\in R$。

所以 R 是循环和自反的。

反之，设 R 是 X 上的自反和循环关系，对任意$\langle x_i,x_j\rangle\in R$，由$\langle x_i,x_i\rangle\in R$，得$\langle x_j,x_i\rangle\in R$，所以 R 是对称的；再由

$$\langle x_i,x_j\rangle\in R\wedge\langle x_j,x_k\rangle\in R\Rightarrow\langle x_k,x_i\rangle\in R\Rightarrow\langle x_i,x_k\rangle\in R$$

故 R 是传递的。

于是 R 是 X 上的等价关系。

3-115 假设给定了正整数的序偶集合 A，在 A 上定义二元关系 R 如下：$\langle\langle x,y\rangle,\langle u,v\rangle\rangle\in R$，当且仅当 $xv=yu$，证明 R 是一个等价关系。【3-10.(5)】

证明 设 A 上定义的二元关系 R 为：

$$\langle\langle x,y\rangle,\langle u,v\rangle\rangle\in R\Leftrightarrow\frac{x}{y}=\frac{u}{v}$$

（1）对任意$\langle x,y\rangle\in A$，因为$\frac{x}{y}=\frac{x}{y}$，所以

$$\langle\langle x,y\rangle,\langle x,y\rangle\rangle\in R$$

即 R 是自反的。

（2）设$\langle x,y\rangle\in A$，$\langle u,v\rangle\in A$，若

$$\langle\langle x,y\rangle,\langle u,v\rangle\rangle\in R\Rightarrow\frac{x}{y}=\frac{u}{v}\Rightarrow\frac{u}{v}=\frac{x}{y}$$

$$\Rightarrow\langle\langle u,v\rangle,\langle x,y\rangle\rangle\in R$$

即 R 是对称的。

(3) 设任意 $\langle x,y\rangle\in A,\langle u,v\rangle\in A,\langle w,s\rangle\in A$，对

$$\langle\langle x,y\rangle,\langle u,v\rangle\rangle\in R\wedge\langle\langle u,v\rangle,\langle w,s\rangle\rangle\in R$$

$$\Rightarrow\left(\frac{x}{y}=\frac{u}{v}\right)\wedge\left(\frac{u}{v}=\frac{w}{s}\right)\Rightarrow\frac{x}{y}=\frac{w}{s}$$

$$\Rightarrow\langle\langle x,y\rangle,\langle w,s\rangle\rangle\in R$$

故 R 是传递的。

于是 R 是 A 上的等价关系。

3-116 设 R 是集合 A 上对称和传递关系，证明如果对于 A 中每个元素 a，在 A 中同时也存在一个 b，使 $\langle a,b\rangle$ 在 R 之中，则 R 是一个等价关系。 【3-10.(6)】

证明 对任意 $a\in A$，必存在一个 $b\in A$，使得 $\langle a,b\rangle\in R$，由 $b\in A$，必存在一个 $c\in A$，使得 $\langle b,c\rangle\in R$。因为 R 是传递和对称的，故有

$$\langle a,b\rangle\in R\wedge\langle b,c\rangle\in R\Rightarrow\langle a,c\rangle\in R\Rightarrow\langle c,a\rangle\in R$$

由 $$\langle a,c\rangle\in R\wedge\langle c,a\rangle\in R\Rightarrow\langle a,a\rangle\in R$$

所以 R 在 A 上是自反的，即 R 是 A 上等价关系。

3-117 设 R 是集合 A 上的一个传递和自反关系；T 是 A 上的一个关系，使得 $\langle a,b\rangle\in T$ 当且仅当 $\langle a,b\rangle\in R\wedge\langle b,a\rangle\in R$，证明 T 是一个等价关系。

证明 a) 对任意 $a\in A$，因 R 为 A 上自反关系，故有：$\langle a,a\rangle\in R$，由 T 的充要条件，得到 $\langle a,a\rangle\in T$。

b) 对任意 $a,b\in A$，若

$$\langle a,b\rangle\in T\Leftrightarrow\langle a,b\rangle\in R\wedge\langle b,a\rangle\in R$$

$$\Leftrightarrow\langle b,a\rangle\in R\wedge\langle a,b\rangle\in R\Leftrightarrow\langle b,a\rangle\in T$$

所以 T 是对称的。

c) 对任意 $a,b,c\in A$，若有

$$\langle a,b\rangle \in T \wedge \langle b,c\rangle \in T$$
$$\Rightarrow \langle a,b\rangle \in R \wedge \langle b,a\rangle \in R \wedge \langle b,c\rangle \in R \wedge \langle c,b\rangle \in R$$
$$\Rightarrow \langle a,b\rangle \in R \wedge \langle b,c\rangle \in R \wedge \langle c,b\rangle \in R \wedge \langle b,a\rangle \in R$$
$$\Rightarrow \langle a,c\rangle \in R \wedge \langle c,a\rangle \in R \Rightarrow \langle a,c\rangle \in T$$

所以 T 是一个传递关系。

于是 T 是 A 上的等价关系。

3-118 设 R_1 和 R_2 是非空集合 A 上的等价关系，试确定下述各式，哪些是 A 上的等价关系，对不是的式子，提供反例证明。

a) $(A\times A)-R_1$； b) R_1-R_2；

c) R_1^2； d) $r(R_1-R_2)$ （即 R_1-R_2 的自反闭包）。

【3-10.(7)】

解 a) $(A\times A)-R_1$ 不是 A 上等价关系。例如：

$$A=\{a,b\},\quad R_1=\{\langle a,a\rangle,\langle b,b\rangle\}$$
$$A\times A=\{\langle a,a\rangle,\langle a,b\rangle,\langle b,a\rangle,\langle b,b\rangle\}$$
$$(A\times A)-R_1=\{\langle a,b\rangle,\langle b,a\rangle\}$$

所以$(A\times A)-R_1$ 不是 A 上等价关系。

b) 设 $A=\{a,b,c\}$

$$R_1=\{\langle a,b\rangle,\langle b,a\rangle,\langle b,c\rangle,\langle c,b\rangle,\langle a,c\rangle,\langle c,a\rangle,\langle a,a\rangle,\langle b,b\rangle,\langle c,c\rangle\}$$
$$R_2=\{\langle a,a\rangle,\langle b,b\rangle,\langle c,c\rangle,\langle b,c\rangle,\langle c,b\rangle\}$$
$$R_1-R_2=\{\langle a,b\rangle,\langle b,a\rangle,\langle a,c\rangle,\langle c,a\rangle\}$$

所以 R_1 和 R_2 是 A 上等价关系，但 R_1-R_2 不是 A 上等价关系。

c) 若 R_1 是 A 上等价关系，则

$$\langle a,a\rangle \in R_1 \Rightarrow \langle a,a\rangle \in R_1\circ R_1$$

所以 R_1^2 是 A 上自反的。

若$\langle a,b\rangle \in R_1^2$ 则存在 c，使得$\langle a,c\rangle \in R_1 \wedge \langle c,b\rangle \in R_1$。因 R_1 对称，故有

$$\langle b,c\rangle \in R_1 \wedge \langle c,a\rangle \in R_1 \Rightarrow \langle b,a\rangle \in R_1^2$$

即 R_1^2 是对称的。

若$\langle a,b\rangle \in R_1^2 \wedge \langle b,c\rangle \in R_1^2$，则有

$$\langle b,a\rangle \in R_1^2 \wedge \langle c,b\rangle \in R_1^2$$

故存在 e_1，使得：

$$\langle b,e_1\rangle \in R_1 \wedge \langle e_1,a\rangle \in R_1$$

同理存在 e_2，使得：

$$\langle c,e_2\rangle \in R_1 \wedge \langle e_2,b\rangle \in R_1$$

于是由 R_1 的传递性，可得到

$$\begin{aligned}\langle b,a\rangle \in R_1 \wedge \langle c,b\rangle \in R_1 &\Leftrightarrow \langle c,b\rangle \in R_1 \wedge \langle b,a\rangle \in R_1\\ &\Rightarrow \langle c,a\rangle \in R_1^2\end{aligned}$$

即 R_1^2 是传递的。

故 R_1^2 是 A 上的等价关系。

d) 如 b)所设，R_1 和 R_2 是 A 上等价关系，但

$$\begin{aligned}r(R_1-R_2)&=(R_1-R_2)\cup I_A\\ &=\{\langle a,b\rangle,\langle b,a\rangle,\langle a,c\rangle,\langle c,a\rangle,\langle a,a\rangle,\\ &\quad \langle b,b\rangle,\langle c,c\rangle\}\end{aligned}$$

不是 A 上的等价关系。

3-119 设 C^* 是实数部分非零的全体复数组成的集合，C^* 上关系 R 定义为：$(a+bi)R(c+di)\Leftrightarrow ac>0$，证明 R 是等价关系，并给出关系 R 的等价类的几何说明。 【3-10.(8)】

证明 (1) 对任意非零实数 a，有

$$a^2>0\Leftrightarrow(a+bi)R(a+bi)$$

故 R 在 C^* 上是自反的

(2) 对任意 $(a+bi)R(c+di)\Leftrightarrow ac>0$

因 $ca=ac>0\Leftrightarrow(c+di)R(a+bi)$

所以 R 在 C^* 上是对称的。

(3) 设 $(a+bi)R(c+di)$ 且 $(c+di)R(u+vi)$，则有

$$ac>0 \wedge cu>0$$

若 $c>0$，则

$$a>0 \wedge u>0 \Rightarrow au>0$$

若 $c<0$，则

$$a<0 \wedge u<0 \Rightarrow au>0$$

所以$(a+bi)R(u+vi)$，即R在C^*上是传递的。

关系R的等价类，就是在复数平面上第一、第四象限上的点，或第二、第三象限上的点，因为在这两种情况下，任意两个点(a,b)，(c,d)，其横坐标乘积$a\cdot c>0$。

3-120 设δ是集合X上的等价关系的集合。试证：$\bigcap\delta$是一个X上的等价关系。

证明 设$S\in\delta\neq\varnothing$，则$\bigcap\delta\subseteq S\subseteq X\times X$。对任意$x\in X$，必对所有$S\in\delta$（$S$是等价关系），使得$\langle x,x\rangle\in S$，故$\langle x,x\rangle\in\bigcap\delta$，即$\bigcap\delta$是自反的。

对任意$x,y\in X$，若$\langle x,y\rangle\in\bigcap\delta$，则对所有$S\in\delta$有$\langle x,y\rangle\in S$，因$S$是对称的，故对所有$S\in\delta$有$\langle y,x\rangle\in S$，即$\langle y,x\rangle\in\bigcap\delta$，所以$\bigcap\delta$是对称的。

对任意$x,y,z\in X$，若$\langle x,y\rangle\in\bigcap\delta$，$\langle y,z\rangle\in\bigcap\delta$，则对所有$S\in\delta$，有$\langle x,y\rangle\in S\wedge\langle y,z\rangle\in S$，但$S$是传递的，故对所有$S\in\delta$，有$\langle x,z\rangle\in S$，即$\langle x,z\rangle\in\bigcap\delta$，故$\bigcap\delta$是传递的。

于是$\bigcap\delta$是X上的等价关系。

3-121 设R是A上二元关系，令$R'=tsr(R)$，则

a）R'是A上的等价关系；

b）若有等价关系R''，使得$R''\supseteq R$，则$R''\supseteq R'$，即R'是包含R的最小等价关系。

证明 a）由定理 3-8.1 知$r(R)$是自反的，由习题 3-97 知$sr(R)$是自反和对称的，因此$tsr(R)$是自反和对称的，但$tsr(R)$是传递的，故$tsr(R)$是一个等价关系。

b）设R''是任意包含R的等价关系，则R''是自反的，由闭包定义：$R''\supseteq r(R)$，R''是对称的，故$R''\supseteq sr(R)$；R''是传递的，故$R''\supseteq tsr(R)$。

3-122 试在复数集C中给出一个关系，使它是C的一个等价关系，并以此等价关系，构造C的划分。

解 对所有$\alpha,\beta\in C$，设$\alpha=a+bi$，$\beta=c+di$，定义关系R：

$$\alpha R\beta\Leftrightarrow a^2+b^2=c^2+d^2$$

对任意 $\alpha \in C$，因为 $a^2+b^2=a^2+b^2$，所以 $\alpha R\alpha$，即 R 是自反的。

对任意 $\alpha,\beta \in C$，若 $\alpha R\beta$，则

$$a^2+b^2=c^2+b^2$$

即 $c^2+b^2=a^2+b^2$，故有 $\beta R\alpha$，即 R 是对称的。

对任意 $\alpha,\beta,\gamma \in C$，$\alpha=a+bi$，$\beta=c+di$，$\gamma=e+fi$，则

$$\begin{aligned}\alpha R\beta \wedge \beta R\gamma &\Rightarrow (a^2+b^2=c^2+d^2) \wedge (c^2+d^2=e^2+f^2)\\ &\Rightarrow a^2+b^2=e^2+f^2 \Rightarrow \alpha R\gamma\end{aligned}$$

所以 R 是传递的。

于是 R 为等价关系。

关系 R 所决定的划分，是复平面上以原点为中心的圆的集合，即每个半径 r 对应一个等价类，该等价类为对应圆上点的集合。

3-123 设 Π 为集合 A 的一个划分，R 是 A 上的等价关系，则 Π 诱导出 R，当且仅当 R 诱导出 Π。

证明 必要性 假定 Π 诱导出 R，且 R 诱导出一个划分 Π'，设任意 $a\in A$，令 B 和 B' 分别为 Π 和 Π' 的块，使得 $a\in B$ 和 $a\in B'$，则对任意 b，有

$$b\in B \Leftrightarrow aRb \Leftrightarrow [a]_R=[b]_R$$

因为 $[a]_R\in \Pi \wedge [a]_R\in \Pi'$，故 $[b]_R\in \Pi'$，且由

$$b\in B \Leftrightarrow [a]_R=[b]_R \Leftrightarrow b\in B'$$

因此 $B=B'$。由于 Π 和 Π' 取尽 A 的所有元素，因此 $\Pi=\Pi'$。

充分性 假定 R 诱导出 Π，且 Π 诱导出一个等价关系 R'，则对任意 $a,b\in A$，有

$$\begin{aligned}aRb &\Leftrightarrow [a]_R=[b]_R \Leftrightarrow a\in [a]_R \wedge b\in [a]_R\\ &\Leftrightarrow (\exists B)[B\in \Pi \wedge a\in B \wedge b\in B] \Leftrightarrow aR'b\end{aligned}$$

因此 $R=R'$。

3-124 设 Π 和 Π' 是非空集合 A 上的划分，并设 R 和 R' 分别由 Π 和 Π' 诱导的等价关系，那么 Π' 细分 Π 的充要条件是 $R'\subseteq R$。 【3-10.(9)】

证明 若Π'细分Π。有假设$aR'b$，则在Π'中有某个块S'，使得$a,b\in S'$，因Π'细分Π，故在Π中，必有某个块S，使$S'\subseteq S$，即$a,b\in S$，于是有aRb，即$R'\subseteq R$。

反之，若$R'\subseteq R$，令S'为Π'的一个分块，且$a\in S'$，则

$$S'=[a]_{R'}=\{x\mid xR'a\}$$

但是对每一个x，若$xR'a$，因$R'\subseteq R$，故xRa，因此，

$$\{x\mid xR'a\}\subseteq\{x\mid xRa\}$$

即$[a]_{R'}\subseteq[a]_R$。设$S=[a]_R$，则S是Π的一个分块，且$S'\subseteq S$。

这就证明了Π'细分Π。

3-125 设R_j表示I上模j等价关系，R_k表示I上模k等价关系，证明：I/R_k细分I/R_j，当且仅当k是j的整数倍。

【3-10.(10)】

证明 由题设

$$R_j=\{\langle x,y\rangle\mid x\equiv y(\text{mod } j)\}$$

$$R_k=\{\langle x,y\rangle\mid x\equiv y(\text{mod } k)\}$$

故 $$\langle x,y\rangle\in R_j\Leftrightarrow x-y=c_j \quad (\text{对某个 } c\in I)$$

$$\langle x,y\rangle\in R_k\Leftrightarrow x-y=dk \quad (\text{对某个 } d\in I)$$

a) 假设I/R_k细分I/R_j，则$R_k\subseteq R_j$，因此

$$\langle k,0\rangle\in R_k\Rightarrow\langle k,0\rangle\in R_j$$

故 $$k-0=1\cdot k=c\cdot j \quad (\text{对某个 } c\in I)$$

于是k是j的整数倍。

b) 若对某个$r\in I$，有$k=rj$，则

$$\begin{aligned}\langle x,y\rangle\in R_k &\Leftrightarrow(x-y)=ck(\text{对某个 } c\in I)\\ &\Rightarrow(x-y)=crj(\text{对某个 } c,r\in I)\\ &\Rightarrow\langle x,y\rangle\in R_j\end{aligned}$$

因此$R_k\subseteq R_j$，于是I/R_k细分I/R_j。

3-126 设R_1和R_2是非空集合A的划分Π_1和Π_2所诱导出的等价关系。那末$R=R_1\cap R_2$诱导出Π_1和Π_2的积划分为Π。

证明 因为$R=R_1\cap R_2$，故$R_1\supseteq R\wedge R_2\supseteq R$。根据习题3-124 Π细分Π_1和Π_2。

如果有另一划分 Π'，细分 Π_1 和 Π_2，且 Π' 诱导出 R'，则根据习题 3-124，有

$$R_1 \supseteq R' \wedge R_2 \supseteq R' \Rightarrow R_1 \cap R_2 \supseteq R'$$

即有 $R \supseteq R'$，故 Π' 细分 Π。

上述结果根据划分积的定义，可知 $\Pi = \Pi_1 \cdot \Pi_2$。

3-127 设 R_1 和 R_2 是非空集合 A 上的划分 Π_1 和 Π_2 所诱导出的等价关系，定义 $R_1 \cup R_2$ 的传递闭包为

$$R = (R_1 \cup R_2)^+ = t(R_1 \cup R_2)$$

试证：R 是 A 上的等价关系，且划分 A/R 是 Π_1 和 Π_2 的和。

证明 因为 R_1 和 R_2 是 A 上的等价关系，故很容易证明 $R_1 \cup R_2$ 是自反和对称的，故 $R_1 \cup R_2 = r(R_1 \cup R_2)$ 且有

$$s(R_1 \cup R_2) = R_1 \cup R_2\text{，或 } rs(R_1 \cup R_2) = R_1 \cup R_2$$

所以

$$R = t(R_1 \cup R_2) = trs(R_1 \cup R_2)$$

由习题 3-121 知，R 是包含 R_1 和 R_2 的最小等价关系。其诱导的划分为 A/R。因为 $R \supseteq R_1$，$R \supseteq R_2$，故 Π_1 和 Π_2 细分 A/R。

设有 Π' 被 Π_1 和 Π_2 细分，则 Π' 诱导的等价关系 R' 必满足：

$$R' \supseteq R_1 \wedge R' \supseteq R_2 \Rightarrow R' \supseteq R_1 \cup R_2$$

但

$$R = t(R_1 \cup R_2) = trs(R_1 \cup R_2)$$

其是包含 R_1 和 R_2 的最小等价关系，故 $R' \supseteq t(R_1 \cup R_2)$，即 A/R 细分 Π'。

由上述证明，可知 A/R 是 Π_1 和 Π_2 的和。

3-128 设 R_j 表示 I 上的模 j 等价，R_k 表示 I 上的模 k 等价，描述

a) 划分 $I/R_j + I/R_k$；

b) 划分 $I/R_j \cdot I/R_k$。

解 a) 设 d 为 j 和 k 的最大公约数，R_d 为 I 上的模 d 等价，则 $I/R_d = I/R_j + I/R_k$；

b) 设 m 为 j 和 k 的最小公倍数，R_m 表示 I 上的模 m 等价，则 $I/R_m = I/R_j \cdot I/R_k$。

3-129 设 Π_1 和 Π_2 是非空集合 A 的划分，则 Π_1 和 Π_2 的积是唯一的。

证明 假设 $\Pi=\Pi_1\cdot\Pi_2$，$\Pi'=\Pi_1\cdot\Pi_2$，根据划分积的定义，应有 Π 细分 Π'，且 Π' 细分 Π，若 Π 和 Π' 分别诱导等价关系为 R 和 R'，则应有

$$R\subseteq R'\wedge R'\subseteq R\Rightarrow R=R'$$

由习题 3-123 可知 $\Pi=\Pi'$。

所以 Π_1 和 Π_2 的积必是唯一的。

3-130 设 R 是 X 上二元关系，试证明：$\alpha=I_X\cup R\cup R^c$ 是 X 上相容关系。【3-11.(1)】

证明 设 $\alpha=I_X\cup R\cup R^c$，则 $\alpha=I_X\cup s(R)=rs(R)$。因为 $s(R)$ 在 X 上对称，故有：

$$\begin{aligned}\langle x,y\rangle\in I_X\cup s(R)&\Leftrightarrow\langle x,y\rangle\in I_X\vee\langle x,y\rangle\in s(R)\\&\Leftrightarrow\langle y,x\rangle\in I_X\vee\langle y,x\rangle\in s(R)\\&\Leftrightarrow\langle y,x\rangle\in I_X\cup s(R)\end{aligned}$$

所以 $I_X\cup s(R)=rs(R)$ 在 X 上是对称的。

因为 $rs(R)$ 是自反的，所以 $\alpha=rs(R)$ 是 X 上的相容关系。

3-131 给定集合 $X=\{x_1,x_2,\cdots,x_6\}$，R 是 X 上的相容关系，且 M_R 简化矩阵为：

x_2	1				
x_3	1	1			
x_4	0	0	1		
x_5	0	0	1	1	
x_6	1	0	1	0	1
	x_1	x_2	x_3	x_4	x_5

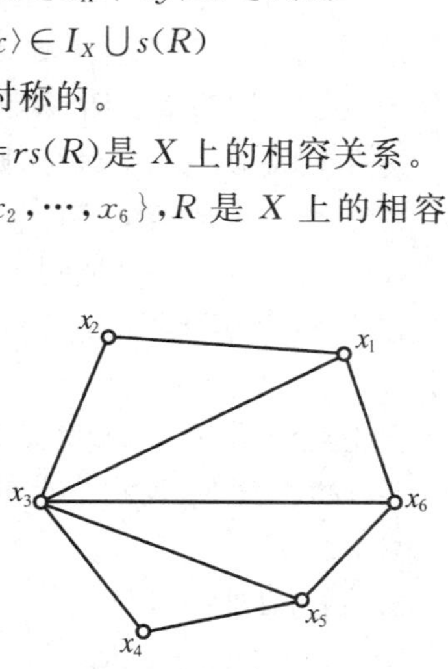

图 3-14

试求出 X 的完全覆盖，并画出相容关系图。【3-11.(2)】

解 根据给定的相容关系矩阵，可画出相容关系图如图 3-14 所示，由图可得 X 的完全覆盖：

$\Pi=\{\{x_1,x_2,x_3\},\{x_1,x_3,x_6\},\{x_3,x_5,x_6\},\{x_3,x_4,x_5\}\}$

3-132 给定 X 上相容关系 R，证明：$\bigcup_{i=1}^{\infty}R^i$ 为 X 上的等价关系。 【3-11.(3)】

证明 设 R 是 X 上的一个相容关系，故 R 是自反和对称的。

式
$$\bigcup_{i=1}^{\infty}R^i=t(R)$$
由习题 3-97 知 $t(R)$是自反和对称的，且 $t(R)$根据定义是传递的。所以当 R 是相容关系时，$t(R)$是 X 上的等价关系。

3-133 设 $C=\{A_1,A_2,\cdots,A_n\}$为集合 A 的覆盖，试由此覆盖确定 A 上的一个相容关系。并说明在什么条件下，此相容关系为等价关系。 【3-11.(4)】

解 此覆盖确定 A 上的相容关系：
$$R=A_1\times A_1\cup A_2\times A_2\cup\cdots\cup A_n\times A_n$$
因为 $A=\bigcup_{i=1}^{n}A_i$，对任一 $x\in A$，必有某个 $j>0$，使 $x\in A_j$，故
$$\langle x,x\rangle\in A_j\times A_j\Rightarrow\langle x,x\rangle\in R$$
所以 R 在 A 上是自反的。

对任意 $x,y\in A$，若有$\langle x,y\rangle\in R$，必有某个 $k>0$，使得
$$\langle x,y\rangle\in A_k\times A_k\Rightarrow\langle y,x\rangle\in A_k\times A_k\Rightarrow\langle y,x\rangle\in R$$
所以 R 在 A 上是对称的。

这说明 R 是 A 上的一个相容关系。

一般地说，R 在 A 上不一定是传递的。因为若有$\langle x,y\rangle\in A_i\times A_i$，$\langle y,z\rangle\in A_j\times A_j$，这里 $i\neq j$ 而 $y\in A_i\cap A_j$，$x\in A_i$，$z\in A_j$，故$\langle x,z\rangle$不一定在 R 中，只有当此覆盖是 A 的划分时，此相容关系 R 为在 X 上的等价关系。

3-134 设 $A=\{1,2,3,4,5,6\}$上有关系 $\beta=\{\langle 1,2\rangle,\langle 1,3\rangle,\langle 2,3\rangle,\langle 2,4\rangle,\langle 3,4\rangle,\langle 2,5\rangle,\langle 4,5\rangle,\langle 3,6\rangle,\langle 4,6\rangle\}$，试说明：至少有 A 的两个不同覆盖可产生
$$\alpha=I_X\cup\beta\cup\beta^c$$
【3-11.(5)】

解 $\alpha=\{\langle 1,2\rangle,\langle 2,1\rangle,\langle 1,3\rangle,\langle 3,1\rangle,\langle 2,3\rangle,\langle 3,2\rangle,\langle 2,4\rangle,$
$\langle 4,2\rangle,\langle 3,4\rangle,\langle 4,3\rangle,\langle 2,5\rangle,\langle 5,2\rangle,\langle 4,5\rangle,\langle 5,4\rangle,$
$\langle 3,6\rangle,\langle 6,3\rangle,\langle 4,6\rangle,\langle 6,4\rangle,\langle 1,1\rangle,\langle 2,2\rangle,\langle 3,3\rangle,$
$\langle 4,4\rangle,\langle 5,5\rangle,\langle 6,6\rangle\}$

$S_1=\{\{1,2,3\},\{2,4,5\},\{3,4,6\}\}$

$S_2=\{\{1,2,3\},\{2,4\},\{2,5\},\{4,5\},\{3,4,6\}\}$

S_1 和 S_2 都可产生相容关系 α。

3-135 设 α 和 β 是 A 上相容关系，试说明：

a) 复合关系 $\alpha\circ\beta$ 是 A 上相容关系吗？

b) $\alpha\cup\beta$ 是 A 上相容关系吗？

c) $\alpha\cap\beta$ 是 A 上相容关系吗？ 【3-11.(6)】

解 a) 设 $\alpha=\{\langle a,a\rangle,\langle b,b\rangle,\langle c,c\rangle,\langle a,b\rangle,\langle b,a\rangle\}$

$\beta=\{\langle a,a\rangle,\langle b,b\rangle,\langle c,c\rangle,\langle a,c\rangle,\langle c,a\rangle\}$

$\alpha\circ\beta=\{\langle a,a\rangle,\langle a,c\rangle,\langle b,b\rangle,\langle c,c\rangle,\langle c,a\rangle,$
$\langle a,b\rangle,\langle b,a\rangle,\langle b,c\rangle\}$。

所以 α,β 是相容关系，但 $\alpha\circ\beta$ 不是相容关系。

b) 对任意 $a\in A$，因为 $\langle a,a\rangle\in\alpha$，$\langle a,a\rangle\in\beta$，故 $\langle a,a\rangle\in\alpha\cup\beta$，即 $\alpha\cup\beta$ 是 A 上自反的。

对任意 $a,b\in A$，如果有 $\langle a,b\rangle\in\alpha\cup\beta$，则 $\langle a,b\rangle\in\alpha$ 或 $\langle a,b\rangle\in\beta$，因 α,β 在 A 上对称，故

$$\langle b,a\rangle\in\alpha \quad 或 \quad \langle b,a\rangle\in\beta\Rightarrow\langle b,a\rangle\in\alpha\cup\beta$$

所以 $\alpha\cup\beta$ 在 A 上对称，于是 $\alpha\cup\beta$ 是 A 上相容关系。

c) 对任意 $a\in A$，因 $\langle a,a\rangle\in\alpha\wedge\langle a,a\rangle\in\beta$，故 $\langle a,a\rangle\in\alpha\cap\beta$，即 $\alpha\cap\beta$ 是 A 上自反关系。

对任意 $a,b\in A$，若 $\langle a,b\rangle\in\alpha\cap\beta$，则有

$$\langle a,b\rangle\in\alpha\wedge\langle a,b\rangle\in\beta\Rightarrow\langle b,a\rangle\in\alpha\wedge\langle b,a\rangle\in\beta$$
$$\Rightarrow\langle b,a\rangle\in\alpha\cap\beta$$

即 $\alpha\cap\beta$ 在 A 上对称。

所以 $\alpha\cap\beta$ 是 A 上相容关系。

3-136 设集合为 $\{3,5,15\}$，$\{1,2,3,6,12\}$，$\{3,9,27,54\}$。

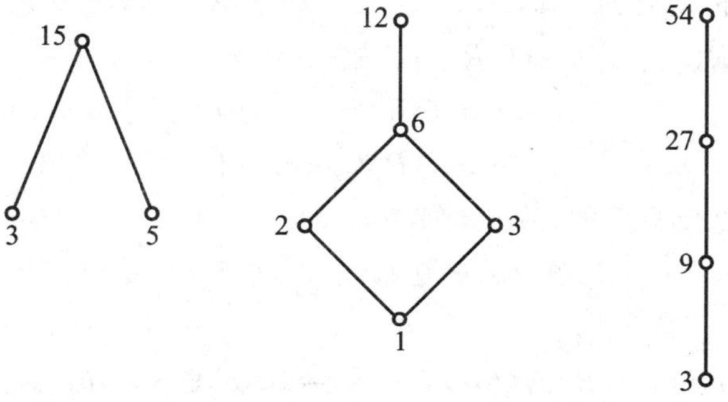

图 3-15

其上面的偏序关系为整除，画出这些集合的偏序关系图，并指出哪些是全序关系。【3-12.(1)】

解 关系图如图 3-15 所示。

集合{3,9,27,54}上的整除关系是全序关系。

3-137 设 R 是 A 上二元关系，如果 R 是传递和反自反的，则称 R 是拟序关系。证明：

a) 如果 R 是 A 上拟序关系，则 $r(R)=R\cup I_A$ 是偏序关系。

b) 如果 R 是一偏序关系，则 $R-I_A$ 是一拟序关系。

【3-12.(2)】

证明 a) 对任意 $a\in A$，因为 $\langle a,a\rangle\in I_A$，所以

$$\langle a,a\rangle\in(R\cup I_A)=r(R)$$

故 $r(R)$是 A 上自反的。

对任意 $a,b\in A$，若有 $\langle a,b\rangle\in r(R)$，则

$$\langle a,b\rangle\in R\vee\langle a,b\rangle\in I_A$$

当 $a=b$ 时，$\langle a,b\rangle\in I_A$。

当 $a\neq b$ 时，$\langle a,b\rangle\in R$。如果另有 $\langle b,a\rangle\in R$，则因 R 是传递的，故必有 $\langle a,a\rangle\in R$，这与 R 是反自反相矛盾。所以当 $a\neq b$ 时，

$$\langle a,b\rangle\in R\Rightarrow\langle b,a\rangle\notin R$$

故 $\langle b,a\rangle\notin r(R)$，即 $r(R)$是反对称的。

另外，对任意 $a,b,c\in A$，若 $\langle a,b\rangle\in r(R)\wedge\langle b,c\rangle\in r(R)$，则有 $\langle a,b\rangle\in R\cup I_A\wedge\langle b,c\rangle\in R\cup I_A$，故

$$\langle a,b\rangle\in R\vee\langle a,b\rangle\in I_A$$

且

$$\langle b,c\rangle\in R\vee\langle b,c\rangle\in I_A$$

因为 R 是反自反的，故 $a\neq b\wedge b\neq c$，即

$$\langle a,b\rangle\notin I_A,\langle b,c\rangle\notin I_A$$

故

$$\begin{aligned}\langle a,b\rangle\in r(R)\wedge\langle b,c\rangle\in r(R)&\Rightarrow\langle a,b\rangle\in R\wedge\langle b,c\rangle\in R\\&\Rightarrow\langle a,c\rangle\in R\Rightarrow\langle a,c\rangle\in r(R)\end{aligned}$$

即 $r(R)$ 为传递的，于是 $r(R)$ 为 A 上的偏序关系。

b) 设 R 为偏序关系，对任意 $a\in A$，如果 $\langle a,a\rangle\in R-I_A$，则必有 $\langle a,a\rangle\in R\wedge\langle a,a\rangle\notin I_A$ 矛盾。故对任意 $a\in A$，必有 $\langle a,a\rangle\notin R-I_A$，所以 $R-I_A$ 是反自反的。

设 $a,b,c\in A$，若 $\langle a,b\rangle\in R-I_A$，$\langle b,c\rangle\in R-I_A$，则

$$\langle a,b\rangle\in R\wedge\langle a,b\rangle\notin I_A\wedge\langle b,c\rangle\in R\wedge\langle b,c\rangle\notin I_A$$

为此，必须 $a\neq b\neq c$。所以 $\langle a,b\rangle\in R-I_A$ 和 $\langle b,c\rangle\in R-I_A$ 可推出

$$\langle a,b\rangle\in R\wedge\langle b,c\rangle\in R\Rightarrow\langle a,c\rangle\in R$$

但 $\langle a,c\rangle\notin I_A$，所以 $\langle a,c\rangle\in R-I_A$，即 $R-I_A$ 是传递的。

于是 $R-I_A$ 为拟序关系。

3-138 设 R 是 X 上的二元关系：

a) 证明 R 是拟序，当且仅当 $R\cap R^c=\varnothing$ 和 $R=R^+$；

b) 证明 R 是偏序，当且仅当 $R\cap R^c=I_X$ 和 $R=R^*$。

证明 a) 若 R 是 X 上的一个拟序关系，则 R 是反自反和传递的。由定理 3-8.1 得 $R=t(R)=R^+$。

对任意 $\langle x,y\rangle\in R$，如果 $\langle x,y\rangle\in R^c$，则 $\langle y,x\rangle\in R$，由 R 的传递性得到 $\langle x,x\rangle\in R$，这与 R 的反自反性矛盾，故对任意 $\langle x,y\rangle\in R$，则 $\langle x,y\rangle\notin R^c$。所以

$$R\cap R^c=\varnothing$$

反之，若 $R\cap R^c=\varnothing$，且 $R=R^+$，则 R 必是反自反的。因为对

任意 $x\in X$，如果有 $\langle x,x\rangle\in R$，则必有 $\langle x,x\rangle\in R^c$，这与 $R\cap R^c=\varnothing$ 矛盾，故对任意 $x\in X$，必定是 $\langle x,x\rangle\notin R$，又因为 $R=R^+$，故由定理 3-8.1 得 R 是传递的，即 R 是拟序。

b）如果 R 是 X 上的一个偏序关系，则 R 是自反、传递和反对称的，由定理 3-8.1 得 $R=r(R)$ 和 $R=t(R)$，所以 $R=tr(R)$，即 $R=R^*$。

又 R 是自反的，故对任意 $x\in X$，有 $\langle x,x\rangle\in R$，且有 $\langle x,x\rangle\in R^c$，故 $\langle x,x\rangle\in R\cap R^c$。对任意 $x,y\in X$，若 $x\neq y$：

① 如果 $\langle x,y\rangle\in R$，因 R 反对称，必有 $\langle y,x\rangle\notin R$，即

$$\langle x,y\rangle\in R\Rightarrow\langle x,y\rangle\notin R^c$$

所以 $\langle x,y\rangle\in R$ 时，$\langle x,y\rangle\notin R\cap R^c$。

② 如果 $\langle x,y\rangle\notin R$，则 $\langle x,y\rangle\notin R\cap R^c$。

综上所述 $$R\cap R^c=I_X$$

反之，如果 $R\cap R^c=I_X$，且 $R=R^+$，则对任意 $x\in X$，因为 $\langle x,x\rangle\in I_X$，即 $\langle x,x\rangle\in R\cap R^c$，可得 $\langle x,x\rangle\in R\wedge\langle x,x\rangle\in R^c$，故 R 是自反的。

对任意 $x,y\in X$，如果 $x\neq y$。设 $\langle x,y\rangle\in R$ 时有 $\langle y,x\rangle\in R$，则 $\langle x,y\rangle\in R^c$，这样 $\langle x,y\rangle\in R\cap R^c$，故 $\langle x,y\rangle\in I_X$ 矛盾。所以

$$\langle x,y\rangle\in R\Rightarrow\langle y,x\rangle\notin R$$

故 R 是反对称的。因为 $R=tr(R)$，由传递闭包定义，可知 R 是传递的。

所以 R 是 X 上的偏序关系。

3-139 设 R 是集合 S 上的关系，S' 是 S 的子集，定义 S' 上关系 R' 如下：

$$R'=R\cap(S'\times S')$$

确定下述每一断言是真还是假。

a）如果 R 在 S 上是传递的，那么 R' 在 S' 上是传递的。

b）如果 R 是 S 上的偏序关系，那么 R' 是 S' 上的偏序关系。

c）如果 R 是 S 上的拟序关系，那么 R' 是 S' 上的拟序关系。

d）如果 R 是 S 上的线序关系，那么 R' 是 S' 上的线序关系。

e）如果 R 是 S 上的良序关系，那么 R' 是 S' 上的良序关系。

【3-12.(3)】

解 对任意 $a,b,c\in S'$，因 $S'\subseteq S$，故 $a,b,c\in S$。

a）若有 $\langle a,b\rangle\in R'$，$\langle b,c\rangle\in R'$，因 $R'=R\cap(S'\times S')$，得到

$$\begin{aligned}\langle a,b\rangle\in R\cap(S'\times S')&\Rightarrow\langle a,b\rangle\in R\wedge\langle a,b\rangle\in S'\times S'\\&\Rightarrow\langle a,b\rangle\in R\wedge a\in S'\wedge b\in S'\end{aligned}$$

同理

$$\langle b,c\rangle\in R\cap(S'\times S')\Rightarrow\langle b,c\rangle\in R\wedge b\in S'\wedge c\in S'$$

因 R 在 S 上传递，故

$$\begin{aligned}\langle a,b\rangle\in R'\wedge\langle b,c\rangle\in R'&\Rightarrow\langle a,c\rangle\in R\wedge a\in S'\wedge c\in S'\\&\Rightarrow\langle a,c\rangle\in R\cap(S'\times S')\\&\Rightarrow\langle a,c\rangle\in R'\end{aligned}$$

所以 R' 在 S' 上是传递的。

b）对任意 $a\in S'$，因 $S'\subseteq S$，故 $a\in S$，由 $\langle a,a\rangle\in R$ 且 $\langle a,a\rangle\in(S'\times S')$ 得到 $\langle a,a\rangle\in R'$ 即 R' 在 S 上是自反的。若有 $a,b\in S'$ 且 $a\neq b$，则对任意

$$\langle a,b\rangle\in R'\Rightarrow\langle a,b\rangle\in R\wedge\langle a,b\rangle\in S'\times S'$$

因 R 是反对称的，故必有

$$\langle b,a\rangle\notin R\Rightarrow\langle b,a\rangle\notin R'$$

所以 R' 在 S' 上是反对称的。由 a)中证得 R' 在 S' 上是传递的。

于是 R' 是 S' 上的偏序关系。

c）对任意 $a\in S'\subseteq S$，因为 $\langle a,a\rangle\notin R$，所以 $\langle a,a\rangle\notin R\cap(S'\times S')$，得到 $\langle a,a\rangle\notin R'$，即 R' 在 S' 上是反自反的。由 a)知 R' 在 S' 上是传递的，故 R' 是 S' 上的拟序关系。

d）设任意 $a,b\in S'$，如果 R 是 S 上线序关系，故必有

$$\langle a,b\rangle\in R\vee\langle b,a\rangle\in R$$

即 $\langle a,b\rangle\in R\cap(S'\times S')$，$\langle b,a\rangle\in R\cap(S'\times S')$ 亦即 $\langle a,b\rangle\in R'$ 或 $\langle b,a\rangle\in R'$，所以 R' 为 S' 上线序关系。

e）设 $\langle S,R\rangle$ 为良序集，若 $\langle S',R'\rangle$ 不是良序集，则必有 $S''\subseteq S'$ 且 $S''\neq\varnothing$，使得 $\langle S'',R'\rangle$ 中不存在最小元，即对任意 $a\in S''$

必有$b\in S''$，使得$\langle a, b\rangle\in S''\times S''$，即$\langle a, b\rangle\in S'\times S'$，但$\langle a, b\rangle\notin R'$。

因为$R'=R\cap(S'\times S')$，故$\langle a, b\rangle\notin R$，但$S''\subseteq S'\subseteq S$，这说明在$S$中存在非空子集$S''$，对所有$a\in S''$都存在$b\in S''$，使$\langle a, b\rangle\notin R$，这与$\langle S, R\rangle$是良序集矛盾。于是证得$\langle S', R'\rangle$是良序集。

3-140 找出在集合$\{0,1,2,3\}$上包含序偶$\langle 0,3\rangle$和$\langle 2,1\rangle$的线序关系。 【3-12.(4)】

解 $R=\{\langle 0,0\rangle,\langle 2,2\rangle,\langle 1,1\rangle,\langle 3,3\rangle,\langle 0,2\rangle,$
$\langle 0,1\rangle,\langle 0,3\rangle,\langle 2,1\rangle,\langle 2,3\rangle,\langle 1,3\rangle\}$

其哈斯图见图 3-16 所示。

图 3-16

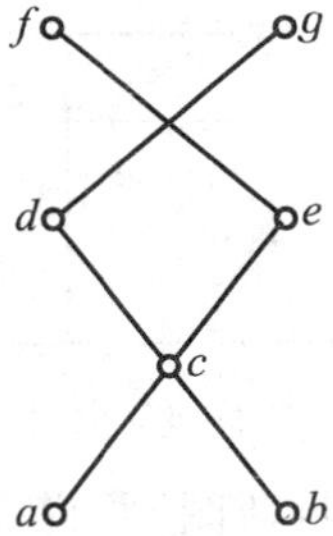

图 3-17

3-141 构造下列集合的例子：

a）非空线性集，其中某些子集没有最小元素；

b）非空偏序集，它不是线序集，其中某些子集没有最大元；

c）一个偏序集有一个子集，它存在一个最大下界，但没有最小元素；

d）一偏序集有一子集，它存在一个上界，但没有最小上界。

【3-12.(5)】

解 a）非负实数集上的小于等于关系，构成$\langle R_+,\preccurlyeq\rangle$是非空线序集，其中某些子集没有最小元素。

b）如图 3-17 所示哈斯图中，子集$\{a, b, c, d, e\}$，没有最大元。

c）如图 3-17 所示，子集$\{d, e, f, g\}$，有一最大下界，但没有最小元素。

d）图中$\{a,b,c,d,e\}$有一上界 f(或 g)，但没有最小上界。

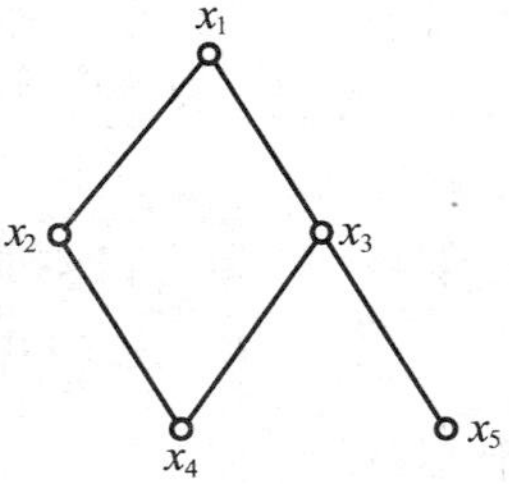

图 3-18

3-142 设集合 $P=\{x_1, x_2, x_3, x_4, x_5\}$上的偏序关系如图 3-18 所示，找出 P 的最大元素，最小元素，极小元素，极大元素。找出子集$\{x_2, x_3, x_4\}$，$\{x_3,x_4,x_5\}$和$\{x_1, x_2, x_3\}$的上界，下界，上确界，下确界。【3-12.(6)】

解 P 的最大元素为 x_1，无最小元素。极大元素为 x_1，极小元素为 x_4,x_5。其余如下表：

子　集	上　界	下　界	上确界	下确界
$\{x_2,x_3,x_4\}$	x_1	x_4	x_1	x_4
$\{x_3,x_4,x_5\}$	x_1,x_3	无	x_3	无
$\{x_1,x_2,x_3\}$	x_1	x_4	x_1	x_4

3-143 图 3-19 给出了集合$\{1,2,3,4\}$上的四个偏序关系图，画出它们的哈斯图，并说明哪一个是全序关系，哪一个是良序关系。【3-12.(7)】

解 设 $A=\{1,2,3,4\}$，四个偏序关系为 R_1,R_2,R_3,R_4，其哈斯图如图 3-20 所示。

a）$R_1=\{\langle 1,1\rangle,\langle 2,2\rangle,\langle 3,3\rangle,\langle 4,4\rangle,\langle 1,2\rangle,$
$\langle 1,3\rangle,\langle 4,1\rangle,\langle 4,3\rangle,\langle 4,2\rangle\}$

$\mathrm{COV}(A)=\{\langle 1,2\rangle,\langle 1,3\rangle,\langle 4,1\rangle\}$

b）$R_2=\{\langle 1,1\rangle,\langle 2,2\rangle,\langle 3,3\rangle,\langle 4,4\rangle,\langle 1,3\rangle,$
$\langle 1,4\rangle,\langle 2,3\rangle,\langle 2,4\rangle\}$

$\mathrm{COV}(A)=\{\langle 1,3\rangle,\langle 1,4\rangle,\langle 2,3\rangle,\langle 2,4\rangle\}$

c）$R_3=\{\langle 1,1\rangle,\langle 2,2\rangle,\langle 3,3\rangle,\langle 4,4\rangle,\langle 3,1\rangle,$
$\langle 3,4\rangle,\langle 3,2\rangle,\langle 1,2\rangle,\langle 4,2\rangle,\langle 4,1\rangle\}$

$\mathrm{COV}(A)=\{\langle 1,2\rangle,\langle 3,4\rangle,\langle 4,1\rangle,\langle 3,1\rangle\}$

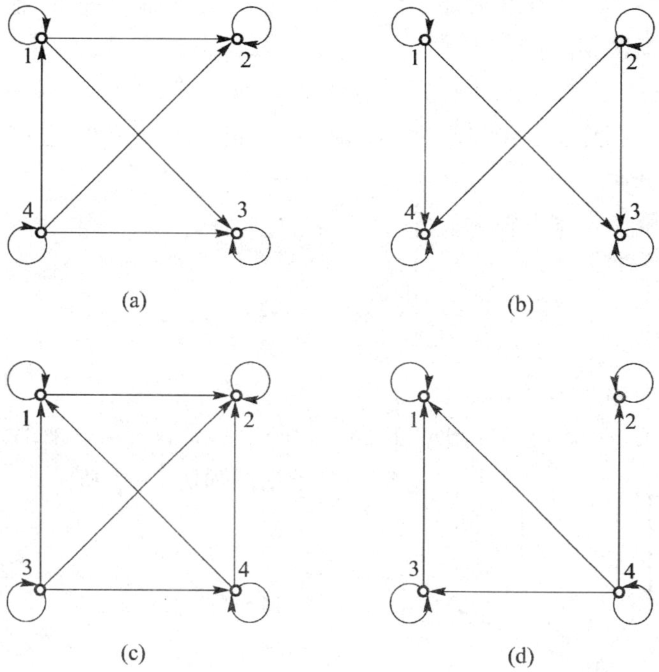

图 3-19

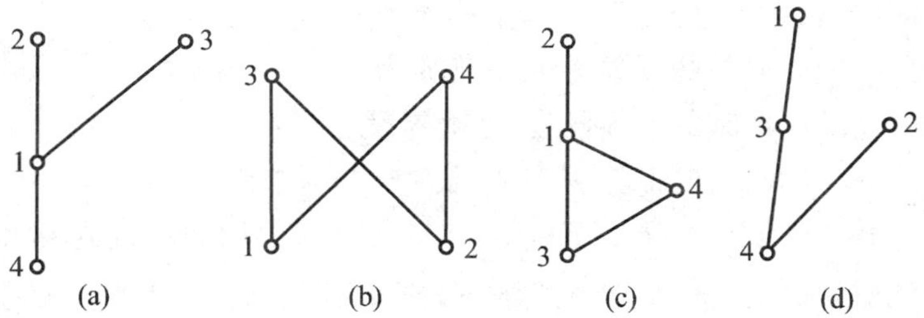

图 3-20

R_3 是全序关系，也是良序关系。

d) $R_4=\{\langle 1,1\rangle,\langle 2,2\rangle,\langle 3,3\rangle,\langle 4,4\rangle,\langle 3,1\rangle,$
$\langle 4,3\rangle,\langle 4,1\rangle,\langle 4,2\rangle\}$

$\mathrm{COV}(A)=\{\langle 3,1\rangle,\langle 4,3\rangle,\langle 4,2\rangle\}$

3-144 画出集合 $S=\{1,2,3,4,5,6\}$ 在偏序关系"整除"下的哈斯图，并讨论：

a) 写出 $\{1,2,3,4,5,6\}$ 的极大元，极小元，最大元，最小元。

b) 分别写出 $\{2,3,6\}$ 及 $\{2,3,5\}$ 的上界，下界，上确界，下确界。

解 设 $\preccurlyeq$ 为整除关系：

$$\text{“}\preccurlyeq\text{”}=\{\langle 1,2\rangle,\langle 1,3\rangle,\langle 1,4\rangle,\langle 1,5\rangle,\langle 1,6\rangle,\langle 2,4\rangle,\langle 2,6\rangle,\langle 3,6\rangle,\langle 1,1\rangle,\langle 2,2\rangle,\langle 3,3\rangle,\langle 4,4\rangle,\langle 5,5\rangle,\langle 6,6\rangle\}$$

在偏序集 $\langle S,\preccurlyeq\rangle$ 中，

$$\mathrm{COV}(S)=\{\langle 1,2\rangle,\langle 1,3\rangle,\langle 1,5\rangle,\langle 2,4\rangle,\langle 2,6\rangle,\langle 3,6\rangle\}$$

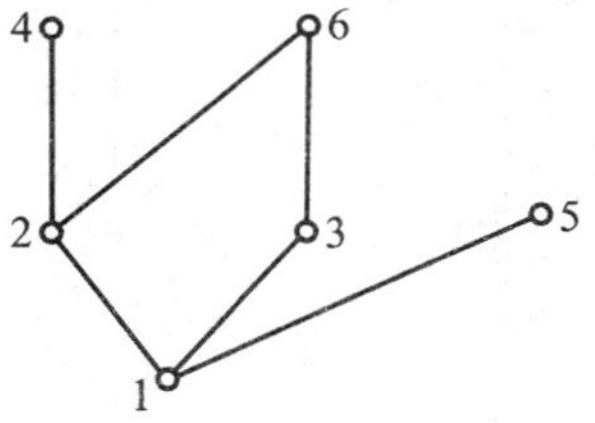

图 3-21

其哈斯图如图 3-21 所示。

a) $\{1,2,3,4,5,6\}$，在"整除"关系中

极大元：6，5，4

极小元：1

最大元：没有

最小元：1

b) $\{2,3,6\}$ 的上界为 6，上确界为 6。

$\{2,3,6\}$ 的下界为 1，下确界为 1。

$\{2,3,5\}$ 的上界没有，上确界没有。

$\{2,3,5\}$ 的下界为 1，下确界为 1。

3-145 设 X 上二元关系 R，若 R 满足反自反、反对称和传递性质，则称 R 为 X 上的严格序关系。证明：若 S 为 X 上偏序关系，则 $S-I_X$ 是 X 上的严格序关系；若 S 为 X 上的一个严格序，则 $S\cup I_X$ 是一个 X 上的偏序关系。

证明 a) 设 S 为 X 上的偏序关系，则 $S\subseteq X\times X$，故 $S-I_X\subseteq X\times X$，对任意 $x\in X$，则 $\langle x,x\rangle\in I_X$，因此 $\langle x,x\rangle\notin S-I_X$，故 $S-I_X$ 是反自反的。

又若 $\langle x,y\rangle\in S-I_X\wedge\langle y,x\rangle\in S-I_X$

则 $\langle x,y\rangle\in S\wedge\langle y,x\rangle\in S\Rightarrow x=y$

即 $S-I_X$ 是反对称的。

设 $\langle x,y\rangle\in S-I_X\wedge\langle y,z\rangle\in S-I_X$

则$\langle x,y\rangle\in S\wedge\langle y,z\rangle\in S$,因 S 是传递的,故$\langle x,z\rangle\in S$。

当 $x\neq z$ 时, $\langle x,z\rangle\in S-I_X$

当 $x=z$ 时, $\langle x,y\rangle\in S\wedge\langle y,z\rangle\in S\Rightarrow x=y$

若设$\langle x,y\rangle\in S-I_X$,则$\langle x,y\rangle\notin I_X\Rightarrow x\neq y$ 矛盾。

所以 $S-I_X$ 是传递的。

b) 若 S 为 X 上的一个严格序,则对任意 $x\in X$,$\langle x,x\rangle\notin S$,但$\langle x,x\rangle\in I_X$,故$\langle x,x\rangle\in S\cup I_X$,即 $S\cup I_X$ 是自反的。

对任意 $x,y\in X$,若$\langle x,y\rangle\in S\cup I_X\wedge\langle y,x\rangle\in S\cup I_X$,则

$$
\begin{aligned}
&(\langle x,y\rangle\in S\vee\langle x,y\rangle\in I_X)\wedge(\langle y,x\rangle\in S\vee\langle y,x\rangle\in I_X)\\
&\Rightarrow(\langle x,y\rangle\in S\wedge\langle y,x\rangle\in S)\\
&\quad\vee(\langle x,y\rangle\in S\wedge\langle y,x\rangle\in I_X)\\
&\quad\vee(\langle x,y\rangle\in I_X\wedge\langle y,x\rangle\in S)\\
&\quad\vee(\langle x,y\rangle\in I_X\wedge\langle y,x\rangle\in I_X)\\
&\Rightarrow x=y
\end{aligned}
$$

故 $S\cup I_X$ 是反对称的。

对任意$\langle x,y\rangle\in S\cup I_X$,且$\langle y,z\rangle\in S\cup I_X$,则

$$
\begin{aligned}
&(\langle x,y\rangle\in S\vee\langle x,y\rangle\in I_X)\wedge(\langle y,z\rangle\in S\vee\langle y,z\rangle\in I_X)\\
&\Rightarrow(\langle x,y\rangle\in S\wedge\langle y,z\rangle\in S)\vee(\langle x,y\rangle\in S\\
&\quad\wedge\langle y,z\rangle\in I_X)\vee(\langle x,y\rangle\in I_X\wedge\langle y,z\rangle\in S)\\
&\quad\vee(\langle x,y\rangle\in I_X\wedge\langle y,z\rangle\in I_X)\\
&\Rightarrow\langle x,z\rangle\in S\vee(x=y=z)\Rightarrow\langle x,z\rangle\in S\cup I_X
\end{aligned}
$$

所以 $S\cup I_X$ 是传递的。

于是 $S\cup I_X$ 是 X 上的偏序关系。

3-146 设 S 为 X 上的偏序关系,T 为 Y 上的偏序关系,若$\langle\langle x_1,y_1\rangle,\langle x_2,y_2\rangle\rangle\in P$ 当且仅当$\langle x_1,x_2\rangle\in S$ 且$\langle y_1,y_2\rangle\in T$,证明:$P$ 是 $X\times Y$ 上的一个偏序关系。

证明 因为 $P\subseteq(X\times Y)\times(X\times Y)$:

(1) 对任意$\langle x,y\rangle\in X\times Y$,则 $x\in X\wedge y\in Y$，因为 S 为 X 上偏序关系，故$\langle x,x\rangle\in S$。且 T 为 Y 上的偏序关系，故有$\langle y,y\rangle\in T$,所以$\langle\langle x,y\rangle,\langle x,y\rangle\rangle\in P$,即 P 在 $X\times Y$ 上是自反的。

(2) 设任意$\langle\langle x_1,y_1\rangle,\langle x_2,y_2\rangle\rangle\in P$,且有

$$\langle\langle x_2,y_2\rangle,\langle x_1,y_1\rangle\rangle\in P$$

则有

$$\langle x_1,x_2\rangle\in S\wedge\langle y_1,y_2\rangle\in T\wedge\langle x_2,x_1\rangle\in S\wedge\langle y_2,y_1\rangle\in T$$
$$\Rightarrow(x_1=x_2)\wedge(y_1=y_2)\Rightarrow\langle x_1,y_1\rangle=\langle x_2,y_2\rangle$$

所以 P 在 $X\times Y$ 上是反对称的。

(3) 设

$$\langle\langle x_1,y_1\rangle,\langle x_2,y_2\rangle\rangle\in P\wedge\langle\langle x_2,y_2\rangle,\langle x_3,y_3\rangle\rangle\in P$$
$$\Rightarrow\langle x_1,x_2\rangle\in S\wedge\langle y_1,y_2\rangle\in T\wedge\langle x_2,x_3\rangle\in S\wedge\langle y_2,y_3\rangle\in T$$
$$\Rightarrow\langle x_1,x_3\rangle\in S\wedge\langle y_1,y_3\rangle\in T$$
$$\Rightarrow\langle\langle x_1,y_1\rangle,\langle x_3,y_3\rangle\rangle\in P$$

即 P 在 $X\times Y$ 上是传递的。

综上 P 是 $X\times Y$ 上的偏序关系。

3-147 设 S 为 X 上严格序,T 为 Y 上的严格序,在 $X\times Y$ 上定义关系 R 为$\langle\langle x_1,y_1\rangle,\langle x_2,y_2\rangle\rangle\in R$ 当且仅当$\langle y_1,y_2\rangle\in T$ 或($\langle x_1,x_2\rangle\in S$ 且 $y_1=y_2$),试证:R 是在 $X\times Y$ 上的一个严格序。

证明 由

$$R=\{\langle\langle x_1,y_1\rangle,\langle x_2,y_2\rangle\rangle\mid\langle y_1,y_2\rangle\in T\ \text{或}\ \langle x_1,x_2\rangle\in S\wedge y_1=y_2\}$$

所以

$$R\subseteq(X\times Y)\times(X\times Y)$$

(1) 对任意$\langle\langle x_1,y_1\rangle,\langle x_2,y_2\rangle\rangle\in R$ 有($\langle y_1,y_2\rangle\in T,y_1\neq y_2$)或($\langle x_1,x_2\rangle\in S,y_1=y_2$),因 S 是严格序,故 S 为反自反,所以

$$\langle x_1,x_2\rangle\in S\Rightarrow x_1\neq x_2$$

为此

$$\langle\langle x_1,y_1\rangle,\langle x_2,y_2\rangle\rangle\in R\Rightarrow\langle x_1,y_1\rangle\neq\langle x_2,y_2\rangle$$

即 R 是反自反的。

(2) 设任意

$$\langle\langle x_1,y_1\rangle,\langle x_2,y_2\rangle\rangle\in R\wedge\langle\langle x_2,y_2\rangle,\langle x_1,y_1\rangle\rangle\in R$$

$$\Rightarrow((\langle y_1,y_2\rangle\in T,y_1\neq y_2)\vee(\langle x_1,x_2\rangle\in S,y_1=y_2))$$

$$\wedge((\langle y_2,y_1\rangle\in T,y_2\neq y_1)\vee(\langle x_2,x_1\rangle\in S,y_2=y_1))$$

$$\Rightarrow((\langle y_1,y_2\rangle\in T,y_1\neq y_2)\wedge(\langle y_2,y_1\rangle\in T,y_2\neq y_1))$$

$$\vee((\langle y_1,y_2\rangle\in T,y_2\neq y_1)\wedge(\langle x_2,x_1\rangle\in S,y_2=y_1))$$

$$\vee((\langle x_1,x_2\rangle\in S,y_1=y_2)\wedge(\langle y_2,y_1\rangle\in T,y_2\neq y_1))$$

$$\vee((\langle x_1,x_2\rangle\in S,y_1=y_2)\wedge(\langle x_2,x_1\rangle\in S,y_2=y_1))$$

$$\Rightarrow\langle x_1,x_2\rangle\in S\wedge\langle x_2,x_1\rangle\in S\wedge y_1=y_2$$

$$\Rightarrow(x_1=x_2)\wedge(y_1=y_2)\Leftrightarrow\langle x_1,y_1\rangle=\langle x_2,y_2\rangle$$

所以 R 为 $X\times Y$ 上反对称的。

(3) 对任意

$$\langle\langle x_1,y_1\rangle,\langle x_2,y_2\rangle\rangle\in R\wedge\langle\langle x_2,y_2\rangle,\langle x_3,y_3\rangle\rangle\in R$$

$$\Rightarrow((\langle y_1,y_2\rangle\in T,y_1\neq y_2)\vee(\langle x_1,x_2\rangle\in S,y_1=y_2))$$

$$\wedge((\langle y_2,y_3\rangle\in T,y_2\neq y_3)\vee(\langle x_2,x_3\rangle\in S,y_2=y_3))$$

$$\Rightarrow((\langle y_1,y_2\rangle\in T,y_1\neq y_2)\wedge(\langle y_2,y_3\rangle\in T,y_2\neq y_3))$$

$$\vee((\langle y_1,y_2\rangle\in T,y_1\neq y_2)\wedge(\langle x_2,x_3\rangle\in S,y_2=y_3))$$

$$\vee((\langle x_1,x_2\rangle\in S,y_1=y_2)\wedge(\langle y_2,y_3\rangle\in T,y_2\neq y_3))$$

$$\vee((\langle x_1,x_2\rangle\in S,y_1=y_2)\wedge(\langle x_2,x_3\rangle\in S,y_2=y_3))$$

$$\Rightarrow(\langle y_1,y_3\rangle\in T,y_1\neq y_3)\vee(\langle x_1,x_3\rangle\in S,y_1=y_2)$$

$$\Rightarrow\langle\langle x_1,y_1\rangle,\langle x_3,y_3\rangle\rangle\in R$$

故 R 在 $X\times Y$ 上传递的。

综上 R 是 $X\times Y$ 上的严格序关系。

3-148 设 S 和 T 为 X 的划分,定义关系 R 为:SRT 当且仅当 $u\in S\Rightarrow u\subseteq v$(对某些 $v\in T$),求证关系 R 为 X 的所有划分的集合上的偏序关系。

证明 设 X 上所有划分的集合为 F,记关系为 R。因为 $u\subseteq u$,故满足 $u\in S\Rightarrow u\subseteq u$,对某些 $u\in S$,即 SRS 成立,因此 R 是自反的。

假定 SRT,TRS,则

$$u\in S\Rightarrow u\subseteq v\text{(对某些 }v\in T\text{)}$$

$$v \in T \Rightarrow v \subseteq u' (\text{对某些 } u' \in S)$$

因为 S 为 X 的划分，故 $u \cap u' = \varnothing$，或 $u = u'$，但 $u \neq \varnothing$，设

$$a \in u \Rightarrow a \in v \Rightarrow a \in u'$$

故 $u \cap u' \neq \varnothing$，于是只能有 $u = u'$。但 $u \subseteq v$，$v \subseteq u$，得到 $u = v$，所以 $S \subseteq T$。类似的可证 $T \subseteq S$，即 $T = S$。

由此可知，R 是反对称的。

又假若 SRT，TRW，则有

$$u \in S \Rightarrow u \subseteq v \quad (\text{对某些 } v \in T)$$

$$v \in T \Rightarrow v \subseteq z \quad (\text{对某些 } z \in W)$$

所以 $$u \in S \Rightarrow u \subseteq z \quad (\text{对某些 } z \in W)$$

即 SRW，故 R 是传递的。

综上所述，R 是 F 上的偏序关系。

3-149 设 X 为一个偏序集，对任意 $a \in X$，设

$$S(a) = \{x \mid x \in X \wedge x < a\}; \quad \overline{S}(a) = \{x \mid x \in X \wedge x \leqslant a\}$$

证明

(1) $\bigcup\limits_{a \in X} S(a) \subseteq X$；

(2) $\bigcup\limits_{a \in X} \overline{S}(a) = X$；

(3) 若 $X \neq \varnothing$，则 $\bigcap\limits_{a \in X} S(a) = \varnothing$

$$\bigcap_{a \in X} \overline{S}(a) = \begin{cases} \min X, & \text{若 } \min X \text{ 存在} \\ \varnothing, & \text{否则} \end{cases}$$

证明 (1) 对任意 $x \in \bigcup\limits_{a \in X} S(a)$，则对某个 $a \in X$，有 $x \in S(a)$，所以 $x \in X$，故 $\bigcup\limits_{a \in X} S(a) \subseteq X$。

(2) 对任意 $y \in \bigcup\limits_{a \in X} \overline{S}(a)$，则对某个 $a \in X$，有 $y \in \overline{S}(a)$，所以 $y \in X$，故 $\bigcup\limits_{a \in X} \overline{S}(a) \subseteq X$。

反之，对任意 $y \in X$，因为 $y \preccurlyeq y$，故 $y \in \overline{S}(y)$，为此

$$y \in \bigcup_{a \in X} \overline{S}(a)$$

故 $$X \subseteq \bigcup_{a \in X} \overline{S}(a)$$

于是
$$\bigcup_{a\in X}\overline{S}(a)=X$$

(3) 设有 $x\in\bigcap_{a\in X}S(a)$,则对所有 $a\in X$,有 $x<a$ 且 $x\in X$,故有 $a<a$,矛盾。所以
$$\bigcap_{a\in X}S(a)=\varnothing$$

设 $m=\min X$,对所有 $a\in X$,$m\preccurlyeq a$,故由 $\overline{S}(a)$ 定义,对所有 $a\in X$,$m\in\overline{S}(a)$,有 $m\in\bigcap_{a\in X}\overline{S}(a)$。现在假定 $x\in\bigcap_{a\in X}\overline{S}(a)$,则对所有 $a\in X$,有 $x\leqslant a$ 且 $x\in X$,因此 $x=\min X$,即有
$$\bigcap_{a\in X}\overline{S}(a)=\begin{cases}\min X, & \text{若}\min X\text{存在}\\ \varnothing, & \text{不存在}\end{cases}$$

第四章　函　　数

A　内容提要

1　函数的概念

函数　设 X 和 Y 是任何两个集合，而 f 是 X 到 Y 的一个关系，如果对于每一个 $x\in X$，有唯一的 $y\in Y$，使得 $\langle x,y\rangle\in f$，称关系 f 为 X 到 Y 的函数，或 X 到 Y 的映射。记作 $f\colon X\to Y$，或 $X\xrightarrow{f}Y$。

假如 $\langle x,y\rangle\in f$，则称 x 为自变元，y 称为在 f 作用下 x 的像。$\langle x,y\rangle\in f$，也可记为 $y=f(x)$。即 $f(X)=\{f(x)\mid x\in X\}$。

定义域　在函数 $Y=f(X)$ 中，若 $\langle x,y\rangle\in f$，则 f 的前域，就是函数的定义域，记作 $\mathrm{dom}f=X$。

值域　在函数 $Y=f(X)$ 中，f 的值域可记为 $\mathrm{ran}f$，即

$$\mathrm{ran}f=\{y\mid(\exists x)(x\in X\wedge y=f(x)\}$$

$\mathrm{ran}f$ 也称为像集合，且有 $\mathrm{ran}f\subseteq Y$。

函数相等　设函数 $f\colon A\to B$，$g\colon C\to D$，如果有 $A=C$，$B=D$，且对于所有 $x\in A$ 和 $x\in C$ 有 $f(x)=g(x)$，则称函数 f 和 g 相等，记作 $f=g$。

函数集合　从 X 到 Y 的所有函数的集合，记作 Y^X，即

$$Y^X=\{f\mid f\colon X\to Y\}$$

满射　对于映射 $f\colon X\to Y$，如果 $\mathrm{ran}f=Y$，即对任意 $y\in Y$，必存在 $x\in X$，使得 $y=f(x)$ 成立，则称这个映射为满射(或到上映射)。

入射　对于映射 $f\colon X\to Y$，X 中没有两个元素有相同的像，即

是对于任意 $x_1, x_2 \in X$，如果有

$$x_1 \neq x_2 \Rightarrow f(x_1) \neq f(x_2) \text{或者 } f(x_1) = f(x_2) \Rightarrow x_1 = x_2$$

则称这个映射为入射(或一对一映射)。

双射　对于映射 $f: X \to Y$，若既是满射又是入射的则称这个映射是双射(或一一对应)。

X'的像　设 $f: X \to Y$，若 $X' \subseteq \mathrm{dom} f$，则集合 X' 的像，记作 $f * X'$，它是 X'中所有元素的函数值的集合，即

$$f * X' = \{y \mid (\forall x)(x \in X' \wedge f(x) = y\}$$

f 对 A' 限制　设 $f: A \to B$，A' 为 f 定义域的子集，即 $A' \subseteq \mathrm{dom} f$，$f$ 对 A'的限制表示为 $f|A'$，定义为

$$f_{A'}: A' \to B$$

或

$$f_{A'}(x) = f(x)$$

f 对前域 A 的扩张　设 $f: A' \to B$，$g: A \to B$，且 $A' \subseteq A$，则若 $g|_{A'} = f$，称 g 是 f 对前域 A 的扩张。

定理 4-1.1　令 X 和 Y 为有限集，若 X 和 Y 的元素个数相同，即 $|X| = |Y|$，则 $f: X \to Y$ 是入射的，当且仅当它是一个满射。

2　逆函数和复合函数

逆函数　设 $f: X \to Y$ 是一双射函数，称 $Y \to X$ 的双射函数 f^c 为逆函数，记为 f^{-1}。

左复合　设函数 $f: X \to Y$，$g: W \to Z$，若 $f(X) \subseteq W$，则 $g \circ f = \{\langle x, z\rangle \mid x \in X \wedge z \in X \wedge (\exists y)(y \in Y \wedge y = f(x) \wedge z = g(y))\}$，称为 g 在函数 f 的左复合。

反映射　设 $f: X \to Y$，对 $Z \subseteq Y$，定义

$$f^{-1} * Z = \{x \mid x \in X \wedge f(x) \in Z\}$$

称为 Z 由 f 所引起的反映射。(注意 $f^{-1} * Z$ 与 f^{-1}不同)

恒等函数　设函数 $I_X: X \to X$，若有 $I_X = \{\langle x, x\rangle \mid x \in X\}$，则称 I_X 为恒等函数。

常函数　函数 $f: X \to Y$ 中，如果存在某个 $y_0 \in Y$，对于每个 $x \in X$ 都有 $f(x) = y_0$，即 $f(X) = \{y_0\}$，则称该函数为常函数。

对 f 的左逆 设 $f:X\to Y, g:Y\to X$，若 $g\circ f=I_X$，称 g 为对函数 f 的左逆。

对 f 的右逆 设 $f:X\to Y, g:Y\to X$，若 $f\circ g=I_Y$，称 g 为对函数 f 的右逆。

函数复合的结合性 函数复合可以结合的，即 $h\circ(g\circ f)=(h\circ g)\circ f$。

定理 4-2.1 设 $f:X\to Y$ 是一个双射函数，那么 f^c 是 $Y\to X$ 的双射函数。

定理 4-2.2 两个函数的复合是一个函数。

定理 4-2.3 设 $g\circ f$ 是一个复合函数：

a) 若 g 和 f 是满射的，则 $g\circ f$ 是满射的；

b) 若 g 和 f 是入射的，则 $g\circ f$ 是入射的；

c) 若 g 和 f 是双射的，则 $g\circ f$ 是双射的。

定理 4-2.4 如果函数 $f:X\to Y$，则 $f=f\circ I_X=I_Y\circ f$。

定理 4-2.5 如果函数 $f:X\to Y$ 有逆函数 $f^{-1}:Y\to X$ 则 $f^{-1}\circ f=I_X$ 且 $f\circ f^{-1}=I_Y$。

定理 4-2.6 若 $f:X\to Y$ 是一一对应的函数，则 $(f^{-1})^{-1}=f$。

定理 4-2.7 若 $f:X\to Y, g:Y\to Z$ 均为一一对应函数，则 $(g\circ f)^{-1}=f^{-1}\circ g^{-1}$。

3 特征函数与模糊子集

特征函数 令 E 是全集，A 是 E 的子集，$A\subseteq E$，由

$$\psi_A(x)=\begin{cases}1,\text{如果 } x\in A\\0,\text{其他}\end{cases}$$

定义的函数 $\psi_A:E\to\{0,1\}$，称为集合 A 的特征函数。

隶属函数 给定论域 E，指定 E 上的一个模糊子集 $\underset{\sim}{A}$ 是指对任意 $x\in E$ 都有一个隶属程度 $\mu=\psi_{\underset{\sim}{A}}(x)$ $(0\leqslant\mu\leqslant1)$ 与它对应，称 $\psi_{\underset{\sim}{A}}(x)$ 为 $\underset{\sim}{A}$ 的隶属函数。

特征函数的性质 设 A 和 B 是全集 E 的任何两个子集，对于

所有 $x\in E$：

(1) $\psi_A(x)=0\Leftrightarrow A=\varnothing$；

(2) $\psi_A(x)=1\Leftrightarrow A=E$；

(3) $\psi_A(x)\leqslant\psi_B(x)\Leftrightarrow A\subseteq B$；

(4) $\psi_A(x)=\psi_B(x)\Leftrightarrow A=B$；

(5) $\psi_{A\cap B}(x)=\psi_A(x)*\psi_B(x)$；

(6) $\psi_{A\cup B}(x)=\psi_A(x)+\psi_B(x)-\psi_{A\cap B}(x)$；

(7) $\psi_{\sim A}(x)=1-\psi_A(x)$；

(8) $\psi_{A-B}(x)=\psi_A(x)-\psi_{A\cap B}(x)$。

其中特征函数间的运算＋，－，$*$ 就是通常算术运算＋，－，×。用于集合间的相等，就是通常所定义的集合相等。

4 基数的概念

后继集 集合 A 的后继集，定义为 $A^+=A\cup\{A\}$。

Peano 公理 自然数集合 $N=\{0,1,2,3,\cdots\}$满足：

(1) $0\in N$(其中 $0=\varnothing$)；

(2) 如果 $n\in N$，那么 $n^+\in N$(其中 $n^+=n\cup\{n\}$)；

(3) 如果一个子集 $S\subseteq N$ 具有性质：

i) $0\in S$， ii) 如果 $n\in S$，有 $n^+\in S$，则 $S=N$。

可递集 集合 A 称为可递集，当且仅当 A 的成员的每个成员本身是 A 的成员，即：$x\in S\in A\Rightarrow x\in A$。这个定义与以下三式等价：

i) $\bigcup A\subseteq A$，ii) $S\in A\Rightarrow S\subseteq A$，iii) $A\subseteq\mathscr{P}(A)$。

一一对应 给定两个集合 P 与 Q，如果我们对 P 中每个不同元素与 Q 中不同元素，可以分别两两成对，则我们说 P 的元素与 Q 的元素之间，存在着一一对应。

等势 当且仅当集合 A 的元素与集合 B 的元素之间存在着一一对应。集合 A 与集合 B 称为是等势(或同浓)。记作 $A\sim B$。

基数 所有与集合 A 等势的集合所组成的集合，叫做集合 A 的基数，记为 $K[A]$(或$\overline{\overline{A}}$)。

有限集　如果有一个从集合$\{0,1,\cdots,n-1\}$到 A 的双射函数,那么称集合 A 是有限的。

无限集　如果集合 A 不是有限的,则它是无限的。

定理 4-4.1　在集合族上等势关系是一个等价关系。

定理 4-4.2　自然数集合 N 是无限集。

5　可数集与不可数集

可数集　与自然数集合等势的任意集合称为可数的,可数集合的基数记为$\aleph_0$。

至多可数集　有限集和可数集,统称为至多可数集。

连续统的势　集合$(0,1)$的基数记为$\aleph$,因$(0,1)\sim R$,故称 R 的基数为$\aleph$,亦称$\aleph$为连续统的势。

定理 4-5.1　A 为可数集的充分必要条件是可以排成:$A=\{a_1,a_2,\cdots,a_n,\cdots\}$的形式。

定理 4-5.2　任一无限集,必含有可数子集。

定理 4-5.3　任一无限集合必与其某一真子集等势。

定理 4-5.4　可数集的任何无限子集是可数的。

定理 4-5.5　可数个两两不相交的可数集合的并集,仍然是一个可数集。

定理 4-5.6　设自然数集合 N,则 $N\times N$ 是可数集。

定理 4-5.7　有理数的全体组成的集合是可数的。

定理 4-5.8　全体实数构成的集合 R 是不可数的。

6　基数的比较

基数的大小　若从集合 A 到集合 B 存在一个入射,则称 A 的基数不大于 B 的基数,记作 $K[A]\leqslant K[B]$。

若从 A 到 B 存在一个入射,但不存在双射,则称 A 的基数小于 B 的基数,记作 $K[A]<K[B]$。

连续统假设　假定$\aleph$是大于$\aleph_0$的最小基数,即不存在任何基

数 $K[S]$，使 $\aleph_0<K[S]<\aleph$ 成立。称此假设为连续统假设。

定理 4-6.1（Zermelo 定理） 令 A 和 B 是任意集合，则以下三条中恰有一条成立：

a） $K[A]<K[B]$；

b） $K[B]<K[A]$；

c） $K[A]=K[B]$。

定理 4-6.2（Cantor-Schroder-Bernstein 定理） 设 A 和 B 是集合，如果 $K[A]\leqslant K[B]$，且 $K[B]\leqslant K[A]$，则 $K[A]=K[B]$。

定理 4-6.3 设 A 是有限集合，则 $K[A]<\aleph_0<\aleph$。

定理 4-6.4 如果 A 是无限集合，那么 $\aleph_0\leqslant K[A]$。

定理 4-6.5（Cantor 定理） 设 M 是一个集合，令 T 为 M 的幂集，即 $T=\mathscr{P}(M)$，则 $K[M]<K[T]$。

B 选题例解

例题 4-1 试证自然数集 N 是可递集。

分析 由可递集的等价定义知道，对任意集合 A 是可递集的充要条件为 $a\in A\Rightarrow a\subseteq A$。要证自然数集 N 是可递的，即证对任意 $n\in N$ 有 $n\subseteq N$，为此只需证不存在有 $n\in N$ 使得 $n\nsubseteq N$。如果令 $B=\{n\mid n\in N, n\nsubseteq N\}$，则就是要证明 $B=\varnothing$。即是要证明 $B\neq\varnothing$ 不可能，所以要设法考察 B 中的元素。考虑到 B 中元素是自然数，而自然数本身，根据定义也是一个集合，且较小自然数包含于较大自然数之中，所以 B 中的元素必可排序且有最小元。但是 0 是自然数集中的最小元素，$0\in N$，$0\subseteq N$，故 $0\notin B$。由自然数的定义，对任意 $n\in N$，必有 $n^+\in N$。因此不是 0 的任一自然数必是某数的后继，设 $m=K^+$，由后继定义 $K^+=K\cup\{K\}$，这样只要证明对 B 中最小元素 K^+，有 $K^+\notin K$ 但 $K\in B$，这就导致与 K^+ 是 B 中最小元素的假设矛盾。于是证得 $B=\varnothing$，因此所有 $n\in N$ 必是 $n\subseteq N$，即 N 是可递集。

证明 设自然数集 N，令 $B=\{n\mid n\in N, n\nsubseteq N\}$，设任意自然

数 $n=\{0,1,2,\cdots,n-1\}$，因为 $0\in N$，且 $0=\varnothing\subseteq N$，所以 $0\notin B$。若 $B\neq\varnothing$，因为 $B\subseteq N$，B 必有一最小元素 $m\in B$，且 $m\neq 0$，对所有 $n\in B$，有 $m\in n$ 或 $m=n$，设 $m=K^+=K\cup\{K\}$，$K\in N$，故 $\{K\}\subseteq N$，所以有 $K\nsubseteq N$。因为，否则若 $K\subseteq N$，且 $\{K\}\subseteq N$，则可得 $K\cup\{K\}\subseteq N$，这与 $K\cup\{K\}=K^+\in B$ 矛盾。因此 $K\in N$，$K\nsubseteq N$，所以有 $K\in B$，但 $K\in K^+$，与 K^+ 是 B 中最小元素矛盾。于是 $B=\varnothing$，即不存在 $n\in N$，$n\nsubseteq N$，所以对任意 $n\in N$，必有 $n\subseteq N$，因此 N 为可递集。

例题 4-2 假定 $f:X\to Y$ 和 $g:Y\to Z$ 是映射，使得 $g\circ f$ 是一个满射，且 g 是一个入射。证明 f 是满射。

分析 要证 f 是一个满射，可用两种方法。一种是直接证法，就是由 $g\circ f$ 是一个满射，g 是入射，推出 f 是满射。另一种方法是反证法，就是假定 f 不是满射，由 $g\circ f$ 是满射，推出 g 不是入射；或者假定 f 不是满射，由 g 是入射，推出 g。f 不是满射。所以本题可用三种证法。要证明 f 是满射，即是要证明 $f(X)=Y$。要证明 g 是入射，即是对任意 $y_1,y_2\in Y$，有 $y_1\neq y_2\Rightarrow g(y_1)\neq g(y_2)$。根据上述分析，下面给出三种证法。

证明

证法 1　设任意 $y\in Y$，因为 g 是映射，故必有 $z=g(y)\in Z$，由于 $g\circ f$ 是满射，故对任意 $z\in Z$，必有 $x\in X$，使得 $g\circ f(x)=z$，为此有 $g\circ f(x)=g(y)$，即 $g(f(x))=g(y)$。因为 g 是入射，故有 $f(x)=y$，所以对任意 $y\in Y$，必有 $x\in X$，使 $f(x)=y$。于是 f 是满射的。

证法 2　假定 f 不是满射，则有 $f(X)\neq Y$，即 $Y-f(X)\neq\varnothing$。设有 $y_0\in(Y-f(X))$ 且因 g 是函数，则 $g(y_0)=z_0\in Z$，因 $g\circ f$ 是满射，故对 $z_0\in Z$，必存在 $x_0\in X$，使 $f(x_0)=y$，$g(y)=z_0$，而 $y_0\neq y$，但 $g(y)=g(y_0)$，故 g 不是入射。

证法 3　假定 f 不是满射，则 $f(X)\neq Y$，即 $Y-f(X)\neq\varnothing$，设有 $y_0\in(Y-f(X))$，因 g 是函数，故可设 $g(y_0)=z_0\in Z$，因 g 是入射，对每个 $y\neq y_0$，必有 $g(y)\neq g(y_0)$，即 $g(y)\neq z_0$，所以对每个

$y\in f(X)$，$g(y)\neq z_0$ 即 $z_0\notin \mathrm{ran}(g\circ f)$，这与 $g\circ f$ 是满射矛盾，即 $g\circ f$不是满射。

例题 4-3 设 $P_1:A\times B\to A$，使得 $P_1(\langle x,y\rangle)=x$，
$P_2:A\times B\to B$，使得 $P_2(\langle x,y\rangle)=y$。

令 f：$X\to A$，g：$X\to B$，证明存在唯一函数 Φ：$X\to A\times B$，使得

$$P_1\circ\Phi=f,P_2\circ\Phi=g。$$

分析 本题要求构造函数 Φ，使与已知函数 P_1，P_2 复合后为给定函数 f 和g。注意到 P_1，P_2 的前域为笛卡尔积，因此在 P_1 和 P_2 前域中，其元素为序偶。由于 f 和 g 的前域均为 X，它们的共域分别为 A 和 B，所以要满足 $P_1\circ\Phi=f$，$P_2\circ\Phi=g$，则 Φ 的前域必为 X，共域需是 $A\times B$，即是：$\mathrm{ran}\Phi\subseteq A\times B$。因此 $\mathrm{ran}\Phi$ 也必为序偶的集合。

再注意到 $P_1(\langle x,y\rangle)=x$，$P_2(\langle x,y\rangle)=y$，说明 P_1 和 P_2 是序偶的射影，要使 $P_1\circ\Phi=f$，$P_2\circ\Phi=g$，所以 $\mathrm{ran}\Phi$ 中的元素必须与 f 和 g 有关，故可设$\langle f(x),g(x)\rangle\in\mathrm{ran}\Phi$。

此外，本题要求证明存在"唯一函数"，故在证明中，不仅要构造出函数，而且要证明其是唯一的。这样就需证明，如果构造的函数除 Φ 之外，另有函数 ψ 也满足给定条件，则必将有 $\Phi=\psi$。在这种论证的情况下，就保证存在函数的唯一性。

证明 设 $P_1:A\times B\to A$，使得 $P_1(\langle x,y\rangle)=x$，
$P_2:A\times B\to B$，使得 $P_2(\langle x,y\rangle)=y$，

故 P_1 和 P_2 是满射的。定义函数 Φ：$X\to A\times B$，使对所有 $x\in X$，有 $\Phi(x)=\langle f(x),g(x)\rangle$，则

$$(P_1\circ\Phi)(x)=P_1(\Phi(x))=P_1(\langle f(x),g(x)\rangle)=f(x)$$

$$(P_2\circ\Phi)(x)=P_2(\Phi(x))=P_2(\langle f(x),g(x)\rangle)=g(x)$$

令 ψ 为任意其他一个函数 $X\to A\times B$，且满足：

$$P_1\circ\psi=f,P_2\circ\psi=g$$

因为 $P_1:A\times B\to A$，$f:X\to A$，故要使 $P_1\psi=f$，则必有 ψ：$X\to A\times B$，假定 $\psi(x)=\langle Y_1,Y_2\rangle$，则

$$P_1(\langle Y_1,Y_2\rangle)=Y_1=f(x)$$

$$P_2(\langle Y_1, Y_2\rangle) = Y_2 = g(x)$$

于是$\langle Y_1, Y_2\rangle = \langle f(x), g(x)\rangle$，即$\Phi = \psi$。

例题 4-4 设 A 是有限集合，B 是可数集合，证明：B^A 是可数集。

分析 B^A 是映射的集合，即 $B^A = \{f \mid f: A \to B\}$，要证 B^A 是可数，即是映射 $A \to B$ 为可数个。因为 A 是有限集，B 是可数集，所以要有映射 $A \to B$，则 $A \neq \varnothing$。其次，若 $B = \varnothing$，则$|B^A| = 0$，这时可说 B^A 为可数。若 B 是有限集，则$|B^A| = |B|^{|A|}$，所以 B^A 也是可数集。本题主要论证 $A \neq \varnothing$ 和 B 是可数无限集的情况。要证 B^A 为可数集，应设法将 B^A 中的所有映射分类。如果每个分类中的映射是可数的，那么可数个分类的并，也必是可数集。构造映射的分类，就是构造映射的集合，考虑到 $f: A \to B$ 中$|A|$是有限数，故对每一个确定的 f，$|\mathrm{ran} f| \leqslant n$，即是对任意一个 f，最多有 $f(x_1), f(x_2), \cdots, f(x_n)$共 n 个不同的值，其中任意一个 $f(x_i) \in B$，因 B 是可数集，故可把 B 中的元素逐个枚举，即存在映射 $g: N \to B$，使 B 的元素排列为$g(0), g(1), g(2), \cdots, g(k), \cdots$。于是任意一个 f 都能找到一个确定的k，使 $f(A)$中的元素包含在集合$\{g(0), g(1), \cdots, g(k-1)\}$之中，这样可把满足：$f(A) \subseteq g(\{0, 1, 2, \cdots, k-1\})$的 f 都归为同一类，由于 k 是可数的，即对 $k \in N$，共有可数类 $f(A)$。所以 B^A 是可数集。

证明 若 $A = \varnothing$，B 为可数集，$B \neq \varnothing$，则$|B^A| = 1$，定理成立。若 A 和 B 均是有限集，则$|B^A| = |B|^{|A|}$，定理也成立。现在假设$|A| = n$，B 是可数无限。作枚举函数：

$g: N \to B$，对每一正整数 $k \in N$ 定义集合 F_k 如下：

$$F_k = \{f \mid f \in B^A \wedge f(A) \subseteq g(\{0, 1, 2, \cdots, k-1\})\}$$

则$|F_k| = k^n$。因为 A 是有限的，对每一个函数 $f: A \to B$，都存在某个 $m \in N$，使如果 $k > m$，则有 $f \in F_k$，所以 $B^A = \bigcup_{k \in N} F_k$，因 F_k 是有限集，故可数个并集为可数集。

例题 4-5 设 A 是任一集合，B 是 A 到集合$\{0,1\}$的一切映

射所成的集合，证明 A 与 B 的势不等。

分析 设 A 是任意集合，$B=\{0,1\}^A$，要证明 A 与 B 的势不等，就是要证明集合 A 与集合 B 之间，不能建立双射。一般的，要证明两个集合等势，只要设法找出两个集合之间存在某一双射关系即可；由于不能建立双射，故不能用直接证法穷举各种可能情况。因此本题可用反证法，即如果存在双射，将推出与假设矛盾。考虑到在定理 4－6.5 中 Cantor 证明了 A 与 $\mathscr{P}(A)$ 之间不存在双射，因此如果能够证明 B 与 $\mathscr{P}(A)$ 等势，再根据等势的传递性，就间接证明了 A 与 B 不能等势。

为了证明 $B\sim\mathscr{P}(A)$，就需构造一个映射 $\sigma:B\to\mathscr{P}(A)$，使得 σ 既是满射，又是入射。因为 B 是 $A\to\{0,1\}$ 的所有映射的集合，$\mathscr{P}(A)$ 是 A 的子集的集合，因此要使 σ 成为双射，就需使 B 中元素 f 与 A 中元素，建立某些联系，也就是构造一个映射，使由 B 中的 f 映射为 A 的子集，这种恰当的构造技巧，完成了 σ 是双射的证明。

证明 设任意集合 A，令 $B=\{f\mid f:A\to\{0,1\}\}$，对任意 $f\in B$，定义 $A_f=\{a\mid a\in A\land f(a)=0\}$，因此 $A_f\subseteq A$，即 $A_f\in\mathscr{P}(A)$。

作 $\sigma:B\to\mathscr{P}(A)$，规定：$\forall f\in B$，有 $\sigma(f)=A_f$。

现在证明 σ 为双射。

首先，对所有 $S\in\mathscr{P}(A)$，定义 $g:A\to\{0,1\}$，使得

$$g(A)=\begin{cases}0, a\in S\\1, a\notin S\end{cases}$$

故 $g\in B$，且 $A_g=S$。这说明对所有 $S\in\mathscr{P}(A)$，必存在 $g\in B$，使得$\sigma(g)=S\in\mathscr{P}(A)$，因此 σ 是满射。

其次，设 σ 中有 $f_i\neq f_j$，则必存在 $a\in A$，使得 $f_i(a)\neq f_j(a)$，故必有 $a\in A_{f_i}$ 和 $a\notin A_{f_j}$，或者是 $a\in A_{f_j}$ 和 $a\notin A_{f_i}$，于是有 $A_{f_i}\neq A_{f_j}$，即 σ 是入射的。

由上证明可知 σ 是双射，即 $B\sim\mathscr{P}(A)$。

由 Cantor 定理知道，A 与 $\mathscr{P}(A)$ 不能等势，所以 A 与 B 也必然不能等势，因为否则由$(A\sim B)\land(B\sim\mathscr{P}(A))$将有 $A\sim\mathscr{P}(A)$，与 Cantor 定理矛盾。

C 习题与解

4-1 下列函数中哪些是入射的，满射的，或双射的。

a) $f:I\to I, f(j)=j(\mathrm{mod}\ 3)$；

b) $f:N\to N, f(j)=\begin{cases}1, j \text{ 是奇数},\\ 0, j \text{ 是偶数};\end{cases}$

c) $f:N\to\{0,1\}, f(j)=\begin{cases}0, j \text{ 是奇数},\\ 1, j \text{ 是偶数};\end{cases}$

d) $f:I\to N, f(i)=|2i|+1$；

e) $f:R\to R, f(r)=2r-15$。 【4-1.(1)】

解 a) 是映射，但不是入射也不是满射；

b) 是映射，但不是入射也不是满射；

c) 是满射；

d) 是映射；

e) 是双射。

4-2 令 $f:A\to B$，这里 $C\subseteq A$，证明

$$f(A)-f(C)\subseteq f(A-C)$$ 【4-1.(2)】

证明 设 y 为任意元素，若 $y\in f(A)-f(C)$，则对某个 $x\in A, f(x)=y$。但是对每个 $z\in C$，$y\neq f(z)$，因此有 $x\in A-C$。因为 $y=f(x)$，故有 $y\in f(A-C)$，由 y 的任意性，得到

$$f(A)-f(C)\subseteq f(A-C)$$

4-3 设 $S=\{a,b,c\}, T=\{p,q\}$，作 $f:S\to T$，问有多少函数 f，其中有多少满射。

解 因为 $|S|=3, |T|=2, f:S\to T$，故共有函数为 $2^3=8$（个），其中满射为 $2\times C_3^2=6$（个）。

4-4 以下哪些是函数，哪些是入射函数，哪些是满射函数，对任意一个双射，写出它的逆函数：

a) $f:Z\to N, f(x)=x^2+1$；

b) $g:N\to Q, g(x)=1/x$；

c) $h:Z\times N\to Q, h(Z,n)=Z/(n+1)$；

d) $f:\{1,2,3\}\to\{p,q,r\}$，这里 $f=\{\langle 1,q\rangle,\langle 2,r\rangle,\langle 3,p\rangle\}$；

e) $g:N\to N$，g 定义为 $g(x)=2^x$；

f) $h:R^2\to R^2$，h 定义为 $h(x,y)=\langle y+1,x+1\rangle$。

解 a) 函数；

b) 不是函数，在 $x=0$ 无定义；

c) 函数，满射；

d) 函数，双射， $f^{-1}:\{p,q,r\}\to\{1,2,3\}$，这里

$$f^{-1}=\{\langle q,1\rangle,\langle r,2\rangle,\langle p,3\rangle\}$$

e) 函数，入射；

f) 函数，双射，$h^{-1}:R^2\to R^2$，$h^{-1}(x,y)=\langle y-1,x-1\rangle$。

4-5 假设 f 和 g 是函数，$\mathrm{dom}\,f=\mathrm{dom}\,g$，且对公共域上所有 x，$f(x)=g(x)$，证明 $f=g$。

证明 假定 $\mathrm{dom}\,f=\mathrm{dom}\,g=A$，则

$$\begin{aligned} f &=\{\langle x,y\rangle \mid x\in A, xfy\}\\ &=\{\langle x,y\rangle \mid x\in A, y=f(x)\}\\ &=\{\langle x,y\rangle \mid x\in A, y=g(x)\}\\ &=\{\langle x,y\rangle \mid x\in A, xgy\}=g \end{aligned}$$

4-6 假设 f 和 g 是函数，证明：

$$f\subseteq g\Leftrightarrow \mathrm{dom}\,f\subseteq \mathrm{dom}\,g$$

且对所有 $x\in\mathrm{dom}\,f$，$f(x)=g(x)$。

证明 因为
$$f=\{\langle x,f(x)\rangle \mid x\in\mathrm{dom}\,f\}$$
$$g=\{\langle x,g(x)\rangle \mid x\in\mathrm{dom}\,g\}$$

$f\subseteq g\Leftrightarrow$ 对任意$\langle x,f(x)\rangle\in f$，$x\in\mathrm{dom}\,f$ 有$\langle x,f(x)\rangle\in g$，

$$x\in\mathrm{dom}\,f\Leftrightarrow(\langle x,f(x)\rangle\in f\to\langle x,f(x)\rangle\in g)$$

且 $$(x\in\mathrm{dom}\,f\to x\in\mathrm{dom}\,g)\Leftrightarrow\mathrm{dom}\,f\subseteq\mathrm{dom}\,g$$

且对所有 $x\in\mathrm{dom}\,f$，$f(x)=g(x)$。

4-7 假设 f 和 g 是函数，且有 $f\subseteq g$ 和 $\mathrm{dom}\,g\subseteq\mathrm{dom}\,f$，证明 $f=g$。 【4-1.(3)】

证明 由上式 $f\subseteq g$，我们有 $\mathrm{dom}\,f\subseteq\mathrm{dom}\,g$，且对 $\forall x\in\mathrm{dom}\,f$

有 $f(x)=g(x)$。故得 $\mathrm{dom} f=\mathrm{dom} g$ 和 $f(x)=g(x)$。所以

$$f=\{\langle x,f(x)\rangle \mid x\in \mathrm{dom} f\}=\{\langle x,g(x)\rangle \mid x\in \mathrm{dom} g\}=g$$

4-8 假设 f 和 g 是函数，证明 $f\cap g$ 也是函数。【4-1.(4)】

证明

$$\begin{aligned} f\cap g &=\{\langle x,y\rangle \mid x\in \mathrm{dom} f\wedge x\in \mathrm{dom} g\wedge y=f(x)\wedge y=g(x)\} \\ &=\{\langle x,y\rangle \mid x\in \mathrm{dom} f\cap \mathrm{dom} g\wedge y=f(x)=g(x)\} \end{aligned}$$

令 $h=f\cap g$，则

$$\mathrm{dom} h=\{x \mid x\in \mathrm{dom} f\cap \mathrm{dom} g,f(x)=g(x)\}$$

若 $y_1\neq y_2$，因为 f 是函数，故必有 $y_1=f(x_1)$，$y_2=f(x_2)$，且 $x_1\neq x_2$，所以 $h=f\cap g$ 是一个函数。因为 $\mathrm{dom} h$ 存在且 $y_1\neq y_2$ 时 $x_1\neq x_2$，即

$$h=\{\langle x,y\rangle \mid x\in \mathrm{dom} h,y=h(x)=f(x)=g(x)\}$$

4-9 假定 X 和 Y 是有穷集合，找出 X 到 Y 存在入射的必要条件是什么？【4-1.(5)】

解 设 X 和 Y 是有穷集合，X 到 Y 存在入射的必要条件是：

i) $|X|\leqslant|Y|$；

ii) $f(x_1)=f(x_2)\Rightarrow x_1=x_2$。

4-10 设 A 和 B 是有穷集合，有多少不同入射函数和多少不同的双射函数。【4-1.(6)】

解 设 A 和 B 是有穷集合，且 $|A|=m$，$|B|=n$，要使映射 $f:A\to B$ 为入射，必须有 $|A|\leqslant|B|$，即 $m\leqslant n$。在 B 中任意选出 m 个元素的任一全排列，都能形成 $A\to B$ 的一个不同的入射，故 $f:A\to B$ 的不同入射共有：

$$C_n^m\cdot m!=n(n-1)(n-2)\cdots(n-m+1)(\text{个})$$

又要使映射 $f:A\to B$ 为双射，必需有：$|A|=|B|$。

设 $A=\{a_1,a_2,\cdots,a_m\}$，$B=\{b_1,b_2,\cdots,b_m\}$，则对 a_1 对应的元素共有 m 种取法，a_2 的对应元素在 a_1 取定后共有 $m-1$ 种取法，a_3 的对应元素在 a_1 和 a_2 取定后共有 $m-2$ 种取法，依此类推，a_m 对应元素有 $m-(m-1)$ 种取法。故 $f:A\to B$ 的不同双射共有

$$m(m-1)(m-2)\cdots(m-m+1)=m!(\text{个})$$

4-11 设 $f:N\to N$,定义 91 函数为:

$$\begin{cases} f(x)=x-10, & 若\ x>100 \\ f(x)=f(f(x+11)), & 若\ x\leqslant 100 \end{cases}$$

证明 a) $f(99)=91$;

b) $f(x)=91,(0\leqslant x\leqslant 100)$。

证明 a) $f(99)=f(f(99+11))=f(f(110))$

$$=f(110-10)=f(100)=f(f(100+11))$$
$$=f(f(111))=f(111-10)=f(101)$$
$$=101-10=91$$

b) 证明可分两部分:

1) 首先证明 $f(x)=91$,对所有 $90\leqslant x\leqslant 100$。

$$f(90)=f(f(101))=f(91)=f(f(102))$$
$$=f(92)=f(f(103))$$
$$=f(93)=f(99),由\ a),\quad f(99)=91$$

2) 再证 $f(x)=91$,对 $x<90$。

设 $x<90$,且设 k 为使得 $90\leqslant x+11k\leqslant 100$ 的最小整数,则

$$f(x)=f(f(x+11))=f(f(f(x+2\cdot 11)))$$
$$=\cdots=f^{(k+1)}(x+11\cdot k)$$

这里 $90\leqslant x+11\cdot k\leqslant 100$,且 $k\geqslant 1$。

由 1)可知 $f(x+11\cdot k)=91$,因此 $f(x)=f^k(f(x+11\cdot k))=f^k(91)$;因为由 1)得 $f(91)=91$,因此对所有 $k\geqslant 0$,$f^k(91)=91$,所以 $f(x)=f^k(91)=91$,对所有 $x<90$ 成立。

4-12 试证明:

a) $f(A\cup B)=f(A)\cup f(B)$;

b) $f(A\cap B)\subseteq f(A)\cap f(B)$。 【4-1.(7)】

证明 a) 设 $y\in f(A\cup B)$,则存在 $x\in A\cup B$,使 $f(x)=y$,即 $x\in A\vee x\in B$ 时有 $y=f(x)$。故 $f(x)\in f(A)\vee f(x)\in f(B)$,因此 $y\in f(A)\cup f(B)$,于是 $f(A\cup B)\subseteq f(A)\cup f(B)$。

反之,设 $y\in f(A)\cup f(B)$,则有 $y\in f(A)$但 $y\notin f(B)$,或 $y\in f(B)$,但 $y\notin f(A)$,或 $y\in f(A)$且 $y\in f(B)$。由此有 $x\in A$ 使

$f(x)=y$,或有 $x\in B$ 使 $f(x)=y$,或有 $x\in A$ 且 $x\in B$ 使 $f(x)=y$。

综上可得:存在 $x\in A\cup B$,使 $f(x)=y$。故 $y\in f(A\cup B)$。所以 $f(A\cup B)=f(A)\cup f(B)$。

b) 设 $y\in f(A\cap B)$,则存在 $x\in A\cap B$,使 $f(x)=y$。即存在 $x\in A\wedge x\in B$,使 $f(x)=y$。故

$$y\in f(A)\wedge y\in f(B)\Rightarrow y\in(f(A)\cap f(B))$$

所以
$$f(A\cap B)\subseteq f(A)\cap f(B)$$

4-13 假定 $f:X\to Y$,定义 $\overline{f}:\mathscr{P}(X)\to\mathscr{P}(Y)$ 使得 $\overline{f}(A)=\{y\mid\langle x,y\rangle\in f$,对某些 $x\in A\}$。对所有 $A,B\in\mathscr{P}(X)$,问

a) $\overline{f}(A)-\overline{f}(B)\subseteq\overline{f}(A-B)$ 成立吗?

b) $\overline{f}(A-B)\subseteq\overline{f}(A)-\overline{f}(B)$ 成立吗?

证明 a) 成立。设 $y\in(\overline{f}(A)-\overline{f}(B))$,则必有:

$$y\in\overline{f}(A)\wedge y\notin\overline{f}(B)$$

即对某个 $x_1\in A$,$y=f(x_1)$,但对任意 $x\in B$,$y\notin f(x)$。故对某个 $x_1\in A-B$,$y=f(x_1)$,即

$$y\in\overline{f}(A-B)$$

于是
$$\overline{f}(A)-\overline{f}(B)\subseteq\overline{f}(A-B)$$

b) 不成立。设有一个函数 f 不是入射,$f:X\to Y$ 令 $y=f(x_1)=f(x_2)$,且 $x_1\neq x_2$,设 $A=\{x_1,x_2\}$,$B=\{x_2\}$,则

$$x_1\in A-B,y=f(x_1)$$

故
$$y\in\overline{f}(A-B)$$

但 $x_1\in A$,$y=f(x_1)$,$x_2\in B$,$y=f(x_2)$,即有

$$y\in\overline{f}(A)\wedge y\in\overline{f}(B)\Rightarrow y\in\overline{f}(A)\cap\overline{f}(B)$$
$$\Rightarrow y\notin\overline{f}(A)-\overline{f}(B)$$

于是 $\overline{f}(A-B)\subseteq\overline{f}(A)-\overline{f}(B)$,不成立。

4-14 假定 $f:A\to B$,并定义一个函数 $G:B\to\mathscr{P}(A)$,对于 $b\in B$,$G(b)=\{x\in A\mid f(x)=b\}$,证明:如果 f 是 A 到 B 的满映射,则 G 是入射的,其逆成立吗? 【4-1.(8)】

证明 如果 f 是 A 到 B 的满映射,则对每个 $b\in B$,至少存在一个 $x\in A$,使得 $f(x)=b$,故 G 的定义域为 B。

若有 $b_1, b_2 \in B$，且 $b_1 \neq b_2$，

$$G(b_1)=\{x\in A \mid f(x)=b_1\}$$
$$G(b_2)=\{y\in A \mid f(y)=b_2\}$$

因为 $b_1\neq b_2$，$f(x)\neq f(y)$，而 f 是函数，故 $x\neq y$，所以

$$G(b_1)\neq G(b_2)$$

故 G 是入射。但其逆不真。

例如 $A=\{a,b,c\}$，$B=\{x,y,z\}$，则

$$f: A\to B, f(a)=x, f(b)=x, f(c)=y$$
$$G: B\to \mathscr{P}(A), G(x)=\{a,b\}, G(y)=\{c\}, G(z)=\varnothing$$

G 是入射，但 f 不是满射。

4-15 若 $A\subseteq B$，则 $A^C\subseteq B^C$。

证明 令 $f\in A^C$，则 $f\subseteq C\times A\subseteq C\times B$。

对所有 $x\in C$，都有一个 $y\in A$（即 $y\in B$），使得 $\langle x,y\rangle\in f$，因为 f 是函数，故

$$\langle x,y_1\rangle\in f\wedge\langle x,y_2\rangle\in f\Rightarrow y_1=y_2$$

故 f 也是从 C 到 B 的一个函数，即 $f\in B^C$。

所以 $A^C\subseteq B^C$。

4-16 设 $X\neq\varnothing$，定义 fSg，iff $\operatorname{ran} f=\operatorname{ran} g$，$f,g\in X^X$，证明 S 是在 X^X 上的等价关系，且存在双射

$$\Phi: X^X/S\to \mathscr{P}(X)-\{\varnothing\}$$

证明 (1) 对任意 $f\in X^X$，$\operatorname{ran} f=\operatorname{ran} f$，故 fSf 的 S 是自反的，对任意 $f,g\in X^X$

$$\langle f,g\rangle\in S\Leftrightarrow \operatorname{ran} f=\operatorname{ran} g$$
$$\Leftrightarrow \operatorname{ran} g=\operatorname{ran} f\Leftrightarrow\langle g,f\rangle\in S$$

即 S 是对称的。对任意 $f,g,h\in X^X$

$$\langle f,g\rangle\in S\wedge\langle g,h\rangle\in S\Leftrightarrow(\operatorname{ran} f=\operatorname{ran} g)\wedge(\operatorname{ran} g=\operatorname{ran} h)$$
$$\Rightarrow \operatorname{ran} f=\operatorname{ran} h\Leftrightarrow\langle f,h\rangle\in S$$

故 S 是传递的。

(2) 定义 $\Phi: X^X/S\to\mathscr{P}(X)-\{\varnothing\}$，使得 $\Phi([f]_S)=\operatorname{ran} f$。

因 $\Phi([f]_S)=\Phi([g]_S)\Leftrightarrow \operatorname{ran} f=\operatorname{ran} g\Leftrightarrow\langle f,g\rangle\in S\Rightarrow[f]_S=$

$[g]_S$，故 Φ 是入射的。

又如设 $A\in\mathscr{P}(X)-\{\varnothing\}$，则 $A\subseteq X$，且 $A\neq\varnothing$。令 $a\in A$，定义 $f:X\to A$ 如下：

$$f(x)=\begin{cases}x, x\in A\\ a, x\notin A\end{cases}$$

则 $\Phi([f]_S)=\operatorname{ran} f=A$，因此 Φ 是满射。

故存在双射 $\Phi: X^X/S\to\mathscr{P}(X)-\{\varnothing\}$。

4-17 设 R 为实数集，令 $X=R^{[0,1]}$，若 $f,g\in X$，定义 $\langle f,g\rangle\in S$，iff 对所有 $x\in[0,1]$，$f(x)-g(x)\geqslant 0$，证明：S 是一个偏序，S 是全序吗？

证明 a) 先证 S 是一个偏序关系。

1) 因为对所有 $x\in[0,1]$，对任意 $f\in X$，有 $f(x)-f(x)=0$，故 $\langle f,f\rangle\in S$，即 S 在 X 上是自反的。

2) 对所有 $x\in[0,1]$，若有 $f,g\in X$，使 $\langle f,g\rangle\in S$，且 $\langle g,f\rangle\in S$，则对所有 $x\in[0,1]$ 有

$$f(x)-g(x)\geqslant 0\quad 且\quad g(x)-f(x)\geqslant 0$$

故得

$$f(x)=g(x)$$

即 S 在 X 上反对称。

3) 对所有 $x\in[0,1]$，有 $f,g,h\in X$，使得 $\langle f,g\rangle\in S$，$\langle g,h\rangle\in S$，即对所有 $x\in[0,1]$ 有

$$f(x)-g(x)\geqslant 0, g(x)-h(x)\geqslant 0$$

则

$$f(x)-g(x)+g(x)-h(x)\geqslant 0$$

所以对所有 $x\in[0,1]$ 有 $f(x)-h(x)\geqslant 0$。故 $\langle f,h\rangle\in S$，即 S 在 X 上传递。

综上可得 S 是 X 上的偏序关系。

b) 再证 S 不是 X 上的全序关系。举一反例：

设 $f(x)=x$，$g(x)=-x+1$，则

$$f(0)-g(0)=-1, g(1)-f(1)=-1$$

故 f 和 g 是不可比的，即 S 在 X 上不是全序关系。

4-18 证明 a) 若 $f:A\to B$ 是入射，且 A' 是 A 的任意子

集，则 $f|_{A'}:A'\to B$ 是入射。

b）假定 $f:A'\to B$ 是一个满射，证明：若 g 是 f 对 A 的扩张，$A'\subseteq A$，则 $g:A\to B$ 是满射。

c）若 $f:A\to B$ 是满射，则存在 $A'\subseteq A$，使得：$f|_{A'}:A'\to B$ 是双射。

证明 a）令 $x_1,x_2\in A'$，假定 $x_1\neq x_2$，因为 $A'\subseteq A$，故 x_1，$x_2\in A$，但 f 是入射，所以 $f(x_1)\neq f(x_2)$，但是 $f_{A'}(x_1)=f(x_1)$，且 $f_{A'}(x_2)=f(x_2)$，故

$$f_{A'}(x_1)\neq f_{A'}(x_2)$$

所以 $f_{A'}$ 是入射。

b）因为 f 为满射，对任意 $b\in B$，必存在 $a\in A'$，使有 $f(a)=b$，但 g 是 f 对 A 的扩张，所以 $g|_{A'}=f$，即得 $g(a)=f(a)=b$，故 g 是满射。

c）设 $f:A\to B$ 为满射，若 f 是入射，则令 $A'=A$。故 f 是双射，即是 $f=f_{A'}$ 为双射。若 f 不是入射，但题设 f 是满射，故对任意 $b\in B$，必有 $a_1,a_2,\cdots,a_n$，使得：$f(a_1)=f(a_2)=\cdots=f(a_n)=b$，这里 $n\geqslant 1$，对任意 $b_i\in B$，都取定一个 a_k，有 $f(a_k)=b_i$，所有这些 a_k 组成集合 A'，则 $f|_{A'}:A'\to B$ 是双射，且 $A'\subseteq A$。

4-19 A 到 B 的映射决定 A 的一个划分 π，A 的一个划分也决定 A 到 π 的一个映射。

证明 设 $f:A\to B$ 是一个映射，先取 $a\in A$，令

$$[a]=\{x\in A\mid f(x)=f(a)\}$$

次取 $b\in A$，但 $b\notin[a]$，令

$$[b]=\{y\in A\mid f(b)=f(y)\}$$

再取 $c\in A$，但 $c\notin[a]$，$c\notin[b]$，令

$$[c]=\{Z\in A\mid f(Z)=f(c)\}$$

依次类推，可对 A 的元素分类，设

$$\pi=\{[a],[b],[c],\cdots,\}$$

则 1）所有 $a\in A$，$a\in[a]$，故 $[a]\neq\varnothing$；

2）对任意 $[a]\in\pi$ 和 $[b]\in\pi$，则 $[a]\cap[b]=\varnothing$，因为若 $[a]\cap$

$[b]\neq\varnothing$，则必有 $u\in A$，使得 $u\in[a]\wedge u\in[b]$，与上述对 A 的元素分类矛盾。

3) $[a]\cup[b]\cup[c]\cup\cdots=A$，故 π 是 A 的一个划分。反之，设 $\pi=\{A_1,A_2,\cdots,A_n\}$ 是 A 的一个划分，即：

$$A=A_1\cup A_2\cup\cdots\cup A_n\cup\cdots$$

对所有 $x\in A$，必有且仅有一个 i，使得 $x\in A_i$，作 $\varphi:A\to\pi$，使满足 $\varphi(x)=A_i$，即对任意 $x\in A$，都唯一确定 π 中一个元素 A_i，故可得 φ 是满射，即存在 A 到 π 的一个映射。

在习题 4-20～4-22 中，设 f 为集合 X 到集合 Y 上的映射，即 $f:X\to Y$，设 A,B 为 X 的子集，则有：

4-20 试证 $(f*A)\cup(f*B)=f*(A\cup B)$。

证明 若 $y\in(f*A)\cup(f*B)$，则 $y\in f*A$，或 $y\in f*B$；如果 $y\in f*A$ 为真，则存在一个 $x\in A$，使得 $y=f(x)$。因为 $x\in A$，故有 $x\in A\cup B$ 且 $y=f(x)\in f*(A\cup B)$。对 $y\in f*B$ 为真时，情况与上述类似，故

$$(f*A)\cup(f*B)\subseteq f*(A\cup B)$$

反之，若 $y\in f*(A\cup B)$，则存在一个 $x\in A\cup B$，使得 $y=f(x)$，由定义 $x\in A$ 或 $x\in B$，即是 $y\in f*A$，或 $y\in f*B$，为此可得

$$f*(A\cup B)\subseteq(f*A)\cup(f*B)$$

于是
$$f*(A\cup B)=(f*A)\cup(f*B)$$

4-21 证明 $f*(A\cap B)\subseteq(f*A)\cap(f*B)$，举一个例子说明本题中包含关系一般不能用等号替代。

证明 设 $y\in f*(A\cap B)$，则存在一个 $x\in A\cap B$，使得有 $y=f(x)$，由定义 $x\in A$ 和 $x\in B$，则 $f(x)\in f*A$ 和 $f(x)\in f*B$，所以

$$f(x)\in(f*A)\cap(f*B)$$

这样
$$y\in(f*A)\cap(f*B)$$

例：令 $f:R\to R$ 是由 $f(x)=x^2$ 所定义的一个映射，设 $A=R-R_+$，$B=R_+$，$A\cap B=\varnothing$，所以 $f*(A\cap B)=\varnothing$，但 $f*A=R_+\cup\{0\}$，$f*B=R_+$，这样 $(f*A)\cap(f*B)=R_+$。

4-22 证明 $(f*A)-(f*B)\subseteq f*(A-B)$，举一个例子说

明本题中包含关系一般不能用等号替代。

证明 若 $y\in(f*A)-(f*B)$，则 $y\in f*A$，且 $y\notin f*B$，故必存在一个 $x\in A$，使得 $f(x)=y$，显然 $x\notin B$，因为若 $x\in B$，则 $f(x)\in f*B$，与题设矛盾。于是 $x\in A-B$，且 $f(x)\in f*(A-B)$，所以

$$(f*A)-(f*B)\subseteq f*(A-B)$$

例如 $f:R\to R$，定义 $f(x)=x^2$，设 $A=R,B=R_+$，$f*A=R_+\cup\{0\}$，$f*B=R_+$，则

$$(f*A)-(f*B)=\{0\},f*(A-B)=R_+\cup\{0\}$$

4-23 证明 $A\subseteq B\Rightarrow f*A\subseteq f*B$。

证明 因为 $A\subseteq B\Leftrightarrow A\cup B=B$，但

$$(A\cup B=B)\Rightarrow f*(A\cup B)=f*B$$

而由习题 4-20 可知：

$$f*(A\cup B)=(f*A)\cup(f*B)$$

所以得到

$$(f*A)\cup(f*B)=(f*B)$$

即

$$(f*A)\subseteq(f*B)$$

4-24 设 $a\neq b$，$X=\{a,b,\{a,b\}\}$，$Y=\{a,b\}$，定义映射 $f:X\to Y$ 为 $f(a)=f(b)=a$，$f(\{a,b\})=b$，求 $f*\{a,b\}$，并说明结果可给我们什么启发？

解 $f*\{a,b\}=\{a\}$，这个结果说明在 $f(X)$ 与 $f*X$ 之间是不同的，因为如本例中：$f(\{a,b\})=b$，但 $f*\{a,b\}=\{a\}$ 两者结果并不相同。

4-25 设 $X=\{1,2,3,4\}$，确定出这样的函数 $f:X\to X$，使得 $f\neq I_X$，并且是入射的，求出 $f\circ f=f^2$，$f^3=f\circ f^2$，f^{-1} 和 $f\circ f^{-1}$；是否能够找到另外一个入射函数 $g:X\to X$，使得 $g\neq I_X$，但是 $g\circ g=I_X$。 【4-2.(1)】

解 任意一个 $\{1,2,3,4\}$ 的排列，均满足要求，如：

$$f=\{\langle 1,2\rangle,\langle 2,3\rangle,\langle 3,1\rangle,\langle 4,4\rangle\}$$

$$f^2=\{\langle 1,3\rangle,\langle 2,1\rangle,\langle 3,2\rangle,\langle 4,4\rangle\}$$

$$f^3=\{\langle 1,1\rangle,\langle 2,2\rangle,\langle 3,3\rangle,\langle 4,4\rangle\}$$

$$f^{-1}=\{\langle 2,1\rangle,\langle 3,2\rangle,\langle 1,3\rangle,\langle 4,4\rangle\}$$

$$f\circ f^{-1}=\{\langle 1,1\rangle,\langle 2,2\rangle,\langle 3,3\rangle,\langle 4,4\rangle\}=I_X$$

另外如 $$g=\{\langle 1,2\rangle,\langle 2,1\rangle,\langle 3,4\rangle,\langle 4,3\rangle\}$$

$$g\circ g=\{\langle 1,1\rangle,\langle 2,2\rangle,\langle 3,3\rangle,\langle 4,4\rangle\}=I_X$$

4-26 设 F 为函数簇 X^X，若 $f\in F$，证明 f 是传递关系，当且仅当 $f^2=f$。

证明 由习题 3-82 a)知 f 是传递的，当且仅当有 $f\circ f\subseteq f$，故本题只需证明当 f 是传递关系时，$f\circ f\subseteq f\Leftrightarrow f^2=f$ 即可。

1) 因为 $f\circ f=f\Rightarrow f\circ f\subseteq f$ 成立。所以 f 是传递的。

2) 如果 $f\circ f\subseteq f$，对任意 $\langle x,y\rangle\in f$，有 $y\in X$，由 f 是函数，必有 $z\in X$，使 $\langle y,z\rangle\in f$，故 $\langle x,z\rangle\in f\circ f$。因为 f 是传递关系，故 $\langle x,y\rangle\in f\wedge\langle y,z\rangle\in f$，必有 $\langle x,z\rangle\in f$。但因 f 是函数 $\langle x,y\rangle\in f\wedge\langle x,z\rangle\in f\Rightarrow y=z$，故对任意 $\langle x,y\rangle\in f\Rightarrow\langle x,y\rangle\in f\circ f$，得 $f\subseteq f\circ f$，于是有 $f=f\circ f$，即 $f\circ f\subseteq f\Leftrightarrow f=f\circ f$。

4-27 设 $f:A\to B$，且 $B'\subseteq B$，则 $f^{-1}(B')$ 表示 A 的一个子集，称作在 f 作用下，B' 的逆映射：$f^{-1}(B')=\{x\mid f(x)\in B'\}$ 令 $A'\subseteq A$，证明：

a) $f(f^{-1}(B'))\subseteq B'$；

b) 如果 f 是满射的，那末 $f(f^{-1}(B'))=B'$；

c) $f^{-1}(f(A'))\supseteq A'$；

d) 如果 f 是入射，那末 $f^{-1}(f(A'))=A'$。 【4-2.(2)】

证明 a) 设 $y\in f(f^{-1}(B'))$，则必存在 $x\in f^{-1}(B')$ 使得 $f(x)=y$，故 $f(x)\in B'$，即 $y\in B'$，所以 $f(f^{-1}(B'))\subseteq B'$。

b) 由 a)知 $f(f^{-1}(B'))\subseteq B'$。反之，若对任意 $y\in B'$，因为 f 是满射，故必有 $x\in f^{-1}(B')$，使得 $f(x)=y$。因为 $x\in f^{-1}(B')$，故 $y\in f(f^{-1}(B'))$，$B'\subseteq f(f^{-1}(B'))$，于是有 $f(f^{-1}(B'))=B'$。

c) 对任意 $x\in A'$，$f(x)\in f(A')$，因为 $A'\subseteq A$，故 $f(A')\subseteq B$。设 $f(A')=B'$，由 $f(x)\in B'$ 得 $x\in f^{-1}(f(A'))$，所以 $f^{-1}(f(A'))\supseteq A'$。

d) 设 $x\in f^{-1}(f(A'))$，则 $f(x)\in f(A')$，在 A' 中必存在 x'，使得 $f(x)=f(x')$。因为 f 是入射，故必有 $x=x'$。即 $x\in A'$，所

以 $A'\supseteq f^{-1}(f(A'))$，于是 $f^{-1}(f(A'))=A'$。

4-28 设 $f\circ g$ 是复合函数：

a) 如果 $f\circ g$ 是满射的，那末 f 是满射的；

b) 如果 $f\circ g$ 是入射的，那末 g 是入射的；

c) 如果 $f\circ g$ 是双射的，那末 f 是满射的，g 是入射的。

【4-2.(3)】

证明 设 $g:X\to Y$，$f:Y\to Z$，有

a) 设任意 $z\in Z$，因为 $f\circ g$ 是满射，故必有 $x\in X$，使得 $f\circ g(x)=z$。因为 $f\circ g(x)=f(g(x))$，这里 $g(x)=y\in Y$ 由 f 是函数，故每个 $y\in Y$，必有 $z\in Z$，使 $z=f(y)$。但每个 z 在 f 作用下都是 Y 中元素的一个映象，由 z 的任意性，可知 f 是满射的。

b) 设 $f\circ g$ 是入射的。如果 g 不是入射，则必存在 $x_1\neq x_2$ 时有 $g(x_1)=g(x_2)=y\in Y$。由 $f\circ g(x_1)=f(g(x_1))=f(g(x_2))=f\circ g(x_2)$ 得出 $f\circ g$ 不是入射，与题设矛盾。

c) 因为 $f\circ g$ 是双射函数，故 $f\circ g$ 是满射和入射的，由 a)和 b)可知 f 是满射的，g 是入射的。

4-29 假定 $f:X\to Y$ 且 $g:Y\to Z$ 是映射，使得 $g\circ f$ 是一个入射，且 f 是满射，证明 g 是一个入射。举出一个例子说明若 f 不是满射则 g 不一定是一个入射。

证明 假定 g 不是一个入射，则存在 y_1 和 y_2，使得 $y_1\neq y_2$ 时有 $g(y_1)=g(y_2)$。因为 f 是满射，对于 y_1 和 y_2 存在，必有 x_1 和 x_2，使得 $f(x_1)=y_1$，$f(x_2)=y_2$。因为 f 是函数，所以：$f(x_1)\neq f(x_2)$时 $x_1\neq x_2$。现在考虑在 x_1 和 x_2 时 $g\circ f$ 的值。

$$\begin{aligned} g\circ f(x_1)&=g[f(x_1)]=g(y_1)=g(y_2)\\ &=g[f(x_2)]=g\circ f(x_2) \end{aligned}$$

这与 $g\circ f$ 是入射矛盾。

例如 $f:R_+\to R$，$g:R\to R$，定义映射如下：$f(x)=x$，$g(x)=x^2$。则 $g\circ f$ 是入射，f 不是满射，但是 g 不是入射。

4-30 设函数 $f:R\to R$，若 $x\leqslant y\Rightarrow f(x)\leqslant f(y)$，则称函数 f 是单调递增的。设 f 和 g 是在 R 上单调递增，证明

1) 若$(f+g)(x)=f(x)+g(x)$,则 $f+g$ 是单调递增;

2) 复合函数 $f\circ g$ 是单调递增;

3) f 和 g 的乘积不一定是单调递增。

证明 1) 因为 f 和 g 是单调递增,若 $x\leqslant y$,则有

$$f(x)\leqslant f(y),g(x)\leqslant g(y)$$

$$(f+g)(x)=f(x)+g(x)\leqslant f(y)+g(y)=(f+g)(y)$$

所以 $f+g$ 是单调递增。

2) 若 $x\leqslant y$, $f(x)\leqslant f(y)$ 且 $g(x)\leqslant g(y)$,则有

$$f\circ g(x)=f(g(x))\leqslant f(g(y))=f\circ g(y)$$

所以 $f\circ g$ 是单调递增。

3) 令 $f(x)=g(x)=x$,则 f 和 g 是单调递增,但其积函数

$$f*g(x)=f(x)*g(x)=x^2$$

在 R 上不是单调递增。

4-31 设 $f:A\to B$ 是一个满射,则可由 f 确定 A 上的一个等价关系 R,且存在唯一的双射 $f_\Delta:\pi\to B$,使得 $f=f_\Delta\circ\varphi$,其中 π 是由 f 所决定的 A 上的一个划分,φ 是 A 到 π 的满射。

证明 由习题 4-19 知,f 决定 A 的一个划分 π,使得有

$$\pi=\{[a],[b],[c],\cdots\}$$

对任意$[a]\in\pi$,有

$$[a]=\{x\mid x\in A \quad 且 \quad f(x)=f(a)\}$$

由定理 3-10.3 可知 A 的任意一个划分 π,必可诱导确定一个等价关系 R,使得有

$$aRb\Leftrightarrow[a]=[b]\Leftrightarrow f(a)=f(b)$$

为此可说 f 确定了 A 上的一个等价关系。任取$[a]\in\pi$,令 f_Δ: $\pi\to B$,使满足:

$$f_\Delta([a])=f(a)$$

现证 f_Δ 是双射。

1) f_Δ 是映射。因为若有$[a]=[b]$,则 aRb,由我们定义,$aRb\Rightarrow f(a)=f(b)$,故 $f_\Delta([a])=f_\Delta([b])$,即 f_Δ 是 π 到 B 的一个映射。

2） f_Δ 是满射。对任意 $b\in B$，因 f 是满射，故必存在 $a\in A$，使 $f(a)=b$，但 $f(a)=f_\Delta([a])=b$，即对任意 $b\in B$ 必有 $[a]\in\pi$，使 $f_\Delta([a])=b$。所以 f_Δ 是满射。

3） f_Δ 是入射：设有 $[x],[y]\in\pi$，且 $[x]\neq[y]$，则有 $\langle x,y\rangle\notin R$，故 $f(x)\neq f(y)$，为此 $f_\Delta([x])\neq f_\Delta([y])$ 即 f_Δ 是入射的。

由 1），2），3）可知 f_Δ 是双射。

4） 再证存在 $f=f_\Delta\circ\varphi$。设 $\varphi:A\rightarrow\pi$ 是一个满射，且满足对任意 $a\in A$，有 $\varphi(a)=[a]$。任取 $a\in A$，

$$(f_\Delta\circ\varphi)(a)=f_\Delta(\varphi(a))=f_\Delta([a])=f(a)$$

所以 $f_\Delta\circ\varphi=f$。

5） 最后证 f_Δ 是唯一的。设另有 g_Δ，使得 $g_\Delta\circ\varphi=f$，且 $g_\Delta([a])=f(a)$，设有：$f_\Delta\neq g_\Delta$，则至少存在一个 $a\in A$，使得

$$f_\Delta([a])\neq g_\Delta([a])$$

故
$$(f_\Delta\circ\varphi)(a)=f_\Delta(\varphi(a))=f_\Delta([a])=f(a)$$
$$(g_\Delta\circ\varphi)(a)=g_\Delta(\varphi(a))=g_\Delta([a])=f(a)$$

与假设矛盾，所以

$$f_\Delta=g_\Delta$$

4-32 设 $f:X\rightarrow Y$，$g:Y\rightarrow X$，设 $g\circ f$ 为 X 上恒等函数，证明 f 是入射和 g 是满射。

证明 1） 因为 $g\circ f(x_1)=x_1$，$g\circ f(x_2)=x_2$，故必存在 c，使 $\langle x_1,c\rangle\in f$，$\langle c,x_1\rangle\in g$；同样也存在 d，使 $\langle x_2,d\rangle\in f$，$\langle d,x_2\rangle\in g$。

若 $x_1\neq x_2$，但 $f(x_1)=f(x_2)$，则 $c=d$，但 g 是函数，若 $c=d$，则 $g(c)=g(d)$，则 $x_1=x_2$ 矛盾。故 f 为入射。

2） 若 g 不是满射，则必有某个 $x\in X$，对所有 $y\in Y$，$g(y)\neq x$。但 $g\circ f(x)=x$，故必有某个 $c\in Y$，使得 $\langle x,c\rangle\in f\wedge\langle c,y\rangle\in g$。即存在 $c\in Y$，使得 $g(c)=x$，矛盾。

所以 g 是满射。

4-33 设 $h\in X^X$，证明对所有 $f,g\in X^X$，若 $h\circ f=h\circ g$，则 $f=g$ 当且仅当 h 是一个入射。

证明 1） 假定 $f,g,h\in X^X$，若 $h\circ f=h\circ g$，如果 $f=g$ 可证 h

必是一个入射。因为若 h 不是入射，则必有 $x_1, x_2 \in X$ 使 $h(x_1) = h(x_2)$ 时 $x_1 \neq x_2$，定义两个函数 g, f 如下：

$g: X \to X$，使对所有 $x \in X$ 有 $g(x) = x_1$

$f: X \to X$，使对所有 $x \in X$，有 $f(x) = x_2$

这样，$f, g \in X^X$，且 $h \circ f = h \circ g$，但 $f(x) \neq g(x)$ 与题设 $f = g$ 矛盾，故 h 必须为入射。

2）反之，假定 $h \circ f = h \circ g$ 且 h 是一个入射，若 $f \neq g$ 则对某个 $x_1 \in X$ 有 $f(x_1) \neq g(x_1)$，但

$$h \circ f(x_1) = h \circ g(x_1)$$

这说明当 $f(x_1) \neq g(x_1)$ 时，

$$h(f(x_1)) = h(g(x_1))$$

故 h 不是入射，与题设矛盾，于是

$$f = g$$

4-34 设 $h \in X^X$，证明若 $f \circ h = g \circ h$，则对所有 $f, g \in X^X$，$f = g$ 当且仅当 h 是一个满射。

证明 1）假定 $h \in X^X$，若 $f \circ h = g \circ h$，且 $f = g$，如果 h 不是一个满射，则必存在 $x_1 \in X$，使得对所有 $x \in X$，$h(x) \neq x_1$，因为 $h \in X^X$，所以 $X \neq \{x_1\}$，故必有 $x_2 \in X$ 且 $x_2 \neq x_1$，定义两个函数 $f, g \in X^X$ 如下：

$$f: X \to X，使得 \begin{cases} f(x) = x_2，当 x \in X 且 x \neq x_1 \\ f(x_1) = x_1 \end{cases}$$

$g: X \to X$，使得对所有 $x \in X$ 有 $g(x) = x_2$

这样 $f(h(x)) = g(h(x))$，但 $f \neq g$ 与题矛盾，故 h 必是一个满射。

2）假定 $f \circ h = g \circ h$，且 h 是一个满射，若 $f \neq g$，则必存一个 $x_1 \in X$，使得 $f(x_1) \neq g(x_1)$，因此对所有 $x \in X$，必有 $h(x) \neq x_1$，因为否则 $f(h(x)) \neq g(h(x))$，即：

$$f \circ h(x) \neq g \circ h(x)$$

与题设 $f \circ h = g \circ h$ 矛盾。但若对所有 $x \in X$，$h(x) \neq x_1$，则 h 不是满射，于是 $f = g$。

4-35 设 $f: X \to X$，证明：

1) 若 $f \subseteq I_X$,则 $f=I_X$;

2) 若 $I_X \subseteq f$,则 $f=I_X$。

证明 1) 设 $x \in X$, 因 f 是函数, 故必有某个 $y \in X$,使得 $\langle x,y\rangle \in f$,但 $f \subseteq I_X$,故 $\langle x,y\rangle \in I_X$,即 $x=y$,于是对任意 $x \in X$,必有 $\langle x,x\rangle \in f$, 所以 $\langle x,x\rangle \in I_X \Rightarrow \langle x,x\rangle \in f$, 即 $I_X \subseteq f$, 得 $I_X=f$。

2) 设 $I_X \subseteq f$,对任意 $\langle x,y\rangle \in f$,则 $x \in X$,故 $\langle x,x\rangle \in I_X$。因为 $I_X \subseteq f$,得 $\langle x,y\rangle \in f \wedge \langle x,x\rangle \in f$,但 f 是函数,故 $x=y$,所以 $\langle x,y\rangle \in f \Rightarrow \langle x,y\rangle \in I_X$,即 $f \subseteq I_X$。于是 $f=I_X$。

4-36 设 $f:X \rightarrow X$,n 为正整数,使得 $f^n=I_X$($f^{n+1}=f \circ f^n=f^n \circ f$),证明 f 是一个双射。

证明 设 $n=1$ 时,$f=I_X$,故 f 是双射,当 $n>1$ 时,$f^n=I_X$。若 f 不是入射,则必有 $x_1,x_2 \in X$,使 $x_1 \neq x_2$ 时有 $f(x_1)=f(x_2)$,即 $x_1 \neq x_2$ 时有 $f^{n-1} \circ f(x_1)=f^{n-1} \circ f(x_2)$, 故当 $x_1 \neq x_2$ 时, 有 $f^n(x_1)=f^n(x_2)$,即 f^n 不是入射的,但与假设 $f^n=I_X$ 矛盾。故 f 必是入射。

其次若再假定 f 不是满射,则必有 $y \in X$,使得对所有 $x \in X$,$f(x) \neq y$,为此可推出对所有 $z \in X$,$f \circ (f^{n-1}(z)) \neq y$,这样 f^n 不是满射,但 $f^n=I_X$ 是满射的,与假定矛盾。

所以 f 必是一个双射。

4-37 试证若 $f:A \rightarrow B$, $g:B \rightarrow A$, 且 $g \circ f=I_A$,$f \circ g=I_B$,则 $g=f^{-1}$,且 $f=g^{-1}$。 【4-2.(4)】

证明 因为 $g \circ f=I_A$,故有 $g \circ f(a_1)=g(f(a_1))=a_1$,$g \circ f(a_2)=g(f(a_2))=a_2$,若 $a_1 \neq a_2$,$g(f(a_1)) \neq g(f(a_2))$,所以 $f(a_1) \neq f(a_2)$,即 f 是入射的。

又,对任意 $a \in A$ 有 $g \circ f(a)=g(f(a))=a$,即存在:$f(a)=b \in B$,使得 $g(b)=a$,因此 g 是满射的。同理可证,若 $f \circ g=I_B$,则 g 是入射和 f 是满射的,故由本题条件得 f 和 g 都是双射的。

现在设有 $\langle a,b\rangle \in f$,因为 $\langle a,a\rangle \in I_A$,而 $g \circ f=I_A$,故必有某个 $c \in B$,使得 $\langle a,c\rangle \in f$ 且 $\langle c,a\rangle \in g$,由

$$\langle a,b\rangle \in f \wedge \langle a,c\rangle \in f \Rightarrow b=c$$

因此 $$\langle b,a\rangle \in g$$

反之，若$\langle b,a\rangle \in g$，由$\langle b,b\rangle \in I_B$，故必有某个 $d\in A$，有$\langle b,d\rangle \in g \wedge \langle d,b\rangle \in f$，由

$$\langle b,a\rangle \in g \wedge \langle b,d\rangle \in g \Rightarrow a=d$$

因此$\langle a,b\rangle \in f$。

上述证明得到$\langle a,b\rangle \in f$ 当且仅当$\langle b,a\rangle \in g$，所以 $g=f^{-1}$ 且 $f=g^{-1}$。

4-38 证明 若$(g\circ f)^{-1}$是一个函数，则 f 和 g 是入射不一定成立。 【4-2.(5)】

证明 设 $f=\{\langle a_1,b_2\rangle,\langle a_2,b_3\rangle,\langle a_3,b_4\rangle\}$

$$g=\{\langle b_1,c_1\rangle,\langle b_2,c_1\rangle,\langle b_3,c_2\rangle,\langle b_4,c_3\rangle\}$$

则 $$g\circ f=\{\langle a_1,c_1\rangle,\langle a_2,c_2\rangle,\langle a_3,c_3\rangle\}$$

和 $$(g\circ f)^{-1}=\{\langle c_1,a_1\rangle,\langle c_2,a_2\rangle,\langle c_3,a_3\rangle\}$$

是函数，但 g 不是入射。

4-39 设 φ 是 A 到 B 的映射，$S\subseteq A$，$T\subseteq B$，证明：

1) $\varphi(\varphi^{-1} * T)=T\cap\varphi(A)$；

2) $\varphi(S\cap\varphi^{-1} * T)=\varphi(S)\cap T$。

证明 1) 对任意 $b\in\varphi(\varphi^{-1} * T)$，必存在 $a\in\varphi^{-1} * T$，使得 $\varphi(a)=b$ 且 $\varphi(a)\in T$，即 $b\in T$。因为 $\varphi:A\to B$，故有 $\varphi^{-1} * T\subseteq A$，而 $b=\varphi(a)\in\varphi(A)$，所以 $b\in T\cap\varphi(A)$。由此

$$\varphi(\varphi^{-1} * T)\subseteq T\cap\varphi(A)$$

反之，对任意 $b\in T\cap\varphi(A)$，而 $b\in T$ 且 $b\in\varphi(A)$，故必存在 $a\in A$，使得 $\varphi(a)=b$ 且 $a\in\varphi^{-1} * T$，有 $b\in\varphi(\varphi^{-1} * T)$，所以

$$T\cap\varphi(A)\subseteq\varphi(\varphi^{-1} * T)$$

因此 $$T\cap\varphi(A)=\varphi(\varphi^{-1} * T)$$

2) 对任意 $b\in\varphi(S\cap\varphi^{-1} * T)$，则存在 $a\in S\cap\varphi^{-1} * T$，使得 $\varphi(a)=b$，即 $a\in S$，且 $a\in\varphi^{-1} * T$。因此 $\varphi(a)\in\varphi(S)$ 且 $\varphi(a)\in T$，即 $b\in\varphi(S)$ 且 $b\in T$，得到 $b\in T\cap\varphi(S)$。所以

$$\varphi(S\cap\varphi^{-1} * T)\subseteq T\cap\varphi(S)$$

反之，对任意 $b \in T \cap \varphi(S)$，有 $b \in T$，且 $b \in \varphi(S)$，故存在 $a \in S$，使 $\varphi(a)=b$，且 $a \in \varphi^{-1} * T$，即 $a \in S \cap \varphi^{-1} * T$，$\varphi(a) \in \varphi(S \cap \varphi^{-1} * T)$，故 $b \in \varphi(S \cap \varphi^{-1} * T)$。所以

$$T \cap \varphi(S) \subseteq \varphi(S \cap \varphi^{-1} * T)$$

4-40 设 f 为集合 X 映入到集合 Y 的映射，A 和 B 为 Y 的子集，证明：

$$(f^{-1} * A) \cap (f^{-1} * B) = f^{-1} * (A \cap B)$$

证明 1) 若 $x \in (f^{-1} * A) \cap (f^{-1} * B)$，则 $x \in f^{-1} * A$ 且 $x \in f^{-1} * B$，即 $f(x) \in A$ 且 $f(x) \in B$，所以 $f(x) \in A \cap B$，即 $x \in f^{-1}(A \cap B)$。

2) 若 $x \in f^{-1} * (A \cap B)$，则 $f(x) \in A \cap B$，即 $f(x) \in A$ 且 $f(x) \in B$，所以 $x \in f^{-1} * A$ 且 $x \in f^{-1} * B$，所以 $x \in (f^{-1} * A) \cap (f^{-1} * B)$。

由此证得 $(f^{-1} * A) \cap (f^{-1} * B) = f^{-1} * (A \cap B)$

4-41 证明任意一个非空集的反映射是非空的，当且仅当 f 是满射的。

证明 1) 设 $f: X \to Y$ 为满射，$A \subseteq Y$ 且 $A \neq \varnothing$，则必存在 y，使得 $y \in A$，因为 f 是满射，故必有一个 x 使得 $f(x)=y$，而这个 x 是属于 $f^{-1} * A$。这说明，若 f 是满射，则任意非空子集的反映射是非空的。

2) 假定 f 不是一个满射，则 $f * X \neq Y$，故 $Y - f * X \neq \varnothing$，集合 $Y - f * X$ 是非空的，但它的反映射为空，这证明了若 f 不是满射，则存在一个非空集，它的反映射为空。

4-42 设 $f: X \to Y$，$A \subseteq Y$，证明

$$f * (f^{-1} * A) = A \cap (f * X)$$

证明 因为 $f^{-1} * A \subseteq X$，故由习题 4-23，$f * (f^{-1} * A) \subseteq f * X$，故

$$y \in f * (f^{-1} * A) \Rightarrow y \in f * X$$

但 $y \in f * (f^{-1} * A)$ 也表示存在一个 $x \in f^{-1} * A$，使得 $y = f(x)$ 且 $y \in A$，所以

$$f * (f^{-1} * A) \subseteq A \cap (f * X)$$

反之，若 $y \in A \cap (f * X)$，则 $y \in A$ 且 $y \in f * X$，故得到 $y \in A$，

且存在一个 $x\in X$，使 $y=f(x)$。而一方面有：$x\in f^{-1}*A$，故 $y\in f*(f^{-1}*A)$，即

$$A\cap(f*X)\subseteq f*(f^{-1}*A)$$

由此证得 $\qquad f*(f^{-1}*A)=A\cap(f*X)$

4-43 证明 若 $f:X\to Y, A\subseteq X, B\subseteq Y$，则：

a) $f*(A\cap f^{-1}*B)=(f*A)\cap B$；

b) $A\cap f^{-1}*B\subseteq f^{-1}*[(f*A)\cap B]$。

证明 a) 先证 $f*(A\cap f^{-1}*B)\subseteq(f*A)\cap B$。

因为 $f*(A\cap f^{-1}*B)\subseteq(f*A)\cap f*(f^{-1}*B)$

$$=(f*A)\cap(B\cap f*X)$$

$$=(f*A)\cap(f*X)\cap B=(f*A)\cap B$$

再证 $(f*A)\cap B\subseteq f*(A\cap f^{-1}*B)$。

设 $y\in(f*A)\cap B$，则 $y\in f*A$，且 $y\in B$，所以存在一个 $x\in A$，使得 $f(x)=y$，因为 $f(x)\in B$，我们有 $x\in f^{-1}*B$，所以有 $x\in(A\cap f^{-1}*B)$，于是 $y\in f*(A\cap f^{-1}*B)$。

综上得 $\qquad f*(A\cap f^{-1}*B)=(f*A)\cap B$

b) 设 $x\in A$，则 $f(x)\in f*A$，所以 $x\in f^{-1}*(f*A)$，所以我们有 $A\subseteq f^{-1}*(f*A)$，故

$$A\cap f^{-1}*B\subseteq f^{-1}*(f*A)\cap f^{-1}*B$$

由习题 4-40 知

$$f^{-1}*(f*A)\cap f^{-1}*B=f^{-1}*[(f*A)\cap B]$$

于是得 $\qquad A\cap f^{-1}*B\subseteq f^{-1}*[(f*A)\cap B]$

4-44 设函数 $g:S\to T, f:T\to S$，证明：

a) $f:T\to S$，有一个左逆，当且仅当 f 是入射的；

b) $f:T\to S$，有一个右逆，当且仅当 f 是满射的；

c) 若 g 是 f 的左逆和右逆，则 f 是一个双射，且 $g=f^{-1}$。

【4-2.(6)】

证明 a) 若 f 存在一个左逆 g，则 $g\circ f(t)=t$，故 $g\circ f$ 是入射，由习题 4-28b)得到 f 是入射的。

反之，若 f 是入射，$f:T\to S$，选择任一元素 $c\in T$，定义 g 如

下：$g:S\to T$，使得

$$\begin{cases} g(s)=t, & 若\ s\in f(T)，且\ f(t)=s \\ g(s)=c, & 若\ s\notin f(T) \end{cases}$$

对每个变元 $s\in S$，$g(s)$ 只有一个值，且若 $f(t)=s$，则 $g\circ f(t)=g(s)=t$，故 g 是 f 的左逆，即若 f 是入射的，则必能构造函数 g，使 g 为 f 的左逆。

b) 若 f 存在一个右逆，则 $f\circ g(s)=S$，对每个 $s\in S$，因为 g 是函数，必有 $g(s)=t$，且 $f(t)=s$，故 f 是满射的。

反之，若 f 是满射，即对每个 $s\in S$，则至少存在一个 $t\in T$ 使 $f(t)=S$，现构造 g 如下：对每个 $s\in S$ 有

(1) 若仅有一个 $t\in T$，使 $f(t)=S$，则取 $g(s)=t$；

(2) 若有 $t_1,t_2,\cdots,t_k\in T$，使 $f(t_1)=f(t_2)=\cdots=f(t_k)=S$。则取某一 t_i，使 $g(s)=t_i$，这样对每个 $s\in S$，g 只有一个值，且 $f\circ g(s)=S$，故 g 是 f 的右逆。

c) 由 a)，b)可证得 g 是 f 的左逆和右逆，则 f 是满射和入射，故 f 是双射，由逆函数定义证得 $g=f^{-1}$。

4-45 设 $f:X\to Y$，定义 $\overline{f}:\mathscr{P}(X)\to\mathscr{P}(Y)$，使得

$$\overline{f}(A)=\{y\mid\langle x,y\rangle\in f，对某些\ x\in A\}$$

$$\overline{f}^c(B)=\{x\mid\langle x,y\rangle\in f，对某些\ y\in B\}$$

a) 设 $f:X\to Y$，证明 $\overline{f}^c$ 是满射当且仅当 f 是入射；

b) 设 $f:X\to Y$，证明 $\overline{f}^c$ 是入射当且仅当 f 是满射。

证明 a) 设 f 是入射，令 $A\in\mathscr{P}(X)$，且 $\overline{f}(A)=B$，根据题设条件有

$$\overline{f}^c(B)=\overline{f}^c(\overline{f}(A))=\overline{f}^c\circ\overline{f}(A)=A$$

即对任意 $A\in\mathscr{P}(X)$，必存在 $B\in\mathscr{P}(Y)$，使得 $\overline{f}^c(B)=A$。

所以 $\overline{f}^c$ 是满射。

反之，设 f 不是入射，则必有 $x_1,x_2\in X$，使得 $f(x_1)=f(x_2)$，但 $x_1\neq x_2$。若 $x_1\in\overline{f}^c(B)$，则因 $f(x_1)=f(x_2)$，故有

$$\{x_1,x_2\}\subseteq\overline{f}^c(B)，且\ \overline{f}^c(B)\neq\{x_1\}$$

若 $x_1\notin\overline{f}^c(B)$，则显然 $\overline{f}^c(B)\neq\{x_1\}$，由此得到对任意 $B\in\mathscr{P}(y)$，

$\{x_1\}\neq\overline{f}^c(B)$，但$\{x_1\}\in\mathscr{P}(X)$。

所以 $\overline{f}^c$ 不是满射的。

b) 设 f 为满射，如果 $\overline{f}^c(B_1)=\overline{f}^c(B_2)$，对任意 $y_1\in B_1$，因为 f 是满射，故对某个 $x\in X$ 必有 $y_1=f(x)$，即

$$x\in\overline{f}^c(B_1)=\overline{f}^c(B_2)$$

所以对某个 $y_2\in B_2$ 有 $f(x)=y_2$，因为 f 是函数，故

$$y_1=f(x_1)\wedge y_2=f(x)\Rightarrow y_1=y_2$$

因此 $y_1\in B_2$，即 $B_1\subseteq B_2$。同理可证 $B_2\subseteq B_1$，得到 $B_1=B_2$。

所以 $\overline{f}^c$ 是入射。

反之，若 f 不是满射，则必存在一个 $y_1\in Y$，使得 $y_1\notin f(X)$，由 $\overline{f}^c$ 的定义可得

$$\overline{f}^c(\varnothing)=\overline{f}^c(\{y_1\})$$

但$\varnothing\neq\{y_1\}$，所以 $\overline{f}^c$ 不是入射。

4-46 设 $f:X\to Y$，对所有 $A,B\in\mathscr{P}(Y)$，$\overline{f}^c$ 的定义如上题，$\overline{f}^c(A-B)=\overline{f}^c(A)-\overline{f}^c(B)$成立吗？

证明 成立。因为对任意 $x\in\overline{f}^c(A-B)$，当且仅当存在一个 $y\in(A-B)$，使得$\langle x, y\rangle\in f$。当且仅当

$$y\in A\wedge y\notin B\wedge y=f(x)$$

即
$$x\in\overline{f}^c(A)\wedge x\notin\overline{f}^c(B)$$

即
$$x\in(\overline{f}^c(A)-\overline{f}^c(B))$$

所以有
$$\overline{f}^c(A-B)=\overline{f}^c(A)-\overline{f}^c(B)$$

4-47 设 $f:X\to Y$，对每个 $i\in I$，令 $A_i\in\mathscr{P}(X)$，证明：

1) $\overline{f}(\bigcap\limits_{i\in I}A_i)\subseteq\bigcap\limits_{i\in I}\overline{f}(A_i)$成立；

2) 对$\bigcap\limits_{i\in I}\overline{f}(A_i)\subseteq\overline{f}(\bigcap\limits_{i=I}A_i)$，给出一个反例说明不成立。

证明 1) 若 $y\in\overline{f}(\bigcap\limits_{i\in I}A_i)$，则必存在一个 x，使得 $y=f(x)$且对所有 $i\in I$，$x\in A_i$，这就推出，对所有 $i\in I$，$x\in\overline{f}(A_i)$，因此 $x\in\bigcap\limits_{i\in I}\overline{f}(A_i)$。

所以 $\overline{f}(\bigcap\limits_{i\in I}A_i)\subseteq\bigcap\limits_{i\in I}\overline{f}(A_i)$成立。

2) 设 $I=2, A_0=\{0,1\}, A_1=\{0,2\}$，有

$$f=\{\langle 0,0\rangle,\langle 1,1\rangle,\langle 2,1\rangle\}$$

则
$$\overline{f}(A_0)=\{0,1\}, \overline{f}(A_1)=\{0,1\}$$

故
$$\bigcap_{i\in I}\overline{f}(A_i)=\{0,1\}, \overline{f}(\bigcap_{i\in I}A_i)=\{0\}$$

所以 $\bigcap_{i\in I}\overline{f}(A_i)\subseteq\overline{f}(\bigcap_{i\in I}A_i)$ 不成立。

4-48 证明，对于所有的 $x\in E$ 有：

a) $\psi_A(x)\leqslant\psi_B(x)$，当且仅当 $A\subseteq B$；

b) $\psi_{A\cap B}(x)=\min(\psi_A(x),\psi_B(x))$；

c) $\psi_{A\cup B}(x)=\max(\psi_A(x),\psi_B(x))$；

d) $\psi_{A-B}(x)=\psi_A(x)-\psi_{A\cap B}(x)$。 【4-3.(1)】

证明 a) 设 $\psi_A(x)\leqslant\psi_B(x)$，对所有 $x\in A$，$\psi_A(x)=1$。因为 $\psi_A(x)\leqslant\psi_B(x)$，故 $\psi_B(x)=1$，得 $x\in B$，所以 $A\subseteq B$。

反之，若 $A\subseteq B$，对任意 x 有下列情况：

1) $x\in A$，则 $x\in B$，$\psi_A(x)=\psi_B(x)=1$；

2) $x\notin A$，则 $\begin{cases} x\in B, \psi_A(x)=0, \psi_B(x)=1 \\ x\notin B, \psi_A(x)=0, \psi_B(x)=0。\end{cases}$

总之，$\psi_A(x)\leqslant\psi_B(x)$。

b) 对所有 $x\in E$，

1)
$$\begin{aligned} x\in A\cap B &\Rightarrow x\in A\wedge x\in B \\ &\Rightarrow \psi_A(x)=1\wedge\psi_B(x)=1 \end{aligned}$$

所以
$$\psi_{A\cap B}(x)=\min(\psi_A(x),\psi_B(x))=1$$

2)
$$\begin{aligned} x\notin A\cap B &\Rightarrow x\notin A\vee x\notin B \\ &\Rightarrow \psi_A(x)=0\vee\psi_B(x)=0 \end{aligned}$$

所以
$$\psi_{A\cap B}(x)=\min(\psi_A(x),\psi_B(x))=0$$

即
$$\psi_{A\cap B}(x)=\min(\psi_A(x),\psi_B(x))$$

c) 对所有 $x\in E$，

1)
$$\begin{aligned} x\in A\cup B &\Rightarrow x\in A\vee x\in B \\ &\Rightarrow \psi_A(x)=1\vee\psi_B(x)=1 \end{aligned}$$

所以
$$\psi_{A\cup B}(x)=\max(\psi_A(x),\psi_B(x))=1$$

2) $$x \notin A \cup B \Rightarrow x \notin A \wedge x \notin B$$

$$\Rightarrow \psi_A(x)=0 \wedge \psi_B(x)=0$$

所以 $\psi_{A\cup B}(x)=\max(\psi_A(x)$

$\psi_B(x))=0$

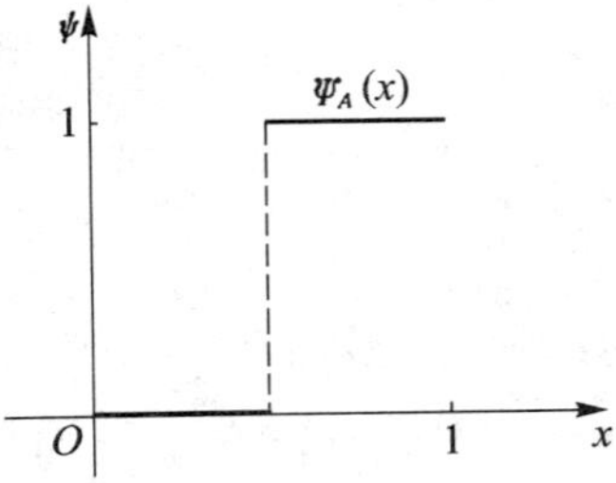

图 4-1

总之，

$$\psi_{A\cup B}(x)=\max(\psi_A(x),\psi_B(x))$$

d) $\psi_{A-B}(x)=\psi_{A\cap \sim B}(x)$

$=\psi_A(x)\cdot\psi_{\sim B}(x)$

$=\psi_A(x)*(1-\psi_B(x))$

$=\psi_A(x)-\psi_A(x)*\psi_B(x)$

$=\psi_A(x)-\psi_{A\cap B}(x)$

4-49 设 $E=[0,1]$，$A=\left[\frac{1}{2},1\right]$，画出 $\psi_A(x)$ 的图。

【4-3.(2)】

解
$$\psi_A(x)=\begin{cases}1, x\in\left[\frac{1}{2},1\right]\\ 0, x\in\left[0,\frac{1}{2}\right]\end{cases}$$

其图如图 4-1 所示。

4-50 设 $S=(A\cap B)\cup(\sim A\cap C)\cup(B\cap C)$，这里 A,B,C 是全集 E 的子集，对于 $\psi_A(x)$，$\psi_B(x)$ 和 $\psi_C(x)$ 的值的所有可能组合，试求出 $\psi_S(x)$ 的值，并构成集的成员表。【4-3.(3)】

解

$\psi_A(x)$	$\psi_B(x)$	$\psi_C(x)$	$\psi_{A\cap B}(x)$	$\psi_{A\cap C}(x)$	$\psi_{B\cap C}(x)$	S
0	0	0	0	0	0	0
0	0	1	0	1	0	1
0	1	0	0	0	0	0
0	1	1	0	1	1	1
1	0	0	0	0	0	0
1	0	1	0	0	0	0
1	1	0	1	0	0	1
1	1	1	1	0	1	1

4-51 设 $\underset{\sim}{A}$，$\underset{\sim}{B}$ 是 E 上的两个模糊子集，它们的并集 $\underset{\sim}{A}\cup\underset{\sim}{B}$

和交集 $\underset{\sim}{A}\cap\underset{\sim}{B}$ 都仍然是模糊子集，它们的隶属函数分别定义为：

$$\underset{\sim}{C}'=\underset{\sim}{A}\cup\underset{\sim}{B}\Leftrightarrow\mu_{\underset{\sim}{C}'}=\max(\mu_{\underset{\sim}{A}},\mu_{\underset{\sim}{B}})$$

$$\underset{\sim}{C}'=\underset{\sim}{A}\cap\underset{\sim}{B}\Leftrightarrow\mu_{\underset{\sim}{C}'}=\min(\mu_{\underset{\sim}{A}},\mu_{\underset{\sim}{B}})$$

证明模糊集 $\cup$ 和 $\cap$ 运算满足幂等律，交换律，结合律，吸收律，分配律等。 【4-3.(4)】

证明 1）$\underset{\sim}{A}$ 为 E 上的任意模糊子集：

$$\underset{\sim}{A}\cup\underset{\sim}{A}=\underset{\sim}{C}\Leftrightarrow\mu_{\underset{\sim}{C}'}=\max(\mu_{\underset{\sim}{A}},\mu_{\underset{\sim}{A}})=\mu_{\underset{\sim}{A}}$$

所以
$$\underset{\sim}{A}\cup\underset{\sim}{A}=\underset{\sim}{A}$$

$$\underset{\sim}{A}\cap\underset{\sim}{A}=\underset{\sim}{C}\Leftrightarrow\mu_{\underset{\sim}{C}'}=\min(\mu_{\underset{\sim}{A}},\mu_{\underset{\sim}{A}})=\mu_{\underset{\sim}{A}}$$

所以
$$\underset{\sim}{A}\cap\underset{\sim}{A}=\underset{\sim}{A}$$

2）设
$$\underset{\sim}{C}=\underset{\sim}{A}\cup\underset{\sim}{B}\Leftrightarrow\mu_{\underset{\sim}{C}'}=\max(\mu_{\underset{\sim}{A}},\mu_{\underset{\sim}{B}})$$
$$=\max(\mu_{\underset{\sim}{B}},\mu_{\underset{\sim}{A}})\Leftrightarrow\underset{\sim}{B}\cup\underset{\sim}{A}=\underset{\sim}{C}$$

所以
$$\underset{\sim}{A}\cup\underset{\sim}{B}=\underset{\sim}{B}\cup\underset{\sim}{A}$$

同理，设
$$\underset{\sim}{C}'=\underset{\sim}{A}\cap\underset{\sim}{B}\Leftrightarrow\mu_{\underset{\sim}{C}'}=\min(\mu_{\underset{\sim}{A}},\mu_{\underset{\sim}{B}})=\min(\mu_{\underset{\sim}{B}},\mu_{\underset{\sim}{A}})$$
$$\Leftrightarrow\underset{\sim}{B}\cap\underset{\sim}{A}=\underset{\sim}{C}$$

所以
$$\underset{\sim}{A}\cap\underset{\sim}{B}=\underset{\sim}{B}\cap\underset{\sim}{A}$$

3）设 $\underset{\sim}{C}'=\underset{\sim}{A}\cap(\underset{\sim}{A}\cup\underset{\sim}{B})\Leftrightarrow\mu_{\underset{\sim}{C}'}=\min(\mu_{\underset{\sim}{A}},\max(\mu_{\underset{\sim}{A}},\mu_{\underset{\sim}{B}}))=$
$\mu_{\underset{\sim}{A}}$，所以
$$\underset{\sim}{A}\cap(\underset{\sim}{A}\cup\underset{\sim}{B})=\underset{\sim}{A}$$

同理，设

$$\underset{\sim}{C}'=\underset{\sim}{A}\cup(\underset{\sim}{A}\cap\underset{\sim}{B})\Leftrightarrow\mu_{\underset{\sim}{C}'}=\max(\mu_{\underset{\sim}{A}},\min(\mu_{\underset{\sim}{A}},\mu_{\underset{\sim}{B}}))=\mu_{\underset{\sim}{A}}$$

所以
$$\underset{\sim}{A}\cup(\underset{\sim}{A}\cap\underset{\sim}{B})=\underset{\sim}{A}$$

4）设
$$\underset{\sim}{C}'=\underset{\sim}{A}\cap(\underset{\sim}{B}\cap\underset{\sim}{C})\Leftrightarrow\mu_{\underset{\sim}{C}'}=\min(\mu_{\underset{\sim}{A}},\min(\mu_{\underset{\sim}{B}},\mu_{\underset{\sim}{C}}))$$
$$=\min(\min(\mu_{\underset{\sim}{A}},\mu_{\underset{\sim}{B}}),\mu_{\underset{\sim}{C}})\Leftrightarrow\underset{\sim}{C}'=(\underset{\sim}{A}\cap\underset{\sim}{B})\cap\underset{\sim}{C}$$

所以
$$\underset{\sim}{A}\cap(\underset{\sim}{B}\cap\underset{\sim}{C})=(\underset{\sim}{A}\cap\underset{\sim}{B})\cap\underset{\sim}{C}$$

同理
$$\underset{\sim}{C}'=\underset{\sim}{A}\cup(\underset{\sim}{B}\cup\underset{\sim}{C})\Leftrightarrow\mu_{\underset{\sim}{C}'}=\max(\mu_{\underset{\sim}{A}},\max(\mu_{\underset{\sim}{B}},\mu_{\underset{\sim}{C}}))$$
$$=\max(\max(\mu_{\underset{\sim}{A}},\mu_{\underset{\sim}{B}}),\mu_{\underset{\sim}{C}})\Leftrightarrow\underset{\sim}{C}'=(\underset{\sim}{A}\cup\underset{\sim}{B})\cup\underset{\sim}{C}$$

所以
$$\underset{\sim}{A}\cup(\underset{\sim}{B}\cup\underset{\sim}{C})=(\underset{\sim}{A}\cup\underset{\sim}{B})\cup\underset{\sim}{C}$$

5）设
$$\underset{\sim}{C}'=\underset{\sim}{A}\cup(\underset{\sim}{B}\cap\underset{\sim}{C})\Leftrightarrow\mu_{\underset{\sim}{C}'}=\max(\mu_{\underset{\sim}{A}},\min(\mu_{\underset{\sim}{B}},\mu_{\underset{\sim}{C}}))$$
$$=\min(\max\mu_{\underset{\sim}{A}},\mu_{\underset{\sim}{B}}),\max(\mu_{\underset{\sim}{A}},u_{\underset{\sim}{C}}))$$

$$\Leftrightarrow \underset{\sim}{C}'=(\underset{\sim}{A}\cup\underset{\sim}{B})\cap(\underset{\sim}{A}\cup\underset{\sim}{C})$$

所以 $$\underset{\sim}{A}\cup(\underset{\sim}{B}\cap\underset{\sim}{C})=(\underset{\sim}{A}\cup\underset{\sim}{B})\cap(\underset{\sim}{A}\cup\underset{\sim}{C})$$

同理，设 $$\underset{\sim}{C}'=\underset{\sim}{A}\cap(\underset{\sim}{B}\cup\underset{\sim}{C})\Leftrightarrow\mu_{\underset{\sim}{C}'}=\min(\mu_{\underset{\sim}{A}},\max(\mu_{\underset{\sim}{B}},\mu_{\underset{\sim}{C}}))$$

$$=\max(\min(u_{\underset{\sim}{A}},\mu_{\underset{\sim}{B}}),\min(\mu_{\underset{\sim}{A}},\mu_{\underset{\sim}{C}}))$$

$$\Leftrightarrow \underset{\sim}{C}'=(\underset{\sim}{A}\cap\underset{\sim}{B})\cup(\underset{\sim}{A}\cap\underset{\sim}{C})$$

所以 $$\underset{\sim}{A}\cap(\underset{\sim}{B}\cup\underset{\sim}{C})=(\underset{\sim}{A}\cap\underset{\sim}{B})\cup(\underset{\sim}{A}\cap\underset{\sim}{C})$$

4-52 设 $\psi_A:X\to\{0,1\}$为 X 的子集 A 所定义的 X 的特征函数，证明 $\Phi:\mathscr{P}(X)\to\{0,1\}^X$ 是双射。这里 $\Phi(A)=\psi_A,A\subseteq X$。

证明 Φ 是 $\mathscr{P}(X)$ 到 $\{0,1\}^X$ 的一个函数，假定 $\Phi(A)=\Phi(B)$，则 $\psi_A=\psi_B$。对所有 $x\in X,\psi_A(x)=\psi_B(x)$，因为 $y\in A\Leftrightarrow\psi_A(y)=1\Leftrightarrow\psi_B(y)=1\Leftrightarrow y\in B$，即 $A=B$，所以 Φ 是入射。

对任意 $f\in\{0,1\}^X$，定义 $A=\{x\mid x\in X\wedge f(x)=1\}$，则 $A\in\mathscr{P}(X)$且 $\Phi(A)=f$，所以 Φ 是满射。

4-53 设 $F(x)$只有有穷个值，试用特征函数表示 $F(x)$。

解 设 $F:A\to B$ 为函数，且 $B=\{b_1,b_2,\cdots,b_n\},b_i\neq b_j$ 当 $i\neq j$ 时，定义 $A_k=\{x\mid f(x)=b_k\},1\leqslant k\leqslant n$，显然有

$$A=\bigcup_{k=1}^{n}A_k$$

且当 $i\neq j$ 时 $A_i\cap A_j=\varnothing$。所以 $F(x)$可表示为：

$$F(x)=\sum_{k=1}^{n}b_k*\psi_{A_k}(x)$$

4-54 $\bigcup 4$ 是什么，$\bigcap 4$ 又是什么？

解 $4=\{\varnothing,\{\varnothing\},\{\varnothing,\{\varnothing\}\},\{\varnothing,\{\varnothing\},\{\varnothing,\{\varnothing\}\}\}\}$

$\bigcup 4=\{\varnothing,\{\varnothing\},\{\varnothing,\{\varnothing\}\}\}=3$

$\bigcap 4=\varnothing=0$

4-55 设 $A=\{1\}$，计算 $A^+,\bigcup(A^+),\bigcup(\{2\}^+)$。

解 $$A^+=A\cup\{A\}=\{1\}\cup\{\{1\}\}=\{1,\{1\}\}$$

$$\bigcup(A^+)=\bigcup\{1,\{1\}\}=\bigcup\{\{\varnothing\},\{\{\varnothing\}\}\}$$

$$=\{\varnothing,\{\varnothing\}\}=2$$

$$\bigcup(\{2\}^+)=\bigcup(\{2\}\cup\{\{2\}\})=\bigcup\{2,\{2\}\}$$

$$=\bigcup\{\{\varnothing,\{\varnothing\}\},\{\{\varnothing,\{\varnothing\}\}\}\}$$
$$=\{\varnothing,\{\varnothing\},\{\varnothing,\{\varnothing\}\}\}$$
$$=\{0,1,2\}=3$$

4-56 证明：若 a 是可递集，则 a^+ 是可递集。

证明 $$a^+=a\cup\{a\}$$

$$\bigcup(a^+)=\bigcup(a\cup\{a\})=(\bigcup a)\cup(\bigcup\{a\})=(\bigcup a)\cup a$$

因为 a 是可递集，故 $\bigcup a\subseteq a$，由子集定理得：

$$(\bigcup a)\cup a=a$$

所以 $a^+=a$ 是可递集。

4-57 试证：A 是可递集，当且仅当 $\mathscr{P}(A)$ 是可递集。

证明 1）若 A 是可递集，则 $A\subseteq\mathscr{P}(A)$。由习题 3-9，得

$$\mathscr{P}(A)\subseteq\mathscr{P}(\mathscr{P}(A))$$

故 $\mathscr{P}(A)$ 是可递集。

2）若 $\mathscr{P}(A)$ 是可递集，则 $\bigcup\mathscr{P}(A)\subseteq\mathscr{P}(A)$，但是 $\bigcup\mathscr{P}(A)=A$，故有 $A\subseteq\mathscr{P}(A)$，由可递集等价定义，所以 A 是可递集。

4-58 证明：若 A 是可递集，则 $\bigcup A$ 也是可递集。

证明 因为 A 是可递集，故有 $\bigcup A\subseteq A$。对任意 $y\in\bigcup A$，必有 $y\in A$，所以 $y\subseteq A$，得 $y\subseteq\bigcup A$。因此 $y\in\bigcup A\Rightarrow y\subseteq\bigcup A$，即 $\bigcup A$ 是可递集。

4-59 假定 A 的每个成员是可递集，证明：

a）$\bigcup A$ 是可递集；

b）$\bigcap A$ 是可递集（设 A 是非空集）。

证明 a）对任意 $x\in\bigcup A\Rightarrow\exists a\in A, x\in A, a\subseteq\bigcup A$，因为 a 是可递集，所以

$$x\in a\Rightarrow x\subseteq a\subseteq\bigcup A \quad 即 \quad x\in\bigcup A\Rightarrow x\subseteq\bigcup A$$

所以 $\bigcup A$ 是可递集。

b）对所有 $x\in\bigcap A\Rightarrow x\in a, \forall a\in A$，因 a 是可递集，故 $x\in a$，$\forall a\in A\Rightarrow x\subseteq a, \forall a\in A$，故对所有 $u\in x$ 则 $u\in a$，且 $\forall a\in A$，即对任意 $u\in x, u\in\bigcap A$，所以 $x\subseteq\bigcap A$。故由此证得

$$x\in\bigcap A\Rightarrow x\subseteq\bigcap A$$

于是 $\bigcap A$ 是可递集。

4-60 设 S 为集合 $\langle 1,0\rangle$。

a）试找出可递集 T_1，使 $S\subseteq T_1$；

b）试找出可递集 T_2，使 $S\in T_2$。

解 因为 $\langle 1,0\rangle=\{\{1\},\{1,0\}\}=\{\{\varnothing\},\{\varnothing,\{\varnothing\}\}\}$

$$T_1=\{\{\{\varnothing\}\},\{\varnothing,\{\varnothing\}\},\{\varnothing\},\varnothing\}=\{\{1\},2,1,0\}$$

$$T_2=\{\{\{\{\varnothing\}\},\{\varnothing,\{\varnothing\}\}\},\{\{\varnothing\}\},\{\{\varnothing,\{\varnothing\}\},\{\varnothing\},\varnothing\}$$
$$=\{\{\{1\},2\},\{1\},2,1,0\}$$

4-61 对下列每组集合 A 和 B，构造一个从 A 到 B 的双射函数，以说明 A 和 B 具有相同的势。

a）$A=(0,1)$，$B=(0,2)$；

b）$A=N$，$B=N\times N$；

c）$A=I\times I$，$B=N$；

d）$A=R$，$B=(0,\infty)$；

e）$A=[0,1)$，$B=\left(\frac{1}{4},\frac{1}{2}\right]$。 【4-4.(1)】

解 a）作双射 $f:A\to B$，使得 $f(x)=2x$，$x\in A$。

b）设 $A=\{0,1,2,3,4,5,\cdots\}$

其对应 B 可按序偶次序记为：

$$B=\{\langle 0,0\rangle,\langle 0,1\rangle,\langle 1,0\rangle,\langle 0,2\rangle,\langle 1,1\rangle,\langle 2,0\rangle,$$
$$\langle 0,3\rangle,\langle 1,2\rangle,\langle 2,1\rangle,\langle 3,0\rangle,\cdots\}$$

c）设 $f:N\to I$，$P(n)=-\frac{1}{2}n$，当 n 为偶数，$P(n)=\frac{1}{2}(n+1)$，当 n 为奇数，故 f 为双射，令 $g:N\times N\to I\times I$，g 为双射。

d）设 $f:A\to B$，$f(x)=\tan\dfrac{\arctan x+\frac{\pi}{2}}{2}$，$x\in A$。

e）设 $f:A\to B$，$f(x)=-\frac{1}{4}x+\frac{1}{2}$，$x\in[0,1)$。

4-62 证明 $(0,1)$ 与 $[0,1)$ 等势，$[0,1)$ 与 $[0,1]$ 等势。

【4-4.(2)】

证明 a）设 $A=\left\{\frac{1}{2},\frac{1}{3},\frac{1}{4},\cdots,\frac{1}{n},\cdots\right\}$，作 $f:(0,1)\to[0,1)$

如下：

$$\begin{cases} f\left(\frac{1}{2}\right)=0 \\ f\left(\frac{1}{n}\right)=\frac{1}{n-1}, x\in A\wedge n>2 \\ f(x)=x, x\in(0,1)-A \end{cases}$$

b）设 $A=\left\{0,\frac{1}{2},\frac{1}{3},\frac{1}{4},\cdots\right\}$，作 $f:[0,1)\to[0,1]$如下：

$$\begin{cases} f(0)=0 \\ f\left(\frac{1}{n}\right)=\frac{1}{n-1}, n>1, \frac{1}{n}\in A \\ f(x)=x, x\in[0,1)-A \end{cases}$$

4-63 若 $X_1\sim X_2$ 和 $Y_1\sim Y_2$，且 $X_1\cap Y_1=X_2\cap Y_2=\varnothing$，试证：$X_1\cup Y_1\sim X_2\cup Y_2$。 【4-4.(3)】

证明 $X_1\sim X_2, Y_1\sim Y_2$，均存在双射 $f:X_1\to X_2, g:Y_1\to Y_2$，设 $f\cup g=h$，作 $h:X_1\cup Y_1\to X_2\cup Y_2$，现在证明 h 是双射。

对任意 $x\in X_1\cup Y_1$，必有 $x\in X_1$ 或 $x\in Y_1$，但 $X_1\cap Y_1=\varnothing$，故 $x\in X_1$ 或 $x\in Y_1$，而且仅有一式成立，若 $x\in X_1$，则因 f 为双射，必有唯一 $y\in x_2$，使 $f(x)=y$；若 $x\in Y_1$，则因 g 为双射，必有唯一 $y\in Y_2$，使 $g(x)=y$。由 $X_2\cap Y_2=\varnothing$，故 $f(x)\neq g(x)$。所以在 h 中，对任意 $x\in X_1\cup Y_1$，仅有唯一的 $y\in X_2\cup Y_2$ 且 $x_1\neq x_2$ 时 $y_1\neq y_2$，因此 h 是入射的。

其次，对任意 $y\in X_2\cup Y_2$，则 $y\in X_2$ 或 $y\in Y_2$，因 $X_2\cap Y_2=\varnothing$，故 $y\in X_2$，或 $y\in Y_2$ 而且仅有一式成立。若 $y\in X_2$，因为 f 是满射的，故必有 $x\in X_1$，使 $f(x)=y$。若 $y\in Y_2$，因为 g 是满射，故必有 $x\in Y_1$，使 $g(x)=y$，由 $X_1\cap Y_1=\varnothing$，故对任一 $y\in X_2\cup Y_2$，必有唯一 $x\in X_1\cup Y_1$，使 $h(x)=y$，故 h 是满射的。

综上 h 为双射，故 $X_1\cup Y_1\sim X_2\cup Y_2$。

4-64 证明$[0,1]$，$(0,1)$，$(0,2)$，$(-\infty,+\infty)$等势。

解 a）作 $f:[0,1]\to(0,1)$双射如下：

定义 $A=\left\{0,1,\frac{1}{2},\frac{1}{3},\cdots,\frac{1}{n},\cdots\right\}$

有
$$\begin{cases} f(0)=\frac{1}{2} \\ f\left(\frac{1}{n}\right)=\frac{1}{n+2} & 对\quad n\geqslant 1,\frac{1}{n}\in A \\ f(x)=x & x\in[0,1]-A \end{cases}$$

b) 作 $g:(0,1)\to(0,2)$双射如下：

$$g(x)=2x$$

c) 作 $h:(-\infty,+\infty)\to(0,1)$双射如下：

$$h(Z)=\frac{1}{\pi}\arctan Z+\frac{1}{2}$$

4-65 若 $A\sim C$ 和 $B\sim D$,证明:$A\times B\sim C\times D$。 【4-4.(4)】

证明 因为 $A\sim C$ 和 $B\sim D$,故可作双射 $f:A\to C,g:B\to D$。并作 $h:A\times B\to C\times D$。

对任意$\langle a,b\rangle\in A\times B$,则 $a\in A,b\in B$,因 f 和 g 是双射,故必有唯一的 $c\in C,d\in D$,故$\langle c,d\rangle\in C\times D$。且若$\langle a_1,b_1\rangle\in A\times B$,$\langle a_2,b_2\rangle\in A\times B$,则对应的应有$\langle c_1,d_1\rangle\in C\times D$,$\langle c_2,d_2\rangle\in C\times D$。如$\langle a_1,b_1\rangle\neq\langle a_2,b_2\rangle$,则$\langle c_1,d_1\rangle\neq\langle c_2,d_2\rangle$。

所以 h 是入射的。

对任意$\langle c,d\rangle\in C\times D$,则 $c\in C,d\in D$,因 f,g 是双射,故必有 $a\in A$,使 $f(a)=c$;$b\in B$ 使 $g(b)=d$,即

$$\langle a,b\rangle\in A\times B$$

所以对任意$\langle c,d\rangle\in C\times D$ 必有

$$h(\langle a,b\rangle)=\langle c,d\rangle$$

所以 h 是满射的。

综上 h 是双射,所以 $A\times B\sim C\times D$ 成立。

4-66 证明:若 $A\sim B$,则 $A^c\sim B^c$。

证明 因为 $A\sim B$,故存在 $\varphi:A\to B$,使得 φ 为双射。对任意 $f\in A^c$,定义 $\psi:A^c\to B^c$ 为 $\psi(f)=\varphi\circ f$,因为 φ 为入射的,设有 $g\in A^c$,则$(\varphi\circ f=\varphi\circ g)\Rightarrow f=g$,这是因为若$(\varphi\circ f=\varphi\circ g)\Rightarrow f\neq g$,则必有某个 $x_1\in C$,使得:$f(x_1)\neq g(x_1)$,故 $\varphi(f(x_1))=\varphi(g(x_1))$有 $f(x_1)\neq g(x_1)$,即 φ 不是入射,与 φ 是双射的条件矛盾。

因为 $\psi(f)=\varphi\circ f$，$\psi(g)=\varphi\circ g$，故 $\psi(f)=\psi(g)\Rightarrow f=g$，所以 ψ 是入射的。

其次，设 $h\in B^c$，$\psi(\varphi^{-1}\circ h)=\varphi\circ\varphi^{-1}\circ h=h$，这里：$\varphi^{-1}\circ h\in A^c$，所以对任意 $h\in B^c$ 必有 $\varphi^{-1}\circ A\in A^c$，使满足 $\psi(\varphi^{-1}\circ h)=h$ 成立，即 ψ 是满射。

综上 ψ 是双射，故 $A^c\sim B^c$ 成立。

4-67 设 A 为任意一个集合，$n\in N$，定义 S 为从 $\{0,1,2,\cdots,n-1\}$ 到 A 的所有映射的集合，定义 T 为 A 的元素的所有 n 元组的集合，即 $T=\{\langle a_0,a_1,a_2,\cdots,a_{n-1}\rangle\mid a_i\in A\}$，证明从 S 到 T 存在一个双射。

证明 设 $S=A^{\{0,1,2,\cdots,n-1\}}$

$$T=A^n=\{\langle a_0,a_1,a_2,\cdots,a_{n-1}\rangle\mid a_i\in A\}$$

定义映射 $g:S\to T$ 如下：对任意 $f\in S$，有

$$g(f)=\langle f(0),f(1),\cdots,f(n-1)\rangle$$

现在证明 g 是双射的。

a) 假定 $f_1,f_2\in S$，且 $f_1\neq f_2$，则对某个 k，$0\leqslant k<n$，$f_1(k)\neq f_2(k)$，故 $g(f_1)\neq g(f_2)$，因此 g 是入射。

b) 设有 n 元组 $\langle a_0,a_1,\cdots,a_{n-1}\rangle\in A^n$，令函数 f 为

$$f:\{0,1,2,\cdots,n-1\}\to A，对\ 0\leqslant i<n,f(i)=a_i$$

则在 g 的作用下，函数 f 的像是 $\langle a_0,a_1,\cdots,a_{n-1}\rangle$。因此对任意一个 $\langle a_0,a_1,\cdots,a_{n-1}\rangle\in T$，必存在一个 $f\in S$ 使得

$$g(f)=\langle f(0),f(1),f(n-1)\rangle=\langle a_0,a_1,\cdots,a_{n-1}\rangle$$

因此 g 是满射的，所以 g 是双射。

4-68 设 S 表示 $A=\{a_1,a_2,\cdots,a_n\}$ 到 $\{0,1\}$ 的一切映射构成的集合，即

$$S=\{0,1\}^A=\{f\mid f:A\to\{0,1\}\}$$

求证 $\mathscr{P}(A)\sim S$

证明 任取 $B\subseteq A$，则 $B\in\mathscr{P}(A)$。作映射 $f_B:A\to\{0,1\}$，使

$$f_B(x)=\begin{cases}0,当\ x\notin B\\1,当\ x\in B\end{cases}$$

故 $f_B \in S$。

设 $\varphi: \mathscr{P}(A) \to S$，使 $\varphi(B) = f_B$。

现在证明 φ 是双射的。因为

（1）设 $B_1 \in \mathscr{P}(A)$，$B_2 \in \mathscr{P}(A)$，若 $B_1 \neq B$，则

$$f_{B_1} \neq f_{B_2}$$

因此，φ 是入射的。

（2）任取 $f_i \in S$，令 $B_i = \{x \mid x \in A \text{ 且 } f_i(x) = 1\}$，则

$$B \subseteq A, \text{且 } \varphi(B_i) = f_i$$

故 φ 是满射的。

综上所述，φ 为双射。故有

$$\mathscr{P}(A) \sim S$$

（注　由本题证明可知，$\mathscr{P}(A)$ 也可记为 2^A。）

4-69　下列集合 A 的势是什么？

a）$A = \{\langle p, q \rangle \mid p, q \text{ 都是整数}\}$；

b）$A = \{\langle p, q \rangle \mid p, q \text{ 都是有理数}\}$；

c）A 是由所有半径为 1，圆心在 x 轴上的圆周所组成的集合；

d）A 是由实数轴上所有两两不相交的有限开区间组成的集合。【4-5.(1)】

解　a）令 $f: A \to B$，使得 $f(\langle p, q \rangle) = p/q$，$f$ 为双射，所以 $A \sim B$，因为 $B = \{p/q\}$，$K[B] = \aleph_0$，故 A 的势为 $\aleph_0$。

b）与 a)相同，证得 $K[A] = \aleph_0$。

c）因为圆心在 x 轴上的圆周，半径均为 1，故这些圆周的集合，对应于 $(-\infty, \infty)$ 这个集合，所以其势为 $\aleph$。

d）实数轴上所有两两不相交的有限开区间组成的集合，其势为 $\aleph_0$。

4-70　如果 A 是不可数无穷集，B 是 A 的可数子集，则 $(A - B) \sim A$。【4-5.(2)】

证明　设 $P = A - B$，则 P 不是有限集。因为 $P \cup B = A$，若 P 是有限集，B 必是可数集，于是 A 为可数集，与题设矛盾。故知 P

是无限集。由定理 4-5.2 知 P 必含可数子集 D，设 $M=P-D$，即 $P=M\cup D$。

由 $A=P\cup B=M\cup D\cup B$，因为 D,B 为可数集，$(D\cup B)\sim B$，$M\sim M$，且 $M\cap(D\cup B)=\varnothing$，$(M\cap B)=\varnothing$，由习题 4-63 得到

$$M\cup D\cup B\sim M\cup D$$

即 $A\sim P$，故

$$(A-B)\sim A$$

4-71 如果 A 是任意无限集，M 是一个可数集，则

$$(A\cup M)\sim A$$ 【4-5.(3)】

证明 设 A 是任意无限集，M 是可数集：

1）若 A 是可数无限集，则 $A\cup M$ 是可数集，故

$$(A\cup M)\sim A$$

2）若 A 是不可数无限集，因为 $M-(A\cap M)\subseteq M\subseteq A\cup M$，由定理 4-5.4，$M-A\cap M$ 是可数集，但 $A\cup M$ 为不可数无限集，由习题 4-70 得

$$(A\cup M)-(M-A\cap M)\sim(A\cup M)$$

但

$$(A\cup M)-(M-A\cap M)=A$$

所以$(A\cup M)\sim A$。

4-72 如果两集合 A_1 和 A_2 都是可数的，证明：$A_1\times A_2$ 也是可数的。 【4-5.(4)】

证明 设集合 A_1 和 A_2 为可数的，则有

$$A_1=\{a_0,a_1,a_2,\cdots\}$$

$$A_2=\{b_0,b_1,b_2,\cdots\}$$

作映像 $f:A_1\times A_2\to N\times N$ 如下

$$f\langle a_m,b_n\rangle=\langle m,n\rangle$$

则 f 是一个双射。因为 $g:N\times N\to N$ 为双射，

$$g(\langle m,n\rangle)=\frac{1}{2}(m+n)(m+n+1)+m$$

所以 $A_1\times A_2$ 是可数的。

4-73 有限集 A 和可数集 B 的笛卡尔积集 $A\times B$ 是可数集吗？请予证明。 【4-5.(5)】

证明 设有限集为 A，则 $A\cup N$ 是可数集，由习题 4-72 可知 $(A\cup N)\times B$ 是可数集。但 $A\times B\subseteq(A\cup N)\times B$，且 $A\times B$ 是无限集，由定理 4-5.4 知可数集的任何无限子集是可数的，故 $A\times B$ 为可数集。

4-74 若 S 为无理数集，证明：$K[S]=\aleph$。 【4-5.(6)】

证明 设 Q 为有理数集，R 为实数集，S 为无理数集。因为 Q 是可数集，S 为无限集，由习题 4-71 可知 $(S\cup Q)\sim S$，但 $S\cup Q=R$，所以 $S\sim R$。

于是 $K[S]=K[R]=\aleph$。

4-75 令 $K[A]=\aleph$，$K[B]=\aleph$，$K[D]=\aleph_0$，这里 A,B,D 为互不相交集合，证明以下各式：

a) $K[A\cup B]=\aleph$；

b) $K[A\cup B]=\aleph$。 【4-5.(7)】

证明 令 f_A 为 $[0,1]$ 到 A 的双射，

f_B 为 $[0,1]$ 到 B 的双射，

f_D 为 N 到 D 的双射。

a) 设 $g_1:\left[0,\frac{1}{2}\right]\to[0,1]$，

$$\begin{cases} g_1(x)=\dfrac{1}{(n-2)}, 若\ x=\dfrac{1}{n}, n>2, n\in N \\ g_1(x)=2x, 其他 \end{cases}$$

又设 $g_2:\left[\frac{1}{2},1\right)\to[0,1]$，

$$g_2(x)=2x-1$$

g_1 和 g_2 是双射的，用这些函数构造 $[0,1]$ 到 $A\cup B$ 的双射如下：

$$h:[0,1]\to A\cup B$$

$$h(x)=f_A\circ g_1(x), 若\ x\in\left[0,\frac{1}{2}\right)$$

$$h(x)=f_B\circ g_2(x), 若\ x\in\left[\frac{1}{2},1\right]$$

因为 A 和 B 是不相交的，故 h 是从[0,1]到 $A\cup B$ 的双射，所以

$$K[A\cup B]=\aleph$$

b）因为 $K[D]=\aleph_0$，故 D 为可数集，$K[A]=\aleph$，A 为无限集，由习题 4-71 得$(A\cup D)\sim A$。故 $K[A\cup D]=K[A]=\aleph_0$。

4-76 用定理 4-6.2 证明[0,1]，(0,1]，[0,1)，(0,1)是等势的。 【4-6.(1)】

证明

1）作 $f:[0,1]\to(0,1]$入射为 $f(x)=\dfrac{x}{2}+\dfrac{1}{2}$

作 $g:(0,1]\to[0,1]$入射为 $g(x)=x$

故 $$[0,1]\sim(0,1]$$

2）作 $f:(0,1]\to[0,1)$入射为 $f(x)=\dfrac{1}{2}-\dfrac{x}{2}$

作 $g:[0,1)\to(0,1]$入射为 $g(x)=1-x$

故 $$(0,1]\sim[0,1)$$

3）作 $f:(0,1)\to[0,1)$入射为 $f(x)=x$

作 $g:[0,1)\to(0,1)$入射为 $g(x)=\dfrac{x}{2}+\dfrac{1}{4}$

故 $$[0,1)\sim(0,1)$$

4）作 $f:(0,1)\to[0,1]$入射为 $f(x)=x$

作 $g:[0,1]\to(0,1)$为 $g(x)=\dfrac{x}{3}+\dfrac{1}{4}$

故 $$(0,1)\sim[0,1]$$

由上证明可得

$$[0,1]\sim(0,1]\sim[0,1)\sim(0,1)$$

4-77 证明：若从 A 到 B 存在一个满射，则

$$K[B]\leqslant K[A]$$ 【4-6.(2)】

证明 设 $f:A\to B$ 为满射函数。构造函数：

$$f_\Delta=\{\langle y,x\rangle\mid\langle x,y\rangle\in f$$

且若 A 中存在 x_i，使 $f(x_i)=y(i=1,2,\cdots,n)$，则任取一个 x_i^Δ 使 $f_\Delta(y)=x_i^\Delta$，所以 $f_\Delta:B\to A$ 是入射函数，故

$$K[B] \leqslant K[A]$$

4-78 设 N 为自然数集，证明 $K[\mathscr{P}(N)]=\aleph$。 【4-6.(3)】

证明 1) 先证 $K[\mathscr{P}(N)] \leqslant \aleph$。

构造 $g:\mathscr{P}(N) \to [0,1]$ 如下：

对每个 $S \in \mathscr{P}(N)$，即 $S \subseteq N$ 定义 $g(S)=x_0x_1x_2\cdots$，这里函数 $g(S)$ 用二进制表示，且规定

$$\begin{cases} x_{2j}=0,(j=0,1,2,\cdots) \\ x_{2j+1}=1, \text{对 } j \in S \\ x_{2j+1}=0, j \notin S \end{cases}$$

即是： $g(\varphi)=0, g(N)=.01010101\cdots$

$$g(\{1,3,5\})=.0001000100010000\cdots$$

由 g 的构造知 g 是入射函数。所以 $K[\mathscr{P}(N)] \leqslant \aleph$。

2) 再证 $\aleph \leqslant K[\mathscr{P}(N)]$。

构造 $f:[0,1] \to \mathscr{P}(N)$，设 $x=.x_0x_1x_2\cdots$ 为 $x \in [0,1]$ 的二进制数表示，定义 $f(x)=\{j \mid x_j=1\}$。即是

$$f(0)=\varnothing$$

$$f(1)=f(.1111\cdots)=N$$

$$f(.10101010000\cdots)=\{0,2,4)\text{等}$$

所以 f 是 $[0,1]$ 到 $\mathscr{P}(N)$ 的入射，故 $\aleph \leqslant K[\mathscr{P}(N)]$，由定理 4-6.2 可知 $K[\mathscr{P}(N)]=\aleph$。

4-79 证明 $K[N^N]=\aleph$。 【4-6.(4)】

证明 根据定义 $N^N=\{f \mid f:N \to N\}$。

1) 先证 $K[N^N] \leqslant \aleph$。

构造一个入射函数 $g:N^N \to (0,1)$ 如下：

设 $f \in N^N$ 即 $f:N \to N$，对每个 $i \in N$ 使 $f(i)$ 的二进制表达式为 x_i，现构造 $g:N^N \to (0,1)$ 定义 $g(f)=(.x_0 2 x_1 2 x_2 2 x_3 2\cdots)$，其中 2 为分隔符。

例如 $f:N \to N$ 定义为 $f(x)=2x$

则 $f(0)=(0)_2, f(1)=(10)_2, f(2)=(100)_2$

$$f(3)=(110)_2, f(4)=(1000)_2\cdots$$

$$g(f)=.02102100211021000\cdots$$

若 $h:N\to N, h(x)=3x$，

则
$$h(0)=(0)_2, h(1)=(11)_2$$

$$h(2)=(110)_2, h(3)=(1001)_2$$

$$h(4)=(1100)_2\cdots$$

$$g(h)=.\dot{0}2112110210012 1100\cdots$$

由 g 的构造可知 $g:N^N\to(0,1)$，是入射函数，因 $K[(0,1)]=\aleph$，所以 $K[N^N]\leqslant\aleph$。

2）再证 $\aleph\leqslant K[N^N]$。

构造入射函数 $S:(0,1)\to N^N$ 如下：设 $x\in(0,1)x=.x_0x_1x_2\cdots$ 是 x 的十进制小数表示，(如 $0.2=0.1999\cdots$) 定义 $S(x)=f\in N^N$，使 $f(0)=x_0, f(1)=x_1, f(2)=x_2\cdots$。

由 S 的构造可知 $S:(0,1)\to N^N$ 是入射函数。故必有：

$$\aleph\leqslant K[N^N]$$

于是
$$K[N^N]=\aleph$$

4-80 设 A,B,D 都是集合，且 $A\cap B=\varnothing, A\cap D=B\cap D=\varnothing, K[A]=a, K[B]=b, K[D]=d$。若定义 $a+b=K[A\cup B]$；$a\cdot b=K[A\times B]$，求证：

a）$\aleph+\aleph_0=\aleph$；

b）如果 $a\leqslant b$，则 $a+d\leqslant b+d$；

c）如果 $a\leqslant b$，则 $a\cdot d\leqslant b\cdot d$。 【4-6.(5)】

证明 a）令 $A=\{x\mid x\in R, 且\ x\geqslant1\}$

$$B=\left\{\frac{1}{n+2}\,\middle|\,n\in N\right\}$$

则 $K[A]=\aleph, K[B]=\aleph_0, A\cap B=\varnothing, A\cup B\subset R$，故可作入射函数 $f:(A\cup B)\to R$，所以 $K[A\cup B]\leqslant\aleph$。因为 $A\subseteq A\cup B$，故

$$K[A]\leqslant K[A\cup B]$$

即
$$\aleph\leqslant K[A\cup B]$$

所以
$$K[A\cup B]=\aleph$$

b）因为 $K[A]=a, K[b]=b$，若 $a\leqslant b$，则必存在一个入射函数 $f:A\to B$。

再定义 g 如下： $g:A\cup D\to B\cup D$，使

$$\begin{cases} g(x)=f(x), & \text{若 } x\in A \\ g(x)=x, & \text{若 } x\in D \end{cases}$$

则 g 是从 $A\cup D$ 到 $B\cup D$ 的一个入射，因此

$$K[A\cup D]\leqslant K[B\cup D]$$

由于 $A\cap D=B\cap D=\varnothing$，故得

$$a+d\leqslant b+d$$

c）因为 $a\leqslant b$，故存在入射函数 $f:A\to B$。

再定义 g 为 $g:A\times D\to B\times D$，使得

$$g(\langle x,y\rangle)=\langle f(x),y\rangle$$

因为 $$g(\langle x_1,y_1\rangle)=g(\langle x_2,y_2\rangle)$$

有 $$\langle f(x_1),y_1\rangle=\langle f(x_2),y_2\rangle$$

故 $$f(x_1)=f(x_2)\wedge y_1=y_2$$

由 f 是入射，得 $f(x_1)=f(x_2)\Rightarrow x_1=x_2$。故有 $\langle x_1,y_1\rangle=\langle x_2,y_2\rangle$，于是 g 为入射函数，即：

$$K[A\times D]\leqslant K[B\times D]$$

于是 $ad\leqslant bd$。

4-81 证明：$K[R\times R]=\aleph$。

证明 1）作 $f:R\to(0,1)$，定义为

$$f(x)=\frac{1}{\pi}\arctan x+\frac{1}{2}, (-\infty<x<\infty)$$

即 $$R\sim(0,1)$$

2）定义函数 g： $(0,1)\to(0,1)\times(0,1)$ 为 $g(x)=\langle x,0\rangle$，故 g 是一个入射函数。但 $K[(0,1)]=\aleph=K[R]$，所以

$$K[(0,1)]\leqslant K[(0,1)\times(0,1)]=K[(0,1)]\cdot K[(0,1)]$$

即 $$\aleph\leqslant K[R]\cdot K[R]=K[R\times R]$$

再设任意 $x,y\in(0,1)$，

$$x=.x_0x_1x_2x_3\cdots$$

$$y = .y_0 y_1 y_2 y_3 \cdots$$

为十进小数的表示式,定义 $h:(0,1)\times(0,1)\to(0,1)$

$h(\langle x,y\rangle)=z$,这里 z 为 $.x_0 y_0 x_1 y_1 x_2 y_2 \cdots$

故 h 也是一个入射函数,因此

$$K[(0,1)]\times K[(0,1)]\leqslant K[(0,1)]$$

即 $K[R]\times K[R]\leqslant K[R]$,或 $K[R\times R]\leqslant \aleph$

由定理 4-6.2 可知 $K[R\times R]=\aleph$。

4-82 设 S 为基数的集合,证明:在 S 上的序关系 $\leqslant$ 是一个线序,在 S 上的序关系 $<$ 是一个拟序。

证明 a) 首先证明在 S 上的序关系是一个偏序。

1) 设在 S 上有一个基数 a,令 A 为一个集合,使有:$K[A]=a$,因为 I_A 是 A 到 A 的一个双射,所以 A 到 A 必有一个入射,故 $K[A]\leqslant K[A]$,即 $a\leqslant a$,故 S 上 $\leqslant$ 是自反的。

2) 设 $a,b\in S$,假定 $a\leqslant b$ 和 $b\leqslant a$,由定理 4-6.2 可得 $a=b$,故 $\leqslant$ 在 S 上是反对称的。

3) 令 a,b,c 为 S 的元素,假定 $a\leqslant b,b\leqslant c$,且设 $K[A]=a$,$K[B]=b,K[C]=c$,由 $a\leqslant b$ 故有 $f:A\to B$ 为入射;由 $b\leqslant c$,故有 $g:B\to C$ 为入射。设 $h=g\circ f$,由定理 4-2.2 得到 h 是入射,这里 $h:A\to C$,故 $a\leqslant c$ 即 $\leqslant$ 在 S 上是传递的。

由此可知 $\leqslant$ 是 S 上的偏序关系。由定理 4-6.1 可知,对基数 a、$b\in S$,必有 $a<b,b<a,a=b$ 三者之一成立,故必有 $a\leqslant b$,或 $b\leqslant a$,所以 $\leqslant$ 为 S 上的线序。

b) 对任意 $a\in S,a<a$ 都不成立,故 $<$ 是在 S 上反对称的。又如设 $a,b,c\in S$,且 $K[A]=a,K[B]=b,K[C]=c$,如果 $a<b$,$b<c$,则

$f:A\to B$ 是一个入射,但不是双射;

$g:B\to C$ 是一个入射,但不是双射。

由定理 4-2.2,$g\circ f:A\to C$ 是一个入射且 $g\circ f$ 不是双射,故 $K[A]<K[C]$,即 $a<c$,故 $<$ 在 S 上是传递的。所以 $<$ 是 S 上的拟序。

4-83 设 A,B,D 为集合，令 $K[A]=a,K[B]=b,K[D]=d,K[A\cup B]=a+b,K[A\times B]=a\cdot b,K[A^B]=a^b$，证明：

a） $a^{b+d}=a^b\cdot a^d$；

b） $(a\cdot b)^d=a^d\cdot b^d$；

c） $(a^b)^d=a^{b\cdot d}$。

证明 a）设 $g:B\to A$ 和 $h:D\to A$，因为 $B\cap D=\varnothing$，故有映射 $f:B\cup D\to A$。

构造函数 $F:A^B\times A^D\to A^{B\cup D}$ 使得 $\varphi(\langle g,h\rangle)=f$，这里：

$$\begin{cases} f(x)=g(x),x\in B \\ f(x)=h(x),x\in D \end{cases}$$

函数 φ 是入射，因此 $K[A^B\times A^D]\leqslant K[A^{B\cup D}]$。

再定义 $\psi:A^{B\cup D}\to A^B\times A^D$，使 $\psi(f)=\langle g,h\rangle$，这里

$$\begin{cases} f(x)=g(x),x\in B \\ f(x)=h(x),x\in D \end{cases}$$

因为 $\psi=\varphi^{-1}$，所以 ψ 也是入射。则有

$$K[A^{B\cup D}]\leqslant K[A^B\times A^D]$$

于是 $K[A^{B\cup D}]=K[A^B\times A^D]$，即 $a^{b+d}=a^b\cdot a^d$。

b）定义 $\Phi:A^D\times B^D\to(A\times B)^D$，使得：

$$(\Phi\langle f,g\rangle)(x)=\langle f(x),g(x)\rangle(\text{对所有 } x\in D)$$

设 $\Phi\langle f_1,g_1\rangle=\Phi\langle f_2,g_2\rangle$，则对所有 $x\in D$，有

$$(\Phi\langle f_1,g_1\rangle)(x)=(\Phi\langle f_2,g_2\rangle)(x)$$

即
$$\langle f_1(x),g_1(x)\rangle=\langle f_2(x),g_2(x)\rangle$$

亦即对所有 $x\in D$ 有 $f_1(x)=f_2(x),g_1(x)=g_2(x)$。故有：$f_1=f_2,g_1=g_2$。即 $\langle f_1,g_1\rangle=\langle f_2,g_2\rangle$，所以 Φ 是入射。

其次，对任意 $h\in(A\times B)^D,h(x)\in A\times B$；设 $h(x)=\langle h_1(x),h_2(x)\rangle$，则 $h_1\in A^D,h_2\in B^D$，故 $\langle h_1,h_2\rangle\in A^D\times B^D$。设 $\Phi(\langle h_1,h_2\rangle)=h$，则对所有 $x\in D$ 有

$$\Phi(\langle h_1,h_2\rangle)(x)=\langle h_1(x),h_2(x)\rangle=h(x)$$

故 Φ 是满射的。

综上可知 Φ 是双射，因此

$$K[A^D \times B^D] = K[(A \times B)^D]$$

即
$$a^d \cdot b^d = (a \cdot b)^d$$

c) 设 $f \in A^{B \times C}$,定义 $\varphi: A^{B \times C} \to (A^B)^C$ 如下:

$$\varphi(f) = \{\langle c, g\rangle \mid \langle c, g\rangle \in C \times A^B, \text{且 } g(b) = f(\langle b, c\rangle)\}$$

设 $\varphi(f_1) = \varphi(f_2)$,则

$$\{\langle c, g\rangle \mid \langle c, g\rangle \in C \times A^B, g(b) = f_1(\langle b, c\rangle)\}$$
$$= \{\langle c, g\rangle \mid \langle c, g\rangle \in C \times A^B, g(b) = f_2(\langle b, c\rangle)\}$$

对所有 $b \in B$ 和 $c \in C$,有

$$f_1(\langle b, c\rangle) = f_2(\langle b, c\rangle)$$

所以 $f_1 = f_2$,故 φ 为一入射函数。

其次,对任意 $h \in (A^B)^D$,则 $h(d): B \to A, h(d)(b) \in A$,令 $f: B \to A$,使得 $f(\langle b, d\rangle) = h(d)(b)$,则

$$\varphi(f) = \{\langle d, g\rangle \mid \langle d, g\rangle \in C \times A^B \text{ 且 } g(b) = f(\langle b, d\rangle)\}$$
$$= \{\langle d, g\rangle \mid \langle d, g\rangle \in C \times A^B \text{ 且 } g(b) = h(d)(b)\}$$
$$= \{\langle d, g\rangle \mid \langle d, g\rangle \in C \times A^B \text{ 且 } g = h(d)\} = h$$

故 $\varphi(f)$是满射。即

$$K[A^{B \times D}] = K[(A^B)^D]$$

所以
$$a^{b \cdot d} = (a^b)^d$$

第五章　代数结构

A　内容提要

1　代数系统的引入

n 元运算　对于集合 A 和 B，一个从 A^n 到 B 的映射，称为集合 A 上的一个 n 元运算。如果 $B \subseteq A$，则称该 n 元运算是封闭的。

代数系统　一个非空集合 A 连同若干个定义在该集合上的运算 $f_1, f_2, \cdots, f_k$ 所组成的系统就称为一个代数系统，记作 $\langle A, f_1, f_2, \cdots, f_k \rangle$。

2　运算及其性质

二元运算的可交换性　设 $*$ 是定义在集合 A 上的二元运算，如果对于任意的 $x, y \in A$，都有 $x * y = y * x$，则称该二元运算 $*$ 是可交换的。

二元运算的可结合性　设 $*$ 是定义在集合 A 上的二元运算，如果对于任意的 $x, y, z \in A$，都有 $(x * y) * z = x * (y * z)$，则称该二元运算 $*$ 是可结合的。

二元运算的可分配性　设 $*$，$\triangle$ 是定义在集合 A 上的两个二元运算，如果对于任意的 $x, y, z \in A$，都有

$$x * (y \triangle z) = (x * y) \triangle (x * z)$$

$$(y \triangle z) * x = (y * x) \triangle (z * x)$$

则称运算 $*$ 对于运算 $\triangle$ 是可分配的。

吸收律　设 $*$，$\triangle$ 是定义在集合 A 上的两个可交换二元运算，对于任意的 $x, y \in A$，都有

$$x * (x \triangle y) = x$$

$$x \triangle (x * y) = x$$

则称运算 $*$ 和运算 $\triangle$ 满足吸收律。

等幂律 设 $*$ 是定义在集合 A 上的一个二元运算，如果对于任意的 $x \in A$，都有 $x * x = x$，则称运算 $*$ 是等幂的。

幺元 设 $*$ 是定义在集合 A 上的一个二元运算，如果有一个元素 $e_l \in A$，对于任意的元素 $x \in A$ 都有 $e_l * x = x$，则称 e_l 为 A 中关于运算 $*$ 的左幺元；如果有一个元素 $e_r \in A$，对于任意的元素 $x \in A$ 都有 $x * e_r = x$，则称 e_r 为 A 中关于运算 $*$ 的右幺元；如果 A 中的一个元素 e，它既是左幺元又是右幺元，则称 e 为 A 中关于运算 $*$ 的幺元。

零元 设 $*$ 是定义在集合 A 上的一个二元运算，如果有一个元素 $\theta_l \in A$，对于任意的元素 $x \in A$ 都有 $\theta_l * x = \theta_l$，则称 θ_l 为 A 中关于运算 $*$ 的左零元；如果有一个元素 $\theta_r \in A$，对于任意的元素 $x \in A$ 都有 $x * \theta_r = \theta_r$，则称 θ_r 为 A 中关于运算 $*$ 的右零元；如果 A 中的一个元素 θ，它既是左零元又是右零元，则称 θ 为 A 中关于运算 $*$ 的零元。

逆元 在 $\langle A, * \rangle$ 中，e 是 A 中关于运算 $*$ 的幺元。如果对于 A 中的一个元素 a 存在着 A 中的某个元素 b，使得 $b * a = e$，那么称 b 为 a 的左逆元；如果 $a * b = e$ 成立，那么称 b 为 a 的右逆元；如果一个元素 b，它既是 a 的左逆元又是 a 的右逆元，那么就称 b 是 a 的逆元。将 a 的逆元记为 a^{-1}。

定理 5-2.1 设 $*$ 是定义在集合 A 上的一个二元运算，且在 A 中有关于运算 $*$ 的左幺元 e_l 和右幺元 e_r，则 $e_l = e_r = e$，且 A 中的幺元是唯一的。

定理 5-2.2 设 $*$ 是定义在集合 A 上的一个二元运算，且在 A 中有关于运算 $*$ 的左零元 θ_l 和右零元 θ_r，则 $\theta_l = \theta_r = \theta$，且 A 中的零元是唯一的。

定理 5-2.3 设 $\langle A, * \rangle$ 是一个代数系数，且集合 A 中元素的个数大于 1。如果该代数系统中存在幺元 e 和零元 θ，则 $\theta \neq e$。

定理 5-2.4 设代数系统 $\langle A, * \rangle$，这里 $*$ 是定义在 A 上的一

个二元运算，A 中存在幺元 e，且每一个元素都有左逆元。如果 $*$ 是可结合的运算，那么，这个代数系统中任何一个元素的左逆元必定也是该元素的右逆元，且每个元素的逆元是唯一的。

3 半 群

广群 一个代数系统 $\langle S, *\rangle$，其中 S 是非空集合，$*$ 是 S 上的一个二元运算，如果运算 $*$ 是封闭的，则称代数系统 $\langle S, *\rangle$ 为广群。

半群 若 $\langle S, *\rangle$ 是一个广群，且运算 $*$ 是可结合的，则称 $\langle S, *\rangle$ 为半群。

独异点 含有幺元的半群称为独异点。

定理 5-3.1 设 $\langle S, *\rangle$ 是一个半群，$B \subseteq S$ 且 $*$ 在 B 上是封闭的，那么 $\langle B, *\rangle$ 也是一个半群。通常称 $\langle B, *\rangle$ 是半群 $\langle S, *\rangle$ 的子半群。

定理 5-3.2 设 $\langle S, *\rangle$ 是一个半群，如果 S 是一个有限集，则必有 $a \in S$，使得 $a * a = a$。

定理 5-3.3 设 $\langle S, *\rangle$ 是一个独异点，则在关于运算 $*$ 的运算表中任何两行或两列都是不相同的。

定理 5-3.4 设 $\langle S, *\rangle$ 是独异点，对于任意 $a, b \in S$，且 a, b 均有逆元，则(i) $(a^{-1})^{-1} = a$，(ii) $a * b$ 有逆元，并且有 $(a * b)^{-1} = b^{-1} * a^{-1}$。

4 群 与 子 群

群 设 $\langle G, *\rangle$ 是一个代数系统，其中 G 是非空集合，$*$ 是 G 上的一个二元运算，如果

(1) 运算 $*$ 是封闭的。

(2) 运算 $*$ 是可结合的。

(3) 存在幺元 e。

(4) 对于每一个元素 $x \in G$，存在着它的逆元 x^{-1}。

则称 $\langle G, *\rangle$ 是一个群。

有限群和无限群 设$\langle G, * \rangle$是一个群。如果G是有限集，那么称$\langle G, * \rangle$为有限群，G中元素的个数通常称为该有限群的阶数，记为$|G|$；如果G是无限集，则称$\langle G, * \rangle$为无限群。

置换 设S是一个非空集合，从集合S到S的一个双射称为S的一个置换。

等幂元 代数系统$\langle G, * \rangle$中，如果存在$a \in G$，有$a * a = a$，则称a为等幂元。

子群 设$\langle G, * \rangle$是一个群，S是G的非空子集，如果$\langle S, * \rangle$也构成群，则称$\langle S, * \rangle$是$\langle G, * \rangle$的一个子群。

平凡子群 设$\langle G, * \rangle$是一个群，$\langle S, * \rangle$是$\langle G, * \rangle$的一个子群，如果$S=\{e\}$，或者$S=G$，则称$\langle S, * \rangle$为$\langle G, * \rangle$的平凡子群。

定理 5-4.1 群中不可能有零元。

定理 5-4.2 设$\langle G, * \rangle$是一个群，对于$a, b \in G$，必存在唯一的$x \in G$，使得$a * x = b$。

定理 5-4.3 设$\langle G, * \rangle$是一个群，对于任意的$a, b, c \in G$，如果有$a * b = a * c$或者$b * a = c * a$，则必有$b = c$。（即在群中消去律成立。）

定理 5-4.4 群$\langle G, * \rangle$的运算表中的每一行或每一列都是G的元素的一个置换。

定理 5-4.5 在群$\langle G, * \rangle$中，除幺元e外，不可能有任何别的等幂元。

定理 5-4.6 设$\langle G, * \rangle$是一个群，$\langle S, * \rangle$是$\langle G, * \rangle$的一个子群，那么，$\langle G, * \rangle$中的幺元e必定也是$\langle S, * \rangle$中的幺元。

定理 5-4.7 设$\langle G, * \rangle$是一个群，B是G的非空子集，如果B是一个有限集，那么，只要运算$*$在B上封闭，$\langle B, * \rangle$必定是$\langle G, * \rangle$的子群。

定理 5-4.8 设$\langle G, \triangle \rangle$是群，$S$是$G$的非空子集，如果对于$S$中的任意元素$a$和$b$有$a \triangle b^{-1} \in S$，则$\langle S, \triangle \rangle$必是$\langle G, \triangle \rangle$的子群。

5　阿贝尔群和循环群

阿贝尔群　如果群$\langle G, *\rangle$中的运算$*$是可交换的，则称该群为阿贝尔群，或称交换群。

循环群和生成元　设$\langle G, *\rangle$为群，若在G中存在一个元素a，使得G中的任意元素都由a的幂组成，则称该群为循环群，元素a称为循环群G的生成元。

定理 5-5.1　设$\langle G, *\rangle$是一个群，$\langle G, *\rangle$为阿贝尔群的充要条件是对任意的$a, b\in G$，有

$$(a*b)*(a*b)=(a*a)*(b*b)$$

定理 5-5.2　任何一个循环群必定是阿贝尔群。

定理 5-5.3　设$\langle G, *\rangle$是一个由元素$a\in G$生成的有限循环群。如果G的阶数是n，即$|G|=n$，则$a^n=e$，且

$$G=\{a, a^2, a^3, \cdots, a^{n-1}, a^n=e\}$$

其中，e是$\langle G, *\rangle$中的幺元，n是使$a^n=e$的最小正整数(称n为元素a的阶)。

6　置换群与伯恩赛德定理

记号S_n　对于一个具有n个元素的集合S，将S上所有$n!$个不同置换所组成的集合记作S_n。

S_n上的左复合和右复合运算　设$\pi_1, \pi_2\in S_n$，S_n上的二元运算$\circ$和$\diamondsuit$，使得$\pi_1\circ\pi_2$和$\pi_2\diamondsuit\pi_1$都表示对S的元素先应用置换π_2接着再应用置换π_1所得到的置换。二元运算$\circ$和$\diamondsuit$分别称为左复合和右复合。

置换群和对称群　$\langle S_n, \circ\rangle$的任何一个子群，称为集合$S$上的一个置换群。特别地，置换群$\langle S_n, \circ\rangle$称为集合$S$的对称群。

置换群诱导的二元关系　设$\langle G, \circ\rangle$是S的一个置换群，称$R=\{\langle a, b\rangle | \pi(a)=b, \pi\in G\}$为由$\langle G, \circ\rangle$所诱导的$S$上的二元关系。

不变元　如果一个置换将一个元素映照到它自身，那么，这个

元素就称为在这个置换作用下的不变元。用 $\psi(\pi)$ 表示在置换 π 作用下的不变元个数。

定理 5-6.1 $\langle S_n, \circ\rangle$ 是一个群，其中 $\circ$ 是置换的左复合运算。

定理 5-6.2 由置换群 $\langle G, \circ\rangle$ 诱导的 S 上的二元关系是一个等价关系。

定理 5-6.3（伯恩赛德定理） 由 S 的置换群 $\langle G, \circ\rangle$ 诱导的等价关系将 S 划分所得的等价类数目等于 $\frac{1}{|G|}\sum_{\pi\in G}\psi(\pi)$。

7 陪集与拉格朗日定理

A,B 的积和 A 的逆 设 $\langle G, *\rangle$ 是一个群，$A,B\in\mathscr{P}(G)$ 且 $A\neq\varnothing, B\neq\varnothing$，记 $AB=\{a*b \mid a\in A, b\in B\}$ 和 $A^{-1}=\{a^{-1}\mid a\in A\}$，分别称为 A,B 的积和 A 的逆。

左陪集（右陪集） 设 $\langle H, *\rangle$ 是群 $\langle G, *\rangle$ 的一个子群，$a\in G$，则集合 $\{a\}H$（$H\{a\}$）称为由 a 所确定的 H 在 G 中的左陪集（右陪集），简称为 H 关于 a 的左陪集（右陪集），记为 aH（Ha）。元素 a 称为陪集 aH（Ha）的代表元素。

定理 5-7.1（拉格朗日定理） 设 $\langle H, *\rangle$ 是群 $\langle G, *\rangle$ 的一个子群，那么：

(a) $R=\{\langle a,b\rangle \mid a\in G, b\in G,$ 且 $a^{-1}*b\in H\}$ 是 G 中的一个等价关系。对于 $a\in G$，若记 $[a]_R=\{x\mid x\in G,$ 且 $\langle a,x\rangle\in R\}$，则 $[a]_R=aH$；

(b) 如果 G 是有限群，$|G|=n$，$|H|=m$，则 $m|n$。

推论 1 任何质数阶的群不可能有非平凡子群。

推论 2 设 $\langle G, *\rangle$ 是 n 阶有限群，那么对于任意的 $a\in G$，a 的阶必是 n 的因子且必有 $a^n=e$，这里 e 是群 $\langle G, *\rangle$ 中的幺元。如果 n 为质数，则 $\langle G, *\rangle$ 必是循环群。

8 同态与同构

同态 设 $\langle A, \bigstar\rangle$ 和 $\langle B, *\rangle$ 是两个代数系统，$\bigstar$ 和 $*$ 分别是 A

和 B 上的二元运算，设 f 是从 A 到 B 的一个映射，使得对任意的 $a_1,a_2\in A$，有 $f(a_1\bigstar a_2)=f(a_1)*f(a_2)$，则称 f 为由 $\langle A,\bigstar\rangle$ 到 $\langle B,*\rangle$ 的一个同态映射，称 $\langle A,\bigstar\rangle$ 同态于 $\langle B,*\rangle$，记作 $A\sim B$。把 $\langle f(A),*\rangle$ 称为 $\langle A,\bigstar\rangle$ 的一个同态像。其中 $f(A)=\{x\mid x=f(a),a\in A\}\subseteq B$。

同构　设 f 是由 $\langle A,\bigstar\rangle$ 到 $\langle B,*\rangle$ 的一个同态，如果 f 是从 A 到 B 的一个满射，则 f 称为满同态；如果 f 是从 A 到 B 的一个入射，则 f 称为单一同态；如果 f 是从 A 到 B 的一个双射，则 f 称为同构映射，并称 $\langle A,\bigstar\rangle$ 和 $\langle B,*\rangle$ 是同构的，记作 $A\cong B$。

自同态与自同构　设 $\langle A,\bigstar\rangle$ 是一个代数系统，如果 f 是由 $\langle A,\bigstar\rangle$ 到 $\langle A,\bigstar\rangle$ 的同态，则称 f 为自同态。如果 g 是由 $\langle A,\bigstar\rangle$ 到 $\langle A,\bigstar\rangle$ 的同构，则称 g 为自同构。

同态核　设 f 是由群 $\langle G,\bigstar\rangle$ 到群 $\langle G',*\rangle$ 的同态映射，e' 是 G' 中的幺元，记 $\mathrm{Ker}(f)=\{x\mid x\in G$ 且 $f(x)=e'\}$，称 $\mathrm{Ker}(f)$ 为同态映射 f 的核，简称为 f 的同态核。

同余关系与同余类　设 $\langle A,\bigstar\rangle$ 是一个代数系统，并设 R 是 A 上的一个等价关系。如果当 $\langle a_1,a_2\rangle,\langle b_1,b_2\rangle\in R$ 时，蕴涵着 $\langle a_1\bigstar b_1,a_2\bigstar b_2\rangle\in R$，则称 R 为 A 上关于 $\bigstar$ 的同余关系。由这个同余关系将 A 划分成的等价类就称为同余类。

定理 5-8.1　设 G 是代数系统的集合，则 G 中代数系统之间的同构关系是等价关系。

定理 5-8.2　设 f 是代数系统 $\langle A,\bigstar\rangle$ 到代数系统 $\langle B,*\rangle$ 的同态映射，如果 $\langle A,\bigstar\rangle$ 是半群（或独异点，或群），那么在 f 作用下，同态像 $\langle f(A),*\rangle$ 也是半群（或独异点，或群）。

定理 5-8.3　设 f 是由群 $\langle G,\bigstar\rangle$ 到群 $\langle G',*\rangle$ 的同态映射，则 f 的同态核 K 是 G 的子群。

定理 5-8.4　设 $\langle A,\bigstar\rangle$ 是一个代数系统，R 是 A 上的一个同余关系，$B=\{A_1,A_2,\cdots,A_r\}$ 是由 R 诱导的 A 的一个划分，那么，必定存在新的代数系统 $\langle B,*\rangle$，它是 $\langle A,\bigstar\rangle$ 的同态像。这里，在 B 上定义的二元运算 $*$ 为：对于任意的 $A_i,A_j\in B$，任取 $a_1\in A_i$，

$a_2 \in A_j$，如果 $a_1 ★ a_2 \in A_k$，则 $A_i * A_j = A_k$。

定理 5-8.5 设 f 是由 $\langle A, ★\rangle$ 到 $\langle B, *\rangle$ 的一个同态映射，如果在 A 上定义二元关系 R 为：$\langle a, b\rangle \in R$ 当且仅当 $f(a)=f(b)$，那么，R 是 A 上的一个同余关系。

9 正规子群、商群与群同态定理

正规子群 设 $\langle H, \cdot\rangle$ 是群 $\langle G, \cdot\rangle$ 的一个子群，如果对于任意的 $a \in G$，都有 $aH = Ha$，则称 $\langle H, \cdot\rangle$ 是 $\langle G, \cdot\rangle$ 的一个正规子群。也可以这样来定义正规子群，设 $\langle H, \cdot\rangle$ 是群 $\langle G, \cdot\rangle$ 的一个子群，如果对于任意的 $a \in G$ 和任意的 $h \in H$，都有 $a^{-1} \cdot h \cdot a \in H$，则称 $\langle H, \cdot\rangle$ 是 $\langle G, \cdot\rangle$ 的一个正规子群。事实上，上述两个定义是等价的。

由正规子群所诱导的商代数系统 设 $\langle G, *\rangle$ 是一个群，$\langle H, *\rangle$ 是 $\langle G, *\rangle$ 的一个正规子群。将 H 的所有不同陪集所构成的集合记为 $G/H = \{Hg \mid g \in G\}$，在 G/H 上定义一个二元运算$\circ$为：对于任意的 $Hg_1, Hg_2 \in G/H$，$Hg_1 \circ Hg_2 = H(g_1 * g_2)$，就得到一个由正规子群 H 所诱导的商代数系统 $\langle G/H, \circ\rangle$。

指数 设 $\langle H, \cdot\rangle$ 是群 $\langle G, \cdot\rangle$ 的一个子群，我们把 H 在 G 中的不同陪集的个数称为 H 在 G 中的指数，记为 $[G:H]$。

定理 5-9.1 交换群的任何一个子群必定是正规子群。

定理 5-9.2 设 $\langle H, *\rangle$ 是群 $\langle G, *\rangle$ 的正规子群，则 $\langle G/H, \circ\rangle$ 是一个群，称这样的群为商群。

定理 5-9.3 设 $\langle H, \cdot\rangle$ 是群 $\langle A, \cdot\rangle$ 的一个子群，$*$ 是 A/H 上的积运算（即：对于任意的 $Ha_1, Ha_2 \in A/H$，$Ha_1 * Ha_2 = \{h_1 \cdot a_1 \cdot h_2 \cdot a_2 \mid h_1, h_2 \in H\}$），如果 $\langle A/H, *\rangle$ 成群，则 H 一定是 A 的正规子群。

定理 5-9.4 设 $\langle H, \cdot\rangle$ 是群 $\langle G, \cdot\rangle$ 的子群，如果在 G 上定义一个二元关系 R 为：对于 $a, b \in G$，aRb 当且仅当 $aH = bH$。那么，H 是 G 的正规子群当且仅当 R 是 G 上的同余关系。

定理 5-9.5 设 $\langle H, \cdot\rangle$ 是群 $\langle G, \cdot\rangle$ 的正规子群，在 G 与

G/H之间作映射 f 为:对于任意的 $g\in G$,$f(g)=Hg$,则 f 是$\langle G,\cdot\rangle$到商群$\langle G/H,\circ\rangle$的同态映射。这种同态映射称为自然同态。

定理 5-9.6 设 f 是群$\langle A,\cdot\rangle$到$\langle B,*\rangle$的同态映射,那么这个 f 必有对应的正规子群,使得由这个正规子群所诱导的同余类集合构成 A 的一个划分。

定理 5-9.7(群同态定理,又称群第一同构定理) 设$\langle G,\cdot\rangle$和$\langle G',*\rangle$是两个群,K 是群同态映射 $f:G\to G'$的核,那么$\langle G/K,\circ\rangle$与$\langle \mathrm{Im}f,*\rangle$同构,且 G/K 到 $\mathrm{Im}f$ 的同构映射 ψ 定义为:$\psi(Kg)=f(g)$。这里,$\mathrm{Im}f=f(G)$。

10 环 与 域

环 设$\langle A,\bigstar,*\rangle$是一个代数系统,如果满足:(1)$\langle A,\bigstar\rangle$是阿贝尔群;(2)$\langle A,*\rangle$是半群;(3)运算 $*$ 对于运算$\bigstar$是可分配的。则称$\langle A,\bigstar,*\rangle$是环。

交换环、含幺环 设$\langle A,+,\cdot\rangle$是环。如果$\langle A,\cdot\rangle$是可交换的,则称$\langle A,+,\cdot\rangle$是交换环。如果$\langle A,\cdot\rangle$含有幺元,则称$\langle A,+,\cdot\rangle$是含幺环。

整环 设$\langle A,+,\cdot\rangle$是一个代数系统,如果满足:(1)$\langle A,+\rangle$是阿贝尔群;(2)$\langle A,\cdot\rangle$是可交换独异点且无零因子,即对任意的 $a,b\in A,a\neq\theta,b\neq\theta$ 必有 $a\cdot b\neq\theta$;(3)运算 $\cdot$ 对于运算 $+$ 是可分配的。则称$\langle A,+,\cdot\rangle$是整环。

域 设$\langle A,+,\cdot\rangle$是一个代数系统,如果满足:(1)$\langle A,+\rangle$是阿贝尔群;(2)$\langle A-\{\theta\},\cdot\rangle$是阿贝尔群;(3)运算 $\cdot$ 对于运算 $+$ 是可分配的。则称$\langle A,+,\cdot\rangle$是域。

环同态 设$\langle A,+,\cdot\rangle$和$\langle B,⨹,⨺\rangle$是两个代数系统,如果一个从 A 到 B 的映射 f,满足如下条件:对于任意的 a, $b\in A$,有 $f(a+b)=f(a)$ ⨹ $f(b)$和 $f(a\cdot b)=f(a)$ ⨺ $f(b)$,则称 f 为由$\langle A,+,\cdot\rangle$到$\langle B,⨹,⨺\rangle$的一个同态映射,并称$\langle f(A),⨹,⨺\rangle$是$\langle A,+,\cdot\rangle$的同态像。

定理 5-10.1 设$\langle A,+,\cdot\rangle$是一个环,则对任意的 $a,b,c\in A$,

有 $a\cdot\theta=\theta\cdot a$；$a\cdot(-b)=(-a)\cdot b=-(a\cdot b)$；$(-a)\cdot(-b)=a\cdot b$；$a\cdot(b-c)=a\cdot b-a\cdot c$；$(b-c)\cdot a=b\cdot a-c\cdot a$。其中，$\theta$ 是加法幺元，$-a$ 是 a 的加法逆元，并将 $a+(-b)$ 记为 $a-b$。

定理 5-10.2 在整环 $\langle A,+,\cdot\rangle$ 中的无零因子条件等价于乘法消去律，即对于 $c\neq\theta$ 和 $c\cdot a=c\cdot b$，必有 $a=b$。

定理 5-10.3 域一定是整环。

定理 5-10.4 有限整环必定是域。

定理 5-10.5 任一环的同态像是一个环。

B 选题例解

例题 5-1 设 $\langle S,*\rangle$ 是有限的可交换独异点，且对于任意的 $a,b,c\in S$，等式 $a*b=a*c$ 蕴涵着 $b=c$，试证明 $\langle S,*\rangle$ 是阿贝尔群。

分析 由可交换独异点的定义可知，代数系统 $\langle S,*\rangle$ 中已满足运算的封闭性、结合性和可交换性。因此，若能根据题目给出的条件证明 S 中的每个元素都存在逆元，那么 $\langle S,*\rangle$ 就是阿贝尔群了。

证明 对于任意的 $a\in S$，考虑集合

$$S_a=\{a,a^2,a^3,\cdots,a^m,\cdots\}$$

由封闭性可知 $S_a\subseteq S$，又由 S 的有限性，所以 S_a 也是有限集。故必有 $n,k>0$，使得

$$a^n=a^{n+k} \quad 即 \quad a^n*e=a^n*a^k$$

由给出的条件应有 $a^k=e$，即有

$$a^{k-1}*a=a*a^{k-1}=a^k=e$$

可见，a 的逆元 $a^{-1}=a^{k-1}$。

因此，$\langle S,*\rangle$ 是阿贝尔群。

例题 5-2 设 e 是群 G 中的幺元，a 是 G 中的 n 阶元素，试证明：$a^k=e$ 当且仅当 $n\mid k$。

分析 充分性易证。至于必要性，因 n 是使 $a^n=e$ 成立的最

小正整数，故由 $a^k=e$ 可知 $k>n$，令 $k=ln+r, 0\leqslant r<n$，再证 $r=0$ 即可。

证明 充分性 若 $n|k$，即存在正整数 m，使得 $k=m\cdot n$，所以，$a^k=a^{mn}=(a^n)^m=e^m=e$。

必要性 若 $a^k=e$，则必有 $k>n$，故不妨令 $k=ln+r$，这里 $0\leqslant r<n$，故有 $a^{ln}\cdot a^r=e, e\cdot a^r=e, a^r=e$，只能有 $r=0$，于是，$k=ln$，即 $n|k$。

例题 5-3 设 $\langle G,*\rangle$ 是一个 n 阶循环群，生成元为 a。则对于 n 的任一因子 d，存在唯一的一个 d 阶子群。

分析 设 $n=d\cdot m$，则 a^m 的阶为 d，显然 $\{a^m,a^{2m},\cdots,a^{(d-1)m},e\}$ 是 G 的一个 d 阶子群。设 H 是 G 的任一 d 阶子群，由于 $H\subseteq G$，所以 H 中的元素都是 a 的幂次方，因此，若能证明 H 中的元素都是由 a^m 所生成的，则 H 就只能是 $\{a^m,a^{2m},\cdots,a^{(d-1)m},e\}$ 了。

证明 设 H 为 G 的任一 d 阶子群。

若 $d=1$，则有唯一的平凡子群 $\langle\{e\},*\rangle$。

若 $d>1$，则 H 中必有 a^s，其中 s 是 H 中元素的最小幂次且 $s\neq 1$。因此，H 中的元素都是由 a^s 所生成的。设 $n=st+r, 0\leqslant r<s$，由 $a^r=a^n\cdot a^{-st}=(a^s)^{-t}\in H$，故得 $r=0$，即 $s|n$。因为 H 为 d 阶子群，故 a^s 的阶为 $d=\dfrac{n}{s}$，所以，$s=\dfrac{n}{d}=m$。因此，H 也就是以 a^m 为生成元的 d 阶子群。

例题 5-4 设 $\langle G,\cdot\rangle$ 为有限交换群，a 是 G 的 m 阶元，b 是 G 的 n 阶元，且 $\mathrm{GCD}(m,n)=1$，则 $a\cdot b$ 的阶为 $m\cdot n$。

分析 因为 G 是有限群，所以 $a\cdot b\in G$，且 $a\cdot b$ 的阶必定是有限的，也就是说 $a\cdot b$ 的阶是客观存在的。所以可以不妨假设 $a\cdot b$ 的阶为 l，即 $(a\cdot b)^l=e$，这里 e 为 G 中的幺元，l 为正整数。为了证明 $a\cdot b$ 的阶为 $m\cdot n$，先利用交换性，得 $(a\cdot b)^{m\cdot n}=e$，从而得 $l|m\cdot n$；再由 $e=(a\cdot b)^{lm}=b^{lm}$ 和 $e=(a\cdot b)^{ln}=a^{ln}$，并利用 $\mathrm{GCD}(m,n)=1$，分别得 $n|l$ 和 $m|l$，从而得 $m\cdot n|l$。故 $l=m\cdot n$。

证明 设 $a\cdot b$ 的阶为 l，因为

$$(a\cdot b)^{m\cdot n}=\overbrace{(a\cdot b)(a\cdot b)\cdots(a\cdot b)}^{m\cdot n\text{个}}$$
$$=a^{mn}\cdot b^{mn}=(a^m)^n\cdot(b^n)^m=e$$

所以，$l|m\cdot n$。

又因 $e=(a\cdot b)^{lm}=a^{lm}\cdot b^{lm}=b^{lm}$，所以，$n|lm$，但由于 $\mathrm{GCD}(m,n)=1$，故有 $n|l$。同理可证得 $m|l$。由此可得 $m\cdot n|l$。

因此，$l=m\cdot n$，即 $a\cdot b$ 的阶为 $m\cdot n$。

例题 5-5 在环形金属丝上用三颗黑色珠子和六颗白色珠子串成项圈，项圈是可以旋转和翻转的。一个项圈经过旋转或翻转而得到另一个项圈，这两个项圈被认为是同类型的。那么，在相同颜色不加区别的假定下，可制造多少种不同类型的项圈。

分析 将三颗黑色珠子和六颗白色珠子放在正九边形的顶点上。假定这个正九边形是固定的，如图 5-1 所示：那么，共有 $9!/(6!\cdot 3!)=9\cdot 8\cdot 7/3!=84$ 种不同的放法。然而，其中有些放法实际上是属于同一类型的。例如图 5-2 中的(a)可以经过顺时针旋转 $3\cdot\frac{2\pi}{9}$ 而得到(b)。

图 5-1

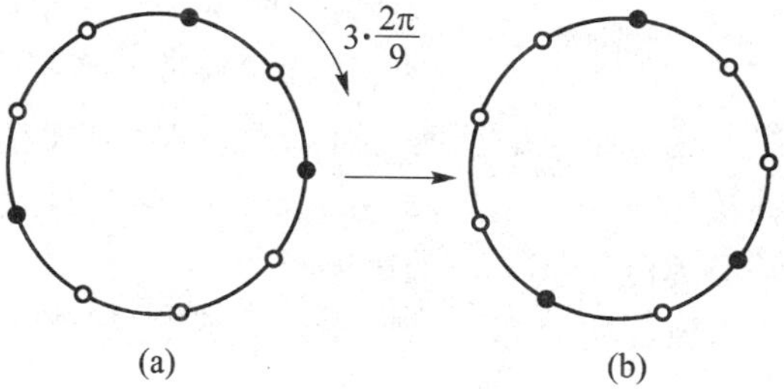

图 5-2

为了利用伯恩赛德定理来求出不同类型项圈的数目，关键是要构造附合题意的置换群 G。G 中的置换可以分成三类：

(1) 幺置换。

(2) 关于绕着过某顶点与圆中心连线的翻转所得到的置换，共有 9 个。如图 5-3 所示。

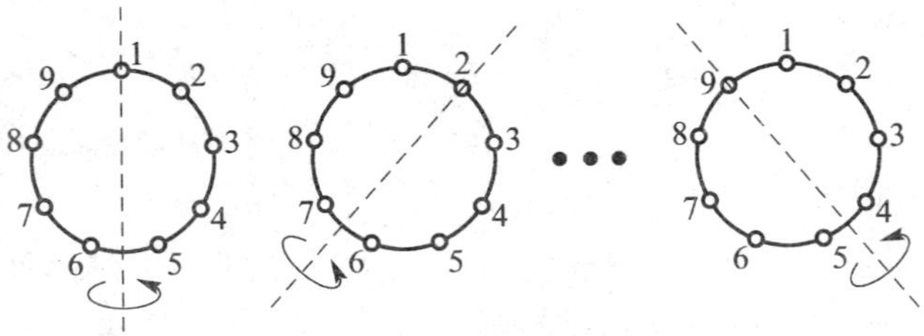

图 5-3

(3) 绕项圈中心的旋转所得到的置换共有 8 个。即按顺时针方向绕圆中心旋转 $\frac{2\pi}{9}$, $2\cdot\frac{2\pi}{9}$, $3\cdot\frac{2\pi}{9}$, $4\cdot\frac{2\pi}{9}$, $5\cdot\frac{2\pi}{9}$, $6\cdot\frac{2\pi}{9}$, $7\cdot\frac{2\pi}{9}$, $8\cdot\frac{2\pi}{9}$。

在 G 中,第(3)类中任意两个置换相继作用的结果仍然是第(3)类中的某一个置换,这是因为,连续作两次旋转可以直接用一次旋转来完成。问题在于第(2)类中任意两个置换相继作用或第(2)类中任一置换与第(3)类中任一置换相继作用的结果如何? 事实上,我们有如下的结论:

翻转"加"旋转=另一个翻转

翻转"加"翻转=一个旋转

旋转"加"翻转=另一个翻转

关于这些结论的证明是可以严格进行的,考虑到篇幅的限制,这里就从略了。(可参阅 William J. Gilbert 所著"Modern Algebra with Applications"的第五章。)

由此可见,G 关于"加"运算构造了一个与题意相符合的置换群。

解 在上述分析的基础上,要求得不同类型的项圈数,就是要求置换群 G 作用下等价类的数目,根据伯恩赛德定理,先计算 G 中每个置换的不变元。

在幺置换作用下的不变元共有 84 个。

在翻转类置换作用下,我们仅以绕通过顶点 2 和圆中心连线的翻转为例,只有四个项圈是不变元,如图 5-4 所示。由于翻转类置换共有 9 个，所以，在翻转类置换作用下的不变元共有 $9\times4=36$ 个。

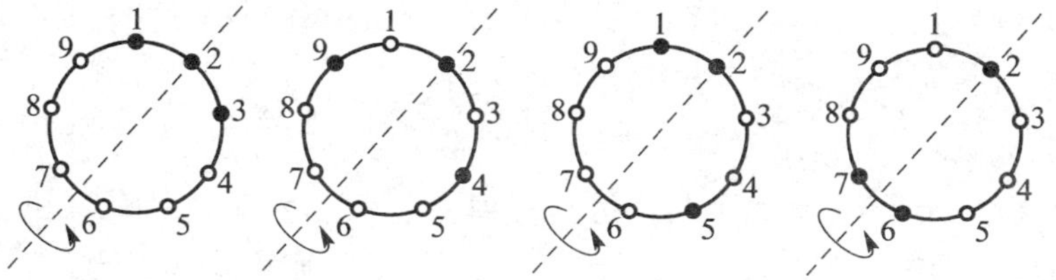

图 5-4

在旋转类置换作用下，只有旋转 $4\cdot\frac{2\pi}{9}$和 $6\cdot\frac{2\pi}{9}$这两个置换作用下才有不变元。例如，在 $4\cdot\frac{2\pi}{9}$旋转作用下的不变元有三个，如图 5-5 所示。所以，在旋转类置换作用下的不变元共有 $2\times3=6$ 个。

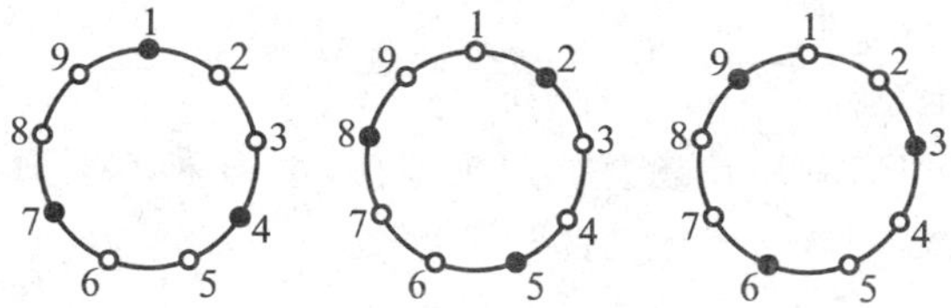

图 5-5

因此，由伯恩赛德定理可得，不同类型项圈的数目为

$$\frac{1}{18}(84+36+6)=\frac{1}{18}\cdot126=7$$

实际上，这七类不同项圈，如图 5-6 所示。

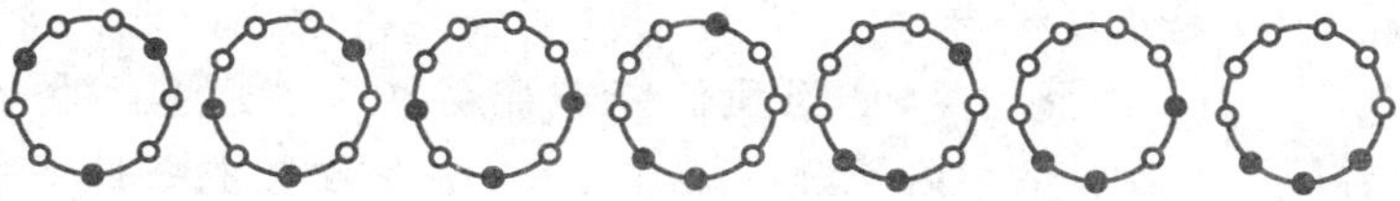

图 5-6

例题 5-6 试证明，用 m 种不同颜色对 $k\times k$ 棋盘上的每个方格涂色，共有$\frac{1}{4}(m^{\lambda(\pi_0)}+m^{\lambda(\pi_1)}+m^{\lambda(\pi_2)}+m^{\lambda(\pi_3)})$种旋转不等价的

涂色法。其中，$\lambda(\pi)$表示置换 π 中不相交循环的个数。（例如，对于 $\pi_0=\begin{pmatrix}1 & 2 & 3 & 4\\1 & 2 & 3 & 4\end{pmatrix}=(1)\circ(2)\circ(3)\circ(4)$，即有 $\lambda(\pi_0)=4$；对于 $\pi_1=\begin{pmatrix}1 & 2 & 3 & 4\\3 & 4 & 1 & 2\end{pmatrix}=(13)\circ(24)$，即有 $\lambda(\pi_1)=2$，等等。）若令 $n=k\times k$，且对 $k\times k$ 棋盘的每个方格分别编上号 $1,2,\cdots,n$，那么，棋盘的四种旋转，即旋转 0°、旋转 90°、旋转 180°、旋转 270°，正好对应着集合$\{1,2,\cdots,n\}$上的四个置换 π_0,π_1,π_2,π_3。

分析　对于 $k\times k$ 棋盘的一种涂色法，在某个旋转下保持不变的充要条件是该旋转所对应的置换中的每一个循环内的编号方格涂同一种颜色。

证明　设某一旋转对应的置换是 π，π 中每个循环内涂同一种颜色，共有 m 种涂法，因此，在该旋转作用下，使涂色 $k\times k$ 棋盘保持不变的个数是 $\overbrace{m\cdot m\cdot\cdots\cdot m}^{\lambda(\pi)}=m^{\lambda(\pi)}$。

由此可见，利用伯恩赛德定理即得，用 m 种不同颜色对 $k\times k$ 棋盘涂色，共有旋转不等价的涂色法

$$\frac{1}{4}(m^{\lambda(\pi_0)}+m^{\lambda(\pi_1)}+m^{\lambda(\pi_2)}+m^{\lambda(\pi_3)})$$

种。

例题 5-7　设 $p<q$，q 是质数，则在 pq 阶的群中，q 阶子群一定是正规子群。

分析　设 G 是 pq 阶群，H 是 G 的 q 阶子群，$p<q$，q 是质数。要证明 H 是正规子群，就是要证明对于任意的元素 $g\in G$，都有 $gHg^{-1}=H$。由此可见，如果我们能够证明：(i) 对于任意的 $g\in G$，gHg^{-1}也是 G 的 q 阶子群；(ii) 在 $p<q$，q 是质数的条件下，pq 阶群中的 q 阶子群仅有一个，那么结论就清楚了。

证明　设$\langle G,\cdot\rangle$是 pq 阶群，$p<q$，q 为质数，并设$\langle H,\cdot\rangle$是$\langle G,\cdot\rangle$的 q 阶子群。

(i) 由于对于任意的 $g\in G$，有 $gHg^{-1}\subseteq G$，而对任意的

$gh_1g^{-1}, gh_2g^{-1} \in gHg^{-1}$,有

$$(gh_1g^{-1})\cdot(gh_2g^{-1}) = gh_1h_2g^{-1} \in gHg^{-1}$$

和 $$(gh_1g^{-1})^{-1} = (g^{-1})^{-1}h_1^{-1}g^{-1} = gh_1^{-1}g^{-1} \in gHg^{-1}$$

所以,$\langle gHg^{-1}, \cdot\rangle$是$\langle G, \cdot\rangle$的子群。又因对每一个 $h \in H$,唯一地对应着 $ghg^{-1} \in gHg^{-1}$,所以,$\langle gHg^{-1}, \cdot\rangle$与$\langle H, \cdot\rangle$都是$\langle G, \cdot\rangle$的 q 阶子群。

(ii) 用反证法:设在 $p<q$,q 是质数的条件下,pq 阶群中的 q 阶子群有两个,不妨设这两个不同的 q 阶子群分别为$\langle H_1, \cdot\rangle$和$\langle H_2, \cdot\rangle$。由定理 5-7.1 的推论 2 可知,$\langle H_1, \cdot\rangle$和$\langle H_2, \cdot\rangle$都是循环群。设$\langle H_1, \cdot\rangle$的生成元为 x,$\langle H_2, \cdot\rangle$的生成元是 y,则 $H_1 = \{e, x, x^2, \cdots, x^{q-1}\}$,$H_2 = \{e, y, y^2, \cdots, y^{q-1}\}$,其中 e 是 G 中的幺元。令 $H_3 = H_1 \cdot H_2 = \{h_3 = x^i \cdot y^j \mid i, j = 0, 1, 2, \cdots, q-1\}$,显然,$H_3 \subseteq G$,$H_3$ 中有 q^2 个元素,而 $q^2 > pq$,所以 H_3 中必有两个元素相同,不妨设 $x^i \cdot y^j = x^s \cdot y^t$ 且 $i \neq s, j \neq t$,即有 $x^{i-s} = y^{t-j} \neq e$,这就表明 $H_1 \cap H_2 \neq \{e\}$,$H_1 \cap H_2$ 是 G 的非平凡子群,又由 $H_1 \supset H_1 \cap H_2$ 知 $H_1 \cap H_2$ 是 H_1 的非平凡子群,由拉格朗日定理可知$|H_1 \cap H_2| \mid |H_1|$,即$|H_1 \cap H_2| \mid q$,而 q 是质数,故只能有 $|H_1 \cap H_2| = q$,所以,$H_1 \cap H_2 = H_1$,即有 $H_1 = H_2$。这就与 H_1 和 H_2 是两个不同的 q 阶子群的假设相矛盾。因此,在 $p<q$,q 是质数的条件下,pq 阶群中 q 阶子群仅有一个。

综合(i)和(ii)即得:对于任意的 $g \in G$,都有 $gHg^{-1} = H$,故 G 的 q 阶子群 H 是正规子群。

例题 5-8 设$\langle G, *\rangle$是一个群,$\langle H, *\rangle$和$\langle K, *\rangle$是$\langle G, *\rangle$的两个子群,则 $H * K$ 中不同元素的个数为$\dfrac{|H|\cdot|K|}{|H \cap K|}$。

分析 由于 $H \cap K$ 是 H 和 K 的子群,所以可将 H 和 K 分别表示成 $H \cap K$ 的所有左陪集的并和所有右陪集的并,不妨设

$$H = (H \cap K) \cup (a_1 * H \cap K) \cup (a_2 * H \cap K) \cup \cdots \cup (a_m * H \cap K)$$

$$K = (H \cap K) \cup (H \cap K * b_1) \cup (H \cap K * b_2) \cup \cdots \cup (H \cap K * b_n)$$

那么,就有 $$H = \{e, a_1, a_2, \cdots, a_m\} * H \cap K$$

$$K=H\cap K*[e, b_1, b_2, \cdots, b_n\}$$

因为 $H\cap K$ 是子群，所以 $H\cap K*H\cap K=H\cap K$，于是

$$\begin{aligned}H*K&=\{e,a_1,a_2,\cdots,a_m\}*H\cap K*H\cap K*\{e,b_1,b_2,\cdots,b_n)\\&=\{e,a_1,a_2,\cdots,a_m\}*H\cap K*\{e,b_1,b_2,\cdots,b_n\}\\&=H*\{e,b_1,b_2,\cdots,b_n\}\end{aligned}$$

由此可见，若能证明：对于任意的 $h_1,h_2\in H$，有

$$h_1*b_i\neq h_2*b_j\quad(i\neq j)$$

那么就可得到

$$|H*K|=|H|\cdot|\{e,b_1,b_2,\cdots,b_n\}|=|H|\cdot\frac{|K|}{|H\cap K|}$$

证明 由以上分析可知

$$H*K=H*\{e,b_1,b_2,\cdots,b_n\}$$

对于任意的 h_1，$h_2\in H$，若有 $h_1*b_i=h_2*b_j(i\neq j)$，则有 $h_1^{-1}*h_2=b_i*b_j^{-1}\in H\cap K$，而由 $b_i=h_1^{-1}*h_2*b_j$ 便得

$$b_i\in H\cap K*b_j$$

这就与 $(H\cap K*b_i)\cap(H\cap K*b_j)=\varnothing$ 相矛盾。因此，$h_1*b_i=h_2*b_j(i\neq j)$ 的假设是错误的。故必有 $h_1*b_i\neq h_2*b_j(i\neq j)$。由此便得

$$|H*K|=|H|\cdot|\{e,b_1,b_2,\cdots,b_n\}|=|H|\cdot\frac{|K|}{|H\cap K|}$$

例题 5-9 设 $\langle A,+,\cdot\rangle$ 是一个无零因子环，若 $x^2=x$ 在 A 中有非零解，则 $\langle A,+,\cdot\rangle$ 必有幺元。

分析 所谓 $x^2=x$ 在 A 中有非零解，即存在 $e\in A,e\neq\theta$（θ 为加法幺元），使得 $e^2=e$。那么，根据题意，就是要再利用无零因子条件，找出 $\langle A,+,\cdot\rangle$ 中的乘法幺元。

证明 由上分析，首先有 $e^2=e(e\in A,e\neq\theta)$。

对于任意的 $a\in A$，便有

$$a\cdot e^2=a\cdot e$$

$$(a\cdot e-a)\cdot e=0$$

因为 $e\neq\theta$，故由无零因子条件便得

$$a\cdot e-a=0$$

即得 $a \cdot e = a$。同理可得 $e \cdot a = a$。

因此，e 即为 $\langle A, +, \cdot \rangle$ 的乘法幺元。

例题 5-10 试证整数加法群与偶数加法群同构，但是整数环不可能与偶数环同构。

分析 整数加法群 $\langle I, + \rangle$ 与偶数加法群 $\langle I_E, + \rangle$ 之间的同构是明显的，只要作 I 到 I_E 的映射 φ 为：对任意的 $x \in I, \varphi(x) = 2x$，容易验证 φ 是 I 到 I_E 的同构映射。环与群的重要差别在于，环是具有两个二元运算且满足环的有关条件的代数系统，而群是只具有一个二元运算且满足群的有关条件的代数系统。因此，群与群之间的同构与否取决于能否找到一个双射且关于两个群的一对运算满足同态要求，而环与环之间的同构与否将取决于能否找到一个双射且关于两个环的两对运算均满足同态要求。由此可见，寻找环与环之间的同构映射通常要比寻找群与群之间的同构映射要困难。要确定两个代数系统之间是同构的，只要找到一个同构映射就可以了；而要认定两个代数系统不是同构的，就不可能将所有的映射都取来尝试，因此只能采用反证法。

证明 整数环是 $\langle I, +, \cdot \rangle$，偶数环是 $\langle I_E, +, \cdot \rangle$。设 φ 是这两个环之间的同构映射，不妨认定 $\varphi: I \to I_E$。

由于假定 φ 是同构映射，所以对于任意的 $x, y \in I$，有

$$\varphi(x + y) = \varphi(x) + \varphi(y)$$

$$\varphi(x \cdot y) = \varphi(x) \cdot \varphi(y)$$

故有

$$\varphi(n \cdot x) = n \cdot \varphi(x)$$

$$\varphi(x \cdot x) = x \cdot \varphi(x) = \varphi(x) \cdot \varphi(x)$$

由此便得：对于任意 $x \in I$，有 $\varphi(x) = x$。这显然是一个矛盾，因为对于 $x = 2n + 1 \in I$，就导致 $\varphi(2n+1) = 2n + 1 \notin I_E$ 的矛盾。因此，整数环 $\langle I, +, \cdot \rangle$ 与偶数环 $\langle I_E, +, \cdot \rangle$ 不可能是同构的。

C 习题与解

5-1 设集合 $A = \{1, 2, 3, \cdots, 10\}$，问下面定义的二元运算 $*$

关于集合 A 是否封闭？

a) $x * y = \max(x, y)$；

b) $x * y = \min(x, y)$；

c) $x * y = \mathrm{GCD}(x, y)$；

d) $x * y = \mathrm{LCM}(x, y)$；

e) $x * y =$ 质数 p 的个数，使得 $x \leqslant p \leqslant y$。 【5-1.(1)】

解 a) 封闭。

b) 封闭。

c) 封闭。

d) 不封闭，例 $\mathrm{LCM}(3,7)=21$。

e) 不封闭，例 $6 * 6 = 0$。

5-2 在表 5-1 所列出的集合和运算中，请根据运算的是否封闭，在相应的位置上填写"是"或"否"(其中 N 是自然数集合)。

【5-1.(2)】

解 见表 5-1。

表 5-1

是否封闭 运算 / 集合	$+$	$-$	$\cdot$	$\lvert x-y\rvert$	max	min	$\lvert x\rvert$
I	是	是	是	是	是	是	是
N	是	否	是	是	是	是	是
$\{x \mid 0 \leqslant x \leqslant 10\}$	否	否	否	是	是	是	是
$\{x \mid -10 \leqslant x \leqslant 10\}$	否	否	否	否	是	是	是
$\{2x \mid x \in I\}$	是	是	是	是	是	是	是

5-3 试列举你所熟悉的一些代数系统。 【5-1.(3)】

解 复数集合及其复数加法和复数乘法构成的代数系统 $\langle C, +, \cdot \rangle$；在整数集合的模 4 剩余类集合 Z_4 上定义二元运算 $+_4$ 和 $\times_4$ 如表 5-2。那么，$\langle Z_4, +_4, \times_4 \rangle$ 是一个代数系统；在日常生活中，也可举出实例，譬如，由若干个球队组成一个集合，在这个集合中，定义两个球队之间的二元运算是在这两个球队之间进行一场

表 5-2

$+_4$	[0]	[1]	[2]	[3]
[0]	[0]	[1]	[2]	[3]
[1]	[1]	[2]	[3]	[0]
[2]	[2]	[3]	[0]	[1]
[3]	[3]	[0]	[1]	[2]

$\times_4$	[0]	[1]	[2]	[3]
[0]	[0]	[0]	[0]	[0]
[1]	[0]	[1]	[2]	[3]
[2]	[0]	[2]	[0]	[2]
[3]	[0]	[3]	[2]	[1]

球赛，那么，这也是一个代数系统，所要注意的是，这个二元运算是不封闭的。等等。

5-4 对于实数集合 R，表 5-3 所列的二元运算是否具有左边一列中的那些性质，请在相应位置上填写“是”或“否”。

【5-2.(1)】

解 见表 5-3。

表 5-3

	$+$	$-$	$\cdot$	max	min	$\lvert x-y\rvert$
可结合性	是	否	是	是	是	否
可交换性	是	否	是	是	是	是
存在幺元	是	否	是	否	否	是
存在零元	否	否	是	否	否	否

5-5 设代数系统 $\langle A,*\rangle$，其中 $A=\{a,b,c\}$，$*$ 是 A 上的一个二元运算。对于由以下几个表所确定的运算，试分别讨论它们的交换性、等幂性以及在 A 中关于 $*$ 是否有幺元。如果有幺元，那么 A 中的每个元素是否有逆元。

a)

$*$	a	b	c
a	a	b	c
b	b	c	a
c	c	a	b

b)

$*$	a	b	c
a	a	b	c
b	b	a	c
c	c	c	c

c)

$*$	a	b	c
a	a	b	c
b	a	b	c
c	a	b	c

d)

$*$	a	b	c
a	a	b	c
b	b	b	c
c	c	c	b

【5-2.(2)】

解 a) 可交换，不等幂，a 为幺元，a 以自身为逆元，b 与 c 互为逆元。

b） 可交换，不等幂，a 为幺元，a 和 b 均以自身为逆元，c 没有逆元。

c） 不可交换，等幂，没有幺元。

d） 可交换，不等幂，a 为幺元，a 以自身为逆元，b 和 c 都没有逆元。

5-6 证明定理 5-2.2。 【5-2.(3)】

证明 由左零元定义可知 $\theta_l * \theta_r=\theta_l$，由右零元定义可知 $\theta_l * \theta_r=\theta_r$，所以，$\theta_l=\theta_r=\theta$。若有另一个零元 θ'，则 $\theta'=\theta' * \theta=\theta$，因此，零元是唯一的。

5-7 举日常生活的例子，分别说明幺元、零元和逆元。

【5-2.(4)】

解 对一组学生，用两两扳腕子比赛法来测定谁比谁臂力大，则臂力最小者为幺元，臂力最大者为零元。在钟表中，若将分针从零开始走了 t 分再走 s 分所指位置作为结果，则 0 就是幺元，若 $t+s\equiv 0(\text{mod}60)$，则 t 与 s 互为逆元。

5-8 定义 I_+ 上的两个二元运算为：

$$a * b=a^b$$

$$a\triangle b=a\cdot b, \qquad a,b\in I_+$$

试证明 $*$ 对 $\triangle$ 是不可分配的。 【5-2.(5)】

证明 因为

$$a*(b\triangle c)=a*(b\cdot c)=a^{b\cdot c}$$

$$(a*b)\triangle(a*c)=(a^b)\triangle(a^c)=a^b\cdot a^c=a^{b+c}$$

而 $b\cdot c$ 不一定等于 $b+c$，所以，$*$ 对于 $\triangle$ 是不可分配的。

5-9 对于正整数 k，$N_k=\{0,1,2,\cdots,k-1\}$，设 $*_k$ 是 N_k 上的一个二元运算，使得 $a *_k b=$ 用 k 除 $a\cdot b$ 所得的余数，这里 $a,b\in N_k$。

a） 当 $k=4$ 时，试造出 $*_k$ 的运算表；

b） 对于任意正整数 k，证明 $\langle N_k, *_k\rangle$ 是一个半群。 【5-3.(1)】

解 a） 当 $k=4$ 时，$*_4$ 的运算表为：

$*_4$	0	1	2	3
0	0	0	0	0
1	0	1	2	3
2	0	2	0	2
3	0	3	2	1

b）对于任意的 $a,b\in N_k$，$a *_k b = a\cdot b - nk = r$，$0\leqslant r<k-1$，所以 $*_k$ 在 N_k 上封闭。

对于任意的 $a,b,c\in N_k$，有

$$\begin{aligned}(a *_k b) *_k c &= (a\cdot b - n_1 k)\cdot c - n_2 k = r_1,\ 0\leqslant r_1<k-1\\ &= a\cdot b\cdot c - k(n_1 c + n_2)\end{aligned}$$

$$\begin{aligned}a *_k (b *_k c) &= a\cdot(b\cdot c - n_3 k) - n_4 k = r_2,\ 0\leqslant r_2<k-1\\ &= a\cdot b\cdot c - k(n_3 a + n_4)\end{aligned}$$

这说明 r_1,r_2 都是 $a\cdot b\cdot c$ 用 k 除所得的余数，它们应该相等。所以，$(a *_k b) *_k c = a *_k (b *_k c)$，即 $*_k$ 满足结合律。

因此，$\langle N_k, *_k\rangle$ 是半群。

5-10 设 $\langle S, *\rangle$ 是一个半群，$a\in S$，在 S 上定义一个二元运算□，使得对于 S 中的任意元素 x 和 y，都有

$$x\square y = x * a * y$$

证明二元运算□是可结合的。 【5-3.(2)】

证明 因为

$$(x\square y)\square z = (x*a*y)\square z = (x*a*y)*a*z = x*a*y*a*z$$

$$x\square(y\square z) = x\square(y*a*z) = x*a*(y*a*z) = x*a*y*a*z$$

所以 $$(x\square y)\square z = x\square(y\square z)$$

5-11 设 $\langle R, *\rangle$ 是一个代数系统，$*$ 是 R 上的一个二元运算，使得对于 R 中的任意元素 a,b 都有

$$a * b = a + b + a\cdot b$$

证明 0 是幺元，且 $\langle R, *\rangle$ 是独异点。 【5-3.(3)】

证明 对于任意的 $a\in R$，$0 * a = 0 + a + 0\cdot a = 0$，$a * 0 = a + 0 + a\cdot 0 = a$，所以 $0 * a = a * 0 = a$，故 0 是幺元。

对于任意的 $a,b\in R$，由于＋和·在 R 上封闭，所以，$a * b =$

$a+b+a\cdot b\in R$,即 $*$ 在 R 上封闭。

对于任意的 $a,b,c\in R$,有

$$
\begin{aligned}
(a*b)*c &= (a+b+a\cdot b)*c \\
&= a+b+a\cdot b+c+(a+b+a\cdot b)\cdot c \\
&= a+b+c+a\cdot b+a\cdot c+b\cdot c+a\cdot b\cdot c
\end{aligned}
$$

$$
\begin{aligned}
a*(b*c) &= a*(b+c+b\cdot c) \\
&= a+b+c+b\cdot c+a\cdot(b+c+b\cdot c) \\
&= a+b+c+a\cdot b+a\cdot c+b\cdot c+a\cdot b\cdot c
\end{aligned}
$$

所以,$(a*b)*c=a*(b*c)$,故 $*$ 是可结合的。

因此,$\langle R,*\rangle$是独异点。

5-12 设 $X\neq\varnothing$,令 $S=t(X)=\sum\limits_{n=0}^{\infty}X^n$,在 S 上定义二元运算$\triangle$,对任意 $\alpha=\langle x_1, x_2, \cdots, x_p\rangle\in X^p$,$\beta=\langle y_1,y_2,\cdots,y_q\rangle\in X^q$,有

$$\alpha\triangle\beta=\langle x_1,x_2,\cdots,x_p,y_1,y_2,\cdots,y_q\rangle\in X^{p+q}$$

证明$\langle S,\triangle\rangle$是一个独异点。 【5-3.(4)】

证明 对于任意的 $\alpha=\langle x_1,x_2,\cdots,x_p\rangle$,$\beta=\langle y_1,y_2,\cdots,y_q\rangle$,$\gamma=\langle z_1,z_2,\cdots,z_r\rangle\in S$,有

$\alpha\triangle\beta=\langle x_1,x_2,\cdots,x_p,y_1,y_2,\cdots,y_q\rangle\in X^{p+q}\subset S$,即$\triangle$在 S 上封闭。

$$
\begin{aligned}
(\alpha\triangle\beta)\triangle\gamma &= \langle x_1,x_2,\cdots,x_p,y_1,y_2,\cdots,y_q\rangle\triangle\gamma \\
&= \langle x_1,x_2,\cdots,x_p,y_1,y_2,\cdots,y_q,z_1,z_2,\cdots,z_r\rangle
\end{aligned}
$$

$$
\begin{aligned}
\alpha\triangle(\beta\triangle\gamma) &= \alpha\triangle\langle y_1,y_2,\cdots,y_q,z_1,z_2,\cdots,z_r\rangle \\
&= \langle x_1,x_2,\cdots,x_p,y_1,y_2,\cdots,y_q,z_1,z_2,\cdots,z_r\rangle
\end{aligned}
$$

所以,$(\alpha\triangle\beta)\triangle\gamma=\alpha\triangle(\beta\triangle\gamma)$,即$\triangle$在 S 上可结合。

设 $\theta=\langle\quad\rangle\in\varnothing\subset S$,有

$$\theta\triangle\alpha=\alpha\triangle\theta=\alpha=\langle x_1,x_2,\cdots,x_p\rangle\in X^p\subset S$$

所以,θ 是 S 中的幺元。

因此,$\langle S,\triangle\rangle$是一个独异点。

5-13 证明任意半群都可通过添加一个幺元而扩展为一个

独异点。

证明 设$\langle S, *\rangle$是任一半群。作$\overline{S}=S\cup\{e\}$，在$\overline{S}$上将$*$扩展定义为$a*e=e*a=a, a\in S; e*e=e$。接着证明$\langle\overline{S}, *\rangle$是独异点，$*$在$\overline{S}$上是封闭的；对于任意的$x, y, z\in\overline{S}$，因为$\langle S, *\rangle$是半群，所以当$x, y, z\in S$时，有$x*(y*z)=(x*y)*z$，而当$x, y, z$中至少有一个$e$时，也必有$x*(y*z)=(x*y)*z$，所以，$*$在$\overline{S}$上满足结合律；$e$又是$\overline{S}$中的幺元，因此，$\langle\overline{S}, *\rangle$是一个独异点。

5-14 设$\langle G, *\rangle$是一个独异点，且$|G|\geqslant 2$，则在G中不存在有左逆元的左零元。

证明 独异点中的幺元e显然不可能等于任一个左零元。

设有一个左零元θ_l，它的左逆元为θ_l^{-1}，则$\theta_l^{-1}*\theta_l=e$。因为$\theta_l*\theta_l=\theta_l$，所以$\theta_l^{-1}*\theta_l*\theta_l=\theta_l^{-1}*\theta_l$，即$e*\theta_l=e, \theta_l=e$，导致矛盾。因此，在$G$中不可能存在有左逆元的左零元。

5-15 设$\langle A, *\rangle$是一个半群，而且对于A中的元素a和b，如果$a\neq b$必有$a*b\neq b*a$，试证明：

a) 对于A中每个元素a，有$a*a=a$；

b) 对于A中任何元素a和b，有$a*b*a=a$；

c) 对于A中任何元素a, b和c，有$a*b*c=a*c$。 【5-3.(5)】

证明 由题意可知，若$a*b=b*a$，则必有$a=b$。

a) 由$(a*a)*a=a*(a*a)$，所以$a*a=a$。

b) 由$a*(a*b*a)=(a*a)*b*a=a*b*(a*a)=(a*b*a)*a$，所以$a*b*a=a$。

c) 由$(a*c)*(a*b*c)=(a*c*a)*(b*c)=a*(b*c)=(a*b)*(c*a*c)=(a*b*c)*(a*c)$，所以$a*b*c=a*c$。

5-16 如果$\langle S, *\rangle$是半群，且$*$是可交换的，称$\langle S, *\rangle$为可交换半群。证明：如果S中有元素a, b，使得$a*a=a$和$b*b=b$，则$(a*b)*(a*b)=a*b$。 【5-3.(6)】

证明
$$(a*b)*(a*b)=a*(b*a)*b=a*(a*b)*b$$
$$=(a*a)*(b*b)=a*b$$

5-17 设$X=R-\{0,1\}$，在X上定义6个函数如下：

对于任意 $x\in X$，

$$f_1(x)=x;f_2(x)=x^{-1};f_3(x)=1-x$$

$$f_4(x)=(1-x)^{-1};f_5(x)=(x-1)x^{-1};f_6(x)=x(x-1)^{-1}$$

试证明$\langle F,\circ\rangle$是一个群。其中 $F=\{f_1,f_2,f_3,f_4,f_5,f_6\}$，$\circ$是函数的复合运算。【5-4.(1)】

证明 由函数的复合运算$\circ$的定义 $f\circ g(x)=f(g(x))$，可写出$\circ$在 F 上的运算表如表 5-3。

表 5-3

$\circ$	f_1	f_2	f_3	f_4	f_5	f_6
f_1	f_1	f_2	f_3	f_4	f_5	f_6
f_2	f_2	f_1	f_4	f_3	f_6	f_5
f_3	f_3	f_5	f_1	f_6	f_2	f_4
f_4	f_4	f_6	f_2	f_5	f_1	f_3
f_5	f_5	f_3	f_6	f_1	f_4	f_2
f_6	f_6	f_4	f_5	f_2	f_3	f_1

可见，运算$\circ$在 F 上是封闭和可结合的。f_1 是幺元；f_2，f_3，f_6 均以自身为逆元；f_4 与 f_5 互为逆元。因此，$\langle F,\circ\rangle$是一个群。

5-18 设$\langle A,*\rangle$是半群，e 是左幺元且对每一个 $x\in A$，存在 $\hat{x}\in A$，使得 $\hat{x}*x=e$。

a) 证明：对于任意的 $a,b,c\in A$，如果 $a*b=a*c$，则 $b=c$；

b) 通过证明 e 是 A 中的幺元，证明$\langle A,*\rangle$是群。【5-4.(2)】

证明 a) 由 $a*b=a*c$ 即得 $\hat{a}*(a*b)=\hat{a}*(a*c)$，因为$\langle A,*\rangle$是半群，便有$(\hat{a}*a)*b=(\hat{a}*a)*c$，$e*b=e*c$，又因 e 是左幺元，所以 $b=c$。

b) 对于任意的 $x\in A$，$\hat{x}*(x*e)=(\hat{x}*x)*e=e*e=e=\hat{x}*x$，所以，$x*e=x$，这说明 e 也是右幺元，故 e 是幺元。于是，对于任意的 $x\in A$，有$(x*\hat{x})*x=x*(\hat{x}*x)=x*e=x=e*x$，所以，$x*\hat{x}=e$，故有 $\hat{x}*x=x*\hat{x}=e$，这说明对于任意的 x 均有逆元 $\hat{x}$，因此，$\langle A,*\rangle$是群。

5-19 设$\langle G,*\rangle$是群，对任一 $a\in G$，令 $H=\{y|y*a=a*y,$

$y \in G\}$，试证明$\langle H, * \rangle$是$\langle G, * \rangle$的子群。【5-4.(3)】

证明 显然 $H \subseteq G$。运算 $*$ 在 H 中显然满足结合性。

对于任意的 $x, y \in H$，以及任意的 $a \in G$，因为

$$(x * y) * a = x * y * a = x * a * y = a * x * y = a * (x * y)$$

所以，$x * y \in H$，这说明 $*$ 关于 H 是封闭的。

因为 $e * a = a * e$，所以 $e \in H$。

对于任意的 $x \in H$，由于 $x * a = a * x$，所以

$$x^{-1} * (x * a) * x^{-1} = x^{-1} * (a * x) * x^{-1}$$

即得

$$a * x^{-1} = x^{-1} * a$$

这就表明 $x^{-1} \in H$。

综上所述，$\langle H, * \rangle$是$\langle G, * \rangle$的子群。

5-20 设$\langle H, \cdot \rangle$和$\langle K, \cdot \rangle$都是群$\langle G, \cdot \rangle$的子群，令

$$HK = \{h \cdot k \mid h \in H, k \in K\}$$

证明：$\langle HK, \cdot \rangle$是$\langle G, \cdot \rangle$的子群的充要条件是 $HK = KH$。

【5-4.(4)】

证明 先证充分性。

对于任意的 $h_1 \cdot k_1, h_2 \cdot k_2 \in HK$，因为$\langle H, \cdot \rangle$和$\langle K, \cdot \rangle$都是群，所以$(h_2 \cdot k_2)^{-1} = k_2^{-1} \cdot h_2^{-1} \in KH$；又因 $HK = KH$，所以必有 $h_3 \in H, k_3 \in K$，使得 $k_2^{-1} \cdot h_2^{-1} = h_3 \cdot k_3$。由于

$$\begin{aligned}(h_1 \cdot k_1) \cdot (h_2 \cdot k_2)^{-1} &= (h_1 \cdot k_1) \cdot (h_3 \cdot k_3) \\ &= h_1 \cdot (k_1 \cdot h_3) \cdot k_3 = h_1 \cdot (h_4 \cdot k_4) \cdot k_3 \\ &= (h_1 \cdot h_4) \cdot (k_4 \cdot k_3) = h_5 \cdot k_5 \in HK\end{aligned}$$

因此，由定理 5-4.8 可知$\langle HK, \cdot \rangle$是$\langle G, \cdot \rangle$的子群。

再证必要性。

对于任意的 $k \cdot h \in KH$，$(k \cdot h)^{-1} = h^{-1} \cdot k^{-1} \in HK$，因$\langle HK, \cdot \rangle$是群，所以$((k \cdot h)^{-1})^{-1} \in HK$，即 $k \cdot h \in HK$，因此，$KH \subseteq HK$。

对于任意的 $h \cdot k \in HK$，$(h \cdot k)^{-1} \in HK$，即存在 $h_1 \in H$，$k_1 \in K$，使得$(h \cdot k)^{-1} = h_1 \cdot k_1$，所以

$$h \cdot k = (h_1 \cdot k_1)^{-1} = k_1^{-1} \cdot h_1^{-1} \in KH$$

因此，$HK \subseteq KH$。

由上便证得 $HK=KH$。

5-21 设$\langle A,*\rangle$是群，且$|A|=2n, n\in N$。证明：在 A 中至少存在 $a\neq e$，使得 $a*a=e$，其中 e 是幺元。 【5-4.(5)】

证明 对于任意的 $x\in A$，均有它的逆元 $x^{-1}\in A$，使得

$$x*x^{-1}=x^{-1}*x=e$$

由于互为逆元的两个不相等的元素是成对出现的，而且群中有唯一的幺元 e，因此，至少有一个元素是以自身为逆元的。即必存在 $a\in A, a\neq e$，使得 $a*a=e$。

5-22 设$\langle G,\cdot\rangle$是一个群，$H\subseteq G, H\neq\varnothing$且 H 中的元素都是有限阶的，运算在 H 中封闭，则$\langle H,\cdot\rangle$为$\langle G,\cdot\rangle$的子群。

证明 封闭性已知，结合律自然成立。

对于任意的 $h\in H$，必存在正整数 n，使得 $h^n=e$，因为 $h^n\in H$，所以 $e\in H$，这说明 G 中的幺元 e 属于 H。

对于任意的 $h\in H, h\neq e$，必存在正整数 $n>1$，使得 $h^n=e$，故有 $h\cdot h^{n-1}=h^{n-1}\cdot h=e$，所以 $h^{-1}=h^{n-1}\in H$。

因此，$\langle H,\cdot\rangle$为$\langle G,\cdot\rangle$的子群。

5-23 设$\langle G,*\rangle$是一个独异点，并且对于 G 中的每一个元素 x 都有 $x*x=e$，其中 e 是幺元，证明$\langle G,*\rangle$是一个阿贝尔群。

【5-5.(1)】

证明 对于任意的 $x\in G$，有 $x*x=e$，所以 $x^{-1}=x$。

对于任意的 $a,b\in G$，

$$a*b=(a*b)^{-1}=b^{-1}*a^{-1}=b*a$$

因此，$\langle G,*\rangle$是阿贝尔群。

5-24 证明任何阶数分别为 1,2,3,4 的群都是阿贝尔群。并举一个 6 阶群，它不是阿贝尔群。 【5-5.(2)】

证明 对于阶数为 1 的群，该群中仅有唯一的一个幺元 e，$e*e=e$，显然是阿贝尔群。以下幺元都用 e 表示。

对于阶数为 2 的群，该群中除幺元外，仅有一个与 e 不同的元素 a，且 $a*a=e$，显然还有 $e*a=a*e=a$，因此，$\langle\{a,e\},*\rangle$是阿贝尔群。

对于阶数为 3 的群$\langle\{a,b,e\},*\rangle$。若 $a*b=a$,则有 $a^{-1}*a*b=a^{-1}*a$,导致 $b=e$ 的矛盾;同理,若 $a*b=b$,则将导致 $a=e$ 的矛盾。所以,必有 $a*b=e$。又因

$$b*a=b*a*b*b^{-1}=b*e*b^{-1}=e$$

因此,$\langle\{a,b,e\},*\rangle$是阿贝尔群。

对于阶数为 4 的群$\langle\{a,b,c,e\},*\rangle$,(i)若 a,b,c 中有两个元素互为逆元,不妨设它们为 a, b, 则 $a*b=b*a=e$。于是,必有 $c*c=e,a*c\neq e$,所以 $a*c=b$,同样地可证 $c*a=b$,故 $a*c=c*a$。同理可证 $b*c=c*b$。(ii)若 a,b,c 中的每一个元素都以自身为逆元,则必有 $a*b=b*a=c,b*c=c*b=a,c*a=a*c=b$。因此,不论是哪一种情况,都表明$\langle\{a,b,c,e\},*\rangle$是阿贝尔群。

定义在集合 $S=\{a,b,c\}$上的所有双射函数为:

$$f_0:f_0(a)=a,f_0(b)=b,f_0(c)=c$$
$$f_1:f_1(a)=a,f_1(b)=c,f_1(c)=b$$
$$f_2:f_2(a)=b,f_2(b)=a,f_2(c)=c$$
$$f_3:f_3(a)=b,f_3(b)=c,f_3(c)=a$$
$$f_4:f_4(a)=c,f_4(b)=a,f_4(c)=b$$
$$f_5:f_5(a)=c,f_5(b)=b,f_5(c)=a$$

于是集合 $F=\{f_0,f_1,f_2,f_3,f_4,f_5\}$关于函数的复合运算$\circ$构成群,群的阶数为 6。其运算表如表 5-4 所示。显然,它不是阿贝尔群。

表 5-4

$\circ$	f_0	f_1	f_2	f_3	f_4	f_5
f_0	f_0	f_1	f_2	f_3	f_4	f_5
f_1	f_1	f_0	f_4	f_5	f_2	f_3
f_2	f_2	f_3	f_0	f_1	f_5	f_4
f_3	f_3	f_2	f_5	f_4	f_0	f_1
f_4	f_4	f_5	f_1	f_0	f_3	f_2
f_5	f_5	f_4	f_3	f_2	f_1	f_0

5-25 设$\langle G,*\rangle$是一个群,证明:如果对任意的 $a,b\in G$ 都有 $a^3*b^3=(a*b)^3,a^4*b^4=(a*b)^4$ 和 $a^5*b^5=(a*b)^5$,则

$\langle G, * \rangle$是一个阿贝尔群。【5-5.(3)】

证明 对于$\langle G, * \rangle$中的任意元素 a 和 b。

因为 $a^3 * b^3=(a*b)^3$，所以 $a^{-1}*(a^3*b^3)*b^{-1}=a^{-1}*(a*b)^3*b^{-1}$，即得 $a^2*b^2=(b*a)^2$。同理，由 $a^4*b^4=(a*b)^4$ 可得 $a^3*b^3=(b*a)^3$；由 $a^5*b^5=(a*b)^5$ 可得 $a^4*b^4=(b*a)^4$。

由此可得，$(a^3*b^3)*(b*a)=(b*a)^4=a^4*b^4$，即 $b^4*a=a*b^4$。同样地可得，$(a^2*b^2)*(b*a)=(b*a)^3=a^3*b^3$，即 $b^3+a=a*b^3$。

由于$(a*b)*b^3=a*b^4=b^4*a=b*(b^3*a)=b*(a*b^3)=(b*a)*b^3$，故得，$a*b=b*a$。

因此，$\langle G, * \rangle$是阿贝尔群。

5-26 设 $G=\{[1],[2],[3],[4],[5],[6]\}$，$G$ 上的二元运算$\times_7$ 如表 5-5 所示。问$\langle G, \times_7 \rangle$是循环群吗？若是，试找出它的生成元。【5-5.(4)】

表 5-5

$\times_7$	[1]	[2]	[3]	[4]	[5]	[6]
[1]	[1]	[2]	[3]	[4]	[5]	[6]
[2]	[2]	[4]	[6]	[1]	[3]	[5]
[3]	[3]	[6]	[2]	[5]	[1]	[4]
[4]	[4]	[1]	[5]	[2]	[6]	[3]
[5]	[5]	[3]	[1]	[6]	[4]	[2]
[6]	[6]	[5]	[4]	[3]	[2]	[1]

解 $\langle G, \times_7 \rangle$是循环群。其生成元是[3]和[5]。

5-27 证明：循环群的任何子群必定也是循环群。【5-5.(5)】

证明 设$\langle G, * \rangle$是循环群，其生成元是 a。设$\langle S, * \rangle$是$\langle G, * \rangle$的子群，且 $S\neq\{e\}$。那么，存在最小正整数 m，使得 $a^m\in S$。对于任意的 $a^l\in S$，必有 $l=tm+r, 0\leqslant r<m, t>0$，故 $a^r=a^{l-tm}=a^l*(a^m)^{-t}\in S$。因为 m 是 $a^m\in S$ 的最小正整数，所以，只能有 $r=0$，即得 $a^l=(a^m)^t$。这说明，S 中的任意元素都是 a^m 的乘幂。因此，$\langle S, * \rangle$是以 a^m 为生成元的循环群。

5-28 设$\langle G,*\rangle$是 n 阶循环群,其生成元为 a。设 $b=a^k$,其中 k 为正整数。求证:

a) 元素 b 的阶为$\frac{n}{d}$,这里 d 是 n 与 k 的最大公约数;

b) 元素 b 为 G 的生成元的充要条件为 n 与 k 互质。

证明 a) 因为 d 是 n 与 k 的最大公约数,故可设

$$n=d\cdot n_1, k=d\cdot k_1$$

所以有 $$e=a^{nk_1}=a^{kn_1}=b^{n_1}$$

若 b 的阶不为 n_1,则 b 的阶 m 必小于 n_1,且有 $n_1=l\cdot m, l>1$。就有 $b^m=e, a^{km}=e, a^{d\cdot k_1\frac{n_1}{l}}=e, a^{n\cdot\frac{k_1}{l}}=e$,这样就导致 k_1 有因子 l 的矛盾。因此,$n_1=\frac{n}{d}$为 b 的阶。

b) 若 b 为 G 的生成元,则 b 的阶为 n。由 a)可知 b 的阶为 $\frac{n}{d}$,故只能有 $d=1$。这说明 n 与 k 的最大公约数为 1,即 n 与 k 互质。

反之,若 n 与 k 互质,则存在整数 s,t,使得 $sk+tn=1$,故对于 G 中的任一个元素 a^p,均有

$$a^p=a^{p(sk+tn)}=a^{psk}*a^{ptn}=a^{kps}=b^{ps}$$

因此,b 是 G 的生成元。

5-29 设$\langle G,\cdot\rangle$为有限交换群,n 为 G 中元素的最大阶数,则 G 中任一元素的阶必能整除 n。

证明 设 a 为 G 中的一个 n 阶元,$b\in G$,b 的阶为 m。现用反证法,设 $m\nmid n$,即存在质数 p,使得

$$m=p^s\cdot m_1,\quad n=p^t\cdot n_1$$

且 $\mathrm{GCD}(p,m_1)=1,\mathrm{GCD}(p,n_1)=1,s>t$。

在 G 中取元素 a^{p^t}, b^{m_1},则 a^{p^t} 的阶为 n_1,b^{m_1} 的阶为 p^s。由于 $\mathrm{GCD}(p^s,n_1)=1$,所以,由例题 5-4 可知,$a^{p^t}\cdot b^{m_1}$ 的阶为 $p^s\cdot n_1>p^t\cdot n_1=n$,这就与 n 为 G 中元素的最大阶数相矛盾。因此,$m|n$。

5-30 设有$\{a,b,c,d,e\}$的置换如下:

$$\alpha=\begin{pmatrix}a&b&c&d&e\\b&c&a&d&e\end{pmatrix};\quad \beta=\begin{pmatrix}a&b&c&d&e\\a&b&c&e&d\end{pmatrix}$$

$$\gamma=\begin{pmatrix}a&b&c&d&e\\e&d&c&b&a\end{pmatrix};\quad \delta=\begin{pmatrix}a&b&c&d&e\\c&b&a&e&d\end{pmatrix}$$

试求 $\alpha\circ\beta,\beta\circ\alpha,\alpha\circ\alpha,\gamma\circ\beta,\delta^{-1},\alpha\circ\beta\circ\gamma$，并解方程 $\alpha\circ x=\beta,y\circ\gamma=\delta$。

【5-6.(1)】

解 $$\alpha\circ\beta=\begin{pmatrix}a&b&c&d&e\\b&c&a&e&d\end{pmatrix};\beta\circ\alpha=\begin{pmatrix}a&b&c&d&e\\b&c&a&e&d\end{pmatrix}$$

$$\alpha\circ\alpha=\begin{pmatrix}a&b&c&d&e\\c&a&b&d&e\end{pmatrix};\gamma\circ\beta=\begin{pmatrix}a&b&c&d&e\\e&d&c&a&b\end{pmatrix}$$

$$\delta^{-1}=\begin{pmatrix}a&b&c&d&e\\c&b&a&e&d\end{pmatrix}$$

$$\alpha\circ\beta\circ\gamma=\begin{pmatrix}a&b&c&d&e\\d&e&a&c&b\end{pmatrix}$$

$$x=\alpha^{-1}\circ\beta=\begin{pmatrix}a&b&c&d&e\\c&a&b&e&d\end{pmatrix}$$

$$y=\delta\circ\gamma^{-1}=\begin{pmatrix}a&b&c&d&e\\c&b&a&e&d\end{pmatrix}\circ\begin{pmatrix}a&b&c&d&e\\e&d&c&b&a\end{pmatrix}$$

$$=\begin{pmatrix}a&b&c&d&e\\d&e&a&b&c\end{pmatrix}$$

5-31 设 p 是质数，证明从 a 种颜色不同的珠子中选取 p 粒串成手镯，只有同色手镯保持旋转不变。

【5-6.(2)】

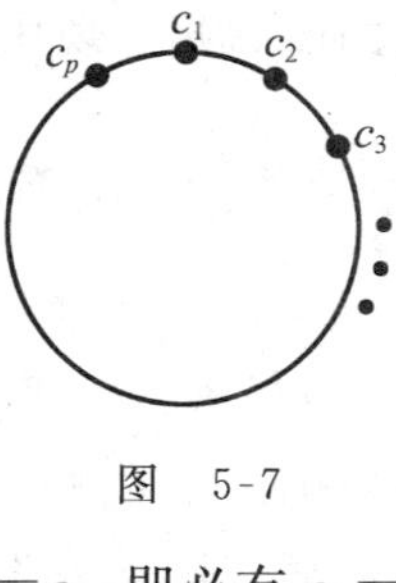

图 5-7

证明 由 p 粒珠子串成的手镯，其珠子的颜色分别记为 $c_1,c_2,\cdots,c_p$，如图 5-7 所示。

顺时针方向旋转一粒珠子的位置后，若要不变，则必有 $c_2=c_1,c_3=c_2,\cdots,c_p=c_{p-1}$，$c_1=c_p$，即必有 $c_1=c_2=c_3=\cdots=c_p$，所以，只有用同色珠子串成的手镯才能保持旋转一粒珠子位置后不变。

由于 p 是质数，故不可能有 $k, 1<k<p$，使得 p 是 k 的倍数，因此，不可能实现 $c_1=c_k=c_{2k}=\cdots=$一种颜色，而 $c_2=c_{k+1}=c_{2k+1}=\cdots=$另一种颜色，…，即不可能用不同颜色的珠子串成的手镯，而使该 p 粒珠子串成的手镯保持旋转 k 粒珠子位置后不变。因此，只有同色手镯才能保持旋转不变。

5-32 哪些对称群是阿贝尔群？ 【5-6.(3)】

解 $\langle S_1,\circ\rangle$和$\langle S_2,\circ\rangle$是阿贝尔群。

$\langle S_3,\circ\rangle$中有置换$\begin{pmatrix} a & b & c \\ b & a & c \end{pmatrix}$和$\begin{pmatrix} a & b & c \\ b & c & a \end{pmatrix}$，而

$$\begin{pmatrix} a & b & c \\ b & a & c \end{pmatrix}\circ\begin{pmatrix} a & b & c \\ b & c & a \end{pmatrix}=\begin{pmatrix} a & b & c \\ a & c & b \end{pmatrix}$$

$$\begin{pmatrix} a & b & c \\ b & c & a \end{pmatrix}\circ\begin{pmatrix} a & b & c \\ b & a & c \end{pmatrix}=\begin{pmatrix} a & b & c \\ c & b & a \end{pmatrix}$$

所以，$\langle S_3,\circ\rangle$不是阿贝尔群。

对于任意的 $n, n\geqslant 4$，$\langle S_n,\circ\rangle$中总有置换

$$\begin{pmatrix} a_1 & a_2 & a_3 & a_4 & \cdots & a_n \\ a_2 & a_1 & a_3 & a_4 & \cdots & a_n \end{pmatrix}和\begin{pmatrix} a_1 & a_2 & a_3 & a_4 & \cdots & a_n \\ a_2 & a_3 & a_1 & a_4 & \cdots & a_n \end{pmatrix}$$

而这两个置换之间的运算是不可交换的。因此，$\langle S_n,\circ\rangle$，$n\geqslant 4$，都不是阿贝尔群。

5-33 用 4 种不同颜色中的一种或几种来涂一根六节的棍棒，问有多少种不同的涂法？ 【5-6.(4)】

解 设棍棒上第 i 节涂上 c_i 色，如图 5-8 所示。

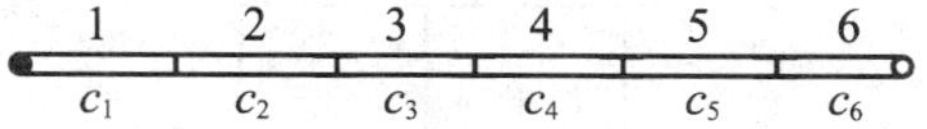

图 5-8

每一节上可以有 4 种涂色法，因此，棍棒的所有涂色法共有 4^6 种。然而，只要是 c_1 色与 c_6 色相同，c_2 色与 c_5 色相同，c_3 色与 c_4 色相同，那么该棍棒倒向后的涂色情况是不会改变的。为此，我们构造置换群$\langle\{\pi_0,\pi_1\},\circ\rangle$，其中 π_0 是幺置换，它将每一种涂色棍棒的情况 $c_1c_2c_3c_4c_5c_6$ 仍映照成 $c_1c_2c_3c_4c_5c_6$ 的情况，所以，在 π_0 作用下的不变元个数为 4^6；

而 π_1 是这样的一个置换，它将每一种涂色棍棒的情况 $c_1c_2c_3c_4c_5c_6$ 映照成 $c_6c_5c_4c_3c_2c_1$ 的情况，所以，在 π_1 作用下的不变元必定是 $c_1=c_6, c_2=c_5, c_3=c_4$ 的情况，故在 π_1 作用下的不变元个数为 4^3。因此，由伯恩赛德定理可知，该棍棒不同涂色法的总数应是

$$\frac{1}{2}(4^6+4^3)=2080 \text{ 种}$$

5-34 a) 2×2 的棋盘，用白色或黑色涂在每一个方格内，在考虑旋转等价的条件下，试确定每个方格涂上颜色的不同棋盘的数目。

b) 对于 4×4 的棋盘呢？ 【5-6.(5)】

解 a) 设 2×2 的棋盘如图 5-9 所示。

令 c_i 表示棋盘中第 i 格所涂的颜色。现构造置换群为 $\langle\{\pi_0, \pi_1, \pi_2, \pi_3\}, \circ\rangle$，其中 $\pi_i(0\leqslant i\leqslant 3)$ 是将棋盘映照到按顺时针方向旋转 $i\times 90°$ 所得到的棋盘，那么，在 π_i 作用下，不变元的个数分别如下：

π_0：不转。不变元个数是 2^4。

π_1：顺时针转 90°，只有当 $c_1=c_2=c_3=c_4$ 时为不变元，所以，不变元的个数是 2。

π_2：顺时针转 180°，只有当 $c_1=c_3, c_2=c_4$ 时为不变元，所以，不变元的个数是 2^2。

π_3：顺时针转 270°，只有当 $c_1=c_4=c_3=c_2$ 时为不变元，所以，不变元的个数是 2。

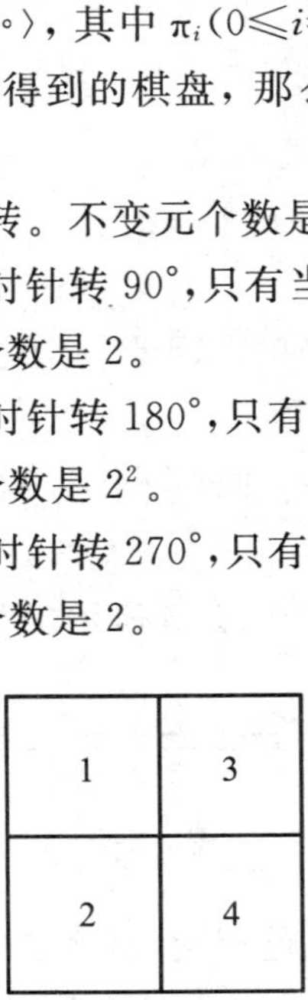

图 5-9

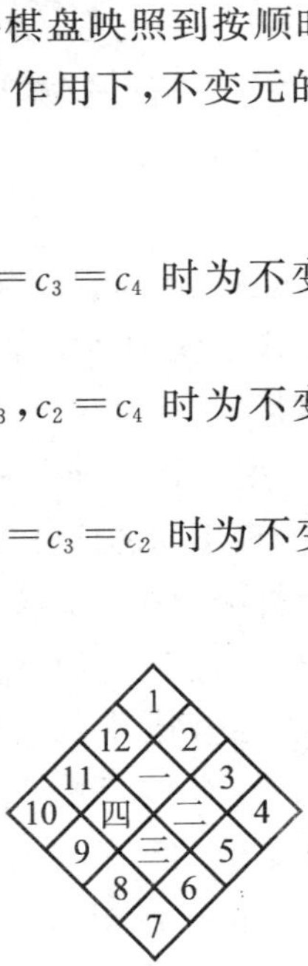

图 5-10

因此，由伯恩赛德定理可知，不相同的 2×2 棋盘数是

$$\frac{1}{4}(2^4+2+4+2)=6$$

b）设 4×4 的棋盘如图 5-10 所示。

类似于 a)，构造置换群 $\langle\{\pi_0,\pi_1,\pi_2,\pi_3\},\circ\rangle$，那么，在 π_i 作用下，不变元的个数分别如下：

π_0：不转。不变元的个数是 2^{16}。

π_1：顺时针转 90°。不变元要求 $c_1=c_4=c_7=c_{10}$；$c_2=c_5=c_8=c_{11}$；$c_3=c_6=c_9=c_{12}$；$c_{一}=c_{二}=c_{三}=c_{四}$。故不变元的个数应等于四组涂两色的个数，即为 2^4。

π_2：顺时针转 180°。不变元要求 $c_1=c_7$；$c_2=c_8$；$c_3=c_9$；$c_4=c_{10}$；$c_5=c_{11}$；$c_6=c_{12}$；$c_{一}=c_{三}$；$c_{二}=c_{四}$。故不变元的个数应等于八组涂两色的个数，即为 2^8。

π_3：顺时针转 270°。不变元要求 $c_1=c_{10}=c_7=c_4$；$c_2=c_{11}=c_8=c_5$；$c_3=c_{12}=c_9=c_6$；$c_{一}=c_{四}=c_{三}=c_{二}$。故不变元的个数应等于四组涂两色的个数，即为 2^4。

因此，由伯恩赛德定理可知，不相同的 4×4 棋盘数是

$$\frac{1}{4}(2^{16}+2^4+2^8+2^4)=16456$$

5-35 对于正方形的四个顶点用黑、白两种颜色进行着色，我们说两种着色法是等价的，如果一种着色法可以由一个正方形的对称性变化到另一种着色法。其中，正方形的对称性如表 5-6

表 5-6

<table>
<tr><th rowspan="2">名　称</th><th colspan="3">刚体运动</th><th rowspan="2">顶点的置换</th></tr>
<tr><th>之　前</th><th></th><th>之　后</th></tr>
<tr><td>h_1</td><td>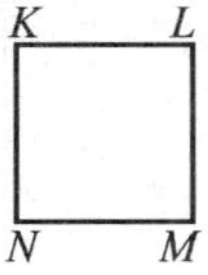
</td><td>恒等图</td><td>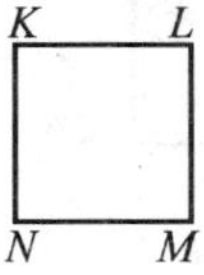
</td><td>$\begin{matrix}K & L & M & N\\ \downarrow & \downarrow & \downarrow & \downarrow\\ K & L & M & N\end{matrix}$</td></tr>
<tr><td>h_2</td><td>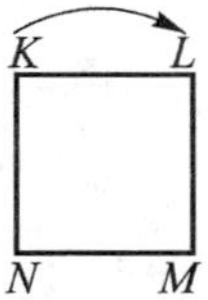
</td><td>顺时针
旋转 90°</td><td>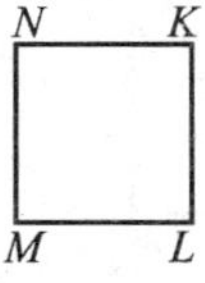
</td><td>$\begin{matrix}K & L & M & N\\ \downarrow & \downarrow & \downarrow & \downarrow\\ L & M & N & K\end{matrix}$</td></tr>
</table>

（续表 5-6）

<table>
<tr><th rowspan="2">名　称</th><th colspan="3">刚体运动</th><th rowspan="2">顶点的置换</th></tr>
<tr><th>之　前</th><th></th><th>之　后</th></tr>
<tr><td>h_3</td><td>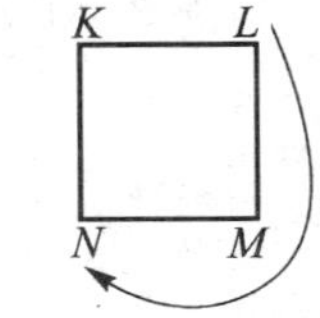
</td><td>顺时针
旋转 180°</td><td>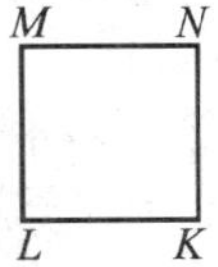
</td><td>K L M N
↓ ↓ ↓ ↓
M N K L</td></tr>
<tr><td>h_4</td><td>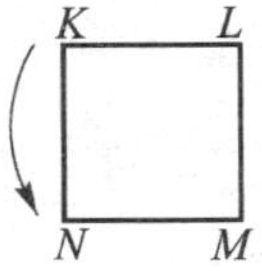
</td><td>逆时针
旋转 90°</td><td>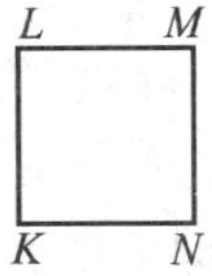
</td><td>K L M N
↓ ↓ ↓ ↓
N K L M</td></tr>
<tr><td>h_5</td><td>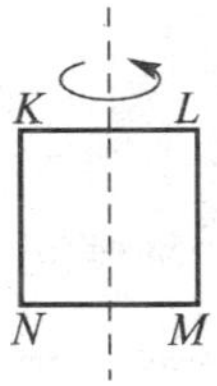
</td><td>反射</td><td>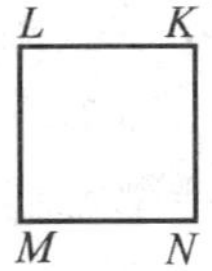
</td><td>K L M N
↓ ↓ ↓ ↓
L K N M</td></tr>
<tr><td>h_6</td><td>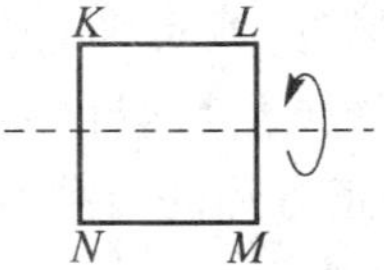
</td><td>反射</td><td>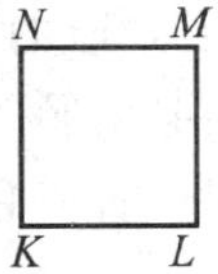
</td><td>K L M N
↓ ↓ ↓ ↓
N M L K</td></tr>
<tr><td>h_7</td><td>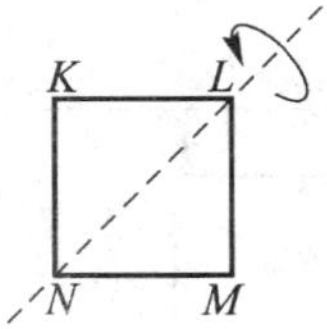
</td><td>反射</td><td>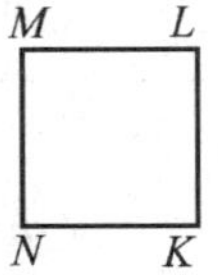
</td><td>K L M N
↓ ↓ ↓ ↓
M L K N</td></tr>
<tr><td>h_8</td><td>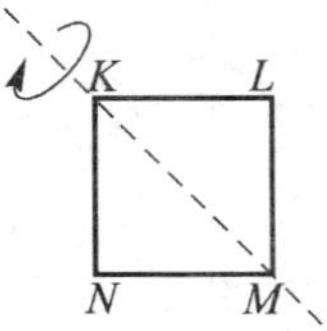
</td><td>反射</td><td>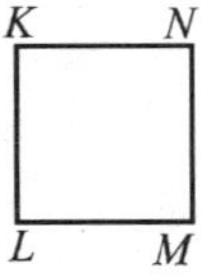
</td><td>K L M N
↓ ↓ ↓ ↓
K N M L</td></tr>
</table>

所示的八种。

我们举一个通过反射相互等价的着色法例子如图 5-11 所示。问有多少种不等价的着色法？

图 5-11

解 记正方形的顶点集合为 $X=\{K,L,M,N\}$，则由正方形的对称性所给出的顶点的置换为

$h_1=e, h_2=(KLMN), h_3=(KM)(LN)$

$h_4=(KNML), h_5=(KL)(MN), h_6=(KN)(LM)$

$h_7=(KM)(L)(N), h_8=(K)(LN)(M)$

令 $H=\{h_1,h_2,h_3,h_4,h_5,h_6,h_7,h_8\}$，则 $\langle H,\circ\rangle$ 是一个置换群。

设 $\mathscr{F}$ 是从顶点集合 X 到颜色集合 $Y=\{W,B\}$ 的函数所组成的集合。

对于每个 $h\in H$，可以诱导出 $\mathscr{F}$ 的一个置换 h' 如下：

对于任一 $f\in\mathscr{F}$，$h'(f)=f\circ h$。例如

$h_4: K\to N, N\to M, M\to L, L\to K$

$f: K\to W, L\to B, M\to B, N\to B$

则 $h'(f)=h\circ h_4: K\to B, L\to W, M\to B, N\to B$。

所有这样的 h' 所组成的集合是 $\mathscr{F}$ 上的一个置换群 G。为了应用伯恩赛德定理，我们要计算 $\psi(h'), h'\in G$。因为 e 是 H 中的幺元，所以 e' 是 G 中的幺元。可见

$$\psi(e')=2^4=16$$

$\psi((KLMN)')$ 等于 $\mathscr{F}$ 中这样一些 f 的个数，这些 f 通过置换 $K\to L, L\to M, M\to N, N\to K$ 是不变的，即

$$f(K)=f(L),f(L)=f(M),f(M)=f(N),f(N)=f(K)$$

就是说 $f(x)=$常数，$x\in X$。这样的 f 只有两种可能，即

$$f(x)=\text{黑}(B),x\in X$$

或 $$f(x)=\text{白}(W),x\in X$$

因此 $$\psi((KLMN)')=2$$

类似地，$\psi((KM)(LN)')$等于$\mathscr{F}$中这样一些 f 的个数，这些 f 通过置换 $K\to M,M\to K,L\to N,N\to L$ 是不变的，即 $f(K)=f(M)$，$f(L)=f(N)$，而前者有两种选择，后者也有两种选择，所以，$\psi((KM)(LN)')=2\cdot 2=4$。

基于同样的理由可得：

$\psi((KNML)')=2$

$\psi((KL)(MN)')=\psi((KN)(LM)')=4$

$\psi((KM)(L)(N)')=\psi((K)(LN)(M)')=2\cdot 2\cdot 2=8$

将伯恩赛德定理应用于 G，即得不等价的着色法共有

$$\frac{1}{8}(16+2+4+2+4+4+8+8)=6\text{ 种}$$

5-36 设 $G=\{\varphi|\varphi:x\to ax+b$，其中 $a,b\in R$ 且 $a\neq 0,x\in R\}$，二元运算$\circ$是映射的复合。

a）证明$\langle G,\circ\rangle$是一个群。

b）若 S 和 T 分别是由 G 中 $a=1$ 和 $b=0$ 的所有映射构成的集合，证明$\langle S,\circ\rangle$和$\langle T,\circ\rangle$都是子群。

c）写出 S 和 T 在 G 中所有的左陪集。 【5-7.(1)】

证明 a）① 对于任意的 $\varphi_1,\varphi_2\in G$，设 $\varphi_1(x)=a_1x+b_1,a_1\neq 0$，$\varphi_2(x)=a_2x+b_2,a_2\neq 0$，由于

$$\begin{aligned}\varphi_1\circ\varphi_2(x)&=\varphi_1(\varphi_2(x))=\varphi_1(a_2x+b_2)=a_1(a_2x+b_2)+b_1\\&=(a_1a_2)x+(a_1b_2+b_1)\end{aligned}$$

$$a_1a_2\in R,\quad a_1b_2+b_1\in R\text{ 且 }a_1a_2\neq 0$$

所以，$\varphi_1\circ\varphi_2\in G$。

② 对于任意的 $\varphi_1,\varphi_2,\varphi_3\in G$，有

$$(\varphi_1\circ\varphi_2)\circ\varphi_3(x)=(\varphi_1\circ\varphi_2)(\varphi_3(x))=\varphi_1(\varphi_2(\varphi_3(x)))$$

而 $\varphi_1\circ(\varphi_2\circ\varphi_3)(x)=\varphi_1(\varphi_2\circ\varphi_3(x))=\varphi_1(\varphi_2(\varphi_3(x)))$

所以 $(\varphi_1\circ\varphi_2)\circ\varphi_3=\varphi_1\circ(\varphi_2\circ\varphi_3)$

③ 幺元为 φ_e，使 $\varphi_e(x)=x$。这是因为，对于任意的 $\varphi\in G$，设 $\varphi(x)=ax+b$，则

$$\varphi_e\circ\varphi(x)=\varphi_e(ax+b)=ax+b,\varphi\circ\varphi_e(x)=\varphi(x)=ax+b$$

所以，$\varphi_e\circ\varphi=\varphi\circ\varphi_e$。

④ 对于任意的 $\varphi\in G$，设 $\varphi(x)=ax+b,a\neq0$，于是存在 $\varphi^{-1}\in G$，使得 $\varphi^{-1}(x)=\frac{1}{a}x-\frac{b}{a}$，且有

$$\varphi\circ\varphi^{-1}(x)=\varphi(\varphi^{-1}(x))=\varphi\left(\frac{1}{a}x-\frac{b}{a}\right)=a\left(\frac{1}{a}x-\frac{b}{a}\right)+b=x$$

$$\varphi^{-1}\circ\varphi(x)=\varphi^{-1}(ax+b)=\frac{1}{a}(ax+b)-\frac{b}{a}=x$$

所以，$\varphi^{-1}\circ\varphi=\varphi\circ\varphi^{-1}=\varphi_e$。

因此，$\langle G,\circ\rangle$是一个群。

b）对于任意的 $\varphi_1,\varphi_2\in S$，可设为：

$$\varphi_1(x)=x+b_1,\quad \varphi_2(x)=x+b_2$$

于是，$\varphi_2^{-1}(x)=x-b_2$，$\varphi_1\circ\varphi_2^{-1}(x)=\varphi_1(x-b_2)=x-b_2+b_1=x+(b_2-b_2)$所以，$\varphi_1\circ\varphi_2^{-1}\in S$。因此，$\langle S,\circ\rangle$是$\langle G,\circ\rangle$的子群。

对于任意的 $\varphi_1,\varphi_2\in T$，可设为 $\varphi_1(x)=a_1x,\varphi_2(x)=a_2x$，$a_1\neq0,a_2\neq0$，于是，$\varphi_2^{-1}(x)=\frac{1}{a_2}x$，则有

$$\varphi_1\circ\varphi_2^{-1}(x)=\varphi_1(\varphi_2^{-1}(x))=\varphi_1\left(\frac{1}{a_2}x\right)=a_1\ \frac{1}{a_2}x=\frac{a_1}{a_2}x,\frac{a_1}{a_2}\neq0$$

所以，$\varphi_1\circ\varphi_2^{-1}\in T$。因此，$\langle T,\circ\rangle$也是$\langle G,\circ\rangle$的子群。

c）S 的左陪集应为：$\varphi\circ S,\varphi\in G$。

对于任意的 $\varphi\in G$，设 $\varphi(x)=ax+b,a\neq0$，那么

$$\begin{aligned}\varphi\circ S&=\{\varphi\circ\varphi'\mid\varphi'\in S\}=\{\varphi\circ\varphi'\mid\varphi':x\to x+b',b'\in R,x\in R\}\\&=\{\tilde\varphi\mid\tilde\varphi:x\to a(x+b')+b=ax+(ab'+b),b'\in R,x\in R\}\\&=\{\tilde\varphi\mid\tilde\varphi:x\to ax+c,c\in R,x\in R\}\end{aligned}$$

所以，S 在 G 中的所有左陪集为

$$\{\tilde{\varphi} \mid \tilde{\varphi}: x \rightarrow ax+c, c \in R, x \in R\}, a \in R$$

T 的左陪集应为：$\varphi \circ T, \varphi \in G$。

对于任意的 $\varphi \in G$，设 $\varphi(x)=ax+b, a \neq 0$，那么

$$\begin{aligned}\varphi \circ T &= \{\varphi \circ \varphi' \mid \varphi' \in T\} = \{\varphi \circ \varphi' \mid \varphi': x \rightarrow a'x, a' \in R, x \in R\} \\ &= \{\tilde{\varphi} \mid \tilde{\varphi}: x \rightarrow a(a'x)+b, a' \in R, x \in R\} \\ &= \{\tilde{\varphi} \mid \tilde{\varphi}: x \rightarrow cx+b, c \in R, x \in R\}\end{aligned}$$

所以，T 在 G 中的所有左陪集为

$$\{\tilde{\varphi} \mid \tilde{\varphi}: x \rightarrow cx+b, c \in R, x \in R\}, b \in R$$

5-37 设 $\langle Z_6, +_6 \rangle$ 是一个群，这里 $+_6$ 是模 6 加法，$Z_6 = \{[0],[1],[2],[3],[4],[5]\}$，试写出 $\langle Z_6, +_6 \rangle$ 中每个子群及其相应的左陪集。【5-7.(2)】

解 子群有：$\langle \{[0]\}, +_6 \rangle$，$\langle \{[0],[3]\}, +_6 \rangle$，$\langle \{[0],[2],[4]\}, +_6 \rangle$ 和 $\langle Z_6, +_6 \rangle$。

$\{[0]\}$ 的左陪集为：

$$\{[0]\}, \{[1]\}, \{[2]\}, \{[3]\}, \{[4]\}, \{[5]\}$$

$\{[0],[3]\}$ 的左陪集为：

$$\{[0],[3]\}, \{[1],[4]\}, \{[2],[5]\}$$

$\{[0],[2],[4]\}$ 的左陪集为：

$$\{[0],[2],[4]\}, \{[1],[3],[5]\}$$

Z_6 的左陪集就是 Z_6 本身。

5-38 设 $\langle G, * \rangle$ 是任一群，定义 $R \subseteq G \times G$ 为

$$R = \{\langle \sigma, \varphi \rangle \mid 存在\ \theta \in G\ 使得\ \varphi = \theta * \sigma * \theta^{-1}\}$$

验证 R 是 G 上的等价关系。【5-7.(3)】

证明 设 e 是 $\langle G, * \rangle$ 中的幺元，则对于任意的 $a \in G$，有 $a = e * a * e^{-1}$，所以，$\langle a, a \rangle \in R$；若 $\langle a, b \rangle \in R$，由定义，存在 $\theta \in G$，使得 $b = \theta * a * \theta^{-1}$，所以，$a = \theta^{-1} * b * \theta = \theta^{-1} * b * (\theta^{-1})^{-1}$，这表明 $\langle b, a \rangle \in R$；若 $\langle a, b \rangle$，$\langle b, c \rangle \in R$，则存在 θ, ρ，使得 $b = \theta * a * \theta^{-1}$，$c = \rho * b * \rho^{-1}$，故有

$$c = \rho * b * \rho^{-1} = \rho * \theta * a * \theta^{-1} * \rho^{-1} = (\rho * \theta) * a * (\rho * \theta)^{-1}$$

所以，$\langle a, c \rangle \in R$。

因此，R 是 G 上的等价关系。

5-39 设 S_n 是一个对称群，G 是保持某一个元素不变的置换群，求出 G 在 S_n 中的所有左陪集。【5-7.(4)】

解 设 G 是使第 i 个元素不变的置换群。因为 $|S_n|=n!$，$|G|=(n-1)!$，所以由拉格朗日定理可知 G 在 S_n 中的左陪集共有 n 个，即为 G 以及

$$\pi_k \cdot G=\left\{\begin{pmatrix}1 & 2 & \cdots & i & \cdots & n\\ k_1 & k_2 & \cdots & k & \cdots & k_n\end{pmatrix}\ \middle|\ \begin{array}{l}k_1,k_2,\cdots,k_{i-1},k_{i+1},\cdots,k_n \text{ 是 } 1,2,\cdots,k-1,k+1,\cdots,n\\ \text{的任一置换排列}(k=1,2,\cdots,i-1,i+1,\cdots,n)\end{array}\right\}$$

5-40 设 $\langle H,*\rangle$ 是群 $\langle G,*\rangle$ 的子群，如果

$$A=\{x\mid x\in G,x*H*x^{-1}=H\}$$

证明 $\langle A,*\rangle$ 是 $\langle G,*\rangle$ 的一个子群。【5-7.(5)】

证明 由定义可知 $A\subseteq G$。对于任意的 $a,b\in A$，有 $a*H*a^{-1}=H$，$b*H*b^{-1}=H$。由 $b*H*b^{-1}=H$，可得 $b^{-1}*H*b=H$。因为

$$\begin{aligned}(a*b^{-1})*H*(a*b^{-1})^{-1}&=a*(b^{-1}*H*(b^{-1})^{-1})*a^{-1}\\&=a*H*a^{-1}=H\end{aligned}$$

所以，$a*b^{-1}\in A$，因此，$\langle A,*\rangle$ 是 $\langle G,*\rangle$ 的一个子群。

5-41 证明：在由群 $\langle G,*\rangle$ 的一个子群 $\langle S,*\rangle$ 所确定的陪集中，只有一个陪集是子群。【5-7.(6)】

证明 设 G 中的幺元为 e。因为 $eS=S$，所以 S 是一个陪集。

若另有一个陪集 aS 也是 G 的子群，那么 $e\in aS$，故必有 $s_1\in S$，使得 $a*s_1=e$，即有 $a=s_1^{-1}$。对于任意的 $a*s\in aS$，有 $a*s=s_1^{-1}*s\in S$，所以，$aS\subseteq S$；反之，对于任意的 $s\in S$，有 $s=a*a^{-1}*s=a*(a^{-1}*s)=a*((s_1^{-1})^{-1}*s)=a*(s_1*s)\in aS$，所以，$S\subseteq aS$，因此，$aS=S$。这就表明，$S$ 的左陪集只有一个是子群，即 S 本身。

5-42 设 aH 和 bH 是 H 在 G 中的两个左陪集，证明：要末 $aH\cap bH=\varnothing$，要末 $aH=bH$。【5-7.(7)】

证明 对于 aH 和 bH，只有以下两种情况：

(i) $aH\cap bH\neq\varnothing$，则至少存在 h_1 和 h_2，使 $ah_1=bh_2$，即有 $a=bh_2h_1^{-1}$。

对于任意的 $ah\in aH$，有 $ah=bh_2h_1^{-1}h=bh_3\in bH$，故有 $aH\subseteq bH$。同理可证 $bH\subseteq aH$。所以，$aH=bH$。

(ii) $aH\cap bH=\varnothing$。

5-43 设 p 是质数，证明：p^m 阶群中一定包含着一个 p 阶子群。 【5-7.(8)】

证明 设 p^m 阶群为 $\langle G,\cdot\rangle$。

对于任意的 $a\in G, a\neq e$，若 a 的阶为 n，即 $a^n=e$，则 $n\mid p^m$，所以，$n=p^t$（$t\geqslant 1$，且 t 为正整数）。

若 $t=1$，则 a 的阶为 p，于是，由 a 所生成的循环群就是 G 的一个 p 阶子群。

若 $t>1$，则令 $b=a^{p^{t-1}}$，则有

$$b^p=(a^{p^{t-1}})^p=a^{p^t}=a^n=e$$

于是，由 b 所生成的循环群就是 G 的一个 p 阶子群。

5-44 设 $\langle S,*\rangle$ 和 $\langle T,*\rangle$ 分别是群 $\langle G,*\rangle$ 的 s 阶和 t 阶子群，并且 $S\cap T$ 和 $S\cup T$ 的阶分别为 μ 和 ν，证明 $st\geqslant\mu\nu$。 【5-2.(9)】

证明 由包含排斥原理

$$|S\cup T|=|S|+|T|-|S\cap T|$$

即得 $\nu=s+t-\mu$。因为 $|S\cap T|\leqslant|S|$，$|S\cap T|\leqslant|T|$，即有 $\mu\leqslant s$，$\mu\leqslant t$。因此，

$$\begin{aligned}\mu\nu&=\mu(s+t-\mu)=\mu(s-\mu)-t(s-\mu)+st\\&=st-(t-\mu)(s-\mu)\leqslant st\end{aligned}$$

5-45 设 $\langle G,*\rangle$ 是一个有限群，$|G|=mk$，$\langle\widetilde{G},*\rangle$ 是 $\langle G,*\rangle$ 的子群，且 $|\widetilde{G}|=m$，证明：对于任意 $a\in G$，必存在正整数 n，$1\leqslant n\leqslant k$，使得 $a^n\in\widetilde{G}$。

证明 考察集合 $\{\widetilde{G},a*\widetilde{G},a^2*\widetilde{G},\cdots,a^k*\widetilde{G}\}$。由拉格朗日定理可知，在 G 中有且仅有 k 个 $\widetilde{G}$ 的相异陪集，而上述集合中却有 $k+1$ 个 $\widetilde{G}$ 的陪集，故必有两个陪集是相同的，即必存在正整

数 $n_1, n_2, 1 \leqslant n_1 < n_2 \leqslant k$，使得 $a^{n_1} * \widetilde{G} = a^{n_2} * \widetilde{G}$。因为 $a^{n_2} = a^{n_2} * e \in a^{n_2} * \widetilde{G}$，所以必存在 $b \in \widetilde{G}$，满足 $a^{n_1} * b = a^{n_2}$，故有 $b = a^{n_2 - n_1}$，令 $n = n_2 - n_1$，就有 $1 \leqslant n \leqslant k$，且有 $a^n \in \widetilde{G}$。

5-46 设 $\langle G, \cdot \rangle$ 是一个群，对于 $a, b \in G$，若 $a \cdot b = b \cdot a$，a 和 b 的阶分别为 r 和 s，且循环子群 (a) 和 (b) 的交只包含 G 的幺元 e，即 $(a) \cap (b) = \{e\}$，则 $a \cdot b$ 的阶等于 r 和 s 的最小公倍数。

证明 设 d 是 r 和 s 的最小公倍数。不妨设 $r = \alpha c, s = \beta c$（$\alpha$ 与 β 互质）。故有 $d = \alpha\beta c$。于是 $(a \cdot b)^d = a^d \cdot b^d = e$。设 $a \cdot b$ 的阶为 k，就有 $k | d$。

设 $k = mr + r_1$，$0 \leqslant r_1 < r$；$k = ns + s_1$，$0 \leqslant s_1 < s$，就可以有 $(a \cdot b)^k = e = a^k \cdot b^k = a^{r_1} \cdot b^{s_1}$。这表明 b^{s_1} 是 a^{r_1} 的逆元，故 $b^{s_1} \in (a)$。若 $r_1 \neq 0$，则 $a^{r_1} \neq e$，于是必有 $b^{s_1} \neq e$，这就导致 $b^{s_1} \neq e$ 且 $b^{s_1} \in (a) \cap (b)$ 的矛盾，所以只能有 $r_1 = 0$。同理可证 $s_1 = 0$。就得到 $k = mr$ 和 $k = ns$，即有 $\alpha c | k$ 和 $\beta c | k$，因为 α 与 β 互质，所以必有 $\alpha\beta c | k$，即 $d | k$。因此，$k = d$。

5-47 证明：如果 f 是由 $\langle A, ★ \rangle$ 到 $\langle B, * \rangle$ 的同态映射，g 是由 $\langle B, * \rangle$ 到 $\langle C, \triangle \rangle$ 的同态映射，那么，$g \circ f$ 是由 $\langle A, ★ \rangle$ 到 $\langle C, \triangle \rangle$ 的同态映射。 【5-8.(1)】

证明 因为对于任意的 $a, b \in A$，有 $f(a ★ b) = f(a) * f(b)$，而对于任意的 $c, d \in B$，有 $g(c * d) = g(c) \triangle g(d)$，所以，对于任意的 $a, b \in A$，有

$$g \circ f(a ★ b) = g(f(a ★ b)) = g(f(a) * f(b))$$
$$= g(f(a)) \triangle g(f(b)) = g \circ f(a) \triangle g \circ f(b)$$

因此，$g \circ f$ 是由 $\langle A, ★ \rangle$ 到 $\langle C, \triangle \rangle$ 的同态映射。

5-48 设 $\langle G, * \rangle$ 是一个群，而 $a \in G$，如果 f 是从 G 到 G 的映射，使得对于每一个 $x \in G$，都有

$$f(x) = a * x * a^{-1}$$

试证明 f 是一个从 G 到 G 上的自同构。 【5-8.(2)】

证明 对于任意的 $x, y \in G$，若 $x \neq y$，则

$$f(x) = a * x * a^{-1} \neq a * y * a^{-1} = f(y)$$

所以，f 是 G 到 G 的入射。

对于任意的 $y \in G$，由封闭性得 $a^{-1} * y * a \in G$，不妨设 $a^{-1} * y * a = x$，这就说明，对于任意的 $y \in G$ 必存在 $x \in G$，使得 $x = a^{-1} * y * a$。所以，$y = a * x * a^{-1} = f(x)$。可见，$f$ 是 G 到 G 的满射。

另外，对于任意的 $x, y \in G$，有

$$f(x*y) = a*(x*y)*a^{-1} = (a*x*a^{-1})*(a*y*a^{-1}) = f(x)*f(y)$$

因此，f 是从 G 到 G 的一个自同构。

5-49 试证由表 5-7 所给出的两个群 $\langle G, \bigstar \rangle$ 和 $\langle S, * \rangle$ 是同构的。

表 5-7

$\bigstar$	p_1	p_2	p_3	p_4
p_1	p_1	p_2	p_3	p_4
p_2	p_2	p_1	p_4	p_3
p_3	p_3	p_4	p_1	p_2
p_4	p_4	p_3	p_2	p_1

$\langle G, \bigstar \rangle$

$*$	q_1	q_2	q_3	q_4
q_1	q_3	q_4	q_1	q_2
q_2	q_4	q_3	q_2	q_1
q_3	q_1	q_2	q_3	q_4
q_4	q_2	q_1	q_4	q_3

$\langle S, * \rangle$

【5-8.(3)】

证明 作 G 到 S 的映射 f 为：

$$f(p_1) = q_3, f(p_2) = q_2, f(p_3) = q_1, f(p_4) = q_4$$

由表 5-7 可知，f 是一个双射。

容易验证：

$$f(p_1 \bigstar p_1) = f(p_1) = q_3 = q_3 * q_3 = f(p_1) * f(p_1)$$
$$f(p_1 \bigstar p_2) = f(p_2) = q_2 = q_3 * q_2 = f(p_1) * f(p_2)$$
$$f(p_3 \bigstar p_2) = f(p_4) = q_4 = q_1 * q_2 = f(p_3) * f(p_2)$$
$$f(p_4 \bigstar p_2) = f(p_3) = q_1 = q_4 * q_2 = f(p_4) * f(p_2)$$

等等。其余可类似地验证。所以 $\langle G, \bigstar \rangle$ 和 $\langle S, * \rangle$ 同构。

5-50 设 f_1, f_2 都是从代数系统 $\langle A, \bigstar \rangle$ 到代数系统 $\langle B, * \rangle$ 的同态。设 g 是从 A 到 B 的一个映射使得对任意 $a \in A$，都有

$$g(a) = f_1(a) * f_2(a)$$

证明：如果 $\langle B, * \rangle$ 是一个可交换半群，那么 g 是一个由 $\langle A, \bigstar \rangle$ 到 $\langle B, * \rangle$ 的同态。 【5-8.(4)】

证明 因为对于任意的 $a,b\in A$，都有

$$g(a\bigstar b)=f_1(a\bigstar b)*f_2(a\bigstar b)=f_1(a)*f_1(b)*f_2(a)*f_2(b)$$
$$=f_1(a)*f_2(a)*f_1(b)*f_2(b)=g(a)*g(b)$$

所以，g 是 $\langle A,\bigstar\rangle$ 到 $\langle B,*\rangle$ 的同态。

5-51 $\langle R,+\rangle$ 是实数集上的加法群，设

$$f:x\to e^{2\pi ix},\quad x\in R$$

f 是同态否？如果是，请写出同态像和同态核。 【5-8.(5)】

解 对于任意的 $a,b\in R$，有

$$f(a+b)=e^{2\pi i(a+b)}=e^{2\pi ia}\cdot e^{2\pi ib}=f(a)\cdot f(b)$$

所以，f 是 $\langle R,+\rangle$ 到 $\langle C,\cdot\rangle$ 的同态。这里，$\langle C,\cdot\rangle$ 是复数集上的乘法群。

因为 $e^{2\pi ix}=\cos 2\pi x+i\sin 2\pi x$，所以，$f$ 的同态像为 $\langle\{\cos 2\pi x+i\sin 2\pi x\mid x\in R\},\cdot\rangle$，它是一个群，其幺元为 1，即 $\cos 2\pi x=1,\sin 2\pi x=0$ 的情况。由此可见，发生这种情况应该是

$$2\pi x=2k\pi\quad(k=0,\pm1,\pm2,\cdots)$$

因此，f 的同态核为整数集 I。

5-52 证明：循环群的同态像必定是循环群。 【5-8.(6)】

证明 设循环群 $\langle A,\cdot\rangle$ 的生成元为 a 同态映射为 f，同态像为 $\langle f(A),*\rangle$。于是，对于任意的 $a^n,a^m\in A$，都有

$$f(a^n\cdot a^m)=f(a^n)*f(a^m)$$

对于 $n=1$ 时，有 $f(a)=f(a)$

对于 $n=2$ 时，有 $f(a^2)=f(a\cdot a)=f(a)*f(a)=f(a)^2$

若 $n=k-1$ 时，有 $f(a^{k-1})=f(a)^{k-1}$，那么，对 $n=k$ 时有

$$f(a^k)=f(a^{k-1}\cdot a)=f(a^{k-1})*f(a)=f(a)^{k-1}*f(a)=f(a)^k$$

这表明，$f(A)$ 中的每一个元素都可表示为 $f(a)^n$，所以，$\langle f(A),*\rangle$ 是以生成元为 $f(a)$ 的循环群。

5-53 $\langle R-\{0\},\times\rangle$ 与 $\langle R,+\rangle$ 同构吗？ 【5-8.(7)】

解 设 f 是 $\langle R,+\rangle$ 与 $\langle R-\{0\},\times\rangle$ 的同构映射，于是

对于任意的 $b\in R-\{0\}$ 必存在 $a\in R$，使得 $f(a)=b$，有

$$b=f(a)=f(0+a)=f(0)\times f(a)=f(0)\times b$$

$$b=f(a)=f(a+0)=f(a)\times f(0)=b\times f(0)$$

所以，$f(0)$是$\langle R-\{0\},\times\rangle$中的幺元。即应有 $f(0)=1$。

对于$-1\in R-\{0\}$必存在 $c\in R$，使得 $f(c)=-1$，有

$$f(c+c)=f(c)\times f(c)=-1\times(-1)=1$$

所以就有 $c+c=0$，即有 $c=0$ 的结果，由此导致 $f(0)=-1$ 的矛盾。

因此，$\langle R-\{0\},\times\rangle$与$\langle R,+\rangle$不可能同构。

5-54 证明：一个集合上任意两个同余关系的交也是一个同余关系。【5-8.(8)】

证明 设$\langle A,*\rangle$上的任意两个同余关系为 R_1 和 R_2，即：

对于任意的$\langle a_1,b_1\rangle,\langle a_2,b_2\rangle\in R_1$，有$\langle a_1*a_2,b_1*b_2\rangle\in R_1$；对于任意的$\langle c_1,d_1\rangle,\langle c_2,d_2\rangle\in R_2$，有$\langle c_1*c_2,d_1*d_2\rangle\in R_2$。

于是，对于任意的$\langle a,b\rangle,\langle c,d\rangle\in R_1\cap R_2$，则

$$\langle a*c,b*d\rangle\in R_1 \text{ 且} \langle a*c,b*d\rangle\in R_2$$

所以，$\langle a*c,b*d\rangle\in R_1\cap R_2$。

因此，一个集合上任意两个同余关系的交仍是一个同余关系。

5-55 证明：定理 5-8.4 中在 B 上所定义的二元运算 $*$ 是唯一确定的。【5-8.(9)】

证明 对于任意的 $A_i,A_j\in B$，任取 $a_1\in A_i,a_2\in A_j$，若 $a_1\bigstar a_2\in A_k$，则定义 $A_i*A_j=A_k$。

若另取 $a_1'\in A_i,a_2'\in A_j$，则有$\langle a_1,a_1'\rangle\in R$ 和$\langle a_2,a_2'\rangle\in R$，又因 R 是 A 上的同余关系，所以必有$\langle a_1\bigstar a_2,a_1'\bigstar a_2'\rangle\in R$。由此可知，若 $a_1\bigstar a_2\in A_k$，则必有 $a_1'\bigstar a_2'\in A_k$。这就表明，不论怎样选取$a_1\in A_i$，$a_2\in A_j$，总有 $a_1\bigstar a_2\in A_k$。

因此，上述在 B 上定义的二元运算 $*$ 是唯一确定的。

5-56 考察代数系统$\langle I,+\rangle$，以下定义在 I 上的二元关系 R 是同余关系吗？

a) $\langle x,y\rangle\in R$ 当且仅当$(x<0\wedge y<0)\vee(x\geqslant 0\wedge y\geqslant 0)$；

b) $\langle x,y\rangle\in R$ 当且仅当$|x-y|<10$；

c) $\langle x,y\rangle\in R$ 当且仅当$(x=y=0)\vee(x\neq 0\wedge y\neq 0)$；

d) $\langle x,y\rangle\in R$ 当且仅当 $x\geqslant y$。 【5-8.(10)】

解 a) 对于任意的 $x\in I$,$(x<0)\vee(x\geqslant 0)=(x<0\wedge x<0)\vee(x\geqslant 0\wedge x\geqslant 0)$,所以 $\langle x,x\rangle\in R$;

若 $\langle x,y\rangle\in R$,则 $(x<0\wedge y<0)\vee(x\geqslant 0\wedge y\geqslant 0)=(y<0\wedge x<0)\vee(y\geqslant 0\wedge x\geqslant 0)$,所以 $\langle y,x\rangle\in R$;

若 $\langle x,y\rangle\in R$,$\langle y,z\rangle\in R$,则

$$(x<0\wedge y<0)\vee(x\geqslant 0\wedge y\geqslant 0),(y<0\wedge z<0)\vee(y\geqslant 0\wedge z\geqslant 0)$$

可见,若 $x<0\wedge y<0$,则必有 $y<0\wedge z<0$,由此可得 $x<0\wedge z<0$。或者,若 $x\geqslant 0\wedge y\geqslant 0$,则必有 $y\geqslant 0\wedge z\geqslant 0$,由此可得 $x\geqslant 0\wedge z\geqslant 0$。所以 $\langle x,z\rangle\in R$。

因此,R 是 I 上的等价关系。

但是,存在着 $\langle -2,-2\rangle\in R$,$\langle 1,4\rangle\in R$,而

$$\langle -2+1,-2+4\rangle=\langle -1,2\rangle\notin R$$

所以,R 不是同余关系。

b) $\langle 2,5\rangle\in R$(因为 $|2-5|=3<10$)

$\langle 5,13\rangle\in R$(因为 $|5-13|=8<10$)

但是 $|2-13|=11>10$,所以 $\langle 2,13\rangle\notin R$,传递性不成立,$R$ 连等价关系也不是,R 当然不是同余关系。

c) 虽然 $\langle -4,6\rangle\in R$ 且 $\langle 6,-6\rangle\in R$,但 $\langle -4+6,6-6\rangle=\langle 2,0\rangle\notin R$,所以 R 不是同余关系。

d) 显然 $\langle 2,1\rangle\in R$,但 $\langle 1,2\rangle\notin R$,对称性不成立,$R$ 不是等价关系,当然也就不是同余关系。

5-57 设 f 和 g 都是群 $\langle G_1,\bigstar\rangle$ 到群 $\langle G_2,*\rangle$ 的同态,证明:$\langle C,\bigstar\rangle$ 是 $\langle G_1,\bigstar\rangle$ 的一个子群,其中

$$C=\{x\mid x\in G_1 \text{ 且 } f(x)=g(x)\}$$ 【5-8.(11)】

证明 由定义可知 $C\subseteq G_1$。

对于任意的 $a,b\in C$,有 $f(a)=g(a)$,$f(b)=g(b)$。

因为 f 和 g 都是同态映射,所以必有

$$f(b^{-1})=f(b)^{-1},g(b^{-1})=g(b)^{-1}$$

现因 $f(b)=g(b)$,故有 $f(b)^{-1}=g(b)^{-1}$,即有 $f(b^{-1})=g(b^{-1})$。由

此可得 $f(a\bigstar b^{-1})=f(a)*f(b^{-1})=g(a)*g(b^{-1})=g(a\bigstar b^{-1})$，所以 $a\bigstar b^{-1}\in C$。

因此，$\langle C,\bigstar\rangle$ 是 $\langle G_1,\bigstar\rangle$ 的子群。

5-58 设 f 为从群 $\langle G_1,*\rangle$ 到 $\langle G_2,\triangle\rangle$ 的同态映射，则 f 为入射当且仅当 $\mathrm{Ker}(f)=\{e\}$。其中，e 是 G_1 中的幺元。【5-8.(12)】

证明 必要性 设 f 是入射。因为 $f(e)=e'$，所以 $e\in\mathrm{Ker}(f)$。若另有 $a\in G$，使得 $f(a)=e$ 的话，则 $f(e)=f(a)$，由于 f 是入射，故必有 $a=e$。因此，$\mathrm{Ker}(f)=\{e\}$。

充分性 设 $\mathrm{Ker}(f)=\{e\}$。对于 $a,b\in G_1$，如果 $f(a)=f(b)$，则有

$$\begin{aligned}f(b*a^{-1})&=f(b)\triangle f(a^{-1})=f(a)\triangle f(a^{-1})\\&=f(a*a^{-1})=f(e)=e'\end{aligned}$$

所以 $b*a^{-1}=e$，即得 $b=a$。因此，f 是入射。

5-59 设 $\langle H,*\rangle$ 和 $\langle K,*\rangle$ 都是群 $\langle G,*\rangle$ 的正规子群，则 $\langle H\cap K,*\rangle$ 也是 $\langle G,*\rangle$ 的正规子群。【5-9.(1)】

证明 容易证明 $\langle H\cap K,*\rangle$ 是 $\langle G,*\rangle$ 的子群。对于任一 $a\in G$，因 $\langle H,*\rangle$ 是正规子群，所以 $a*H=H*a$，故有

$$\begin{aligned}a*(H\cap K)*a^{-1}&\subseteq a*H*a^{-1}=(a*H)*a^{-1}\\&=(H*a)*a^{-1}=H*(a*a^{-1})=H\end{aligned}$$

同理可证 $a*(H\cap K)*a^{-1}\subseteq K$。于是便得 $a*(H\cap K)*a^{-1}\subseteq H\cap K$，因此，$\langle H\cap K,*\rangle$ 是 $\langle G,*\rangle$ 的正规子群。

5-60 设 $\langle G_1,\cdot\rangle$ 和 $\langle G_2,\cdot\rangle$ 是群 $\langle G,\cdot\rangle$ 的两个正规子群，则 $\langle G_1G_2,\cdot\rangle$ 也是 $\langle G,\cdot\rangle$ 的正规子群，这里

$$G_1G_2=\{g_1\cdot g_2\mid g_1\in G_1,g_2\in G_2\}$$ 【5-9.(2)】

证明 对于任意的 $a_1\cdot a_2,b_1\cdot b_2\in G_1G_2$，有

$$\begin{aligned}(a_1\cdot a_2)\cdot(b_1\cdot b_2)^{-1}&=(a_1\cdot a_2)\cdot(b_2^{-1}\cdot b_1^{-1})=a_1\cdot(a_2\cdot b_2^{-1})\cdot b_1^{-1}\\&=a_1\cdot c_2\cdot b_1^{-1}=a_1\cdot d_1\cdot c_2=c_1\cdot c_2\in G_1G_2\end{aligned}$$

这里，$c_2=a_2\cdot b_2^{-1}\in G_2$；$d_1\in G_1$，使 $c_2\cdot b_2^{-1}=d_1\cdot c_2$；$c_1=a_1\cdot d_1\in G_1$。所以，$\langle G_1G_2,\cdot\rangle$ 是 $\langle G,\cdot\rangle$ 的子群。

对于任意的 $g\in G$ 和任意的 $a_1\cdot a_2\in G_1G_2$，因为 $\langle G_1,\cdot\rangle$ 和

$\langle G_2,\cdot\rangle$都是正规子群，故有 $g^{-1}\cdot a_1\cdot g\in G_1$，$g^{-1}\cdot a_2\cdot g\in G_2$，所以

$$\begin{aligned}g^{-1}\cdot(a_1\cdot a_2)\cdot g&=g^{-1}\cdot(a_1\cdot g\cdot g^{-1}\cdot a_2)\cdot g\\&=(g^{-1}\cdot a_1\cdot g)\cdot(g^{-1}\cdot a_2\cdot g)\in G_1G_2\end{aligned}$$

因此，$\langle G_1G_2,\cdot\rangle$也是$\langle G,\cdot\rangle$的正规子群。

5-61 设$\langle G,\cdot\rangle$是一个群，令

$$H=\{a\mid a\in G\text{ 且 }a\cdot b=b\cdot a\text{，对所有的 }b\in G\}$$

H 称为 G 的中心。证明：$\langle H,\cdot\rangle$是$\langle G,\cdot\rangle$的一个正规子群。

【5-9.(3)】

证明 因为对任意的 $b\in G$，$e\cdot b=b\cdot e$，所以 $e\in H$，即 $H\neq\varnothing$。对于任意的 $h_1,h_2\in H$，有

$$\begin{aligned}(h_1,h_2^{-1})\cdot b&=h_1\cdot h_2^{-1}\cdot b\cdot h_2\cdot h_2^{-1}=h_1\cdot h_2^{-1}\cdot h_2\cdot b\cdot h_2^{-1}\\&=h_1\cdot b\cdot h_2^{-1}=b\cdot(h_1\cdot h_2^{-1})\end{aligned}$$

所以，$h_1\cdot h_2^{-1}\in H$，这说明$\langle H,\cdot\rangle$是$\langle G,\cdot\rangle$的子群。又因 G 中任一元素 b 与 H 中的任一元素 a，有 $a\cdot b=b\cdot a$，所以必有 $Hb=bH$，因此，$\langle H,\cdot\rangle$是$\langle G,\cdot\rangle$的正规子群。

5-62 设$\langle G,\cdot\rangle$是群，$\langle A,\cdot\rangle$和$\langle B,\cdot\rangle$是$\langle G,\cdot\rangle$的两个子群，若 A 与 B 中有一个是 G 的正规子群，则必有 $AB=BA$。

【5-9.(4)】

证明 不妨假设 A 为正规子群。

对于任意的 $a\cdot b\in AB$，因为 A 是正规子群，所以必存在 $a_1\in A$，使得 $b^{-1}\cdot a\cdot b=a_1$，于是就有

$$a\cdot b=b\cdot b^{-1}\cdot a\cdot b=b\cdot a_1\in BA$$

故有 $AB\subseteq BA$。

同理可证 $BA\subseteq AB$。

因此，$AB=BA$。

5-63 设$\langle G,\cdot\rangle$是一个群，$\langle H,\cdot\rangle$是$\langle G,\cdot\rangle$的正规子群，$\langle K,\cdot\rangle$是$\langle G,\cdot\rangle$的子群，且 $H\subseteq K\subseteq G$，若$\langle K/H,\circ\rangle$是$\langle G/H,\circ\rangle$的正规子群，则$\langle K,\cdot\rangle$是$\langle G,\cdot\rangle$的正规子群。 【5-9.(5)】

证明 设 f 是 G 到 G/H 的自然同态。因 $K\subseteq G$，故对于任意的 $k\in K$，$f(k)=Hk$，因此，f 把 K 映照成 K/H。又因$\langle K/H,\circ\rangle$

是$\langle G/H,\circ\rangle$的正规子群,所以,对于任意的 $Hk\in K/H$ 和任意的 $Hg\in G/H$ 有 $Hg^{-1}\circ Hk\circ Hg\in K/H$,而 $f(g^{-1}\cdot k\cdot g)=Hg^{-1}\circ Hk\circ Hg\in K/H$,因此,$g^{-1}\cdot k\cdot g\in K$,这就表示$\langle K,\cdot\rangle$是$\langle G,\cdot\rangle$的正规子群。

5-64 设$\langle H,\cdot\rangle$是群$\langle G,\cdot\rangle$的一个子群,$[G:H]$等于群 G 的阶的最小质因子,则$\langle H,\cdot\rangle$必是$\langle G,\cdot\rangle$的正规子群。【5-9.(6)】

证明 设$|G|=g=p_1^{\alpha_1}p_2^{\alpha_2}\cdots p_n^{\alpha_n}$,$p_1<p_2<\cdots<p_n$,$p_i$ 都是质数。由假设$[G:H]=p_1$,由拉格朗日定理可知$|H|=p_1^{\alpha_1}p_2^{\alpha_2}\cdots p_n^{\alpha_n}=h$。设 $x\in G,x\notin H$,作 $D=H\cap x^{-1}Hx$,则$\langle D,\cdot\rangle$是 H 的子群。令$|D|=d$,则应有$\frac{h}{d}\Big|g$。因为 p_1 是 g 的最小质因子,所以,$\frac{h}{d}=1$ 或$\frac{h}{d}\geqslant p_1$。由于 H 是G 的子群,故 $x^{-1}Hx$ 也是G 的子群,由例题 5-8 可知,$x^{-1}Hx\cdot H$ 中含有G 的$h\,\frac{h}{d}$个元素,由此可得 $h\,\frac{h}{d}\leqslant g=hp_1$,即得$\frac{h}{d}\leqslant p$。若$\frac{h}{d}\neq 1$,则$\frac{h}{d}=p_1$,于是 $x^{-1}Hx\cdot H$ 应含有G 中的 $hp_1=g$ 个元素,即 $x^{-1}Hx\cdot H=G$,由此,对于 $x^{-1}\in G$,必存在 $a,b\in H$,使得 $x^{-1}\cdot a\cdot x\cdot b=x^{-1}$,便得到 $x=a^{-1}\cdot b^{-1}\in H$。这就导致与 $x\notin H$ 的矛盾。所以,只能有$\frac{h}{d}=1$,即 $h=d$。又因 D 是 H 的子群,且已证得$|D|=|H|$,所以,只能是 $D=H$。由 $D=H\cap x^{-1}Hx$,便得 $x^{-1}Hx=H$,由于 x 的任意性,因此,H 是G 的正规子群。

5-65 设$\langle G,\cdot\rangle$和$\langle G',*\rangle$是两个群,f 是 G 到 G'的满同态,$\langle H',*\rangle$是$\langle G',*\rangle$的正规子群,令 $H=\{a\mid a\in G,f(a)\in H'\}$,则$\langle H,\cdot\rangle$是$\langle G,\cdot\rangle$的正规子群,且有 $G/H\simeq G'/H'$。【5-9.(7)】

证明 因为 f 是G 到G'的满同态,由于 G'到 G'/H'存在着自然同态,设该自然同态是 g,所以 $g\circ f$ 是G 到G'/H'的满同态。(这里,$\circ$是函数的复合运算)

商群$\langle G'/H',\circ\rangle$中的幺元是 H',所以 g 的同态核就是 H',因此,由 H 的组成可知,$g\circ f$ 的同态核就是 H。由此可见,H 是 G

的正规子群。

由定理 5-9.7 可知，$G/H \cong G'/H'$。

5-66 已知一个环$\langle\{a,b,c,d\},+,\cdot\rangle$，它的运算由表 5-8 给出。

表 5-8

$+$	a	b	c	d
a	a	b	c	d
b	b	c	d	a
c	c	d	a	b
d	d	a	b	c

$\cdot$	a	b	c	d
a	a	a	a	a
b	a	c	a	c
c	a	a	a	a
d	a	c	a	c

它是一个交换环吗？它有乘法幺元吗？这个环中的零元是什么？并求出每个元素的加法逆元。 【5-10.(1)】

解 因为·的运算表是对称的，所以环$\langle\{a,b,c,d\},+,\cdot\rangle$是交换环。没有乘法幺元。环中的零元是 a（即加法幺元）。由＋的运算表可见：a 和 c 均以自身为加法逆元；b 和 d 互为加法逆元。

5-67 试证$\langle I,\overset{+}{\triangle},\overset{\cdot}{\triangle}\rangle$是有幺元的交换环，其中，运算$\overset{+}{\triangle}$和$\overset{\cdot}{\triangle}$分别定义为：对任意的 $a,b\in I$，$a\overset{+}{\triangle}b=a+b-1$，$a\overset{\cdot}{\triangle}b=a+b-a\cdot b$。 【5-10.(2)】

证明 先考察$\langle I,\overset{+}{\triangle}\rangle$：

对于任意的 $a,b\in I$，$a\overset{+}{\triangle}b=a+b-1\in I$ 封闭性；

对于任意的 $a,b\in I$，$a\overset{+}{\triangle}b=a+b-1$

$$=b+a-1=b\overset{+}{\triangle}a \quad \text{交换性；}$$

对于任意的 $a,b,c\in I$，

$$(a\overset{+}{\triangle}b)\overset{+}{\triangle}c=(a+b-1)\overset{+}{\triangle}c=a+b-1+c-1=a+b+c-2$$

$$a\overset{+}{\triangle}(b\overset{+}{\triangle}c)=a\overset{+}{\triangle}(b+c-1)=a+b+c-1-1=a+b+c-2$$

所以，
$$(a\overset{+}{\triangle}b)\overset{+}{\triangle}c=a\overset{+}{\triangle}(b\overset{+}{\triangle}c) \quad \text{结合性；}$$

对于任意的 $a\in I$，存在 $1\in I$，使得

$$1\overset{+}{\triangle}a=1+a-1=a=a+1-1=a\overset{+}{\triangle}1$$

所以，1 是 I 中关于$\overset{+}{\triangle}$的幺元；

对于任意的 $a\in I$，存在 $2-a\in I$，使得

$$a \triangle_{+} (2-a)=a+2-a-1=1$$

$$(2-a) \triangle_{+} a=2-a+a-1=1$$

所以，$a \triangle_{+} (2-a)=(2-a) \triangle_{+} a=1$，这说明 $2-a$ 是 a 的逆元。

因此，$\langle I, \triangle_{\cdot} \rangle$是阿贝尔群。

再考察$\langle I, \triangle_{\cdot} \rangle$：

对于任意的 $a,b,c \in I$，

$$a \triangle_{+} b=a+b-a \cdot b \in I \quad \text{封闭性；}$$

$$\begin{aligned}(a \triangle_{\cdot} b) \triangle_{\cdot} c &=(a+b-a \cdot b) \triangle_{\cdot} c=(a+b-a \cdot b) \\ &\quad +c-(a+b-a \cdot b) \cdot c \\ &=a+b+c-a \cdot b-a \cdot c-b \cdot c+a \cdot b \cdot c\end{aligned}$$

$$\begin{aligned}a \triangle_{\cdot} (b \triangle_{\cdot} c) &=a \triangle_{\cdot} (b+c-b \cdot c) \\ &=a+b+c-b \cdot c-a \cdot (b+c-b \cdot c) \\ &=a+b+c-b \cdot c-a \cdot b-a \cdot c+a \cdot b \cdot c\end{aligned}$$

所以，$A \triangle_{\cdot} (b \triangle_{\cdot} c)=(a \triangle_{\cdot} b) \triangle_{\cdot} c$　结合性。

可见，$\langle I, \triangle_{\cdot} \rangle$是半群。

还因为，$a \triangle_{\cdot} b=a+b-a \cdot b=b+a-b \cdot a=b \triangle_{\cdot} a$　交换性。

$$0 \triangle_{\cdot} a=0+a-0 \cdot a=a$$

$$a \triangle_{\cdot} 0=a+0-a \cdot 0=a$$

所以，0 是关于运算$\triangle_{\cdot}$的幺元。

因此，$\langle I, \triangle_{\cdot} \rangle$是含幺可交换半群。

另外，对于任意的 $a,b,c \in I$，有

$$\begin{aligned}a \triangle_{\cdot} (b \triangle_{+} c) &=a \triangle_{\cdot} (b+c-1)=a+b+c-1-a \cdot (b+c-1) \\ &=2 \cdot a+b+c-a \cdot b-a \cdot c-1\end{aligned}$$

$$\begin{aligned}(a \triangle_{\cdot} b) \triangle_{+} (a \triangle_{\cdot} c) &=(a+b-a \cdot b) \triangle_{+} (a+c-a \cdot c) \\ &=a+b-a \cdot b+a+c-a \cdot c-1 \\ &=2 \cdot a+b+c-a \cdot b-a \cdot c-1\end{aligned}$$

即有 $a \triangle_{\cdot} (b \triangle_{+} c)=(a \triangle_{\cdot} b) \triangle_{+} (a \triangle_{\cdot} c)$。

同理可证$(b \triangle_{+} c) \triangle_{\cdot} a=(b \triangle_{\cdot} a) \triangle_{+} (c \triangle_{\cdot} a)$，所以，运算$\triangle_{\cdot}$关于运算$\triangle_{+}$是可分配的。

因此，$\langle I, \triangle_{+}, \triangle_{\cdot} \rangle$是有幺元的交换环。

5-68 设$\langle R,+,\cdot\rangle$是一个环,证明:

如果$a,b\in R$,则$(a+b)^2=a^2+a\cdot b+b\cdot a+b^2$。其中,$x^2=x\cdot x$。 【5-10.(3)】

证明
$$\begin{aligned}(a+b)^2&=(a+b)\cdot(a+b)=(a+b)\cdot a+(a+b)\cdot b\\&=a\cdot a+b\cdot a+a\cdot b+b\cdot b\\&=a^2+a\cdot b+b\cdot a+b^2\end{aligned}$$

5-69 设$\langle A,+,\cdot\rangle$是一个代数系统,其中$+$,$\cdot$为普通的加法和乘法运算,A为下列集合:

a) $A=\{x\mid x=2n,n\in I\}$;

b) $A=\{x\mid x=2n+1,n\in I\}$;

c) $A=\{x\mid x\geqslant 0$ 且 $x\in I\}$;

d) $A=\{x\mid x=a+b\sqrt[4]{5},a,b\in R\}$;

e) $A=\{x\mid x=a+b\sqrt{3},a,b\in R\}$。

问$\langle A,+,\cdot\rangle$是整环吗?为什么? 【5-10.(4)】

解 a) 没有乘法幺元,所以不是整环。

b) 对于加法不封闭,所以不是整环。

c) 对于任意的$x\neq 0$,不存在加法逆元,所以不是整环。

d) 容易验证是整环。

e) 容易验证是整环。

5-70 证明$\langle\{0,1\},\oplus,\odot\rangle$是一个整环,其中运算$\oplus$和$\odot$由表5-9定义。

表 5-9

$\oplus$	0	1
0	0	1
1	1	0

$\odot$	0	1
0	0	0
1	0	1

【5-10.(5)】

证明 先考察$\langle\{0,1\},\oplus\rangle$:

由$\oplus$的运算表可知运算封闭且可交换,幺元为0,0和1均以自身为逆元。

$(0\oplus 0)\oplus 0=0=0\oplus(0\oplus 0)$,$(0\oplus 0)\oplus 1=1=0\oplus(0\oplus 1)$

$$(0\oplus 1)\oplus 0=1=0\oplus(1\oplus 0)$$
$$(0\oplus 1)\oplus 1=1\oplus 1=0=0\oplus(1\oplus 1)$$
……

结合性成立。所以,$\langle\{0,1\},\oplus\rangle$是阿贝尔群。

再考察$\langle\{0,1\},\odot\rangle$:

由$\odot$的运算表可知，该运算满足封闭性、交换性、结合性，由于该运算的幺元为1。所以，$\langle\{0,1\},\odot\rangle$是可交换独异点。又因$1\odot 1=1\neq 0$,故满足无零因子条件。

另外,对于任意的 $x,y\in\{0,1\}$,
$$0\odot(x\oplus y)=0=0\oplus 0=(0\odot x)\oplus(0\odot y)$$
至于 $1\odot(x\oplus y)$,若 $x=y$,则
$$1\odot(x\oplus y)=1\odot 0=0=\begin{cases}0\oplus 0\\1\oplus 1\end{cases}=\begin{cases}(1\odot 0)\oplus(1\odot 0)\\(1\odot 1)\oplus(1\odot 1)\end{cases}$$
$$=(1\odot x)\oplus(1\odot y)$$

若 $x\neq y$,则
$$1\odot(x\oplus y)=1\odot 1=1=\begin{cases}1\oplus 0\\0\oplus 1\end{cases}=\begin{cases}(1\odot 1)\oplus(1\odot 0)\\(1\odot 0)\oplus(1\odot 1)\end{cases}$$
$$=(1\odot x)\oplus(1\odot y)$$
所以,对于任意的 $x,y,z\in\{0,1\}$,均有
$$z\odot(x\oplus y)=(z\odot x)\oplus(z\odot y)$$

同理可证$(x\oplus y)\odot z=(x\odot z)\oplus(y\odot z)$。所以运算$\odot$对于运算$\oplus$是可分配的。

因此,$\langle\{0,1\},\oplus,\odot\rangle$是整环。

5-71 证明:在含幺环$\langle A,\bigstar,*\rangle$的定义中,群$\langle A,\bigstar\rangle$的可交换性是不必要的。

证明 设$\langle A,\bigstar,*\rangle$满足含幺环的定义中除群$\langle A,\bigstar\rangle$的可交换性以外的一切条件。并设$\langle A,*\rangle$中的幺元为1。

对于任意的 $a,b\in A$,展开$(a\bigstar b)*(1\bigstar 1)$:

$(a\bigstar b)*(1\bigstar 1)=(a\bigstar b)*1\bigstar(a\bigstar b)*1=a\bigstar b\bigstar a\bigstar b$

若按另一种顺序展开$(a\bigstar b)*(1\bigstar 1)$:

$$(a\bigstar b)*(1\bigstar 1)=a*(1\bigstar 1)\bigstar b*(1\bigstar 1)=a\bigstar a\bigstar b\bigstar b$$

故有 $$a\bigstar a\bigstar b\bigstar b=a\bigstar b\bigstar a\bigstar b$$

由此可得 $$a\bigstar b=b\bigstar a$$

这就表明，$\langle A,\bigstar\rangle$是阿贝尔群。

5-72 设$\langle A,+,\cdot\rangle$是一个环，并且对于任意的$a\in A$都有$a\cdot a=a$，证明：

a）对于任意的$a\in A$，都有$a+a=\theta$，其中θ是加法幺元。

b）$\langle A,+,\cdot\rangle$是可交换环。 【5-10.(6)】

证明 a）对于任意的$a\in A$，都有$a+a\in A$，故有

$$(a+a)\cdot(a+a)=a+a$$
$$a\cdot a+a\cdot a+a\cdot a+a\cdot a=a+a$$
$$a+a+a+a=a+a$$

由此可知，$a+a=\theta$。

b）对于任意的$a,b\in A$，都有$a+b\in A$，故有

$$(a+b)\cdot(a+b)=a+b$$
$$a\cdot a+a\cdot b+b\cdot a+b\cdot b=a+b$$
$$a+a\cdot b+b\cdot a+b=a+b$$

所以，$a\cdot b+b\cdot a=\theta$，即$a\cdot b=-b\cdot a$。

由a)的结果可知$b\cdot a=-b\cdot a$，所以就有$a\cdot b=b\cdot a$。因此，$\langle A,+,\cdot\rangle$是可交换环。

5-73 设$\langle A,+,\cdot\rangle$是一个含幺环，且对任意的$a\in A$都有$a\cdot a=a$，则称$\langle A,+,\cdot\rangle$为布尔环。试证：若布尔环$\langle A,+,\cdot\rangle$有三个以上的元素，则$\langle A,+,\cdot\rangle$不可能是一个整环。

证明 用反证法。如果$\langle A,+,\cdot\rangle$是一个整环，且有三个以上的元素，则存在$a\in A,a\neq\theta,a\neq 1$且$a\cdot a=a$，即有

$$a\neq\theta,a-1\neq\theta\text{ 且 }a\cdot(a-1)=\theta$$

这就与整环中的无零因子条件相矛盾。因此，$\langle A,+,\cdot\rangle$不可能是一个整环。

5-74 设$\langle A,+,\cdot\rangle$是一个代数系统，其中$+,\cdot$为普通的加法和乘法运算，A为下列集合：

a) $A=\{x \mid x\geqslant 0, x\in I\}$；

b) $A=\{x \mid x=a+b\sqrt{3}, a, b$ 均为有理数$\}$；

c) $A=\{x \mid x=a+b\sqrt[3]{5}, a, b$ 均为有理数$\}$；

d) $A=\{x \mid x=a+b\sqrt{5}, a, b$ 均为有理数$\}$；

e) $A=\left\{x \,\middle|\, x=\frac{a}{b}, a, b\in I_{+}\text{ 且 } a=k\cdot b\right\}$。

问$\langle A,+,\cdot\rangle$是域否？为什么？ 【5-10.(7)】

解 a) 没有加法逆元，所以不是域。

b) 容易验证$\langle A,+,\cdot\rangle$是一个环。又因乘法幺元是 1，$a+b\sqrt{3}$的乘法逆元是$\frac{a-\sqrt{3}b}{a^2-3b^2}$，所以，$\langle A,+,\cdot\rangle$是域。

c) 因为当 $b\neq 0$ 时 $a+b\sqrt[3]{5}$的乘法逆元不存在，因此，$\langle A,+,\cdot\rangle$不是域。

d) 容易验证$\langle A,+,\cdot\rangle$是一个环。又因乘法幺元是 1，$a+b\sqrt{5}$的乘法逆元是$\frac{a-\sqrt{5}b}{a^2-5b^2}$，所以，$\langle A,+,\cdot\rangle$是域。

e) 没有乘法幺元 1，否则，若 $1\in A$，则$\frac{a}{b}=1$ 将导致 $a=b$ 的矛盾。所以，$\langle A,+,\cdot\rangle$不是域。

5-75 设$\langle F,+,\cdot\rangle$是一个域，$S_1\subseteq F$，$S_2\subseteq F$，且$\langle S_1,+,\cdot\rangle$，$\langle S_2,+,\cdot\rangle$都构成域，证明$\langle S_1\cap S_2,+,\cdot\rangle$也构成域。 【5-10.(8)】

证明 因为$\langle S_1,+\rangle$，$\langle S_2,+\rangle$都是$\langle F,+\rangle$的子群，且都是阿贝尔群，又因$\langle S_1,\cdot\rangle$，$\langle S_2,\cdot\rangle$都是$\langle F,\cdot\rangle$的子群，且都是阿贝尔群，所以$\langle S_1\cap S_2,+\rangle$和$\langle S_1\cap S_2,\cdot\rangle$分别为$\langle F,+\rangle$和$\langle F,\cdot\rangle$的子群，且都是阿贝尔群。

在$\langle S_1,+,\cdot\rangle$中，运算$\cdot$对于运算$+$是可分配的，而且在$\langle S_2,+,\cdot\rangle$中，运算$\cdot$对于运算$+$也是可分配的，所以，在$\langle S_1\cap S_2,+,\cdot\rangle$中，运算$\cdot$对于运算$+$也是可分配的。

因此，$\langle S_1\cap S_2,+,\cdot\rangle$也构成域。

5-76 设$\langle A,\bigstar,*\rangle$是一个关于运算$\bigstar$和$*$分别具有幺元 e_1 和 e_2 的代数系统，并且运算$\bigstar$和$*$彼此之间是可分配的，证明

对于 A 中所有的 x，成立着 $x★x=x*x=x$。 【5-10.(9)】

证明 因为

$$e_2=e_1★e_2=(e_1*e_2)★e_2=(e_1★e_2)*(e_2★e_2)$$
$$=e_2*(e_2★e_2)=e_2★e_2$$

且

$$e_1=e_2*e_1=(e_2★e_1)*e_1=(e_2*e_1)★(e_1*e_1)$$
$$=e_1★(e_1*e_1)=e_1*e_1$$

所以，对于 A 中任意的 x，我们有

$$x★x=(x*e_2)★(x*e_2)=x*(e_2★e_2)=x*e_2=x$$
$$x*x=(x★e_1)*(x★e_1)=x★(e_1*e_1)=x★e_1=x$$

5-77 设 $\langle A,★,*\rangle$ 是一个代数系统，且对于任意的 $a\in A$，有 $a★b=a$，证明二元运算 $*$ 对于★是可分配的。 【5-10.(10)】

证明 对于任意的 $a,b,c\in A$，有

$$a*(b★c)=a*b=(a*b)★(a*c)$$
$$(a★b)*c=a*c=(a*c)★(b*c)$$

所以，二元运算 $*$ 对于★是可分配的。

5-78 证明：在区间 $[a,b]$ 上连续函数的全体关于函数的加法与乘法构成环。并举例说明有零因子。

证明 记区间 $[a,b]$ 上连续函数的全体为 $C[a,b]$，于是我们考察的代数系统应是 $\langle C[a,b],+,\cdot\rangle$，这里，$+$ 和 $\cdot$ 分别是函数的加法和乘法运算。

先看 $\langle C[a,b],+\rangle$。由数学分析中可知，定义在同一区间上的两个连续函数之和仍为连续函数，故加法运算满足封闭性；加法的结合性显然满足；加法幺元为 0；对于任一函数 $f(x)\in C[a,b]$，存在着 $-f(x)\in C[a,b]$，使得 $f(x)+(-f(x))=0$；加法的可交换性显然满足，所以，$\langle C[a,b],+\rangle$ 是阿贝尔群。

再看 $\langle C[a,b],\cdot\rangle$。同样由数学分析可知，定义在同一区间上的两个连续函数之积仍为连续函数，故乘法运算满足封闭性；乘法的结合性显然满足，所以，$\langle C[a,b],\cdot\rangle$ 是半群。

另外，对于任意的 $f(x),g(x),h(x)\in C[a,b]$ 有

$$f(x)\cdot(g(x)+h(x))=f(x)\cdot g(x)+f(x)\cdot h(x)$$
$$(g(x)+h(x))\cdot f(x)=g(x)\cdot f(x)+h(x)\cdot f(x)$$

因此，$\langle C[a,b],+,\cdot\rangle$构成环。

取
$$f_1(x)=\begin{cases}\dfrac{a+b}{2}-x, & x\in\left[a,\dfrac{a+b}{2}\right]\\ 0, & x\in\left[\dfrac{a+b}{2},b\right]\end{cases}$$

$$f_2(x)=\begin{cases}0, & x\in\left[a,\dfrac{a+b}{2}\right]\\ x-\dfrac{a+b}{2}, & x\in\left[\dfrac{a+b}{2},b\right]\end{cases}$$

显然，$f_1(x)$，$f_2(x)\in C[a,b]$且$f_1(x)\neq 0$，$f_2(x)\neq 0$，然而$f_1(x)\cdot f_2(x)=0$，因此，$\langle C[a,b],+,\cdot\rangle$是有零因子的。

5-79 设$\langle A,+,\cdot\rangle$是一个环，e是A中的乘法左幺元，如果$\langle A,+,\cdot\rangle$无零因子，那么e为乘法幺元。

证明 对于任意的$x\in A$，若$x=\theta$，则$e\cdot\theta=\theta\cdot e=\theta$；若$x\neq\theta$，因为$e$为左幺元，即有$e\cdot x=x$，故有$x\cdot e\cdot x=x\cdot x$，即得$(x\cdot e-x)\cdot x=0$，又因$\langle A,+,\cdot\rangle$无零因子，现$x\neq\theta$，故得$x\cdot e-x=\theta$，即$x\cdot e=x$。

因此，e为乘法幺元。

5-80 设$\langle A,+,\cdot\rangle$是一个含幺环，如果对某个元素有一个以上的左逆元，则该元素必有无穷多个左逆元。

证明 设$a\in A$，且a有n个左逆元$a_1,a_2,\cdots,a_n$，即有
$$a_i\cdot a=e(i=1,2,\cdots,n),n\geqslant 2$$
因为对于任意的$a_i(i=1,2,\cdots,n)$，都有
$$a-a\cdot a_i\cdot a+a_1\cdot a=a-a+e=e$$
所以有
$$(e-a\cdot a_i+a_1)\cdot a=e$$

因为当$i\neq j$时，$e-a\cdot a_i+a_1\neq 1-a\cdot a_j+a_1$，所以$e-a\cdot a_i+a_1(i=1,2,\cdots,n)$是$a$的$n$个左逆元，故必存在$t\in\{1,2,\cdots,n\}$，使得$e-a\cdot a_t+a_1=a_1$，即得$a\cdot a_t=e$。若取$s\in\{1,2,\cdots,n\}$且$s\neq t$，就可导致$a_s\cdot a\cdot a_t=a_s$，即$a_t=a_s$的矛盾。

因此，a的左逆元必有无穷多个。

5-81 含幺环不可能与不含幺元的环同构。

证明 设$\langle A,+,\cdot\rangle$是一个含幺环，$\langle B,+,\cdot\rangle$是一个不含幺元的环。并设$\langle A,+,\cdot\rangle$中的幺元为e。

设$\varphi:A\to B$是一个同构映射，于是，对于任意的$a\in A$，$a\cdot e=a$，所以，$\varphi(a\cdot e)=\varphi(a)\cdot\varphi(e)=\varphi(a)$。因为$\varphi$是双射，所以对于任意的$\varphi(a)\in B$，均有$\varphi(a)\cdot\varphi(e)=\varphi(a)$。同理可得$\varphi(e)\cdot\varphi(a)=\varphi(a)$。这就导致$\varphi(e)$为$B$中的幺元的矛盾。

因此，含幺环不可能与不含幺元的环同构。

5-82 试证：a）有理数域的自同构映射只有一个；

b）$P(i)=\{a+bi\mid a,b\in Q\}$的自同构只有两个。

证明 a）我们知道，在同构映射下，幺元映射到幺元，逆元映射到逆元。所以若有同构映射φ，则必有

$$\varphi(1)=1$$
$$\varphi(2)=\varphi(1)+\varphi(1)=2$$

由此可见，对于$m\in I_+$，应有$\varphi(m)=m$，从而可得$\varphi(-m)=-m$。

又因
$$\varphi(m^{-1})=[\varphi(m)]^{-1}=m^{-1}$$

故有
$$\varphi\left(\frac{m}{n}\right)=\varphi(m\cdot n^{-1})=\varphi(m)\cdot\varphi(n^{-1})=\frac{m}{n},n\neq 0$$

因此，自同构只有一个，即为恒等映射。

b）对于域$\langle P(i),+,\cdot\rangle$来说，很明显地有以下两个自同构映射：对于任意的$a+bi\in P(i)$

$$\varphi_1(a+bi)=a+bi$$
$$\varphi_2(a+bi)=a-bi$$

现设f是另一个自同构映射，故有$f(-1)=-1$，由此可得

$$-1=f(-1)=f(i\cdot i)=[f(i)]^2$$

若设$f(i)=c+di$，则有

$$(c+di)^2=-1$$
$$c^2-d^2+2cdi=-1$$

于是，由$c^2-d^2=-1$，$cd=0$可解得$c=0$，$d=\pm 1$。

另外，由a)可知，对任意的$a\in Q$，必有$f(a)=a$。

由此可见，若取$d=+1$，则有$f=\varphi_1$；若取$d=-1$，则有$f=\varphi_2$。因此，域$\langle P(i),+,\cdot\rangle$的自同构只有两个。

第六章　格和布尔代数

A　内容提要

1　格的概念

格　设$\langle A,\preccurlyeq\rangle$是一个偏序集，如果$A$中任意两个元素都有最小上界和最大下界，则称$\langle A,\preccurlyeq\rangle$为格。

格诱导的代数系统　设$\langle A,\preccurlyeq\rangle$是一个格，如果在$A$上定义两个二元运算$\vee$和$\wedge$，使得对于任意的$a,b\in A$，$a\vee b$等于$a$和$b$的最小上界，$a\wedge b$等于$a$和$b$的最大下界，那么，就称$\langle A,\vee,\wedge\rangle$为由格$\langle A,\preccurlyeq\rangle$所诱导的代数系统。二元运算$\vee$和$\wedge$分别称为并运算和交运算。

子格　设$\langle A,\preccurlyeq\rangle$是一个格，由$\langle A,\preccurlyeq\rangle$诱导的代数系统为$\langle A,\vee,\wedge\rangle$，设$B\subseteq A$且$B\neq\varnothing$，如果$A$中的这两个运算关于$B$是封闭的，则称$\langle B,\preccurlyeq\rangle$是$\langle A,\preccurlyeq\rangle$的子格。

格的对偶原理　设P是对任意格都为真的命题，如果在命题P中把$\preccurlyeq$换成$\succcurlyeq$，$\vee$换成$\wedge$，$\wedge$换成$\vee$，就得到另一个命题P'，我们把P'称为P的对偶命题，则P'对任意格也是真的命题。

格同态、格同构　设$\langle A_1,\preccurlyeq_1\rangle$和$\langle A_2,\preccurlyeq_2\rangle$是两个格，由它们分别诱导的代数系统为$\langle A_1,\vee_1,\wedge_1\rangle$和$\langle A_2,\vee_2,\wedge_2\rangle$，如果存在着一个从$A_1$到$A_2$的映射$f$，使得对于任意的$a,b\in A_1$，有$f(a\vee_1 b)=f(a)\vee_2 f(b)$和$f(a\wedge_1 b)=f(a)\wedge_2 f(b)$，则称$f$为从$\langle A_1,\vee_1,\wedge_1\rangle$到$\langle A_2,\vee_2,\wedge_2\rangle$的格同态，亦可称$\langle f(A_1),\preccurlyeq_2\rangle$是$\langle A_1,\preccurlyeq_1\rangle$的格同态像。当$f$是双射时，则称$f$为从$\langle A_1,\vee_1,\wedge_1\rangle$到$\langle A_2,\vee_2,\wedge_2\rangle$的格同构，亦称$\langle A_1,\preccurlyeq_1\rangle$和$\langle A_2,\preccurlyeq_2\rangle$这两个格是同构的。

定理 6-1.1 在一个格$\langle A,\preccurlyeq\rangle$中,对任意的$a,b\in A$,都有$a\preccurlyeq a\vee b, b\preccurlyeq a\vee b, a\wedge b\preccurlyeq a, a\wedge b\preccurlyeq b$。

定理 6-1.2 在一个格$\langle A,\preccurlyeq\rangle$中,对于$a,b,c,d\in A$,如果$a\preccurlyeq b$和$c\preccurlyeq d$,则$a\vee c\preccurlyeq b\vee d, a\wedge c\preccurlyeq b\wedge d$。

推论 在一个格$\langle A,\preccurlyeq\rangle$中,对于$a, b, c\in A$,如果$b\preccurlyeq c$,则$a\vee b\preccurlyeq a\vee c, a\wedge b\preccurlyeq a\wedge c$。这个性质称为格的保序性。

定理 6-1.3 设$\langle A,\preccurlyeq\rangle$是一个格,由格$\langle A,\preccurlyeq\rangle$所诱导的代数系统为$\langle A,\vee,\wedge\rangle$,则对任意的$a,b,c,d\in A$,有

(1) $a\vee b=b\vee a, a\wedge b=b\wedge a$;(交换律)

(2) $a\vee(b\vee c)=(a\vee b)\vee c$, $a\wedge(b\wedge c)=(a\wedge b)\wedge c$;(结合律)

(3) $a\vee a=a, a\wedge a=a$;(幂等律)

(4) $a\vee(a\wedge b)=a, a\wedge(a\vee b)=a$。(吸收律)

引理 6-1.1 设$\langle A,\vee,\wedge\rangle$是一个代数系统,其中$\vee$,$\wedge$都是二元运算且满足吸收性,则$\vee$和$\wedge$都满足幂等性。

定理 6-1.4 设$\langle A,\vee,\wedge\rangle$是一个代数系统,其中$\vee$和$\wedge$都是二元运算且满足交换性、结合性和吸收性,则$A$上存在偏序关系$\preccurlyeq$,使$\langle A,\preccurlyeq\rangle$是一个格。

定理 6-1.5 在一个格$\langle A,\preccurlyeq\rangle$中,对任意的$a,b,c\in A$,都有$a\vee(b\wedge c)\preccurlyeq(a\vee b)\wedge(a\vee c)$和$(a\wedge b)\vee(a\wedge c)\preccurlyeq a\wedge(b\vee c)$。

定理 6-1.6 设$\langle A,\preccurlyeq\rangle$是一个格,那么,对于任意的$a,b\in A$,有$a\preccurlyeq b\Leftrightarrow a\wedge b=a\Leftrightarrow a\vee b=b$。

定理 6-1.7 设$\langle A,\preccurlyeq\rangle$是一个格,那么,对于任意的$a,b,c\in A$,有$a\preccurlyeq c\Leftrightarrow a\vee(b\wedge c)\preccurlyeq(a\vee b)\wedge c$。

推论 在一个格$\langle A,\preccurlyeq\rangle$中,对任意的$a,b,c\in A$,必有$(a\wedge b)\vee(a\wedge c)\preccurlyeq a\wedge(b\vee(a\wedge c))$和$a\vee(b\wedge(a\vee c))\preccurlyeq(a\vee b)\wedge(a\vee c)$。

定理 6-1.8 设f是格$\langle A_1,\preccurlyeq_1\rangle$到$\langle A_2,\preccurlyeq_2\rangle$的格同态,则对任意的$x,y\in A_1$,如果$x\preccurlyeq_1 y$,必有$f(x)\preccurlyeq_2 f(y)$。

定理 6-1.9 设两个格为$\langle A_1,\preccurlyeq_1\rangle$和$\langle A_2,\preccurlyeq_2\rangle$,$f$是从$A_1$到

A_2 的双射，则 f 是 $\langle A_1, \preccurlyeq_1 \rangle$ 到 $\langle A_2, \preccurlyeq_2 \rangle$ 的格同构，当且仅当对任意的 $a,b \in A_1$，$a \preccurlyeq_1 b \Leftrightarrow f(a) \preccurlyeq_2 f(b)$。

2　分　配　格

分配格　设 $\langle A, \vee, \wedge \rangle$ 是由格 $\langle A, \preccurlyeq \rangle$ 所诱导的代数系统。如果对任意的 $a,b,c \in A$，满足 $a \wedge (b \vee c) = (a \wedge b) \vee (a \wedge c)$ 和 $a \vee (b \wedge c) = (a \vee b) \wedge (a \vee c)$，则称 $\langle A, \preccurlyeq \rangle$ 是分配格。

模格　设 $\langle A, \preccurlyeq \rangle$ 是一个格，由它诱导的代数系统为 $\langle A, \vee, \wedge \rangle$，如果对于任意的 $a,b,c \in A$，当 $b \leqslant a$ 时，有 $a \wedge (b \vee c) = b \vee (a \wedge c)$，则称 $\langle A, \preccurlyeq \rangle$ 是模格。

定理 6-2.1　如果在一个格中交运算对于并运算可分配，则并运算对交运算也一定是可分配的。反之亦然。

定理 6-2.2　每个链是分配格。

定理 6-2.3　设 $\langle A, \preccurlyeq \rangle$ 是一个分配格，那么，对于任意的 $a,b,c \in A$，如果有 $a \wedge b = a \wedge c$ 和 $a \vee b = a \vee c$ 成立，则必有 $b = c$。

定理 6-2.4　设 $\langle A, \preccurlyeq \rangle$ 是模格，当且仅当在 A 中不含有适合下述条件的元素 u,v,w：$v \prec u$ 且 $u \vee w = v \vee w$，$u \wedge w = v \wedge w$。

定理 6-2.5　对于模格，当有三个元素 a,b,c，使得

$$a \vee (b \wedge c) \preccurlyeq (a \vee b) \wedge (a \vee c)$$

$$(a \wedge b) \vee (a \wedge c) \preccurlyeq a \wedge (b \vee c)$$

和

$$(a \wedge b) \vee (b \wedge c) \vee (c \wedge a) \preccurlyeq (a \vee b) \wedge (b \vee c) \wedge (c \vee a)$$

这三个式子的任一式子中把“$\preccurlyeq$”换成“$=$”成立，则另外两个式子中把“$\preccurlyeq$”换成“$=$”也必成立。

定理 6-2.6　分配格必定是模格。

3　有　补　格

格的全下界　设 $\langle A, \preccurlyeq \rangle$ 是一个格，如果存在元素 $a \in A$，对于任意的 $x \in A$，都有 $a \preccurlyeq x$，则称 a 为格 $\langle A, \preccurlyeq \rangle$ 的全下界，记格的全下界为 0。

格的全上界　设$\langle A,\preccurlyeq\rangle$是一个格，如果存在元素$b\in A$，对于任意的$x\in A$，都有$x\preccurlyeq b$，则称$b$为格$\langle A,\preccurlyeq\rangle$的全上界，记格的全上界为1。

有界格　如果一个格中存在全下界和全上界，则称该格为有界格。

补元　设$\langle A,\preccurlyeq\rangle$是一个有界格，对于$A$中的一个元素$a$，如果存在$b\in A$，使得$a\vee b=1$和$a\wedge b=0$，则称元素$b$是元素$a$的补元。显然也称元素$a$是元素$b$的补元。此时，也可以说，$a$和$b$这两个元素是互补的。

有补格　在一个有界格中，如果每个元素都至少有一个补元素，则称此格为有补格。

有补分配格　一个格如果它既是有补格，又是分配格，则称它为有补分配格。我们把有补分配格中任一元素a的唯一补元记为$\bar{a}$。

定理 6-3.1　一个格$\langle A,\preccurlyeq\rangle$若有全下界，则是唯一的。

定理 6-3.2　一个格$\langle A,\preccurlyeq\rangle$若有全上界，则是唯一的。

定理 6-3.3　设$\langle A,\preccurlyeq\rangle$是一个有界格，则对任意的$a\in A$，必有$a\vee 1=1$，$a\wedge 1=a$，$a\vee 0=a$，$a\wedge 0=0$。

定理 6-3.4　在有界分配格中，若有一个元素有补元素，则必是唯一的。

4　布 尔 代 数

布尔格　一个有补分配格称为布尔格。

布尔代数　由布尔格$\langle A,\preccurlyeq\rangle$，可以诱导一个代数系统$\langle A,\vee,\wedge,^{-}\rangle$，这个代数系统称为布尔代数。这里，“$^{-}$”是$A$上的一个一元运算，称为补运算，使得$\bar{a}$为$a$的补元。

有限布尔代数　具有有限个元素的布尔代数称为有限布尔代数。

两个布尔代数的同构　设$\langle A,\vee,\wedge,^{-}\rangle$和$\langle B,\vee,\wedge,^{-}\rangle$是两个布尔代数，如果存在着$A$到$B$的双射$f$，对于任意的$a,b\in$

A,都有 $f(a \vee b)=f(a) \vee f(b)$,$f(a \wedge b)=f(a) \wedge f(b)$,$f(\overline{a})=\overline{f(a)}$,则称$\langle A, \vee, \wedge, ^{-}\rangle$和$\langle B, \vee, \wedge, ^{-}\rangle$同构。

原子 设$\langle A, \preccurlyeq\rangle$是一个格,且具有全下界,如果有元素盖住0,则称元素 a 为原子。

定理 6-4.1 对于布尔代数中任意两个元素 a,b,必定有$\overline{(\overline{a})}=a$,$\overline{a \vee b}=\overline{a} \wedge \overline{b}$,$\overline{a \wedge b}=\overline{a} \vee \overline{b}$。

定理 6-4.2 设$\langle A, \preccurlyeq\rangle$是一个具有全下界 0 的有限格,则对于任何一个非零元素 b(即不等于全下界 0 的元素)至少存在一个原子 a,使得 $a \preccurlyeq b$。

引理 6-4.1 在一个布尔格中,$b \wedge \overline{c}=0$ 当且仅当 $b \preccurlyeq c$。

引理 6-4.2 设$\langle A, \vee, \wedge, ^{-}\rangle$是一个有限布尔代数,若 b 是 A 中任意非零元素,$a_1, a_2, \cdots, a_k$ 是 A 中满足 $a_j \preccurlyeq b$ 的所有原子($j=1,2,\cdots,k$),则 $b=a_1 \vee a_2 \vee \cdots \vee a_k$。

引理 6-4.3 设$\langle A, \vee, \wedge, ^{-}\rangle$是一个有限布尔代数,$b \in A$,且$b \neq 0$,$a_1, a_2, \cdots, a_k$ 是满足 $a_i \preccurlyeq b$($i=1,2,\cdots,k$)的 A 中的所有原子,则 $b=a_1 \vee a_2 \vee \cdots \vee a_k$ 是将 b 表示为原子的并的唯一形式。

引理 6-4.4 在一个布尔格$\langle A, \preccurlyeq\rangle$中,对 A 中的任意一个原子 a 和另一个非零元素 b,$a \preccurlyeq b$ 和 $a \preccurlyeq \overline{b}$ 两式中有且仅有一式成立。

定理 6-4.3 (Stone 表示定理) 设$\langle A, \vee, \wedge, ^{-}\rangle$是由有限布尔格$\langle A, \preccurlyeq\rangle$所诱导的一个有限布尔代数,$S$ 是布尔格$\langle A, \preccurlyeq\rangle$中的所有原子的集合,则$\langle A, \vee, \wedge, ^{-}\rangle$和$\langle \mathscr{P}(S), \cup, \cap, ^{\sim}\rangle$同构。

推论 6-4.1 有限布尔格的元素个数必定等于 2^n,其中 n 是该布尔格中所有原子的个数。

推论 6-4.2 任何一个具有 2^n 个元素的有限布尔代数都是同构的。

5 布尔表达式

布尔表达式 设$\langle A, \vee, \wedge, ^{-}\rangle$是一个布尔代数,并在这个布

尔代数上定义布尔表达式如下:(1)A 中任何元素是一个布尔表达式。(2)任何变元是一个布尔表达式。(3)如果 e_1 和 e_2 是布尔表达式,那么,$\bar{e}_1$,$(e_1 \vee e_2)$和$(e_1 \wedge e_2)$也都是布尔表达式。(4)只有通过有限次运用规则(2)和(3)所构造的符号串是布尔表达式。

n 元的布尔表达式 一个含有 n 个相异变元的布尔表达式,称为含有 n 元的布尔表达式。记为 $E(x_1,x_2,\cdots,x_n)$,其中 x_1,$x_2,\cdots,x_n$ 为变元。

布尔表达式的值 布尔代数$\langle A,\vee,\wedge,^{-}\rangle$上的一个含有 n 元的布尔表达式 $E(x_1,x_2,\cdots,x_n)$的值是指:将 A 中的元素作为变元 $x_i(i=1,2,\cdots,n)$的值来代替表达式中相应的变元(即对变元赋值),从而计算出表达式的值。

两个布尔表达式的等价 设布尔代数$\langle A,\vee,\wedge,^{-}\rangle$上两个 n 元的布尔表达式为$E_1(x_1,x_2,\cdots,x_n)$和 $E_2(x_1,x_2,\cdots,x_n)$,如果对于 n 个变元的任意赋值 $x_i=\tilde{x}_i,\tilde{x}_i\in A$ 时均有 $E_1(\tilde{x}_1,\tilde{x}_2,\cdots,\tilde{x}_n)=E_2(\tilde{x}_1,\tilde{x}_2,\cdots,\tilde{x}_n)$,则称这两个布尔表达式是等价的。记作 $E_1(x_1,x_2,\cdots,x_n)=E_2(x_1,x_2,\cdots,x_n)$。

布尔函数 设$\langle A,\vee,\wedge,^{-}\rangle$是一个布尔代数,一个从 A^n 到 A 的函数,如果它能够用$\langle A,\vee,\wedge,^{-}\rangle$上的 n 元布尔表达式来表示,那么,这个函数就称为布尔函数。

定理 6-5.1 对于两个元素的布尔代数$\langle\{0,1\},\vee,\wedge,^{-}\rangle$,任何一个从$\{0,1\}^n$ 到$\{0,1\}$的函数都是布尔函数。

定理 6-5.2 设 $E(x_1,x_2,\cdots,x_n)$是布尔代数$\langle A,\vee,\wedge,^{-}\rangle$上的任意一个布尔表达式,则它一定能写成析取范式。

B 选题例解

例题 6-1 证明:在任何格$\langle L,\preccurlyeq\rangle$中,对任意的 $a,b,c\in L$,$[(a\wedge b)\vee(a\wedge c)]\wedge[(a\wedge b)\vee(b\wedge c)]=a\wedge b$ 成立。

分析 对于这一类型的题目,虽属容易,但也不能粗枝大叶。如果一看到等式左端两个方括号内都有 $a\wedge b$,就去用一下分配律

而得

$$[(a\wedge b)\vee(a\wedge c)]\wedge[(a\wedge b)\vee(b\wedge c)]$$
$$=(a\wedge b)\vee((a\wedge c)\wedge(b\wedge c))$$

即为
$$(a\wedge b)\vee(a\wedge b\wedge c)$$

这时,若再用一下吸收律,岂非就轻而易举地证得

$$(a\wedge b)\vee(a\wedge b\wedge c)=a\wedge b$$

了吗?然而,题目中指的是任何格,而上述证明中却用了分配律,因此,这样的证明对非分配格而言是无效的。

事实上,证明这种等式的基本方法是利用任意格所固有的性质,以及根据运算 $\vee$ 和 $\wedge$ 的特性来进行,而且又往往要采用设法证明"左端"$\preccurlyeq$"右端"和"右端"$\preccurlyeq$"左端"的手段,最终证得"左端"="右端"。

证明 根据 $\vee$ 的特性,有

$$a\wedge b\preccurlyeq(a\wedge b)\vee(a\wedge c)$$
$$a\wedge b\preccurlyeq(a\wedge b)\vee(b\wedge c)$$

于是,由定理 6-1.2 以及定理 6-1.3 中的幂等律,便得

$$a\wedge b\preccurlyeq[(a\wedge b)\vee(a\wedge c)]\wedge[(a\wedge b)\vee(b\wedge c)] \quad (1)$$

另外,由于

$$a\wedge c\preccurlyeq a,a\wedge b\preccurlyeq a$$

故有
$$(a\wedge b)\vee(a\wedge c)\preccurlyeq a$$

同理可得
$$(a\wedge b)\vee(b\wedge c)\preccurlyeq b$$

由定理 6-1.2 即可得

$$[(a\wedge b)\vee(a\wedge c)]\wedge[(a\wedge b)\vee(b\wedge c)]\preccurlyeq a\wedge b \quad (2)$$

因此,由式(1),(2)即证得

$$[(a\wedge b)\vee(a\wedge c)]\wedge[(a\wedge b)\vee(b\wedge c)]=a\wedge b$$

例题 6-2 设 $\langle A,\preccurlyeq\rangle$ 是一个格,在 A 中的一个元素 a,如果 $a=x\vee y$ 蕴含着 $a=x$ 或者 $a=y$,则称 a 为并不可约元素。试证:在有限格 $\langle A,\preccurlyeq\rangle$ 中,每个元素都可写成并不可约元素的并。

分析 我们从并不可约元素的定义可以获知,对于一个元素 a,若至少存在两个元素 $x\neq a$, $y\neq a$,使得 $a=x\vee y$,那么,元素 a

就是并可约的了。由此可见，一个元素 a 是并不可约元素，其实质是根本不存在两个元素 $x \neq a, y \neq a$，而使得 $a = x \vee y$。换句话说，就是不存在两个元素 $x \prec a$ 且 $y \prec a$，使得 $a = x \vee y$。因此，如果我们把 $x \prec a$ 且不存在另外的 y 使得 $x \prec y \prec a$ 的 x 称为元素 a 的直接前元，那么，并不可约元素就是那些仅有一个或根本没有直接前元的元素。对于任一元素，要么最多有一个直接前元，要么至少有两个直接前元。由此，容易证明本例题的结论。

证明 对于任意的 $a \in A$，有以下两种情况：

(i) 若 a 仅有一个直接前元或根本没有直接前元，则 a 本身就是并不可约元素；

(ii) 若 a 至少有两个直接前元，不妨设其中的两个直接前元为 b_1 和 b_2，于是就有 $a = b_1 \vee b_2$。若 b_1 和 b_2 已都是并不可约元素，则 a 已被写成并不可约元素的并；若 b_1 和 b_2 中至少有一个元素是并可约元素，则又可将其写成其他元素的并。这个过程可以继续进行下去。由于 $\langle A, \preccurlyeq \rangle$ 是有限格，故此过程经过有限步总要终止，最后得到

$$a = c_1 \vee c_2 \vee \cdots \vee c_n$$

其中，$c_1, c_2, \cdots, c_n$ 都是并不可约元素。应当指出，在这个过程中，有可能出现某个 c_i 和某个 c_j，且 $c_i \prec c_j$ 的情况，这时，由于 $c_i \vee c_j = c_j$，故 c_i 可以从该表达式中删去。

因此，所得的结论可以这样说：在有限格 $\langle A, \preccurlyeq \rangle$ 中，每个元素都可写成并不可约元素的并，且在这个表达式中的并不可约元素是两两不可比较的，即其中没有一个并不可约元素是另一个并不可约元素的前元。

最后，还应指出，在有界格中，一个元素写成并不可约元素的并，其表达式并不一定是唯一的。例如，图 6-1 所示的格。在这个格中，就有 $a = b \vee c, a = b \vee d, a = b \vee e$

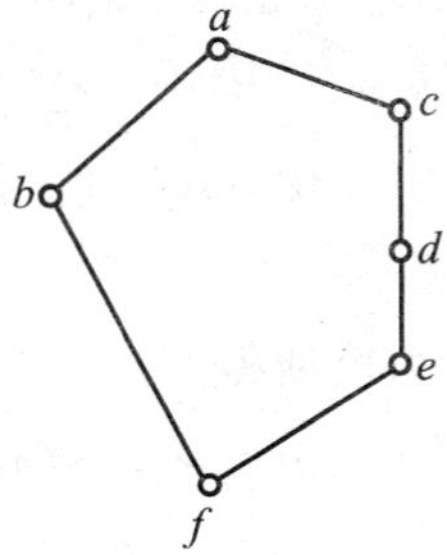

图 6-1

例题 6-3 设 $\langle A, \preccurlyeq \rangle$ 是一个有补格，且每个元素的补元是唯

一的，则$\langle A,\preccurlyeq\rangle$中的并不可约元素除 0 以外都是它的原子。

分析 这类题目，一般用反证法，就是假定在$\langle A,\preccurlyeq\rangle$中存在一个并不可约元素 a 且不是原子，然后，利用题目中给定的条件，最终导出矛盾。对此题，我们可以这样来分析，设 $a\in A$，它是并不可约元素且不是原子，那么 a 必有唯一的直接前元 $b\in A$，且 $b\neq 0$，又因是有补格，所以 b 有补元 $\bar{b}$，还因每个元素的补元是唯一的，所以，既然 $b\neq 0$，就必有 $\bar{b}\neq 1$，这是很重要的一步分析。接着，正因为 $\bar{b}\neq 1$，所以就可以进一步考察 a 与 $\bar{b}$ 之间的关系，显然，a 不可能是 $\bar{b}$ 的前元，否则，就有 $b\preccurlyeq a\preccurlyeq\bar{b}$，从而导致 $b\vee\bar{b}=\bar{b}=1$ 的矛盾。既然 a 不是 $\bar{b}$ 的前元，故 $a\wedge\bar{b}$ 必是 a 的严格前元。又因 b 是 a 的唯一直接前元。根据以上分析，就应得出图 6-2 所示的情况。由此可见，$a\wedge\bar{b}\preccurlyeq b\wedge\bar{b}=0$，从而得到 $a\wedge\bar{b}=0$。另外，由于 $a\vee b=a$，故可得 $a\vee\bar{b}=(a\vee b)\vee\bar{b}=a\vee(b\vee\bar{b})=a\vee 1=1$。这就表明 $\bar{b}$ 是 a 的补元。再由假设条件，补元是唯一的，故得 $a=b$，从而导致与 b 是 a 的直接前元这个假设的矛盾。

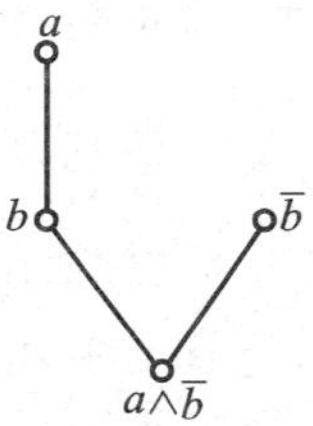

图 6-2

证明 设 $a\in A$，a 是并不可约元素且 a 不是原子，设 b 是 a 的唯一直接前元，即 $b\prec a$。

因为 a 不是原子，所以 $b\neq 0$，又由补元唯一的条件即可知 $\bar{b}\neq 1$。若 $a\preccurlyeq\bar{b}$，则由 $b\preccurlyeq a\preccurlyeq\bar{b}$，可导致 $b\vee\bar{b}=\bar{b}=1$ 的矛盾，故 $a\wedge\bar{b}\prec a$。因为 b 是 a 的唯一直接前元，故有 $a\wedge\bar{b}\preccurlyeq b\prec a$。

由 $a\wedge\bar{b}\preccurlyeq b$ 和 $a\wedge\bar{b}\preccurlyeq\bar{b}$，即可得

$$a\wedge\bar{b}\preccurlyeq b\wedge\bar{b}=0$$

由此便得

$$a\wedge\bar{b}=0$$

由 $b\prec a$，就有 $a\vee b=a$，所以

$$a\vee\bar{b}=(a\vee b)\vee\bar{b}=a\vee(b\vee\bar{b})=a\vee 1=1$$

由此可见，a 是 $\bar{b}$ 的补元，已知补元是唯一的，故有 $a=b$，这就与 $b\prec a$ 相矛盾。

因此，具有唯一补元的有补格中，除 0 以外，并不可约元素都是该格中的原子。

例题 6-4 设 n 为一正整数，记 $D_n=\langle x \mid x$ 是 n 的正因子$\rangle$，若为 D_n 上的整除关系，显然，$\langle D_n, | \rangle$ 是一个格。现有 D_{36}, D_4，D_9，在笛卡尔积 $D_4 \times D_9$ 上定义二元关系 R 为：对于 $\langle a,b\rangle, \langle c,d\rangle \in D_4 \times D_9$，$\langle\langle a,b\rangle,\langle c,d\rangle\rangle \in R$ 当且仅当 $a|c$ 且 $b|d$。容易知道 $\langle D_4 \times D_9, R\rangle$ 也是一个格。

试证明：格 $\langle D_4 \times D_9, R\rangle$ 同构于格 $\langle D_{36}, |\rangle$。

分析 要证明两个格是同构的，首先要设法写出这两个格所分别诱导的代数系统，然后再设法找出使这两个代数系统确立同构关系的同构映射。对于本例题中给定的两个具体的格 $\langle D_4 \times D_9, R\rangle$ 和 $\langle D_{36}, |\rangle$，因为它们都是有限格，所以都可以根据它们的偏序关系完整地画出其对应的哈斯图，有了哈斯图在相当程度上可以帮助我们去写出所诱导的代数系统中相应的二元运算。事实上，格 $\langle D_4 \times D_9, R\rangle$ 和 $\langle D_{36}, |\rangle$ 的哈斯图可分别如图 6-3(a) 和图 6-3(b) 所示。从哈斯图容易看出，在格 $\langle D_4 \times D_9, R\rangle$ 所诱导的代数系统 $\langle D_4 \times D_9, \vee, \wedge\rangle$ 中，

$$\langle a,b\rangle \vee \langle c,d\rangle = \langle \mathrm{LCM}(a,c), \mathrm{LCM}(b,d)\rangle$$

$$\langle a,b\rangle \wedge \langle c,d\rangle = \langle \mathrm{GCD}(a,c), \mathrm{GCD}(b,d)\rangle$$

而在格 $\langle D_{36}, 1\rangle$ 所诱导的代数系统 $\langle D_{36}, \vee', \wedge'\rangle$ 中，

$$a \vee' b = \mathrm{LCM}(a,b), a \wedge' b = \mathrm{GCD}(a,b)$$

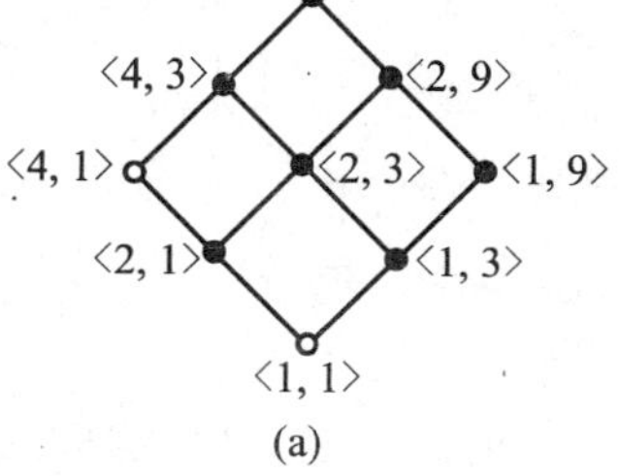

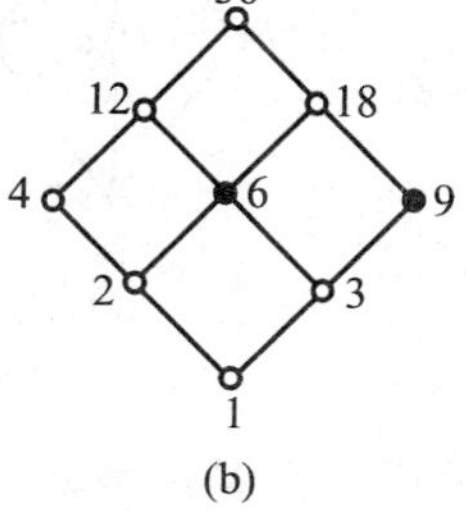

图 6-3

我们还可看到，图 6-3 中的两个哈斯图是相同的，而且两个图的对应位置上的元素存在着这样的关系，即图(a)中的一个元素 $\langle a,b\rangle$ 所对应的图(b)中的元素 c，存在着 $c=a\cdot b$ 的关系。这就很自然地找到了 $D_4\times D_9$ 与 D_{36} 之间的一个双射。最后，就剩下进一步去验证该映射满足同态条件便是了。

证明 设从 $D_4\times D_9$ 到 D_{36} 的一个映射为 f，对于任意的元素

$$\langle a,b\rangle\in D_4\times D_9,f(\langle a,b\rangle)=a\cdot b$$

显然，这是一个双射。

对于任意的 $\langle a,b\rangle,\langle c,d\rangle\in D_4\times D_9$，有

$$\begin{aligned}f(\langle a,b\rangle\vee\langle c,d\rangle)&=f(\langle \mathrm{LCM}(a,c),\mathrm{LCM}(b,d)\rangle)\\&=\mathrm{LCM}(a,c)\cdot\mathrm{LCM}(b,d)\\&=\mathrm{LCM}(a\cdot b,c\cdot d)=(a\cdot b)\vee'(c\cdot d)\\&=f(\langle a,b\rangle)\vee' f(\langle c,d\rangle)\\f(\langle a,b\rangle\wedge\langle c,d\rangle)&=f(\langle \mathrm{GCD}(a,c),\mathrm{GCD}(b,d)\rangle)\\&=\mathrm{GCD}(a,c)\cdot\mathrm{GCD}(b,d)\\&=\mathrm{GCD}(a\cdot b,c\cdot d)=(a\cdot b)\wedge'(c\cdot d)\\&=f(\langle a,b\rangle)\wedge' f(\langle c,d\rangle)\end{aligned}$$

因此，$\langle D_4\times D_9,R\rangle$ 与 $\langle D_{36},|\rangle$ 同构。

例题 6-5 在图 6-4 中给出两个五元素格。试证明：格 $\langle A,\preccurlyeq\rangle$ 为分配格的充要条件是在该格中没有任何子格可以与这两个五元素格中的任一个同构。

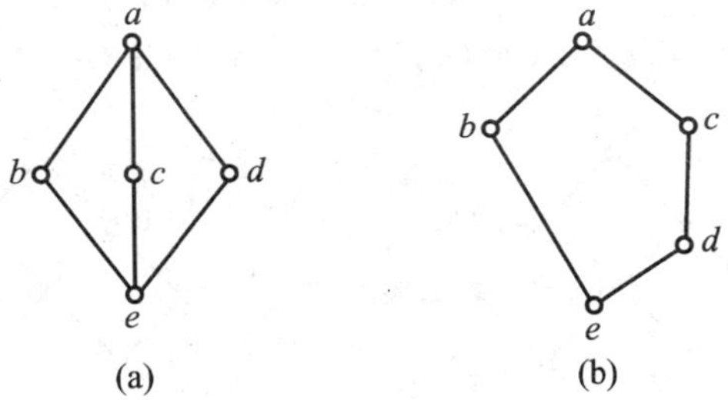

图 6-4

分析 必要性是显然的。为了证明充分性，可作这样的分析。首先，由定理 6-2.6 可知分配格必定是模格。其次，由定理 6-2.4

可知,格$\langle A, \preccurlyeq\rangle$为模格的充要条件是在$A$中不含有适合条件$v \prec u$且$u \vee w=v \vee w, u \wedge w=v \wedge w$的元素$u, v, w$,这实质上就是在$A$中不含有与图 6-4(b)这个五元素格同构的子格。由此可见,为了证明充分性,只要证明非分配模格中一定包含有与图 6-4(a)这个五元素格同构的子格就可以了。而这样的证明往往是采用构造法,也就是说要设法在一个非分配模格中找出一个与图 6-4(a)这个五元素格同构的子格。由图 6-4(a)可知,这个五元素格中,除了全上界a和全下界e外,其余三个元素b, c, d是两两不可比较的,并且这三个元素中的任意两个元素的并是a,交是e。因此,在非分配模格中要找与图 6-4(a)同构的子格,只要能在非分配模格中找出这样五个元素u, v, e_1, e_2, e_3,使得$v \prec u$;e_1, e_2, e_3中的任意两个元素的并是u,交是v;这五个元素互不相等;e_1, e_2, e_3这三个元素是两两不可比较的。

证明 必要性 这是显然的。

充分性 由上分析,只要证明在非分配模格中一定能找到这样的五个互不相等的元素u, v, e_1, e_2, e_3,使得$v \prec u$;e_1, e_2, e_3中的任意两个元素的并是u,交是v;e_1, e_2, e_3两两不可比较。以下就是去找出这样的五个元素。

先从非分配模格中取出三个不满足分配律的元素a_1, a_2, a_3,并令

$$u=(a_1 \vee a_2) \wedge (a_2 \vee a_3) \wedge (a_3 \vee a_1)$$

$$v=(a_1 \wedge a_2) \vee (a_2 \wedge a_3) \vee (a_3 \wedge a_1)$$

$$e_1=(a_2 \wedge a_3) \vee (a_1 \wedge (a_2 \vee a_3))$$

$$e_2=(a_3 \wedge a_1) \vee (a_2 \wedge (a_3 \vee a_1))$$

$$e_3=(a_1 \wedge a_2) \vee (a_3 \wedge (a_1 \vee a_2))$$

因为$a_1 \wedge a_2 \preccurlyeq a_1 \vee a_2, a_1 \wedge a_2 \preccurlyeq a_2 \preccurlyeq a_2 \vee a_3, a_1 \wedge a_2 \preccurlyeq a_1 \preccurlyeq a_1 \vee a_3$,所以

$$a_1 \wedge a_2 \preccurlyeq (a_1 \vee a_2) \wedge (a_2 \vee a_3) \wedge (a_3 \vee a_1)=u$$

同理$a_2 \wedge a_3 \preccurlyeq u, a_3 \wedge a_1 \preccurlyeq u$。由此可得

$$(a_1 \wedge a_2) \vee (a_2 \wedge a_3) \vee (a_3 \wedge a_1) \preccurlyeq u$$

即 $v \preccurlyeq u$。然而，由定理 6-2.5 可知，由于 a_1, a_2, a_3 不满足分配律，故必有 $v \neq u$。因此就有 $v \prec u$。

接着，证明 e_1, e_2, e_3 中的任意两个元素的并是 u，交是 v。

$$\begin{aligned}
e_1 \vee e_2 &= ((a_2 \wedge a_3) \vee (a_1 \wedge (a_2 \vee a_3))) \\
&\quad \vee ((a_3 \wedge a_1) \vee (a_2 \wedge (a_3 \vee a_1))) \\
&= ((a_1 \wedge (a_2 \vee a_3)) \vee (a_3 \wedge a_1)) \\
&\quad \vee ((a_2 \wedge (a_3 \vee a_1)) \vee (a_2 \wedge a_3)) \\
&= (a_1 \wedge (a_2 \vee a_3)) \vee (a_2 \wedge (a_3 \vee a_1)) \\
&= (a_2 \vee a_3) \wedge (a_1 \vee (a_2 \wedge (a_3 \vee a_1))) \\
&\quad (\text{因 } a_2 \wedge (a_3 \vee a_1) \preccurlyeq a_2 \preccurlyeq a_2 \vee a_3, \text{用模格条件}) \\
&= (a_2 \vee a_3) \wedge (a_3 \vee a_1) \wedge (a_1 \vee a_2) \\
&\qquad\qquad (\text{因 } a_1 \preccurlyeq a_3 \vee a_1, \text{用模格条件}) \\
&= u
\end{aligned}$$

同理可证，$e_2 \vee e_3 = e_3 \vee e_1 = u$。

$$\begin{aligned}
e_1 \wedge e_2 &= ((a_2 \wedge a_3) \vee (a_1 \wedge (a_2 \vee a_3))) \\
&\quad \wedge ((a_3 \wedge a_1) \vee (a_2 \wedge (a_3 \vee a_1))) \\
&= ((a_2 \vee a_3) \wedge (a_1 \vee (a_2 \wedge a_3))) \\
&\quad \wedge ((a_3 \vee a_1) \wedge (a_2 \vee (a_3 \wedge a_1))) \\
&\quad (\text{因 } a_2 \wedge a_3 \preccurlyeq a_2 \vee a_3, a_3 \wedge a_1 \preccurlyeq a_3 \vee a_1, \text{用模格条件}) \\
&= ((a_2 \vee a_3) \wedge (a_2 \vee (a_3 \wedge a_1))) \\
&\quad \wedge ((a_3 \vee a_1) \wedge (a_1 \vee (a_2 \wedge a_3))) \\
&= (a_2 \vee (a_3 \wedge a_1)) \wedge (a_1 \vee (a_2 \wedge a_3)) \\
&= (a_3 \wedge a_1) \vee (a_2 \wedge (a_1 \vee (a_2 \wedge a_3))) \\
&\quad (\text{因 } a_3 \wedge a_1 \preccurlyeq a_1 \preccurlyeq a_1 \vee (a_2 \wedge a_3), \text{用模格条件}) \\
&= (a_3 \wedge a_1) \vee (a_1 \wedge a_2) \vee (a_2 \wedge a_3) \\
&\qquad\qquad (\text{因 } a_2 \wedge a_3 \preccurlyeq a_2, \text{用模格条件}) \\
&= v
\end{aligned}$$

同理可证，$e_2 \wedge e_3 = e_3 \wedge e_1 = v$。

然后，再证 u, v, e_1, e_2, e_3 是五个互不相等的元素。

若 e_1, e_2, e_3 中有两个元素相等，利用对称性，不妨假设 $e_1 = e_2$，

则将导致 $u=e_1\vee e_2=e_1\wedge e_2=v$ 的矛盾；

若 $u=e_1$，则 $v=e_1\wedge e_2=u\wedge e_2=e_2$，$u=e_2\vee e_3=v\vee e_3=e_3$，从而导致 $e_1=u=e_3$ 的矛盾；

若 $v=e_1$，则 $u=e_1\vee e_2=v\vee e_2=e_2$，$v=e_2\wedge e_3=u\wedge e_3=e_3$，从而导致 $e_1=v=e_3$ 的矛盾。

最后，证明 e_1,e_2,e_3 是两两不可比较的。

利用对称性，只需考察其中的两个元素即可，不妨取 e_1 和 e_2。若 $e_1\preccurlyeq e_2$，则将导致 $u=e_1\vee e_2=e_2$ 的矛盾。

至此，已经证明在非分配模格中可以找到这样的五个元素 u，v,e_1,e_2,e_3，使得由这五个元素所组成的子格与图 6-4(a)中的五元素格同构。

例题 6-6 假设 f 是从布尔代数 $\langle A,\vee,\wedge,^-\rangle$ 到另一布尔代数 $\langle B,\cap,\cup,^\sim\rangle$ 的映射，如果，对于任意的 $a,b\in A$，有

$$f(a\vee b)=f(a)\cup f(b)\quad (\text{或 } f(a\wedge b)=f(a)\cap f(b))$$

$$f(\overline{a})=\widetilde{f(a)}$$

则 $f(a\wedge b)=f(a)\cap f(b)$（或 $f(a\vee b)=f(a)\cup f(b)$）。

分析 因 $\langle A,\vee,\wedge,^-\rangle$ 和 $\langle B,\cap,\cup,^\sim\rangle$ 都是布尔代数，f 是 A 到 B 的映射，故对任意的 $a,b\in A$，有 $f(a),f(b)\in B$ 且有

$$a\wedge b=\overline{\overline{a\wedge b}},\overline{a\wedge b}=\overline{a}\vee\overline{b},\overline{a\vee b}=\overline{a}\wedge\overline{b}$$

$$\widetilde{f(a)\cup f(b)}=\widetilde{f(a)}\cap\widetilde{f(b)},f(a)\cap f(b)=\widetilde{\widetilde{f(a)}\cup\widetilde{f(b)}}$$

等式子成立，因此，在已知 $f(a\vee b)=f(a)\cup f(b)$ 和 $f(\overline{a})=\widetilde{f(a)}$ 的情况下，利用已有的一些式子，容易证明 $f(a\wedge b)=f(a)\cap f(b)$。

同样地，在已知 $f(a\wedge b)=f(a)\cap f(b)$ 和 $f(\overline{a})=\widetilde{f(a)}$ 的情况下，也容易证明 $f(a\vee b)=f(a)\cup f(b)$。下面，只证明前者。

证明 因为对于任意的 $a,b\in A$，有

$$f(a\vee b)=f(a)\cup f(b),f(\overline{a})=\widetilde{f(a)}$$

所以

$$\begin{aligned}f(a\wedge b)&=f(\overline{\overline{a\wedge b}})=\widetilde{f(\overline{a\wedge b})}=\widetilde{f(\overline{a}\vee\overline{b})}=\widetilde{f(\overline{a})\cup f(\overline{b})}\\&=\widetilde{f(\overline{a})}\cap\widetilde{f(\overline{b})}=f(\overline{\overline{a}})\cap f(\overline{\overline{b}})=f(a)\cap f(b)\end{aligned}$$

例题 6-7 设 $S=\{a,b,c\}$，$\langle \mathscr{P}(S),\cup,\cap,\sim\rangle$ 是一个布尔代数，$B=\{0,1\}$，$\langle B,\vee,\wedge,^{-}\rangle$ 是一个两元素布尔代数，设 f 是 $\mathscr{P}(S)$ 到 B 的一个映射，使得对于任意的 $A\in\mathscr{P}(S)$，有

$$f(A)=\begin{cases}1,\text{若 } b\in A\\0,\text{若 } b\notin A\end{cases}$$

试证明：f 是一个同态映射。

分析 由例题 6-6 可知，只要证明：对任意的 $A,B\in\mathscr{P}(S)$

$$f(A\cap B)=f(A)\wedge f(B)$$

$$f(\widetilde{A})=\overline{f(A)}$$

那么，f 就是一个同态映射了。

对于任意的 $A,B\in\mathscr{P}(S)$，有这样两种情况，一种情况是 A,B 中均含元素 b，另一种情况是 A,B 中至少有一个不含元素 b。对于前一种情况，$A\cap B$ 中必含有 b，而对于后一种情况，$A\cap B$ 中必不含有 b。据此，容易证得 $f(A\cap B)=f(A)\wedge f(B)$。另外，若 A 中含元素 b，则 $\widetilde{A}$ 中必不含元素 b。据此，也容易证得 $f(\widetilde{A})=\overline{f(A)}$。

证明 对于任意的 $A,B\in\mathscr{P}(S)$，若 $b\in A$ 且 $b\in B$，则 $b\in A\cap B$，故 $f(A)=1$，$f(B)=1$，且 $f(A\cap B)=1$，即有 $f(A\cap B)=f(A)\wedge f(B)=1$；若 A,B 中至少有一个不含元素 b，则 $b\notin A\cap B$，故 $f(A)$ 和 $f(B)$ 中至少有一个为 0，且 $f(A\cap B)=0$，即有 $f(A\cap B)=f(A)\wedge f(B)=0$。

对于任意的 $A\in\mathscr{P}(S)$，若 $b\in A$，则 $b\notin\widetilde{A}$，故 $f(A)=1$，$f(\widetilde{A})=0$，即有 $f(\widetilde{A})=\overline{f(A)}=0$；若 $b\notin A$，则 $b\in\widetilde{A}$，故 $f(A)=0$，$f(\widetilde{A})=1$，即有 $f(\widetilde{A})=\overline{f(A)}=1$。

由此可见，在任何情况下，均有

$$f(A\cap B)=f(A)\wedge f(B)$$

$$f(\widetilde{A})=\overline{f(A)}$$

因此，f 是 $\langle\mathscr{P}(S),\cup,\cap,\sim\rangle$ 到 $\langle B,\vee,\wedge,^{-}\rangle$ 的一个同态映射。

例题 6-8 试证明：n 元对称函数的全体形成一个布尔代数。

分析 我们知道，一个具有 n 元 $x_1,x_2,\cdots,x_n$ 的布尔表达式，如果交换任意两个变元时总得出一个等价的布尔表达式，则这个表达式就称为一个对称函数。

现在来考察一个 n 元对称函数的二元赋值，而二元赋值就是对任意一个变元 $x_i(i=1,2,\cdots,n)$ 只能赋予 0 值或 1 值。显然，如果在一个 n 元对称函数中，赋予 1 值的变元数目固定不变的话，则函数的值也不会改变。

在此基础上，容易证明这样一个结论：n 元布尔表达式是对称的充要条件是，存在非负整数 $n_1,n_2,\cdots,n_k$ 的集合，使得在二元赋值过程中，任何 n_i 个变元赋予值 $1(i=1,2,\cdots,k)$，都使表达式的值为 1。

我们把数 $n_1,n_2,\cdots,n_k$ 称为对称函数的特征数，或者把 $\{n_1,n_2,\cdots,n_k\}$ 称为对称函数的特征数集合。

如果我们将一个 n 元对称函数与其相应的特征数集合建立一种对应关系，容易证明，这种对应是 n 元对称函数全体到 $\mathscr{P}(A)$ 的一个双射，其中 $A=\{0,1,2,3,\cdots,n\}$。

因此，我们只要证明 n 元对称函数全体与 $\mathscr{P}(A)$ 同构就可以了。

证明 设 n 元对称函数的全体为 F_n。

对于任意的 $f_1,f_2\in F_n$，相应的特征数集记为 $A_1,A_2\in\mathscr{P}(A)$。

显见，$f_1\vee f_2\in F_n$ 且相应的特征数集为 $A_1\cup A_2\in\mathscr{P}(A)$；

$f_1\wedge f_2\in F_n$ 且相应的特征数集为 $A_1\cap A_2\in\mathscr{P}(A)$；

$\overline{f}_1\in F_n$ 且对应的特征数集为 $A-A_1=\widetilde{A}_1\in\mathscr{P}(A)$。

另外，$0\in F_n$，其相应的特征数集为 $\varnothing$；$1\in F_n$，其相应的特征数集为 $A=\{0,1,2,\cdots,n\}$。

因此，$\langle F_n,\vee,\wedge,^{-}\rangle$ 与 $\langle\mathscr{P}(A),\cup,\cap,\sim\rangle$ 是同构的。因为 $\langle\mathscr{P}(A),\cup,\cap,\sim\rangle$ 是布尔代数，所以 $\langle F_n,\vee,\wedge,^{-}\rangle$ 也是布尔代数。

C　习题与解

6-1　由图 6-5 所示的偏序集,哪一个是格？为什么？

【6-1.(1)】

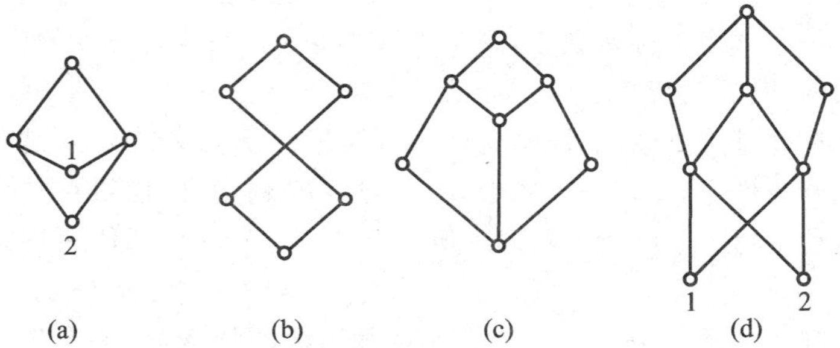

图　6-5

解　a) 不是格,因为 1,2 没有最大下界。

b) 是格。

c) 是格。

d) 不是格,因为 1,2 没有最大下界。

6-2　由下列集合 L 构成的偏序集 $\langle L,\preccurlyeq\rangle$,其中$\preccurlyeq$定义为：对于 $n_1,n_2\in L$,$n_1\preccurlyeq n_2$ 当且仅当 n_1 是 n_2 的因子。问其中哪几个偏序集是格。

a) $L=\{1,2,3,4,6,12\}$；

b) $L=\{1,2,3,4,6,8,12,14\}$；

c) $L=\{1,2,3,4,5,6,7,8,9,10,11,12\}$。　【6-1.(2)】

解　a) 是格。

b) 不是格,因为 12,14 没有最小上界。

c) 不是格,因为 9,10 没有最小上界。

6-3　验证以整除关系"|"为偏序关系的正整格 $\langle I_+,|\rangle$ 所诱导的代数系统 $\langle I_+,\vee,\wedge\rangle$ 满足 $\vee$,$\wedge$ 的交换性、结合性、等幂性以及吸收性。　【6-1.(3)】

证明 对于格$\langle I_+,|\rangle$来说，其诱导的代数系统$\langle I_+,\vee,\wedge\rangle$中的二元运算$\vee$和$\wedge$分别为：对于任意的$a,b\in I_+$有

$$a\vee b=\mathrm{LCM}(a,b),a\wedge b=\mathrm{GCD}(a,b)$$

所以，容易看出，对于任意的$a,b,c\in I_+$，有

$$a\vee b=\mathrm{LCM}(a,b)=\mathrm{LCM}(b,a)=b\vee a$$

$$a\wedge b=\mathrm{GCD}(a,b)=\mathrm{GCD}(b,a)=b\wedge a$$

$$\begin{aligned}(a\vee b)\vee c&=\mathrm{LCM}(a,b)\vee c=\mathrm{LCM}(a,b,c)\\&=a\vee\mathrm{LCM}(b,c)=a\vee(b\vee c)\end{aligned}$$

$$\begin{aligned}(a\wedge b)\wedge c&=\mathrm{GCD}(a,b)\wedge c=\mathrm{GCD}(a,b,c)\\&=a\wedge\mathrm{GCD}(b,c)=a\wedge(b\wedge c)\end{aligned}$$

$$a\vee a=\mathrm{LCM}(a,a)=a,a\wedge a=\mathrm{GCD}(a,a)=a$$

设$\mathrm{GCD}(a,b)=m$，则必有整数k，使得$a=mk$，于是，

$$\begin{aligned}a\vee(a\wedge b)&=a\vee(\mathrm{GCD}(a,b))=a\vee m\\&=\mathrm{LCM}(a,m)=\mathrm{LCM}(mk,m)\\&=mk=a\end{aligned}$$

另外，设$\mathrm{LCM}(a,b)=n$，则必有整数l，使得$n=la$，于是

$$\begin{aligned}a\wedge(a\vee b)&=a\wedge\mathrm{LCM}(a,b)=a\wedge n\\&=\mathrm{GCD}(a,n)=\mathrm{GCD}(la,a)=a\end{aligned}$$

6-4 设$\langle A,\preccurlyeq\rangle$是一个格，任取$a,b$且$a\prec b$，构造集合$B=\{x|x\in A$且$a\preccurlyeq x\preccurlyeq b\}$，则$\langle B,\preccurlyeq\rangle$也是一个格。 【6-1.(4)】

证明 因为$\langle A,\preccurlyeq\rangle$是一个格，而$B\subseteq A$，所以$\langle B,\preccurlyeq\rangle$是一个偏序集。对于任意的$c,d\in B\subseteq A$，$c\vee d$和$c\wedge d$是唯一存在的。

由于$a\preccurlyeq c\preccurlyeq b$，$a\preccurlyeq d\preccurlyeq b$，所以由$a\preccurlyeq c$和$a\preccurlyeq d$可得

$$a=a\vee a\preccurlyeq c\vee d$$

由$c\preccurlyeq b$和$d\preccurlyeq b$可得

$$c\vee d\preccurlyeq b\vee b=b$$

这就表明$a\preccurlyeq c\vee d\preccurlyeq b$，即可知$c\vee d\in B\subseteq A$。

同理可证$c\wedge d\in B$。

因此，$\langle B,\preccurlyeq\rangle$也是一个格。

6-5 设 $S=\{a,b,c,d\}$,$\langle \mathscr{P}(S),\subseteq\rangle$是一个格,试画出此格的哈斯图。

解 见图 6-6。

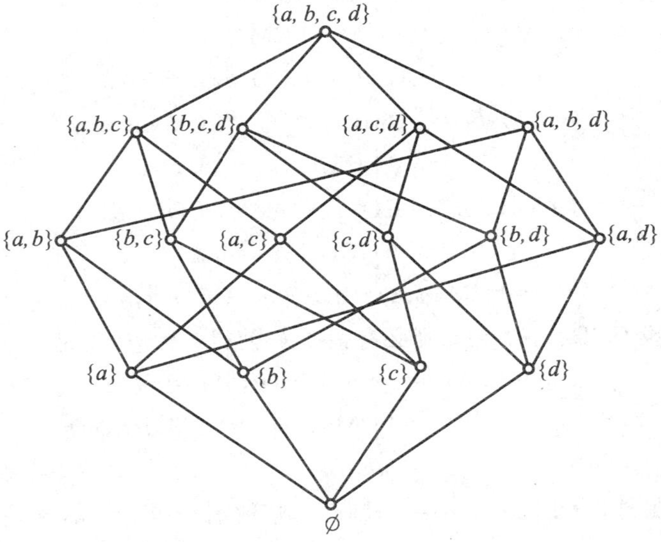

图 6-6

6-6 设 A,B 是两个集合,f 是 A 到 B 的映射,证明:$\langle S,\subseteq\rangle$ 是$\langle \mathscr{P}(B),\subseteq\rangle$的一个子格,其中

$$S=\{y\mid y=f(x),x\in \mathscr{P}(A)\}$$ 【6-1.(5)】

证明 首先,因为 f 是 A 到 B 的映射,所以对于任意的 $a\in A$,都有唯一的 $b\in B$,使得 $f(a)=b$。于是,对于任意的 $A_1,A_2\in \mathscr{P}(A)$,有 $f(A_1)$和 $f(A_2)$且明显地有

$$f(A_1\cup A_2)=f(A_1)\cup f(A_2)$$

$$f(A_1\cap A_2)=f(A_1)\cap f(A_2)$$

其次,因为$\langle \mathscr{P}(B),\subseteq\rangle$是一个格,且由 S 的定义可知 $S\subseteq \mathscr{P}(B)$,所以$\langle S,\subseteq\rangle$是一个偏序集。

最后,对于任意的 $s_1,s_2\in S$,必有 $A_1,A_2\in \mathscr{P}(A)$,使得

$$f(A_1)=s_1,f(A_2)=s_2$$

故有　$s_1 \cup s_2 = f(A_1) \cup f(A_2) = f(A_1 \cup A_2)$ 即得 $s_1 \cup s_2 \in S$

$s_1 \cap s_2 = f(A_1) \cap f(A_2) = f(A_1 \cap A_2)$ 即得 $s_1 \cap s_2 \in S$

因此，$\langle S, \subseteq \rangle$ 是 $\langle \mathscr{P}(B), \subseteq \rangle$ 的子格。

6-7　设 $\langle A, \vee, \wedge \rangle$ 是一个代数系统，其中 $\vee$，$\wedge$ 都是二元运算且分别满足幂等性，试举例说明吸收性不一定成立。

【6-1.(6)】

解　设 $\langle A, \vee, \wedge \rangle$ 是一个代数系统，其中 $A = \{a, b\}$，且 $\vee$ 和 $\wedge$ 的运算表分别如表 6-1(a)和表 6-1(b)所示。显然，$\vee$ 和 $\wedge$ 都满足幂等性，但是却有

$$(a \vee b) \wedge a = b \wedge a = b$$

即吸收性不成立。

表 6-1

$\vee$	a	b
a	a	b
b	a	b

(a)

$\wedge$	a	b
a	a	a
b	b	b

(b)

6-8　设 a 和 b 是格 $\langle A, \preccurlyeq \rangle$ 中的两个元素，证明：

a) $a \wedge b = b$ 当且仅当 $a \vee b = a$；

b) $a \wedge b \prec b$ 和 $a \wedge b \prec a$ 当且仅当 a 与 b 是不可比较的。

【6-1.(7)】

证明　a) 因为在格中吸收律总是满足的，所以：

若 $a \wedge b = b$，则 $a \vee b = a \vee (a \wedge b) = a$，反之，若 $a \vee b = a$，则 $a \wedge b = (a \vee b) \wedge b = b$。

b) 若 $a \wedge b \prec b$ 且 $a \wedge b \prec a$，即表明 $a \wedge b \neq b$ 且 $a \wedge b \neq a$。现用反证法：如果 a 与 b 可比较，则

要末 $a \preccurlyeq b$ 而导致 $a \wedge b = a$ 的矛盾，要末 $b \preccurlyeq a$ 而导致 $a \wedge b = b$ 的矛盾。

因此，a 与 b 是不可比较的。

反之，若 a 与 b 是不可比较的，即 $a \not\preccurlyeq b$ 且 $b \not\preccurlyeq a$，这就表明

$a \wedge b \neq a$ 且 $a \wedge b \neq b$。然而，在格中 $a \wedge b \preccurlyeq a$ 和 $a \wedge b \preccurlyeq b$ 总是成立的，因此，就有 $a \wedge b \prec a$ 和 $a \wedge b \prec b$。

6-9 设 $\langle A, \preccurlyeq \rangle$ 是一个格，k 是 A 中的一个固定元素，试证以下的两个从 A 到 A 的映射 φ_1 和 φ_2 都是保序映射，其中 φ_1 和 φ_2 分别定义如下：

对于任意的 $a \in A$

$$\varphi_1(a) = a \wedge k$$
$$\varphi_2(a) = a \vee k$$

证明 对于 $a, b \in A$，若 $a \preccurlyeq b$，则由格的保序性可得

$$a \wedge k \preccurlyeq b \wedge k$$
$$a \vee k \preccurlyeq b \vee k$$

这就表明 $\varphi_1(a) \preccurlyeq \varphi_1(b)$ 和 $\varphi_2(a) \preccurlyeq \varphi_2(b)$。因此，$\varphi_1$ 和 φ_2 都是 A 到 A 的保序映射。

6-10 证明：在格中若 $a \preccurlyeq b \preccurlyeq c$，则

$$a \vee b = b \wedge c$$
$$(a \wedge b) \vee (b \wedge c) = b = (a \vee b) \wedge (a \vee c)$$ 【6-1.(8)】

证明 由 $a \preccurlyeq b$ 得 $a \vee b = b$，而由 $b \preccurlyeq c$ 得 $b \wedge c = b$，所以

$$a \vee b = b \wedge c$$

因为 $(a \wedge b) \vee (b \wedge c) = (a \wedge b) \vee b = b$，而由 $a \vee b = b$ 和 $a \vee c = c$ 可得 $(a \vee b) \wedge (a \vee c) = b \wedge c = b$，所以

$$(a \wedge b) \vee (b \wedge c) = b = (a \vee b) \wedge (a \vee c)$$

6-11 证明：在格中成立：

$$(a \wedge b) \vee (c \wedge d) \preccurlyeq (a \vee c) \wedge (b \vee d)$$

和 $$(a \wedge b) \vee (b \wedge c) \vee (c \wedge a) \preccurlyeq (a \vee b) \wedge (b \vee c) \wedge (c \vee a)$$

【6-1.(9)】

证明 因为 $a \wedge b \preccurlyeq a$，$c \wedge d \preccurlyeq c$，所以 $(a \wedge b) \vee (c \wedge d) \preccurlyeq a \vee c$，又因 $a \wedge b \preccurlyeq b$ 和 $c \wedge d \preccurlyeq d$ 而得 $(a \wedge b) \vee (c \wedge d) \preccurlyeq b \vee d$，因此，

$$(a \wedge b) \vee (c \wedge d) \preccurlyeq (a \vee c) \wedge (b \vee d)$$

另外，因为 $a \wedge b \preccurlyeq a$，$b \wedge c \preccurlyeq b$，$c \wedge a \preccurlyeq a$，所以

$$(a \wedge b) \vee (b \wedge c) \preccurlyeq a \vee b$$

$$((a \wedge b) \vee (b \wedge c)) \vee (c \wedge a) \preccurlyeq (a \vee b) \vee a$$

即得 $$(a \wedge b) \vee (b \wedge c) \vee (c \wedge a) \preccurlyeq a \vee b$$

同理可得

$$(a \wedge b) \vee (b \wedge c) \vee (c \wedge a) \preccurlyeq b \vee c$$

和 $$(a \wedge b) \vee (b \wedge c) \vee (c \wedge a) \preccurlyeq c \vee a$$

所以 $(a \wedge b) \vee (b \wedge c) \vee (c \wedge a) \preccurlyeq (a \vee b) \wedge (b \vee c) \wedge (c \vee a)$

6-12 设 φ 是幂集 $\mathscr{P}(S)$ 的一个格自同态,证明:在 φ 作用下映照为同一元素的全体元素所构成的集合对于集合的并和交都是封闭的。

证明 对于 $a \in \mathscr{P}(S)$,令

$$R(a) = \{b \mid \varphi(b) = a, b \in \mathscr{P}(S)\}$$

于是,对于任意的 $x, y \in R(a)$,有

$$\varphi(x) = \varphi(y) = a$$

由 $$\varphi(x \cup y) = \varphi(x) \cup \varphi(y) = a \cup a = a$$

得 $$x \cup y \in R(a)$$

由 $$\varphi(x \cap y) = \varphi(x) \cap \varphi(y) = a \cap a = a$$

得 $$x \cap y \in R(a)$$

即集合的并和交在 $R(a)$ 中都是封闭的。

6-13 用对偶原理证明定理 6-1.2 中的后一个结论,即在格中若 $a \preccurlyeq b$ 和 $c \preccurlyeq d$,则 $a \wedge c \preccurlyeq b \wedge d$。 【6-1.(10)】

证明 利用定理 6-1.2 中的前一个结论:若 $a \preccurlyeq b$ 和 $c \preccurlyeq d$,则 $a \vee c \preccurlyeq b \vee d$。对此结论应用对偶原理应有,若 $b \preccurlyeq a$ 和 $d \preccurlyeq c$,则

$$b \wedge d \preccurlyeq a \wedge c$$

现将 a 与 b 互换,c 与 d 互换,即得若 $a \preccurlyeq b$ 和 $c \preccurlyeq d$,则

$$a \wedge c \preccurlyeq b \wedge d$$

6-14 设 $\langle A, \preccurlyeq \rangle$ 是一个格,证明:$\langle A, \preccurlyeq_R \rangle$ 也是一个格。

【6-1.(11)】

证明 首先,对于任意的 $a, b, c \in A$,$a \preccurlyeq a$ 当且仅当 $a \preccurlyeq_R a$,$\preccurlyeq_R$ 满足自反性;

若 $a \preccurlyeq_R b$ 且 $b \preccurlyeq_R a$,则有 $b \preccurlyeq a$ 且 $a \preccurlyeq b$,因为 $\preccurlyeq$ 满足反对称

性，所以有 $a=b$，因此，$\preccurlyeq_R$ 也满足反对称性；

若 $a\preccurlyeq_R b$ 且 $b\preccurlyeq_R c$，则有 $b\preccurlyeq a$ 且 $c\preccurlyeq b$，因为 $\preccurlyeq$ 满足传递性，所以有 $c\preccurlyeq a$，即可得 $a\preccurlyeq_R c$，因此，$\preccurlyeq_R$ 也满足传递性。

由上可知，$\langle A,\preccurlyeq_R\rangle$ 是一个偏序集。

其次，对于任意的 $a,b\in A$，因为 $\langle A,\preccurlyeq\rangle$ 是一个格，所以，不妨可设 a,b 的最小上界和最大下界分别为 c,d，则有

由 $a\preccurlyeq c$ 和 $b\preccurlyeq c$ 可导致 $c\preccurlyeq_R a$ 和 $c\preccurlyeq_R b$，因此，若 c 是 a,b 关于 $\preccurlyeq$ 的最小上界，则 c 必是 a,b 关于 $\preccurlyeq_R$ 的最大下界；

由 $d\preccurlyeq a$ 和 $d\preccurlyeq b$ 可导致 $a\preccurlyeq_R d$ 和 $b\preccurlyeq_R d$，因此，若 d 是 a,b 关于 $\preccurlyeq$ 的最大下界，则 d 必是 a,b 关于 $\preccurlyeq_R$ 的最小上界。

因此，$\langle A,\preccurlyeq_R\rangle$ 也是一个格。

6-15 试举两个含有 6 个元素的格，其中一个是分配格，另一个不是分配格。【6-2.(1)】

解 分配格如图 6-7(a)所示，不是分配格如图 6-7(b)所示。

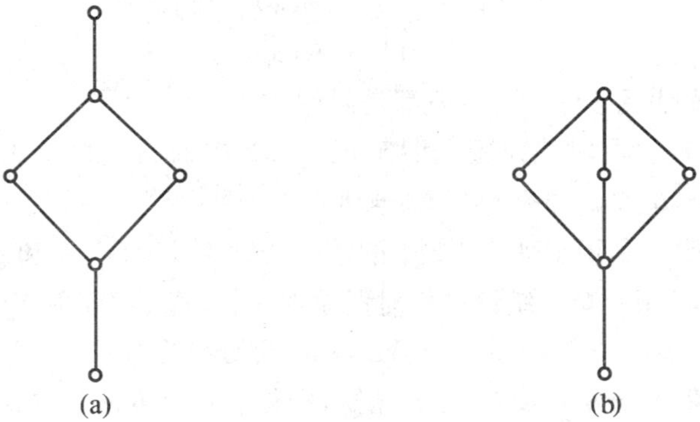

图 6-7

6-16 在图 6-8 中给出的几个格，哪个是分配格？【6-2.(2)】

解 (a)和(c)中都有与 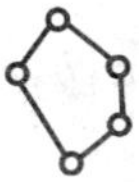 同构的子格，所以它们都不是分配格。(b)是分配格。

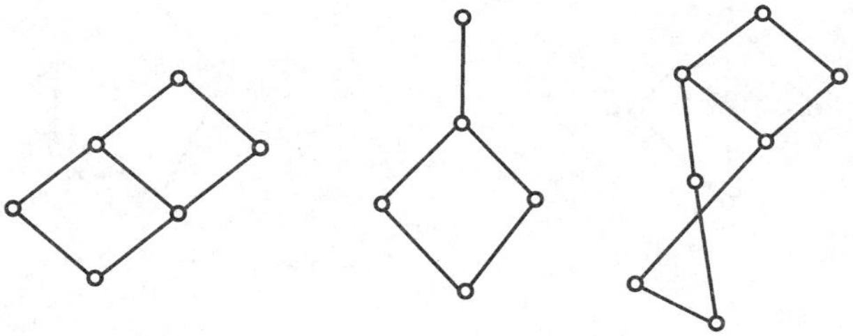

(a) (b) (c)

图 6-8

6-17 证明:格⟨I,max,min⟩是分配格。 【6-2.(3)】

证明 对于任意的 $a,b,c\in I$,

$$\max(a,\min(b,c))$$
$$=\begin{cases}\max(a,b)=\begin{cases}a, & b\leqslant c, b\leqslant a\\ b, & b\leqslant c, a\leqslant b\end{cases}\\ \max(a,c)=\begin{cases}a, & c\leqslant b, c\leqslant a\\ c, & c\leqslant b, a\leqslant c\end{cases}\end{cases}$$

而

$$\min(\max(a,b),\max(a,c))$$
$$=\begin{cases}\min(a,c)=a, & b\leqslant a, a\leqslant c\\ \min(a,a)=a, & b\leqslant a, c\leqslant a\\ \min(b,c)=\begin{cases}b, & a\leqslant b, a\leqslant c, b\leqslant c\\ c, & a\leqslant b, a\leqslant c, c\leqslant b\end{cases}\\ \min(b,a)=a, & a\leqslant b, c\leqslant a\end{cases}$$

所以 $\max(a,\min(b,c))=\min(\max(a,b),\max(a,c))$

用对偶原理可知

$$\min(a,\max(b,c))=\max(\min(a,b),\min(a,c))$$

6-18 试证:分配格的每个子格必定是分配格。

证明 根据书上给出的一个结论:一个格是分配格的充要条件是该格中没有任何子格与图 6-9 中两个五元素格中的任一个同构。

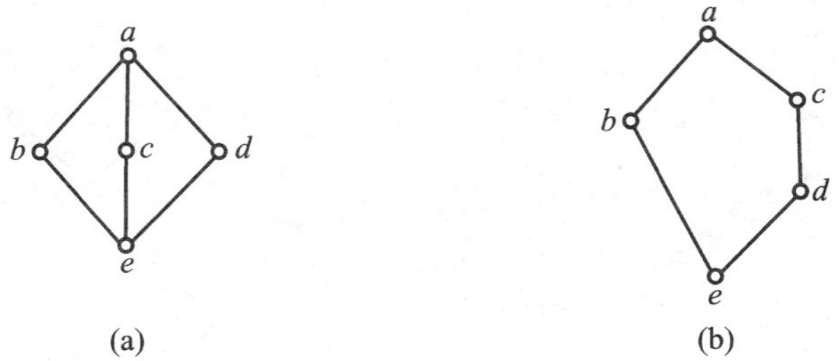

图 6-9

如果分配格的某个子格不是分配格，那么，该子格中必有子格与图 6-9 中两个五元素格中的一个同构，这就导致原分配格中含有与图 6-9 中两个五元素格中的一个同构的矛盾。

因此，分配格的每个子格必定是分配格。

6-19 证明：在分配格中，可把分配式更一般地写成：

$$a\wedge(b_1\vee b_2\vee\cdots\vee b_n)=(a\wedge b_1)\vee(a\wedge b_2)\vee\cdots\vee(a\wedge b_n)$$
$$a\vee(b_1\wedge b_2\wedge\cdots\wedge b_n)=(a\vee b_1)\wedge(a\vee b_2)\wedge\cdots\wedge(a\vee b_n)$$

【6-2.(4)】

证明 用数学归纳法。

归纳基：已知 $a\wedge(b_1\vee b_2)=(a\wedge b_1)\vee(a\wedge b_2)$

$$a\vee(b_1\wedge b_2)=(a\vee b_1)\wedge(a\vee b_2)$$

归纳假设：设对 $n-1$ 成立，即有

$$a\wedge(b_1\vee b_2\vee\cdots\vee b_{n-1})=(a\wedge b_1)\vee(a\wedge b_2)\vee\cdots\vee(a\wedge b_{n-1})$$
$$a\vee(b_1\wedge b_2\wedge\cdots\wedge b_{n-1})=(a\vee b_1)\wedge(a\vee b_2)\wedge\cdots\wedge(a\vee b_{n-1})$$

归纳步骤：对 n 就应有

$$\begin{aligned}&a\wedge(b_1\vee b_2\vee\cdots\vee b_{n-1}\vee b_n)\\&\quad=[a\wedge(b_1\vee b_2\vee\cdots\vee b_{n-1})]\vee(a\wedge b_n)\\&\quad=(a\wedge b_1)\vee(a\wedge b_2)\vee\cdots\vee(a\wedge b_{n-1})\vee(a\wedge b_n)\end{aligned}$$

$$\begin{aligned}&a\vee(b_1\wedge b_2\wedge\cdots\wedge b_{n-1}\wedge b_n)\\&\quad=[a\vee(b_1\wedge b_2\wedge\cdots\wedge b_{n-1})]\wedge(a\vee b_n)\\&\quad=(a\vee b_1)\wedge(a\vee b_2)\wedge\cdots\wedge(a\vee b_{n-1})\wedge(a\vee b_n)\end{aligned}$$

因此，对于任意 n，分配式总是成立的。

6-20 设 $\langle A,\preccurlyeq\rangle$ 是一个分配格，$a,b\in A$ 且 $a\prec b$，证明

$$f(x)=(x\vee a)\wedge b$$

是一个从 A 到 B 的同态映射。其中

$$B=\{x \mid x\in A \text{ 且 } a\preccurlyeq x\preccurlyeq b\}$$ 【6-2.(5)】

证明 首先证明，对任意 $x\in A$，必有 $f(x)\in B$。

因为 $a\preccurlyeq x\vee a$ 且 $a\prec b$，所以

$$a=a\wedge b\preccurlyeq(x\vee a)\wedge b\preccurlyeq b$$

即 $a\preccurlyeq f(x)\preccurlyeq b$。这就表明 $f(x)\in B$。因此，f 是从 A 到 B 的一个映射。

其次证明，f 是同态映射。

对于任意的 $x,y\in A$，

$$\begin{aligned}f(x\vee y)&=((x\vee y)\vee a)\wedge b=(x\vee y\vee a)\wedge b\\&=(x\wedge b)\vee(y\wedge b)\vee(a\wedge b)\end{aligned}$$

$$\begin{aligned}f(x)\vee f(y)&=((x\vee a)\wedge b)\vee((y\vee a)\wedge b)\\&=(x\wedge b)\vee(a\wedge b)\vee(y\wedge b)\vee(a\wedge b)\\&=(x\wedge b)\vee(y\wedge b)\vee(a\wedge b)\end{aligned}$$

所以，$$f(x\vee y)=f(x)\vee f(y)$$

同理可证 $$f(x\wedge y)=f(x)\wedge f(y)$$

因此，f 是一个从 A 到 B 的同态映射。

6-21 试举例说明模格不一定是分配格。

【6-2.(6)】

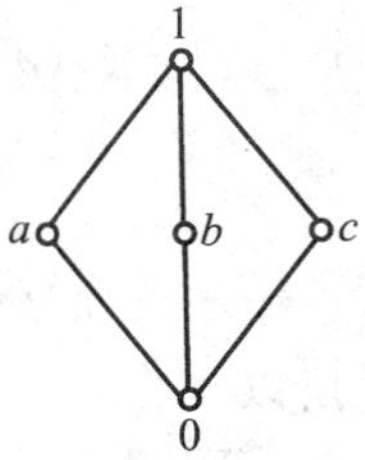

图 6-10

解 给定格如图 6-10 所示。

对于任意的 $x,y,z\in\{0,1,a,b,c\}$，若有 $y\preccurlyeq x$，则只有 $y=0$ 或者 $x=1$。

若 $y=0$，则

$$x\wedge(y\vee z)=x\wedge z$$
$$y\vee(x\wedge z)=x\wedge z$$

若 $x=1$，则

$$x\wedge(y\vee z)=y\vee z$$
$$y\vee(x\wedge z)=y\vee z$$

所以，总有 $x\wedge(y\vee z)=y\vee(x\wedge z)$。因此，由图 6-10 给出的格是一个模格。然而，它不是分配格。

*6-22 证明：一个格 $\langle A,\preccurlyeq\rangle$ 是分配格当且仅当对任意的 $a,b,c\in A$，有

$$(a\wedge b)\vee(b\wedge c)\vee(c\wedge a)=(a\vee b)\wedge(b\vee c)\wedge(c\vee a)$$

【6-2.(7)】

证明 对于任意的 $a,b,c\in A$，令

$$a'=(a\vee b)\wedge(a\vee c)$$
$$b'=b\vee c$$
$$c'=a$$

就有

$$\begin{aligned}
&(a'\wedge b')\vee(b'\wedge c')\vee(c'\wedge a')\\
&\quad=((a\vee b)\wedge(a\vee c)\wedge(b\vee c))\vee((b\vee c)\wedge a)\\
&\qquad\vee(a\wedge(a\vee b)\wedge(a\vee c))\\
&\quad=((a\vee b)\wedge(a\vee c)\wedge(b\vee c))\vee((b\vee c)\wedge a)\vee a\\
&\quad=((a\wedge b)\vee(a\wedge c)\vee(b\wedge c))\vee a\\
&\quad=a\vee(b\wedge c)
\end{aligned}$$

$$\begin{aligned}
&(a'\vee b')\wedge(b'\vee c')\wedge(c'\vee a')\\
&\quad=(((a\vee b)\wedge(a\vee c))\vee(b\vee c))\\
&\qquad\wedge((b\vee c)\vee a)\wedge(a\vee((a\vee b)\wedge(a\vee c)))\\
&\quad=(((a\vee b)\wedge(a\vee c))\vee(b\vee c))\\
&\qquad\wedge(a\vee b\vee c)\wedge((a\vee b)\wedge(a\vee c))\\
&\quad=(((a\vee b)\wedge(a\vee c))\vee(b\vee c))\wedge((a\vee b)\wedge(a\vee c))\\
&\quad=(a\vee b)\wedge(a\vee c)
\end{aligned}$$

所以 $a\vee(b\wedge c)=(a\vee b)\wedge(a\vee c)$

同理可证 $a\wedge(b\vee c)=(a\wedge b)\vee(a\wedge c)$

因此，格 $\langle A,\preccurlyeq\rangle$ 是分配格。

反之，若格 $\langle A,\preccurlyeq\rangle$ 是分配格，则有

$$\begin{aligned}
(a\wedge b)\vee(b\wedge c)\vee(c\wedge a)&=(b\wedge(a\vee c))\vee(c\wedge a)\\
&=(b\vee(c\wedge a))\wedge((a\vee c)\vee(c\wedge a))\\
&=(a\vee b)\wedge(b\vee c)\wedge(c\vee a)
\end{aligned}$$

6-23 证明:一个格$\langle A,\preccurlyeq\rangle$是分配格当且仅当对任意的$a$,$b,c\in A$,有

$$(a\vee b)\wedge c\preccurlyeq a\vee(b\wedge c)$$

证明 若$\langle A,\preccurlyeq\rangle$是分配格,由

$$a\wedge c\preccurlyeq a \quad 和 \quad (b\wedge c)\preccurlyeq(b\wedge c)$$

可得 $$(a\wedge c)\vee(b\wedge c)\preccurlyeq a\vee(b\wedge c)$$

所以 $$(a\vee b)\wedge c\preccurlyeq a\vee(b\wedge c)$$

反之,若对任意的a, b, $c\in A$, 有$(a\vee b)\wedge c\preccurlyeq a\vee(b\wedge c)$,则可得

$$\begin{aligned}(a\vee b)\wedge c&=((b\vee a)\wedge c)\wedge c\\&\preccurlyeq(b\vee(a\wedge c))\wedge c && (由已知条件)\\&=((a\wedge c)\vee b)\wedge c\\&\preccurlyeq(a\wedge c)\vee(b\wedge c) && (由已知条件)\end{aligned}$$

又由 $$a\wedge c\preccurlyeq(a\vee b)\wedge c \quad 和 \quad b\wedge c\preccurlyeq(a\vee b)\wedge c$$

可得 $$(a\wedge c)\vee(b\wedge c)\preccurlyeq(a\vee b)\wedge c$$

于是就有 $$(a\vee b)\wedge c=(a\wedge c)\vee(b\wedge c)$$

由定理 6-2.1 可知

$$(a\wedge b)\vee c=(a\vee c)\wedge(b\vee c)$$

因此,格$\langle A,\preccurlyeq\rangle$是分配格。

6-24 举出两个含有 6 个元素的格,其中一个是模格,另一个不是模格。 【6-2.(8)】

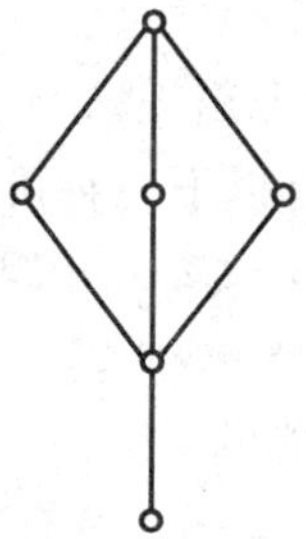

(a)

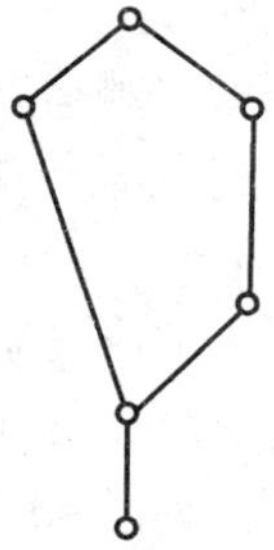

(b)

图 6-11

解 给出两个 6 元素的格,如图 6-11 所示。

由定理 6-2.4 可知,图 6-11(a)中的格是模格,而图 6-11(b)中的格不是模格。

6-25 证明:一个格是模格当且仅当对于任意的 a,b,c,有

$$a\vee(b\wedge(a\vee c))=(a\vee b)\wedge(a\vee c)$$ 【6-2.(9)】

证明 设$\langle A,\preccurlyeq\rangle$是一个格,且对于任意的 $a,b,c\in A$,上式成立,则当 $a\preccurlyeq c$ 时,就有 $a\vee c=c$,故得

$$a\vee(b\wedge c)=(a\vee b)\wedge c$$

所以,$\langle A,\preccurlyeq\rangle$是模格。

反之,若$\langle A,\preccurlyeq\rangle$是模格,则对任意的 $a, b, c\in A$,当 $a\preccurlyeq c$ 时,有

$$a\vee(b\wedge c)=(a\vee b)\wedge c$$

因为 $a\preccurlyeq a\vee c$,所以

$$a\vee(b\wedge(a\vee c))=(a\vee b)\wedge(a\vee c)$$

6-26 设$\langle A,\preccurlyeq\rangle$是模格,$x,y,a\in A$,且 x,y 分别盖住 a,证明 $x\vee y$ 盖住 x 和 y。 【6-2.(10)】

证明 由题意可知:$a\preccurlyeq x,a\preccurlyeq y$,且没有 $z\in A$,使得

$$a\preccurlyeq z\preccurlyeq x,a\preccurlyeq z\preccurlyeq y$$

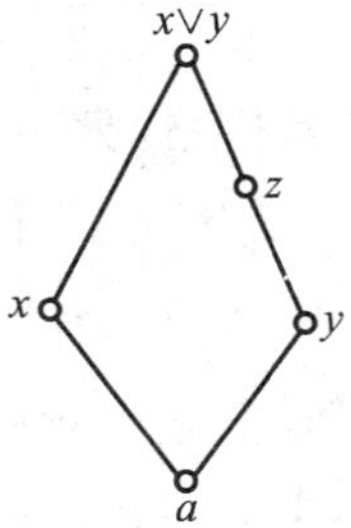

图 6-12

所以,$x\wedge y=a$。

又因 $x\preccurlyeq x\vee y,y\preccurlyeq x\vee y$。如果另有 $z\in A$,使得

$$y\preccurlyeq z\preccurlyeq x\vee y$$

那么,就应有图 6-12 的情况出现。

现考察 $y\vee(z\wedge x)$,有以下三种可能:

(i) 若 $z\wedge x=x$,则 $x\preccurlyeq z$。又因 $y\preccurlyeq z$,故有 $x\vee y\preccurlyeq z$,所以只能有 $x\vee y=z$;

(ii) 若 $z\wedge x=z$,则 $z\preccurlyeq x$,这是不可能的;

(iii) 若 $z\wedge x=a$,则 $y\vee(z\wedge x)=y\vee a=y$。另有 $z\wedge(y\vee x)=z$。因为 $y\preccurlyeq z$,故由模格的定义可得

$$y\vee(z\wedge x)=z\wedge(y\vee x)$$

所以 $$y=z$$

由此可见 $x\vee y$ 盖住 y。

同理可证 $x\vee y$ 盖住 x。

****6-27** 设 $\langle S,\preccurlyeq\rangle$ 是模格，a，$b\in S$，作 $X=\langle x|x\in S$，且 $a\wedge b\preccurlyeq x\preccurlyeq a\rangle$，$Y=\langle y|y\in S$，且 $b\preccurlyeq y\preccurlyeq a\vee b\rangle$，则下面的互逆映射

$$x\to x\vee b \quad (x\in X)$$
$$y\to y\wedge a \quad (y\in Y)$$

是 X 和 Y 之间的同构。 【6-2.(11)】

证明 记
$$f: x\to x\vee b \quad (x\in X)$$
$$g: y\to y\wedge a \quad (y\in Y)$$

由于 $a\wedge b\preccurlyeq x\preccurlyeq a$，所以 $(a\wedge b)\vee b\preccurlyeq x\vee b\preccurlyeq a\vee b$，即 $b\preccurlyeq x\vee b\preccurlyeq a\vee b$，故 f 是 X 到 Y 的映射；类似地可知，g 是 Y 到 X 的映射。

对于任意的 $x\in X$，有

$$\begin{aligned} g(f(x)) &= g(x\vee b)=a\wedge(x\vee b) \\ &= x\vee(a\wedge b) \quad (\text{因为 } x\preccurlyeq a\text{，并用模格条件}) \\ &= x \quad (\text{因为 } a\wedge b\preccurlyeq x) \end{aligned}$$

这就表明 g 是 f 的左逆。类似地，由于对任意的 $y\in Y$

$$f(g(y))=f(y\wedge a)=(y\wedge a)\vee b=y\wedge(a\vee b)=y$$

所以 g 也是 f 的右逆。因此，f 和 g 都是双射。

另外，设 $a\wedge b\preccurlyeq x_1\preccurlyeq x_2\preccurlyeq a$，则有

$$(x_1\vee b)\vee(x_2\vee b)=(x_1\vee x_2)\vee b=x_2\vee b$$

由此可知 $x_1\vee b\preccurlyeq x_2\vee b$，所以，$f$ 是保序映射。

类似地，容易验证 g 也是保序映射。

由上所述，f 和 g 分别是 X 到 Y 和 Y 到 X 的双射保序映射，于是，根据定理 6-1.9 即可知，f 与 g 都是 X 和 Y 之间的同构映射。

6-28 试根据图 6-13 所示的有界格，回答以下问题。

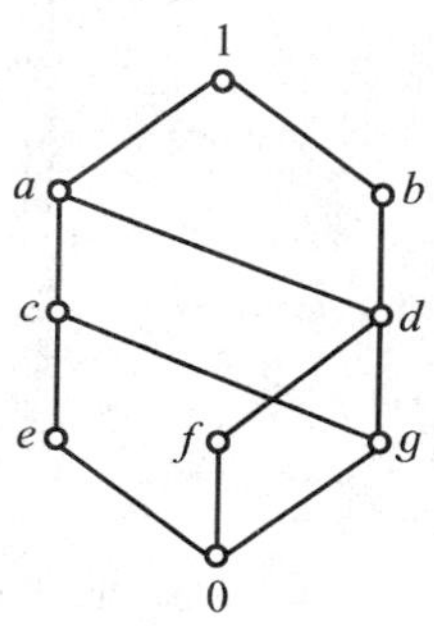

图 6-13

a) a 和 f 的补元素分别是哪些元素？

b) 该有界格是分配格吗？

c) 该有界格是有补格吗？ 【6-3.(1)】

解 a) a 和 f 都没有补元。

b) 因为 $c\wedge(e\vee f)=c\wedge a=c$，而

$$(c\wedge e)\vee(c\wedge f)=e\vee a=a$$

所以，$c\wedge(e\vee f)\neq(c\wedge e)\vee(c\wedge f)$。因此，它不是分配格。

c) 显然地，d 就没有补元。因此，它不是有补格。

6-29 证明：在有界格中 0 是 1 的唯一补元，1 是 0 的唯一补元。 【6-3.(2)】

证明 因为 $0\vee 1=1, 0\wedge 1=0$，所以 0 和 1 互为补元。

若 1 的另一补元为 0_1，则

$$0_1\wedge 1=0, 0_1\vee 1=1$$

但 $0\preccurlyeq 0_1\preccurlyeq 1$，所以 $0_1\wedge 1=0_1$，由此可得 $0_1=0$。因此，0 是 1 的唯一补元。

同理可证，1 是 0 的唯一补元。

6-30 试举例说明，有补格不一定是分配格，分配格不一定是有补格。

解 给出两个格，如图 6-14 所示。其中，(a)是分配格，但不是有补格；(b)是有补格，但不是分配格。

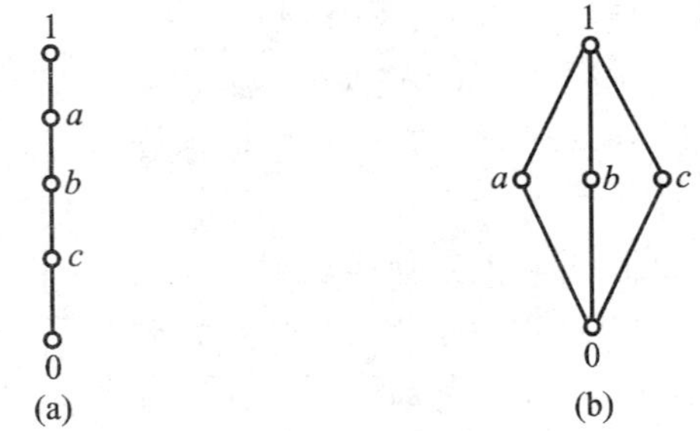

(a) (b)

图 6-14

6-31 证明：具有两个或更多个元素的格中不存在以自身为补元的元素。 【6-3.(3)】

证明 凡涉及到补元，该格必为有界格。对于任何一个有界格来说，自然有

$$1\vee 1=1, 1\wedge 1=1$$

$$0\vee 0=0, 0\wedge 0=0$$

所以，0 和 1 都不可能以自身为补元。这就表明，具有两个元素的格中不可能存在以自身为补元的元素。

对于具有多于两个元素的有界格来说，我们考察该格中的任一元素 a，$a\neq 0$ 且 $a\neq 1$。

若 $a\vee a=1$，则导致 $a=1$ 的矛盾；

若 $a\wedge a=0$，则导致 $a=0$ 的矛盾。

故具有多于两个元素的格中也不存在以自身为补元的元素。

6-32 在有界分配格中，证明具有补元的那些元素组成一个子格。 【6-3.(4)】

证明 在有界分配格中，至少有一个子格$\{0,1\}$。

设在有界分配格中具有补元的元素所组成的集合记为 C。对于任意的 $a,b\in C$，它们的补元分别记为 $\bar{a},\bar{b}$。

先考察 $a\vee b$，因为

$$\begin{aligned}(a\vee b)\vee(\bar{a}\wedge\bar{b})&=(a\vee b\vee\bar{a})\wedge(a\vee b\vee\bar{b})\\&=(b\vee 1)\wedge(a\vee 1)=1\wedge 1=1\end{aligned}$$

$$\begin{aligned}(a\vee b)\wedge(\bar{a}\wedge\bar{b})&=(a\wedge\bar{a}\wedge\bar{b})\vee(b\wedge\bar{a}\wedge\bar{b})\\&=(0\wedge\bar{b})\vee(0\wedge\bar{a})=0\vee 0=0\end{aligned}$$

所以，$a\vee b\in C$。

再考察 $a\wedge b$，因为

$$\begin{aligned}(a\wedge b)\vee(\bar{a}\vee\bar{b})&=(a\vee\bar{a}\vee\bar{b})\wedge(b\vee\bar{a}\vee\bar{b})\\&=(\bar{b}\vee 1)\wedge(\bar{a}\vee 1)=1\wedge 1=1\end{aligned}$$

$$\begin{aligned}(a\wedge b)\wedge(\bar{a}\vee\bar{b})&=(a\wedge b\wedge\bar{a})\vee(a\wedge b\wedge\bar{b})\\&=(0\wedge b)\vee(0\wedge a)=0\vee 0=0\end{aligned}$$

所以，$a\wedge b\in C$。

因此，C 是子格。

6-33 试证明：具有三个或更多个元素的链不是有补格。

【6-3.(5)】

证明 设具有三个或更多个元素的链为$\langle A,\preccurlyeq\rangle$。

对于任一元素 $a\in A$，且 $a\neq 0, a\neq 1$，如果 a 有补元 b，即有 $a\vee b=1, a\wedge b=0$。因为$\langle A,\preccurlyeq\rangle$是链，所以必有 $a\preccurlyeq b$ 或 $b\preccurlyeq a$。

若 $a\preccurlyeq b$，则有 $a\wedge b=a$，这就导致 $a=0$ 的矛盾；

若 $b\preccurlyeq a$，则有 $a\vee b=a$，这又导致 $a=1$ 的矛盾。

这就表明 a 的补元 b 是不存在的。因此，这种链不是有补格。

6-34 设$\langle A,\preccurlyeq\rangle$是一个有界格，对于 $x,y\in A$，证明：

a）若 $x\vee y=0$ 则 $x=y=0$；

b）若 $x\wedge y=1$ 则 $x=y=1$。 【6-3.(6)】

证明 a）若 $x\vee y=0$。由定义可知 $x\preccurlyeq 0, y\preccurlyeq 0$，由于 0 是全下界，所以不可能有 $x\prec 0$ 和 $y\prec 0$，因此，$x=y=0$。

b）若 $x\wedge y=1$。由定义可知 $1\preccurlyeq x, 1\preccurlyeq y$，由于 1 是全上界，所以不可能有 $1\prec x$ 和 $1\prec y$，因此，$x=y=1$。

6-35 证明：在布尔代数中，有

$$a\vee(\overline{a}\wedge b)=a\vee b$$

$$a\wedge(\overline{a}\vee b)=a\wedge b$$ 【6-4.(1)】

证明 因为布尔代数是由布尔格所诱导的代数系统，而布尔格是有补分配格，所以就应有

$$a\vee(\overline{a}\wedge b)=(a\vee\overline{a})\wedge(a\vee b)=1\wedge(a\vee b)=a\vee b$$

$$a\wedge(\overline{a}\vee b)=(a\wedge\overline{a})\vee(a\wedge b)=0\vee(a\wedge b)=a\wedge b$$

6-36 设$\langle S,\vee,\wedge,^{-}\rangle$是一个布尔代数，$x,y\in S$，证明：$x\preccurlyeq y$ 当且仅当 $\overline{y}\preccurlyeq\overline{x}$。 【6-4.(2)】

证明 由引理 6-4.1 可知

$$\overline{y}\preccurlyeq\overline{x},\text{当且仅当 }\overline{y}\wedge\overline{\overline{x}}=0$$

即有

$$\overline{y}\preccurlyeq\overline{x},\text{当且仅当 }\overline{y}\wedge x=0$$

再由引理 6-4.1 即得

$$x\wedge\overline{y}=0,\text{当且仅当 }x\preccurlyeq y$$

因此，在布尔代数中，$x\preccurlyeq y$ 当且仅当 $\overline{y}\preccurlyeq\overline{x}$。

6-37 设$\langle A,\vee,\wedge,^{-}\rangle$是一个布尔代数，如果在 A 上定义二元运算$\oplus$为：

$$a \oplus b=(a \wedge \bar{b}) \vee(\bar{a} \wedge b)$$

证明：$\langle A,\oplus\rangle$是一个阿贝尔群。 【6-4.(3)】

证明 (i) 由$\wedge$，$\vee$，$^{-}$这三个运算在A上都是封闭的，所以，运算$\oplus$在A上也是封闭的；

(ii) 对于任意的$a,b,c\in A$

$$\begin{aligned}(a \oplus b) \oplus c & =((a \wedge \bar{b}) \vee(\bar{a} \wedge b)) \oplus c \\ & =(((a \wedge \bar{b}) \vee(\bar{a} \wedge b)) \wedge \bar{c}) \\ & \quad \vee(\overline{((a \wedge \bar{b}) \vee(\bar{a} \wedge b))} \wedge c) \\ & =(a \wedge \bar{b} \wedge \bar{c}) \vee(\bar{a} \wedge b \wedge \bar{c}) \\ & \quad \vee(((\bar{a} \vee b) \wedge(a \vee \bar{b})) \wedge c) \\ & =(a \wedge \bar{b} \wedge \bar{c}) \vee(\bar{a} \wedge b \wedge \bar{c}) \\ & \quad \vee(((a \wedge b) \vee(\bar{a} \wedge \bar{b})) \wedge c) \\ & =(a \wedge \bar{b} \wedge \bar{c}) \vee(\bar{a} \wedge b \wedge \bar{c}) \\ & \quad \vee(a \wedge b \wedge c) \vee(\bar{a} \wedge \bar{b} \wedge c)\end{aligned}$$

同理可得

$$a \oplus(b \oplus c)=(a \wedge \bar{b} \wedge \bar{c}) \vee(\bar{a} \wedge b \wedge \bar{c}) \vee(a \wedge b \wedge c) \vee(\bar{a} \wedge \bar{b} \wedge c)$$

所以，$a\oplus(b\oplus c)=(a\oplus b)\oplus c$，即运算$\oplus$满足结合性；

(iii) 因为

$$a \oplus b=(a \wedge \bar{b}) \vee(\bar{a} \wedge b)=(b \wedge \bar{a}) \vee(\bar{b} \wedge a)=b \oplus a$$

所以，运算$\oplus$满足可交换性；

(iv) 对于任意的$a\in A$，有

$$a \oplus 0=0 \oplus a=(0 \wedge \bar{a}) \vee(\bar{0} \wedge a)=0 \vee(1 \wedge a)=0 \vee a=a$$

故0是A中关于运算$\oplus$的幺元；

(v) 对于任意的$a\in A$，有

$$a \oplus a=(a \wedge \bar{a}) \vee(\bar{a} \wedge a)=0 \vee 0=0$$

这说明A中的每一个元素均以其自身为逆元。

因此，$\langle A,\oplus\rangle$是一个阿贝尔群。

6-38 设$\langle A,\vee,\wedge,^{-}\rangle$是一个有限布尔代数，$a_1,a_2,\cdots,a_n$是该布尔代数中的全部原子。试证明：对于这些原子的任意一种排列$a_{i_1},a_{i_2},\cdots,a_{i_n}$，都有

$$\overline{\bigvee_{j=1}^{k} a_{i_j}} = \bigvee_{j=k+1}^{n} a_{i_j}$$

证明 由引理 6-4.2 可知

$$\bigvee_{i=1}^{n} a_i = 1$$

由此可得 $\left(\bigvee_{j=1}^{k} a_{i_j}\right) \vee \left(\bigvee_{j=k+1}^{n} a_{i_j}\right) = \bigvee_{j=1}^{n} a_{i_j} = \bigvee_{i=1}^{n} a_i = 1$

又由于对任意两个原子 a_p, a_q，均有 $a_p \wedge a_q = 0$，故有

$$\left(\bigvee_{j=1}^{k} a_{i_j}\right) \wedge \left(\bigvee_{j=k+1}^{n} a_{i_j}\right) = \bigvee_{j=1}^{k} \bigvee_{m=k+1}^{n} (a_{i_j} \wedge a_{i_m}) = 0$$

由此可见，$\bigvee_{j=1}^{k} a_{i_j}$ 和 $\bigvee_{j=k+1}^{n} a_{i_j}$ 是互为补元的。

因此，就有

$$\overline{\bigvee_{j=1}^{k} a_{i_j}} = \bigvee_{j=k+1}^{n} a_{i_j}$$

6-39 在一个具有全上界 1 的格中，如果有元素 a 被 1 盖住，则称元素 a 为反原子。试证明，在任何一个有限布尔代数 $\langle A, \vee, \wedge, ^{-}\rangle$ 中，原子的个数必定与反原子的个数相等。

证明 首先证明 A 中的任一原子 a，其补元素 $\bar{a}$ 必是一个反原子。用反证法，假设 $\bar{a}$ 不是反原子，那么必定存在 $b \in A$，使得

$$\bar{a} \prec b \prec 1$$

若 $b \wedge a = 0$，则由引理 6-4.1 可知 $b \preccurlyeq \bar{a}$，这就与假设相矛盾，所以 $b \wedge a \neq 0$。

由于 a 是原子，故 $b \wedge a = a$，即有 $a = b \wedge a \preccurlyeq b$，又因有 $\bar{a} \prec b$，故得 $a \vee \bar{a} \preccurlyeq b$，从而导致 $1 \preccurlyeq b$ 的矛盾。

由此可见，$\bar{a}$ 必是反原子。

因为在布尔代数中，任一元素有且仅有一个补元素，所以，在有限布尔代数中，原子和反原子总是成对出现的，因此，在任何一个有限布尔代数中，原子的个数必定等于反原子的个数。

6-40 设 $\langle A, \vee, \wedge, ^{-}\rangle$ 是一个布尔代数，在 A 上定义二元运算 $a \uparrow b = \overline{a \wedge b}$，则布尔代数中的运算都可用运算 $\uparrow$ 来表示。

证明 对于任意的 $a, b \in A$，有

$$a \vee b = \overline{\overline{(a \vee b)}} = \overline{(\overline{a} \wedge \overline{b})} = \overline{((\overline{a \wedge a}) \wedge (\overline{b \wedge b}))}$$
$$= \overline{((a \uparrow a) \wedge (b \uparrow b))} = (a \uparrow a) \uparrow (b \uparrow b)$$
$$a \wedge b = \overline{\overline{(a \wedge b)}} = \overline{(a \uparrow b)} = \overline{((a \uparrow b) \wedge (a \uparrow b))}$$
$$= (a \uparrow b) \uparrow (a \uparrow b)$$
$$\overline{a} = a \wedge a = a \uparrow a$$

6-41 设$\langle A, \vee, \wedge, ^{-} \rangle$是一个布尔代数，如果在 A 上定义二元运算$+$，$\cdot$ 为：

$$a + b = (a \wedge \overline{b}) \vee (\overline{a} \wedge b)$$
$$a \cdot b = a \wedge b$$

证明$\langle A, +, \cdot \rangle$是以 1 为幺元的环。 【6-4.(4)】

证明 由习题 6-37 可知，$\langle A, + \rangle$是阿贝尔群；

由于运算$\wedge$的封闭性和可结合性，故$\langle A, \cdot \rangle$是半群；

对于任意的 $a,b,c \in A$，有

$$a \cdot (b+c) = a \wedge ((b \wedge \overline{c}) \vee (\overline{b} \wedge c)) = (a \wedge b \wedge \overline{c}) \vee (a \wedge \overline{b} \wedge c)$$
$$a \cdot b + a \cdot c = (a \wedge b) + (a \wedge c)$$
$$= ((a \wedge b) \wedge \overline{(a \wedge c)}) \vee (\overline{(a \wedge b)} \wedge (a \wedge c))$$
$$= ((a \wedge b) \wedge (\overline{a} \vee \overline{c})) \vee ((\overline{a} \vee \overline{b}) \wedge (a \wedge c))$$
$$= (a \wedge b \wedge \overline{c}) \vee (a \wedge \overline{b} \wedge c)$$

所以，$a \cdot (b+c) = a \cdot b + a \cdot c$。同理可证，$(b+c) \cdot a = b \cdot a + c \cdot a$。

对于任意的 $a \in A$，有

$$1 \cdot a = 1 \wedge a = a, a \cdot 1 = a \wedge 1 = a$$

所以，1 是关于运算 $\cdot$ 的幺元。

因此，$\langle A, +, \cdot \rangle$是以 1 为幺元的环。

6-42 对于上一题中的二元运算$+$和$\cdot$，证明：

a) $(a+b)+b=a$；

b) $a \cdot (b+c) = (a \cdot b) + (a \cdot c)$；

c) $a+a=0$；

d) $a+0=a$；

e) $a+1=\overline{a}$。 【6-4.(5)】

证明 a) 由习题 6-37 可知，运算$+$是可结合的，所以

$$
\begin{aligned}
(a+b)+b &= a+(b+b)=a+((b\wedge\bar{b})\vee(\bar{b}\wedge b))\\
&= a+(0\vee 0)=a+0=(a\wedge\bar{0})\vee(\bar{a}\wedge 0)\\
&= a\vee 0=a
\end{aligned}
$$

b）在上一题中已获证。

c）在 a)的证明中已可见。

d）在 a)的证明中已可见。

e）$a+1=(a\wedge\bar{1})\vee(\bar{a}\wedge 1)=(a\wedge 0)\vee\bar{a}=0\vee\bar{a}=\bar{a}$。

6-43 设 $K=\{1,2,5,10,11,22,55,110\}$是所有整因子的集合，证明：具有全上界 110 和全下界 1 的代数系统$\langle K,\mathrm{LCM},\mathrm{GCD},'\rangle$是一个布尔代数，这里，对于任意的 $x\in K$，$x'=110/x$。【6-4.(6)】

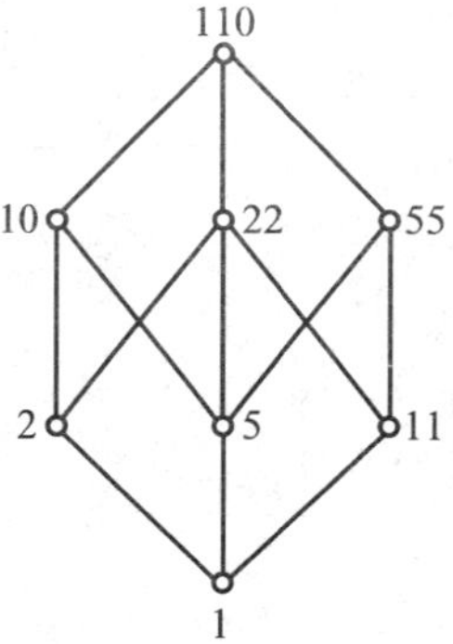

图 6-15

证明 显然，代数系统$\langle K,\mathrm{LCM},\mathrm{GCD},'\rangle$是由格$\langle K,|\rangle$所诱导的，其中|为整除关系。关于格$\langle K,|\rangle$的哈斯图如图 6-15 所示。

由此哈斯图可见，其中不存在与书上图 6-9 中两个五元素格同构的子格，所以，格$\langle K,|\rangle$是一个分配格。

因为对于任意一个 $x\in K$，存在 $x'=110/x$，使得

$\mathrm{LCM}(x,x')=110$，$\mathrm{GCD}(x,x')=1$

例如，$22'=5$，$\mathrm{LCM}(22,5)=110$，$\mathrm{GCD}(22,5)=1$；$10'=11$，$\mathrm{LCM}(10,11)=110$，$\mathrm{GCD}(10,11)=1$；…，等等。所以，格$\langle K,|\rangle$是一个有补格。

因此，$\langle K,\mathrm{LCM},\mathrm{GCD},'\rangle$是一个布尔代数。

6-44 设$\langle K,\vee,\wedge,'\rangle$和$\langle L,\cup,\cap,^{-}\rangle$是两个布尔代数，并设 f 是从 K 到 L 的满同态，即对于任意的 $x,y\in K$，有

$$f(x\wedge y)=f(x)\cap f(y),\ f(x\vee y)=f(x)\cup f(y);\ f(x')=\overline{f(x)}$$

试证明：

$$f(0_k)=0_l$$

$$f(1_k)=1_l$$

这里，0_k，0_l 和 1_k，1_l 分别是相应的布尔代数中的全下界和全上界。【6-4.(7)】

证明 因为 f 是从 K 到 L 的满射，故对任意的 $l\in L$，必存在

$k\in K$，使得 $f(k)=l$。

又因 $l\cup f(0_k)=f(k)\cup f(0_k)=f(k\vee 0_k)=f(k)=l$

和 $l\cap f(1_k)=f(k)\cap f(1_k)=f(k\wedge 1_k)=f(k)=l$

故有 $f(0_k)\preccurlyeq l$ 和 $l\preccurlyeq f(1_k)$。

由于 l 的任意性，所以 $f(0_k)$ 和 $f(1_k)$ 分别是 L 中的全下界和全上界。而布尔代数中的全下界和全上界都是唯一的。因此，必有

$$f(0_k)=0_l,f(1_k)=1_l$$

6-45 设 12 和 24 的整因子集合分别为 $K_1=\{1,2,3,4,6,12\}$ 和 $K_2=\{1,2,3,4,6,8,12,24\}$，试问 $\langle K_1,\mathrm{LCM},\mathrm{GCD},'\rangle$ 和 $\langle K_2,\mathrm{LCM},\mathrm{GCD},'\rangle$ 是布尔代数吗？【6-4.(8)】

解 因为 $|K_1|=6$，而由推论 6-4.1 可知有限布尔格的元素个数必定等于 2^n，所以 $\langle K_1,\preccurlyeq\rangle$ 不是布尔格，由此可知 $\langle K_1,\mathrm{LCM},\mathrm{GCD},'\rangle$ 就不是布尔代数。

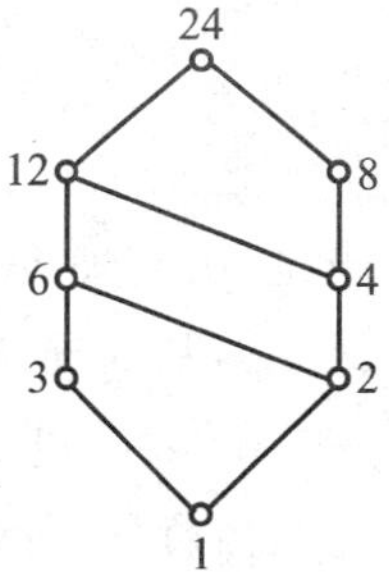

图 6-16

因为 $\langle K_2,\mathrm{LCM},\mathrm{GCD},'\rangle$ 是由格 $\langle K_2,\preccurlyeq\rangle$ 所诱导的，这里 $\preccurlyeq$ 是整除关系，即对于 $k_1,k_2\in K_2$，$k_1\preccurlyeq k_2$ 当且仅当 k_1 整除 k_2，而由图 6-16 所示的关于 $\langle K_2,\preccurlyeq\rangle$ 的哈斯图可知 $\langle K_2,\preccurlyeq\rangle$ 不是一个有补格(因为 2,4,6,12 均没有补元)，所以 $\langle K_2,\preccurlyeq\rangle$ 不是布尔格，因此，$\langle K_2,\mathrm{LCM},\mathrm{GCD},'\rangle$ 也不是布尔代数。

6-46 设 $a,b_1,b_2,\cdots,b_r$ 都是布尔代数 $\langle A,\vee,\wedge,^-\rangle$ 的原子，那么，$a\preccurlyeq(b_1\vee b_2\vee\cdots\vee b_r)$ 当且仅当存在着 $i(1\leqslant i\leqslant r)$ 使得 $a=b_i$。【6-4.(9)】

证明 充分性 若 $a=b_i(1\leqslant i\leqslant r)$，则有

$$a=b_i\preccurlyeq b_i\vee(b_1\vee b_2\vee\cdots\vee b_{i-1}\vee b_{i+1}\vee\cdots\vee b_r)$$

必要性 用反证法。设 $a\preccurlyeq(b_1\vee b_2\vee\cdots\vee b_r)$ 而不存在 $i(1\leqslant i\leqslant r)$，使得 $a=b_i$。

因为 $a,b_1,b_2,\cdots,b_r$ 都是原子，所以就有

$$(a\wedge b_1)\vee(a\wedge b_2)\vee\cdots\vee(a\wedge b_r)=0\vee 0\vee\cdots\vee 0=0$$

现考察 $a\wedge\overline{(b_1\vee b_2\vee\cdots\vee b_r)}$，因为

$$a \wedge \overline{(b_1 \vee b_2 \vee \cdots \vee b_r)} = a \wedge (\bar{b}_1 \wedge \bar{b}_2 \wedge \cdots \wedge \bar{b}_r)$$

$$= (a \wedge b_1) \vee (a \wedge b_2) \vee \cdots \vee (a \wedge b_r)$$

$$= 0$$

所以，由引理 6-4.1 可知，$a \preccurlyeq \overline{(b_1 \vee b_2 \vee \cdots \vee b_r)}$，再由引理 6-4.4 可知，$a \not\preccurlyeq (b_1 \vee b_2 \vee \cdots \vee b_r)$，这就与假设相矛盾。

因此，必存在 $i(1 \leqslant i \leqslant r)$ 使得 $a = b_i$。

6-47 设 $b_1, b_2, \cdots, b_r$ 是有限布尔代数 $\langle A, \vee, \wedge, ^- \rangle$ 中的所有原子，那么 $y=0$ 当且仅当对每个 i 都有 $y \wedge b_i = 0$，这里，$1 \leqslant i \leqslant r$。【6-4.(10)】

证明 必要性 是显然的。若 $y=0$，必有

$$y \wedge b_i = 0 \quad (i=1,2,\cdots,r)$$

充分性 用反证法。假设 $y \wedge b_i = 0 (i=1,2,\cdots,r)$ 而 $y \neq 0$。于是，由定理 6-4.2 可知，至少存在一个原子 $b_j (1 \leqslant j \leqslant r)$，使得 $b_j \preccurlyeq y$，从而导致 $y \wedge b_j = b_j \neq 0$ 的矛盾。所以必有 $y=0$。

6-48 设 $E(x_1, x_2, x_3) = (x_1 \wedge x_2) \vee (x_2 \wedge x_3) \vee (\bar{x}_2 \wedge x_3)$ 是布尔代数 $\langle \{0,1\}, \vee, \wedge, ^- \rangle$ 上的一个布尔表达式。试写出 $E(x_1, x_2, x_3)$ 的析取范式和合取范式。【6-5.(1)】

解 对于给出的布尔表达式

$$E(x_1, x_2, x_3) = (x_1 \wedge x_2) \vee (x_2 \wedge x_3) \vee (\bar{x}_2 \wedge x_3)$$

可以写出其对应的函数表，如表 6-2 所示。

表 6-2

x_1	x_2	x_3	$E(x_1, x_2, x_3)$
0	0	0	0
0	0	1	1
0	1	0	0
0	1	1	1
1	0	0	0
1	0	1	1
1	1	0	1
1	1	1	1

因为函数值为 1 所对应的有序三元组依次为⟨0,0,1⟩,⟨0,1,1⟩,⟨1,0,1⟩,⟨1,1,0⟩,⟨1,1,1⟩,所以可分别构造小项为 $\overline{x}_1 \wedge \overline{x}_2 \wedge x_3$,$\overline{x}_1 \wedge x_2 \wedge x_3$,$x_1 \wedge \overline{x}_2 \wedge x_3$,$x_1 \wedge x_2 \wedge \overline{x}_3$,$x_1 \wedge x_2 \wedge x_3$。因此,布尔表达式 $E(x_1,x_2,x_3)$的析取范式为

$$E(x_1,x_2,x_3)=(\overline{x}_1 \wedge \overline{x}_2 \wedge x_3) \vee (\overline{x}_1 \wedge x_2 \wedge x_3) \vee (x_1 \wedge x_2 \wedge x_3) \vee (x_1 \wedge x_2 \wedge \overline{x}_3) \vee (x_1 \wedge x_2 \wedge x_3)$$

又因为函数值为 0 所对应的有序三元组依次为⟨0,0,0⟩,⟨0,1,0⟩,⟨1,0,0⟩,所以可分别构造大项为 $x_1 \vee x_2 \vee x_3$,$x_1 \vee \overline{x}_2 \vee x_3$,$\overline{x}_1 \vee x_2 \vee x_3$。因此,$E(x_1,x_2,x_3)$的合取范式为

$$E(x_1,x_2,x_3)=(x_1 \vee x_2 \vee x_3) \wedge (x_1 \vee \overline{x}_2 \vee x_3) \wedge (\overline{x}_1 \vee x_2 \vee x_3)$$

6-49 设 $E(x_1, x_2, x_3, x_4)=(x_1 \wedge x_2 \wedge \overline{x}_3) \vee (x_1 \wedge \overline{x}_2 \wedge x_4) \vee (x_2 \wedge \overline{x}_3 \wedge \overline{x}_4)$是布尔代数$\langle\{0,1\}, \vee, \wedge, ^{-}\rangle$上的一个布尔表达式。试写出 $E(x_1,x_2,x_3,x_4)$的析取范式和合取范式。 【6-5.(2)】

解 先写出布尔表达式 $E(x_1,x_2,x_3,x_4)$所对应的函数表,如表 6-3 所示。

表 6-3

x_1	x_2	x_3	x_4	$E(x_1,x_2,x_3,x_4)$
0	0	0	0	0
0	0	0	1	0
0	0	1	0	0
0	0	1	1	0
0	1	0	0	1
0	1	0	1	0
0	1	1	0	0
0	1	1	1	0
1	0	0	0	0
1	0	0	1	1
1	0	1	0	0
1	0	1	1	1
1	1	0	0	1
1	1	0	1	1
1	1	1	0	0
1	1	1	1	0

由此可得，$E(x_1,x_2,x_3,x_4)$的析取范式为

$$E(x_1,x_2,x_3,x_4)=(\overline{x}_1\wedge x_2\wedge\overline{x}_3\wedge\overline{x}_4)\vee(x_1\wedge\overline{x}_2\wedge\overline{x}_3\wedge x_4)\vee(x_1\wedge\overline{x}_2\wedge x_3\wedge x_4)\vee(x_1\wedge x_2\wedge\overline{x}_3\wedge\overline{x}_4)\vee(x_1\wedge x_2\wedge\overline{x}_3\wedge x_4)$$

而$E(x_1,x_2,x_3,x_4)$的合取范式为

$$E(x_1,x_2,x_3,x_4)=(x_1\vee x_2\vee x_3\vee x_4)\wedge(x_1\vee x_2\vee x_3\vee\overline{x}_4)\wedge(x_1\vee x_2\vee\overline{x}_3\vee x_4)\wedge(x_1\vee x_2\vee\overline{x}_3\vee\overline{x}_4)\wedge(x_1\vee\overline{x}_2\vee x_3\vee\overline{x}_4)\wedge(x_1\vee\overline{x}_2\vee\overline{x}_3\vee\overline{x}_4)\wedge(x_1\vee\overline{x}_2\vee\overline{x}_3\vee\overline{x}_4)\wedge(\overline{x}_1\vee x_2\vee x_3\vee x_4)\wedge(\overline{x}_1\vee x_2\vee\overline{x}_3\vee x_4)\wedge(\overline{x}_1\vee\overline{x}_2\vee\overline{x}_3\vee x_4)\wedge(\overline{x}_1\vee\overline{x}_2\vee\overline{x}_3\vee\overline{x}_4)$$

6-50 对于表6-4中的函数f，试分别用析取范式和合取范式来表示。 【6-5.(3)】

表 6-4

	f
⟨0,0,0⟩	1
⟨0,0,1⟩	0
⟨0,1,0⟩	1
⟨0,1,1⟩	0
⟨1,0,0⟩	0
⟨1,0,1⟩	1
⟨1,1,0⟩	0
⟨1,1,1⟩	1

解 由表6-4可知，f的析取范式为

$$f=(\overline{x}_1\wedge\overline{x}_2\wedge\overline{x}_3)\vee(\overline{x}_1\wedge x_2\wedge\overline{x}_3)\vee(x_1\wedge\overline{x}_2\wedge x_3)\vee(x_1\wedge x_2\wedge x_3)$$

f的合取范式为

$$f=(x_1\vee x_2\vee\overline{x}_3)\wedge(x_1\vee\overline{x}_2\vee\overline{x}_3)\wedge(\overline{x}_1\vee x_2\vee x_3)\wedge(\overline{x}_1\vee\overline{x}_2\vee x_3)$$

第七章 图 论

A 内容提要

1 图的基本概念

图 三有序组$\langle V(G), B(G), \varphi_G\rangle$称图。其中$V(G)$是非空结点集合,$E(G)$是边集合,$\varphi_G$是边集$E$到结点无序偶(有序偶)集合上的函数。因为每条边总是关联两个结点,故图亦常记作为$G=\langle V,E\rangle$。

无向边 与无序偶(v_j, v_k)相关联的边。

有向边 与有序偶$\langle v_j, v_k\rangle$相关联的边。

无向图 每一条边都是无向边的图。

有向图 每一条边都是有向边的图。

混合图 既有无向边又有有向边的图。

邻接点 关联于同一条边的两个结点。

邻接边 与同一个结点相关联的边。

环 关联同一结点的一条边,环亦称自回路。

结点度数 在图$G=\langle V,E\rangle$中结点($v\in V$)关联的边数记作$\deg(v)$。

图 G 的最大度 $\Delta(G)=\max\{\deg(v)\mid v\in V(G)\}$。

图 G 的最小度 $\delta(G)=\min\langle \deg(v)\mid v\in V(G)\rangle$。

入度 在有向图中射入一结点的边数称为该结点的入度。

出度 在有向图中由一结点射出的边数,称为该结点的出度。

变序列 设图G有结点$v_1, v_2, \cdots, v_n$称$(\deg(v_1), \deg(v_2), \cdots, \deg(v_n))$为图$G$的变序列,简记为$d=(d_1, d_2, \cdots, d_n)$。

平行边 连接于同一对结点间的多条边。

多重图　含有平行边的图。

简单图　不含有平行边和环的图。

完全图　每对结点间都有边相连的简单图。

相对于完全图的补图　由图 G 中所有结点以及所有能使 G 成为完全图的添加边所组成的图，称为 G 相对于完全图的补图，或简称为 G 的补图，记作 $\overline{G}$。

子图　对图 $G=\langle V,E\rangle$，如有图 $G'=\langle V',E'\rangle$ 且 $E'\subseteq E$。$V'\subseteq V$ 称 G' 为 G 的子图。

生成子图　如果 G 的子图包含 G 的所有结点，称该子图为 G 的生成子图。

相对于图 G 的补图　设 $G'=\langle V',E'\rangle$ 是图 $G=\langle V,E\rangle$ 的子图，若有图 $G''=\langle V'',E''\rangle$ 使 $E''=E-E'$ 且 V'' 中仅包含 E'' 的边所关联的结点，则 G'' 是子图 G' 相对于图 G 的补图。

图的同构　设图 $G=\langle V,E\rangle$ 及图 $G'=\langle V',E'\rangle$ 如果存在一一对应的映射 $g:v_i\to v_i'$ 且 $e=(v_i,v_j)$（或 $\langle v_i,v_j\rangle$）是 G 的一条边，当且仅当 $e'=(g(v_i),g(v_j))$（或 $\langle g(v_i),g(v_j)\rangle$）是 G' 的一条边，则称 G 与 G' 同构，记作 $G\cong G'$。

定理 7-1.1　每个图中，结点数的总和等于边数的两倍，即

$$\sum_{v\in V}\deg(v)=2|E|$$

定理 7-1.2　在任何图中，度数为奇数的结点必定是偶数个。

定理 7-1.3　在任何有向图中，所有结点的入度之和等于所有结点的出度之和。

定理 7-1.4　n 个结点的无向完全图 K_n 的边数为 $\frac{1}{2}n(n-1)$。

2　路与回路

路　设 e_i 是关联于结点 v_{i-1} 和 v_i 的边，交替序列 $v_0e_1v_1e_2\cdots e_nv_n$ 称为连接 v_0 到 v_n 的路。

回路　在交替序列 $v_0e_1v_1e_2\cdots e_nv_n$ 中，当 $v_0=v_n$ 时称此交替序列为回路。

迹 所有边均不相同的一条路。

通路 所有结点 $v_0, v_1, \cdots, v_n$ 均不相同的一条路。

圈 在通路 $v_0 v_1 \cdots v_n$ 中，$v_0 = v_n$。

连通 在无向图 G 中，结点 u 和 v 之间存在一条路，称结点 u 与结点 v 是连通的。

连通分支 结点之间的连通性是结点 v 上的等价关系，由该等价关系可将 V 分成非空子集 $V_1, V_2, \cdots, V_n$，每一个非空子集 V_i 确定了一个连通子图记为 $G(V_i)$。$G(V_1), G(V_2), \cdots, G(V_m)$ 称为图 G 的连通分支。图 G 的连通分支数记为 $W(G)$。

连通图 若图 G 只有一个连通分支，则称 G 是连通图。

点割集 设无向图 $G=\langle V, E\rangle$ 为连通图，若有点集 $V_1 \subset V$，使图 G 删除了 V_1 中的所有结点后所得子图是不连通的，而删除了 V_1 的任何真子集后，所得的子图仍是连通图，则称 V_1 是 G 的一个点割集。

割点 仅有一个结点的点割集称为割点。

点连通度 在图 G 中为了产生一个不连通图需要删去的点的最少数目称为点连通度，记为 $k(G) = \min\{|V_1| \mid V_1$ 是 G 的点割集$\}$。

边割集 设无向图 $G=\langle V, E\rangle$ 为连通图，若有边集 $E_1 \subseteq E$ 使图 G 中删除了 E_1 中的所有边后所得到的子图是不连通图，而删除了 E_1 的任一真子集后得到的图是连通图，则称 E_1 是 G 的一个边割集。有关边割集亦可定义为：设 S 为 $V(G)$ 的任一非空子集 $\overline{S} = V - S$，在 G 中连接 $S, \overline{S}$ 之间的边集记为 $[S, \overline{S}]$，称它为 G 的一个边割集。

割边 图 G 中满足 $W(G-e) > W(G)$ 的边称为 G 的割边。因此由一条边构成的边割集，亦称该边为割边。

边连通度 为了产生一个不连通图需要删去的边的最少数目称为边连通度，记为 $\lambda(G) = \min\{|E_1| \mid E_1$ 是 G 的边割集$\}$。

可达 在有向图 $G=\langle V, E\rangle$ 中从结点 u 到 v 有一条路，称从 u 到 v 可达。

单侧连通 在简单有向图 G 中，任何一对结点间，至少从一个结点到另一个结点是可达的。

强连通 在简单有向图 G 中，任何一对结点的两者之间相互可达。

弱连通 在简单有向图 G 中，略去边的方向，将它看成无向图后，图是连通的。

强分图 在简单有向图中，具有强连通性质的最大子图。

弱分图 在简单有向图中，具有弱连通性质的最大子图。

单侧分图 在简单有向图中，具有单侧连通性质的最大子图。

定理 7-2.1 在一个具有 n 个结点的图中，如果从结点 v_j 到结点 v_k 存在一条路，则从结点 v_j 到结点 v_k 必存在一条不多于 $n-1$ 条边的路。

定理 7-2.2 对于任何一个图 G，有 $k(G)\leqslant\lambda(G)\leqslant\delta(G)$。

定理 7-2.3 一个连通无向图中的结点 v 为割点的充分必要条件是存在两个结点 u 和 w，使结点 u 和 w 的每一条路都通过 v。

定理 7-2.4 一个有向图是强连通的，当且仅当 G 中有一个回路，它至少包含每个结点一次。

定理 7-2.5 在有向图 $G=\langle V,E\rangle$ 中，它的每一结点位于且只位于一个强分图中。

3 图的矩阵表示

邻接矩阵 设 $G=\langle V, E\rangle$ 是一个有 n 个结点的简单图，即 $V=\{v_1,v_2,\cdots,v_n\}$，则 n 阶方阵 $A(G)=(a_{ij})$，其中

$$a_{ij}=\begin{cases}1, v_i \text{ 邻接 } v_j\\ 0, v_i \text{ 不邻接 } v_j \text{ 或 } i=j\end{cases}$$

称 $A(G)$ 为图 G 的邻接矩阵。

可达性矩阵 令 $G=\langle V,E\rangle$ 是一个简单有向图，假定 G 的结点已编好序，即 $V=\{v_1,v_2,\cdots,v_n\}$，则 $n\times n$ 矩阵 $P=(P_{ij})$，其中

$$P_{ij}=\begin{cases}1, \text{从 } v_i \text{ 到 } v_j \text{ 至少存在一条路}\\ 0, \text{从 } v_i \text{ 到 } v_j \text{ 不存在路}\end{cases}$$

称 P 是图 G 的可达性矩阵。

完全关联矩阵 给定无向图 G,令 $v_1,v_2,\cdots,v_p$ 和 $e_1,e_2,\cdots,e_q$ 分别是 G 的结点和边,则矩阵 $M(G)=(m_{ij})$,其中

$$m_{ij}=\begin{cases}1, 若\ v_i\ 关联\ e_j\\0, 若\ v_i\ 不关联\ e_j\end{cases}$$

称 $M(G)$ 为无向图 G 的完全关联矩阵。

若给定有向图 G,则矩阵 $M(G)=(m_{ij})$,其中

$$m_{ij}=\begin{cases}1, 若在\ G\ 中\ v_i\ 是\ e_j\ 的起点\\-1, 若在\ G\ 中\ v_i\ 是\ e_j\ 的终点\\0, 若\ v_i\ 与\ e_j\ 不关联\end{cases}$$

称 $M(G)$ 为有向图 G 的完全关联矩阵。

定理 7-3.1 设 $A(G)$ 是图 G 的邻接矩阵,则 $(A(G))^l$ 中的 i 行 j 列元素 $a_{ij}^{(l)}$ 等于 G 中连接 v_i 与 v_j 的长度为 l 的路的数目。

定理 7-3.2 如果连通图 G 有 r 个结点,则其完全关联矩阵 $M(G)$ 的秩为 $r-1$,即 $\operatorname{rank} M(G)=r-1$。

4 欧拉图与汉密尔顿图

欧拉路(回路) 在无孤立结点的图 G 中,存在一条路(回路),经过图 G 中每条边一次且仅一次。

单向欧拉路(回路) 给定有向图 G,存在通过图 G 中每条边一次且仅一次的一条单向路(回路)。

汉密尔顿路(回路) 给定图 G,存在一条路(回路)经过图中的每个结点一次且仅一次。

图 G 的闭包 给定图 G 有 n 个结点,若将图 G 中度数之和至少是 n 的非邻接结点连接起来得图 G',对图 G' 重复上述步骤,直到不再有这样的结点对存在为止,此时得到的图称为原图 G 的闭包,记作 $C(G)$。

欧拉图 具有欧拉回路的图。

汉密尔顿图 具有汉密尔顿回路的图。

定理 7-4.1 无向图 G 具有一条欧拉路,当且仅当是连通的,

且有零个或两个奇数度结点。

推论 G是欧拉图当且仅当G连通，且均为偶数度结点。

定理 7-4.2 有向图G具有一条单向欧拉回路，当且仅当是连通的，且每个结点入度等于出度。有向图G具有单向欧拉路，当且仅当G是连通的，且有两个结点，其中一个结点的入度比出度大1，另一个结点的入度比出度小1，其他结点的出度等于入度。

定理 7-4.3 若图$G=\langle V,E\rangle$具有汉密顿回路，则对于结点集V的每个非空子集S，均有$W(G-S)\leqslant|S|$成立，其中$W(G-S)$是$G-S$中的连通分支数。

定理 7-4.4 设G是具有n个结点的简单图，如果G中每一对结点度数之和大于等于$n-1$，则在G中存在一条汉密尔顿路。

定理 7-4.5 设G是具有n个结点的简单图，如果G中每一对结点度数之和大于等于n，则在G中存在一条汉密尔顿回路。

定理 7-4.6 当且仅当一个简单图的闭包是汉密尔顿图时，这个简单图是汉密尔顿图。

5 平面图

可嵌入平面 一个图G，如果能把G的所有结点和边画在平面上，且使得任何两条边除了端点外没有其他的交点，则称G是可嵌入平面，或简称G是平面图。

面 设G是一连通平面图，由图中的边所包围的区域，在区域内既不包含图的结点，也不包含图的边，这样的区域称为G的一个面。(一个面的边界的回路长度称为该面的次数。)

2度结点内同构 给定两图G_1和G_2，如果它们是同构的，或者通过反复插入或除去度数为2的结点后，使G_1与G_2同构，则称该两图是2度结点内同构。

定理 7-5.1 一个有限平面图，面的次数之和等于其边数的两倍。

定理 7-5.2 设连通的平面图G，共有V个结点，e条边和r个面，则欧拉公式$v-e+r=2$成立。

定理 7-5.3 设 G 是一个有 v 个结点和 e 条边的连通简单平面图，若 $v\geqslant 3$，则 $e\leqslant 3v-6$。

定理 7-5.4 一个图是平面图，当且仅当它不包含与 $K_{3,3}$ 或 K_5 在 2 度结点内同构的子图。

6 对偶与着色

对偶图 给定平面图 $G=\langle V,E\rangle$，它具有面 $F_1,F_2,\cdots,F_n$。若有图 $G^*=\langle V^*,E^*\rangle$满足下述条件：

a）对于图 G 的任一个面 F_i，内部有且仅有一个结点 $v_i^*\in V^*$。

b）对于图 G 的面 F_i,F_j 的公共边界 e_k，存在且仅存在一条边 $e_k^*\in E^*$，使 $e_k^*=(v_i^*,v_j^*)$，且 e_k^* 与 e_k 相交。

c）当且仅当 e_k 只是一个面 F_i 的边界时，存在一个关联于 v_i^* 的环 e_k^* 和 e_k 相交。

则称图 G^* 是图 G 的对偶图。

自对偶图 如果图 G 的对偶图 G^* 同构于 G，称 G 是自对偶图。

正常着色 图 G 的每一结点指定一种颜色，使得没有两个邻接的点有同一种颜色。

着色数 对于图 G 着色时，需要的最少颜色数称为 G 的着色数，记作 $x(G)$。

定理 7-6.1 对于 n 个结点的完全图 K_n，有 $x(K_n)=n$。

定理 7-6.2 设 G 为一个至少具有三个结点的简单连通平面图，则 G 中必有一结点 u，使 $\deg(u)\leqslant 5$。

定理 7-6.3 任意平面图 G 最多是五色的。

7 树与生成树

树 一个连通无回路的无向图。

树叶 树中度数为 1 的结点。

内点 度数大于 1 的结点称内点或分枝点。

森林　一个无回路的无向图称为森林，它的每个连通分图是树。

生成树　如果图 G 的生成子图是一棵树，该树称为图 G 的生成树。

树枝　图 G 的一棵生成树 T，树 T 的边称作树枝。

弦　图 G 的不在生成树 T 中的边称作弦。所有弦的集合称为生成树的补。

树权　带权树 T 中所有边权之和称为树权。

最小生成树　图 G 的所有生成树中，树权最小的生成树。

定理 7-7.1　给定图 T，以下关于树的定义是等价的。

1）连通无回路。

2）无回路且 $e=v-1$，其中 e 是边数，v 是结点数。

3）连通且 $e=v-1$。

4）无回路，但增加一条新边，得到一个且仅有一个回路。

5）连通，但删去任一边后便不连通。

6）每一对结点之间有且仅有一条路。

定理 7-7.2　任一树至少有两片树叶。

定理 7-7.3　连通图至少有一棵生成树。

定理 7-7.4　一条回路和任何一棵生成树的补至少有一条公共边。

定理 7-7.5　一个边割集和任何生成树至少有一条公共边。

定理 7-7.6　在图 G 中有 n 个结点，其最小生成树算法如下：

a）选取最小权边 e_1，置边数 $i \leftarrow 1$；

b）$i=n-1$ 结束；否则转 c)；

c）设已选择边为 $e_1, e_2, \cdots, e_i$，在 G 中选取不同于 $e_1, e_2, \cdots, e_i$ 的边 e_{i+1}，使 $\{e_1, e_2, \cdots, e_i, e_{i+1}\}$ 中无回路且 e_{i+1} 是满足此条件的最小边；

d）$i \leftarrow i+1$，转 b)。

定理 7-7.7　设 T 是连通图 G 的生成树，令 $e \in E(G)$，但 $e \notin E(T)$，则 $T+e$ 包含 G 中唯一的一个圈。

8　根树及其应用

有向树　如果一个有向图在不考虑边的方向时是一棵树，则称该有向图为有向树。

根树　一棵有向树如果恰有一个结点的入度为0，其余所有结点的入度都为1，则称它为根树。

根　入度为0的结点。

叶　出度为0的结点。

有序树　根树中结点或边的次序被指定，称此根树为有序树。

***m*叉树**　每一结点的出度小于或等于m的根树。

完全*m*叉树　每一个结点的出度恰好等于m或零的根树。

正则*m*叉树　在完全m叉树中，所有树叶层次相同。

通路长度　在根树中，从树根到某结点的通路中的边数称为此结点的通路长度。

内部通路长度　分枝点的通路长度。

外部通路长度　树叶的通路长度。

二叉树的权　一棵二叉树T，如果每一片树叶都带权，带权为w_i的树叶，其通路长度为$L(w_i)$，令$w(T)=\sum_{i=1}^{t} w_i L(w_i)$称为带权二叉树的权。

最优树　在所有带权$w_1,w_2,\cdots,w_t$的二叉树中，$w(T)$最小的那棵树，称为最优树。

前缀码　给定一个序列的集合，若没有一个序列是另一个序列的前缀，该序列集合称为前缀码。

定理 7-8.1　设有完全m叉树，其树叶数为t，分枝点数为i，则$(m-1)i=t-1$。

定理 7-8.2　若完全二叉树有n个分枝点，且内部通路长度的总和为I，外部通路长度的总和为E，则$E=I+2n$。

定理 7-8.3　设T为带权$w_1\leqslant w_2\leqslant\cdots\leqslant w_t$的最优树，则

a）带权w_1,w_2的树叶v_{w_1},v_{w_2}是兄弟；

b）以树叶 v_{w_1}，v_{w_2} 为儿子的分枝点，其通路长度最长。

定理 7-8.4 设 T 为带权 $w_1 \leqslant w_2 \leqslant \cdots \leqslant w_t$ 的最优树，若将以带权 w_1 和 w_2 的树叶为儿子的分枝点改为带权 w_1+w_2 的树叶，得到一棵新树 T'，则 T' 也是最优树。

定理 7-8.5 任何一棵二叉树的树叶可对应一个前缀码。

定理 7-8.6 任何一个前缀码都对应一棵二叉树。

9 对集

二分图 如某一简单图 G 的结点集 V 被分成两个子集 X 和 Y，且 $X \cup Y=V$，$X \cap Y=\varnothing$，并只允许 X 中的结点与 Y 中的结点有边相连，则 G 称为二分图，X 和 Y 称为 G 的二分图，记作 $G=\langle X, Y; E\rangle$。

对集 设图 $G=\langle V, E\rangle$，$M \subseteq E$，如果 M 中诸边不相邻接称 M 为 G 的一个对集。

M-饱和点 设 M 为 G 中对集，M 中边的端点称 M-饱和点。

M-未饱和点 若图 G 有对集 M，G 中不被 M 中边所关联的结点，称 M-未饱和点。

完美对集 如果 G 中每个结点都是 M-饱和点，称此对集为完美对集。

最大对集 设 M 为 G 的对集，如果 G 中不存在另一对集 M'，使得 $|M'|>|M|$，则称 M 为最大对集。

M-交替通路 设 $G=\langle V, E\rangle$，M 为 G 的一个对集，P 是 G 中一条通路，如果 p 中的边交替地属于 $E-M$ 和 M。称 p 是 M 交替通路。

M-增长通路 M 交替通路起点和终点都是 M-未饱和点，称它为 M-增长通路。

点覆盖 设图 $G=\langle V, E\rangle$，$k \subseteq V$，如果 G 中每一条边至少有一个端点在 k 中，称 k 为 G 的一个点覆盖。

最小覆盖 G 的所有点覆盖中，结点数最少的点覆盖称为最小覆盖。

独立集 设图 $G=\langle V,E\rangle$,$I\subseteq V$,如果 I 中任意两个结点都不邻接,称 I 为 G 的独立集。

最大独立集 G 的所有独立集中,结点数最多的一个独立集,称为最大独立集。

边覆盖 设图 $G=\langle V,E\rangle$,$L\subseteq E$,如果 G 的每个结点都是 L 中某条边的端点,称 L 为 G 的边覆盖。

最小边覆盖 G 中边数最少的边覆盖称为最小边覆盖。

边独立集 设图 $G=\langle V,E\rangle$,$M\subseteq E$,如果 M 中任二边均不相连接,称它为 G 的边独立集。

邻集 设图 $G=\langle V,E\rangle$,$A\subseteq V$,在 G 中和 A 中结点邻接的所有结点的集合,称为 A 的邻集,记为 $N(A)$。

完全对集 设 $G=\langle X,Y;E\rangle$如果 X 中每一结点都是 G 中某一对集 M 的 M-饱和点,即 $|X|=|Y|$,称 M 为 G 的从 X 到 Y 的完全对集。

K-正则图 每个结点度数为 K 的图。

K-正则二分图 每个结点度数均为 K 的二分图。

奇分支 如果图 G 的某极大连通子图中结点数是奇数,称该子图为奇分支,图 G 的奇分支记为 $o(G)$。

定理 7-9.1 图 G 的对集 M 为其最大对集的充要条件是 G 中不存在 M-增长通路。

定理 7-9.2 设 $G=\langle V,E\rangle I,\subseteq V$,则 I 为独立集的充要条件是 $V-I$ 为 G 的点覆盖。

定理 7-9.3 设图 $G=\langle V,E\rangle$中没有孤立结点,M^* 和 L_* 分别是 G 的最大对集和最小边覆盖,则$|M^*|+|L_*|=|V|$。

定理 7-9.4 设 $G=\langle X,Y;E\rangle$,则 G 中存在从 X 到 Y 的完全对集的充要条件是,对任何结点子集 $A(A\subseteq X)$有

$$|N(A)|\geqslant|A|$$

推论 设 G 是 K-正则二分图,则 G 有一完美对集。

定理 7-9.5 设 M 和 R 分别是图 G 的一个对集和一个覆盖,如果$|M|=|K|$,则 M 必是 G 的一个最大对集,R 必是 G 的一个

最小覆盖。

定理 7-9.6 设 M^* 和 K_* 分别是二分图 G 的最大对集和最小覆盖，则 $|M^*|=|K_*|$。

定理 7-9.7 设二分图 G 无孤立点，I^* 和 L_* 分别是 G 的最大独立集和最小边覆盖，则 $|I^*|=|L_*|$。

定理 7-9.8 G 有完美对集的充分必要条件是，对于 G 的所有结点子集 $A(A\subseteq V)$，有 $o(G-A)\leqslant|A|$。

推论 每个没有割边的 3-正则图有一个完美对集。

B 选题例解

例题 7-1 设图 $G=\langle V,E\rangle$ 是简单图，则

$$e\leqslant\frac{v(v-1)}{2}, \text{其中 } e=|E|, v=|V|$$

分析 简单图是无平行边和环的图，要证图 G 的边数小于等于 $v(v-1)/2$，就要考虑简单图的边数最多可能是多少。简单图的每边关联于两个结点，故可从结点数目来考虑本题。

证明 简单图每边关联于两个结点，现有 v 个结点，故边数至多为 $\left(\frac{v}{2}\right)=\frac{v(v-1)}{2}$，考虑到简单图不一定都是完全图，故

$$e\leqslant v(v-1)/2$$

例题 7-2 设 $G=\langle V,E\rangle$，$|V|=v$，$|E|=e$，证明：

$$\delta\leqslant 2e/v\leqslant\Delta$$

分析 δ 和 Δ 分别是图 G 中结点的最小度和最大度，在所证明的不等式中有 $2e/v$ 项，而 $2e=\sum\limits_{v_i\in V}\deg(v_i)$，故可从结点度数总和的关系上去进行推证。

证明 因为

$$\sum_{v_i\in V}\deg(v_i)=2e$$

对任意的 $v_i\in V$，有 $\delta\leqslant\deg(v_i)\leqslant\Delta$，于是

$$v \cdot \delta \leqslant \sum_{v_i \in V} \deg(v_i) \leqslant v \cdot \Delta$$

即
$$v \cdot \delta \leqslant 2e \leqslant v \cdot \Delta$$

所以
$$\delta \leqslant 2e/v \leqslant \Delta$$

例题 7-3 说明图 7-1 是同构的。

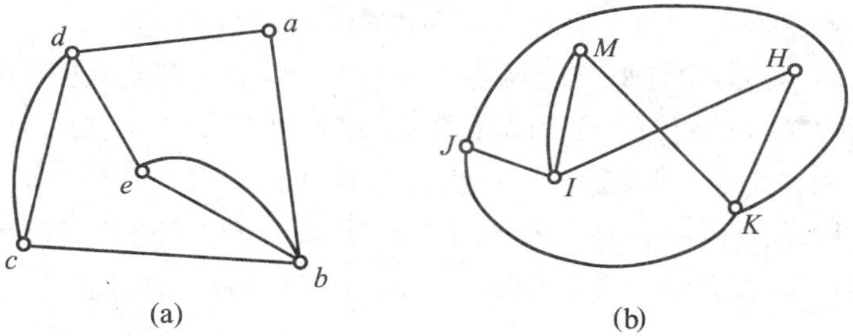

图 7-1

分析 由图同构的必要条件,可知对应结点度数应相同。在图 7-1(a)中结点度数最少的点为 a,相对于图(b)上结点度数为点 H,剩下在图(a)中有两个结点度数为 3,另两个结点度数为 4,在图(b)中也有两个结度数为 3 和两个结点度数为 4,故有可能在对应点之间建立图的同构关系。

解 可建立点的对应关系为:

$$a \leftrightarrow H, c \leftrightarrow J, e \leftrightarrow M, b \leftrightarrow I, d \leftrightarrow K$$

边的对应关系为:

$$(a,b) \leftrightarrow (H,I), (b,c) \leftrightarrow (I,J), (c,d) \leftrightarrow (J,K)$$
$$(a,d) \leftrightarrow (H,K), (b,e) \leftrightarrow (I,M), (d,e) \leftrightarrow (K,M)$$

此两图的结点数目相同,边数相同,且结点和边的关联关系相互对应。因此图(a)与图(b)同构。

例题 7-4 证明:若图 G 的直径大于 3,则 $\overline{G}$ 的直径小于 3。

分析 图的直径是图中两个结点之间的最大距离。$\overline{G}$ 是 G 的相对于完全图的补图,即 $G \cup \overline{G}$ 是一个完全图。对 G 中任意边 $e \in E(G)$,则 $e \overline{\in} E(\overline{G})$;反之如 $e \overline{\in} E(G)$,则 $e \in E(\overline{G})$。又因为 G 和 $\overline{G}$ 有相同的结点集,故要证 G 中任意两个结点距离小于 3。可

对 $\overline{G}$ 中任意两个结点进行分析讨论，由题设条件图 G 中有直径大于 3。故可在图 G 中举任意两个结点的有关情况，以证 $\overline{G}$ 中的直径至多为 2。

证明 设任意一对结点 $u,v\in V(\overline{G})$，则 $u,v\in V(G)$。

1. 若 $(u,v)\overline{\in} E(G)$，则 $(u,v)\in E(\overline{G})$，故 $d_{\overline{G}}=(u,v)=1$。

2. 若 $(u,v)\in E(G)$，则 $(u,v)\overline{\in} E(\overline{G})$。

a) $V(G)$ 中任取其他两点 x,y，若 x 和 y 均和 u（或 v）相邻，此时 $d_G(x,y)\leqslant 2$；若 x 和 u 相邻，y 和 v 相邻，此时 $d_G(x,y)\leqslant 3$。在这两种情况都与题设矛盾，故 a）不成立。

b) $V(G)$ 中存在一个结点 w，使 $(u,w)\overline{\in} E(G)$，$(w,v)\overline{\in} E(G)$，则必有 $(u,w)\in E(\overline{G})$，$(w,v)\in E(\overline{G})$。此时 $d_{\overline{G}}(u,v)=2$。

综上所述 $\overline{G}$ 的直径必小于 3。

例题 7-5 设简单图 $G=\langle V,E\rangle$，令 $|V|=v$，$|E|=e$。如果 $e\geqslant\binom{v-1}{2}+2$，则 G 为汉密尔顿图（H 图）。

分析 我们知道，完全图是 H 图，又因为一个简单图为 H 图的充要条件是该图的闭包为 H 图。为此在本题中如果能证得在给定条件下，其闭包是完全图则结论就成立。但其闭包是否为完全图，不易直接判别，可用反证法。

证明 假设闭包 $C(G)$ 不是完全图，那么必有不相邻的结点 u,w 使得 $d(u)+d(w)<v$，这说明 u 和 w 关联的边至多为 $v-1$ 条。现对 $C(G)$ 的边数作一估计，对于一个完全图而言，关联两个点的边的总数为 $2(v-1)-1=2v-3$。那么在 $C(G)$ 中 u,w 关联边的总数和一个完全图关联二个结点的总数之差，至少为 $(2v-3)-(v-1)=v-2$，这时 $C(G)$ 的边数至多是

$$e\cdot(C(G))\leqslant\frac{v(v-1)}{2}-(v-2)=\frac{1}{2}v(v-1)-(v-1)+1$$

$$=\binom{v-1}{2}+1$$

故
$$e(G) \leqslant e(C(G)) \leqslant \binom{v-1}{2}+1$$

这与定理题设矛盾，因此 $C(G)$ 是完全图，即 G 是 H 图。

例题 7-6 有 11 个学生打算几天都在一个圆桌上共进晚餐，并且希望每次晚餐时，每个学生两边邻座的人都不相同，按照这样一种要求，他们在一起共进晚餐最多几天。

分析 11 个学生在圆桌上共进晚餐，可以看作在一个圆周上排列 11 个结点，两人相邻而坐，就可看作两点之间有边相联，因此任意一人与其他人相邻就坐的所有情况，就是 11 个结点的完全图，在 K_{11} 中任意一个汉密尔顿圈，就表示一次晚餐的就坐方式。对 K_{11} 中任意两个汉密尔顿圈只要没有公共边，这就表示两次晚餐的就坐中，每个人相邻就坐者都不相同。于是晚餐最多能进行的次数就是 K_{11} 中无公共边的汉密尔顿圈的数目。因为 11 人的坐法，只由他们之间的相邻关系决定，排成圆形时，仅与排列顺序有关。因此对各种坐法，可认为一人的座位不变，我们可将其设作 1 号，并不妨放于圆心，其余 10 人可放在圆周上。于是不同的汉密尔顿圈，可由圆周上不同编号的旋转而得到。

解 11 个结点的完全图共有 $\dfrac{11(11-1)}{2}=55$ 条边，在 K_{11} 中每个汉密尔顿圈的长度为 11。则没有公共边的汉密尔顿圈数目是 $55/11=5$ 条。此五条不同的汉密尔顿圈可由下作图得到：

设有一条汉密尔顿圈（1,2,3,…,11,1），将此图的结点标号旋转 $360^\circ/10, 2\cdot 360^\circ/10, 3\cdot 360^\circ/10, 4\cdot 360^\circ/10$ 就得到另外四个图（如图 7-2 所示）。每个图对应一个汉密尔顿圈。

如果 11 个人标记为 1,2,…,11，五天中排列情况如下：

1	2	3	4	5	6	7	8	9	10	11
1	4	2	6	3	8	5	10	7	11	9
1	6	4	8	2	10	3	11	5	9	7
1	8	6	10	4	11	2	9	3	7	5
1	10	8	11	6	9	4	7	2	5	3

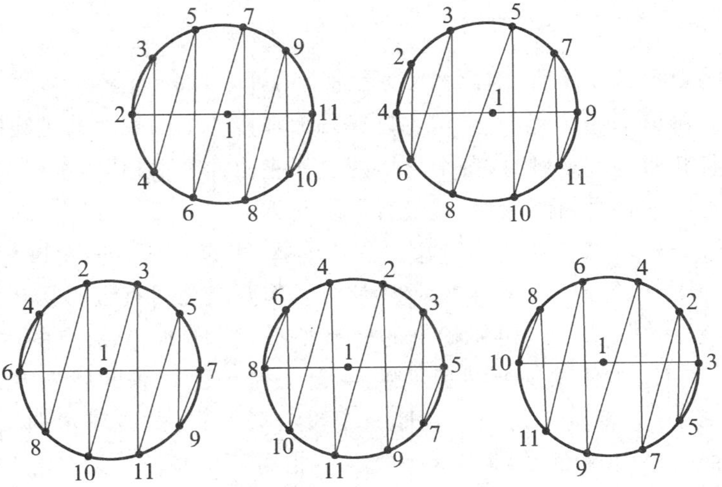

图 7-2

例题 7-7 设 $G=\langle V,E\rangle$，令 $|V|=v$，$|E|=e$，且 $e=v-1$，证明下列三个命题是等价的：

a) G 是连通的；

b) G 是无回路；

c) G 是树。

分析 要证明三个命题等价，就是要证明在 $e=v-1$ 的前提下 a)，b)，c)三个命题可以相互推证，根据树的定义 c)⇒a)和 c)⇒b)是显然的，故剩下证明：a)⇒b)和 b)⇒a)。在这两种情况下都能推出 c)。

证明 1. 先证 a)⇒b)。

设 G 有回路 C，长度为 n，则 C 上有 n 个结点和 n 条边，因为 G 连通，故不在 C 上的 $v-n$ 个结点；每个结点都有一条关联它的边，且此边是在这个结点与 C 连接的最短路上，这种 $v-n$ 个结点关联的边各不相同，所以 $e\geqslant n+(v-n)=v$ 与题设矛盾，即 G 中不含回路。

2. 再证 b)⇒a)

若 G 无回路，但不连通，则 $W(G)\geqslant 2$。因为 G 无回路，故每个连通分枝为树，设树为 T_i，当 $v(T_c)=2$ 时，连通无回路，$e(T_i)=1$，因此有 $e(T_i)=v(T_i)-1$。

假设 $v(T_i)=k-1$ 时有 $e(T_i)=v(T_i)-1$ 成立。当 $v(T_i)=k$ 时，因无回路且连通，故至少有一条边，其一个端点 u 的度数为 1。设该边为 (u,w)，删去结点 u，得到 $k-1$ 个结点的连通无回路图 T_i，按归纳假设有 $e(T_i)=v(T_i)-1$，再将点 u 及关联边加到图 T_i'' 中得到原图 T_i，此时

$$e(T_i)=e(T_i')+1=(k-2)+1=k-1$$

$$v(T_i)=v(T_i')+1=k$$

故 $e(T_i)=v(T_i)-1$ 成立。

所以 $e(G)=v-W(G)<v-1$，这与 $e=v-1$ 矛盾。即 G 连通。

例题 7-8 若 $G=\langle V,E\rangle$ 连通且 $e\in E$，证明：

a) e 属于每一个生成树的充要条件是 e 为 G 的割边；

b) e 不属于 G 的任一个生成树的充要条件是 e 为 G 中的环。

分析 本题 a)，b)都需从充分和必要两部分予以论证。在 a)中如 e 属于每个生成树，需证 G 中删去 e 后必不连通，否则由定理 7-7.3 将产生 e 不属于某个生成树与题设矛盾。在 b)中要证明 e 是环，可证 e 是仅包含其本身的一个回路。在题设条件中有生成树 T，以及不属于 T 的边 e，故可构造一个回路，利用定理 7-7.7 对本题进行论证。

证明 a) 充分性 设 e 属于 G 中每个生成树 T，若 e 不是割边，则 $G-e$ 连通，由定理 7-7.3，$G-e$ 中必存在生成树 T，因为 $V(G-e)=V(G)$，所以 T 也是 G 中的生成树。但 T 中不包含 e，与题设矛盾。

必要性 设 e 是 G 的割边，若有 G 的某个生成树 T 不包含 e，则由定理 7-7.7，$T+e$ 必包含一个回路 C，且 $e\in C$。在 C 中删除 e 后仍是连通，故与 e 是割边的假设矛盾。

b）充分性　因为 G 连通，必存在生成树 T，设 $e\overline{\in}T$，由定理7-7.7，$T+e$ 包含回路 C，如果 C 中有除 e 外另有边 $e_1\in G$，则构造 $T'=T+e-e_1$，T' 必仍连通，因为 $e(T')=e(T)=v-1$，故 T' 也是 G 的一棵生成树，但 T' 包含 e，与题设矛盾。故 C 中没有异于 e 的边，即 e 是 G 中环。

必要性　若 e 是 G 中环，则 e 不能属于 G 的一个生成树，因为树是连通无回路的。

例题 7-9　证明：在树 T 中，所有非悬挂点均为割点。

分析　悬挂点是树中度数为 1 的点，要证明非悬挂点为割点，即是证明在树 T 中，如有 $\deg(v)\geqslant 2$，则删除 v 后 T 必不连通。即 $W(T-v)\geqslant 2$。要证 T 不连通，需在 T 中找出两点，其间无路可通。

证明　设树 T 中有非悬挂点 v，则 $\deg(v)>1$，因此至少必可找到两点 $u,w\in V(T)$，使 $(u,v)\in E(T)$，$(v,w)\in E(T)$。即 $u-v-w$ 是 T 中一条路，因为 T 是树，故 u 与 w 之间有且仅有一条路，否则将与树的定义矛盾。现在删去 v 及其关联边后，在 $T-v$ 中 u 与 w 之间必不连通，即 $W(T-v)\geqslant 2$，即 v 是割点。

例题 7-10　设图 7-3 所示赋权图表示某七个城市 $v_1,v_2,\cdots,v_7$ 及预先测算出的它们之间的一些直接通信线路的造价，试给出一个设计方案，使得各城市之间能够通信，而又使总造价最小。

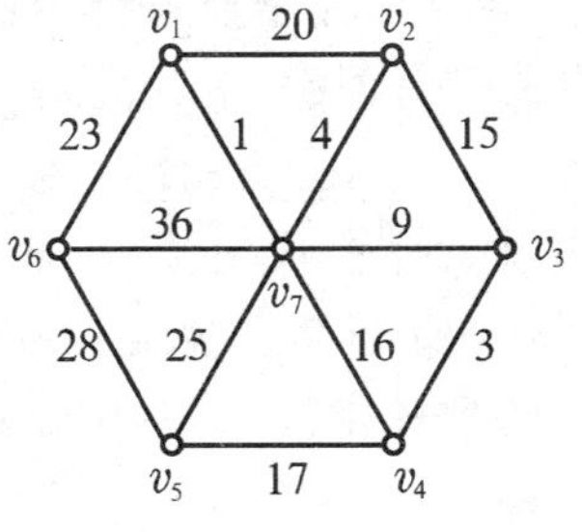

图　7-3

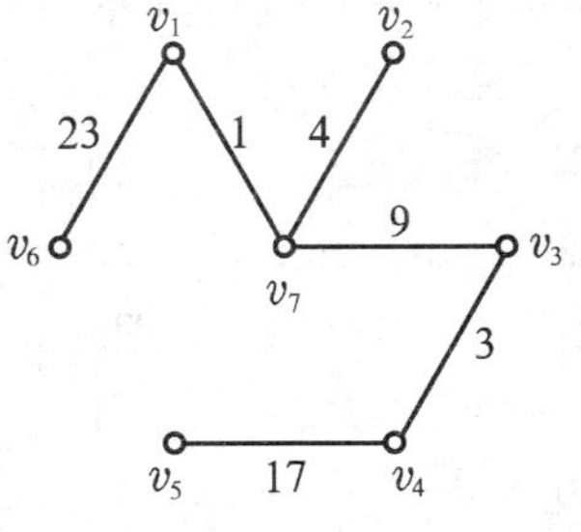

图　7-4

分析　要使各城市间能够互相通信，必须使图为连通，要使造价最小而不影响连通，就需无回路图，因此所求的为连通赋权图的具有最小权的一棵生成树，即最优树。

解 利用克鲁斯克尔算法：

第一步，选 $e_1=(v_1,v_7)$，$w(e_1)=1$；

第二步，选 $e_2=(v_3,v_4)$，$w(e_2)=3$；

第三步，选 $e_3=(v_2,v_7)$，$w(e_3)=4$；

第四步，选 $e_4=(v_3,v_7)$，$w(e_4)=9$。

剩下的边中边权最小是 15，边是 (v_2,v_3)，但它与已选的 e_3,e_4 构成回路，故舍去。当改选权为 16 的边 (v_4,v_7) 时，同样因它与已选的 e_2,e_4 构成回路，再次舍去。因此，

第五步，选 $e_5=(v_4,v_5)$，$w(e_5)=17$；

第六步，选 $e_6=(v_1,v_6)$，$w(e_6)=23$。

此时七城市已连通且无回路（见图 7-4），算法终止。于是 e_1,e_2,e_3,e_4,e_5,e_6 所构成的树，给出了所需的总造价最小的设计方案，其总造价为 57。

例题 7-11 证明彼得森图是非平面的。

分析 要证一个图是非平面图，首先考虑如何应用库拉托夫斯基定理。即是要在被判别的图中，找出一个与 $K_{3,3}$ 或 K_5 在二度结点内同构的子图。彼得森图原有 10 个结点，为此必须找出一个六个结点的子图，与 $K_{3,3}$ 在二度结点内同构。

解 彼得森图子图与 $K_{3,3}$ 在二度结点内同构的，如图 7-5 所示。故彼得森图不是平面图。

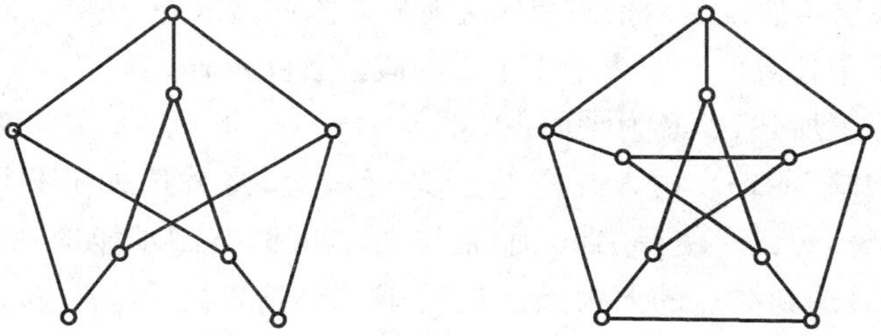

图 7-5

例题 7-12 设 $S=\{x_1,x_2,\cdots,x_n\}$，$n\geqslant 3$ 是平面上的一个点

集，它的任意两点间的距离至少为 1。证明最多有 $3n-6$ 个点对，它们之间的距离为 1。

分析 $3n-6$ 个点对可连 $3n-6$ 条边，故本题若把 S 的元素作结点，构造一个图 G，如能证明 G 为平面图，则根据平面图的必要条件，有 $e(G)\leqslant 3n-6$，要证明图 G 为平面图，必须证明 G 中任意两边，除端点外均不相交。这里用反证法，即假设如有两相交边必引出矛盾。

证明 作图 $G=\langle V,E\rangle$，其中 $V=\{x_1,x_2,\cdots,x_n\}=S$

$$E(G)=\{(x_i,x_j)\ d(x_i,x_j)=1\}$$

就是在 G 中结点 x_i,x_j 之间有边相连的充要条件是 $d(x_i,x_j)=1$。

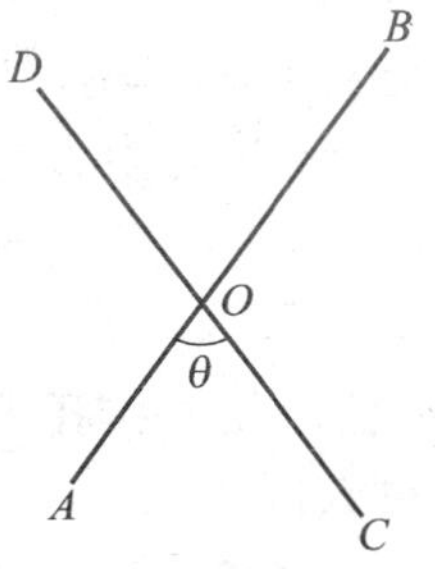

图 7-6

设 G 中存在 AB，CD 两边不相同且相交于 O 点。如图 7-6 所示，因为 $|AB|=1$，$|CD|=1$，不失一般性可假定 $|OA|\leqslant\frac{1}{2}$，$|OC|\leqslant\frac{1}{2}$，AB 与 CD 间夹角为 θ，则

$$|AC|=(|OA|^2+|OC|^2-2|OA||OC|\cdot\cos\theta)^{\frac{1}{2}}$$

按上述条件仅当 $\theta=\pi$ 且 $|OA|=\frac{1}{2}$，$|OC|=\frac{1}{2}$ 时 $|AC|=1$。但这时 A 和 D 重合，B 和 C 重合。即 AB 与 DC 为同一边这与假设是两条不相同边矛盾。除此情况外，还有 $|AC|<1$，这与 S 中任意两点距离不小于 1 的假设条件矛盾。

综上所述，G 必为平面图，即 $e(G)\leqslant 3n-6$ 成立。

例题 7-13 两人在图 G 上进行博奕，交替选择不相同的结点 $v_0,v_1,v_2,\cdots$，使得 $i>0$ 时 v_i 与 v_{i-1} 相邻，直到不能选到结点为止，最后选到结点的人为赢。证明第一个选点之人有一赢的策略的充要条件是 G 中不存在完美对集。

分析 两人博奕交替选择不相同的结点，因 v_i 与 v_{i-1} 相邻，故两人选点，恰好构成两部图。要证明第一个选点之人有一赢的策略，等价于不存在完美对集。因此可证若有完美对集时则第一个选点之人必输。对于必要性的证明可考虑如果不存在完美对集，则可设计一种策略使第一次选点的人必赢。

证明 必要性 用反证法，假如 G 中存在一个完美对集，即 G 中任一点都是 H 饱和点，故不论第一人如何取 v_{i-1} 第二人总是可以取 M 中和 v_{i-1} 相关联边的另一端点作为 v_i，即第一人必输。所以第一人如有一个赢的策略，G 不能存在完美对集。

充分性 若 G 不存在完美对集，我们可取 G 的一个最大对集 M，令 v_0 是 M-非饱和的点，第一人首先取 v_0 点，然后往下不论第二人如何取 v_{i-1}，则 v_{i-1} 恒是 M-饱和点，于是第一人再取的点，必是 M 中和 v_{i-1} 相关联边的另一端点 v_0，因为 M 是最大对集，由定理 7-9.1 必存在 M-增长通路，故 v_i 必可在 M 中取得，否则就将形成 M-增长通路。这样取法，保证了最后一点必定是第一人所取，这种取法是第一人必赢的一种策略。

例题 7-14 证明：一个 8×8 正方形删去 2 个位于对角上的 1×1 正方形后，不能用 1×2 长方形，恰好盖住。

分析 为了要看清是否能用 1×2 的长方形对原图覆盖，可先

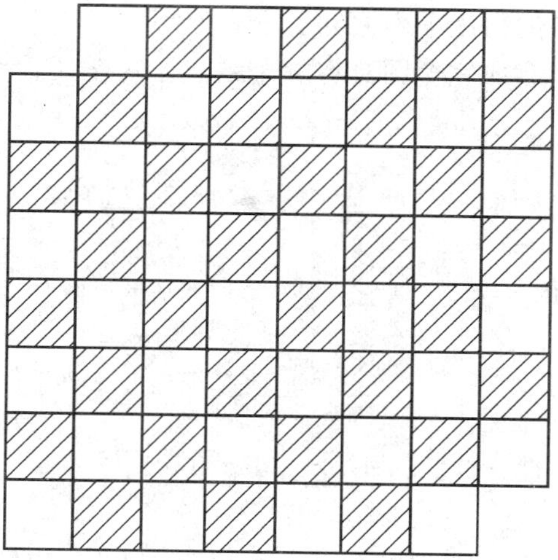

图 7-7

将各正方形涂以黑白两色如图 7-7 所示。现删除两角后，其黑白方块数目就不相等，但 1×2 长方形覆盖，可以看作必覆盖住两个相邻的黑白方块，如果把黑白方块看作图形结点，则两相邻方块，就是 1×2 长方形作为边，于是证明本题，可从两部图中的完美对集有关概念予以论证。

证明 若设每个黑或白的小方块为图 G 中的结点，把这些结点按黑白颜色划分为 X 与 Y 两类集合，X 中元素与 Y 中的元素有边相连，当且仅当它们是两个相邻的方块，并且每一 $x\in X$ 只能与一个 $y\in Y$ 之间有边相连，于是上述图形就诱导出一个以 $\langle X,Y\rangle$ 为分划的两部图。由 G 中边的定义，每一个 1×2 长方形，恰代表 G 中之一边，如果 1×2 长方形恰好能盖住删去两角后的图形，则图 G 中必须存在完美对集，但是因为 $|X|=|Y|+2$，故 G 不可能存在完美匹配。即证明了原图不能用 1×2 长方形恰好给覆盖。

C 习 题 与 解

7-1 证明：在任何有向完全图中，所有结点入度的平方之和等于所有结点的出度平方之和。【7-1.(1)】

证明 设有向完全图具有 n 个结点。对任一结点 v_i 均有

$$\deg^+(v_i)+\deg^-(v_i)=n-1$$

又因边数 $=\frac{1}{2}n(n-1)=\sum_{i=1}^{n} deg^+(v_i)=\sum_{i=1}^{n}\deg^-(v_i)$，故而

$$\begin{aligned}\sum_{i=1}^{n}[\deg^-(v_i)]^2 &= \sum_{i=1}^{n}[(n-1)-\deg^+(v_i)]^2 \\ &= \sum_{i=1}^{n}(n-1)^2-\sum_{i=1}^{n}2(n-1)\deg^+(v_i) \\ &\quad +\sum_{i=1}^{n}[\deg^+(v_i)]^2 \\ &=n(n-1)-2(n-1)\sum_{i=1}^{n}\deg^+(v_i)\end{aligned}$$

$$+\sum_{i=1}^{n}[\deg^{+}(v_i)]^2$$

$$=n(n-1)-2(n-1)\cdot\frac{1}{2}n(n-1)$$

$$+\sum_{i=1}^{n}[\deg^{+}(v_i)]^2$$

$$=\sum_{i=1}^{n}[\deg^{+}(v_i)]^2$$

7-2 至少有两个结点的简单图有两个相同度数的结点。

解 设 G 是一个具有 n 个结点的简单图($n\geqslant2$)。因为每个结点仅仅能够与另外的 $n-1$ 个结点邻接,所以,每个结点的度数 $\leqslant n-1$。因此,在 G 中结点可能出现的度数是

$$0,1,2,\cdots,n-1$$

由于度数是 0 的结点是孤立结点,而度数为 $n-1$ 的结点是邻接其他 $n-1$ 个结点的,所以,在 G 中度数为 0 和度数为 $n-1$ 的结点不可能同时出现。因此,在 G 中可以出现的度数应该分成以下两种情况:

(1) $0,1,2,\cdots,n-2$

(2) $1,2,3,\cdots,n-1$

无论是哪一种情况都最多有 $n-1$ 种不同的度数。就第一种情况而言,我们可以设想具有编号为 $0,1,2,\cdots,n-2$ 的 $n-1$ 只匣子,现将 G 中的结点按其度数放入与编号数相同的匣子中去。因为 G 中有 n 个结点,而匣子仅有 $n-1$ 只,所以总有一只匣子包含两个或两个以上的结点,这些结点具有相同的度数。对于第二种情况,也可类似地证明。

7-3 设 $d=(d_1,d_2,\cdots,d_n)$ 是一个序列,$d_1\geqslant d_2\geqslant\cdots\geqslant d_n\geqslant0$ 且 d_i 均为整数,若记 $d'=(d_2-1,d_3-1,\cdots,d_{d_1+1}-1,d_{d_1+2},\cdots,d_n)$,则 d 是简单图的度序列,当且仅当 d' 是简单图的度序列。

证明 必要性 设 d 是简单图 G 的度序列,且 $d(v_i)\geqslant d_i$,可有以下两种情况:

(i) 若 v_1 关联的边正好是 $v_1v_2,v_1v_3,\cdots,v_1v_{d_1+1}$,则 d' 显然

就是简单图 $G-v_1$ 的度序列。

(ii) 若 v_1 所关联的边中，有 $v_1v_j \notin \{v_1v_2, v_1v_3, \cdots, v_1v_{d_1+1}\}$，即 $j>d_1+1$，令

$$j_0=\max\{j \mid v_1v_j \in E(G)\}>d_1+1$$

$$i_0=\min\{i \mid v_1v_i \overline{\in} E(G)\} \leqslant d_1+1$$

则有 $\quad v_1v_{j_0} \in E(G)$，当且仅当 $j>j_0$ 时，$x_1v_j \overline{\in} E(G)$

$v_1v_{i_0} \notin E(G)$，当且仅当 $i<i_0$ 时，$v_1v_i \in E(G)$

如图 7-8 所示。

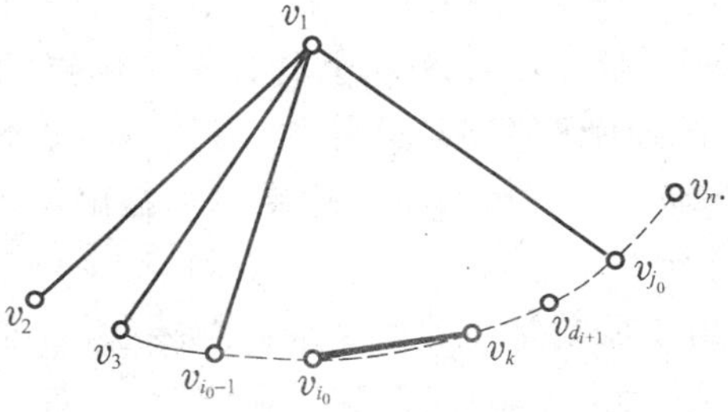

图　7-8

现考察与顶点 v_{i_0} 相邻接的 d_{i_0} 个结点，其中必有一个顶点 v_k 与 v_{j_0} 不相邻接，否则就会产生 $d_{j_0} \geqslant d_{i_0}+1>d_{i_0}$ 的矛盾。

作新图 $G'=G-\{v_1v_{j_0}, v_{i_0}v_k\}+\{v_1v_{i_0}, v_kv_{j_0}\}$，即得图 7-9。于是，$G'$ 仍是简单图，且有与 G 相同的度序列，只是 G' 的 j_0 减小了，i_0 增大了。这个过程重复地做下去，总可得到与(i)相同的情况。

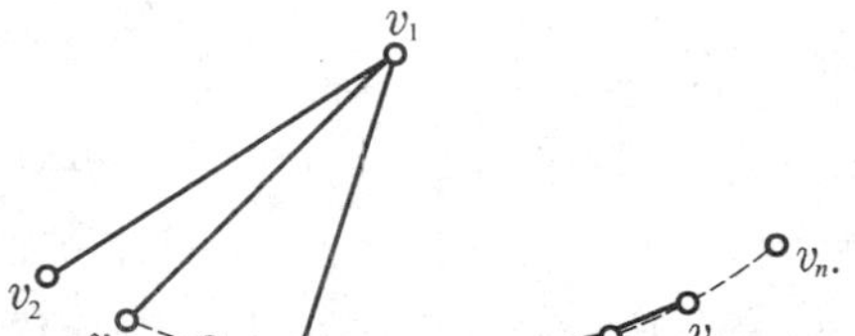

图　7-9

充分性　设简单图 G' 的度序列为 d'，设 G 中的结点是 $v_2, v_3, \cdots, v_n$。如果在 G' 中加进一个新的顶点 v_1，并连结边 $v_1v_2, v_1v_3, \cdots, v_1v_{d_1+1}$，则得到一个新的简单图 G，它的度序列正好是 d。

7-4　a) 任何一个图的结点集合均可分成两部分 V_1 和 V_2，使得由 V_1 和 V_2 所生成的子图的度数是偶数。

b) 对于任何一个图的结点均可分成 V_1 和 V_2，使得由 V_1 生成的子图的度数为偶数，由 V_2 生成的子图的度数为奇数。（这里，子图的度数是指子图中所有结点的度数之和。）

证明 a）我们可限制在简单图中进行讨论，因为除去两条平行边并不改变我们的断言。

如果每一个结点的度数均为偶数，那么我们就取 $V_1=V(G)$，$V_2=\varnothing$。

如果 a 是一个奇数度的结点，设 S 是它的邻接点的集合，现定义新的图 G_1 为

$$V(G_1)=V(G)-\{a\}$$

$$(x,y)\in E(G_1)\text{，当且仅当}\begin{cases}(x,y)\notin E(G)\text{，若 } x,y\in S\\(x,y)\in E(G)\text{，其他情况}\end{cases}$$

对结点数进行归纳，我们可设 $V(G_1)=W_1\cup W_2$，且 W_1 和 W_2 生成 G_1 的具有偶数度的子图。

因为 $\quad |S\cap W_1|+|S\cap W_2|=|s|\equiv 1(\bmod 2)$

我们可假设 $|S\cap W_1|$ 是偶数且 $|S\cap W_2|$ 是奇数，取

$$V_1=W_1\cup\{a\},V_2=W_2$$

对于 $x\in V_1$，若 $x\notin S$，那么很明显地在 $G[V_1]$ 中它的度数是偶数；若 $x\in S$，那么

$$\begin{aligned}d_{G[V_2]}(x)&=d_{G_1[W_1]}(x)-d_{G_1[W_1\cap S]}(x)+d_{G[W_1\cap S]}(x)+1\\&=d_{G_1[W_1]}(x)-d_{G_1[W_1\cap S]}(x)\\&\quad+(|W_1\cap S|-1-d_{G_1[W_1\cap S]}(x))+1\\&=d_{G_1[W_1]}(x)-2d_{G_1[W_1\cap S]}(x)+|W_1\cap S|\end{aligned}$$

等式右边的每一项都是偶数，所以，$d_{G[V_1]}(x)$ 为偶数。

同样地，可以证明：对于 $x\in V_2$，它在 $G[V_2]$ 中有偶数度。

b）任意增加一个新的结点 v，得到新的结点集 $V(G)\cap\{v\}$，由此得到一个新的图 G_1，由 a）可知，$V(G_1)$ 可分成两部分 U_1 和 U_2，使得 U_1 和 U_2 所生成的 G_1 的子图的度数均为偶数。现不妨设 $v\in U_2$，那么，取 $V_1=U_1$，$V_2=U_2-\{v\}$ 就是 $V(G)$ 所要求的一种划分。

7-5 画出图 7-10 相对于完全图的补图。 【7-1.(2)】

解 图 7-10 相对于完全图的补图如图 7-11 所示。

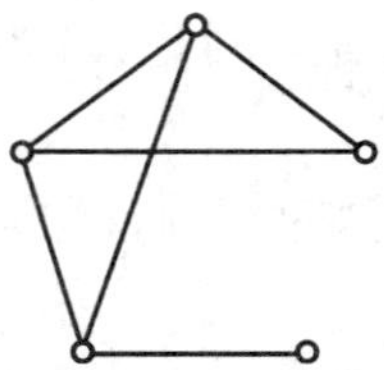

图　7-10

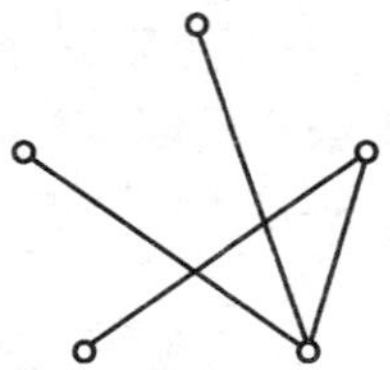

图　7-11

7-6　证明图 7-12 中两个图不同构。　　　　　　　　【7-1.(3)】

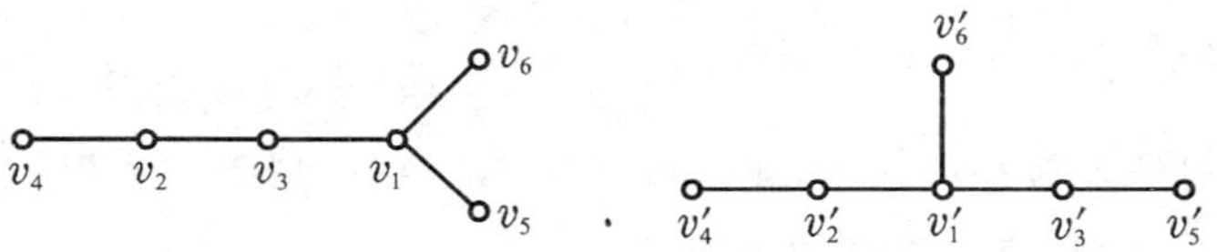

(a)　　　　　　　　(b)

图　7-12

证明　如果这两个图同构,那么对应结点的度数应相同。度数为 3 的两个结点 v_1 与 v_1'相对应。但与 v_1 邻接的三个结点中一个结点 v_3 度数为 2,两个结点 v_5,v_6 度数为 1,而与 v_1'邻接的三个结点中有两个结点 v_2',v_3'度数为 2,一个结点 v_6'度数为 1,故他们不同构。

7-7　证明图 7-13 中两个图是同构的。　　　　　　　　【7-1.(4)】

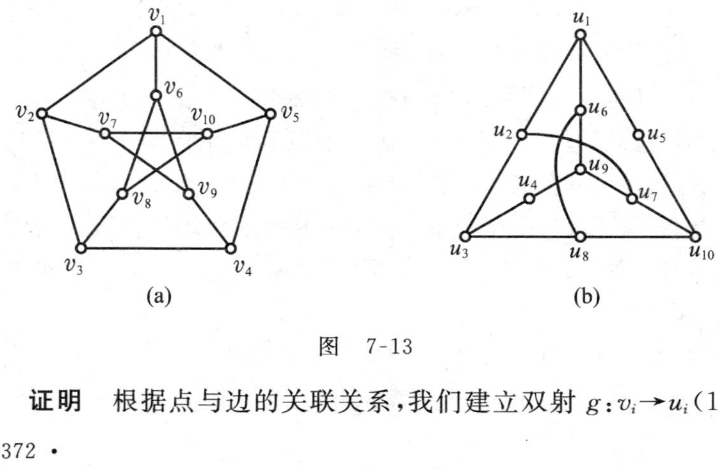

(a)　　　　　　　　(b)

图　7-13

证明　根据点与边的关联关系,我们建立双射 $g:v_i \to u_i$($1 \leqslant i$

$\leqslant 10$)，便可知这两个图同构。

7-8 一个图如果同构于它的补图，则该图称为自补图。

a) 试给出一个五个结点的自补图；

b) 一个图是自补图，其对应的完全图的边数必为偶数；

c) 是否有三个结点或六个结点的自补图。 【7-1.(5)】

解 a) 五个结点的图 G 与它的补图 $\overline{G}$ 如图 7-14 所示。对 G 与 $\overline{G}$ 建立双射：$v_1 \to v_1$，$v_2 \to v_3$，$v_3 \to v_5$，$v_4 \to v_2$，$v_5 \to v_4$。显然这两个图保持相应点边之间对应的关联关系，故 $G \simeq \overline{G}$。因此，G 是五个结点的自补图。

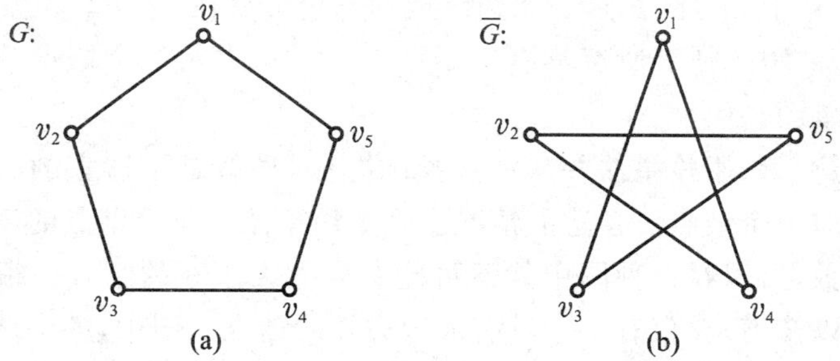

图 7-14

b) 设图 G 是自补图，G 有 e 条边，G 对应的完全图的边数为 A。G 的补图 $\overline{G}$ 的边数应为 $A-e$。因为 $G \simeq \overline{G}$，故边数相等，$e = A-e$，$A=2e$，因此 G 对应的完全图的边数 A 为偶数。

c) 由 b)可知，自补图对应的完全图的边数为偶数。n 个结点的完全图 K_n 的边数为 $\frac{1}{2}n(n-1)$，当 $n=3$ 或 $n=6$ 时，K_n 的边数为奇数，因此不存在三个结点或六个结点的自补图。

7-9 对于任何一个具有 6 个结点的简单图，要末它包含一个三角形，要末它的补图包含一个三角形。

解 设 6 个结点的简单图为 G。考察 G 中的任意一个结点 a，那么，另外 5 个结点中的任何一个结点，要末在 G 中与 a 邻接，

要末在 $\overline{G}$ 中与 a 邻接。这样，就可把 5 个结点分成两类，将那些在 G 中与 a 邻接的结点归成一类，而将那些在 $\overline{G}$ 中与 a 邻接的结点归在另一类。于是必有一类至少含有三个结点，不妨假设其中的三个结点为 b,c,d，如图 7-15 所示。该图必是 $\widetilde{G}$ 的子图(这里 $\widetilde{G}$ 或者是 G 或者是 $\overline{G}$)。如果边 (b,c)，(c,d)，(b,d) 中有一条在 $\widetilde{G}$ 中，那么这条边所关联的两个结点都与 a 邻接；如果边 (b,c)，(c,d)，(b,d) 都不在 $\widetilde{G}$ 中，那么都一定在 $\widetilde{G}$ 的补图(或者是 $\overline{G}$ 或者是 G)中，因此，由这三条边组成的三角形就在 $\widetilde{G}$ 中。

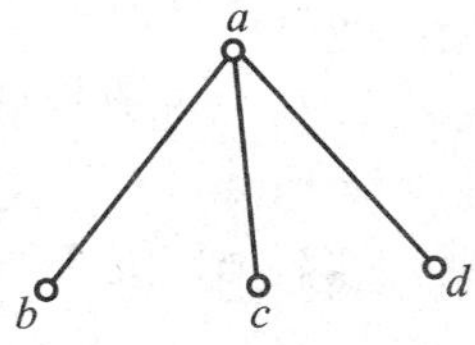

图 7-15

7-10 画出所有具有 5 个结点 3 条边以及 5 个结点 7 条边的简单图。

解 采用枚举法并从中选择的办法，显然是不适宜的。我们先考虑 5 个结点三条边的情况。因为简单图中每个结点的度数≤总边数，所以在这种图中就不可能有度数大于 3 的结点。很清楚地可以知道，在仅有一个具有度数为 3 的结点的图中，各个结点的度数应当是 3,1,1,1,0；而结点度数不大于 2 的图中，各结点的度数只可能是 2,2,2,0,0；2,2,1,1,0 和 2,1,1,1,1。因此，结点数为 5，边数为 3 的简单图为图 7-16 所示。

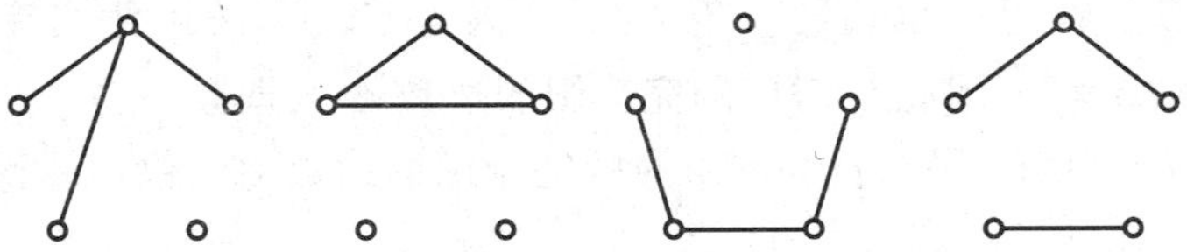
图 7-16

因为具有 n 个结点的简单图的边数与它的补图的边数之和等于具有 n 个结点的完全图的边数。n 个结点的完全图的边数为 $n(n-1)/2$，所以，5 个结点的完全图的边数为 $5\times4/2=10$。显然，两个具有 n 个结点的图是同构的，当且仅当它们的补图是同构的。因此，5 个结点 7 条边的简单图，就是上述 4 个简单图的补图，即为图 7-17 所示。

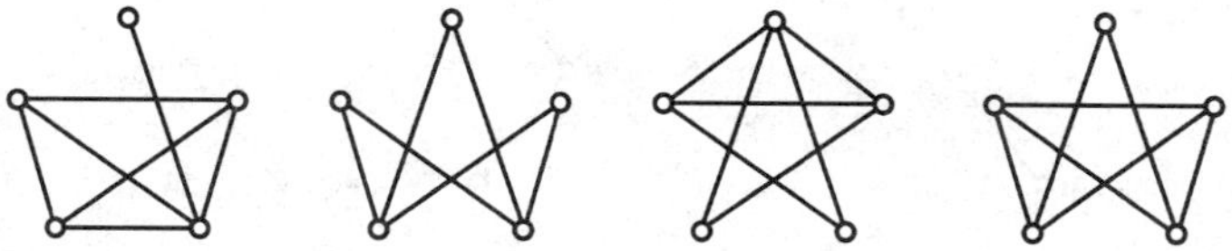

图 7-17

7-11 证明:简单图的最大度小于结点数。【7-1.(6)】

证明 设简单图 G 有 n 个结点。对任一结点 u,由于 G 没有环和平行边,u 至多与其余 $n-1$ 个结点中每一个有一条边相连接,即 $\deg(u)\leqslant n-1$,因此,$\Delta(G)=\max\deg(u)\leqslant n-1$。

7-12 在无向图 G 中,从结点 u 到结点 v 有一条长度为偶数的通路,从结点 u 到结点 v 又有一条长度为奇数的通路,则在 G 中必有一条长度为奇数的回路。【7-2.(1)】

证明 设从结点 u 到结点 v 长度为偶数的通路是 $ue_1u_1e_2u_2\cdots e_{2k}v$,长度为奇数的通路是 $ve_1'u_1'e_2'u_2'\cdots e_{2h-1}'v$,那么路 $ue_1u_1e_2u_2\cdots e_{2k}ue_{2h-1}'\cdots u_2'e_2'u_1'e_1'u$ 就是一条回路,它的边数 $=2k+(2h-1)=2(h+k)-1$,是奇数,故这条回路的长度是奇数。

7-13 若无向图 G 中恰有两个奇数度的结点,则这两个结点之间必有一条路。【7-2.(2)】

证明 设无向图 G 中两个奇数度结点为 u 和 v。

从 u 开始构造一条迹,即从 u 出发经关联于结点 u 的边 e_1 到达结点 u_1,若 $\deg(u_1)$ 为偶数,则必可由 u_1 再经关联于结点 u_1 的边 e_2 到达结点 u_2,如此继续下去,每边只取一次,直到另一个奇数度结点停止,由于图 G 只有两个奇数度结点,故该结点或是 u 或是 v。如果是 v,那么从 u 到 v 的一条路就构造好了。如果仍是结点 u,此路是闭迹。闭迹上每个结点都关联偶数条边,而 $\deg(u)$ 为奇数,所以至少还有一条关联于结点 u 的边不在此闭迹上。继续从 u 出发,沿着该边到达另一个结点 u_1',依次下去直到另一个奇数度结点停下。这样经有限次后必可到达结点 v,这就是一条从 u 到 v 的路,如图 7-18 所示。

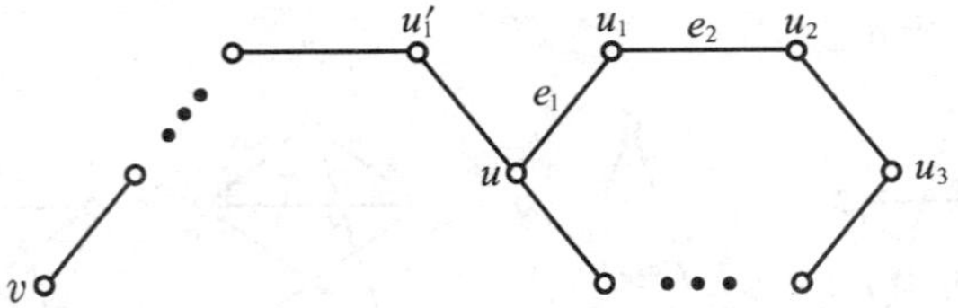

图 7-18

7-14 若图 G 是不连通的，则 G 的补图 $\overline{G}$ 是连通的。

【7-2.(3)】

证明 若图 $G=\langle V,E\rangle$ 是不连通的，可设图 G 的连通分支是 $G(V_1),G(V_2),\cdots,G(V_m)(m\geqslant 2)$。由于任意两个连通分支 $G(V_i)$ 与 $G(V_j)(i\neq j)$ 之间不连通，因此两个结点子集 V_i 与 V_j 之间的所有连线都在图 G 的补图 $\overline{G}$ 中。任取两个结点 u 和 v，有两种情形：

a) u 和 v 分别属于两个不同结点子集 V_i 与 V_j。由上可知 $\overline{G}$ 包含边 (u,v)，故 u 和 v 在 $\overline{G}$ 中是连通的。

b) u 和 v 属于同一个结点子集 V_i。可在另一个结点子集 V_j 中取一个结点 w，由上可知边 (u,w) 及边 (v,w) 均在 $\overline{G}$ 中，故邻接边 (u,w) 和 (w,v) 组成的路连接结点 u 和 v，即 u 和 v 在 $\overline{G}$ 中也是连通的。

由此可知，当图 G 不是连通图时，$\overline{G}$ 必是连通图。

7-15 在一个旅行团中共有 14 人，在山上休息时，他们想打桥牌，而其中每个人都曾仅与其中的 5 个人合作过。现规定只有 4 个人中任两人都未合作过，才能在一起打一局牌。这样，打了三局就没法再打下去了。这时，来了另一位旅游者，他当然没有与该旅行团中的任何人合作过。如果他也参加打牌，证明一定可以再打一局桥牌。

解 画一个具有 14 个结点的简单图，如果每个结点代表旅行团中的一个人，如果相应于 v_i,v_j 的两个人未合作过，则连接一条边 (v_i,v_j)，这样，对于每一个结点 v_i，就有 $\deg v_i=8$。

每打过一局牌，就要去掉两条边，三局牌共要去掉 6 条边，即使这 6 条边关联不同的 12 个结点，那么至少还有两个结点的度数仍为 8。设这两个结点之一为 v_p，那么与 v_p 邻接的 8 个结点中至少有一个结点的度数不小于 7，否则，如果这 8 个结点的度数均$\leqslant$6，则由于每个结点至少去掉 2 条边，故至少共去掉$\dfrac{8\times(8-6)}{2}=8$条边，这与仅去掉 6 条边相矛盾。设 V_q 是与 v_p 邻接且度数$\geqslant$7 的结点，那么 v_q 必至少与上述 8 个结点中的其余 7 个结点之一邻接，否则，$\deg v_q \leqslant 13-7=6$ 矛盾。设 v_r 是与 v_q 邻接的结点，则 v_p, v_q, v_r 组成一个三角形，这表示相应的三个人是两两未合作过的，这三个人与新来的旅游者（相应的结点为 v）一定可以再打一局牌。即 v_p, v_q, v_r 和 v 组成一个 K_4，如图 7-19 所示。

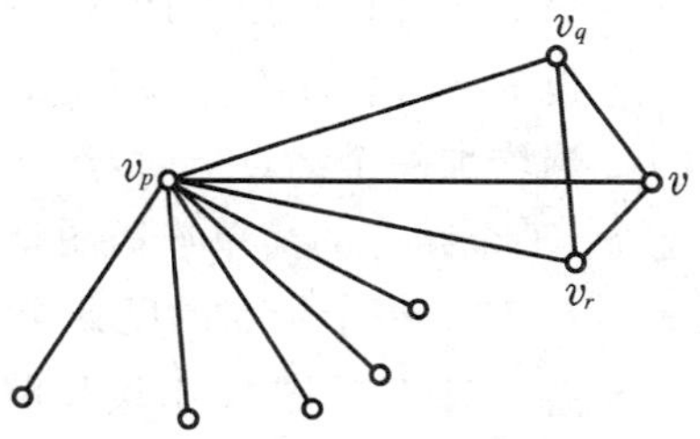

图 7-19

7-16 考察 $2n$ 所电话局，如果每一所电话局至少可以与另外 n 所电话局通话，那么，在这 $2n$ 所电话局中的任何两所电话局之间都可以通话（也可能要通过另外的电话局）。

证明 设 $2n$ 所电话局为 $2n$ 个结点，能通话的电话局之间连一条边，这样就得到一个简单图 G。由题意可知，每个结点的度数$\geqslant n$，那么，就要证明每两个结点之间必有一条路存在，即 G 是连通的。

用反证法：设 G 是不连通的，也就是说在这个图中包含着至少 2 个的连通分支。共有 $2n$ 个结点，故必存在一个最多具有 n 个结点的连通分支，其中的每一个结点 p 仅可与该连通分支中的结点连接，又因为图 G 是简单图，而简单图中每个结点的度数$\leqslant$结点数减 1，所以 $\deg(p)\leqslant n-1$，这就与每个结点的度数$\geqslant n$ 的假设相矛盾。因此，图 G 仅有一个连通分支，即 G 是连通的。

7-17 如果在 n 个电话局中的任何两个电话局总是可以通话的，那么至少存在 $n-1$ 条直通线路。

解 设 n 个电话局为 n 个结点，两个结点之间有连线，当且仅当对应的这两个电话局可直通电话。因为任何两个电话局总可以通话(可能中途要通过其他电话局)，因此就可构成一个简单的连通图。

可以证明，对于具有 n 个结点的简单连通图 G，至少存在 $n-1$ 条边。用数学归纳法，有

当 $n=2$ 时，有一条边；

当 $n=3$ 时，至少有两条边；

设 $n=k$ 时，G 至少有 $k-1$ 条边。

当增加一个结点 v 时，v 必与 G 中的某个结点邻接，因此，具有 $k+1$ 个结点的简单连通图至少有 k 条边。

7-18 每个结点的度数至少为 2 的图必包含一个回路。

解 设 L 是图 G 中最长路中的一条，设其长度为 m，这条路的一个端点设为 a，考察 G 中与 a 关联的那些边，这些边中任何一条边的另一端必在 L 上，否则，将这个结点加进 L 中就可得到一条更长的路。

如果 G 中每个结点的度数至少为 2，那么 a 也要关联于一条不在 L 上的边 e。若 e 是环，则 e 本身就是回路，否则，边 e 的另一个端点 b(与 a 不同的点)在 L 上，而连通 L 中 a 到 b 的子路与边 e，就组成一个回路。如图 7-20 所示。

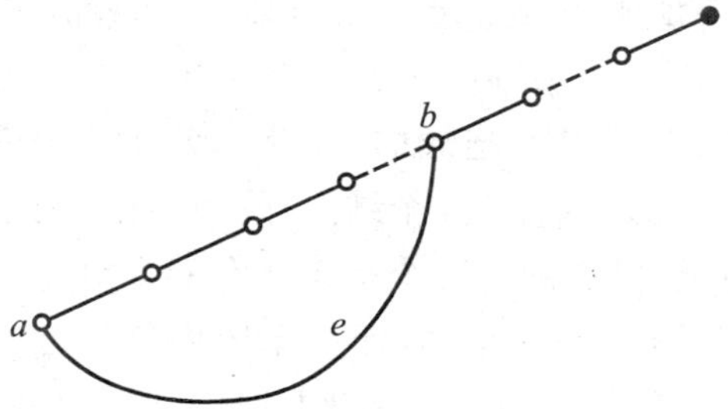

图 7-20

7-19 设 G 为具有 n 个结点的简单图，且 $|E|>(n-1)(n-2)/2$，则 G 是连通的。

证明　用反证法。若 G 不连通，不妨设 G 可分成两个不相连通的子图 G_1 和 G_2，并假设 G_1 和 G_2 中的顶点数分别为 n_1 和 n_2，显然，$n_1+n_2=n$。因为 $n_i\geqslant 1$，所以 $n_i\leqslant n-1(i=1,2)$。

$$|E|\leqslant\frac{n_1(n_1-1)}{2}+\frac{n_2(n_2-1)}{2}\leqslant\frac{(n-1)(n_1+n_2-2)}{2}$$

$$=\frac{(n-1)(n-2)}{2}$$

与假设相矛盾。因此，G 是连通的。

7-20　设一个图包含一条连通结点 a 和 b 的迹以及连通结点 b 和 c 的迹，证明 a 与 c 也能沿着一条迹而到达。

证明　设 G 是附合题意的图，很明显，从 a 可以到达 c，只要先沿着连通 a 和 b 的迹 L_1 到 b，然后再沿着连通 b 和 c 的迹 L_2 而到达 c。然而，这不一定是一条迹。如图 7-21 所示，有一条连通 a 和 c 的迹，即由边 (a,d)，(d,f)，(f,c) 所组成的迹。

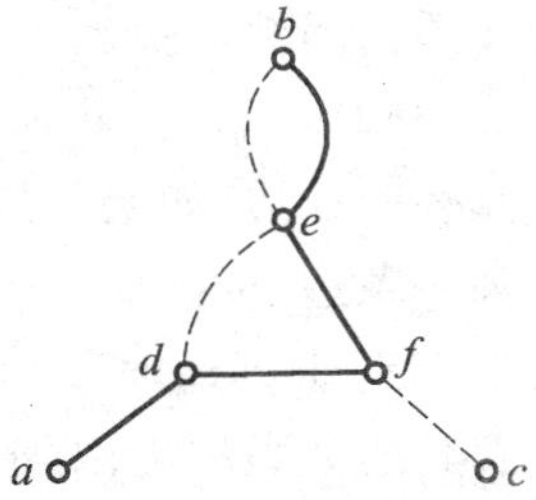

图　7-21

一般地，利用迹 L_1 和 L_2，总可用以下的方法得到一条从 a 到 c 的迹：从结点 a 开始，沿着 L_1 的边走，直到 L_2 的结点（这个点可以与 a 相重，因为结点 b 就是同时属于两条迹的，所以这种点总是存在的），从这个点再沿着 L_2 走一直到达结点 c。所得到的就是一条从 a 到 c 的迹。

当然，也可以从 b 出发，沿着 L_2 的边走，在这个过程中所包含的那些属于 L_1 中的点集记为 S，$S\neq\varnothing$（至少 $b\in S$），设 p 是沿 L_2 的边走时属于 S 的最后一个结点（在图 7-21 中 $S=\{b,e,d,f\}$，$p=f$）。这样，我们如果从 a 开始，沿着 L_1 的边走直到 p 点，然后从 p 沿着 L_2 继续走直到 c，这样同样可得到从 a 到 c 的一条迹。

7-21　在图 G 中，若 $|E|\geqslant|V|+4$，则 G 中包含两个圈（它们的边集不相交）。

证明　如果能证明 $|E|=|V|+4$ 时，G 中必包含两个圈（它

们的边集不相交)，那么，$|E|>|V|+4$ 时，更是如此。因此，只要证明$|E|=|V|+4$ 的情况即可。

用反证法：设 G 是满足$|E|=|V|+4$ 且不包含两个圈(它们的边集不相交)的图中结点数最少的一个图。那么，必有

(1) G 中最短圈的长度 $g\geqslant 5$；

(2) G 的最小度数 $\delta(G)\geqslant 3$。

这是因为

(1) 若 $g\leqslant 4$，则在 G 中除去一个长度$\leqslant 4$ 的圈 C_1 中的边所得的图 G_1，有$|E(G_1)|\geqslant|E|-4=|V(G)|=|V(G_1)|$。由此可知 G_1 中必有圈 G_2，且 C_1 与 C_2 中的边集是不相交的。这就与假设相矛盾。因此，$g\geqslant 5$。

(2) 当 $\deg(v_0)=2$。如果是环则去除这个环，即去掉一个结点和一条边；如果不是环，不妨设 $v_0v_1, v_0v_2\in E(G)$，则去除 v_0，增加一条边(v_1, v_2)。

当 $\deg(v_0)\leqslant 1$。对于 $\deg(v_0)=1$ 的情况，则在 G 中除去 v_0 及其所关联的边；对于 $\deg(v_0)=0$ 的情况，则在 G 中除去 v_0 及任一条边。

无论是什么情况，都是去掉一个点和一条边，所得到图都记为 G_1。很明显，对于 G_1 来说，仍然满足$|E|=|V|+4$ 且不包含两个圈(它们的边集不相交)。然而，这时却有 $V(G_1)=V(G)-1$，即 G_1 的结点数比 G 的顶点数少，这就与原来 G 的假设相矛盾。因此，必有 $\delta(G)\geqslant 3$。

由(2)及 $\sum\limits_{v\in V}\deg(v)=2|E|$，得 $2|E|\geqslant 3|V|$，所以

$$\frac{3|V|}{2}\leqslant|E|=|V|+4,\ |V|\leqslant 8$$

由(1)，在 G 中必有一个最短圈 C_0，且 $E(C_0)\geqslant 5$。记 C_0 上的结点集为 V_0，由(2)可知，对任一 $v\in V_0$，均有 $\deg(v)\geqslant 3$，因为 C_0 是最短圈，所以，V_0 中结点之间的联线均在 C_0 上，因此，对于任一 $v_1\in V_0$，都必有 $v_1'\in V$ 且 $v_1'\notin V_0$，使得 $v_1v_1'\in E$，这样就有

$$V_1=\{v_1' \mid v_1v_1'\in E, v_1\in V_0, v_1'\notin V_0\}$$

对于任一 $v_1 \in V_1$，在 V_0 中仅有一个点与它相关联，否则，就将导致在 G 中存在长度 $\leqslant \left[\frac{g}{2}\right]+2<g(g\geqslant 5)$ 的圈的矛盾。故有 $|V_0| \leqslant |V_1|$，因此，

$$|V| \geqslant |V_0|+|V_1| \geqslant 2|V_0|=2g \geqslant 2\times 5=10$$

既要 $|V| \leqslant 8$，又要 $|V| \geqslant 10$，这是不可能的。

由此可见，反证法中的假设是不能成立的。因此，当 $|E|=|V|+4$ 时，在 G 中必含有两个圈(它们的边集不相交)。

7-22 当且仅当 G 的一条边 e 不包含在 G 的回路中时，e 才是 G 的割边。 【7-2.(4)】

证明 必要性 设 e 是连通图 G 的割边，e 关联的两个结点是 u 和 v。如果 e 包含在 G 的一个回路中，那么除边 $e=(u,v)$ 外还有一条分别以 u 和 v 为端点的路，所以删去边 e 后，G 仍为连通图，这与 e 是割边相矛盾。

充分性 如果边 e 不包含在 G 的任一回路中，那么连接结点 u 和 v 只有边 e，而不会有其他连接 u 和 v 的任何路。因为如果连接 u 和 v 还有不同与边 e 的路，此路与边 e 就组成一条包含边 e 的回路，从而导致矛盾。所以删去边 e 后，u 和 v 就不连通，故边 e 是割边。

7-23 若 G 是一个简单图，且 $\delta(G) \geqslant |V|-2$，则 $k(G)=\delta(G)$。

证明 因为 G 是简单图，所以每个顶点的度数最多为 $|V|-1$，现 $\delta(G) \geqslant |V|-2$，所以只要讨论以下两种情况即可。

(1) 若 $\delta(G)=|V|-1$，则 $G=K_{|v|}$，因此

$$k(G)=|V|-1=\delta(G)$$

(2) 若 $\delta(G)=|V|-2$，则必有两个结点不相邻接，设 $v_1, v_2 \in V$ 且 v_1 与 v_2 不相邻接。于是，对于任意的 $v_3 \in V$，都有 $v_1v_3, v_2v_3 \in E$。因此，对于 V 中任意的 $|V|-3$ 个结点的集合 V_1，$G-V_1$ 一定是连通的，故必有 $k(G) \geqslant |V|-2=\delta(G)$。而由定理 7-2.2 知 $k(G) \leqslant \delta(G)$，所以 $k(G)=\delta(G)$。

7-24 设 T 是一棵根树且不考虑方向,它的结点集合为 $V=\{x_1,x_2,\cdots,x_n\}$,且 $d_{ij}=d(x_i,x_j)$ 表示 x_i 与 x_j 之间的距离(即 x_i 与 x_j 之间通路的长度),作矩阵 $D=(d_{ij})$,试证明 $\det D=-(n-1)(-2)^{n-2}$。

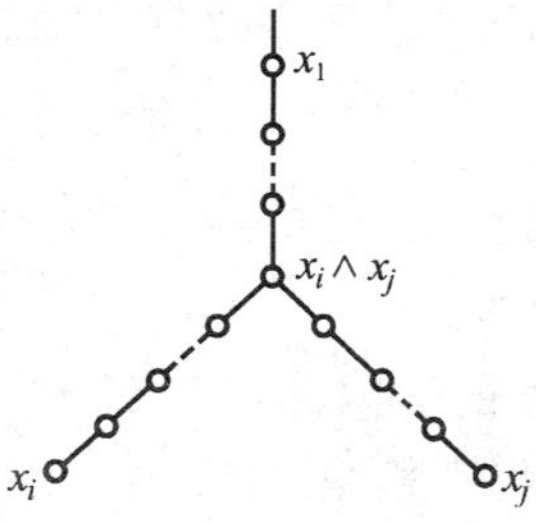

图 7-22

证明 设 x_1 是树 T 的根,由于从 x_1 到任何一点 x_i 的通路是唯一的,所以

$$d(x_i,x_j)=d(x_i,x_1)+d(x_j,x_1)-2d(x_i\wedge x_j,x_1)$$

其中,$x_i\wedge x_j$ 表示 x_i 和 x_j 的共同父亲。如图 7-22 所示。

在集合 $V=\{x_1,x_2,\cdots,x_n\}$上定义偏序关系$\leqslant$,$x_i\leqslant x_j$ 当且仅当从 x_i 到 x_j 有唯一的通路且 x_i 是 x_j 的祖先。对结点按长辈在前的原则排一个序,现定义 $Z=(z_{ij})$,其中

$$z_{ij}=\begin{cases}1, x_i\leqslant x_j\\ 0,\text{其他}\end{cases}$$

再定义

$$A=\begin{pmatrix}0 & 1 & 1 & \cdots & 1\\ 1 & -2 & & 0 & \\ 1 & & -2 & & \\ \vdots & 0 & & \ddots & \\ 1 & & & & -2\end{pmatrix}$$

记 $C=Z^{\mathrm{T}}AZ$。

$$C_{ij}=\sum_{k=1}^{n}z_{k_i}\left(\sum_{l=1}^{n}a_{k_l}z_{l_j}\right)=\sum_{x_k\leqslant x_i}\sum_{x_l\leqslant x_j}a_{kl}$$

因为除去 a_{11}外只有当 $k=l$ 或 $k=1$ 或 $l=1$ 时 $a_{kl}\neq 0$,所以

$$\begin{aligned}C_{ij}&=\sum_{x_k\ x_i}1+\sum_{xl\ \ xj}1+\sum_{\substack{x_k\leqslant x_i\\ \text{且}xl\leqslant xj}}(-2)\\ &=[d(x_i,x_1)+1]+[d(x_j,x_1)+1]\\ &\quad-2[d(x_i\wedge x_j,x_1)+1]\\ &=d(x_i,x_1)+d(x_j,x_1)-2d(x_i\wedge x_j,x_1)\\ &=d_{ij}\end{aligned}$$

因此,$Z^{\mathrm{T}}AZ=D$,

$$\det D = \det Z^T A Z = \det A = -(n-1)(-2)^{n-2}$$

7-25 分析图 7-23,求:

a) 从 A 到 F 的所有通路;

b) 从 A 到 F 的所有迹;

c) A 和 F 之间的距离;

d) $k(G)$,$\lambda(G)$和 $\delta(G)$。

【7-2.(5)】

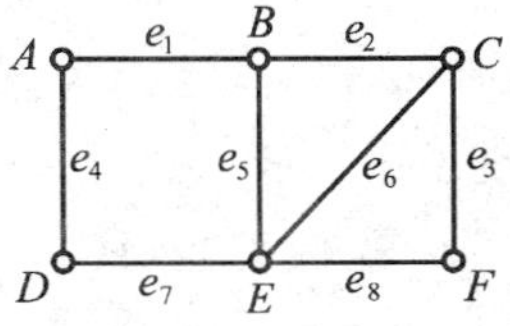

图 7-23

解 a) 从 A 到 F 的通路有七条:

$ABCF, ABCEF, ABEF, ABECF$

$ADEF, ADECF, ADEBCF$

b) 从 A 到 F 的迹有八条:

$Ae_1Be_2Ce_3F, Ae_1Be_2Ce_6Ee_8F, Ae_1Be_5Ee_6Ce_3F$

$Ae_1Be_5Ee_8F, Ae_4De_7Ee_8F, Ae_4De_7Ee_6Ce_3F$

$Ae_4De_7Ee_5Be_2Ce_3F, Ae_4De_7Ee_5Be_2Ce_6Ee_8F$

c) $d(A,F)=3$。

d) $k(G)=\lambda(G)=\delta(G)=2$。

7-26 令 G 是一个至少有三个结点的连通图,证明下列命题是等价的。

a) G 没有桥。

b) G 的每二个结点在一条公共的闭迹上。

c) G 的每一个结点和一条边在一条公共的闭迹上。

d) G 的每二条边在一条公共的闭迹上。

e) 对 G 的每一对结点和每一条边,有一条联结这两个结点而且含有这条边的迹。

f) 对 G 的每一对结点和每一条边,有一条联结这两个结点而不含有这条边的通路。

g) 对每三个结点,有一条联结任何两个结点而且含第三个结点的迹。 【7-2.(6)】

证明 a)⇒b):设 G 是至少有三个结点的连通图,且 G 无桥。令 u, v 为 G 中任意两个结点,下面对 u, v 间的距离 $d(u,v)$

作归纳：

① 当 $d(u,v)=1$。因为 G 无桥，故在 G 中必有一条回路包含 $e=(u,v)$，这是因为若 e 不包含在任何回路中，则 e 必是桥，与题设矛盾。所以当 $d(u,v)=1$ 时，u,v 必在同一条公共闭迹上。

② 假设当 $d(u,v)<k$ 时命题成立，$k\geqslant 2$。考察一条长为 k 的 $u—v$ 的一条通路，设 w 是这条路上结点 v 前面的那个结点，$d(u,w)=k-1$，由归纳假设 u,w 两个结点必在 G 的某一条闭迹上，该闭迹由 P_1，P_2 组成(如图 7-24 所示)，因为 G 无桥，所以 $G-(v,w)=G'$ 必仍连通，因此 $u—v$ 之间必有一条不包含 (v,w) 的迹 P'。P' 与 P_1，P_2 间的关系有图 7-24(a)，(b)，(c)的三种情况。设 x 是 P' 上与 v 最近且在 P_1 或 P_2 上的交点，不妨设 x 在 P_1 上(图 7-24(a))。则以 P_1 上的 $u—x$ 段，续以 P' 上的 $x—v$ 段为 θ_1，以 P_2 上 $u—w$ 段续以边 (w,v) 为 θ_2，则 $\theta_1\cup\theta_2$ 就是 G 中通过 u,v 的一条公共闭迹。其他两种情况(图 7-24(b)，(c))，证法相同。

所以 a)⇒b)成立。

b)⇒c)：设 u 为 G 中任意一点，e 为 G 中任意一条边，令 $e=(v,w)$，由 b)可知 u,v 有公共闭迹 Z。若 $w\in Z$，则 $e\in Z$，c)成立。

若 $w\notin Z$，设 P_1，P_2 为两条不同的 $u—v$ 的迹，设 v,w 所在的闭迹为 Z'。令 $P'=Z'-\{e\}$ 为 $v-w$ 不含 e 的迹。(图 7-24(d))令 u' 是 P' 上与 P_1 或 P_2 上的最后一个交点，不妨设 u' 在 P_1 上，则以 P_1 上的 $u-u'$ 段续以 P' 上的 $u'-w$ 为 Q_1；以 P_2 续以 $e=(v,w)$ 为 Q_2，则有 $Q_1\cup Q_2$ 组成的闭迹，包含 u 和 e。所以 c)成立。

当 $u'=v$ 时，证明相同。

c)⇒d)：设 e_1，e_2 为 G 中任意两条边，$e_1=(u_1,v_1)$，$e_2=(u_2,v_2)$。由 c)可知 u_1 和 e_2 在公共闭迹 Z 上，若 $v_1\in Z$，则 $e_1\in Z$，故 d)成立。若 $v_1\notin Z$，由 c)可知 v_1 和 e_2 也在一公共闭迹 Z' 上。Z 与 Z' 有图 7-24(e)，(f)，(g)，(h)，(i)各种情况。

设 P_1 为 Z 上 u_1-v_2 上的一段迹(不含 u_2)，P_2 为 Z 上 u_1-u_2

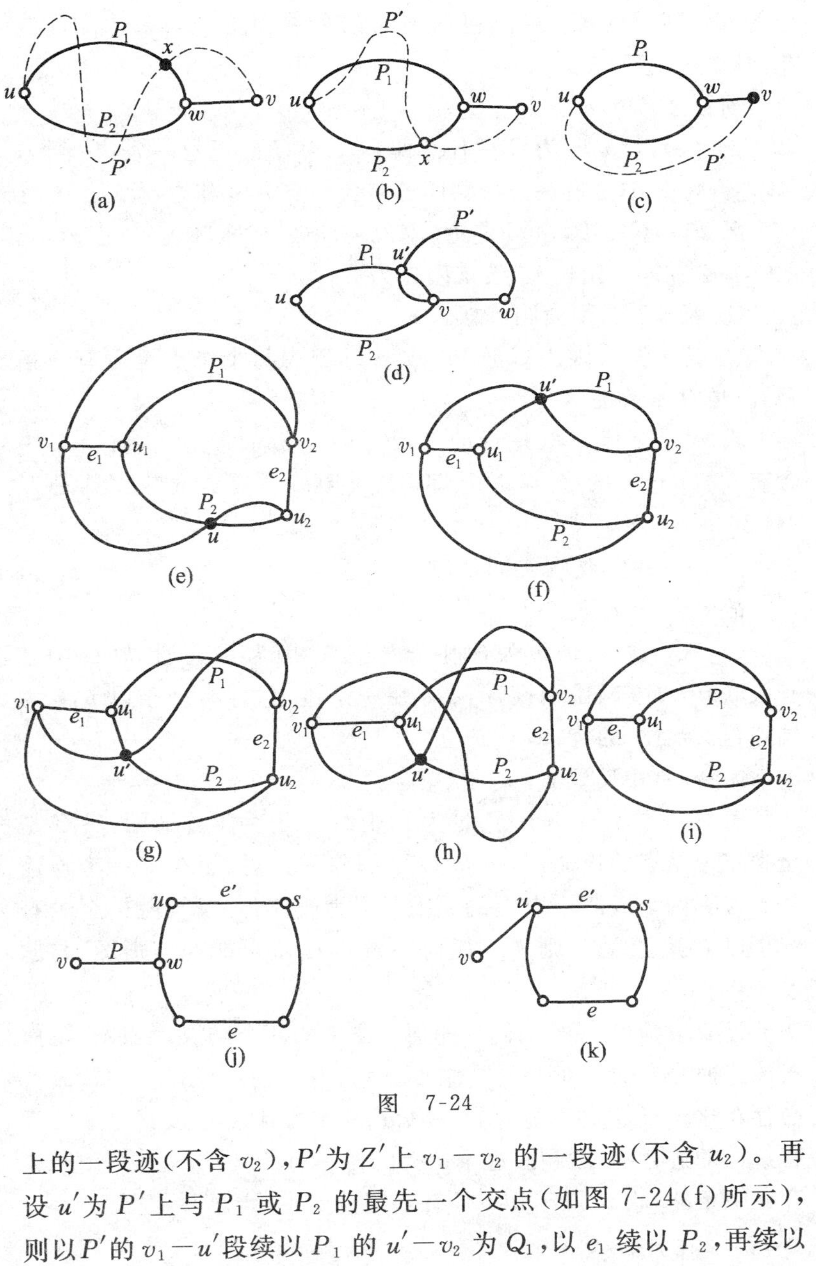

图 7-24

上的一段迹(不含 v_2),P'为 Z'上 v_1-v_2 的一段迹(不含 u_2)。再设 u'为 P'上与 P_1 或 P_2 的最先一个交点(如图 7-24(f)所示),则以P'的 v_1-u'段续以 P_1 的 $u'-v_2$ 为 Q_1,以 e_1 续以 P_2,再续以

e_2 为 Q_2，则 $Q_1 \cup Q_2$ 组成包含 e_1e_2 的公共闭迹。其余情况证法相同。

所以 c)⇒d)成立。

d)⇒e)：设 u,v 为 G 中任意两点，e 为 G 的任意一条边，若 u，v 邻接，则由 d)必有一条公共闭迹包含结点 u,v 和边 e。

若 u,v 不邻接，由 G 连通，对结点 u 必有邻接边 $e'=(u,s)$。故 e,e' 必在同一闭迹上，设该闭迹为 Z。

① 若 $v \in Z$，则命题成立。

② 若 $v \notin Z$，因为 G 连通，故 v 与 Z 中每个结点至少有一条路，故也有一条迹。

设 w 是 Z 上离 v 最近的点，P 为 $v-w$ 的最短的迹，以 Z 中含有 e 的 $u-w$ 的迹，续以 P 即构成 u 到 v 含有 e 的迹。(见图 7-24(j))

当 $w=u$ 时，情况类同。(见图 7-24(k))

故 d)⇒e)成立。

e)⇒g)：设 u,v,w 为 G 中任意三点，因为 G 连通，故 G 中必有关联 w 的边 e，由题设，u,v,e 在一条迹上，即有一条以 u,v 为端点，且包含 e 的迹，即 g)成立。

g)⇒a)：用反证法。

若 G 中至少有一个桥，设为 e，则 $G-\{e\}$ 为不连通图，又 G 是至少三个结点的连通图，故在 G 中删除一边后，至少有一个连通分支含有两个或两个以上的结点。因为若不然 $G-\{e\}$ 中至少有三个以上孤立结点，则加上任何一条边 G 不可能为连通图，与题设矛盾。

设 u,v 为 $G-\{e\}$ 的同一连通分支中的两个结点，令 w 为不属于该连通分支的 G 的另一个结点，因为 $G-\{e\}$ 为不连通图，故 w 必存在这样 G 中必不能存在一条 u 到 v 的且含有 w 的迹。因为若这样的迹存在，则删除这条迹上的任一边，w 仍与 u 或 v 中至少存在一条路，故 w 属于 u,v 所在连通分支中，与假设矛盾。

所以 g)⇒a)成立。

a)⇒f)：用反证法。

设 G 为至少三个结点的连通图，且 G 无桥。若 u,v 为 G 中任意两个结点，且 G 中所有 u,v 之间的通路均含有某条边 e，则 $G-\{e\}$ 中，u,v 必不连通，所以 e 为桥，与题设矛盾。于是对 G 中任意两个结点和任意一条边，G 中必有连结这两个结点，但不含有这条边的一条通路。即 a)⇒f)成立。

f)⇒a)：如果 G 中任意一对结点和每一条边，有一条联结这两个结点而不含有这条边的通路。G 为具有至少三个结点的连通图。

设 G 中有一桥 e，则 $G-\{e\}$ 为不连通图，令 G_1,G_2 为 $G-\{e\}$ 中的两个不同连通分支，G_1 和 G_2 非空，设 $u\in G_1,v\in G_2$，在 G 中因连通故 $u-v$ 的任一条路上均含有边 e，与题设矛盾。所以 G 中不能有桥。

故 f)⇔a)成立。

综上各点，a)，b)，c)，d)，e)，f)，g)为等价命题。

7-27 在图 7-25 中给出了一个有向图，试求 $d\langle v_1,v_4\rangle$，$d\langle v_2,v_5\rangle$ 及 $d\langle v_3,v_6\rangle$。此有向图对应的关系是否可传递？如果不是可传递的，试求此图的传递闭包。【7-2.(7)】

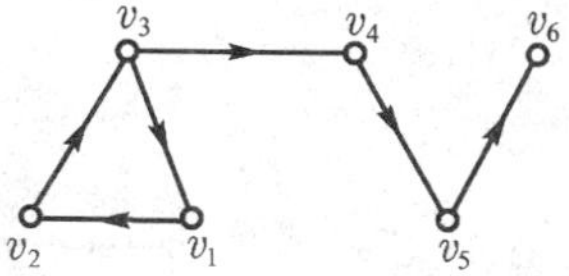

图 7-25

解 $$d\langle v_1,v_4\rangle=3$$

$$d\langle v_2,v_5\rangle=3$$

$$d\langle v_3,v_6\rangle=3$$

此有向图对应的关系为：

$$R=\{\langle v_1,v_2\rangle,\langle v_2,v_3\rangle,\langle v_3,v_1\rangle,\langle v_3,v_4\rangle,\langle v_4,v_5\rangle,\langle v_5,v_6\rangle\}$$

因为 $\langle v_1,v_2\rangle\in R$，$\langle v_2,v_3\rangle\in R$ 而 $\langle v_1,v_3\rangle\notin R$，所以 R 不是可传递的。

关系 R 的传递闭包为：

$$t(R)=\{\langle v_1,v_1\rangle,\langle v_1,v_2\rangle,\langle v_1,v_3\rangle,\langle v_1,v_4\rangle,\langle v_1,v_5\rangle,\langle v_1,v_6\rangle,\langle v_2,v_1\rangle,\langle v_2,v_2\rangle,\langle v_2,v_3\rangle,\langle v_2,v_4\rangle,\langle v_2,v_5\rangle,\langle v_2,v_6\rangle,\langle v_3,v_1\rangle,\langle v_3,v_2\rangle,\langle v_3,v_3\rangle,\langle v_3,v_4\rangle,\langle v_3,v_5\rangle,\langle v_3,v_6\rangle,\langle v_4,v_5\rangle,\langle v_4,v_6\rangle,\langle v_5,v_6\rangle\}$$

7-28 试求图 7-25 中的有向图的强分图、单侧分图和弱分图。 【7-2.(8)】

解 该有向图所对应的强分图、单侧分图和弱分图分别如图 7-26(a)、(b)和(c)所示。

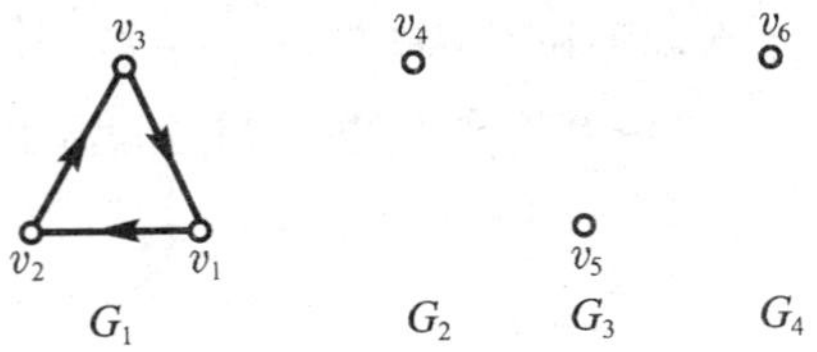

(a)

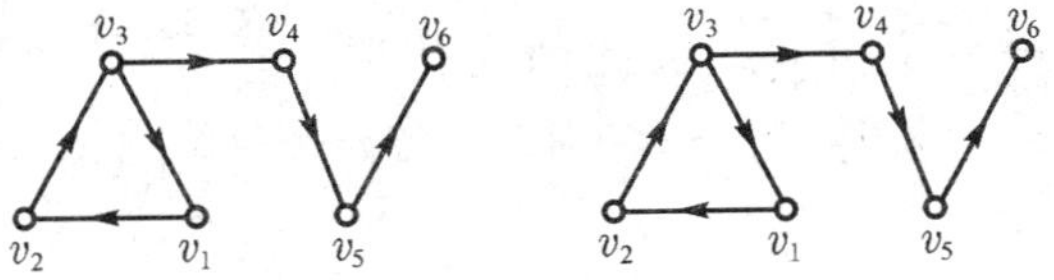

(b) (c)

图 7-26

7-29 a) 证明:如果 G 是简单图,$|V|=v$,且 $\delta(G)\geqslant\frac{v}{2}$,则 $\lambda(G)=\delta(G)$。

b) 找一个 $\delta(G)=\left[\frac{v}{2}-1\right]$,且 $\lambda(G)<\delta(G)$ 的简单图 G。

解 a) 如图 7-27 所示,按 $\lambda(G)$ 的定义,存在 λ 条边,除去这 λ 条边后,就把 G 分成两个连通分支。不失一般性,假定

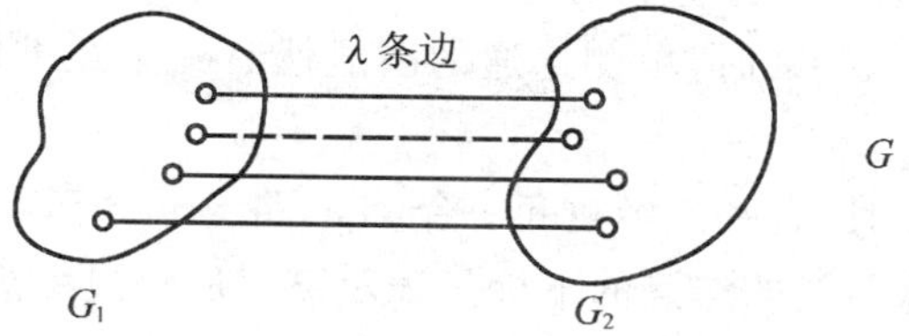

图 7-27

$|V(G_1)|=l\leqslant\frac{v}{2}$,故有 $\delta\geqslant\frac{v}{2}\geqslant l$,于是 $\delta(l-1)\geqslant l(l-1)$,即$[\delta-(l-1)]\cdot l\geqslant\delta$。另一方面,$G_1$ 中每个结点的度数$\geqslant\delta$,而 G_1 的结点数为 l,至少有 $\delta-(l-1)$条边要伸向 G_2,故 $\lambda(G)\geqslant[\delta-(l-1)]\cdot l\geqslant\delta$。然而,由定理 7-2.2 可知 $\lambda\leqslant\delta$,因此,便得 $\lambda(G)=\delta(G)$。

b) 在 $K_{[\frac{v+1}{2}]}$上取一点 u,在 $K_{[\frac{v-1}{2}]}$上取一点 v,连结 u,v 得的边记为 e,这样所得的图记为 G,即

$$G=(K_{[\frac{v+1}{2}]}\cup K_{[\frac{v-1}{2}]})+uv$$

其中 $u\in V(K_{[\frac{v+1}{2}]})$,$v\in V(K_{[\frac{v-1}{2}]})$。

显然,$e=(u,v)$是 G 的一条割边,所以 $\lambda(G)=1$。

在 $v\geqslant7$ 的条件下,$\delta(G)=\delta\left(K_{[\frac{v-1}{2}]}\right)=\left[\frac{v-1}{2}\right]-1>1=\lambda(G)$,所以,$G$ 就是满足$\lambda(G)<\delta(G)$的简单图。

7-30 一个有向图 D 是单侧连通的,当且仅当它有一条经过每一结点的路。 【7-2.(9)】

证明 充分性

给定有向图 $G=\langle V,E\rangle$,如果 G 有一条经过每一结点的路为 $v_1e_1v_2e_2\cdots v_{n-1}e_{n-1}v_n$,这里 $V=\{v_1,v_2,\cdots,v_n\}$,$\{e_1,e_2,\cdots,e_{n-1}\}\subseteq E$,边 $e_i(1\leqslant i\leqslant n-1)$以结点 v_i 为起点,以 v_{i+1} 为终点。任给两个结点 $v_l,v_m\in V$,不妨设 $l<m$,则 $v_le_lv_{l+1}e_{l+1}\cdots e_{m-1}v_m$ 就是从结点 v_l 出发到达结点 v_m 的路,故 G 是单侧连通的。

必要性

对结点数目 v 进行归纳。

当 $v=1,v=2$ 时，单侧连通的图显然有一条经过该图中所有结点的路。

设 $v=k$ 时，有一条经过每一结点的路 $v_1v_2\cdots v_p$，其中结点可能有重复，这条路的结点的下标只表示该路所经过结点的次序，显然 $k\leqslant p$。例如图 7-28(a)给出的路 $u_1u_2u_3u_4u_5u_2u_3u_6u_7$，故 $v_1=u_1$，$v_2=u_2$，$v_3=u_3$，$v_4=u_4$，$v_5=u_5$，$v_6=u_2$，$v_7=u_3$，$v_8=u_6$，$v_9=u_7$。

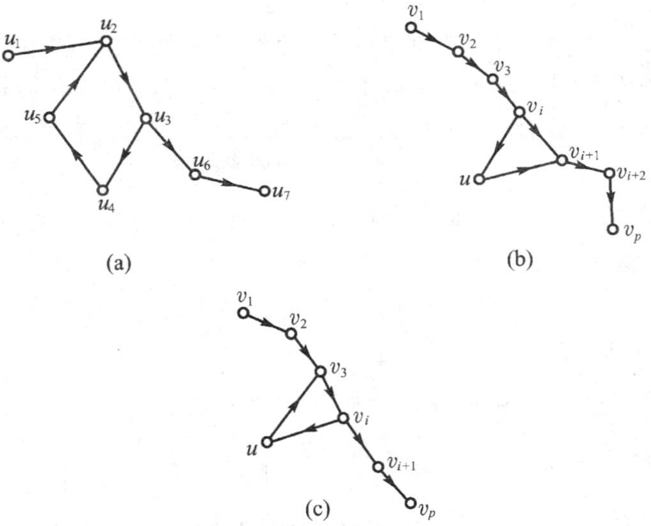

图 7-28

当 $v=k+1$ 时，取一结点 u，在图 G 中删去 u，使 $G-\{u\}$ 还是单侧连通图。根据归纳假设，$G-\{u\}$ 有一条经过每一个结点的路 $v_1v_2\cdots v_p$。令 $i=\max\{s\mid v_s$ 到 u 有路$\}$，$j=\min\{s\mid u$ 到 v_s 有路$\}$。假如 $j>i+1$，则必有 t 满足 $i<t<j$。由于图 G 是单侧连通的，v_t 与 u 之间有路。如果该路是从 v_t 到 u，则与 $i=\max\{s\mid v_s$ 到 u 有路$\}$矛盾。如果该路是从 u 到 v_t，则与 $j=\min\{s\mid u$ 到 v_s 有路$\}$矛盾。故而 $j>i+1$ 不可能，只可能是 $j\leqslant i+1$。当 $j=i+1$ 时，有经过每一结点的路 $v_1v_2\cdots v_i\cdots u\cdots v_{i+1}v_{i+2}\cdots v_p$，如图 7-28(b)所示。当 $j\leqslant i$ 时，有经过每一结点的路 $v_1v_2\cdots v_j\cdots v_i\cdots u\cdots v_j\cdots v_iv_{i+1}\cdots v_p$，

如图 7-28(c)所示。

7-31 试证明图的每一个结点和每一条边，都只包含于一个弱分图中。 【7-2.(10)】

证明 设结点 u 包含于两个不同的弱分图 $G_1=\langle V_1, E_1\rangle$ 和 $G_2=\langle V_2, E_2\rangle$ 中，即 $u\in V_1\cap V_2$。由于略去边的方向后，V_1 中所有结点与 u 连通，V_2 中所有结点也与 u 连通，故 V_1 与 V_2 中所有结点连通，这与 G_1 为弱分图矛盾，故任一结点不可能包含于两个不同的弱分图中。

如果一条边包含于两个不同的弱分图中，该边所关联的两个结点也包含于两个不同的弱分图中，这是不可能的，因此任一条边也只能包含于一个弱分图中。

7-32 求出图 7-29 中有向图的邻接矩阵 A，找出从 v_1 到 v_4 长度为 2 和 4 的路，用计算 A^2, A^3 和 A^4 来验证这结论。 【7-3.(1)】

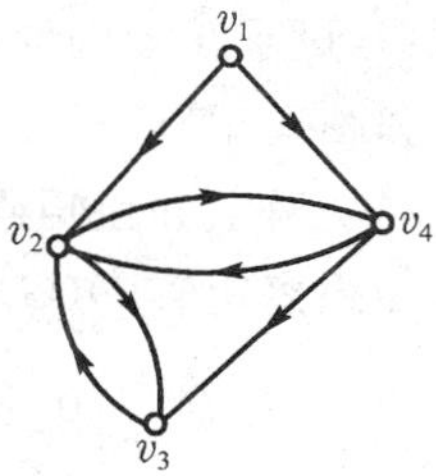

图 7-29

解 v_1 到 v_4 长度为 2 的路有 1 条：$v_1v_2v_4$；长度为 4 的路有 3 条：$v_1v_2v_3v_2v_4$，$v_1v_2v_4v_2v_4$ 和 $v_1v_4v_3v_2v_4$。

$$A=\begin{pmatrix}0&1&0&1\\0&0&1&1\\0&1&0&0\\0&1&1&0\end{pmatrix}, A^2=\begin{pmatrix}0&1&2&1\\0&2&1&0\\0&0&1&1\\0&1&1&1\end{pmatrix}$$

$$A^3=\begin{pmatrix}0&3&2&1\\0&1&2&2\\0&2&1&0\\0&2&2&1\end{pmatrix}, A^4=\begin{pmatrix}0&3&4&3\\0&4&3&1\\0&1&2&2\\0&3&3&2\end{pmatrix}$$

7-33 对于邻接矩阵 A 的简单有向图 G，它的距离矩阵定义如下：

$d_{ij}=\infty$，如果 $d\langle v_i, v_j\rangle=\infty$，

$d_{ij}=0$，对所有的 $i=1,2,\cdots,n$，

$d_{ij}=k$，这里 k 是使 $a_{ij}^{(k)}\neq 0$ 的最小正整数。

确定由图 7-29 所示的有向图的距离矩阵，并指出 $d_{ij}=1$ 是什么意义？【7-3.(2)】

解　距离矩阵 $D(G)$ 为：

$$D(G)=\begin{pmatrix} 0 & 1 & 2 & 1 \\ \infty & 0 & 1 & 1 \\ \infty & 1 & 0 & 1 \\ \infty & 1 & 2 & 0 \end{pmatrix}$$

$d_{ij}=1$ 表示存在边 $\langle v_i, v_j\rangle$，反之亦然。

7-34　在图 7-30 中给出了一个有向图，试求该图的邻接矩阵，并求出可达性矩阵和距离矩阵。【7-3.(3)】

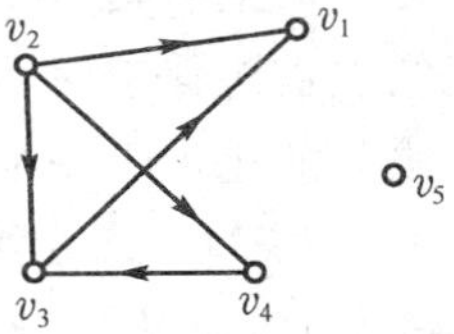

图　7-30

解　邻接矩阵 $A(G)$，可达性矩阵 $P(G)$ 和距离矩阵 $D(G)$ 分别如下：

$$A(G)=\begin{pmatrix} 0 & 0 & 0 & 0 & 0 \\ 1 & 0 & 1 & 1 & 0 \\ 1 & 0 & 0 & 0 & 0 \\ 0 & 0 & 1 & 0 & 0 \\ 0 & 0 & 0 & 0 & 0 \end{pmatrix}, P(G)=\begin{pmatrix} 0 & 0 & 0 & 0 & 0 \\ 1 & 0 & 1 & 1 & 0 \\ 1 & 0 & 0 & 0 & 0 \\ 1 & 0 & 1 & 0 & 0 \\ 0 & 0 & 0 & 0 & 0 \end{pmatrix}$$

$$D(G)=\begin{pmatrix} 0 & \infty & \infty & \infty & \infty \\ 1 & 0 & 1 & 1 & \infty \\ 1 & \infty & 0 & \infty & \infty \\ 2 & \infty & 1 & 0 & \infty \\ \infty & \infty & \infty & \infty & 0 \end{pmatrix}$$

7-35　写出图 7-31 所示的图 G 的完全关联矩阵，并验证其秩(如定理 7-3.2 所述)。【7-3.(4)】

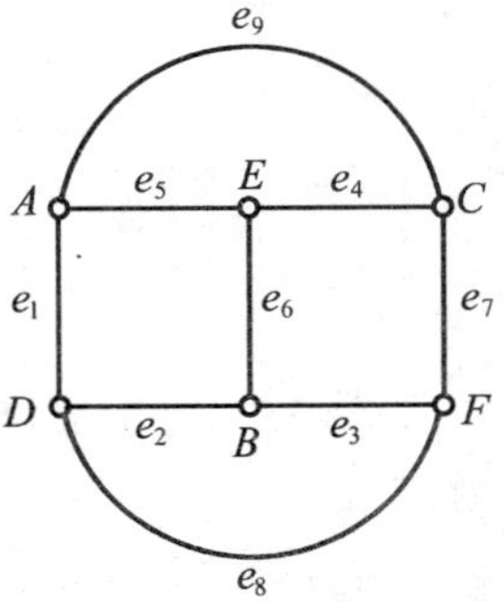

图　7-31

解　完全关联矩阵为：

$M(G)$：

	e_1	e_2	e_3	e_4	e_5	e_6	e_7	e_8	e_9
A	1	0	0	0	1	0	0	0	1
B	0	1	1	0	0	1	0	0	0
C	0	0	0	1	0	0	1	0	1
D	1	1	0	0	0	0	0	1	0
E	0	0	0	1	1	1	0	0	0
F	0	0	1	0	0	0	1	1	0

由于

$$\begin{pmatrix} 1&0&0&0&1&0&0&0&1\\ 0&1&1&0&0&1&0&0&0\\ 0&0&0&1&0&0&1&0&1\\ 1&1&0&0&0&0&0&1&0\\ 0&0&0&1&1&1&0&0&0\\ 0&0&1&0&0&0&1&1&0 \end{pmatrix} \xrightarrow{(1)\oplus(4)} \begin{pmatrix} 1&0&0&0&1&0&0&0&1\\ 0&1&1&0&0&1&0&0&0\\ 0&0&0&1&0&0&1&0&1\\ 0&1&0&0&1&0&0&1&1\\ 0&0&0&1&1&1&0&0&0\\ 0&0&1&0&0&0&1&1&0 \end{pmatrix}$$

$$\xrightarrow{(2)\oplus(4)} \begin{pmatrix} 1&0&0&0&1&0&0&0&1\\ 0&1&1&0&0&1&0&0&0\\ 0&0&0&1&0&0&1&0&1\\ 0&0&1&0&1&1&0&1&1\\ 0&0&0&1&1&1&0&0&0\\ 0&0&1&0&0&0&1&1&0 \end{pmatrix} \xrightarrow{(3)\leftrightarrow(4)} \begin{pmatrix} 1&0&0&0&1&0&0&0&1\\ 0&1&1&0&0&1&0&0&0\\ 0&0&1&0&1&1&0&1&1\\ 0&0&0&1&0&0&1&0&1\\ 0&0&0&1&1&1&0&0&0\\ 0&0&1&0&0&0&1&1&0 \end{pmatrix}$$

$$\xrightarrow{(3)\oplus(6)} \begin{pmatrix} 1&0&0&0&1&0&0&0&1\\ 0&1&1&0&0&1&0&0&0\\ 0&0&1&0&1&1&0&1&1\\ 0&0&0&1&0&0&1&0&1\\ 0&0&0&1&1&1&0&0&0\\ 0&0&0&0&1&1&1&0&1 \end{pmatrix} \xrightarrow{(4)\oplus(5)} \begin{pmatrix} 1&0&0&0&1&0&0&0&1\\ 0&1&1&0&0&1&0&0&0\\ 0&0&1&0&1&1&0&1&1\\ 0&0&0&1&0&0&1&0&1\\ 0&0&0&0&1&1&1&0&1\\ 0&0&0&0&1&1&1&0&1 \end{pmatrix}$$

$$\xrightarrow{(5)\oplus(6)} \begin{pmatrix} 1&0&0&0&1&0&0&0&1\\ 0&1&1&0&0&1&0&0&0\\ 0&0&1&0&1&1&0&1&1\\ 0&0&0&1&0&0&1&0&1\\ 0&0&0&0&1&1&1&0&1\\ 0&0&0&0&0&0&0&0&0 \end{pmatrix}$$

可见 $M(G)$的秩为 5。

原图是一个连通图，所以 $M(G)$的秩等于结点数减 1，即 rank $M(G)=6-1=5$。

7-36 证明：设图 G 有 n 个结点，r 个最大连通子图，则图 G

的完全关联矩阵的秩为 $n-r$。 【7-3.(5)】

证明 设图 G 的 r 个最大连通子图为 $G_1, G_2, \cdots, G_r$，依次对 $G_1, G_2, \cdots, G_r$ 中的结点和边编号，由于 $G_i(1 \leqslant i \leqslant r)$ 都是最大连通子图，故 G_i 与 $G_j(i \neq j)$ 之间没有边，在这种编号下，$M(G)$ 为分块矩阵

$$M(G)=\begin{pmatrix} M(G_1) & 0 & \cdots & 0 \\ 0 & M(G_2) & & \\ \vdots & \vdots & \ddots & \vdots \\ 0 & 0 & \cdots & M(G_r) \end{pmatrix}$$

这里 $M(G_i)(1 \leqslant i \leqslant r)$ 是图 G_i 的完全关联矩阵。由于 G_i 为连通图，$\mathrm{rank}\ M(G_i)=|V_i|-1$，$|V_i|$ 是图 G_i 的结点数目。故而

$$\begin{aligned}\mathrm{rank}\ M(G) &= \sum_{i=1}^{r} \mathrm{rank}\ M(G_i) = \sum_{i=1}^{r}(|V_i|-1) \\ &= \sum_{i=1}^{r}|V_i| - r = n-r\end{aligned}$$

7-37 判定图 7-32 的图形是否能一笔画。 【7-4.(1)】

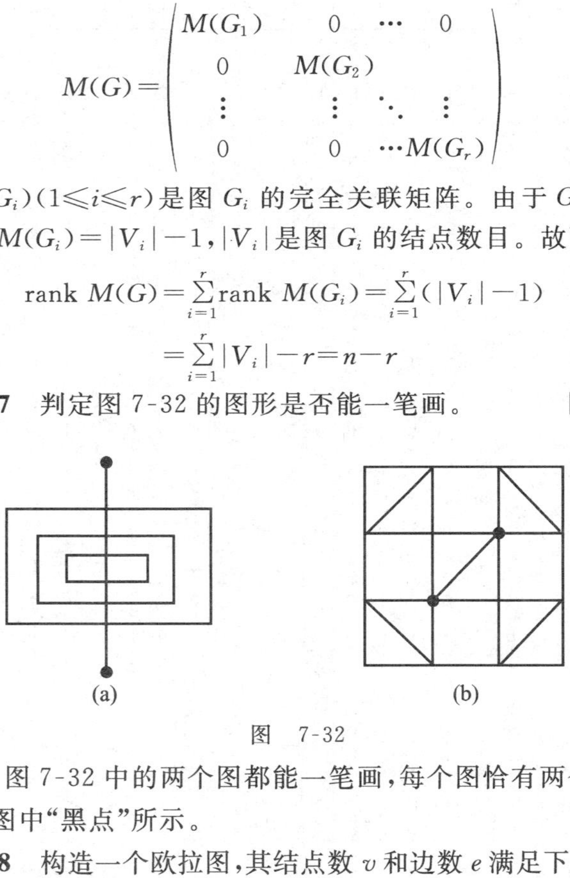

(a) (b)

图 7-32

解 图 7-32 中的两个图都能一笔画，每个图恰有两个奇数度结点，如图中“黑点”所示。

7-38 构造一个欧拉图，其结点数 v 和边数 e 满足下述条件：

a) v, e 的奇偶性一样；

b) v, e 的奇偶性相反。

如果不可能，说明原因。 【7-4.(2)】

解 图 7-33(a)给出 v 和 e 均为偶数(4)的欧拉图。图 7-33

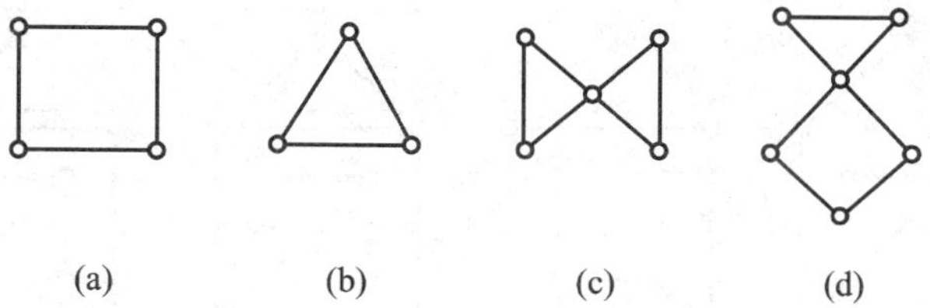

图 7-33

(b)给出 v 和 e 均为奇数(3)的欧拉图。图 7-33(c)给出 v 为奇数(5),e 为偶数(6)的欧拉图。图 7-33(d)给出 v 为偶数(6),e 为奇数(7)的欧拉图。

7-39 确定 n 取怎样的值,完全图 K_n 有一条欧拉回路。

【7-4.(3)】

解 K_n 有 n 个结点,每个结点的度数为 $n-1$,故当 n 为奇数时,图 K_n 有一条欧拉回路。

7-40 a) 图 7-34 中的边能剖分为两条路(边不相重),试给出这样的剖分。

b) 设 G 是一个具有 k 个奇数度结点($k>0$)的连通图,证明在 G 中的边能剖分为 $k/2$ 条路(边不相重)。

c) 设 G 是一个具有 k 个奇数度结点的图,问最少加几条边到 G 中,而使所得的图有一条欧拉回路,说明对于图 7-34 如何能做到这一点。

d) 在 c)中如果只允许加平行于 G 中已存在的边,问最少加几条边到 G 中,使所得的图有一条欧拉回路,这事总能做到吗? 叙述能做到这事的充分必要条件。

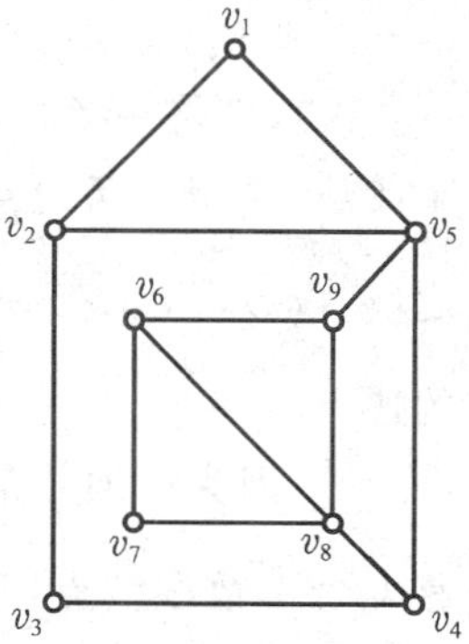

图 7-34

【7-4.(4)】

解 a) 图 7-35(a)和(b)分别给出两条边不相重的路:$v_2v_1v_5v_4v_8v_6v_9$ 和 $v_4v_3v_2v_5v_9v_8v_7v_6$。

b) 因为一个图中奇数度结点数目为偶数,故 k 为偶数。将图

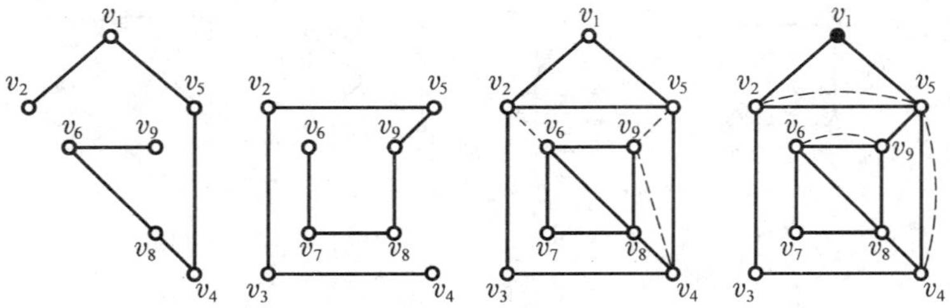

图　7-35

G 中的 k 个奇数度结点分为数目相等的两组 $\{u_1, u_2, \cdots, u_{\frac{k}{2}}\}$ 和 $\{v_1, v_2, \cdots, v_{\frac{k}{2}}\}$。对图 G 添加边 $(u_1, v_1), (u_2, v_2), \cdots, (u_{\frac{k}{2}}, v_{\frac{k}{2}})$，共 $\frac{k}{2}$ 条边，得到图 G'。由于图 G' 中每个结点的度数均为偶数，故存在一条欧拉回路。在图 G' 中删去边 (u_1, v_1)，得到一条欧拉路，此路的两端点是 u_1 和 v_1，结点 u_2 和 v_2 必在此路的中间，再删去边 (u_2, v_2)，得到两条边互不相重的迹，这两条迹的四个端点为 u_1，u_2，v_1 和 v_2，故结点 u_3，v_3 必在某一条迹的中间。再删去边 (u_3, v_3)，则将一条迹（包含边 (u_3, v_3) 的迹）又分为两条边互不相重的迹，共得三条边互不相重的迹。依次继续下去，直到所有添加边 $(u_1, v_1), (u_2, v_2), \cdots, (u_{\frac{k}{2}}, v_{\frac{k}{2}})$ 全部删去，得到 $\frac{k}{2}$ 条边互不相重的迹。

c）因为添加一条边，只能使两个结点的度数改变奇偶性。现有 k 个奇数度结点，至少添加 $\frac{k}{2}$ 条边才能使这些结点的度数变为偶数，此时所得的图才能有一条欧拉回路。

图 7-34 中奇数度结点为 v_2，v_4，v_6 和 v_9。添加边 (v_4, v_9) 和 (v_2, v_6)，如图 7-35(c) 中虚线所示，则所得的图中有一条欧拉回路。

d）由 c）可知至少要添加 $\frac{k}{2}$ 条平行边，才能使 k 个结点的度数由奇数变为偶数，才可能有一条欧拉回路。由于添加的边只能是平行边，因此如有一个奇数度结点，它的邻接结点均为偶数度结点时，添加$\frac{k}{2}$条平行边所得的图中仍有奇数度结点，不存在欧拉回路。如图 7-35(d)中，奇数度结点 v_6，v_9 相邻，添加平行边(v_6，v_9)使 v_6，v_9 变为偶数度结点。但与奇数度结点 v_2 相邻的结点 v_1，v_3 和 v_5 均为偶数度结点，故添加任一条以 v_2 为一端点的平行边后又产生一个新的奇数度结点。图 7-35(d)中添加平行边(v_2，v_5)，使 v_2 成为偶数度结点，v_5 成为奇数度结点，此时奇数度结点 v_4，v_5 相邻，再添加平行边(v_4，v_5)，使一切结点均为偶数度结点，图 G'有欧拉回路，这样共添加了三条平行边。

具有 k 个奇数度结点的连通图能加$\frac{k}{2}$条平行边使它具有欧拉回路的充要条件是这 k 个结点能划分为$\frac{k}{2}$组，每组中恰含有两个相邻的结点。

充分性

每一组的两个相邻结点添加一条平行边，就使这两个结点变为偶数度结点，因为共有$\frac{k}{2}$组，故添加了$\frac{k}{2}$条平行边后，所有结点的度数均为偶数，故它有欧拉回路。

必要性

因为加一条平行边恰能使与它关联的两个结点的度数改变奇偶性，添加$\frac{k}{2}$条平行边后所得图有欧拉回路，即每个结点度数为偶数，故要求这 k 个奇数度结点均变为偶数度结点，所以所加平行边所关联的两个结点必须为奇数度结点且任两条添加边不能邻接，这样，每条添加边所关联的两个结点就构成一组，它们是相邻的，共$\frac{k}{2}$组。

7-41 找一种 9 个 a，9 个 b，9 个 c 的圆形排列，使由字母

$\{a,b,c\}$组成的长度为 3 的 27 个字的每个字仅出现一次。【7-4.(5)】

解 构造一个具有 9 个结点的有向图，结点集为$\{aa,ab,ac,ba,bb,bc,ca,cb,cc\}$。从结点 $\alpha_1\alpha_2$ 到结点 $\alpha_2\alpha_3$ 有一条有向边记为 $\alpha_1\alpha_2\alpha_3$，其中 $\alpha_i\in\{a,b,c\}$，$1\leqslant i\leqslant 3$ 每一结点有三条有向边以它为起点，另有三条有向边以它为终点，如图 7-36 所示。每个结点的入度等于出度等于 3，并且对于任意两个结点 $\alpha_1\alpha_2$ 和 $\beta_1\beta_2$ 必有一条从结点 $\alpha_1\alpha_2$ 出发到结点 $\alpha_2\beta_1$ 再到结点 $\beta_1\beta_2$ 的路，所以这个有向图是连通的。此图有一条欧拉回路 $e_0e_1e_3e_{11}e_7e_{21}e_{10}e_4e_{14}e_{16}e_{22}e_{13}e_{12}e_9e_2e_8e_{26}e_{25}e_{23}e_{15}e_{20}e_6e_{19}e_5e_{17}e_{24}e_{18}$，此欧拉回路所对应的由 9 个 a，9 个 b，9 个 c 所对应的圆形排列 $aaabacbabbcbbbaacccbcacabcc$，即为所求。

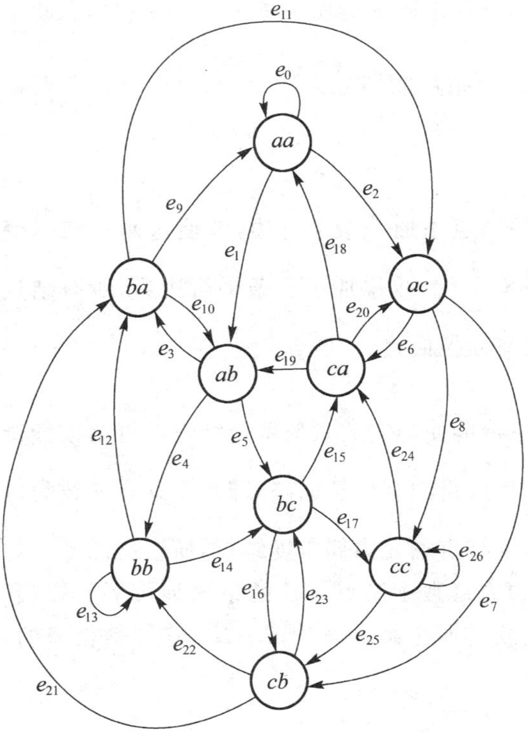

$e_0=aaa$ $e_1=aab$
$e_2=aac$ $e_3=aba$
$e_4=abb$ $e_5=abc$
$e_6=aca$ $e_7=acb$
$e_8=acc$ $e_9=baa$
$e_{10}=bab$ $e_{11}=bac$
$e_{12}=bba$ $e_{13}=bbb$
$e_{14}=bbc$ $e_{15}=bca$
$e_{16}=bcb$ $e_{17}=bcc$
$e_{18}=caa$ $e_{19}=cab$
$e_{20}=cac$ $e_{21}=cba$
$e_{22}=cbb$ $e_{23}=cbc$
$e_{24}=cca$ $e_{25}=ccb$
$e_{26}=ccc$

图 7-36

7-42 a）画一个有一条欧拉回路和一条汉密尔顿回路的图。

b）画一个有一条欧拉回路，但没有一条汉密尔顿回路的图。

c）画一个没有一条欧拉回路，但有一条汉密尔顿回路的图。

【7-4.(6)】

解 a）有一条欧拉回路和一条汉密尔顿回路如图 7-37(a) 所示。

b）有一条欧拉回路，但没有一条汉密尔顿回路如图 7-37(b) 所示。

c）没有欧拉回路，但有一条汉密尔顿回路如图 7-37(c) 所示。

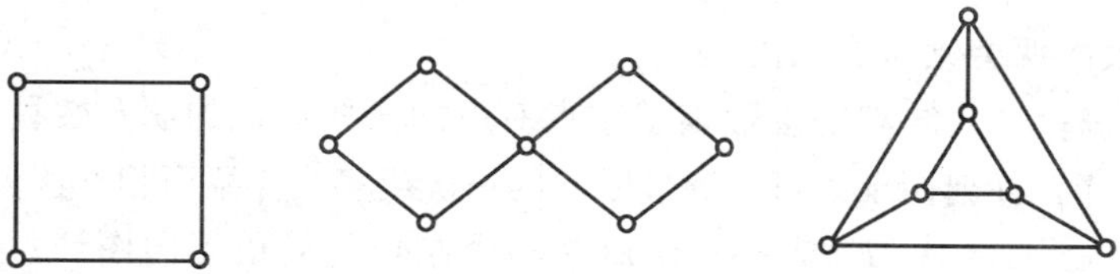

(a)　(b)　(c)

图 7-37

7-43 判断图 7-38 所示的图中是否有汉密尔顿回路。

【7-4.(7)】

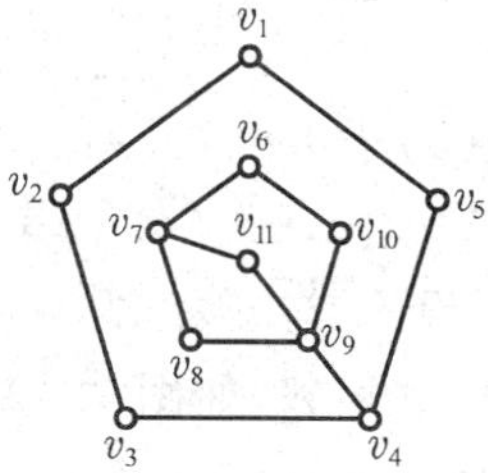

图 7-38

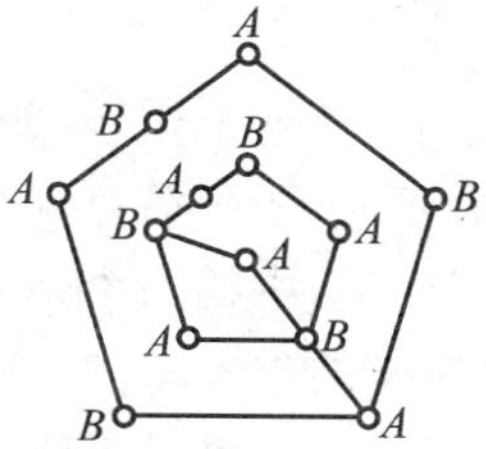

图 7-39

解 如果用 A 和 B 标记结点，使相邻结点的标记不同，此时需要在边 (v_1, v_2) 及 (v_6, v_7) 上分别加结点 v_{12} 和 v_{13}，该图经标记后如图 7-39 所示。那么图 7-38 有汉密尔顿回路当且仅当图 7-39

有汉密尔顿回路，在图 7-39 中有 7 个标记为 A 的结点，6 个标记为 B 的结点，所以不可能存在一条汉密尔顿回路。

7-44 设图 G 是一个具有 n 个结点的简单无向图，$n\geqslant 3$，设 G 的结点表示 n 个人，G 的边表示它们间的友好关系。若两个结点被一条边连接，当且仅当对应的人是朋友。

a) 结点的度数能作怎样的解释；

b) G 是连通图能作怎样的解释；

c) 假定任意两个人合起来认识所留下的 $n-2$ 个人，证明 n 个人能站成一排，使得中间每个人两旁站着自己的朋友，而两端的两个人，他们每个人旁边站着他的一个朋友；

d) 证明对于 $n\geqslant 4$，c)中条件保证 n 个人能站成一圈，使每一个人的两旁站着自己的朋友。【7-4.(8)】

解 a) 结点的度数表示结点对应的人所认识的朋友数目。

b) 任何两个人可以通过朋友的一次或多次介绍而相互认识。

c) $G=\langle V,E\rangle$ 是一个有 $n(\geqslant 3)$ 个结点的简单无向图，每一个结点表示一个人，两个结点相邻当且仅当对应的人是朋友。若任意两个人合起来认识所留下的 $n-2$ 个人，表示对图 G 中任两个结点 u,v，有 $\deg(u)+\deg(v)\geqslant n-2$，且其余 $n-2$ 个结点必与 u 或 v 邻接。我们证明在这种条件下必有 $\deg(u)+\deg(v)\geqslant n-1$。

(1) 若 u 与 v 相邻，则 $\deg(u)+\deg(v)\geqslant 2+(n-2)=n>n-1$。

(2) 若 u 与 v 不相邻，如果 $\deg(u)+\deg(v)=n-2$，而 $V-\{u,v\}$ 中恰有 $n-2$ 个结点（$n\geqslant 3$，故 $V-\{u,v\}\neq\varnothing$），其中每一个结点只能与 u,v 中的一个结点相邻，设 w 与 u 相邻，w 与 v 不相邻。此时对于结点 u,w 来说，都不与 v 相邻，如图 7-40(a)所示，这与假设矛盾。所以对于任意 u,v 必有 $\deg(u)+\deg(v)>n-2$，即 $\deg(u)+\deg(v)\geqslant n-1$，故图 G 存在一条汉密尔顿路，于是 n 个人能站成一排，使中间的每个人两边都是朋友，而两端的两个人一边站着的也是自己的朋友。

d) 由 c)可知任一对结点 u,v 有 $\deg(u)+\deg(v)\geqslant n-1$，我

们证明当 $n\geqslant 4$ 时，有 $\deg(u)+\deg(v)\geqslant n$。当 u 和 v 相邻，有 $\deg(u)+\deg(v)\geqslant n$。当 u 和 v 不相邻，如果 $\deg(u)+\deg(v)=n-1$，因为 $n\geqslant 4$，在结点集 $V-\{u,v\}$ 中至少有两个结点 z 和 w，其中 z 与结点 u 和 v 都相邻，而 w 只与结点 u,v 中一个，譬如与 u 相邻，此时结点 u,w 与结点 v 都不相邻，如图 7-40(b)所示，这与假设矛盾。所以对于任何结点 u,v 必有 $\deg(u)+\deg(v)\geqslant n$，故图 G 存在一条汉密尔顿回路，于是 n 个人能站成一圈，使每一个人的两旁站着自己的朋友。

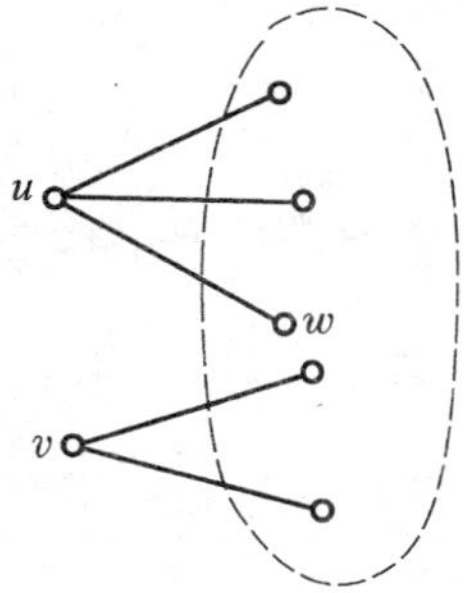

(a)

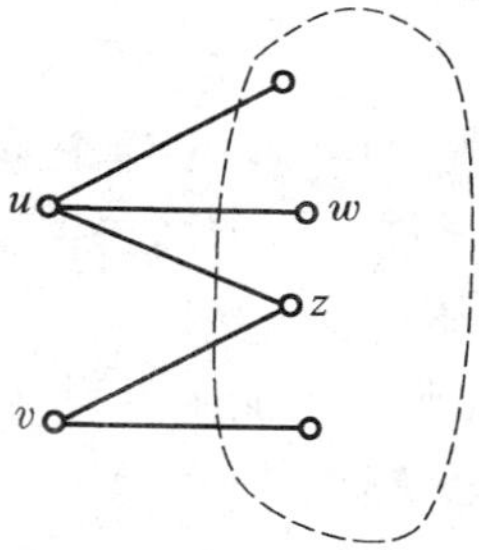

(b)

图 7-40

7-45 证明：如果 G 具有汉密尔顿路，则对于 V 的每一个真子集 S，有

$$W(G-S)\leqslant |S|+1 \qquad 【7\text{-}4.(9)】$$

证明 设 C 是 G 的一条汉密尔顿路，$W(C)=1$，对于任一 $S\subset V$，删去 S 中任一结点 a_1，则 $W(C-a_1)\leqslant 2$，如果再删去 S 中结点 a_2，则 $W(C-a_1-a_2)\leqslant 3$，依此类推，可得 $W(C-S)\leqslant |S|+1$，而 $C-S$ 是 $G-S$ 的生成子图，故

$$W(G-S)\leqslant W(C-S)\leqslant |S|+1$$

7-46 证明：若 G 是连通图，且有 $2k>0$ 个奇数度的顶点，则 G 有 k 条不相交的迹 $Q_1,Q_2,\cdots,Q_k$，使得

$$E(G)=E(Q_1)\cup E(Q_2)\cup\cdots\cup E(Q_k)$$

证明 设 $v_1,v_2,\cdots,v_k,v_{k+1},\cdots,v_{2k}$ 为 G 中的奇数度顶点，在

v_i 和 v_{i+k} 之间连以新边 $e_i(i=1,2,\cdots,k)$，所得的图记为 G^*，则 G^* 的每个顶点均为偶数度，又因 G 是连通的，所以 G^* 也是连通的。由定理 7-4.1 的推论可知，G^* 中存在欧拉回路 C^*。若我们从 C^* 中除去 $e_i(i=1,2,\cdots,k)$，则该欧拉回路被分解成 k 条不相交的迹 $Q_i(i=1,2,\cdots,k)$，显然有

$$E(G)=E(Q_1)\cup E(Q_2)\cup\cdots\cup E(Q_k)$$

7-47 设 G 是二分图，它的两个部分的顶点集分别是 X 和 Y，且有 $|X|\neq|Y|$，则 G 一定不是哈密尔顿图。

证明 因为 $|X|\neq|Y|$，所以不妨设 $|X|<|Y|$，则有

$$W(G-X)=|Y|>|X|$$

由定理 7-4.3 可知，G 不是哈密尔顿图。

7-48 一个简单图为汉密尔顿图的充要条件是其闭包为汉密尔顿图。【7-4.(10)】

证明 先证明下列定理：

设 G 是一个简单图，u 和 v 是 G 中非邻接的结点且满足

$$\deg(u)+\deg(v)\geqslant n$$

其中 n 是 G 的结点数目，在 G 中加上 (u,v) 得图 G'，则当且仅当 G' 是汉密尔顿图时，G 才是汉密尔顿图。

若 G 是汉密尔顿图，显然 G' 也是汉密尔顿图。反之，假设 G' 是汉密尔顿图，而 G 不是。那么 G' 中的每一条汉密尔顿回路必然包含边 (u,v)，于是在 G' 的任一条汉密尔顿回路中删除边 (u,v)，就得到 G 中一条以 $u=v_1$ 为起点，以 $v=v_n$ 为终点的汉密尔顿路 $v_1v_2\cdots v_n$。令

$$S=\{v_i\mid(u,v_{i+1})\in E\}$$

和

$$T=\{v_i\mid(v_i,v)\in E\}$$

由于 $(u,v)\notin E$，故 $v_n\notin S\cup T$，我们有 $|S\cup T|<n$ 且 $S\cap T=\varnothing$，因为否则如果有某结点 $v_i\in S\cap T$，就有边 (u,v_{i+1})，$(v_i,v)\in E$，这样在 G 中就有汉密尔顿回路 $v_1v_2\cdots v_iv_nv_{n-1}\cdots v_{i+1}v_1$，如图 7-41 所示，与 G 不是汉密尔顿图矛盾，故 $S\cap T=\varnothing$，$|S\cap T|=0$。

由上面可知，$\deg(u)=|S|$，$\deg(v)=|T|$，故而 $\deg(u)+$

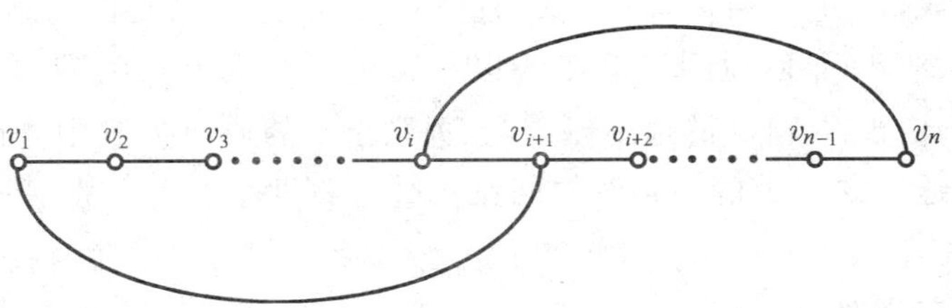

图 7-41

$\deg(v)=|S|+|T|=|S\cup T|+|S\cap T|<n$，这与 $\deg(u)+\deg(v)\geqslant n$ 矛盾，因此当 G' 是汉密尔顿图时，G 也是汉密尔顿图。

多次应用这条定理就可知道图 G 为汉密尔顿图的充要条件是其闭包为汉密尔顿图。

7-49 设简单图 $G=\langle V,E\rangle$ 且 $|V|=v$，$|E|=e$，若有 $e\geqslant C_{v-1}^2+2$，则 G 是汉密尔顿图。【7-4.(11)】

证明 用反证法。如果 G 不是汉密尔顿图，由定理 7-4.5 可知，存在结点 $u_1,u_2\in V$，使得 $\deg(u_1)+\deg(u_2)\leqslant v-1$。在图 $G-\{u_1,u_2\}$ 中，结点数为 $|V|-2=v-2$，故它的边数 $\leqslant\frac{1}{2}(v-2)(v-3)$。$G$ 中边数

$$e\leqslant\frac{1}{2}(v-2)(v-3)+(v-1)$$

$$<\frac{1}{2}(v-2)(v-3)+v=C_{v-1}^2+2$$

与假设矛盾，因此 G 是汉密尔顿图。

7-50 设 $G=(V,E)$ 是非平凡的欧拉图，$v\in V$，证明：G 中起点为 v 的每一条迹可以延长成 G 的欧拉回路的充要条件是 $G-v$ 是森林。

证明 必要性

用反证法。若 $G-v$ 不是森林，于是 $G-v$ 中含有回路 C。考察 $G'=G-E(C)$ 中包含结点 v 的分支 H，由定理 7-4.1 的推论知，G 中每个结点的度数均为偶数，从而 G' 中每个结点的度数亦

为偶数，可见 G' 中包含结点 v 的分支 H 中每个结点的度数均为偶数，故 H 是欧拉图。设 T 为以 v 为起点，v 为终点的 H 上的欧拉迹，由于 T 和 C 的边不相重，且关联于 v 的边均在 T 中，所以 T 无法延长成 G 上的一条欧拉回路。这与假设相矛盾。故 $G—v$ 是森林。

充分性

也用反证法。设 Q 为 $v-w$ 的一条不能延长成 G 中的欧拉回路的最长迹，因而 Q 的终点 w 必为 u，且 Q 包含了与 v 关联的所有的边，Q 是一条闭迹。于是就有 $G—v \supseteq G—Q$ 且 $G—Q$ 的每个顶点的度数均为偶数，从而可知 $G—Q$ 的每个分支必为欧拉图，即 $G—Q$ 的每一个分支都含有回路。这就与 $G-v$ 是森林相矛盾。因此，在 G 中以 v 为起点的每一条迹恒可延长成 G 中的一条欧拉回路。

7-51 有一个 $3\times3\times3$ 的立方体，它是由 27 个 $1\times1\times1$ 的子立方体组成的。两个子立方体是相邻的，当且仅当它们具有公共面。一根导线，从八个角的某一个子立方体出发，穿过公共面进入其相邻的子立方体。问：最后能否穿过所有的子立方体而终止于该立方体的中心？

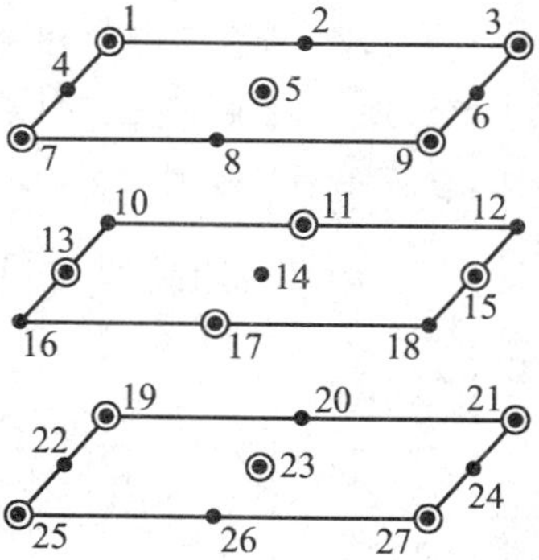

图 7-42

解 每个子立方体作为一个结点，对结点用两种不同的标记，相邻的立方体用不同的标记，如图 7-42 所示。然后，根据相邻子立方体之间可以通导线的理由，对相应的结点连边即得图 7-43。显然，G 是一个二分图，其结点集为 X 和 Y，且 $|X|=14$，$|Y|=13$，立方体八个角对应的结点为 1，3，7，9，19，21，25，27，它们都属于 X，中心子立方体对应的结点为 $14\in Y$。因此，若从某一角出发穿导线最后可终止于中心，则从起点到终点连边后所得的二分图 G'

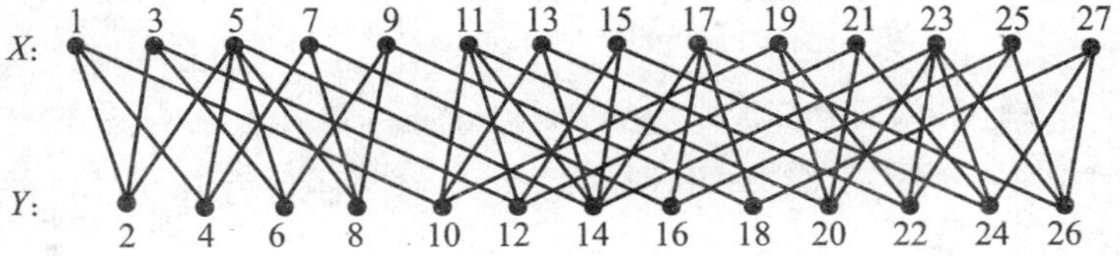

图 7-43

中仍是$|X|>|Y|$，而G'为哈密尔顿图，这就与题中的结果相矛盾。因此，该题中规定的通导线方法是不可能实现的。

7-52 设$G=\langle V,E\rangle$是连通的，S是$V(G)$的非空子集，证明：边割集$[S,\overline{S}]$为G的最小边割集的充要条件是$G[S]$和$G[\overline{S}]$都连通。其中，$G[S]$为$G-[S,\overline{S}]$中由S及其所有关联边所组成的子图。

证明 必要性 不妨设$G[S]$不连通，任取$G[S]$中的一个分支，并设它的结点集合为H，作边割集$[H,\overline{H}]$。因为H与$G[S]-H$之间无边相连，$G[H]\subset G[S]$，所以，$[H,\overline{H}]\subseteq[S,\overline{S}]$。如果$[H,\overline{H}]=[S,\overline{S}]$，则$G[\overline{S}]$与$G[S]-H$之间不连通，这就与$G$的连通性相矛盾。因此，$[H,\overline{H}]\subset[S,\overline{S}]$，这就与$[S,\overline{S}]$为$G$的最小边割集相矛盾。所以$G[S]$和$G[\overline{S}]$都连通。

充分性 若$G[S]$和$G[\overline{S}]$均连通。对于任意的$e\in[S,\overline{S}]$，$G-\{[S,\overline{S}]-e\}$是连通的，所以$[S,\overline{S}]$是G的最小边割集。

7-53 证明：若G连通，则每一个G的边割集是G中不相交的最小边割集的并集。

证明 设$S\subset V$，$[S,\overline{S}]$是G的一个边割集。考察$G[\overline{S}]$的各连通分支。设各分支的结点集为H_i，记$G-H_i$的各连通分支为G_{ij}。由于G是连通，H_i与各分支G_{ij}有边相连，故$G[\overline{V(G_{ij})}]$连通，根据题7-52的结果可知$[V(G_{ij}),\overline{V(G_{ij})}]$是$G$的最小边割集。显然，这些最小边割集互不相交，且有

$$\bigcup_{i,j}[V(G_{ij}),\overline{V(G_{ij})}]=\bigcup_{i,j}[V(G_{ij}),H_i]=\bigcup_i[H_i,\overline{H}_i]$$
$$=\bigcup_i[S,H_i]=[S,\overline{S}]$$

7-54 设 G 是简单平面图，则它一定有一个度数 $\leqslant 5$ 的结点。

证明 不妨设 G 是连通的。若不连通，就可考察 G 中的一个连通分支。因 G 是简单图，所以每个面至少有三条边，所以，$3r \leqslant 2e$，即有 $r \leqslant \frac{2e}{3}$。

如果每个结点的度数都 $\geqslant 6$，则 $6v \leqslant 2e$，即有 $v \leqslant \frac{e}{3}$。

由欧拉公式可得

$$2=v-e+r \leqslant \frac{e}{3}-e+\frac{2e}{3}=0$$

矛盾。所以，G 中至少有一个结点的度数 $\leqslant 5$。

7-55 a) 证明：B 为平面图 G 的最小边割集的充要条件是 $\{e^* \in E(G^*) \mid e \in B\}$ 为 G^* 中的圈。这里，G^* 是 G 的对偶图。

b) 证明：平面欧拉图的对偶图必是二分图。

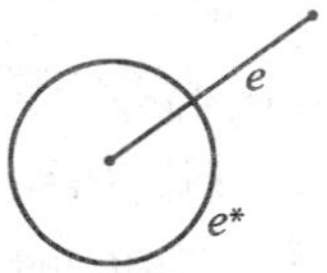

图 7-44

证明 a) 必要性 对 B 的边数进行归纳证明。

当 $n=1$ 时，在 G^* 中对应的是一个环，如图 7-44 所示。

假设 $n<k$ 时，结论成立。

现考虑 $n=k>1$ 的情况。设 $e_1 \in B$，则 $B-e_1$ 显然是 $G-e_1=G_1$ 的最小边割集。于是由归纳法假设便得 $C_1^*=\{e^* \in E(G_1^*) \mid e \in B-e_1\}$ 是 G_1^* 的一个圈，且 C_1^* 上的结点 f^* 对应于 G_1 中的面 f，f 的边界上有最小边割集 $B-e_1$ 中的边。

现将 e_1 加入 G_1，使其恢复到 G。由于 G 是平面图，其作用相当于圈 C_1^* 上的一个结点 f^* 对应于 G_1 中的一个平面区域 f，被 e_1 划分成两个以 e_1 为公共边的区域 f' 和 f''，对应在 G_1^* 中，其作用相当于将结点 f^* 分成两个结点 f'^* 和 f''^*，并在其间连以边 e_1 所对应的边 e_1^*。故 B 对应在 G^* 中的 $\{e^* \in E(G^*) \mid e \in B\}$ 仍是一个圈，所以 $n=k$ 时也成立。因此，命题对任意 B 均成立。

充分性 G^* 中的一个圈对应于 G 中的边集 B，显然是 G 中的一个边割集。若它不是最小边割集，则由题 7-53 知，它是 G 中不相交的最小边割集的并集。由已证的必要性知，每一个最小边割集对应于 G^* 中的一个圈，从而推出 B 在 G^* 中对应的边割集是圈的并，这就与假设相矛盾。因此，B 是 G 中的最小边割集。

b）由于欧拉图的任一边割集均含有偶数条边，故在对应的对偶图中，由 a)知，不含奇圈，故图的对偶图必为二分图。

7-56 在内容提要 4 中，用任何次序所得的闭包是唯一的。

证明 设 G' 和 G'' 均为图 G 的闭包。由 G 得到 G' 时所连接边的次序为 $e_1', e_2', \cdots, e_k'$；由 G 得到 G'' 时所连接边的次序为 e_1''，$e_2'', \cdots, e_h''$。可以证明 $e_1', e_2', \cdots, e_k'$ 均为 G'' 中的边。若不是，设 $e_{p+1}'=(v,v')$ 为其中第一条不属于 G'' 的边。现令 H 为由 G 添加边 $e_1', e_2', \cdots, e_p'$ 所得的圈，则由 G' 的定义 $\deg_H v+\deg_H v'\geqslant n$。又因 $H\subset G''$，所以 $\deg_{G''} v+\deg_{G''} v'\geqslant n$，但 v 与 v' 在 G'' 中不相邻，这与 G'' 的定义相矛盾，所以 $e_1', e_2', \cdots, e_k'$ 均在 G'' 中，故 G' 是 G'' 的子图。

同理可证，G'' 也是 G' 的子图。因此，$G'=G''$。

7-57 证明：若 G 是每一个面至少由 $k(k\geqslant 3)$ 条边围成的连通平面图，则 $e\leqslant\dfrac{k(v-2)}{k-2}$，这里 e，v 分别是图 G 的边数和结点数。【7-5.(1)】

证明 因为
$$\sum_{i=1}^{r}\deg(r_i)=2e$$
而 $\deg(r_i)\geqslant k(1\leqslant i\leqslant r)$，故 $2e\geqslant kr$，即 $r\leqslant\dfrac{2e}{k}$，而 $v-e+r=2$，故
$$v-e+\frac{2e}{k}\geqslant 2$$
即
$$e\leqslant\frac{k(v-2)}{k-2}$$

7-58 证明：小于 30 条边的平面简单图有一个结点度数小于等于 4。【7-5.(2)】

证明 用反证法。假设每个结点的度数>4，即 $\deg(v_i)\geqslant 5$。因为 $2e=\sum\limits_{i=1}\deg(v_i)\geqslant 5v$，即 $v\leqslant\dfrac{2}{5}e$，由于 $e\leqslant 3v-6$，代入后得

到$e\leqslant\frac{6}{5}e-6$，即有 $e\geqslant30$，与边数小于 30 相矛盾。

7-59 证明：在 6 个结点 12 条边的连通平面简单图中，每个面用 3 条边围成。 【7-5.(3)】

证明 $v=6, e=12$，由欧拉公式 $r=2+e-v=8$。因为

$$\sum_{i=1}^{8}\deg(r_i)=2e=24$$

而 $\deg(r_i)\geqslant3$，故必有 $\deg(r_i)\geqslant=3$，即每个面用 3 条边围成。

7-60 设 G 是有 11 个或更多结点的图，证明 G 或$\overline{G}$是非平面图。 【7-5.(4)】

证明 用反证法。设 G 和补图$\overline{G}$都是平面图，图 G 的结点数为 v，边数为 e，图$\overline{G}$的结点数为 v'，边数为 e'，显然 $v=v'$，$e+e'=\frac{1}{2}v(v-1)$。由不等式 $e\leqslant3v-6$，$e'\leqslant3v'-6=3v-6$，相加得 $\frac{1}{2}v(v-1)=e+e'\leqslant6v-12$，$v^2-13v+24\leqslant0$，$v<11$，与假设矛盾。

7-61 如果可能的话，画出图 7-45 各图的平面图像，否则说明它包含一个与 K_5 或 $K_{3,3}$ 在 2 度结点内同构的子图。

【7-5.(5)】

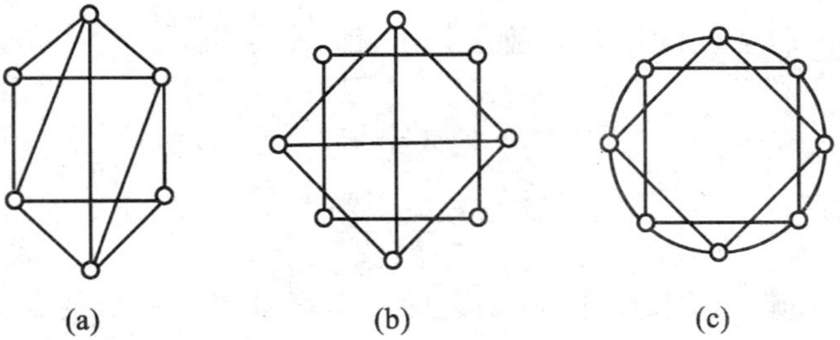

图 7-45

解 图 7-45 中三个图都是平面图，它们的平面图像分别如图 7-46(a)，(b)，(c)所示。

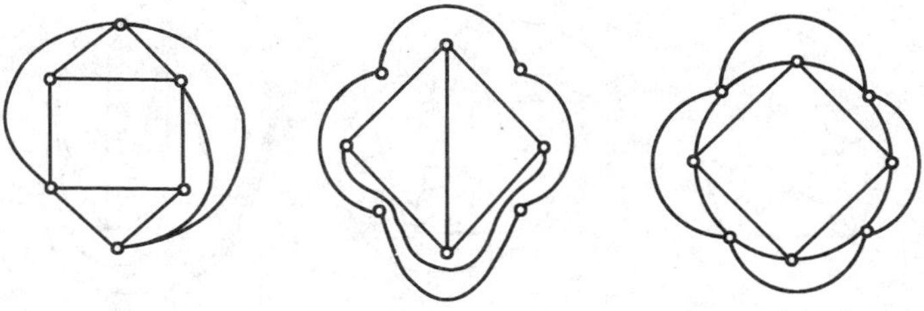

(a) (b) (c)

图 7-46

7-62 证明彼得森图是非平面图。 【7-5.(6)】

证明 有两种证法。

1) 彼得森图中每一个面由 5 条边围成，$k=5$，$e=15$，$v=10$，这样 $e\leqslant\frac{k(v-2)}{k-2}$ 不等式不成立，所以彼得森图不是平面图。

2) 在彼得森图中可以找到一个与 $K_{3,3}$ 在 2 度结点内同构的子图，如图 7-47 所示，所以彼得森图不是平面图。

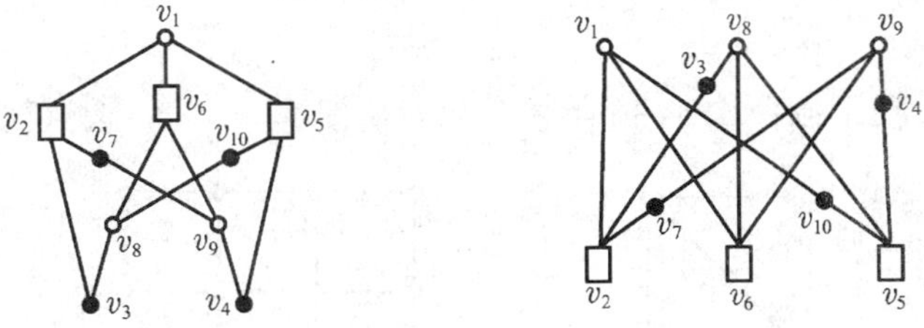

(a) (b)

图 7-47

7-63 证明：

a) 对于 K_5 的任意边 e，K_5-e 是平面图。

b) 对于 $K_{3,3}$ 的任意边 e，$K_{3,3}-e$ 是平面图。 【7-5.(7)】

证明 a) 设 K_5 如图 7-48(a)所示，其中细线为对角线，粗线为非对角线。图 7-48(b)给出了缺少的边 e 为对角线的平面图像。图 7-48(c)给出了缺少的边 e 为非对角线的平面图像。缺少的边

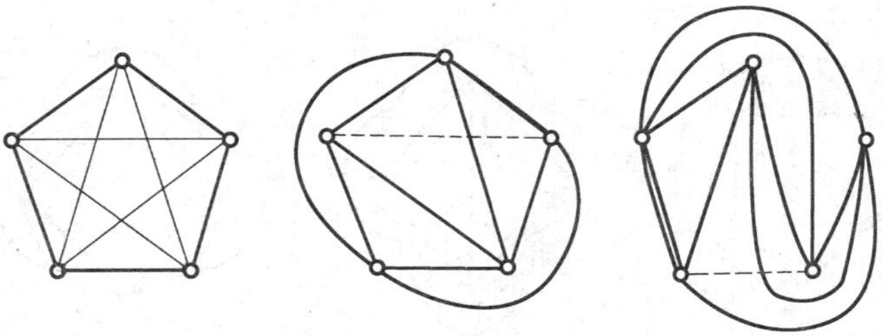

(a) (b) (c)

图 7-48

e 在图中均以虚线表示。

b）图 7-49 给出了 $K_{3,3}$ 中缺少边 e(用虚线表示)的平面图像。

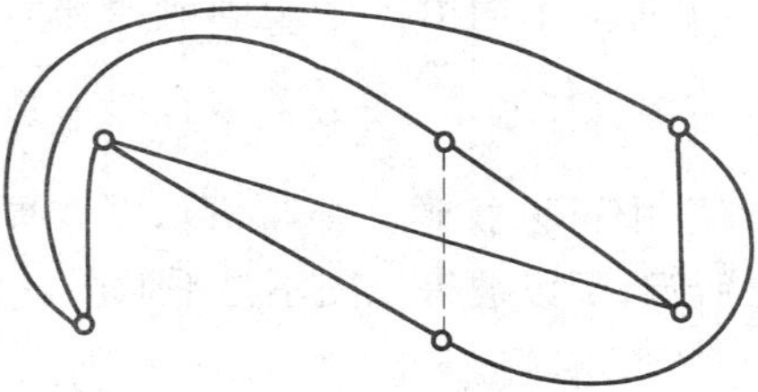

图 7-49

7-64 画出图 7-50 中各图的对偶图。 【7-6.(1)】

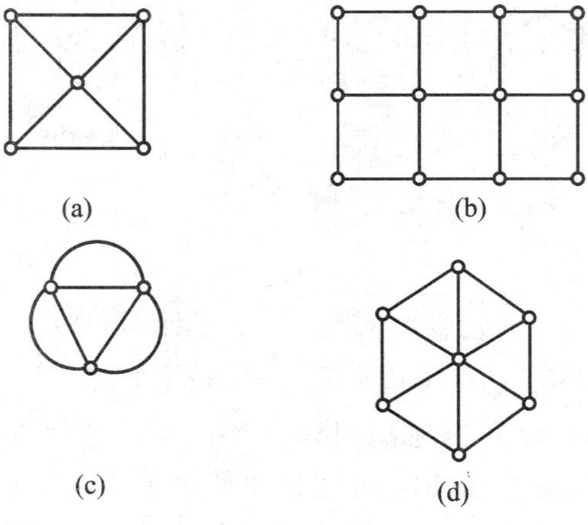

(a) (b) (c) (d)

图 7-50

解　图 7-50(a),(b),(c)和(d)的对偶图分别如图 7-51(a),(b),(c)和(d)所示(原图用虚线画出)。

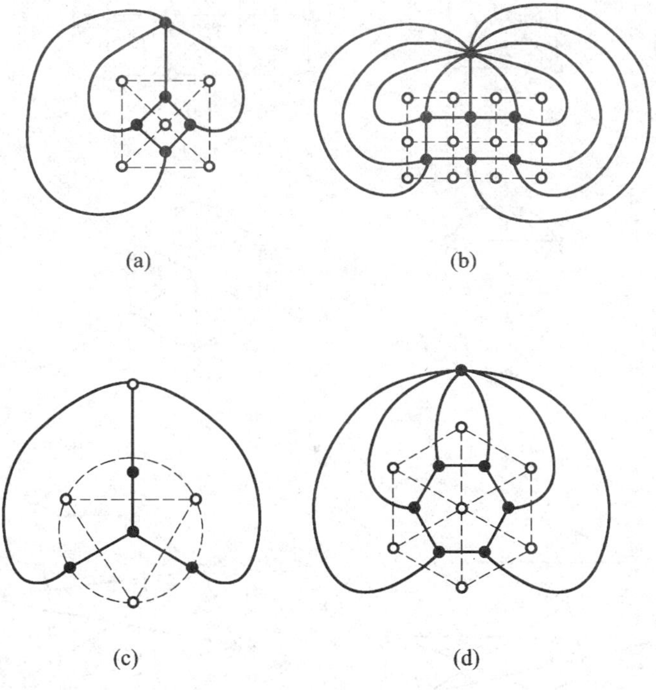

图　7-51

7-65　求出上题中对各图的面着色的最少色数。【7-6.(2)】

解　用 R,G,B 分别表示红色、绿色、蓝色。图 7-50(c)的最少色数为 2,图 7-50(a),(b)和(d)的最少色数均为 3,它们的着色方案分别如图 7-52(a),(b),(c)和(d)所示。

7-66　用韦尔奇·鲍威尔法对图 7-53 各图着色,求图的着色数。【7-6.(3)】

解　a) (1) 将图 7-53(a)中各结点按度数的递减次序排列得 $ABEFHDGC$。

(2) 用 C_1 对 A 着色, 并且对不相邻结点 D 和 C 也着上 C_1 色。

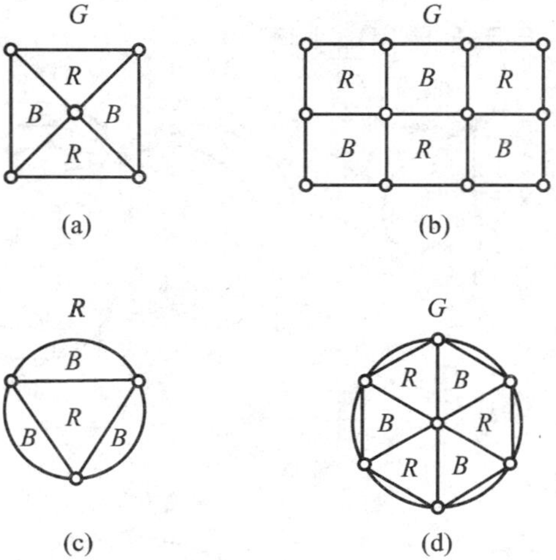

图　7-52

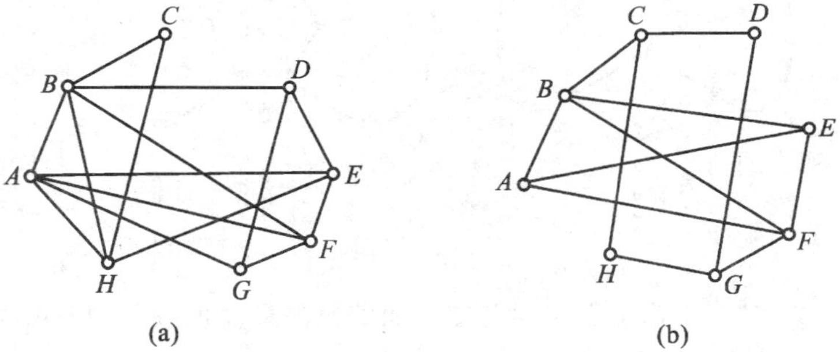

图　7-53

(3) 对 B 及不相邻的 E,G 着上 C_2 色。

(4) 对 F 及不相邻的 H 着上 C_3 色。

由此可知该图的着色数≤3。由于图 7-53(a)中结点 A,E 和 F 构成 K_3 子图，原图的着色数≥3，因此 $x(G)=3$。

b)(1) 将图 7-53(b)中各结点按度数的递减次序排列得 $BFACEGDH$。

(2) 对 B 及不相邻的 G 着上 C_1 色。

(3) 对 F 及不相邻的 C 着上 C_2 色。

(4) 对 A 及不相邻的 D,H 着上 C_3 色。

(5) 对 E 着上 C_4 色。

由此可知该图的着色数$\leqslant 4$。由于图 7-53(b)中结点 A,B,E 和 F 构成 K_4 子图,原图的着色数$\geqslant 4$,因此 $x(G)=4$。

7-67 证明:若图 G 是自对偶的,则 $e=2v-2$。 【7-6.(4)】

证明 设图 G 的结点数,边数,面数分别为 v,e,r,图 G 的对偶图 G^* 的结点数,边数,面数分别为 v^*,e^*,r^*。由对偶图的定义可知 $e=e^*,v=r^*,r=v^*$。因为 G 是自对偶图 $G\simeq G^*$,故 $v=v^*$,所以 $v=r=v^*=r^*$。由欧拉公式 $v-e+r=2$,将 $v=r$ 代入得 $e=2v-2$。

7-68 假设图 G 中各结点度数最大为 n,证明 $x(G)\leqslant n+1$,其中 $x(G)$是图 G 的着色数。 【7-6.(5)】

证明 给定 $n+1$ 种颜色,按下列方式对图 G 的结点着色。任取一结点 $u\in V$,u 以及与它相邻的结点构成集合 $S_1\subseteq V$,因为 $\deg(u)\leqslant n$,故$|S_1|\leqslant n+1$,用 $n+1$ 种颜色可对 S_1 中各结点着色,使每一结点都着上不同色。再取 $v\in V-S_1$,v 以及与它相邻的结点构成集合 $S_2\subseteq V$,同理$|S_2|\leqslant n+1$。如果 $S_1\cap S_2\neq\varnothing$,则 $S_1\cap S_2$ 中每一结点已着好色,不必再着色,只有 $S_2-(S_1\cap S_2)$中结点要着色,而$|S_2-(S_1\cap S_2)|=|S_2|-|S_1\cap S_2|\leqslant(n+1)-|S_1\cap S_2|$,所以 $n+1$ 种颜色中除去 $S_1\cap S_2$ 中结点着色所用去的颜色,还有$(n+1)-|S_1\cap S_2|$种,这些颜色可用来对 $S_2-(S_1\cap S_2)$中结点着上不同颜色。如果 $S_1\cap S_2=\varnothing$,就用 $n+1$ 种颜色对 S_2 中结点着色,使 S_2 中每一结点着上不同颜色。依次类推,最后得到了一种用 $n+1$ 种颜色对结点的正常着色的方法,故 $x(G)\leqslant n+1$。

7-69 证明:一个无向图能被两种颜色正常着色,当且仅当它不包含长度为奇数的回路。 【7-6.(6)】

证明 充分性

设图 $G=\langle V,E\rangle$是一个不包含长度为奇数的回路的连通图。任取 $u\in V$,构造 V 的两个子集:

$$V_1=\{v \mid \text{从 } u \text{ 到 } v \text{ 有一条偶长度的通路}\}$$

$$V_2=\{v \mid \text{从 } u \text{ 到 } v \text{ 有一条奇长度的通路}\}$$

显然 $V=V_1\cup V_2$。可证 $V_1\cap V_2=\varnothing$。用反证法，如有 $v\in V_1\cap V_2$，则 u 到 v 既有一条偶长度的通路又有一条奇长度的通路，这两条通路合起来必有一条奇长度的回路，这不可能。因此 V_1 与 V_2 构成 V 的一个划分。下面证明 $V_i(i=1,2)$ 中任两个结点不相邻。

用反证法，如果 V_i 中有两结点 v_1,v_2 相邻，则 u 到 v_1 的偶(奇)长度通路，u 到 v_2 的偶(奇)长度通路与边 (v_1,v_2) 合起来构成一条长度为奇数的回路，这不可能。这样图 G 中每一条边，它所关联的两个结点一个在 V_1 中，另一个在 V_2 中，如图 7-54 所示，将 V_1 中所有结点着上 C_1 色，V_2 中所有结点着上 C_2 色，就得到图 G 的一种正常着色。

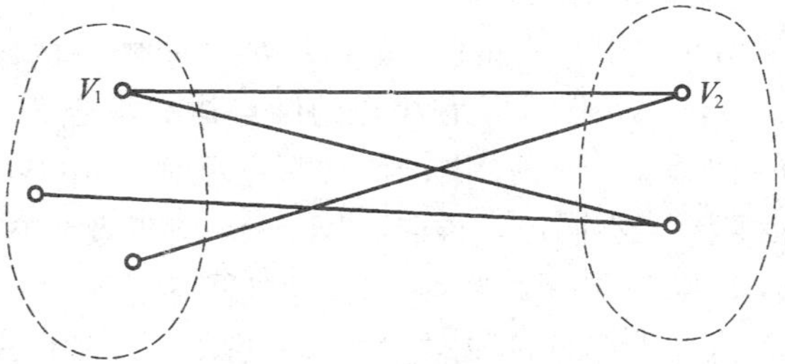

图 7-54

必要性

如果图 G 不连通，只要对 G 的每一最大连通子图证明就可以了。

设图 G 能用两种颜色 C_1 及 C_2 正常着色，设 $V_1=\{u \mid u\in V, u$ 着上 C_1 色$\}$，$V_2=\{u \mid u\in V, u$ 着上 C_2 色$\}$。对于图 G 中任一回路 $C: v_0v_1v_2\cdots v_{k-1}v_k$，其中 $v_k=v_0$。由于相邻结点颜色不同，如果 $v_0\in V_1$，则 $v_1\in V_2, v_2\in V_1,\cdots, v_{k-1}\in V_2, v_k=v_0\in V_1$，故 $k-1$ 为偶数，k 为奇数，即图 G 中任一回路的长度必为奇数。

7-70 a) 一个完全图 K_6 的边涂上红色或蓝色。证明对于任何一种涂边的方法，总有一个完全图 K_3 的所有边被涂上红色，

或者一个 K_3 的所有边被涂上蓝色。

b）证明 6 个人的人群中，或者有 3 个人相互认识或者有 3 个人彼此陌生。

c）对于 n 个结点的完全图 K_n 的边，随意涂上红色或蓝色，证明如果有 6 条或更多条红色均边关联于一个结点，则存在一个各边都是红色的 K_4 或者一个蓝色的 K_3。证明如果有 4 条或更多条蓝色的边关联于一个结点，则存在一个红色的 K_4 或者存在一个蓝色的 K_3。【7-6.(7)】

证明 a）任取 K_6 中一个结点 u，与 u 关联的边有 5 条，这 5 条边被涂上红色或蓝色，其中必有三条边涂上同一色。不妨设这三条边涂上红色。考察这三条边的另一端的三个结点 v_1,v_2 和 v_3，这三个结点两两相连，用虚线表示，如图 7-55 所示。如果这三条虚线中有一条涂上红色，如边 (v_1,v_2) 涂上红色，那么结点 u,v_1,v_2 就组成一个红色的 K_3。如果这三条虚线都涂上蓝色，那么结点 v_1,v_2 和 v_3 便组成一个蓝色的 K_3。因此在 K_6 中必有一个红色的 K_3 或蓝色的 K_3。

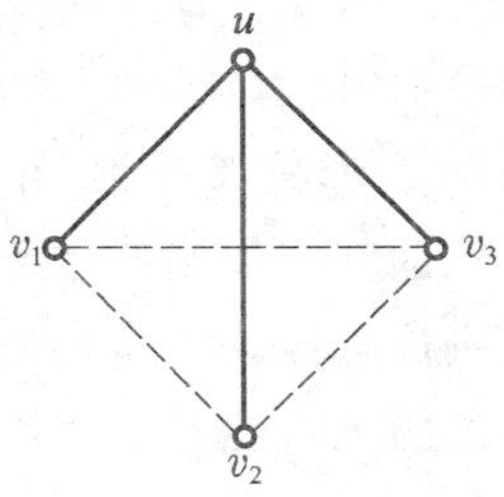

图 7-55

b）设 6 个人用 6 个结点表示，并设结点 u,v 代表的人若彼此认识，则边 (u,v) 涂以红色；结点 u,v 代表的人若彼此不认识，则边 (u,v) 涂以蓝色。由 a）可知，或者有一个红色的 K_3 或者有一个蓝色的 K_3，即或者有三个人彼此认识，或者有三个人彼此不认识。

c）对于图 K_n，设有 6 条或更多边关联于同一个结点 u 且涂上红色。取其中任意 6 条边，这 6 条边除 u 以外的另一端点构成一个 K_6。由 a）可知，K_6 中有一个蓝色的 K_3 或一个红色的 K_3。如果有一个蓝色的 K_3，则 K_n 中就有一个蓝色的 K_3，如图 7-56(a)所示。如果有一个红色的 K_3，则此 K_3 与原来 6 条边中与此 K_3 的三个结点相关联的边构成一个红色的 K_4，此时 K_n 中就有一个红色的 K_4，如图 7-56(b)所示。

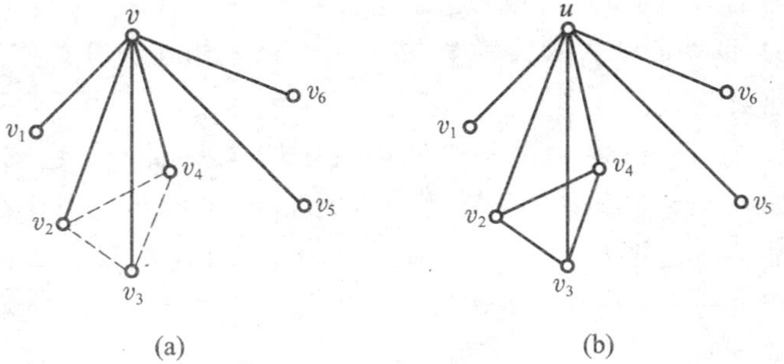

图 7-56

在 K_n 中，如果有 4 条或更多条边关联于同一结点 u 且涂上蓝色，取其中任意 4 条边，这 4 条边除 u 以外的另一端点构成一个 K_4。如果这个 K_4 的各条边都涂上红色，此时 K_n 中就有一个红色的 K_4，如图 7-57(a)所示。如果 K_4 中有一条边涂上蓝色，则这条边与原来 4 条边中与这条边的两个结点相关联的边构成一个蓝色的 K_3，此时 K_n 中就有一个蓝色的 K_3，如图 7-57(b)所示。

图 7-57

7-71 当且仅当连通图的每条边均为割边时，该连通图才是一棵树。 【7-7.(1)】

证明 必要性 如果图 G 是树，则删去任一边后，就成为不连通图，故任一边都是 G 的割边。

充分性 任取两个结点 u 和 v，图 G 是连通的，u 和 v 之间就有路。如果连接 u 和 v 有两条路，该两条路就可组成一个回路，删去回路上任意一条边，不改变图的连通性，这样该回路上的各条边都不是割边，与假设矛盾，因此任意两个结点之间恰有一条路，图 G 是树。

7-72 一棵树有两个结点度数为 2，一个结点度数为 3，三个结点度数为 4，问它有几个度数为 1 的结点。【7-7.(2)】

解 设有 x 个度数为 1 的结点，结点数 $v=2+1+3+x=6+x$，边数 $e=v-1=5+x$。而 $2e=\sum\deg(v_i)$，故

$$2(5+x)=2\cdot 2+1\cdot 3+3\cdot 4+x\cdot 1,x=9$$

7-73 一棵树有 n_2 个结点度数为 2，n_3 个结点度数为 3，…，n_k 个结点度数为 k，问它有几个度数为 1 的结点。【7-7.(3)】

解 设有 n_1 个度数为 1 的结点。结点数 $v=n_1+n_2+n_3+\cdots+n_k$，边数 $e=v-1=(n_1+n_2+\cdots+n_k)-1$。而 $2e=\sum\deg(v_i)$，故

$$2(n_1+n_2+n_3+\cdots+n_k)-2=n_1\cdot 1+n_2\cdot 2+n_3\cdot 3+\cdots+n_k\cdot k$$

$$n_1=n_3+2n_4+\cdots+(k-2)n_k+2$$

7-74 设 T_1 和 T_2 是连通图 G 的两棵生成树，a 是在 T_1 中但不在 T_2 中的一条边，证明存在边 b，它在 T_2 中但不在 T_1 中，使得 $(T_1-\{a\})\cup\{b\}$ 和 $(T_2-\{b\})\cup\{a\}$ 都是 G 的生成树。

【7-7.(4)】

证明 在证明之前先引进一些概念和结果。

设 T 是图 $G=\langle V,E\rangle$ 的生成树，由于图 G 有 e 条边，T 的结点数等于 G 的结点数 v，T 有 $v-1$ 条边，故对于 T 共有 $e-v+1$ 条弦，把任意一条弦加到 T 中，恰得到一个回路，这种回路称为基本回路，共有 $e-v+1$ 个基本回路。任一基本回路恰有一条弦，其他均为树枝。

另外，从 T 中删去一条树枝，T 就分成两棵不连通的树 T_1 和 T_2，令 V_1，V_2 分别为它们的结点集合，删去 V_1 与 V_2 之间所有边，就将图 G 分成两个不连通的分图 G_1 和 G_2，这些边与 T 中所删去的枝一起组成了图 G 的一个割集，这个割集称为基本割集，因为 T 共有 $v-1$ 条边，故共有 $v-1$ 个基本割集。任一基本割集中恰有一条树枝，其他都为弦。

例如对于图 7-58(a)所示的图 G 有一棵生成树 T 如图(b)所示，对应于 T 的基本回路如图(c)，(d)，(e)和(f)所示，对应于 T 的基本割集如图(g)，(h)，(i)和(j)所示。

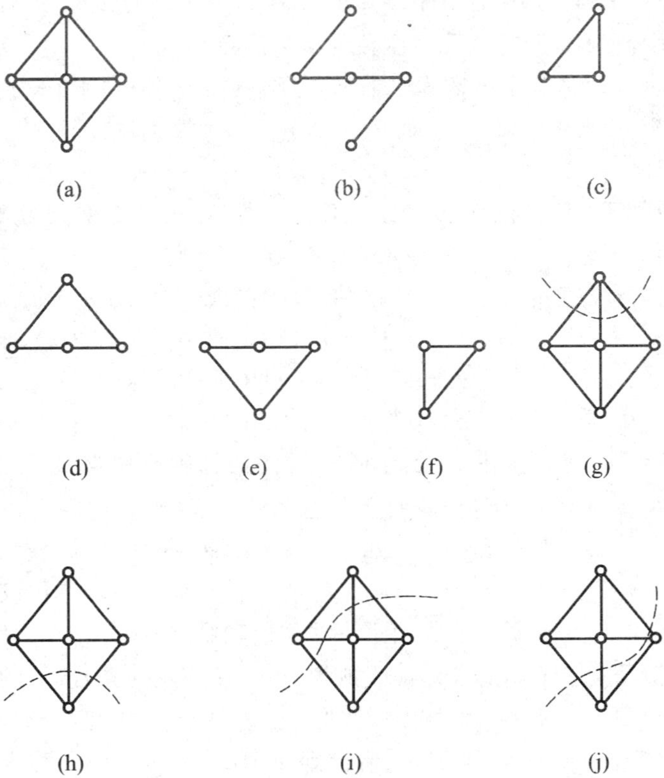

图　7-58

我们有以下结论：

(A) 一个割集和一个回路都有偶数条公共边。

(B) 对给定一棵生成树 T，设 $D=\{e_1,e_2,\cdots,e_k\}$ 是一个基本割集，其中 e_1 是 T 的树枝，$e_2,e_3,\cdots,e_k$ 是 T 的弦。那么 e_1 包含在与 $e_i(2\leqslant i\leqslant k)$ 对应的基本回路中。

现证明：(A) 删去割集中所有边，把图 G 分成两个互不连通的

子图 G_1 和 G_2。G_1 与 G_2 间连通的边都在割集中，从任一个结点出发又回到自身的回路必然在 G_1 与 G_2 之间来回偶数次（来回次数为 0，表示此回路的所有结点都在 G_1 或 G_2 中），即此回路与割集有偶数条公共边。

(B) 设 C 是对应于弦 e_2 的基本回路。因为 e_2 在 C 中，也在 D 中，由(A)可知，C 与 D 应有偶数条公共边，由于 C 中只有一条弦即 e_2，C 与 D 公共边只能是树枝，因此只可能 e_1 为公共边。对于对应于 $e_3, \cdots, e_k$ 的基本回路中也包含 e_1，可类似证明。

设 C' 是对应于不在 D 中的任何弦的基本回路，C' 不能包含 e_1，因为否则 C' 与 D 只有一条公共边 e_1，这不可能。

有了(A)和(B)结果，就可证明本题。

边 a 在 T_1 中，它是 T_1 的枝，通过枝 a 有一个基本割集 D。边 a 不在 T_2 中，它是 T_2 的弦，存在对应于边 a 的基本回路 C，割集 D 与回路 C 有公共边 a，由(A)可知，它们至少还有一条公共边 b。由于 b 在基本回路 C 中，b 是 T_2 的枝，又 b 在基本割集 D 中，b 不是 T_1 的枝。在树 T_2 中，删去边 b，加上边 a，可得到图 G 的一棵生成树，故 $(T_2-\{b\})\cup\{a\}$ 是图 G 的生成树。

由于 b 在基本割集 D 中，边 a 是 D 中的枝，由(B)可知，a 包含在对应边 b 的基本回路中，因此删去边 a 而添加边 b，即 $(T_1-\{a\})\cup\{b\}$ 也是图 G 的一棵生成树。

7-75 设 $G=\langle V,E\rangle$ 为连通图，且 $e\in E$。证明：当且仅当 e 是 G 的割边时，e 才在 G 的每棵生成树中。 【7-7.(5)】

证明 充分性

设边 e 是 G 的割边，删去 e，G 就分成两个互不连通的子图 G_1 和 G_2。对于 G 的任一棵生成树 T，由于 T 是连通图，故连结 G_1 与 G_2 之间的唯一边 e 必在 T 中。

必要性

用反证法。设边 e 包含在 G 的每棵生成树中，但 e 不是割边。在图 G 中删去 e 得图 G'，G' 仍是连通图。对 G 来说必有一棵生成树 T，T 中不包含边 e，与假设矛盾。

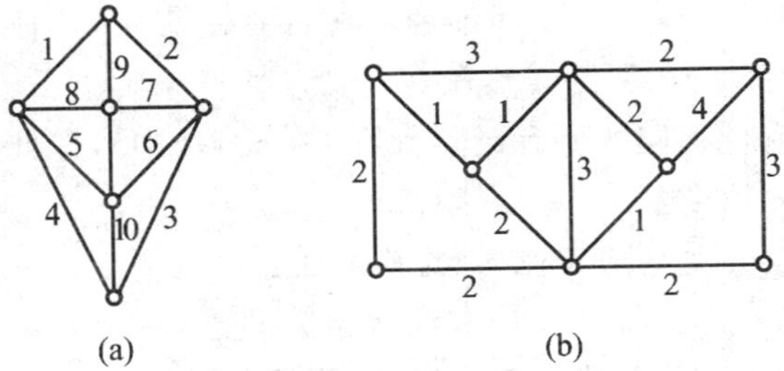

图　7-59

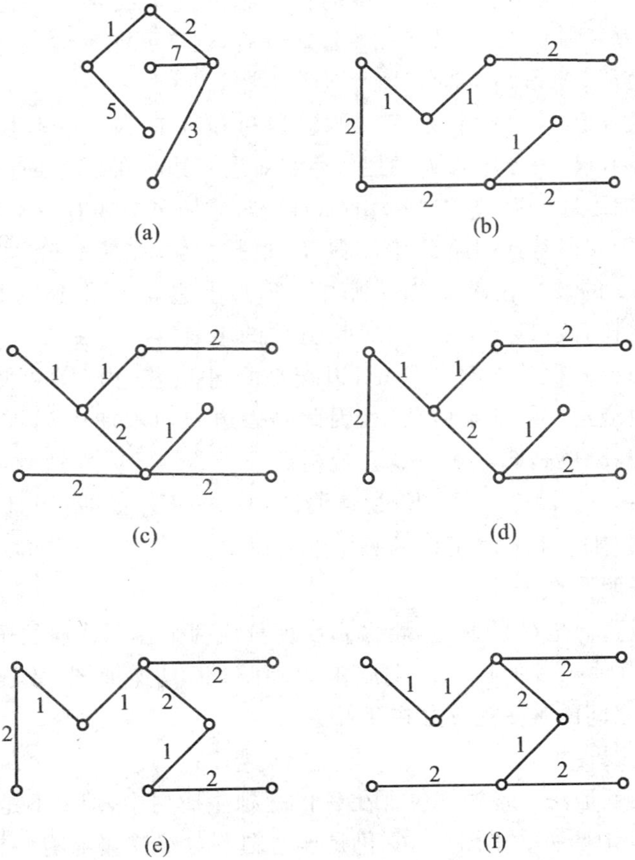

图　7-60

7-76　对于图 7-59,利用 Kruskal 算法求一棵最小生成树。

【7-7.(6)】

解　图 7-59(a)所对应的最小生成树如图 7-60(a)所示。图 7-59(b)的最小生成树有五棵,分别如图 7-60(b),(c),(d),(e)和(f)所示。

7-77　从简单有向图的邻接矩阵怎样去决定它是否为根树。如果是根树,怎样定出它的树根和树叶。【7-8.(1)】

解　一个有向图为根树,它的邻接矩阵必须满足:

a) 所有主对角元为 0;

b) 矩阵中有一列元素全为零,所有其他列中都恰有一个 1。

如果一个邻接矩阵对应的有向图是根树,那么全零列对应的结点为根。而全零行对应的结点为树叶。

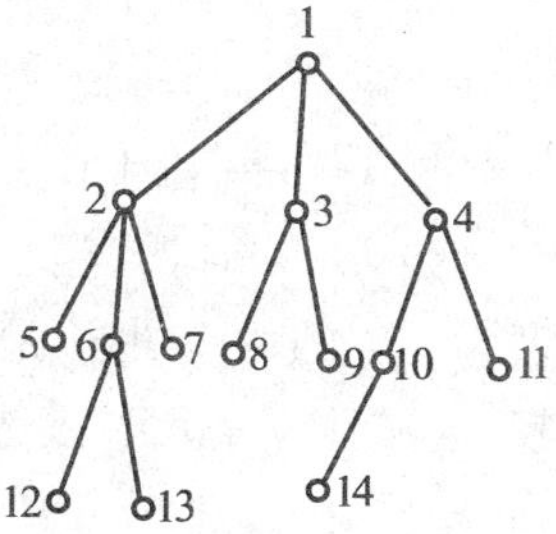

图　7-61

7-78　求出对应于图 7-61 所给出的树的二叉树。【7-8.(2)】

解　图 7-61 所给出的树所对应的二叉树如图 7-62 所示。

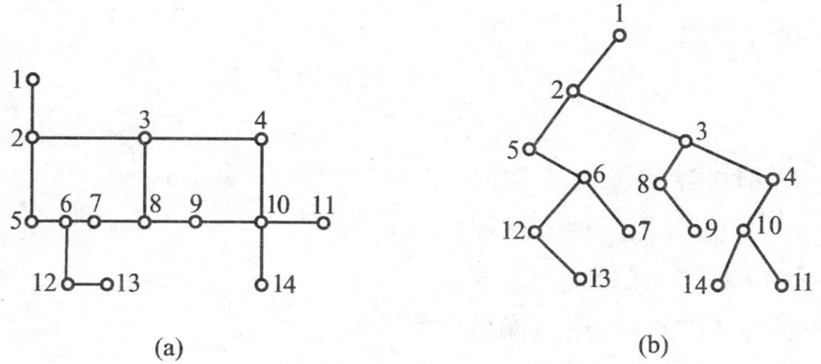

图　7-62

7-79　证明在完全二叉树中,边的总数等于 $2(n_t-1)$,式中 n_t 是树叶数。【7-8.(3)】

证明　由定理 7-8.1 可知,分枝点数 $i=n_t-1$,结点数 $v=i+$

$n_t=2n_t-1$。而由定理 7-7.1 可知，$v=e+1$，所以边数，

$$e=v-1=2(n_t-1)$$

7-80 在一棵 t 叉树中，其外部通路长度与内部通路长度之间有什么关系。【7-8.(4)】

解 在一棵 t 叉树中，外部通路长度 E 与内部通路长度 I 满足关系式

$$E=(t-1)I+t\cdot k$$

其中 k 为分枝点数。

对分枝点数目 k 用归纳法证明。

当 $k=1$，$E=t$，$I=0$，故上式成立。

设 $k=n-1$ 时上式成立，即 $E'=(t-1)I'+t\cdot(n-1)$。

当 $k=n$ 时，若删去一个分枝点 v，该分枝点 v 与根的通路长度为 l，v 的两个儿子是树叶，得到新树 T'。将新树 T' 与原树比较，它减少了 t 片长度为 $l+1$ 的树叶和一个长度为 l 的分枝点，因为 T' 只有 $n-1$ 个分枝点，故

$$E'=(t-1)I'+t\cdot(n-1)$$

但在原树中，有

$$E=E'+t(l+1)-l,\quad I=I'+l$$

代入前式得到

$$E-t(l+1)+l=(t-1)(I-l)+t\cdot(n-1)$$

即

$$E=(t-1)I+t\cdot n$$

7-81 给定权 1，4，9，16，25，36，49，64，81，100：

a）构造一棵最优二叉树；

b）构造一棵最优三叉树；

c）说明如何构造一棵最优 t 叉树。【7-8.(5)】

解 a）最优二叉树如图 7-63(a)所示。

b）在权中增加数 0，就可构造一棵最优三叉树，如图 7-63(b)所示。

c）要构造一棵最优 t 叉树，可以如下进行：首先找出 t 个最小的 w 值，设为 $w_1,w_2,\cdots,w_t$，然后对 $n-t+1$ 个权 $w_1+w_2+\cdots+$

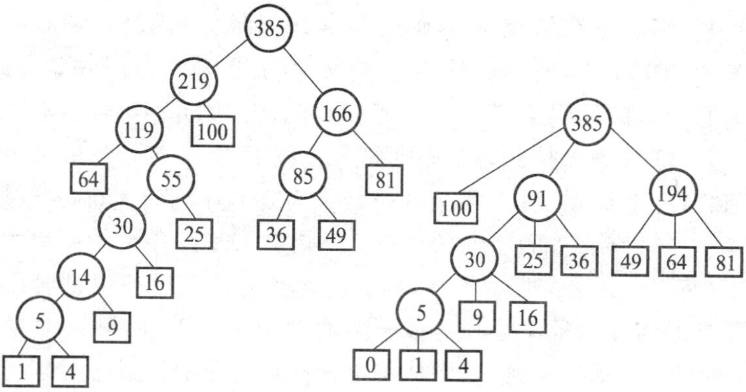

(a) (b)

图 7-63

$w_t, w_{t+1}, \cdots, w_n$ 求作一棵最优 t 叉树，并且将这棵最优树中的结点 $\boxed{w_1+w_2+\cdots+w_t}$ 代之以

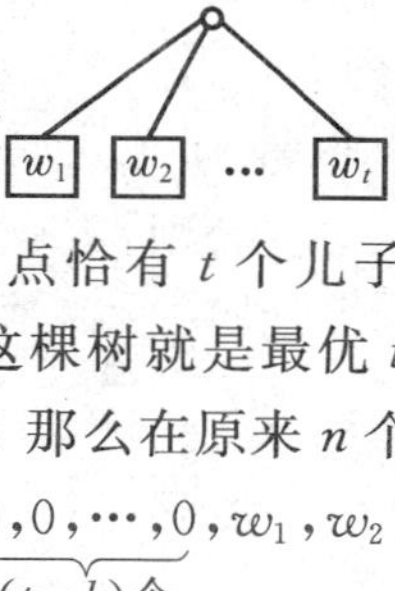

。依此类推，由构造过程可知，除根外其他分枝点恰有 t 个儿子。如果构造出来的树，根恰有 t 个儿子，那么这棵树就是最优 t 叉树。如果构造出来的树，根的儿子数目 $k<t$，那么在原来 n 个权 $w_1, w_2, \cdots, w_n$ 中添加 $(t-k)$ 个 0，对于权 $\underbrace{0,0,\cdots,0}_{(t-k)\text{个}}, w_1, w_2, \cdots, w_n$ 按上法重新构造 t 叉树，它能保证每个分枝点都有 t 个儿子，这是最优 t 叉树。

7-82 构造一个与英文字母 b, d, g, o, y, e 对应的前缀码，并画出该前缀码对应的二叉树，再用此六个字母构成一个英语短语，写出此短语的编码信息。 【7-8.(6)】

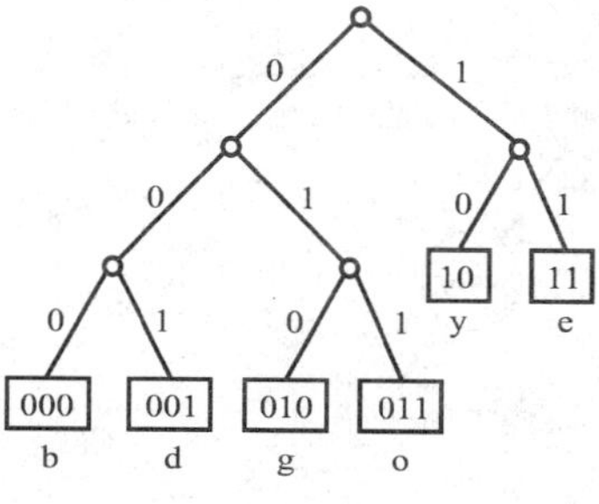

图 7-64

解 令 b,d,g,o,y,e 所对应的码字分别为 000,001,010,011,10,11。显然{000,001,010,011,10,11}为前缀码,它对应的二叉树如图 7-64 所示。这六个英文字母可构成英语短语 good bye,它对应的编码信息为 0100110110010001011。

7-83 设 A 是二进制序列集合。我们将 A 划分为两个子集 A_0 和 A_1,这里 A_0 是 A 中第一个数字为 0 的序列的集合,A_1 是 A 中第一个数字为 1 的序列的集合。然后我们根据序列中的第二个数字,将 A_0 划分成两个子集,对 A_1 也用同样方法加以划分。运用不断地将序列的集合划分成子集的方法来证明:如果 A 是前缀码,则存在一棵二叉树,其中从每个分枝点射出的两条边分别标号 0 和 1,使得赋于树叶的 0 和 1 的序列是 A 中的序列。【7-8.(7)】

证明 画一棵二叉树,根标记为 A,从根射出两条边,左边标记 0,右边标记 1,它们相应的结点分别标记为 A_0,A_1。如果集合 A_{i_1}($i_1=0,1$)中恰有一个元素,且该元素就是 i_1,标号为 A_{i_1} 的结点就是叶,它对应序列 i_1。或者 A_{i_1} 中恰有一个元素,它是 $i_1 i_2 \cdots i_k$,根据 $i_2=0$ 或 1,从标号为 A_{i_1} 的分枝点射出左边或右边,它相应的结点的标记为 $A_{i_1 i_2}$。否则,集合 A_{i_1} 中元素多于 1 个,标号为 A_{i_1} 的结点就是分枝点。再从此分枝点射出两条边,左边标记 0,右边标记 1,它们相应的结点分别标记为 $A_{i_1 0}$ 和 $A_{i_1 1}$。依此类推,直到所有集合 $A_{i_1 i_2 \cdots i_k}$ 中只有一个元素且该元素就是 $i_1 i_2 \cdots i_k$ 为止,标号为 $A_{i_1 i_2 \cdots i_k}$ 的结点是树叶,它对应 A 中序列 $i_1 i_2 \cdots i_k$,这样构造出来的二叉树,就是我们所需的二叉树。例如前缀码 $A=\{01, 10,$

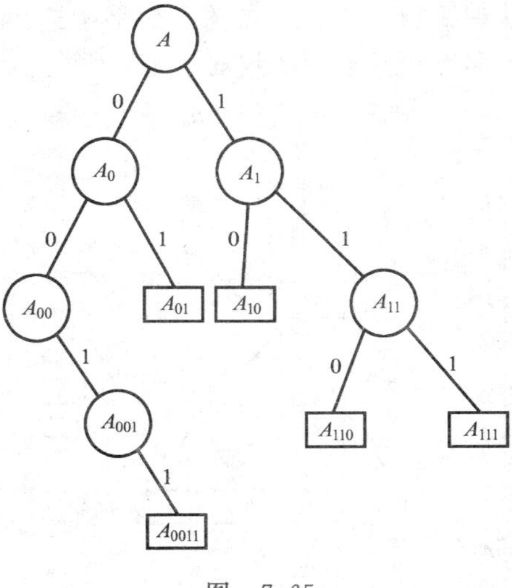

图 7-65

110,111,0011},它对应的二叉树如图 7-65 所示。

7-84 给出公式$(P\vee(\neg P\vee Q))\wedge((\neg P\vee Q)\wedge\neg R)$的根树表示。【7-8.(8)】

解 公式$(P\vee(\neg P\wedge Q))\wedge((\neg P\vee Q)\wedge\neg R)$的根树如图 7-66 所示。

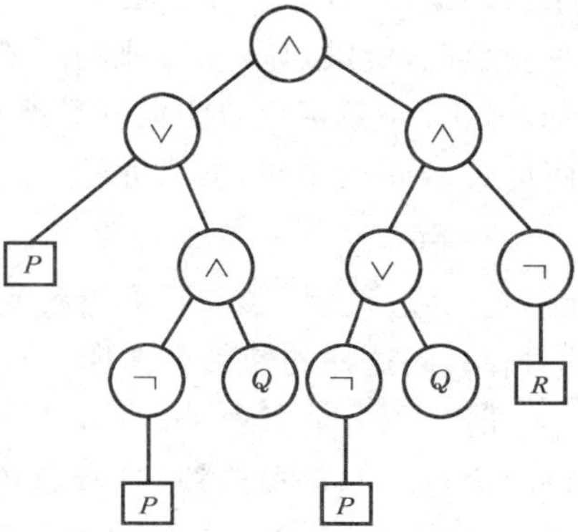

图 7-66

7-85 设图 G 中结点的最大度数为 q,且有两个结点 a 和 b 具有以下性质:

(1) a,b 之间的距离为 2;

(2) 去掉 a,b 后所得的图 G' 是连通的,

则 G 的着色数不大于 q。

证明 因为 a,b 的距离为 2,所以它们不相邻,且存在一点 v_1 与 a,b 均相邻。

设 G 的结点数为 n。因为 G' 是连通的,所以除 a,b,v_1 外的其余 $n-3$ 个结点中必有一个结点与 v_1 相邻,记为 v_2。如果已有 $v_1,v_2,\cdots,v_i(1\leqslant i\leqslant n-3)$,其中每一点都与前面的某一点相邻,那么由连通性可知,剩下的点中必有一点与 $v_1,v_2,\cdots,v_i$ 中的某一点相邻,将此点记为 v_{i+1},这样继续下去,最后得到点的序列为

$$v_1,v_2,\cdots,v_i,\cdots,v_{n-2}$$

其中的每一点都与前面的某一点相邻。

现在,对图 G 的结点进行着色。

首先,将 a,b 涂上同一种颜色。然后,再依次对 $v_{n-2},v_{n-3},\cdots,v_2$ 着色,在这个着色过程中,由于每一个结点的度数$\leqslant q$,并且每一个结点均与一个尚未着色的结点相邻,所以,每个结点最多与 $q-1$ 个着过色的结点相邻,因此,总可以将该点着上一种与已着过色的相邻结点都不相同的颜色。最后,由于 v_1 与 a,b 相邻,所以 v_1 最多与其余结点中的 $q-2$ 个结点相邻,这 $q-2$ 个结点即使

颜色都不相同，那么最多是 $q-2$ 种不同颜色。由于 a,b 着的是同一种颜色，所以，与 v_1 相邻的所有结点中最多已着了 $q-1$ 种颜色，因此，v_1 就可以着上第 q 种颜色，这样，我们用 q 种不同颜色，便可对 G 正常着色，故 G 的着色数 $\leqslant q$。

7-86 n 个人参加一个会议，在会议期间，每天都要在一只圆桌上共进晚餐，如果要求每次晚餐就座时，每个人相邻就座者都不相同，问这样的晚餐最多能进行多少次？

解 用 n 个点表示 n 个人，每两个人都有可能相邻就座，因此每两个点之间都可连线，这样就可得到一个具有 n 个结点的完全图 K_n。那么，在 K_n 中的一个哈密尔顿圈就是一次晚餐的就座方法。可见，晚餐最多能进行的次数就是 K_n 中无公共边的哈密尔顿圈的个数。

K_n 中共有 $\frac{n(n-1)}{2}$ 条边，每个哈密尔顿圈有 n 条边，因此，边不相重的哈密尔顿圈最多有 $\left[\frac{n-1}{2}\right]$ 条。

对于 n 为奇数的情况，做出图 7-67 的图形。

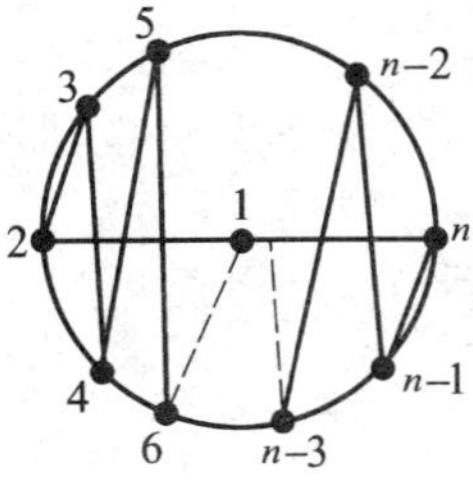

图 7-67

显然，$(1,2,3,4,\cdots,n-3,n-2,n-1,n,1)$ 是 K_n 中的一条哈密尔顿圈。

现将圆周上的点的编号依次顺时针旋转

$$\frac{360^\circ}{n-1}, 2\cdot\frac{360^\circ}{n-1},\cdots,\frac{n-3}{2}\cdot\frac{360^\circ}{n-1}$$

可得图 7-68 所示的哈密尔顿圈。它们分别对应着边不相重的哈密尔顿圈为：

$$(1,4,2,6,3,8,\cdots,n-1,n-4,n,n-2,1)$$
$$(1,6,4,8,2,10,\cdots,n,n-6,n-2,n-4,1)$$
$$\cdots$$
$$(1,n-1,n-3,n,n-5,n-2,\cdots,7,2,5,3,1)$$

因此，共有 $\frac{n-1}{2}$ 条边不相重的哈密尔顿圈。

对于 n 为偶数的情况，可做出图 7-69 图形，即对 $n-1$ 是奇数

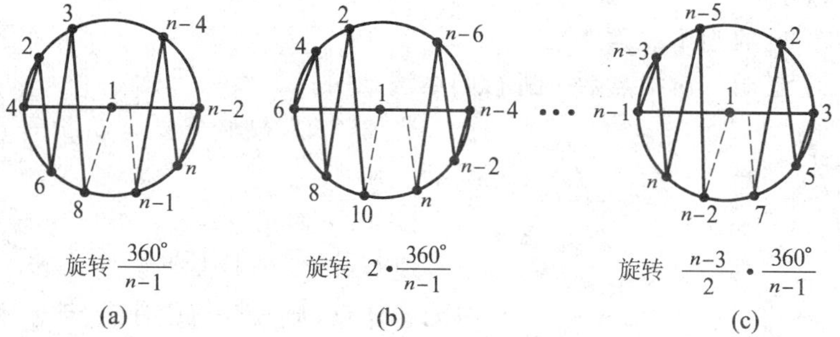

图 7-68

的图形，并在中间添加一个结点 n。

因此，可类似地得 $\left[\frac{n-1}{2}\right]$ 个边不相重的哈密尔顿圈。

总之，无论 n 是奇数还是偶数，n 个人共座圆桌相邻两人都不相同的就座方法最多有 $\left[\frac{n-1}{2}\right]$ 种。

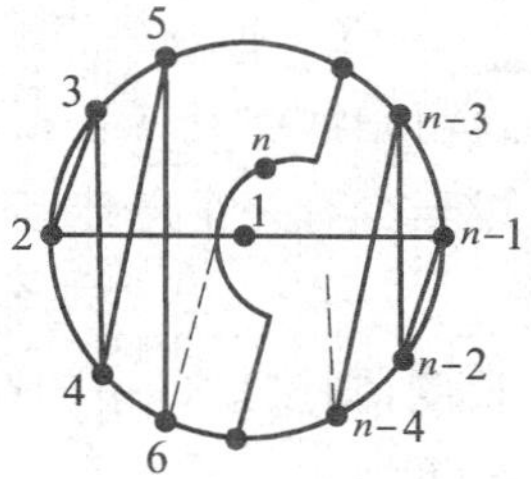

图 7-69

7-87 设 G 是一个图，将 G 中的一条边 e 去掉，并且把 e 的两个端点合并成一个结点，而把原来关联于这两个端点的边变成关联于新结点的边，这样所得的图记为 $G\circ e$。我们用 $G-e$ 表示在 G 中除掉边 e 所得的图，用 $t(G)$ 表示 G 上树的棵数。证明：若 $e\in E$，则

$$t(G)=t(G-e)+t(G\circ e)$$

证明 因为 G 的每一棵不含 e 的树，也是 $G-e$ 的树，反之，$G-e$ 的每棵树，也是 G 中不含 e 的树，所以 $t(G-e)$ 是 G 中不含 e 的树的棵数。

又因 G 上包含 e 的树与 $G\circ e$ 上的树一一对应，所以，$t(G\circ e)$ 是 G 中含 e 的树的棵数。因此

$$t(G)=t(G-e)+t(G\circ e)$$

7-88 树是偶图，设树 $T=(V,E)=(V_1,V_2,E)$，$V_1\cup V_2=$

$V, V_1 \cap V_2 = \varnothing$，若 $|V_1| \geqslant |V_2|$，则在 V_1 中至少有一个悬挂点(即树中度数为 1 的顶点)。

证明 对结点数 n 进行归纳法证明。

图 7-70

$n=2,3$ 时，显然成立。如图 7-70 所示。

设 $n \leqslant k$ 时成立。

现对 $n=k+1$ 进行证明。若 V_1 中无悬挂点，则 V_2 中必有悬挂点，设此悬挂点为 $v \in V_2$，于是有悬挂边 (v,u)。考察树

$$T-v=(V_1, V_2-\{v\}, E-\{(u,v)\})$$

由归纳假设，V_1 中必有悬挂点，由于本来在 V_1 中没有悬挂点，所以，对图 $T-v$ 来说，V_1 中要有悬挂点必为 u。再考察树

$$T-v-u=(V_1-\{u\}, V_2-\{v\}, E-\{(u,v),(w,u)\})$$

再由归纳假设，$V_1-\{u\}$ 中有悬挂点，与假设相矛盾。因此，在 V_1 中至少有一个悬挂点。

7-89 设 δ 为图 G 中结点的最小度数，g 为该图中最短圈的长度，则该图 G 中的结点数至少有 $n_0(g,\delta)$ 个。这里 $n_0(g,\delta)$ 满足以下性质：

对于 $g \geqslant 2$ 和 $\delta \geqslant 3$，

$$n_0(g,\delta)=\begin{cases} 1+\dfrac{\delta}{\delta-2}\{(\delta-1)^{(g-1)/2}-1\}, & \text{当 } g \text{ 是奇数} \\ \dfrac{2}{\delta-2}\{(\delta-1)^{g/2}-1\}, & \text{当 } g \text{ 是偶数} \end{cases}$$

证明 若 g 是奇数，设 $g=2d+1, d \geqslant 1$。对于 G 中的任一结点 x，在 G 中不存在结点 z，使得在 G 中含有两条从 z 到 x 的长度至多为 d 的通路，否则 G 就有一条至多长度为 $2d<g$ 的圈。这就与 g 为最短圈长度相矛盾。这就表明，在 G 中任意两个距离 $\leqslant d$ 的结点之间都不存在两条路。由此，便可推出：至少存在 δ 个结点与 x 的距离为 1；至少有 $\delta(\delta-1)$ 个结点与 x 的距离为 2；…；至少有 $\delta(\delta-1)^{d-1}$ 个结点与 x 的距离为 d。因此，G 中的结点数 n 必满足

$$n \geqslant 1+\delta+\delta(\delta-1)+\cdots+\delta(\delta-1)^{d-1}$$

$$=1+\frac{\delta}{\delta-2}\{(\delta-1)^{d}-1\}=1+\frac{\delta}{\delta-2}\{(\delta-1)^{(g-1)/2}-1\}$$

若 g 是偶数，设 $g=2d, d \geqslant 1$，因为 $\delta \geqslant 3$，故可取两个相邻的结点 x 和 y，则至少存在 $2(\delta-1)$ 个结点与 $\{x, y\}$ 的距离为 1；至少有 $2(\delta-1)^{2}$ 个结点与 $\{x, y\}$ 的距离为 2，…，至少有 $2(\delta-1)^{d-1}$ 个结点与 $\{x, y\}$ 的距离为 $d-1$。由此便得

$$n \geqslant \frac{2}{\delta-2}\{(\delta-1)^{g/2}-1\}$$

7-90 设 G 是结点数为 n 的图，其中不存在长度为 k 的路，则 G 中的边数 $e(G) \leqslant \frac{k-1}{2} \cdot n$。

证明 不妨固定 k，并对 n 进行归纳法证明。

显然，对于 $n \leqslant k$，结论肯定成立，这是因为

$$e(G) \leqslant \frac{(n-1) n}{2} \leqslant \frac{k-1}{2} \cdot n$$

现在设 $n>k$。若 G 是非连通的，则至少有两个连通分支。设为 G_{1} 和 G_{2}，那么，由归纳法假设必有

$$e(G)=e(G_{1})+e(G_{2}) \leqslant \frac{k-1}{2} \cdot n_{1}+\frac{k-1}{2} \cdot n_{2}$$

$$=\frac{k-1}{2}(n_{1}+n_{2})=\frac{k-1}{2} \cdot n$$

其中，n_{1} 和 n_{2} 分别为 G_{1} 和 G_{2} 中的结点数。若 G 是连通的，由于不存在长度为 k 的路，所以，在图 G 中不可能有 k 个结点的完全子图；而且至少有一个结点 x，它的度数 $\leqslant \frac{k-1}{2}$，否则，对任意两点 x_{1} 和 x_{2}，有 $d(x_{1})+d(x_{2}) \geqslant k$，导致在 G 中有长度为 k 的路的矛盾。由于结点 x 的度数 $\leqslant \frac{k-1}{2}$，所以就有

$$e(G)=d(x)+e(G-x) \leqslant \frac{k-1}{2}+\frac{k-1}{2}(n-1)=\frac{k-1}{2} \cdot n$$

7-91 对于图 7-71 所示图 G：

(1) 找出一个对集；

（2）找出一个最大对集；

（3）找出一个完美对集；

（4）G 有几个完美对集？

【7-9.(1)】

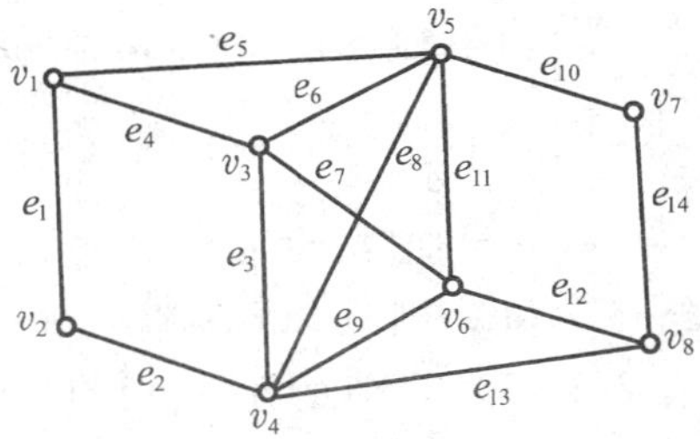

图 7-71

解

（1）$M=(e_5,e_{12},e_{13})$

（2）$M^*=(e_1,e_3,e_{11},e_{14})$

（3）$M_p=(e_1,e_7,e_8,e_{14})$

（4）G 共有 8 个完美对集，它们是：

$$(e_1,e_3,e_{11},e_{14}),(e_1,e_3,e_{10},e_{12})$$
$$(e_1,e_6,e_9,e_{14}),(e_1,e_7,e_8,e_{14})$$
$$(e_2,e_4,e_{11},e_{14}),(e_2,e_4,e_{10},e_{12})$$
$$(e_5,e_2,e_7,e_{14}),(e_{13},e_7,e_1,e_{10})$$

7-92 对于图 7-71 所示图 G：

（1）找一个覆盖及一个最小覆盖；

（2）找出一个独立集及最大独立集；

（3）找出一个边覆盖及最小边覆盖；

（4）验证定理 7-9.2 的推论及定理 7-9.3 的正确性。

【7-9.(2)】

解　（1）G 的全体结点是一个覆盖：

$$K_x=(v_5,v_8,v_1,v_3,v_6)$$

（2）独立集如 $I=(v_1,v_6)$，最大独立集如 $I^*=(v_1,v_6,v_7)$。

（3）边覆盖如　$L=(e_1,e_6,e_9,e_{14},e_{13})$

最小边覆盖　$L_*=(e_7,e_8,e_1,e_{14})$

（4）$|I^*|+|K_*|=3+5=8=v$

由上题知最大对集

$$|M^*|=4 \quad 故 \quad |M^*|+|L_*|=4+4=8=v$$

7-93 设图 G 的结点是由所有 0 和 1 的有序 k 元组所组成，当且仅当有序 k 元组它们有一个坐标不相同时，此两个结点相连结，这样的图称作 k-方体图。

a）证明 k-方体图有 2^k 个结点，$k \cdot 2^{k-1}$ 条边且是一个二分图；

b）k-方体图存在完美对集。【7-9.(3)】

证明 a）因为 k-方体图结点为有序 k 元组，设 $V=\{(x_1, x_2, \cdots, x_k)\}$，$x_i(1 \leqslant i \leqslant k)$ 可取 0 和 1 两值，故 $|V|=2^k$，即 k-方体图有 2^k 个结点。在 k 元组 $(x_1, x_2, \cdots, x_k)$ 中，固定了 $k-1$ 个坐标后，能对应图 G 中两个结点，且此两个结点间必可用边相连。故共有边数为 $k \cdot 2^{k-1}$ 条。在 k-方体图中，可按结点所对应的 k 元组，确定奇偶值。把全部结点划分成两个部分，奇值结点之间或偶值结点之间，都不能有边相连，故 k-方体图可构成二分图。

b）设 k-方体图的结点为 $(x_1, x_2, \cdots, x_k)$，我们取 $(x_1, x_2, \cdots, x_{k-1}, 0)$ 和 $(x_1, x_2, \cdots, x_{k-1}, 1)$ 之间边的全体构成边集合 M，则 $|M|=2^{k-1}$。但 k-方体图共有 2^k 个结点，所以 k-方体图的每一个结点都是 M-饱和的，故 M 是完美对集。

7-94 求 K_{2n} 和 $K_{n,n}$ 中不相同完美对集的个数。【7-9.(4)】

解 1）记 K_{2n} 中不同完美对集数为 $f(n)$，显然有 $f(1)=1$。在 K_{2n} 中，任取一个结点 v_1，其关联的边共有 $2n-1$ 条。故 K_{2n} 中任一结点，可有 $2n-1$ 种方法被饱和，一旦选定某一边属于某个对集 M 之后，剩下尚有 $2(n-1)$ 个结点，它们之间生成子图是 $K_{2n-2}=K_{2(n-1)}$，所以 K_{2n} 中完美对集可记为

$$
\begin{aligned}
f(n) &= (2n-1) \cdot f(n-1) = (2n-1)(2n-3) \cdots f(1) \\
&= (2n-1)!!
\end{aligned}
$$

2）记 $K_{n,n}$ 中不同的完美对集数为 $g(n)$，显然有 $g(1)=1$。在 $K_{n,n}$ 中任取一点 x_1，则 $d_G(x_1)=n$。故饱和 x_1 可有几种方法。一旦选定某条边属于完美对集 M 之后，剩下尚有 $2(n-1)$ 个结点，它们的生成子图是 $K_{n-1,n-1}$，所以

$$
g(n)=n \cdot g(n-1)=n \cdot (n-1) \cdot g(n-2)=\cdots=n!
$$

7-95 证明：树至多只有一个完美对集。【7-9.(5)】

证明 设树 T 有两个或两个以上的完美对集，记为 M_1，M_2，…。如果有两个完美对集 M_1 和 M_2 则在 $M_1 \oplus M_2$ 中每个结点度数为 2，因为树是连通的，所以 $M_1 \oplus M_2$ 必是一个回路，这与

树的概念矛盾。

同理，如果有两个以上的完美对集，亦必出现回路，与树的题设矛盾。

所以树中至多只有一个完美对集。

7-96 树 G 具有完美对集的充要条件是对任意 $v\in V$ 均成立 $o(G-v)=1$。 【7-9.(6)】

证明 充分性

设 G 具有完美对集，则根据定理 7-9.8，有

$$o(G-v)\leqslant|\{v\}|=1 \tag{A}$$

因为 G 具有完美对集，故 $v(G)=$偶数，于是

$$V(G-v)=\text{奇数，所以 } o(G-v)\geqslant 1 \tag{B}$$

由(A)，(B)两式得

$$o(G-v)=1$$

必要性

如果对所有 $v\in V$ 有 $o(G-v)=1$，即是在 $G-v$ 中存在唯一的奇分支 $C_o(v)$。令 v 与 $C_o(v)$ 的关联边记为 $e(v)=(v,u)$。因为 $o(G-v)=1$，故 $e(v)$ 是唯一的，且 $e(u)=(u,v)$，因此 $M=\{e(v)\}$ 正好构成一完美对集。

7-97 a) 若 $G=\langle X,Y;E\rangle$ 为二分图，则 G 的最大对集的边数等于 $|X|-\max\limits_{S\subseteq X}\{|S|-|N(S)|\}$；

b) 若 G 中 $|X|=|Y|=n$ 且边数 $e>(k-1)n$，则 G 含有 k 条边的对集。 【7-9.(7)】

证明 a) 令 $A=X-S$，则

$$\begin{aligned}|X|-\max_{S\subseteq X}\{|S|-|N(S)|\}&=\min_{S\subseteq X}\{|X|+|S|+|N(S)|\}\\&=\min_{A\subseteq X}\{|A|+|N(X-A)|\}\end{aligned}$$

因为 G 是二分图，G 中任一边都有一端点在 X 中，故 G 的任意一个最小覆盖都可表示为 $A\cup N(X-A)$。根据定理 7-9.6，G 的最大对集的边数等于

$$|X|-\max_{S\subseteq X}\{|S|-|N(S)|\}$$

b）因为$|X|=|Y|=n$，所以G的最大度$\Delta(G)\leqslant n$，即G的每一个结点，最多覆盖G中n条边。因为G中边数$e>(k-1)n$，故G中至少需有k个结点才能覆盖G中全部边，即G会有一个k条边的对集。

第八章　形式语言与自动机

A　内容提要

1　串和语言

串(行)和长度　任意个符号组成的集合称为字母表。字母表中的符号称为字母。一般用大写英文字母表示字母表，用小写英文字母表示字母。由字母表中有限个字母组成的序列称为串(行)，常用小写希腊字母表示。串 ω 中所含字母的数目称为串的长度，记为 $|\omega|$。长度为 0 的串称为空串，记为 λ。

V^+ 和 V^*　给定字母表 V，笛卡儿积 $V^k=\overbrace{V\times\cdots\times V}^{k}$ 是 V 上所有长度为 k 的串组成的集合。V 上所有非空串组成的集合记为 V^+，即 $V^+=\bigcup\limits_{i=1}^{\infty}V^i$。$V$ 上所有串组成的集合记为 V^*，即 $V^*=\bigcup\limits_{i=0}^{\infty}V^i$，其中 $V^0=\Lambda=\{\lambda\}$。

串的连接　给定字母表 V 上两个串 $\alpha=a_1a_2\cdots a_m$ 和 $\beta=b_1b_2\cdots b_n$，称串 $a_1a_2\cdots a_mb_1b_2\cdots b_n$ 为 α 与 β 的连接，记为 $\alpha\circ\beta$ 或 $\alpha\beta$。α 称为前缀；当 $\beta\neq\lambda$ 时，α 称为真前缀，β 称为后缀；当 $\alpha\neq\lambda$ 时，β 称为真后缀。字符串的连接运算是可结合的，串 ω 重复 k 次，记为 ω^k，即 $\omega^k=\overbrace{\omega\omega\cdots\omega}^{k}$。

串的逆　串 $\omega=a_1a_2\cdots a_m$，它的逆为 $a_m\cdots a_2a_1$，记为 ω'。显然，$\lambda'=\lambda$，$(\omega')'=\omega$，$(\alpha\circ\beta)'=\beta'\circ\alpha'$。当 $\omega=\omega'$ 时，ω 称为回文。

语言　设 V 是一个有限字母表，V^* 的任一子集称为 V 上的一个语言，常用 L 表示，显然 $L\in\mathscr{P}(V^*)$。当 $V=\varnothing$ 时，V 上只有一个语言，称为空语言，记为 Φ。

语言的连接 设 L_1, L_2 是两个语言，将 L_1 中每一个串后面连接上 L_2 中的一个串，所有这种串组成的集合称为 L_1 和 L_2 的连接，记为 $L_1 \circ L_2$，或 $L_1 L_2$，即

$$L_1 \circ L_2 = \{\alpha\beta \mid \alpha \in L_1, \beta \in L_2\}$$

语言的逆 设 L 是一个语言，L 中每一个串之逆组成的语言称为 L 的逆，记为 L'，即

$$L' = \{\varphi' \mid \varphi \in L\}$$

当 $L = L'$ 时，L 称为镜像语言。

L^+ 和 L^* 给定语言 L，用 $L^k = \overbrace{L \circ \cdots \circ L}^{k}$ 表示 L 的 k 次重复连接。当 $k=0$ 时，$L^0 = \Lambda = \{\lambda\}$。称 $L^+ = \bigcup_{i=1}^{\infty} L^i$ 为 L 的 + 闭包。称 $L^* = \bigcup_{i=0}^{\infty} L^i$ 为 L 的 * 闭包。显然，$L^* = L^+ \cup \Lambda$。

定理 8-1.1 代数系统 $\langle V^*, \circ \rangle$ 是独异点，其中空串 λ 是幺元，$|\alpha\beta| = |\alpha| + |\beta|$。

定理 8-1.2 设 V 是任意非空有限字母表，代数系统 $\langle \mathscr{P}(V^*), \circ \rangle$ 是一个独异点，幺元是 $\Lambda = \{\lambda\}$。

定理 8-1.3 设 A, B, C 和 D 是字母表 V 上的语言，那么有：

(a) $A\Lambda = \Lambda A = A$；

(b) 如果 $A \subseteq B, C \subseteq D$，那么 $AC \subseteq BD$；

(c) $A(B \cup C) = AB \cup AC$；

(d) $(B \cup C)A = BA \cup CA$；

(e) $A(B \cap C) \subseteq AB \cap AC$；

(f) $(B \cap C)A \subseteq BA \cap CA$。

定理 8-1.4 设 A 和 B 是字母表 V 上的语言，那么有：

(a) $A^n \subseteq A^*$，$(n \geqslant 0)$；

(b) $A^n \subseteq A^+$，$(n \geqslant 1)$；

(c) $A \subseteq AB^*$；

(d) $A \subseteq B^* A$；

(e) $(A \subseteq B) \Rightarrow (A^* \subseteq B^*)$；

(f) $(A \subseteq B) \Rightarrow (A^+ \subseteq B^+)$；

(g) $AA^* = A^* A = A^+$；

(h) $\lambda \in A \Leftrightarrow A^+ = A^*$；

(i) $(A^*)^* = A^* A^* = A^*$；

(j) $(A^*)^+ = (A^+)^* = A^*$；

(k) $A^* A^+ = A^+ A^* = A^+$；

(l) $(A^* B^*)^* = (A \cup B)^* = (A^* \cup B^*)^*$。

2 形式文法

形式文法 一个形式文法是四元组 $G=(V_N, V_T, P, \sigma)$，其中 V_N 是非终结符集，V_T 是终结符集，P 是生成式集，σ 是开始符。$V_N \cap V_T = \varnothing$，$\sigma \in V_N$，$P$ 中每一生成式形为 $\alpha \to \beta$，其中 $\alpha = \varphi A \psi$，$\beta = \varphi \omega \psi$，$A \in V_N$，$\varphi, \psi, \omega$ 是字母表$(V_N \cup V_T)$上的串。

句型、派生 给定形式文法 $G=(V_N, V_T, P, \sigma)$。集合$(V_N \cup V_T)^*$中的符号串称为句型。如果 $\alpha \to \beta$ 是 G 的一个生成式，$\omega = \varphi \alpha \psi$ 及 $\widetilde{\omega} = \varphi \beta \psi$，称 $\widetilde{\omega}$ 是 ω 的直接派生，记为 $\omega \Rightarrow \widetilde{\omega}$。如果 ω_1，ω_2，…，ω_n 是 n 个句型，且 $\omega_1 \Rightarrow \omega_2 \Rightarrow \cdots \Rightarrow \omega_n$，称 ω_n 是 ω_1 的派生，记为 $\omega_1 \stackrel{*}{\Rightarrow} \omega_n$。

形式语言 给定形式文法 $G=(V_N, V_T, P, \sigma)$，称由开始符派生得到的所有终结符号串组成的集合为由文法 G 生成的形式语言 $L(G)$，即

$$L(G) = \{\omega \mid \omega \in V_T^*, \sigma \stackrel{*}{\Rightarrow} \omega\}$$

四类文法

(A) 对生成式 $\varphi A \psi \to \varphi \omega \psi$ 无任何限止，即 ω 可以是空串，称这类文法为 0 型文法或无限止文法，由 0 型文法产生的语言称为 0 型语言。

(B) 要求生成式 $\varphi A \psi \to \varphi \omega \psi$ 中 $\omega \neq \lambda$ 的文法称为 1 型文法或上下文有关文法。由 1 型文法产生的语言称为 1 型语言。

(C) 要求所有生成式形为 $A \to \omega$，$\omega \neq \lambda$ 的文法称为 2 型文法或上下文无关文法。由 2 型文法产生的语言称为 2 型语言。

(D) 所有生成式形为 $A \to \omega$，且 ω 中至多含有一个非终结符，这类文法称为 3 型文法或正则文法，由正则(3 型)文法产生的语言称为正则(3 型)语言。生成式形为 $A \to aB$ 或 $A \to a$，其中 A，$B \in V_N$，$a \in V_T$ 的文法称为右线性文法。生成式形为 $A \to Ba$ 或 $A \to a$，其中 $A, B \in V_N$，$a \in V_T$ 的文法称为左线性文法。

该四类文法(语言)的关系为

$$3\text{ 型} \subset 2\text{ 型} \subset 1\text{ 型} \subset 0\text{ 型}。$$

派生树 对于 2 型文法和 3 型文法可用树来表示派生过程，这种树称为派生树。

用开始符 σ 标识树根，派生过程中的非终结符标识树的分枝点，终结符标识树叶。如果已有 $\sigma \overset{*}{\Rightarrow} \varphi A \psi$ 的派生树，如图 8-1(a)所示。接着使用生成式 $A \to B_1 B_2 \cdots B_k$，那么就用图 8-1(b)所示的子树代替标识为 A 的结点，得到新的派生树，如图 8-1(c)所示。如果所有树叶的结点均以终结符标识，则该派生树就构造好了。

例如形式文法 $G = (V_N, V_T, P, \sigma)$，其中 $V_N = \{\sigma, A\}$，$V_T = \{(,)\}$，

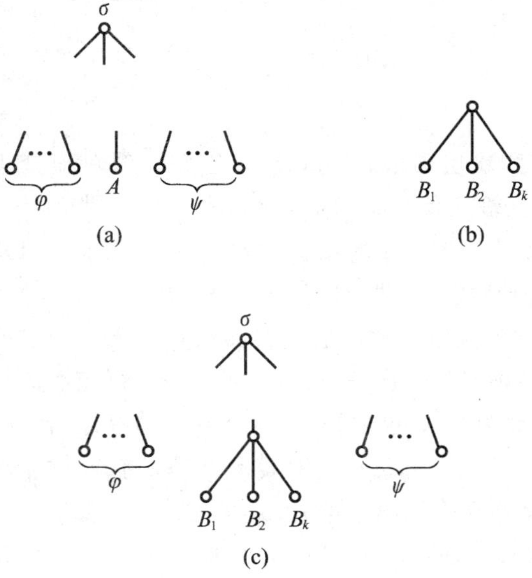

图 8-1

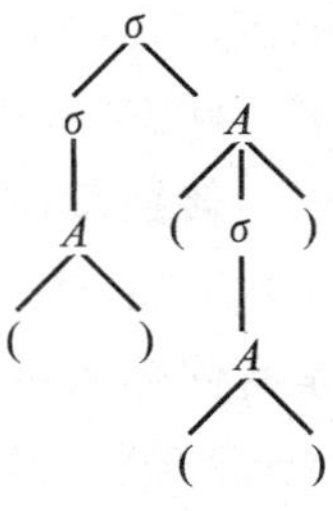

图 8-2

$P:\sigma\to\sigma A,\sigma\to A,A\to(\sigma),A\to(\ )$。那么串( )(( ))的派生过程为：

$\sigma\Rightarrow\sigma A\Rightarrow AA\Rightarrow(\ )A\Rightarrow(\ )(\sigma)\Rightarrow(\ )(A)\Rightarrow(\ )((\ ))$派生树如图 8-2 所示。

3 有限状态自动机

激励和响应 考察一台信号转换器 M,如图 8-3 所示。假设 M 仅在瞬间 $t=0,1,2,\cdots$时才工作。在时间 $t=i$,通过输入信道对 M 输入信号 $s(i)$，它便产生输出信号 $r(i)$，称输入信号串 $s(1)s(2)\cdots s(t)$为一个激励,所产生的输出符号串 $r(1)r(2)\cdots r(t)$称为 M 对于此激励的响应。

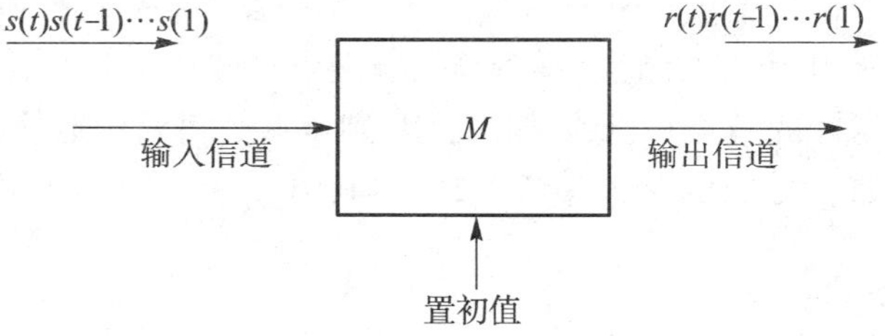

图 8-3

状态转换函数 f 和输出函数 g 机器 M 在每一时刻应处于一个状态,当 M 接收到输入信号 $s(t)$时,状态将从前一时刻 $t-1$ 时的状态 $q(t-1)$转换为现时刻 t 的状态 $q(t)$,$q(t)=f(q(t-1),s(t))$,它称为状态转换函数。机器 M 还产生一输出 $r(t)$,$r(t)=g(q(t-1),s(t))$,它称为输出函数。这类机器只转向唯一确定的下一状态,且产生唯一确定的输出信号,称这类机器是确定型的。

转换赋值有限自动机(Melay 机) 一台转换赋值有限自动机是六元组 $M=(Q, S, R, f, g, q_I)$,其中 Q 是状态的有限集合,S 是有限输入字母表,R 是有限输出字母表,$q_I(\in Q)$是初态,$f:Q\times S\to Q$ 是状态转换函数,$g:Q\times S\to R$ 是输出函数。

状态赋值有限自动机(Moore 机) 一台状态赋值有限自动机

是六元组 $M=(Q,S,R,f,h,q_I)$，其中 Q,S,R,f,q_I 与转换赋值有限自动机的意义相同，$h:Q\to R$ 是输出函数，它仅与状态有关而与输入无关。

状态表 状态表的表头列记入所有状态，且把 q_I 放在最上面，表头行记入所有输入字母。相应于状态 q 的行与相应于输入符号 s 的列的交错处，对于转换赋值有限自动机写上下一状态 $q'=f(q,s)$ 和输出符号 $r=g(q,s)$。对于状态赋值有限自动机只写上下一状态 $q'=f(q,s)$，而对应状态 q 的输出 $h(q)$ 放在该行的最右列处。这两种有限自动机的状态表分别如表 8-1(a)，(b)所示。

表 8-1

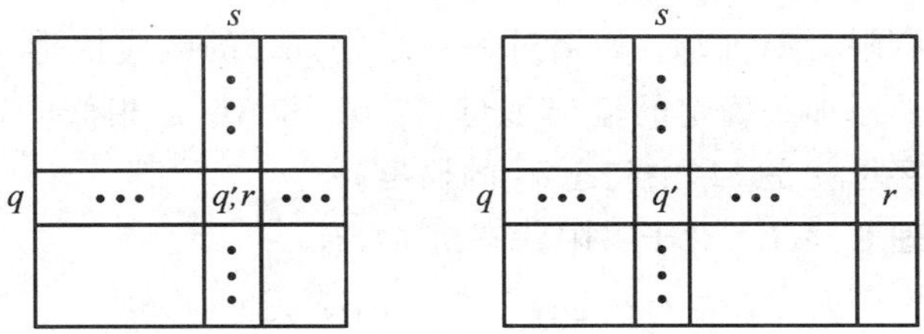

(a) (b)

状态图 状态图是一有向图，每一结点表示一个状态，对于初态 q_I，用一个指向它的箭头来标明。每一有向弧指出从一个状态到另一个状态的转换，对于转换赋值有限自动机在有向弧上加以标记 s/r，其中 s,r 分别表示相应的输入字母和输出字母。对于状态赋值有限自动机在有向弧上只加以标记输入字母 s，而将输出字母 r 放在相应状态所对应的结点内。他们的状态图分别如图 8-4(a)，(b)所示。

图 8-4

4　两类自动机的转换

状态的后继　对于有限自动机 M,状态函数为 $f:Q\times S\rightarrow Q$。如果 $f(q,s)=q'$,称 q'是 q 的 s-后继,记为 $q\xrightarrow{s}q'$。如果输入串 $\omega=s(1)s(2)\cdots s(t)$将 M 从状态 q 转向状态 q',即 $q=q(0)\xrightarrow{s(1)}q(1)\xrightarrow{s(2)}q(2)\rightarrow\cdots\xrightarrow{s(t)}q(t)=q'$,称 q'是 q 的 ω-后继,记为 $q\overset{\omega}{\Rightarrow}q'$,并称 $q(0)q(1)q(2)\cdots q(t)$是 ω 的可接受状态序列。对于状态函数 $f:Q\times S\rightarrow Q$ 可推广为 $f:Q\times S^{+}\rightarrow Q$,且有 $f(q,\omega a)=f(f(q,\omega),a)$。对于输出函数,两类有限自动机可统一记为 $O:Q\times S^{+}\rightarrow R$,且有 $O(q_I,\omega a)=O(f(q_I,\omega),a)$,其中 $\omega\in S^{+}$,$a\in S$。

两类有限自动机的相似　对于状态赋值有限自动机 M_S 和转换赋值有限自动机 M_t,如果对每一激励,M_s 的响应恰等于 M_t 的响应前面添加一确定的输出字母,称 M_s 和 M_t 是相似的,该确定的输出字母就是 M_s 中初态 q_I 的输出。

定理 8-4.1　对于有限状态机 M,有

$$f(q,\omega\varphi)=f(f(q,\omega),\varphi)$$
$$O(q,\omega\varphi)=O(f(q,\omega),\varphi)$$

其中,q 是 q_I 的 ψ-后继,$\omega,\varphi\in S^{+}$。

定理 8-4.2　对于每一台状态赋值机 M_s,存在一台相似的转换赋值机 M_t。反之,对于每一台转换赋值机 M_t,也存在一台相似的状态赋值机 M_s。

5　有限状态机的简化

等价的有限自动机　两台有限状态机 $M_1=(Q_1,S_1,R_1,f_1,O_1,q_I')$和 $M_2=(Q_2,S_2,R_2,f_2,O_2,q_I'')$,如果满足 $S_1=S_2$,$R_1=R_2$ 且对于任一非空激励 ω,有 $O_1(q_I',\omega)=O_2(q_I'',\omega)$,称 M_1 与 M_2 等价,记为 $M_1\sim M_2$。

状态等价与状态 *k*-等价　对于有限状态机 $M=(Q,S,R,f,O,q_I)$的两个状态 q_a 和 q_b,如果将 M 中初态 q_I 分别换为 q_a 和 q_b

所得的有限自动机 M_a 和 M_b 是等价的，称 q_a 与 q_b 等价，记为 $q_a \sim q_b$，显然对于任意 $\omega \in S^*$ 有 $O(q_a,\omega)=O(q_b,\omega)$。如果对于任意长度 $\leqslant k$ 的激励 ω 有 $O(q_a,\omega)=O(q_b,\omega)$，称 q_a 和 q_b 是 k 等价，记为 $q_a \overset{k}{\sim} q_b$。显然，$q_a \sim q_b$ 必有 $q_a \overset{k}{\sim} q_b$。

简化机　给定有限状态机 $M=(Q,S,R,f,O,q_I)$，如果对于任意 $q_a,q_b \in Q$，当 $q_a \sim q_b$ 时必有 $q_a = q_b$，称 M 是简化机。

有限状态机 M 的简化　对于任一有限状态机 $M=(Q,S,R,f,O,q_I)$ 可以构造简化的有限状态机 $M'=(Q',S',R',f',O',q_I')$，使 $M \sim M'$，其简化过程如下：

1）根据输出函数构造状态集 Q 的划分 P_0，再由定理 8-5.3 构造划分 $P_1,P_2,P_3,\cdots$，直至 $P_k=P_{k+1}$，则由定理 8-5.2 可知状态集 Q 的等价划分 $P=P_k$。

2）构造与 M 等价的简化机 $M'=(Q',S',R',f',O',q_I')$，其中：

a）Q' 中每一状态对应 M 状态集 Q 的划分 P 中每一等价类。

b）q_I' 对应 P 中含有 M 的初态 q_I 的等价类。

c）$S=S',R=R'$。

d）为了找 M' 中状态 q' 的 s-后继，先在 P 中找出对应 q' 的等价类，在此等价类中任取一状态 q，则包含 $f(q,s)$ 状态的等价类就是 q' 的 s-后继。

e）对于转换赋值机，状态 q' 的 s 转换输出就是对应 q' 的等价类中任一状态的 s 转换输出。对于状态赋值机，状态 q' 的输出就是对应 q' 的等价类中任一状态的输出。

定理 8-5.1　给定有限状态机 $M=(Q,S,R,f,O,q_I)$，如果两个状态 $q_a \sim q_b$，那么对于任意激励 ω，有 $f(q_a,\omega) \sim f(q_b,\omega)$。

定理 8-5.2　给定有限状态机 $M=(Q,S,R,f,O,q_I)$，状态集 Q 上的等价关系 $\sim$ 和 $\overset{k}{\sim}$ 诱导出的划分分别记为 P 和 P_k，那么对于某一正整数 k，$P=P_k$ 的充要条件是 $P_k=P_{k+1}$。

定理 8-5.3　给定有限状态机 $M=(Q,S,R,f,O,q_I)$，设 q_a，

$q_b \in Q$，那么 $q_a \overset{k+1}{\sim} q_b$ 的充要条件是 $q_a \overset{k}{\sim} q_b$，且对所有输入字母 s，有 $f(q_a, s) \overset{k}{\sim} f(q_b, s)$。

6　有限状态机与正则语言

有限状态接收器　一个五元组 $M=(Q,S,\delta,I,F)$ 称为有限状态接收器。其中：Q 是有限状态集；S 是有限输入字母集；$I \subseteq Q$ 是初态集；$F \subseteq Q$ 是终态集；δ 是 $Q \times S$ 到 Q 的关系，称为 M 的转换关系。当 $q' \in \delta(q,s)$ 时，就有 $q \overset{s}{\rightarrow} q'$。

有限状态接收器一般是不确定的有限状态自动机，只有当 I 中只有一个状态且 δ 是 $Q \times S \rightarrow Q$ 的函数时，它是确定的有限状态自动机。

如果存在 $q_I \in I$，使得对于输入字符串 ω 有 $\delta(q_I, \omega) \cap F \neq \varnothing$，称 ω 被 M 接受，所有被 M 接受的输入字符串所组成的集合称为 M 可接受的语言，记为 $L(M)$。

对于有限状态接收器也可画出相应的状态图，其画法与有限状态自动机一样，状态图中终态所对应的结点用双圈表示。

定理 8-6.1　对每一台有限状态接收器 M，可以构造一台确定的有限状态接收器 M' 使得 $L(M)=L(M')$。

定理 8-6.2　设 $G=(V_N, V_T, P, \sigma)$ 是一个 3 型文法，则存在一台有限状态接收器 $M=(Q,S,\delta,I,F)$ 使得 $L(M)=L(G)$。

定理 8-6.3　设 $M=(Q,S,\delta,I,F)$ 是一台有限状态接收器，则存在一个 3 型文法 $G=(V_N, V_T, P, \sigma)$ 使 $L(G)=L(M)$。

7　正则表达式

正则表达式　字母表 V 上正则表达式可以递归定义为：

(1) λ 和 $\varnothing$ 是正则表达式；

(2) V 中每一字母是正则表达式；

(3) 如果 R_1 和 R_2 是正则表达式，那么 (R_1+R_2)，$(R_1 \cdot R_2)$ 和 $(R_1)^*$ 也是正则表达式；

（4）除此之外都不是正则表达式。

每一正则表达式 R 可对应一个集合 $\widetilde{R}$，它称为正则集，其对应规则为：

（1）$R=\lambda, \widetilde{R}=\{\lambda\}=\Lambda$；

（2）$R=\varnothing, \widetilde{R}=\varnothing$；

（3）$R=a(a\in V), \widetilde{R}=\{a\}$；

（4）$R=(R_1+R_2), \widetilde{R}=\widetilde{R}_1\cup\widetilde{R}_2$；

$R=R_1\cdot R_2, \widetilde{R}=\widetilde{R}_1\widetilde{R}_2$；

$R=(R_1)^*, \widetilde{R}=(\widetilde{R}_1)^*$。

定理 8-7.1 克利恩(S. C. Kleene)定理　对于字母表 V 上任一正则表达式 R，存在一台有限自动机 M，使 $L(M)=\widetilde{R}$。反之，对于输入字母表为 V 的有限自动机 M，那么存在 V 上的正则表达式 R，使 $\widetilde{R}=L(M)$。

定理 8-7.2 Pumping 定理　令 R 是字母表 V 上的正则表达式，M 是一台简化的有限自动机，$L(M)=\widetilde{R}$，它有 n 个状态。如果 $\widetilde{R}$ 中包含一个长度$\geqslant n$ 的串，那么 $\widetilde{R}$ 就含有无限个不同的串。

事实上，如果 $s\in\widetilde{R}$，$|s|\geqslant n$，则有 $s=s_1s_2s_3$，$|s_2|\geqslant 1$，使得 $s'=s_1(s_2)^k s_3\in\widetilde{R}$，其中 $k\geqslant 1$。

8　图灵(Turing)机

图灵机　图灵机包括三个部分：一条两端无限的带，一个读写头和一个控制器（内部存贮一个程序），如图 8-5 所示。

（1）带上分成方格，每个方格可以写上一个符号，这些符号取

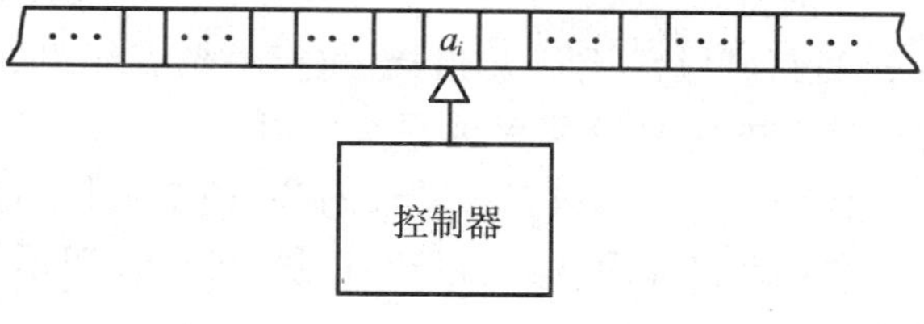

图　8-5

自有限字母表 $A=\{a_1,\cdots,a_n\}$。如果方格未写上字母，表示这一格空白，用 $b(\notin A)$表示。

(2) 读写头每个时刻对准一个方格，它可以读出带上的符号，擦去或改写带上的符号。读写头可以左移、右移一格或保持不动，这些动作用 l,r 和 h 表示。

(3) 控制器在每个时刻处于一个状态，这些状态取自一个有限状态集 $Q=\{q_1,q_2,\cdots,q_k\}$，其中有一个状态称为初态。控制器根据当前读写头所扫瞄的符号及当前状态，根据程序中的指令决定机器的动作。

(4) 程序存放于控制器中，它是一系列指令，每条指令是五元组：

$$(q_i,a_j,a',v,q)$$

其中 $q_i,q\in Q$；$a_j,a'\in A\cup\{b\}$；$v\in\{l,r,h\}$。它表示机器如果处于状态 q_i，读写头扫瞄的符号是 a_j，则图灵机转向状态 q，且将 a_j 符号改写为 a'(当 $a'=b$ 时，表示抹去符号 a_j)，由 v 决定读写头的动作，左移一格，右移一格或不动。

图灵机的形象可用三元组(α,q,j)来描述，α 是带上的字(指带上非空白部分)，q 是当前状态，j 表示读写头的位置，这三元组称为图灵机的格局，它可以直观地表示为：

$$\begin{array}{c}\qquad\quad\downarrow\\ a_{i_1}a_{i_2}\cdots a_{i_j}\cdots a_{i_l}\end{array}$$

其中 $\alpha=a_{i_1}a_{i_2}\cdots a_{i_l}$，$a_{i_1}$ 和 a_{i_l} 是非空白符号，a_{i_1} 的左边，a_{i_l} 的右边均为空白符号 b，在字 α 的内部可能含有空白符号 b。读写头对准 a_{i_j}，图灵机处于状态 q。

有时指令的格式写成四元组(q_i,a_j,c,q)，其中 $q_i,q\in Q,a_j\in A\cup\{b\},c\in A\cup\{b\}\cup\{l,r,h\}$。这样，执行一条五元组的指令，可以同时改动带上的符号及移动读写头。而执行一条四元组的指令，或者改动带上的符号，或者移动读写头，两个动作不能同时一起执行。这类自动机称为波斯特(Post)机，可以证明图灵机与波斯特机等价。

B 选题例解

例题 8-1 已知 $A^*=A^+\cup\{\lambda\}$，是否有 $A^+=A^*-\{\lambda\}$？如果不一定成立，请举例。

分析 本题实质上属于集合运算范畴。从第二章知道，如果 $B=C\cup D$，则 $C=(B-D)\cup(C\cap D)$，当 $C\cap D=\varnothing$ 时，才有 $C=B-D$。因此要求 $A^+=A^*-\{\lambda\}$ 成立，必须有 $A^+\cap\{\lambda\}=\varnothing$，$\lambda\notin A^+$。但 $A^+=A\cup A^2\cup A^3\cup\cdots$，要求 $\lambda\notin A^+$，必须有 $\lambda\notin A$。由此可知不一定有 $A^+=A^*-\{\lambda\}$。它的反例只要构造集合 A，使 $\lambda\in A$ 即可。

解 已知 $A^*=A^+\cup\{\lambda\}$，$A^+=A^*-\{\lambda\}$ 不一定成立。例如取字母表 $V=\{a\}$，令 $A=\{\lambda,a,a^2,\cdots\}=\{a^i\mid i\geqslant 0\}$，则 $A^2=AA=\{a^{i+j}\mid i+j\geqslant 0\}=\{a^k\mid k\geqslant 0\}=A$，同理，$A^3=A^4=A^5=\cdots=A$，$A^+=A\cup A^2\cup A^3\cup A^4\cup\cdots=A$。$A^*=A^+\cup\{\lambda\}=A$，$A^*-\{\lambda\}=A-\{\lambda\}=\{a^i\mid i\geqslant 1\}$，$A^+\neq A^*-\{\lambda\}$，而有 $A^*-\{\lambda\}\subset A^+$。

例题 8-2 字母表 V 上回文有两种形式定义：

(1) 设 $\omega\in V^*$，如果 $\omega=\omega'$，称它为回文。

(2) 回文也可用递归形式定义：

(a) 空串 λ 是回文，V 中字母 a 是回文；

(b) 如果 $\omega\in V^*$ 是回文，$a\in V$，则 $a\omega a$ 是回文；

(c) 只有有限次运用(a)，(b)所得 V 上串才是回文，其他均不是回文。

证明这两个定义是等价的。

分析 定义(1)是从串 ω 构造它的逆 ω'，由 $\omega=\omega'$ 是否成立，决定 ω 是否是回文。定义(2)是对 ω 的长度进行归纳，因此证明可用数学归纳法以及 $\omega=\alpha\beta$，则 $\omega'=\beta'\alpha'$ 即可。

证明 定义(1)$\Rightarrow$定义(2)：

设 $\omega\in V^*$，有 $\omega=\omega'$。

当 $|\omega|=0$ 时，$\omega=\lambda$，符合定义(2)的(a)。

当$|\omega|=1$时，$\omega=a, a\in V$，符合定义(2)的(a)。

设$|\omega|\geqslant 2$时，$\omega=a_1\alpha a_2$，其中$a_1, a_2\in V, \alpha\in V^*$，$|\alpha|=|\omega|-2\geqslant 0$。因为$\omega=\omega'$，即$a_1\alpha a_2=a_2\alpha' a_1$，$a_1=a_2$，$\alpha=\alpha'$，$\alpha$是回文，$\omega=a_1\alpha a_1$，符合定义(2)的(b)。

定义(2)⇒定义(1)：

设ω是由定义(2)所得之V上串，对$|\omega|$进行归纳。

当$|\omega|=0$时，$\omega=\lambda, \omega'=\lambda'=\lambda=\omega$。

当$|\omega|=1$时，$\omega=a\in V, \omega'=a'=a=\omega$。

设$|\omega|\leqslant k$时，$\omega=\omega'$。当$|\omega|=k+2$时$(k\geqslant 2)$，$\omega=a_1\omega_1 a_2$，$a_1, a_2\in V, \omega_1\in V^*$。因为$|\omega|\geqslant 2$，故$\omega$只能由定义(2)的(b)得到，$a_1=a_2$，$|\omega_1|=k$。由归纳假设，$\omega_1=\omega_1'$，所以，$\omega'=(a_1\omega_1 a_1)'=a_1\omega_1' a_1=a_1\omega_1 a_1=\omega$。

例题 8-3　设V是有限字母表，$|V|=n$。建立映射

$$f: V^*\to N$$

其中

$$f(\lambda)=0$$

$$f(\omega\circ\alpha)=nf(\omega)+h(\alpha)\begin{cases}\omega\in V^*\\ \alpha\in V\\ h: V\to I_n \text{ 是一个双射}\end{cases}$$

证明：f是双射函数，由此可知V^*是可列集。

【8-1.(3)】

分析　由于V上串ω是由字母连接而成，可将串ω按长度分组，再将自然数集合N也适当分组，使两个集合的组与组之间一一对应，就可知道f是双射。为此，先要分析$f(\omega)$值的范围。公式$f(\omega\circ\alpha)=nf(\omega)+h(\alpha)$中$h(\alpha)\in I_n$，$1\leqslant h(\alpha)\leqslant n$。令$\omega=a_{i_1}a_{i_2}\cdots a_{i_k}$，有

$$\begin{aligned}f(a_{i_1}a_{i_2}\cdots a_{i_k})&=f(a_{i_1}a_{i_2}\cdots a_{i_{k-1}}\circ a_{i_k})\\&=nf(a_{i_1}a_{i_2}\cdots a_{i_{k-1}})+h(a_{i_k})\\&=n^2 f(a_{i_1}a_{i_2}\cdots a_{i_{k-2}})+nh(a_{i_{k-1}})+h(a_{i_k})\\&=\cdots\cdots\cdots\cdots\end{aligned}$$

$$=n^{k-1}h(a_{i_1})+n^{k-2}h(a_{i_2})+\cdots+nh(a_{i_{k-1}})+h(a_{i_k})$$

证明 由于 h 是 V 到 I_n 的双射，将 V 中字母次序适当调整，使得 $V=\{a_1,a_2,\cdots,a_n\}$ 且 $h(a_i)=i(1\leqslant i\leqslant n)$。令 $|\omega|=k$，$\omega=a_{i_1}a_{i_2}\cdots a_{i_{k-1}}a_{i_k}$，$i_j\in\{1,2,\cdots,n\}$，有

$$\begin{aligned}f(\omega)&=f(a_{i_1}a_{i_2}\cdots a_{i_{k-1}}a_{i_k})\\&=n^{k-1}h(a_{i_1})+n^{k-2}h(a_{i_2})+\cdots+nh(a_{i_{k-1}})+h(a_{i_k})\\&=i_1\cdot n^{k-1}+i_2\cdot n^{k-2}+\cdots+i_{k-1}\cdot n+i_k\end{aligned}$$

下面讨论 $f(\omega)$ 值的分布。

当 $|\omega|=1$ 时，$f(a_1)=1,f(a_2)=2,\cdots,f(a_n)=n$

当 $|\omega|=2$ 时，

$f(a_1a_1)=n+1,f(a_1a_2)=n+2,\cdots,f(a_1a_n)=n+n$

$f(a_2a_1)=2n+1,f(a_2a_2)=2n+2,\cdots,f(a_2a_n)=2n+n$

………………

$f(a_{n-1}a_1)=(n-1)n+1,f(a_{n-1}a_2)=(n-1)n+2,\cdots,$

$f(a_{n-1}a_n)=(n-1)n+n$

$f(a_na_1)=n\cdot n+1,f(a_na_2)=n\cdot n+2,\cdots,$

$f(a_na_n)=n\cdot n+n=(n+1)n$

当 $|\omega|=k$ 时，

$f(a_1a_1\cdots a_1a_1)=n^{k-1}+n^{k-2}+\cdots+n+1$

$f(a_1a_1\cdots a_1a_2)=n^{k-1}+n^{k-2}+\cdots+n+2$

………………

$f(a_1a_1\cdots a_1a_n)=n^{k-1}+n^{k-2}+\cdots+n+n$

$f(a_1a_1\cdots a_2a_1)=n^{k-1}+n^{k-2}+\cdots+2n+1$

………………

$f(a_1a_1\cdots a_2a_n)=n^{k-1}+n^{k-2}+\cdots+2n+n$

………………

$f(a_na_n\cdots a_na_1)=n\cdot n^{k-1}+n\cdot n^{k-2}+\cdots+n\cdot n+1$

$f(a_na_n\cdots a_na_2)=n\cdot n^{k-1}+n\cdot n^{k-2}+\cdots+n\cdot n+2$

………………

$$f(a_n a_n \cdots a_n a_n) = n \cdot n^{k-1} + n \cdot n^{k-2} + \cdots + n \cdot n + n$$
$$= n(n^{k-1} + n^{k-2} + \cdots + n + 1)$$

令 $S_k = n^{k-1} + n^{k-2} + \cdots + n + 1 (k \geqslant 1)$，由上面推导可知，当 $|\omega| = k$ 时，$f(\omega)$ 值在 S_k 与 $n \cdot S_k$ 之间，且在 S_k 与 $n \cdot S_k$ 之间每一正整数 Q，都有一个长度为 k 的串 ω，使 $f(\omega) = Q$。令区间 $[S_k, n \cdot S_k]$ 中的正整数组成的集合为 T_k，则 T_k 与长度为 k 的串 ω 之间一一对应。由于 $n \cdot S_k$ 的下一正整数为 $n \cdot S_k + 1 = n(n^{k-1} + n^{k-2} + \cdots + n + 1) + 1 = n^k + n^{k-1} + \cdots + n + 1 = S_{k+1}$，因此，正整数集合 I_+ 可划分为集合 $T_1, T_2, T_3, \cdots$ 之并，$I_+ = T_1 \cup T_2 \cup T_3 \cup \cdots$，其中 $T_i \cap T_j = \varnothing (i \neq j)$。函数 f 实现了非空串集合 V^+ 与 I_+ 之间的双射，再令 $f(\lambda) = 0$，f 实现了 V^* 到 N 之间的双射。N 是可列集，故 V^* 是可列集。

例题 8-4 构造产生正整数集 I_+ 的形式文法。

分析 构造形式文法的关键在于构造生成式集 P，而 P 的构造由该文法所产生的集合决定，为此首先要分析文法所产生的集合的特征。该题要求产生 I_+，我们知道每一正整数是由 0,1,2,3,4,5,6,7,8,9 共十个数字组成，最高位不能为 0，最高位只有九种选择，其他各位都有十种可能。由开始符 σ 开始，产生一位正整数应有生成式：$\sigma \to 1, \sigma \to 2, \cdots, \sigma \to 9$。为了产生两位以上正整数必须有 $\sigma \to 1A, \sigma \to 2A, \cdots, \sigma \to 9A$ 这些生成式，然后再由 A 派生下去。由于用了生成式 $\sigma \to iA (i = 1, 2, \cdots, 9)$ 后，最高位是 i，不是 0，因此，对于 A 应有生成式 $A \to jA$ 以及 $A \to j (j = 0, 1, 2, \cdots, 9)$。

解 产生正整数集 I_+ 的形式文法

$$G = (\{\sigma, A\}, \{0,1,2,3,4,5,6,7,8,9\}, P, \sigma)$$

其中生成式集 P 为：

$\sigma \to 1, \sigma \to 2, \sigma \to 3, \sigma \to 4, \sigma \to 5, \sigma \to 6, \sigma \to 7, \sigma \to 8, \sigma \to 9, \sigma \to 1A, \sigma \to 2A, \sigma \to 3A, \sigma \to 4A, \sigma \to 5A, \sigma \to 6A, \sigma \to 7A, \sigma \to 8A, \sigma \to 9A, A \to 0A, A \to 1A, A \to 2A, A \to 3A, A \to 4A, A \to 5A, A \to 6A, A \to 7A, A \to 8A,$

$A \to 9A, A \to 0, A \to 1, A \to 2, A \to 3, A \to 4, A \to 5, A \to 6, A \to 7, A \to 8, A \to 9$。它是右线性文法，$L(G) = I_+$。

建议读者构造产生 I_+ 的左线性文法。

例题 8-5 构造产生被 5 整除的自然数集的形式文法，并构造相应的有限自动机，画出状态图。

分析 由整数算术运算可知，能被 5 整除的自然数，其末位必是 0 或 5。注意到上述特征后，只要将例题 8-4 中的生成式略加修改，就可构造出所需的形式文法。该文法是正则文法，由此就可构造出接收相同语言的有限自动机。

解一 产生被 5 整除的自然数集的形式文法

$G = (\{\sigma, B\}, \{0,1,2,3,4,5,6,7,8,9\}, P, \sigma)$，

其中 P 为：

$\sigma \to 0, \sigma \to 5, B \to 0, B \to 5, \sigma \to 1B, \sigma \to 2B, \sigma \to 3B, \sigma \to 4B, \sigma \to 5B, \sigma \to 6B, \sigma \to 7B, \sigma \to 8B, \sigma \to 9B, B \to 0B, B \to 1B, B \to 2B, B \to 3B, B \to 4B, B \to 5B, B \to 6B, B \to 7B, B \to 8B, B \to 9B$。

分析 令接收被 5 整除的自然数集的有限自动机为 $M = (Q, S, \delta, I, F)$，由内容提要中 6 可知，Q, S, I 和 F 的构造较方便，主要在构造 $Q \times S$ 到 S 的关系 δ。而 δ 的构造由文法中生成式决定。文法 G 的生成式形式可分为三类：

(1) $\sigma \to 0$，应有 $\delta(\sigma, 0) = \{C\}$，$C$ 为附加的非终结符，在有限自动机中，它表示终态。

(2) $\sigma \to 5, \sigma \to 5B$，应有 $\delta(\sigma, 5) = \{C, B\}$。$B \to 0, B \to 0B$ 及 $B \to 5, B \to 5B$ 属于此类。

(3) $\sigma \to iB (i = 1, 2, \cdots, 9)$，应有 $\delta(\sigma, i) = \{B\}$。$B \to iB$ 属于此类。

解二 接受被 5 整除的自然数的有限自动机为 $M = (Q, S, \delta, I, F)$，其中

$Q = \{\sigma, B, C\}$

$S = \{0,1,2,3,4,5,6,7,8,9\}$

$I=\{\sigma\}$

$F=\{C\}$

δ 为：

$\delta(\sigma,0)=\{C\}$

$\delta(\sigma,5)=\delta(B,0)=\delta(B,5)=\{B,C\}$

$$\begin{aligned}\delta(\sigma,1)&=\delta(\sigma,2)=\delta(\sigma,3)=\delta(\sigma,4)=\delta(\sigma,5)=\delta(\sigma,6)\\&=\delta(\sigma,7)=\delta(\sigma,8)=\delta(\sigma,9)=\delta(B,1)=\delta(B,2)\\&=\delta(B,3)=\delta(B,4)=\delta(B,6)=\delta(B,7)=\delta(B,8)\\&=\delta(B,9)=\{B\}\end{aligned}$$

$$\begin{aligned}\delta(C,0)&=\delta(C,1)=\delta(C,2)=\delta(C,3)=\delta(C,4)=\delta(C,5)\\&=\delta(C,6)=\delta(C,7)=\delta(C,8)=\delta(C,9)=\varnothing\end{aligned}$$

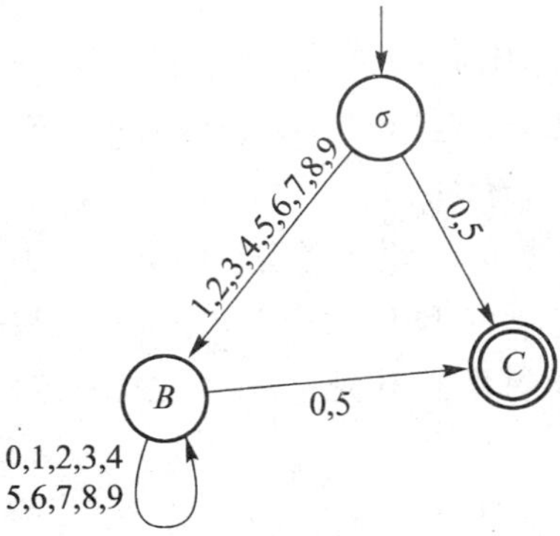

图 8-6

M 的状态图如图 8-6 所示。

例题 8-6 构造一台有限自动机，它能执行两个十进制数的加法且能检验两个十进制数之和是否正确。

分析 两个十进制数相加，例如 325＋479＝804，如果列成竖式，则为

$$\begin{array}{r}325\\+479\\\hline 804\end{array}$$

可以看到同一位的被加数，加数，和数刚好组成一个三维列向量，上述和式中从低位到高位有三个列向量：$\begin{pmatrix}5\\9\\4\end{pmatrix}$，$\begin{pmatrix}2\\7\\0\end{pmatrix}$，$\begin{pmatrix}3\\4\\8\end{pmatrix}$。每一个三维列向量的第三分量，在正确执行加法时，它就由第一分量，第二分量及低位来的进位所决定，例如$\begin{pmatrix}5\\9\\4\end{pmatrix}$中第三分量 4 是由第一分量

5，第二分量 9 相加后舍去进位而得到。$\begin{pmatrix}2\\7\\0\end{pmatrix}$中第三分量 0 是由第一分量 2，第二分量 7 以及低位来的进位 1 相加舍去进位而得到。这样，在有限自动机中，输入字母以三维列向量表示。由于每一分量都可取 0，1，2，…，9 中任一数字，总共 10 种，故输入字母有 10^3 种，即$\begin{pmatrix}0\\0\\0\end{pmatrix}$，$\begin{pmatrix}0\\0\\1\end{pmatrix}$，…，$\begin{pmatrix}0\\0\\9\end{pmatrix}$，$\begin{pmatrix}0\\1\\0\end{pmatrix}$，…，$\begin{pmatrix}9\\9\\9\end{pmatrix}$。

考虑有限自动机的状态，两位十进数字相加，可以不产生进位，也可以产生进位，因此应该有两个状态 C_0 及 C_1 分别标志无进位（即进位 0）及有进位（即进位 1）。此外，在输入字母三维列向量中，有些列向量的第三分量不是前两分量（有时要考虑进位）之和，例如$\begin{pmatrix}5\\2\\9\end{pmatrix}$，$\begin{pmatrix}4\\1\\0\end{pmatrix}$等，这说明执行加法过程中出错了，因此，应有状态 E 表示运算出错。一旦有了一位运算出错，以后都出错。

当被加数与加数位数不同时，在位数少的一个数左面添加 0，使它们的位数相同。例如 325＋74291 改为 00325＋74291。

解 用三维列向量表示输入字母，它的每一分量可取 0，1，2，…，9 中任一数字，共 10^3 个。C_0，C_1 分别表示无进位状态和有进位状态，E 表示出错状态。初始状态为 C_0。

如果机器处于状态 C_0，表示前一位加法无进位。当被加数位，加数位分别为 7，1 时，和位为 8，且不产生进位，机器仍处于状态 C_0，故有 $C_0 \to C_0\begin{pmatrix}7\\1\\8\end{pmatrix}$等生成式。当被加数位，加数位分别为 7，3 时，和位为 0，产生进位，机器处于状态 C_1，故有 $C_0 \to C_1\begin{pmatrix}7\\3\\0\end{pmatrix}$等生成式。

如果机器处于状态 C_1，表示前一位加法有进位。当被加数位，加数位分别为 7，1 时，和位为 9(包括进位 1)，且不产生进位，机器处于状态 C_0，故有 $C_1 \to C_0 \begin{pmatrix}7\\1\\9\end{pmatrix}$ 等生成式。当被加数位，加数位分别为 7，3 时，和位为 1(包括进位 1)，产生进位，机器处于状态 C_1，故有 $C_1 \to C_1 \begin{pmatrix}7\\3\\1\end{pmatrix}$ 等生成式。

其他均为出错。

该有限自动机所对应的生成式为：

$$C_0 \to C_0 \begin{pmatrix}0\\0\\0\end{pmatrix}, C_0 \to C_0 \begin{pmatrix}0\\1\\1\end{pmatrix}, \cdots, C_0 \to C_0 \begin{pmatrix}0\\9\\9\end{pmatrix}, C_0 \to C_0 \begin{pmatrix}1\\0\\1\end{pmatrix},$$

$$C_0 \to C_0 \begin{pmatrix}1\\1\\2\end{pmatrix}, \cdots, C_0 \to C_1 \begin{pmatrix}1\\9\\0\end{pmatrix}, \cdots, C_0 \to C_1 \begin{pmatrix}9\\9\\8\end{pmatrix};$$

$$C_0 \to E \begin{pmatrix}0\\0\\1\end{pmatrix}, C_0 \to E \begin{pmatrix}0\\0\\2\end{pmatrix}, \cdots, C_0 \to E \begin{pmatrix}0\\0\\9\end{pmatrix}, C_0 \to E \begin{pmatrix}0\\1\\0\end{pmatrix},$$

$$\cdots, C_0 \to E \begin{pmatrix}9\\9\\9\end{pmatrix};$$

$$C_1 \to C_0 \begin{pmatrix}0\\0\\1\end{pmatrix}, C_1 \to C_0 \begin{pmatrix}0\\1\\2\end{pmatrix}, \cdots, C_1 \to C_1 \begin{pmatrix}0\\9\\0\end{pmatrix}, \cdots,$$

$$C_1 \to C_1 \begin{pmatrix}9\\9\\9\end{pmatrix};$$

$$C_1 \to E\begin{pmatrix}0\\0\\0\end{pmatrix}, C_1 \to E\begin{pmatrix}0\\0\\2\end{pmatrix}, \cdots, C_1 \to E\begin{pmatrix}9\\9\\8\end{pmatrix};$$

$$E \to E\begin{pmatrix}0\\0\\0\end{pmatrix}, E \to E\begin{pmatrix}0\\0\\1\end{pmatrix}, \cdots, E \to \begin{pmatrix}9\\9\\9\end{pmatrix}。$$

图 8-7 表示有限自动机的状态图。

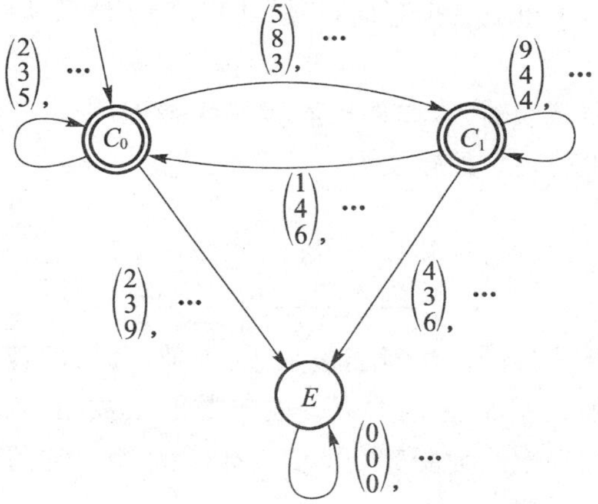

图 8-7

求两个十进制数的和时，从低位到高位，根据列向量前两个分量，由状态 C_0 出发沿着有向弧在状态 C_0 与 C_1 之间转换，不能进入 E。当所有列向量执行完后，如果机器处于状态 C_0，那么这些有向弧上所标记的列向量的第三分量，从右到左组成了这两个十进制数之和。如果机器处于状态 C_1，在该数字最左面还要添加数字 1。例如求 325＋94291，将该求和式改写为 00325＋94291，有下列转换：

$$C_0 \xrightarrow{\begin{pmatrix}5\\1\\6\end{pmatrix}} C_0 \xrightarrow{\begin{pmatrix}2\\9\\1\end{pmatrix}} C_1 \xrightarrow{\begin{pmatrix}3\\2\\6\end{pmatrix}} C_0 \xrightarrow{\begin{pmatrix}0\\4\\4\end{pmatrix}} C_0 \xrightarrow{\begin{pmatrix}0\\9\\9\end{pmatrix}} C_0$$

所以和为 94616。又如求 10325＋94291，转换为：

$$C_0 \xrightarrow{\begin{pmatrix}5\\1\\6\end{pmatrix}} C_0 \xrightarrow{\begin{pmatrix}2\\9\\1\end{pmatrix}} C_1 \xrightarrow{\begin{pmatrix}3\\2\\6\end{pmatrix}} C_0 \xrightarrow{\begin{pmatrix}0\\4\\4\end{pmatrix}} C_0 \xrightarrow{\begin{pmatrix}1\\9\\0\end{pmatrix}} C_1$$

所以和为 104616。

该有限自动机还可用于校验求和运算是否正确。例如有和式 729＋814＝743，问该求和运算是否正确。我们将被加数，加数，和数从低位到高位组成三个列向量$\begin{pmatrix}9\\4\\3\end{pmatrix}$，$\begin{pmatrix}2\\1\\4\end{pmatrix}$，$\begin{pmatrix}7\\8\\7\end{pmatrix}$，然后从 C_0 出发，以上述三个列向量为输入，如果机器转向状态 E，表示和式错误，否则和式是正确的。它的转换为：

$$C_0 \xrightarrow{\begin{pmatrix}9\\4\\3\end{pmatrix}} C_1 \xrightarrow{\begin{pmatrix}2\\1\\4\end{pmatrix}} C_0 \xrightarrow{\begin{pmatrix}7\\8\\7\end{pmatrix}} E$$

故而该和式是错误的。注意当被加数，加数，和数的位数不同时，要在位数少的数左面加上 0，以使这三数的位数相同。例如验算 79＋942＝1021，改写为验算 0079＋0942＝1021。它的转换为：

$$C_0 \xrightarrow{\begin{pmatrix}9\\2\\1\end{pmatrix}} C_1 \xrightarrow{\begin{pmatrix}7\\4\\2\end{pmatrix}} C_1 \xrightarrow{\begin{pmatrix}0\\9\\0\end{pmatrix}} C_1 \xrightarrow{\begin{pmatrix}0\\0\\1\end{pmatrix}} C_0$$

最后处于状态 C_0，运算正确。

例题 8-7 证明：对于任一右线性文法 G，必存在等价的左线性文法 G'，使 $L(G)=L(G')$。

分析 由定理 8-6.2 可知，对于右线性文法 G，存在有限状态接收器 M，使 $L(G)=L(M)$。同样，对于有限状态接收器 M，存在左线性文法 G'，使 $L(M)=L(G')$，故而 $L(G)=L(G')$。

观察一个例子。例如有右线性文法 $G=(\{\sigma,B,C\},\{a,b\},P,\sigma)$，其中

$$P:\sigma\to bB,B\to bC,B\to aB,C\to a,B\to b$$

它对应的状态图如图 8-8 所示，其中 A 是附加字母。由 G 产生的任一字是由 σ 出发至 A 结束的有向路上各有向弧所标记的字母连接而成。如字 $baaba \in L(G)$，它的派生过程为：

$$\sigma \Rightarrow bB \Rightarrow baB \Rightarrow baaB \Rightarrow baabC \Rightarrow baaba$$

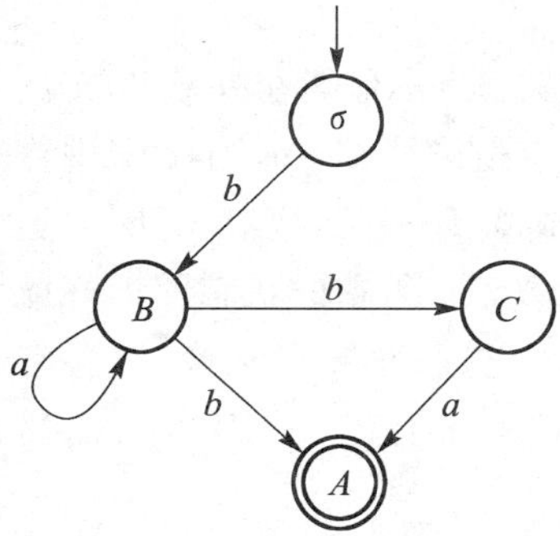

图 8-8

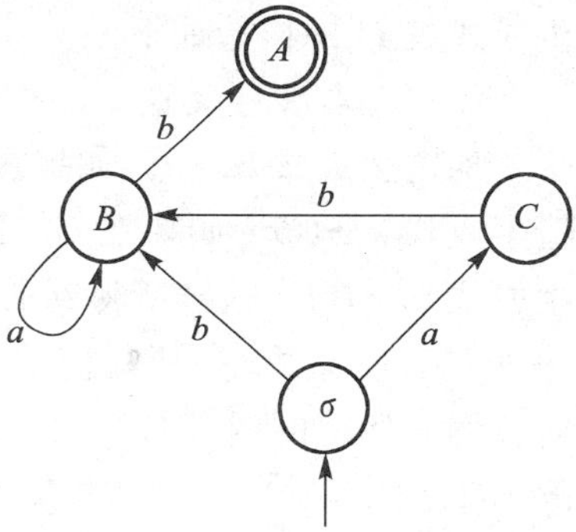

图 8-9

考虑产生同样语言的左线性文法。要派生字 $baaba$，派生该字的各字母次序应该相反，即不是 b,a,a,b,a，而是 a,b,a,a,b。因此只要将图 8-8 中标记为 σ 和 A 的状态分别换为标记 A 和 σ，即初态与终态互换。再将各有向弧的方向倒向，即得与右线性文法 G 产生相同语言的左线性文法 G' 所对应的状态图，该图如图 8-9 所示。

图 8-9 所对应的左线性文法 $G'=(\{\sigma,B,C\},\ \{a,b\},\ P',\sigma)$，其中

$$P'\text{：}\sigma \to Ca,\ \sigma \to Bb,\ B \to Ba,\ C \to Bb,\ B \to b$$

字 $baaba$ 的派生过程为：

$$\sigma \Rightarrow Ca \Rightarrow Bba \Rightarrow Baba \Rightarrow Baaba \Rightarrow baaba$$

证明 给定右线性文法 $G=(V_N,V_T,P,\sigma)$，如果在 G 中有生成式 $A \to a\sigma$。列出 G 中所有由 σ 派生的生成式：

$$\sigma \to a_1B_1,\cdots,\sigma \to a_iB_i,\sigma \to b_1,\cdots,\sigma \to b_j$$

引进新的非终结符 $D(\notin V_N)$，将生成式 $A \to a\sigma$ 替换为：

$$A \to aD,D \to a_1B_1,\cdots,D \to a_iB_i,D \to b_1,\cdots,D \to b_j$$

这样得到与 G 等价的右线性文法 G_1，在 G_1 中所有生成式的右边不会含有开始符 σ 了，这样保证了 G_1 对应的状态图中不会有有向弧指向状态 σ。

构造左线性文法 $G'=(V'_N,V'_T,P',\sigma)$，其中 $V'_N=V_N$，$V'_T=V_T$，生成式集 P'的构造如下：

如果在右线性文法 G_1 中有生成式 $\sigma \to aB$，则在左线性文法 G'中构造生成式 $B\to a$。如果在 G_1 中有生成式 $C\to b$，则在 G'中构造生成式 $\sigma\to Cb$。如果在 G_1 中有生成式 $B\to dC$，则在 G'中构造生成式 $C\to Bd$。这样所得到的左线性文法 G'，它的状态图恰好就是将右线性文法 G_1 所对应的状态图中初态和终态互换，且各有向弧倒向所得的图，因此 $L(G_1)=L(G')$，而已有 $L(G)=L(G_1)$，故 $L(G)=L(G')$。

例题 8-8 构造一台有限自动机 M，它有输入字母 a 和 b 且只接受包含 $aabb$ 作为子串的由 a 和 b 组成的串。

分析 构造有限自动机的关键在于确定它有几个状态以及各状态之间如何转换，有了这些就可画出状态图，于是一台有限自动机就完全确定了。本例中该有限自动机应有以下五个状态：q_0——初态，q_1——输入串中最新字母为 a，q_2——输入串中最新两字母为 aa，q_3——输入串中最新三字母为 aab，q_4——输入串中最新四字母为 $aabb$，当机器处于状态 q_4，则输入串被接受，q_4 为终态。下面分析状态之间如何转换：

当 M 处于状态 q_0，如果输入 a，输入串中含有子串 a，M 转向状态 q_1。如果输入 b，输入串中只有 b，不含子串 a，M 仍处于状态 q_0。所以，$q_0 \xrightarrow{a} q_1$，$q_0 \xrightarrow{b} q_0$。

当 M 处于状态 q_1，如果输入 a，输入串中最新两字母为 aa，M 转向状态 q_2。如果输入 b，输入串中最新字母为 b，M 转向初态 q_0。所以，$q_1 \xrightarrow{a} q_2$，$q_1 \xrightarrow{b} q_0$。

当 M 处于状态 q_2，如果输入 a，输入串中最新两字母仍为 aa，M 仍处于状态 q_2。如果输入 b，输入最新三字母为 aab，M 转向状

态 q_3。所以，$q_2 \xrightarrow{a} q_2$，$q_2 \xrightarrow{b} q_3$。

当 M 处于状态 q_3，如果输入 a，输入串中最新四字母为 $aaba$，由于 M 只接受含有子串 $aabb$ 的串，因此这种输入串只能当作最新字母为 a 的串，M 又返回状态 q_1。如果输入 b，输入串中最新四字母为 $aabb$，M 转向状态 q_4。所以，$q_3 \xrightarrow{a} q_1$，$q_3 \xrightarrow{b} q_4$。

当 M 处于状态 q_4，表示输入串中已含有子串 $aabb$，所以以后无论输入任一字母，M 处于状态 q_4，$q_4 \xrightarrow{a} q_4$，$q_4 \xrightarrow{b} q_4$。

解　接受输入串中包含 $aabb$ 子串的有限自动机为 $M=(Q, S, \delta, I, F)$，其中

$Q=\{q_0, q_1, q_2, q_3, q_4\}$；

$S=\{a, b\}$；

$I=\{q_0\}$；

$F=\{q_4\}$；

δ 转换关系如表 8-2 所示。

有限自动机 M 的状态图如图 8-10 所示。

表 8-2

状态	a	b
q_0	q_1	q_0
q_1	q_2	q_0
q_2	q_2	q_3
q_3	q_1	q_4
q_4	q_4	q_4

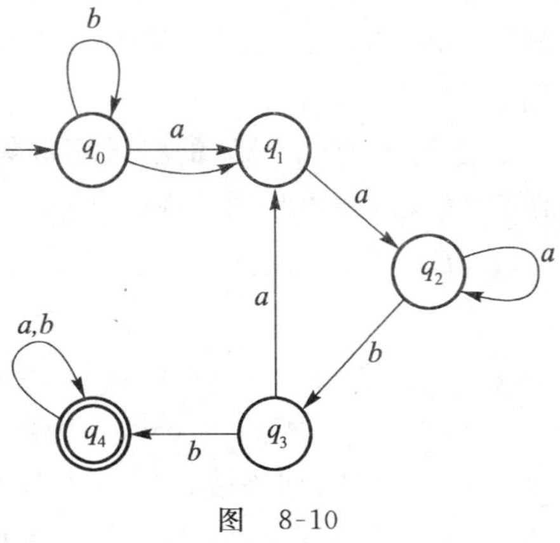

图　8-10

例题 8-9　证明：正则集的补，两个正则集的并和交仍是正则集。

分析　从内容提要 7 中正则表达式与正则集的对应规则可直

接证明上述结论。我们现在通过有限自动机运用构造法来证明上述结论。

设 R_1 和 R_2 是正则集。由内容提要 7 中定理 8-7.1 可知必有有限自动机 M_1 和 M_2，使 $L(M_1)=R_1$，$L(M_2)=R_2$。现在的问题归纳为如何由 M_1 和 M_2 出发构造有限自动机 N_1，N_2 和 N_3，使 $L(N_1)=\overline{R}_1$（R_1 的补集），$L(N_2)=R_1\cap R_2$，$L(N_3)=R_1\cup R_2$。由集合运算的狄·摩根定律可知，$R_1\cup R_2=\overline{\overline{R_1}\cap\overline{R_2}}$，所以只要证明正则集的补、交仍是正则集就可以了。

证明 给定正则集 R_1，由 Kleene 定理可知，存在有限自动机 $M_1=(Q_1,S_1,\delta_1,I_1,F_1)$，使 $L(M_1)=R_1$。

由于 $L(M_1)=R_1$，对于任一输入串 $\omega\in R_1$，必有 $q_I\in I_1$，使 $\delta_1(q_I,\omega)\cap F_1\neq\varnothing$。由此可知，对于任一输入串 $\varphi\in\overline{R}_1$，对于任意 $q_I\in I_1$，必有 $\delta_1(q_I,\varphi)\cap F_1=\varnothing$，即 $\delta_1(q_I,\varphi)\subseteq Q_1-F_1$，因此对于有限自动机 $N_1=(Q_1,S_1,\delta_1,I_1,Q_1-F_1)$ 就有 $L(N_1)=\overline{R}_1$，由此可知，正则集的补集是正则集。

给定正则集 R_1 和 R_2，由 Kleene 定理可知，存在有限自动机 $M_1=(Q_1,S_1,\delta_1,I_1,F_1)$ 和 $M_2=(Q_2,S_2,\delta_2,I_2,F_2)$，使 $L(M_1)=R_1$，$L(M_2)=R_2$。

首先将 M_1 和 M_2 的输入字母集 S_1 和 S_2 扩充为 $S_1\cup S_2$，即使得 M_1 和 M_2 有相同的输入字母集。构造 $M_1'=(Q_1\cup\{q'\},S_1\cup S_2,\delta_1',I_1,F_1)$，其中 q' 是不在 Q_1 中的一个状态，δ_1' 的定义如下：

$$\delta_1'(q,a)=\begin{cases}\{q'\}, & \text{当 } q\in Q_1, a\in S_2-S_1\\ \delta_1(q,a), & \text{当 } q\in Q_1, a\in S_1\\ \{q'\}, & \text{当 } q=q', a\in S_1\cup S_2\end{cases}$$

由 δ_1' 定义可知，如果输入串中含有不在 S_1 而在 S_2 中的字母时，M_1' 就进入状态 q'。而 M_1' 一旦进入状态 q' 后，就不再离开该状态了，这种状态 q' 称为陷阱状态。如果输入串中只含有 S 中的字母，那么 M_1' 中状态转换与 M_1 中状态转换相同，所以，$L(M_1')=L(M_1)$。

同样,可以将 M_2 的输入字母集也扩充为 $S_1 \cup S_2$。以后就认为 M_1 与 M_2 有相同输入字母集,即 $S_1 = S_2 = S$。

有了有限自动机 M_1 和 M_2,构造有限自动机 $N_2 = (Q, S, \delta, I, F)$,其中 $Q = Q_1 \times Q_2$,$I = I_1 \times I_2$,$F = F_1 \times F_2$,对于任一状态 $\langle q_1, q_2 \rangle \in Q$ 及输入字母 $a \in S$,有 $\delta(\langle q_1, q_2 \rangle, a) = \delta_1(q_1, a) \times \delta_2(q_2, a)$。

显然对于任一输入串 ω,要使 $\omega \in L(N_2)$,必须有 $\langle q_1, q_2 \rangle \in I_1 \times I_2$,$q_1 \in I_1$,$q_2 \in I_2$ 且 $\delta(\langle q_1, q_2 \rangle, \omega) \cap F \neq \varnothing$。因为 $\delta(\langle q_1, q_2 \rangle, \omega) = \delta_1(q_1, \omega) \times \delta_2(q_2, \omega)$,即 $(\delta_1(q_1, \omega) \times \delta_2(q_2, \omega)) \cap (F_1 \times F_2) \neq \varnothing$,$\delta_1(q_1, \omega) \cap F_1 \neq \varnothing$,$\delta_2(q_2, \omega) \cap F_2 \neq \varnothing$,因此,$\omega \in L(M_1)$,$\omega \in L(M_2)$,$\omega \in L(M_1) \cap L(M_2)$。反之亦然,由此可知 $L(N) = L(M_1) \cap L(M_2)$,正则集之交也是正则集。

例题 8-10 设计一台有限自动机 M,它的输出是已经输入符号数目的模 5 数。

分析 由于输出是输入符号数目的模 5 数,它只与输入的符号数目有关,而与具体的输入符号无关,所以输入符号只要取一个 a 就够了,即 $S = \{a\}$。由于模 5 数可为 0,1,2,3 和 4,需要五个状态分别表示这些模 5 数。这些状态形成一个循环,每输入一个符号,符号数增加一个,其模 5 数按照上述循环转移。

解 该有限状态机为:$M = (\{q_0, q_1, q_2, q_3, q_4\}, \{a\}, \{0, 1, 2, 3, 4\}, f, h, q_0)$,它的状态图如图 8-11 所示,状态表如表 8-3 所示。

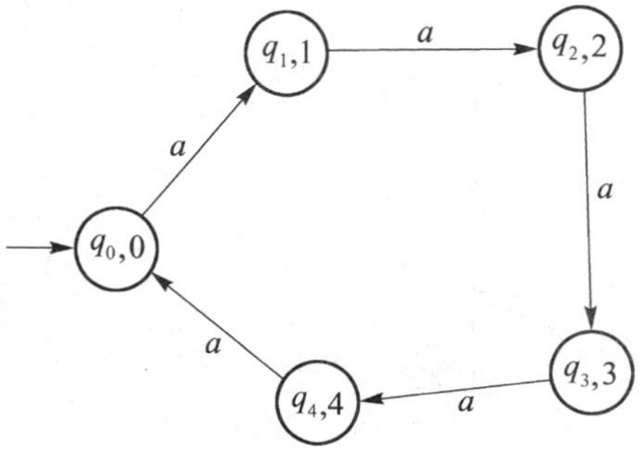

图 8-11

表 8-3

	a	
q_0	q_1	0
q_1	q_2	1
q_2	q_3	2
q_3	q_4	3
q_4	q_0	4

例题 8-11 考虑由三只双向开关控制的照明电路，如图8-12所示。将该电路的照明情况用有限自动机描述。

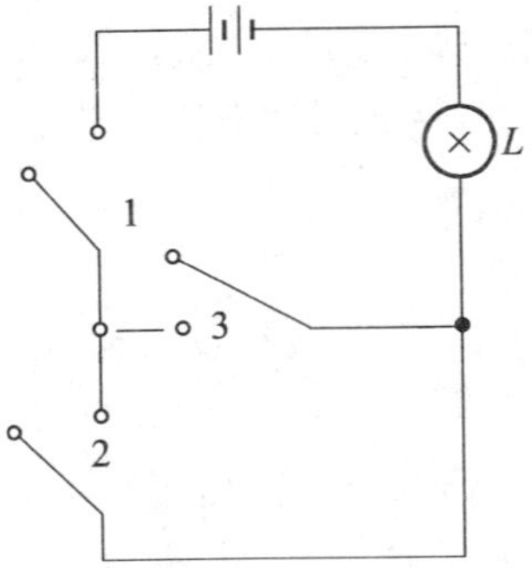

图 8-12

分析 每一开关有两种状态：合上和断开，分别用“1”和“0”表示。三只开关可以组成 2^3(8)种状态。有限自动机的输入表示开关 1,2,3 状态的转换，例如输入字母 2，表示开关 2 转换状态，由合上转换为断开或由断开转换为合上，因此输入字母表为{1,2,3}。状态之间的转换可由输入决定。例如用状态 A 表示开关 1，开关 2，开关 3 处于“0”，用状态 B 表示开关 1 和 2 处于“0”，开关 3 处于“1”，那么输入字母 3，状态由 A 转为 B，其他依次类推。各状态的输出可有灯 L 亮或暗，分别用“1”和“0”表示。由图 8-12 的电路可知，当开关 1 和 3 合上或开关 1 和 2 合上时，灯 L 亮，其他情况下，灯 L 暗。通常令三个开关处于断开时的状态作为初态。

解 该有限自动机需要八个状态，这八个状态与三个开关状态之间的对应关系如表 8-4 所示。

表 8-4

开关			状态
1	2	3	
0	0	0	A
0	0	1	B
0	1	0	C
0	1	1	D
1	0	0	E
1	0	1	F
1	1	0	G
1	1	1	H

描述图 8-12 所示电路照明情况的有限自动机为 $M=(\{A,B,C,D,E,F,G,H\},\{1,2,3\},\{0,1\},f,h,A)$。状态表如表 8-5 所示，状态图如图 8-13 所示。为了简化起见，在图 8-13 中用加以标记的无向弧代替带有相同标记的一对反向的有向弧。

表 8-5

	开	关		灯
	1	2	3	L
A	E	C	B	0
B	F	D	A	0
C	G	A	D	0
D	H	B	C	0
E	A	G	F	0
F	B	H	E	1
G	C	E	H	1
H	D	F	G	1

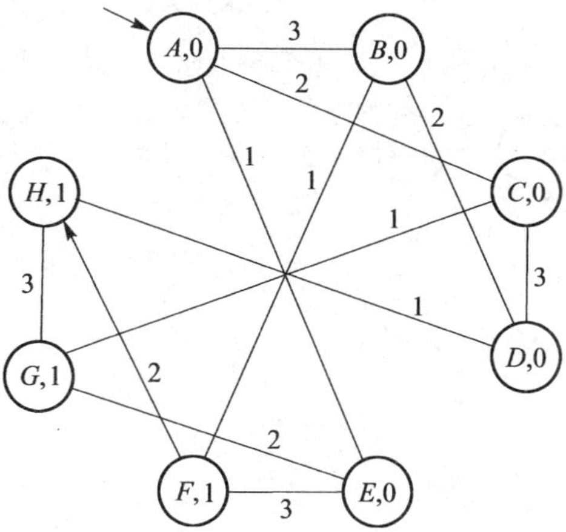

图 8-13

例题 8-12 证明状态图分别为图 8-14(a)和(b)的有限状态机 M_1 和 M_2 等价。

分析 证明两台有限状态机等价的关键在于将他们简化，然后在相应的简化机的状态之间建立一一对应，使他们的状态的转

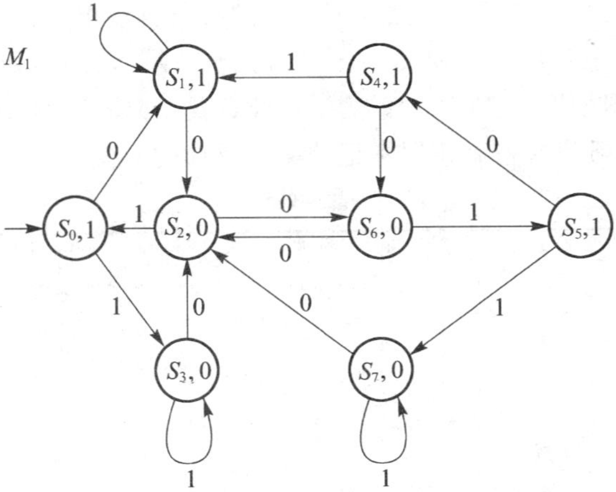

(a)

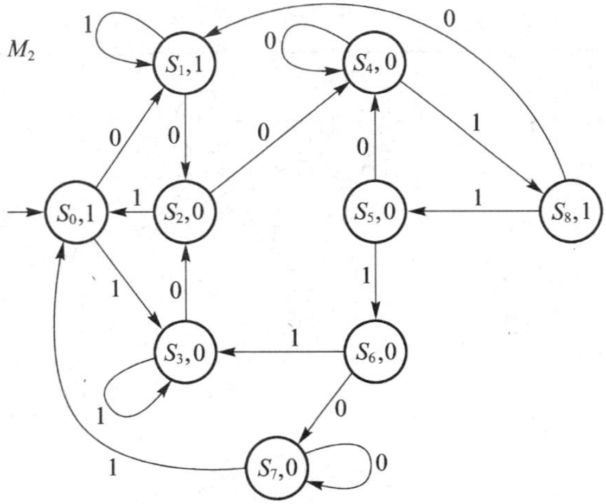

(b)

图 8-14

换与输出完全一样就可以了。

有限状态机的简化首先将输出相同的状态放在一起，即构成状态的划分 P_0，然后由定理 8-5.3 构造状态的划分 $P_1, P_2, \cdots$，直

到 $P_k=P_{k+1}$ 为止，此时状态集的等价划分就是 P_k 了。

解 对有限状态机 M_1 进行详细地讨论。

由于 $h(S_0)=h(S_1)=h(S_4)=h(S_5)=1$

$h(S_2)=h(S_3)=h(S_6)=h(S_7)=0$

$P_0=\{\{S_0,S_1,S_4,S_5\},\{S_2,S_3,S_6,S_7\}\}$

从图 8-14(a)可知：

$f(S_0,0)=S_1,f(S_5,0)=S_4$，他们在 $\{S_0,S_1,S_4,S_5\}$ 中；

$f(S_0,1)=S_3,f(S_5,1)=S_7$，他们在 $\{S_2,S_3,S_6,S_7\}$ 中；

$f(S_1,0)=S_2,f(S_4,0)=S_6$，他们在 $\{S_2,S_3,S_6,S_7\}$ 中；

$f(S_1,1)=S_1,f(S_4,1)=S_1$，他们在 $\{S_0,S_1,S_4,S_5\}$ 中；

只有 S_0 和 S_5 的后继状态，S_1 和 S_4 的后继状态属于 P_0 的同一等价类中，所以 $\{S_0,S_1,S_4,S_5\}$ 要加细为 $\{S_0,S_5\}$ 和 $\{S_1,S_4\}$。

$f(S_2,0)=S_6,f(S_6,0)=S_2$，他们在 $\{S_2,S_3,S_6,S_7\}$ 中；

$f(S_2,1)=S_0,f(S_6,1)=S_5$，他们在 $\{S_0,S_1,S_4,S_5\}$ 中；

$f(S_3,0)=S_2,f(S_7,0)=S_2$，他们在 $\{S_2,S_3,S_6,S_7\}$ 中；

$f(S_3,1)=S_3,f(S_7,1)=S_7$，他们在 $\{S_2,S_3,S_6,S_7\}$ 中；

只有 S_2 和 S_6 的后继状态，S_3 和 S_7 的后继状态在 P_0 的同一等价类中，所以 $\{S_2,S_3,S_6,S_7\}$ 要加细为 $\{S_2,S_6\}$ 和 $\{S_3,S_7\}$。$P_1=\{\{S_0,S_5\},\{S_1,S_4\},\{S_2,S_6\},\{S_3,S_7\}\}$。

由于 S_0 和 S_5 的后继状态在 P_1 的同一等价类中；S_1 和 S_4 的后继状态在 P_1 的同一等价类中；S_2 和 S_6 的后继状态在 P_1 的同一等价类中；S_3 和 S_7 的后继状态在 P_1 的同一等价类中，所以 $P_2=P_1$。这样，状态的等价划分结束，$P=P_1=\{\{S_0,S_5\},\{S_1,S_4\},\{S_2,S_6\},\{S_3,S_7\}\}$。

令 t_0 表示 $\{S_0,S_5\}$，t_1 表示 $\{S_1,S_4\}$，t_2 表示 $\{S_2,S_6\}$，t_3 表示 $\{S_3,S_7\}$。$h(t_0)=h(S_0)=1,h(t_1)=h(S_1)=1,h(t_2)=h(S_2)=0$，$h(t_3)=h(S_3)=0$。

状态转换为：

$f(S_0,0)=S_1\in\{S_1,S_4\},f(t_0,0)=t_1$

$f(S_0,1)=S_3\in\{S_3,S_7\},f(t_0,1)=t_3$

$f(S_1,0)=S_2\in\{S_2,S_6\},f(t_1,0)=t_2$

$f(S_1,1)=S_1\in\{S_1,S_4\},f(t_1,1)=t_1$

同理　　$f(t_2,0)=t_2,f(t_2,1)=t_0;f(t_3,0)=t_2,f(t_3,1)=t_3$

M_1 的简化机 M_1'的状态图如图 8-15(a)所示。

对于 M_2，有：

$P_0=\{\{S_0,S_1,S_8\},\{S_2,S_3,S_4,S_5,S_6,S_7\}\}$

$P_1=\{\{S_0,S_8\},\{S_1\},\{S_2,S_4,S_7\},\{S_3,S_5,S_6\}\}$

$=P_2=P$

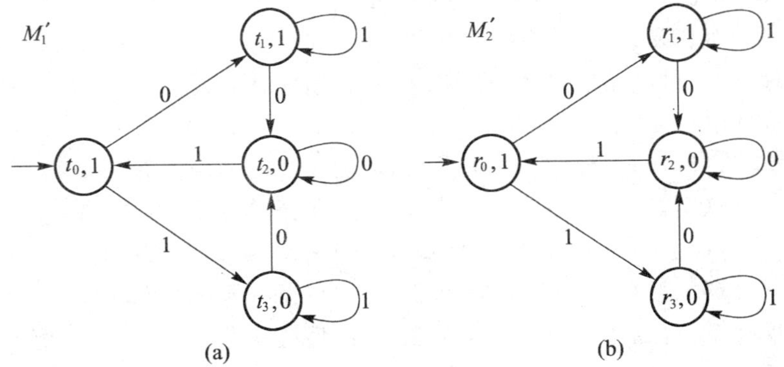

图　8-15

令 r_0 表示$\{S_0,S_8\}$，r_1 表示$\{S_1\}$，r_2 表示$\{S_2,S_4,S_7\}$，r_3 表示$\{S_3,S_5,S_6\}$，则 M_2 的简化机 M_2'的状态图如图 8-15(b)所示。显然，若将状态 t_0,t_1,t_2,t_3 分别与状态 r_0,r_1,r_2,r_3 对应，则 M_1'与 M_2'动作完全相同，故而 M_1 与 M_2 等价。

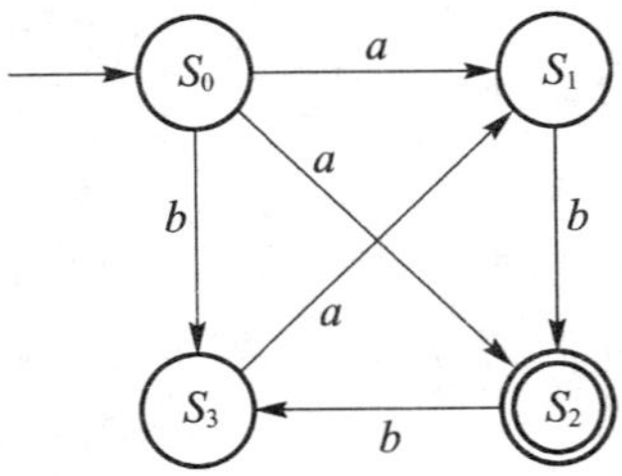

图　8-16

例题 8－13　给定不确定的有限状态接收器 M，其状态图如图 8-16 所示，试求接受相同语言的确定的有限状态接收器 N。

分析　由有限状态接收器的定义可知，只有当初态仅有一个且 δ 是 $Q\times S$ 到 Q 的函数时，即对每一

状态 $q \in Q$ 及任一输入字母 $a \in S$，q 只有唯一的一个后继状态 q'，$\delta(q,a)=\{q'\}$，它才是确定的。对于不确定的有限状态机，从初态开始，观察它的后继状态。令 q_0 是初态，输入字母为 $a_1, a_2, \cdots, a_k$。构造 q_0 的后继状态集，$\delta(q_0, a_1)=Q_1$，$\cdots$，$\delta(q_0, a_k)=Q_k$，其中 Q_1，$\cdots$，Q_k 均是状态集 Q 的子集。再构造 $Q_1, \cdots, Q_k$ 的后继状态集，

$$\delta(Q_i, a_j)=\bigcup_{q' \in Q_i} \delta(q', a_j) \subseteq Q \quad (1 \leqslant i \leqslant k)$$

这样又得到一组 Q 的子集。再构造这些状态的各后继状态集，依此类推，直至不出现新的状态子集为止。由于 Q 的子集数为 $2^{|Q|}$，这里 $|Q|$ 表示 Q 的状态数，所以经有限步后，这个过程总会结束。然后，用新记号表示这些状态子集，就可构成等价的确定的有限状态接收器了。

解 由初态 S_0 出发，

$$\delta(\{S_0\}, a)=\{S_1, S_2\}, \delta(\{S_0\}, b)=\{S_3\}$$

得到两个新子集 $\{S_1, S_2\}$ 和 $\{S_3\}$。构造他们的后继状态集，

$$\delta(\{S_1, S_2\}, a)=\delta(\{S_1\}, a) \cup \delta(\{S_2\}, a)=\varnothing \cup \varnothing=\varnothing$$

$$\begin{aligned}\delta(\{S_1, S_2\}, b)&=\delta(\{S_1\}, b) \cup \delta(\{S_2\}, b)\\&=\{S_2\} \cup \{S_3\}=\{S_2, S_3\}\end{aligned}$$

$$\delta(\{S_3\}, a)=\{S_1\}, \delta(\{S_3\}, b)=\varnothing$$

得到三个新子集 $\varnothing$，$\{S_2, S_3\}$ 和 $\{S_1\}$。构造他们的后继状态集，

$$\delta(\varnothing, a)=\varnothing, \delta(\varnothing, b)=\varnothing$$

$$\delta(\{S_2, S_3\}, a)=\delta(\{S_2\}, a) \cup \delta(\{S_3\}, a)=\{S_1\}$$

$$\delta(\{S_2, S_3\}, b)=\delta(\{S_2\}, b) \cup \delta(\{S_3\}, b)=\{S_3\}$$

$$\delta(\{S_1\}, a)=\varnothing, \delta(\{S_1\}, b)=\{S_2\}$$

得到一个新子集 $\{S_2\}$。构造它的后继状态集，

$$\delta(\{S_2\}, a)=\varnothing, \delta(\{S_2\}, b)=\{S_3\}$$

不再得到新子集了。这样共有七个 Q 的子集：$\varnothing$，$\{S_0\}$，$\{S_1\}$，$\{S_2\}$，$\{S_3\}$，$\{S_2, S_3\}$，$\{S_1, S_2\}$，他们分别用 $t_0, t_1, t_2, t_3, t_4, t_5$ 和 t_6 表示。由此可得与 M 等价的确定的有限状态接收器 N，其状态图如图 8-17 所示，初态为 t_1，终态为 t_3, t_5 和 t_6。

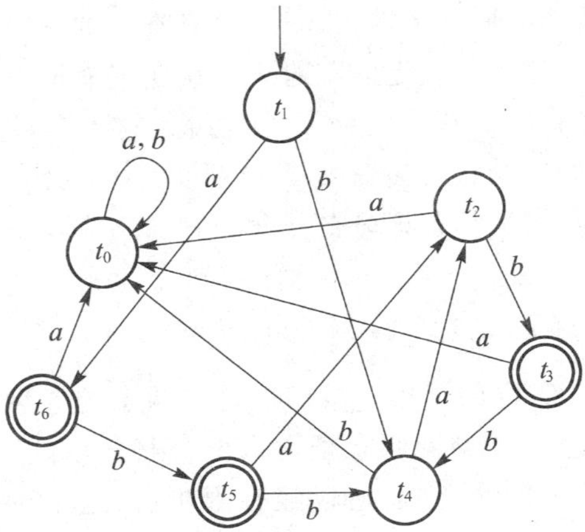

图 8-17

例题 8-14 给定正则文法 $G=(\{\sigma, A, B\}, \{a,b\}, P, \sigma)$，其中 P：

(1) $\sigma \to aA$；

(2) $\sigma \to bB$；

(3) $B \to bB$；

(4) $B \to aA$；

(5) $A \to aB$；

(6) $A \to bA$；

(7) $A \to a$；

(8) $B \to b$。

证明由 G 产生的语言 $L(G)$ 中任一串，其中字母 a 的数目为偶数。导出接受相同语言的有限状态接收器 M。

分析 判断形式文法 G 所生成的语言是由分析生成式的结构着手。在该文法的生成式中有下述两个特点：

(i) 由(1)和(4)式可知，使用这两条规则所产生的字中字母 a 和 A 的个数增加两个。而使用其他生成式所产生的字中字母 a 和 A 的个数保持不变。

(ii) 由(5)和(7)式可知，非终结符 A 能转换为终结符 a。由

(3)和(8)式可知,非终结符 B 能转换为终结符 b。由此可知,在派生过程中,字母 a 和 A 的个数或者不变或者增加两个,最后,非终结符 A 又必须转换为终结符 a,故 $L(G)$ 中任一字中 a 的数目为偶数。

由正则文法 G 构造接受相同语言的有限状态接收器 M 可按内容提要 6 中定理 8-6.2 的方法进行。

证明 设 L 是由 a,b 组成的串且 a 的数目为偶数。由生成式可知,使用任一条规则所产生的字与前一字相比,或者 a 和 A 的数目之和不变,或者 a 和 A 的数目之和增加两个,因此由 σ 派生的字中 a 和 A 的数目之和为偶数。由非终结符 A 派生的生成式只有(5),(6),(7)三个式子,他们说明只有转换为 a 才能消失一个非终结符 A。同样,由(3),(4),(8)三个式子可知非终结符 B 为了不产生 A 只能转换为终结符 b,因此该文法派生的任一由 a,b 组成的字中 a 的数目为偶数,$L(G)\subseteq L$。

反之,对于 L 中任一字 ω,根据 ω 中第一字母是 a 还是 b 决定采用生成式 $\sigma\to aA$ 或 $\sigma\to bB$。如果随后字母是 a,可用生成式 $A\to aB$ 或 $B\to aA$。如果随后字母是 b,可用生成式 $A\to bA$ 或 $B\to bB$。对任一字母的后一字母,也像上面的方法来确定所用的规则。对 ω 的最后一个字母,如果是 a,用 $A\to a$;如果是 b,用 $B\to b$。故而 $L\subseteq L(G)$。

综上所述,$L(G)=L$。

考察一个例子,$aababa$ 的派生过程为:

$$\sigma\overset{(1)}{\Rightarrow}aA\overset{(5)}{\Rightarrow}aaB\overset{(3)}{\Rightarrow}aabB\overset{(4)}{\Rightarrow}aabaA\overset{(6)}{\Rightarrow}aababA\overset{(7)}{\Rightarrow}aababa$$

构造接受 $L(G)$ 的有限状态接收器 M。

$$M=(\{\sigma,A,B,C\},\{a,b\},\delta,\{\sigma\},\{C\})$$

其中 C 是一个附加状态,表示终态。δ 定义为:

生成式 $\sigma\to aA$,对应 $\delta(\sigma,a)=\{A\}$;

生成式 $\sigma\to bB$,对应 $\delta(\sigma,b)=\{B\}$;

生成式 $A\to aB$ 和 $A\to a$,对应 $\delta(A,a)=\{B,C\}$;

生成式 $A \to bA$,对应 $\delta(A,b)=\{A\}$;

生成式 $B \to aA$,对应 $\delta(B,a)=\{A\}$;

生成式 $B \to bB$ 和 $B \to b$,对应 $\delta(B,b)=\{B,C\}$。

令 $\delta(C,a)=\delta(C,b)=\varnothing$。

M 的状态图如图 8-18 所示。

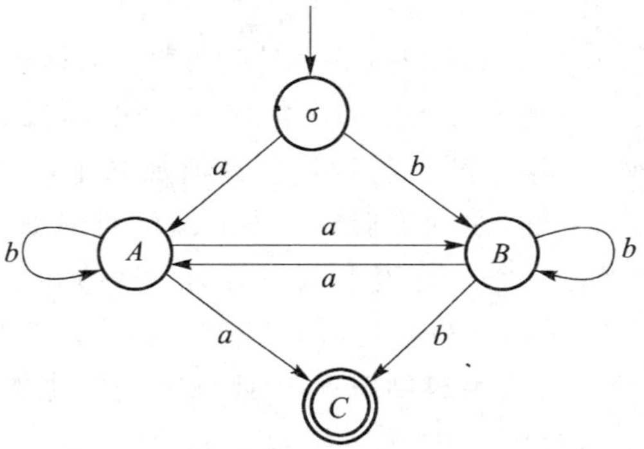

图 8-18

例题 8-15 设 $V=\{a,b\}$,说明下列各表达式:$a,ab^*,ab^*+ba,ab^2(a+b)^*,(ab)^*b(a+ba^*)(a+b^*b)^*$ 都是正则表达式。

分析 由内容提要 7 可知,正则表达式是以递归形式给出,对于简单的表达式可以直接观察得到,对于较复杂的表达式要按照正则表达式的递归定义分层次说明。

解 为了叙述方便起见,把正则表达式的递归定义写在下面。字母表 V 上正则表达式可以递归定义为:

(1) λ 和 $\varnothing$ 是正则表达式。

(2) V 中每一字母是正则表达式。

(3) 如果 R_1 和 R_2 是正则表达式,那么(i)(R_1+R_2),(ii)$(R_1 \cdot R_2)$和(iii)$(R_1)^*$ 也是正则表达式。

(4) 除此之外都不是正则表达式。

由(2)可知 a 是正则表达式。b 是正则表达式。

由(3)(iii)可知 b^* 是正则表达式,由(3)(ii)可知 ab^* 是正则表达式。

由(2)和(3)(ii)可知 ba 是正则表达式，由(3)(i)可知 ab^*+ba 是正则表达式。

由(2)和(3)(ii)可知 ab^2 是正则表达式，由(2)和(3)(i)可知 $a+b$是正则表达式，由(3)(iii)可知$(a+b)^*$是正则表达式，再由(3)(ii)可知 $ab^2(a+b)^*$是正则表达式。

由(2)和(3)(ii)，(iii)可知$(ab)^*$是正则表达式，由(3)(iii)，(ii)和(i)可知 $a+ba^*$ 是正则表达式，由(3)(iii)，(ii)，(i)和(iii)可知$(a+b^*b)^*$是正则表达式，由(3)(ii)可知$(ab)^*b(a+ba^*)(a+b^*b)^*$是正则表达式。

例题 8-16 对于正则表达式 R，S 和 T，且 $\lambda\notin S$，有

a) $R=SR+T$ 的充要条件是 $R=S^*T$。

b) $R=RS+T$ 的充要条件是 $R=TS^*$。

分析 $R=SR+T$ 式和 $R=RS+T$ 式可看作关于正则表达式 R 的方程，他们的充要条件可看成是这两个方程的解，这两条规则称为阿登(Arden)规则。

证明两个正则表达式相等有两种方法，一种运用正则表达式的基本运算得到；一种证明他们对应的正则集相等，而证明正则集的相等常用集合论的外延性原理。

证明 a) 充分性。

$$\begin{aligned}R&=S^*T=(\lambda+S+S^2+S^3+\cdots)T\\&=(\lambda+S(\lambda+S+S^2+\cdots))T=(\lambda+SS^*)T\\&=\lambda T+SS^*T=T+S(S^*T)=T+SR=SR+T\end{aligned}$$

必要性。将 $R=SR+T$ 代入该等式右端中的 R 得：

$$R=S(SR+T)+T=S^2R+(ST+T)$$

再将 $R=SR+T$ 代入上式右端中的 R 得

$$\begin{aligned}R&=S^2(SR+T)+(ST+T)\\&=S^3R+(S^2T+ST+T)\end{aligned}$$

经 k 次将 $R=SR+T$ 代入所得式的右端中的 R，得到：

$$R=S^{k+1}R+(S^kT+S^{k-1}T+\cdots+ST+T)\tag{1}$$

要证明 $R=S^*T$，只要证明他们对应的正则集相等就可以了，

即证明 $\widetilde{R}=\widetilde{S^{*}T}$。因为$\widetilde{S^{*}T}=\widetilde{S^{*}}\widetilde{T}=\widetilde{S}^{*}\widetilde{T}$,只要证 $\widetilde{R}=\widetilde{S}^{*}\widetilde{T}$。

(i) 对于任一 $\omega\in\widetilde{R}$,设$|\omega|=h(h\geqslant 0)$。在(1)式中取 $k=h$,得

$$R=S^{h+1}R+(S^{h}T+S^{h-1}T+\cdots+T) \tag{2}$$

由于 $\lambda\notin S,\lambda\notin\widetilde{S},\widetilde{S^{h+1}R}$中任一串的长度至少为 $h+1$,所以 $\omega\notin\widetilde{S^{h+1}R}$,

$$\begin{aligned}\omega &\in(\widetilde{S^{h}T+S^{h-1}T+\cdots+T})=\widetilde{S}^{h}\widetilde{T}\cup\widetilde{S}^{h-1}\widetilde{T}\cup\cdots\cup\widetilde{T}\\ &=(\widetilde{S}^{h}\cup\widetilde{S}^{h-1}\cup\cdots\cup\Lambda)\widetilde{T}\subseteq\widetilde{S}^{*}\widetilde{T}\end{aligned}$$

因此,$\widetilde{R}\subseteq\widetilde{S}^{*}\widetilde{T}$。

(ii) 对于任一 $\omega\in\widetilde{S}^{*}\widetilde{T}$,必有 $h\geqslant 0$,使 $\omega\in\widetilde{S}^{h}\widetilde{T}$。

由(2)式得到他们对应的正则集相等,

$$\widetilde{R}=\widetilde{S}^{h+1}\widetilde{R}\cup\widetilde{S}^{h}\widetilde{T}\cup\widetilde{S}^{h-1}\widetilde{T}\cup\cdots\cup\widetilde{T}$$

因此,$\omega\in\widetilde{R}$,$\widetilde{S}^{*}\widetilde{T}\subseteq\widetilde{R}$。

由此可知,$\widetilde{R}=\widetilde{S}^{*}\widetilde{T}$,$R=S^{*}T$。

b) 可类似证明,建议由读者自己完成。

例题 8-17 给定正则表达式 $R=(0^{*}10^{*}1)^{*}0^{*}$,构造一台有限自动机 M,使 $L(M)=\widetilde{R}$。

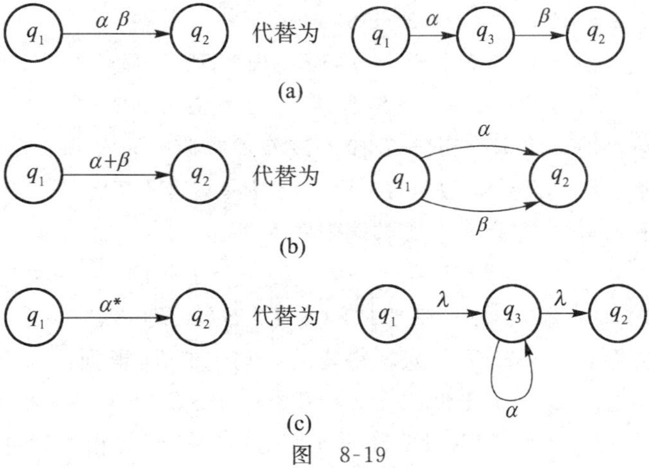

图 8-19

分析 内容提要 7 中克利恩定理说明对于任一正则表达式 R,必有有限自动机 M,使 M 接受的语言 $L(M)$为 R 所对应的正则集。由 R 构造 M,它的方法是由分解 R 而得到。根据 R 的结构,我们可按图 8.19(a),(b),(c)三种方式使正则表达式逐步简化,直至一个字母为止,此时状态图中可能存在一些状态,他们之间经空串 λ 就能转换,这种转换称为 λ-转换。将这些 λ-转换消去,就得到接受 $\widetilde{R}$ 的有限自动机的状态图。

解 有限自动机 M 的状态图的构造过程如图 8-20 所示。其中图 8-20(a),(b),(c),(d)表示分解过程,图 8-20(e),(f),(g)表

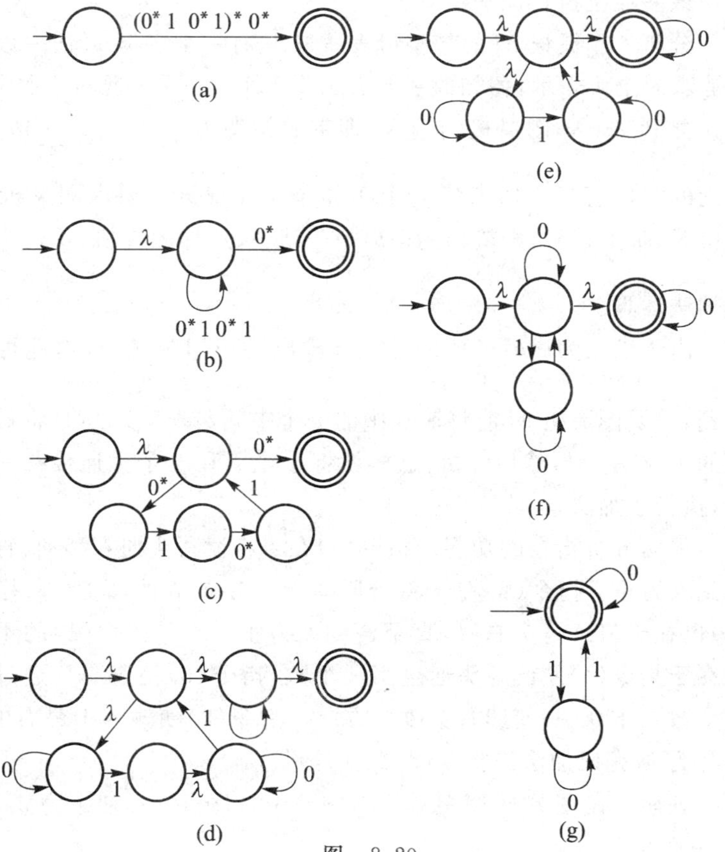

图 8-20

示消去 λ-转换过程。

例题 8-18(加法机)　给定图灵机 M,带字母表 $A=\{1\}$,状态集 $Q=\{q_1, q_2, q_3\}$,q_1 为初态,程序为:

(1) $q_1 11 r q_1$;

(2) $q_1 b 1 r q_2$;

(3) $q_2 11 r q_2$;

(4) $q_2 b b l q_3$;

(5) $q_3 1 b h q_3$;

(6) $q_3 b b h q_3$。

证明该图灵机执行加法运算。

分析　图灵机 M 的带字母表 A 中只有一个字母 1,任一数字 x 是以 x 个 1 表示,譬如数字 5 表示为 11111。要实现两个数字 x 与 y 之和 $x+y$,图灵机的输入,即带的初态为 $\cdots b\underbrace{1\cdots 1}_{x}b\underbrace{1\cdots 1}_{y}b\cdots$,中间的空白符号 b 用来将 x 个 1 和 y 个 1 隔开。要求图灵机 M 停机时,带上符号,即输出为 $\cdots b\underbrace{1\cdots\cdots 1}_{x+y}b\cdots$,这样图灵机 M 就执行了加法运算。

由于输入为 $\cdots b\underbrace{1\cdots 1}_{x}b\underbrace{1\cdots 1}_{y}b\cdots$,输出为 $\cdots b\underbrace{1\cdots 1}_{x+y}b\cdots$,由此可以想到,只要图灵机 M 能将输入中的一个中间 b 改写为 1,且将最右端的 1 改写为 b,然后停机,这样就将 x 个 1 和 y 个 1 连接在一起了,执行了加法。

下面分析指令的功能。指令(1)在于将读写头向右移动,直至遇到 b 为止。指令(2)在于将分隔两个数字的 b 改写为 1。指令(3)也在于将读写头右移,直至遇到 b 为止。它与指令(1)的不同处在于指令(1)使读写头通过第一个数,指令(3)使读写头通过第二个数。指令(4)使读写头改变方向。指令(5)使输入中最右的 1 改写为 b,完成加法。指令(6)保证停机。

证明　设图灵机 M 的输入为 $\cdots b\underbrace{1\cdots 1}_{x}b\underbrace{1\cdots 1}_{y}b\cdots$,初态为 q_1,且

读写头扫描符号是带上最左面的 1，那么整个计算过程如下：

$$\cdots b\underbrace{\overset{\downarrow q_1}{1}1\cdots 1}_{x}b\underbrace{11\cdots 11}_{y}b\cdots$$

$$\Rightarrow\cdots b1\overset{\downarrow q_1}{1}\cdots 1b11\cdots 11b\cdots$$

$$\Rightarrow\cdots\cdots\cdots$$

$$\Rightarrow\cdots b11\cdots \overset{\downarrow q_1}{1}b11\cdots 11b\cdots$$

$$\Rightarrow\cdots b11\cdots 1\overset{\downarrow q_1}{b}11\cdots 11b\cdots$$

$$\Rightarrow\cdots b11\cdots 1\overset{\downarrow q_2}{1}11\cdots 11b\cdots$$

$$\Rightarrow\cdots b11\cdots 11\overset{\downarrow q_2}{1}1\cdots 11b\cdots$$

$$\Rightarrow\cdots\cdots\cdots$$

$$\Rightarrow\cdots b11\cdots 1111\cdots \overset{\downarrow q_2}{1}1b\cdots$$

$$\Rightarrow\cdots b11\cdots 1111\cdots 1\overset{\downarrow q_2}{1}b\cdots$$

$$\Rightarrow\cdots b11\cdots 1111\cdots 11\overset{\downarrow q_2}{b}\cdots$$

$$\Rightarrow\cdots b11\cdots 1111\cdots 1\overset{\downarrow q_3}{1}b\cdots$$

$$\Rightarrow\cdots b\underbrace{11\cdots 1111\cdots 1}_{(x+y)}\overset{\downarrow q_3}{b}b\cdots$$

由上述过程可知，运算结果不仅与输入有关，而且还与读写头初始扫描的符号有关。如果读写头初始扫描的符号是带上最左端的 1 的左邻 b 处，即初始格局为：

$$\cdots \overset{\downarrow q_1}{b}\underbrace{1\cdots 1}_{x}b\underbrace{1\cdots 1}_{y}b\cdots$$

那么输出为：

$$\cdots b\underbrace{1\cdots 1}_{x}b\overset{\downarrow q_3}{b}\underbrace{1\cdots 1}_{y}b\cdots$$

不能执行加法 $x+y$。

例题 8-19(拷贝机)　要求设计一台图灵机,它将初始带上某一段的符号拷贝到带的指定位置上。这种图灵机称为拷贝机。

分析　我们将初始带上要拷贝的那一段的左邻标记上符号$\bigcup$,在指定的拷贝位置的左邻标记上符号$\bigvee$。要求读写头开始时对准符号$\bigcup$,结束时读写头仍在符号$\bigcup$处。如果初始带为:

$$\cdots b\overset{\downarrow}{\bigcup}111bb1111b\cdots b\bigvee bbbb11\cdots$$

那么结束时带为:

$$\cdots b\overset{\downarrow}{\bigcup}111bb1111b\cdots b\bigvee 111b11\cdots$$

当然这里要求$\bigvee$的右边有足够的空白格,以保证能容纳被拷贝段。

如果希望设计一台图灵机能记忆住被拷贝段中 1 的数目,然后再如数拷贝到$\bigvee$的右端,显然这是不可行的。因为要记忆住 1 的数目必须依靠状态的转换,有多少个 1 就要多少个状态,被拷贝段中 1 的数目是无界的,而图灵机中状态数是有限的,这是一对无法解决的矛盾。

我们的设想是将被拷贝段中的 1 一个一个拷贝。方法如下:

(1) 将被拷贝段中第一个 1 改写为符号 S。

(2) 读写头右移到符号$\bigvee$的右面第一个空格写下 1。

(3) 读写头转回左边,直到遇到符号 S 再右移一格。

(4) 如果该格是 1,改写为符号 S,返回(2)。

如果该格是空格,将读写头左移,且将 S 改写为 1,直至遇到符号$\bigcup$停机。

解　拷贝机 M 有带字母表 $A=\{\bigcup,\bigvee,1,S\}$,状态集 $Q=\{q_1,q_2,q_3,q_4,q_5,q_6\}$,$q_1$ 为初态。程序为:

(1) $q_1\bigcup\bigcup rq_2$;

(2) $q_2 1Srq_3$;

(3) $q_2 bblq_6$;

(4) $q_3 11rq_3$;

(5) $q_3 bbrq_3$;

(6) $q_3\bigvee\bigvee rq_4$;

(7) $q_4 b 1 l q_5$；

(8) $q_4 1 1 r q_4$；

(9) $q_5 b b l q_5$；

(10) $q_5 \vee \vee l q_5$；

(11) $q_5 1 1 l q_5$；

(12) $q_5 S S r q_2$；

(13) $q_6 S 1 l q_6$；

(14) $q_6 \bigcup \bigcup h q_6$。

分析这些指令的功能。指令(1)，(2)为拷贝作准备，将被拷贝符号改写为 S。指令(4)，(5)和(6)右移读写头。指令(7)，(8)在规定位置上拷贝符号。指令(9)，(10)，(11)和(12)左移读写头，为下一次拷贝或停机作准备。指令(3)，(13)恢复被拷贝的符号。指令(14)停机。

现在将初始带为：

$$\cdots \bigcup 111bb1111b \cdots b \vee bbbb11 \cdots$$

的拷贝过程描述如下：

$$\overset{\downarrow q_1}{\cdots \bigcup} 111bb1111b \cdots b \vee bbbb11 \cdots$$

$$\Rightarrow \cdots \bigcup \overset{\downarrow q_2}{1} 11bb1111b \cdots b \vee bbbb11 \cdots$$

$$\Rightarrow \cdots \bigcup S \overset{\downarrow q_3}{1} 1bb1111b \cdots b \vee bbbb11 \cdots$$

$$\Rightarrow \cdots \bigcup S 1 \overset{\downarrow q_3}{1} bb1111b \cdots b \vee bbbb11 \cdots$$

$$\Rightarrow \cdots \bigcup S 11 \overset{\downarrow q_3}{b} b1111b \cdots b \vee bbbb11 \cdots$$

$$\Rightarrow \cdots\cdots\cdots\cdots\cdots\cdots$$

$$\Rightarrow \cdots \bigcup S11bb1111b \cdots b \overset{\downarrow q_3}{\vee} bbbb11 \cdots$$

$$\Rightarrow \cdots \bigcup S11bb1111b \cdots b \vee \overset{\downarrow q_4}{b} bbb11 \cdots$$

$$\Rightarrow \cdots \bigcup S11bb1111b \cdots b \overset{\downarrow q_5}{\vee} 1bbb11 \cdots$$

$$\Rightarrow \cdots\cdots\cdots\cdots\cdots\cdots$$

$$\Rightarrow \cdots \bigcup \overset{\downarrow q_5}{S}11bb1111b\cdots b \vee 1bbb11\cdots$$

$$\Rightarrow \cdots \bigcup S\overset{\downarrow q_2}{1}1bb1111b\cdots b \vee 1bbb11\cdots$$

$$\Rightarrow \cdots \bigcup S\,S\overset{\downarrow q_3}{1}bb1111b\cdots b \vee 1bbb11\cdots$$

$$\Rightarrow \cdots\cdots\cdots\cdots\cdots\cdots$$

$$\Rightarrow \cdots \bigcup SS1bb1111b\cdots b \overset{\downarrow q_3}{\vee} 1bbb11\cdots$$

$$\Rightarrow \cdots \bigcup SS1bb1111b\cdots b \vee \overset{\downarrow q_4}{1}bbb11\cdots$$

$$\Rightarrow \cdots \bigcup SS1bb1111b\cdots b \vee 1\overset{\downarrow q_4}{b}bb\,11\cdots$$

$$\Rightarrow \cdots \bigcup SS1bb1111b\cdots b \vee 1\overset{\downarrow q_5}{1}bb11\cdots$$

$$\Rightarrow \cdots\cdots\cdots\cdots\cdots\cdots$$

$$\Rightarrow \cdots \bigcup S\overset{\downarrow q_5}{S}1bb1111b\cdots b \vee 11bb11\cdots$$

$$\Rightarrow \cdots \bigcup SS\overset{\downarrow q_2}{1}bb1111b\cdots b \vee 11bb11\cdots$$

$$\Rightarrow \cdots \bigcup SSS\overset{\downarrow q_3}{b}b1111b\cdots b \vee 11bb11\cdots$$

$$\Rightarrow \cdots\cdots\cdots\cdots\cdots\cdots$$

$$\Rightarrow \cdots \bigcup SSSbb1111b\cdots b \overset{\downarrow q_3}{\vee} 11bb11\cdots$$

$$\Rightarrow \cdots \bigcup SSSbb1111b\cdots b \vee \overset{\downarrow q_4}{1}1bb11\cdots$$

$$\Rightarrow \cdots\cdots\cdots\cdots\cdots\cdots$$

$$\Rightarrow \cdots \bigcup SSSbb1111b\cdots b \vee 11\overset{\downarrow q_4}{b}b\,11\cdots$$

$$\Rightarrow \cdots \bigcup SSSbb1111b\cdots b \vee 11\overset{\downarrow q_5}{1}b11\cdots$$

$$\Rightarrow \cdots \bigcup SS\overset{\downarrow q_5}{S}bb\,1111b\cdots b \vee 111b11\cdots$$

$$\Rightarrow \cdots \bigcup SSS\overset{\downarrow q_2}{b}b\,1111b\cdots b \vee 111b11\cdots$$

$$\Rightarrow \cdots \bigcup SS\overset{\downarrow q_6}{S}bb\,1111b\cdots b \vee 111b11\cdots$$

$$\Rightarrow \cdots \bigcup \overset{\downarrow q_6}{S}S1bb1111b\cdots b \vee 111b11\cdots$$

$$\Rightarrow \cdots \bigcup \overset{\downarrow q_6}{S}11bb1111b\cdots b \vee 111b11\cdots$$

$$\Rightarrow \cdots \bigcup \overset{\downarrow q_6}{1}11bb1111b\cdots b \vee 111b11\cdots$$

例题 8-20 证明集合 $Q=\{0^n1^n \mid n\geqslant 1\}$不是正则集。

分析 由 Kleene 定理可知，如果 Q 是正则集，那么存在一台有限状态接收器 M，使 $L(M)=Q$。由于 M 只有有限个状态，而 Q 中有无限个串，长度没有上界，再由 Q 中串的形式可导出矛盾。

证明 用反证法。如果 $Q=\{0^n1^n \mid n\geqslant 1\}$是正则集，由 Kleene 定理可知，存在一台有限状态接收器 M，使 $L(M)=Q$。设 M 的状态数为 k。我们选择一个数 m，使 $2m\geqslant k$。串 $\omega=0^m1^m\in Q$，$|\omega|=2m$。设状态 $q^{(1)},q^{(2)},\cdots,q^{(2m+1)}$ 是 M 以 $\omega=0^m1^m$ 为输入的状态转换序列，即 $q^{(1)}\overset{0}{\Rightarrow}q^{(2)}\overset{0}{\Rightarrow}\cdots\cdots\overset{1}{\Rightarrow}q^{(2m+1)}$。因为 $2m+1>k$，M 只有 k 个不同状态，因此在状态序列 $q^{(1)},q^{(2)},\cdots,q^{(2m+1)}$ 中必有 $q^{(i)}=q^{(j)}$，$1\leqslant i<j\leqslant 2m+1$。这样在 ω 中，第 i 个符号到第 $j-1$ 个符号将有限自动机 M 从状态 $q^{(i)}$ 返回状态 $q^{(i)}$。设 ω 中第 i 个符号到第 $j-1$ 个符号组成串 ω_2，$\omega_2\neq\lambda$，则 $\omega=\omega_1\omega_2\omega_3$。由于 ω_2 使 M 从状态 $q^{(i)}$ 返回状态 $q^{(i)}$，故而 $\omega_2^2,\omega_2^3,\cdots$也使 M 从状态 $q^{(i)}$ 返回状态 $q^{(i)}$，因此串 $\omega_1\omega_2^l\omega_3(l\geqslant 1)$也被 M 接受，$\omega_1\omega_2^l\omega_3\in Q$。

如果 $\omega_2=0^t(t\geqslant 1)$，则 $\omega_1\omega_2^2\omega_3=0^{m+t}1^m\notin Q$。

如果 $\omega_2=1^t(t\geqslant 1)$，则 $\omega_1\omega_2^2\omega_3=0^m1^{m+t}\notin Q$。

如果 $\omega_2=0^{t_1}1^{t_2}(t_1,t_2\geqslant 1)$，则 $\omega_1\omega_2^2\omega_3=0^m1^{t_2}0^{t_1}1^m\notin Q$。

因此，Q 不是正则集。

C 习题与解

8-1 设 $V=\{a,b,c\}$，求 V^2,V^3。 【8-1.1】

解 $V=\{a,b,c\}$

$V^2=\{aa,ab,ac,ba,bb,bc,ca,cb,cc\}$

$V^3=\{aaa,aab,aac,aba,abb,abc,aca,acb,acc,$

$baa,bab,bac,bba,bbb,bbc,bca,bcb,bcc$

$caa,cab,cac,cba,cbb,cbc,cca,ccb,ccc\}$

8-2 设 $V=\{0,1\}$,试问二进制的 5 和 14 在什么集合中?

解 因为 V 中每一元素长度为 1,V^2 中每个元素长度为 2,一般 V^k 中每个元素长度为 k。5 的二进制为 101,14 的二进制为 1110。如果在二进制数前面不能添加 0,则 $|101|=3$,$|1110|=4$,故而 $101\in V^3$,$1110\in V^4$。

8-3 给出有限字母表 V,求 $|V^k|$。 【8-1.2】

解 因为 $V^k=\underbrace{V\times V\times\cdots\times V}_{k}$,$V^k$ 是字母表 V 上所有长度为 k 的串组成的集合,如果 V 有 n 个字母,$|V|=n$,则 $|V^k|=|V|^k=n^k$。

8-4 已知 $V=\{a,b\}$上语言 $L_1=\{\lambda,ba,aba\}$,$L_2=\{ba,bb\}$。求 $L_1\cup L_2$,$L_1\cap L_2$,$L_1\circ L_2$,L_2^3,L_1'。

解 $L_1\cup L_2=\{\lambda,ba,bb,aba\}$

$L_1\cap L_2=\{ba\}$

$L_1\circ L_2=\{ba,bb,baba,babb,ababa,ababb\}$

$L_2^2=\{baba,babb,bbba,bbbb\}$

$L_2^3=\{bababa,bababb,babbba,babbbb,$

$bbbaba,bbbabb,bbbbba,bbbbbb\}$

$L_1'=\{\lambda,ab,aba\}$

8-5 举一例子说明字母表 V 上语言 L_1, L_2, L_3 不等式成立:

$$(L_1\cap L_2)L_3\neq L_1L_3\cap L_2L_3$$

如果 V 是由单字母组成,这种成立不等号的语言 L_1,L_2,L_3 找得到吗?

解 令 $V=\{0,1\}$,$L_1=\{0,11\}$

$$L_2=\{01,11\},L_3=\{0,10\}$$

那么 $L_1 \cap L_2 = \{11\}, (L_1 \cap L_2)L_3 = \{110, 1110\}$

$$L_1 L_3 = \{00, 010, 110, 1110\}$$

$$L_2 L_3 = \{010, 0110, 110, 1110\}$$

$$L_1 L_3 \cap L_2 L_3 = \{010, 110, 1110\}$$

故 $$(L_1 \cap L_2)L_3 \subset L_1 L_3 \cap L_2 L_3$$

由定理 8-1.3 可知，

$$(L_1 \cap L_2)L_3 \subseteq L_1 L_3 \cap L_2 L_3$$

要求等号不成立，即找一个串 ω，$\omega \in L_1 L_3 \cap L_2 L_3$，但 $\omega \notin (L_1 \cap L_2) L_3$。因为 V 仅含一个字母，设 $V = \{a\}$，$\omega = \underbrace{aa\cdots a}_{k}$ $(k \geqslant 1)$，$\omega \in L_1 L_3$，即有

$$\omega = \underbrace{a\cdots a}_{i_1}\underbrace{a\cdots a}_{j_1}, i_1 + j_1 = k, \underbrace{a\cdots a}_{i_1} \in L_1, \underbrace{a\cdots a}_{j_1} \in L_3$$

同理 $\omega \in L_2 L_3$，$\omega = \underbrace{a\cdots a}_{i_2}\underbrace{a\cdots a}_{j_2}$，$i_2 + j_2 = k$

$$\underbrace{a\cdots a}_{i_2} \in L_2, \underbrace{a\cdots a}_{j_2} \in L_3$$

因为 $\omega \notin (L_1 \cap L_2) L_3$，故只要 $i_1 \neq i_2$ 且 $L_1 = \{\underbrace{a\cdots a}_{i_1}\}$，$L_2 = \{\underbrace{a\cdots a}_{i_2}\}$就可以了。由此可知，当 V 只有一个字母时，仍有可能成立

$$(L_1 \cap L_2)L_3 \neq L_1 L_3 \cap L_2 L_3$$

例如 $L_1 = \{a\}, L_2 = \{aa\}, L_3 = \{a, aa\}$

则 $(L_1 \cap L_2)L_3 = \varnothing, L_1 L_3 \cap L_2 L_3 = \{aaa\}$

$$(L_1 \cap L_2)L_3 \neq L_1 L_3 \cap L_2 L_3$$

8-6 简化下列式子

a) $\Lambda \varnothing^*$；

b) $\dot{\Lambda}^* \varnothing^*$；

c) $A^* \cup \varnothing^*$；

d) $(\varnothing \cup A)^*$；

e) $(\Lambda \cup A)^*$。 【8-1.(4)】

解 a) $\Lambda\varnothing^* = \Lambda(\Lambda \cup \varnothing \cup \varnothing^2 \cup \cdots) = \Lambda\Lambda = \Lambda$。

b) $\Lambda^* \varnothing^* = \Lambda^* \Lambda = (\Lambda \cup \Lambda \cup \Lambda^2 \cup \cdots)\Lambda = \Lambda\Lambda = \Lambda$。

c) $A^* \cup \varnothing^* = A^* \cup \Lambda = A^*$。

d) $(\varnothing \cup A)^* = A^*$。

e) $(\Lambda \cup A)^* = (\Lambda^* A^*)^* = (\Lambda A^*)^* = (A^*)^* = A^*$。

8-7 设 V 是字母表,L 是 V 上的一个语言。定义 V^* 上的一个关系～:$\alpha \sim \beta$ 当且仅当对所有 $\omega, \varphi \in V^*$,有

$$(\omega\alpha\varphi \in L) \Leftrightarrow (\omega\beta\varphi \in L),$$

证明～是一个等价关系。 【8-1.(5)】

证明 自反:对 V 上任一串 α,显然有 $\alpha \sim \alpha$。

对称:设 V 上串 α, β 有 $\alpha \sim \beta$。由定义可知,对任意 $\omega, \varphi \in V^*$,有

$$(\omega\alpha\varphi \in L) \Leftrightarrow (\omega\beta\varphi \in L)$$

即 $\omega\alpha\varphi \in L$ 与 $\omega\beta\varphi \in L$ 同真假,因此,$\beta \sim \alpha$。

传递:设 V 上串 α, β 和 γ 有 $\alpha \sim \beta$, $\beta \sim \gamma$, 即对任意串 ω 和 φ, $\omega\alpha\varphi \in L$ 与 $\omega\beta\varphi \in L$ 同真假, $\omega\beta\varphi \in L$ 与 $\omega\gamma\varphi \in L$ 同真假, 故而 $\omega\alpha\varphi \in L$ 与 $\omega\gamma\varphi \in L$ 同真假,$\alpha \sim \gamma$。

综上所述,～是等价关系。

8-8 设 A, B, C 和 D 是 V 上任意语言,那么有

a) $A\Lambda = \Lambda A = A$;

b) $(B \cup C)A = BA \cup CA$;

c) $A(B \cap C) \subseteq AB \cap AC$;

d) $(B \cap C)A \subseteq BA \cap CA$。 【8-1.(6)】

证明 a) $A\Lambda = \{\alpha\lambda \mid \alpha \in A\} = \{\alpha \mid \alpha \in A\} = A, \Lambda A = \{\lambda\alpha \mid \alpha \in A\} = \{\alpha \mid \alpha \in A\} = A$。

b) 因为 $B \subseteq B \cup C$,所以 $BA \subseteq (B \cup C)A$。同理 $CA \subseteq (B \cup C)A$,所以,$BA \cup CA \subseteq (B \cup C)A$。

任取 $\omega \in (B \cup C)A$, 有 $\omega = \alpha\beta$, $\alpha \in B \cup C$, $\beta \in A$。当 $\alpha \in B$ 时, 有 $\omega \in BA$。当 $\alpha \in C$ 时, 有 $\omega \in CA$, 所以, $(B \cup C)A \subseteq BA \cup CA$。

综上所述，$(B\cup C)A=BA\cup CA$。

c) 因为 $B\cap C\subseteq B$，$A(B\cap C)\subseteq AB$。$B\cap C\subseteq C$，$A(B\cap C)\subseteq AC$。所以，$A(B\cap C)\subseteq AB\cap AC$。

设 $A=\{c,cb\}$，$B=\{ba\}$，$C=\{a\}$ 是 $V=\{a,b,c\}$ 上的三个语言。$B\cap C=\varnothing$，$A(B\cap C)=\varnothing$。而 $AB=\{cba,cbba\}$，$AC=\{ca,cba\}$，$AB\cap AC=\{cba\}$。所以，$A(B\cap C)\subset AB\cap AC$。上式不能成立等号。

d) 与 c)类似。

8-9 设 $A=\{\lambda,0\}$，$B=\{0,1\}$。列出下列集合的所有元素：

a) A^2；b) B^3；c) AB；d) A^+；e) B^*。 【8-1.(7)】

解 a) $A^2=\{\lambda,0,00\}$。

b) $B^3=\{000,001,010,011,100,101,110,111\}$。

c) $AB=\{0,1,00,01\}$。

d) $A^+=A\cup A^2\cup A^3\cup\cdots=\{\lambda,0\}\cup\{\lambda,0,00\}\cup\{\lambda,0,00,000\}\cup\cdots=\{\lambda,0,00,000,\cdots\}=\{0^k\mid k\geqslant 0\}$。

e) $B^*=\{0,1\}^*=\Lambda\cup B\cup B^2\cup\cdots=\{\lambda\}\cup\{0,1\}\cup\{00,01,10,11\}\cup\cdots=\{a_1a_2\cdots a_k\mid k\geqslant 0,a_i\in\{0,1\},1\leqslant i\leqslant k\}$。$B^*$ 是由空串及所有二进制串组成的集合。

8-10 设 L 是字母表 V 上的语言。证明

a) $L^mL^n=L^{m+n}$，其中 $m,n\geqslant 0$；

b) $(L^m)^n=L^{mn}$，其中 $m,n\geqslant 0$。 【8-1.(8)】

证明 a) 当 m,n 中有一为零时，$L^0=\Lambda$，上式显然成立。

当 $m,n\geqslant 1$ 时，对任一 $\omega\in L^mL^n$，有 $\omega=\alpha\beta$，$\alpha\in L^m$，$\beta\in L^n$。故而

$$\alpha=\gamma_1\gamma_2\cdots\gamma_m,\gamma_i\in L(1\leqslant i\leqslant m)$$

$$\beta=\theta_1\theta_2\cdots\theta_n,\theta_j\in L(1\leqslant j\leqslant n)$$

$$\alpha\beta=\gamma_1\gamma_2\cdots\gamma_m\theta_1\theta_2\cdots\theta_n\in L^{m+n},L^mL^n\subseteq L^{m+n}$$

反之，对任一 $\varphi\in L^{m+n}$，$\varphi=\gamma_1\gamma_2\cdots\gamma_{m+n}$，$\gamma_i\in L$，$1\leqslant i\leqslant m+n$。令 $\alpha=\gamma_1\gamma_2\cdots\gamma_m$，$\beta=\gamma_{m+1}\gamma_{m+2}\cdots\gamma_{m+n}$，$\alpha\in L^m$，$\beta\in L^n$，$\varphi\in L^mL^n$，$L^{m+n}\subseteq L^mL^n$，因此，$L^mL^n=L^{m+n}$。

b) 当 m,n 中有一为零时，$(L^m)^n=\Lambda=L^{mn}$。当 $m,n\geqslant 1$ 时，由 a)得：

$$(L^m)^n=\underbrace{L^mL^mL^m\cdots L^m}_{n}=(L^mL^m)\underbrace{L^m\cdots L^m}_{(n-2)}$$

$$=L^{2m}\underbrace{L^m\cdots L^m}_{n-2}=L^{3m}\underbrace{L^m\cdots L^m}_{(n-3)}=\cdots=L^{mn}$$

8-11 写出字母表 $V=\{a;b,c\}$ 上串 $aabcb$ 的所有前缀，后缀，真前缀，真后缀。

解 串 $\omega=aabcb$ 的前缀为 $a,aa,aab,aabc,aabcb$。后缀为 $b,cb,bcb,abcb,aabcb$。真前缀为 $a,aa,aab,aabc$。真后缀为 $b,cb,bcb,abcb$。

8-12 任意给定有限字母表 V，证明：

a) V^* 是可列集；

b) V 上任一语言 L 是有限集或可列集；

c) V 上所有语言组成的集合是不可列集。

证明 a) 设 $V=\{a_1,a_2,\cdots,a_n\}$，$|V^k|=|V|^k=n^k$，V_k 是有限集。V^* 是可列个有限集之并，V^* 是可列集。

b) L 是 V^* 的子集，V^* 是可列集，L 是有限集或可列集。

c) V 上所有语言组成的集合就是 $\mathscr{P}(V^*)$，因为 V^* 是可列集，$\mathscr{P}(V^*)$是不可列集。

8-13 证明：如果 $A\neq\varnothing$，$A^2=A$，那么 $A^*=A$。反之成立吗？ 【8-1.(9)】

证明 $A^2=A$，$A^3=A^2A=AA=A$。一般有 $A^k=A(k\geqslant 2)$。

再证 $\Lambda\subseteq A$。用反证法，如果 $\lambda\notin A$，令 A 中长度最小的串为 ω，$\omega\in A$，$|\omega|=i>0$。因为 $A=A^2$，$\omega\in A^2$，$\omega=\omega_1\omega_2$，$\omega_1,\omega_2\in A$。由于 ω 是 A 中长度最小的串，$|\omega_1|\geqslant i$，$|\omega_2|\geqslant i$，$|\omega|=|\omega_1|+|\omega_2|\geqslant 2i$，矛盾，因此 $\Lambda\subseteq A$。

$$A^*=\Lambda\cup A\cup A^2\cup\cdots=\Lambda\cup A\cup A\cup\cdots=\Lambda\cup A=A$$

反之，如果 $A\neq\varnothing$，$A^*=A$ 也可推得 $A=A^2$。因为 $\Lambda\subseteq A^*$，$A^*=A$，$\Lambda\subseteq A$，$\lambda\in A$。一方面，$A=A\Lambda\subseteq AA=A^2$。另一方面，

$A^2 \subseteq A^* = A$，因此，$A = A^2$。

如果 $A=\varnothing$，显然有 $A=A^2=\varnothing$，但 $A^*=\Lambda$，$A^* \neq A$。

8-14 设 A 是 V 上的语言，那么有

a) $AA^* = A^*A = A^+$；

b) $(A^*)^* = A^*A^* = A^*$；

c) $(A^*)^+ = (A^+)^* = A^*$；

d) $A^*A^+ = A^+A^* = A^+$；

e) $(A^*B^*)^* = (A^* \cup B^*)^*$。 【8-1.(10)】

证明 a) $AA^* = A \circ \bigcup\limits_{i=0}^{\infty} A^i = \bigcup\limits_{i=0}^{\infty} A^{i+1} = \bigcup\limits_{j=1}^{\infty} A^j = A^+$。同理有 $A^*A = A^+$。

b) 先证 $A^*A^* = A^*$。

$A^*A^* = A^* \circ (\Lambda \cup A^+) = A^* \cup A^*A^+$，故 $A^* \subseteq A^*A^*$。

另一方面，对任一 $\alpha \in A^*A^*$，有 $\alpha = \beta\gamma$，$\beta \in A^*$，$\gamma \in A^*$。因为 $A^* = \bigcup\limits_{i=0}^{\infty} A^i$，有 $\beta \in A^m$，$\gamma \in A^n$，$m, n \geqslant 0$。$\alpha = \beta\gamma \in A^{m+n} \subseteq A^*$，$A^*A^* \subseteq A^*$。

由上可知，$A^*A^* = A^*$

再证 $(A^*)^* = A^*$。

因为 $(A^*)^2 = A^*A^* = A^*$，$(A^*)^3 = (A^*)^2 A^* = A^*A^* = A^*$，可推得 $(A^*)^k A^* = A^*$ $(k \geqslant 1)$。

$$(A^*)^+ = \bigcup_{k=1}^{\infty} (A^*)^k = \bigcup_{k=1}^{\infty} A^* = A^*$$

$$(A^*)^* = \Lambda \cup (A^*)^+ = \Lambda \cup A^* = A^*$$

c) 因为 $A^* \subseteq (A^*)^+$。另一方面，$(A^*)^+ \subseteq (A^*)^* = A^*$。因此，$(A^*)^+ = A^*$。

因为 $(A^+)^* \subseteq (A^*)^* = A^*$，$A \subseteq A^+$，$A^* \subseteq (A^+)^*$。因此 $(A^+)^* = A^*$。

d) 因为 $\Lambda \subseteq A^*$，$A^+ = \Lambda A^+ \subseteq A^*A^+$。另一方面，任取 $\alpha \in A^*A^+$，$\alpha = \beta\gamma$，$\beta \in A^*$，$\gamma \in A^+$，$\beta \in A^m$，$m \geqslant 0$，$\gamma \in A^n$，$n \geqslant 1$，$\alpha = \beta\gamma \in A^{m+n} \subseteq A^+$ $(m+n \geqslant 1)$，所以，$A^*A^+ \subseteq A^+$。

由上可知　　　　　$A^*A^+=A^+$

同理可证　　　　　$A^+A^*=A^+$

e) 先证$(A^*\cup B^*)^*\subseteq(A^*B^*)^*$。

因为$A^*=A^*\Lambda\subseteq A^*B^*$,$B^*\subseteq A^*B^*$,$A^*\cup B^*\subseteq A^*B^*$,$(A^*\cup B^*)^*\subseteq(A^*B^*)^*$。

因为$A^*\subseteq A^*\cup B^*$,$B^*\subseteq A^*\cup B^*$,$A^*B^*\subseteq(A^*\cup B^*)^2\subseteq(A^*\cup B^*)^*$,所以$(A^*B^*)^*\subseteq((A^*\cup B^*)^*)^*=(A^*\cup B^*)^*$。

由此可知，　$(A^*B^*)^*=(A^*\cup B^*)^*$

8-15　证明:如果L是镜像语言,那么,L'也是镜像语言。

【8-1.(11)】

证明　L是镜像语言,$L=L'$。因为$L=(L')'$,所以,$L'=(L')'$,L'是镜像语言。

8-16　给定语言L,令$\hat{L}=L\cap L'$。如果L是镜像语言,$\hat{L}$必是镜像语言吗?反之,如果$\hat{L}$是镜像语言,L必是镜像语言吗?

【8-1.(12)】

证明　L是镜像语言,$L=L'$,$\hat{L}=L\cap L'=L\cap L=L$,$\hat{L}$是镜像语言。

反之,$\hat{L}$是镜像语言,L不一定是镜像语言。例如,$L=\{0,01\}$,$L'=\{0,10\}$,$\hat{L}=L\cap L'=\{0\}$,$\hat{L}$是镜像语言,$L\neq L'$,L不是镜像语言。

8-17　设文法G具有下列生成规则:

a) $\sigma\to aA$,$A\to BA$,$A\to aAB$,$A\to a$,$B\to b$;

b) $\sigma\to aAB$,$BA\to BbA$,$A\to bB$,$B\to b$;

c) $\sigma\to BBAA$,$BAB\to BB$,$\sigma\to c$,$A\to a$,$B\to AS$,$A\to a$,$B\to bb$;

d) $A\to aB$,$B\to bA$,$\sigma\to bA$,$A\to a$,$B\to b$;

e) $\sigma\to Ba$,$A\to Bb$,$B\to Aa$,$A\to a$,$B\to b$。

试问文法G分别属于哪一型?

解　a) 每一生成式形为$A\to\omega$,左边只有一个非终结符,该文法属2型文法。

b）每一生成式形为 $\varphi A\psi \to \varphi\omega\psi$，其中 $\omega \neq \lambda$，该文法属 1 型文法。

c）生成式 $BAB \to BB$ 是一条缩减规则，该文法属 0 型文法。

d）每一生成式形为 $D \to dE$ 或 $D \to d$，该文法属 3 型文法，是右线性文法。

e）每一生成式形为 $D \to Ed$ 或 $D \to d$，该文法属 3 型文法，是左线性文法。

8-18 给定前后文无关文法 G，它有下列生成式：

$$\sigma \to aBA, B \to Aba, A \to bA, A \to c$$

求串 $acbabc$ 的派生过程，画出派生树。

解 串 $acbabc$ 的派生过程为：

$\sigma \Rightarrow aBA \Rightarrow aAbaA \Rightarrow acbaA$

$\Rightarrow acbabA \Rightarrow acbabc$

派生树如图 8-21 所示。

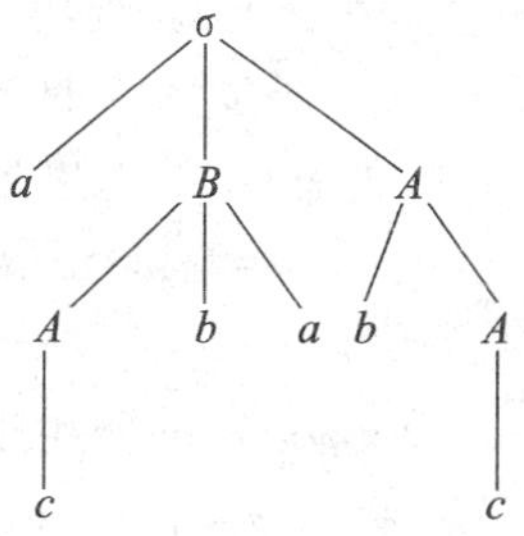

图 8-21

8-19 给定文法 $G=(\{\sigma, A\}, \{0,1\}, P, \sigma)$，其中

P：$\sigma \to 0\sigma$，$\sigma \to 1A$，$\sigma \to 0$，

$A \to 0A$，$A \to 1\sigma$，$A \to 1$

描述 $L(G)$，写出 00101 的派生过程并画出派生树。 【8-2.(1)】

解 考察 P 中所有生成式，在这些生成式的两边或者所含字母 1 和 A 的数目相同，或者字母 1 和 A 的数目右边比左边多两个。所以，由 σ 派生的字符串中 1 和 A 的数目为偶数。由生成式 $A \to 1$ 可知，非终结符 A 最终被终结符 1 代替，因此，$L(G)$中任意串必含偶数个 1，而 0 的数目可任意。

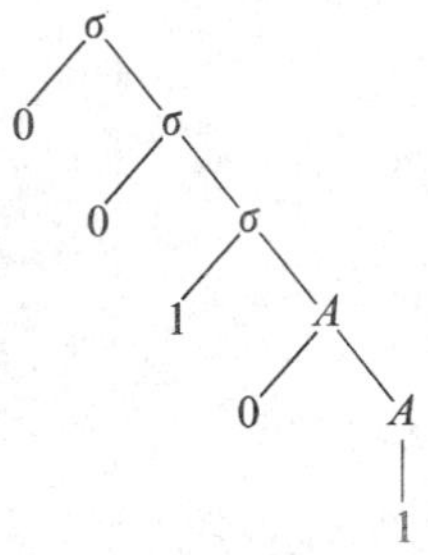

图 8-22

00101 的派生过程为：

$\sigma \Rightarrow 0\sigma \Rightarrow 00\sigma \Rightarrow 001A \Rightarrow 0010A \Rightarrow 00101$

它的派生树如图 8-22 所示。

8-20 考察下列文法

$$G_1=(\{\sigma\},\{c\},P_1,\sigma)$$

其中

$$P_1:\sigma\to\lambda,\ \sigma\to\sigma\sigma,\ \sigma\to c$$

及

$$G_2=(\{\sigma\},\{c\},P_2,\sigma)$$

其中 $$P_2:\sigma\to\lambda,\ \sigma\to\sigma c\sigma,\ \sigma\to c$$

a) 描述 $L(G_i)(i=1,2)$；

b) 对每一语言,给出一个长度为 5 的终结符串的派生,并构造派生树。 【8-2.(2)】

解 a) $L(G_1)=L(G_2)=\{c^n\mid n\geqslant 0\}$。

b) 长度为 5 的终结符串为 $ccccc$。

文法 G_1 的派生过程为：

$\sigma\Rightarrow\sigma\sigma\Rightarrow\sigma\sigma\sigma\Rightarrow\sigma\sigma\sigma\sigma\Rightarrow\sigma\sigma\sigma\sigma\sigma\Rightarrow c\sigma\sigma\sigma\sigma$

$\Rightarrow cc\sigma\sigma\sigma\Rightarrow ccc\sigma\sigma\Rightarrow cccc\sigma\Rightarrow ccccc$

文法 G_2 的派生过程为：

$\sigma\Rightarrow\sigma c\sigma\Rightarrow\sigma c\sigma c\sigma\Rightarrow cc\sigma c\sigma\Rightarrow cccc\sigma\Rightarrow ccccc$

他们的派生树分别如图 8-23(a)和(b)所示。

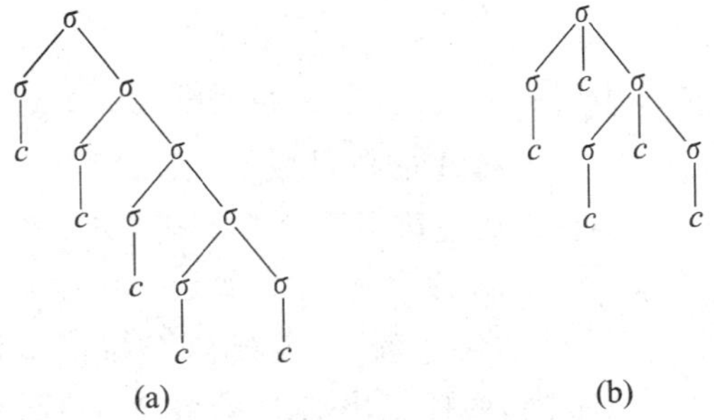

图 8-23

8-21 给定文法 $G=(V_N,V_T,P,\sigma)$,$V_N=\{\sigma,B,C\}$,$V_T=\{a,b,c\}$,生成式集 P：

(1) $\sigma \to a\sigma BC$;

(2) $\sigma \to aBC$; (3) $CB \to BC$; (4) $aB \to ab$;

(5) $bB \to bb$; (6) $bC \to bc$; (7) $cC \to cc$。

证明：a) $\sigma \overset{*}{\Rightarrow} a^n b^n c^n$。判断它属于哪一型文法。

b) 串 $a^n b^n c^n (n \geqslant 1)$ 是 $L(G)$ 中仅有的终结符串，由此可知 $L(G) = \{a^n b^n c^n \mid n \geqslant 1\}$。 【8-2.(3)】

证明 a)

$\sigma \Rightarrow a\sigma BC$	(用生成式(1))
$\Rightarrow aa\sigma BCBC$	(用生成式(1))
$\Rightarrow \cdots\cdots$	
$\Rightarrow a^{n-1}\sigma(BC)^{n-1}$	(用生成式(1))
$\Rightarrow a^n(BC)^n$	(用生成式(2))
$\Rightarrow a^n(BC)^{n-2}B^2C^2$	(用生成式(3))
$\Rightarrow \cdots\cdots$	
$\Rightarrow a^nB^nC^n$	(用生成式(3))
$\Rightarrow a^nbB^{n-1}C^n$	(用生成式(4))
$\Rightarrow a^nb^2B^{n-2}C^n$	(用生成式(5))
$\Rightarrow \cdots\cdots$	
$\Rightarrow a^nb^nC^n$	(用生成式(5))
$\Rightarrow a^nb^ncC^{n-1}$	(用生成式(6))
$\Rightarrow a^nb^nc^2C^{n-2}$	(用生成式(7))
$\Rightarrow \cdots\cdots$	
$\Rightarrow a^nb^nc^n$	(用生成式(7))

该文法的生成式中只有 $CB \to BC$ 不属于 $\varphi A\psi \to \varphi\omega\psi$ 形式。但是我们引进新的非终结符 D 和 E，令 $V'_N = \{\sigma, B, C, D, E\}$。将生成式 $CB \to BC$ 改为：$CB \to DB$，$DB \to DE$，$DE \to BE$，$BE \to BC$。那么，这些生成式都属于 $\varphi A\psi \to \varphi\omega\psi$ 形式了，所以文法 G 是上下文有关文法。

b) 分析生成式的结构。

由于生成式(4)，(5)，(6)和(7)的左端，在非终结符 B 或 C 的左邻为终结符，因此在任何以 σ 开始的派生过程中未运用生成式(2)之前不能运用他们。$n-1(\geqslant 1)$ 次运用生成式(1)和 1 次运用

生成式(2)，有

$$\sigma \overset{*}{\Rightarrow} a^n(BC)^n \quad (n \geqslant 1)$$

由于 $a^n(BC)^n$ 中没有 σ 了，不能再运用生成式(1)或(2)。此时只能运用生成式(3)或(4)。生成式(3)将非终结符 B 和 C 位置互换，生成式(4)将非终结符 B 换为终结符 b。运用了生成式(4)后才可运用生成式(5)或(6)，他们分别将非终结符 B 和 C 换为终结符 b 和 c。此时，字符串为：

$$a^n b^i c\alpha \quad (i \leqslant n)$$

其中 α 是由 B 和 C 组成，B 的数目为 $n-i$，C 的数目为 $n-1$。

如果 $i<n$，α 中至少有一个 B。在 $a^n b^i c\alpha$ 的派生中只能运用生成式(3)或(7)，因为(3)只能改变 B 和 C 的次序，(7)只能将非终结符 C 改为终结符 c，所以不管怎样交替运用生成式(3)或(7)，$c\alpha$ 中的非终结符 B 始终不能消失，因此不能得到由终结符组成的串。

如果 $i=n$，此时串为：

$$a^n b^n c\alpha$$

其中 α 由 $n-1$ 个 C 组成。此时，在 $a^n b^n c\alpha$ 的派生中只能运用生成(7)式了，重复使用生成(7)式就得终结符串 $a^n b^n c^n$。

8-22 构造右线性文法，使它产生被 3 整除的非负数。画出对应的有限自动机的状态图。

解 一个数被 3 整除当且仅当它的各位数字之和是 3 的倍数。为了方便起见，允许一个数可以以 0 开始，即允许有 024，005709 等数。

我们将$\{0,1,2,\cdots,9\}$划分为三个集合，$A_0=\{0,3,6,9\}$，$A_1=\{1,4,7\}$，$A_2=\{2,5,8\}$。A_0 中数字可被 3 整除，A_1 中数字被 3 除余 1，A_2 中数字被 3 除余 2。构造右线性文法 $G=(\{R_0,R_1,R_2\},\{0,1,2,3,4,5,6,7,8,9\},P,R_0)$，其中 P 为：

$R_0 \to 0, R_0 \to 3, R_0 \to 6, R_0 \to 9$

$R_1 \to 1, R_1 \to 4, R_1 \to 7$

$R_2 \to 2, R_2 \to 5, R_2 \to 8$

$R_0 \to 0R_0, R_0 \to 3R_0, R_0 \to 6R_0, R_0 \to 9R_0$

$R_0 \to 1R_2, R_0 \to 4R_2, R_0 \to 7R_2, R_0 \to 2R_1$

$R_0 \to 5R_1, R_0 \to 8R_1$

$R_1 \to 0R_1, R_1 \to 3R_1, R_1 \to 6R_1, R_1 \to 9R_1$

$R_1 \to 1R_0, R_1 \to 4R_0, R_1 \to 7R_0, R_1 \to 2R_2$

$R_1 \to 5R_2, R_1 \to 8R_2$

$R_2 \to 0R_2, R_2 \to 3R_2, R_2 \to 6R_2, R_2 \to 9R_2$

$R_2 \to 1R_1, R_2 \to 4R_1, R_2 \to 7R_1, R_2 \to 2R_0$

$R_2 \to 5R_0, R_2 \to 8R_0$

由生成式可知，从 R_0 开始派生的数均能被 3 整除，从 R_1 开始派生的数被 3 除余 1，从 R_2 开始派生的数被 3 除余 2。文法 G 产生被 3 整除的非负数。例如数 523281 的派生过程为：

$$R_0 \Rightarrow 5R_1 \Rightarrow 52R_2 \Rightarrow 523R_2 \Rightarrow 5232R_0 \Rightarrow 52328R_1 \Rightarrow 523281$$

文法 G 对应的有限自动机的状态图如图 8-24 所示。

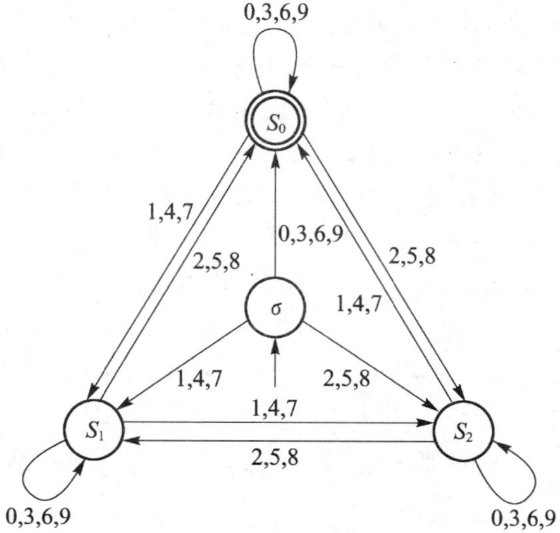

图　8-24

8-23　a）构造一个左线性文法 G_1，使 $L(G_1)=\{10^n \mid n \geqslant 0\}$；

b）构造一个右线性文法 G_2，使 $L(G_2)=\{ab^m \mid m \geqslant 0\} \cup \{c^n \mid n$

$\geqslant 1\}$。【8-2.(4)】

解 a) $G_1=(V_N,V_T,P,\sigma)$，$V_N=\{\sigma,A\}$，$V_T=\{0,1\}$。P：$\sigma\to 1$，$\sigma\to A0$，$A\to A0$，$A\to 1$。

b) $G_2=(V_N,V_T,P,\sigma)$，$V_N=\{\sigma,B,C\}$，$V_T=\{a,b,c\}$，P：$\sigma\to a$，$\sigma\to aB$，$B\to bB$，$B\to b$，$\sigma\to c$，$\sigma\to cC$，$C\to cC$，$C\to c$。

8-24 设文法 G 的生成式的形式都是 $A\to\varphi B$ 和 $A\to\varphi$，其中 $A,B\in V_N$，$\varphi\in V_T^+$。试证 G 产生的语言能由右线性文法产生。

【8-2.(5)】

证明 设文法为 $G=(V_N,V_T,P,\sigma)$，其中 $V_T=\{a_1,a_2,\cdots,a_k\}$。构造新文法 $G'=(V'_N,V'_T,P',\sigma')$，令 $V'_T=V_T$，$\sigma'=\sigma$。G' 的生成式集 P' 根据 G 的生成式集 P 构造。

a) 对 P 中形为 $A\to\varphi$，$A\to\varphi B$ 的生成式，如果 φ 是一个终结符，那么在 P' 中保持不变。

b) 如果 P 中有生成式 $A\to\varphi$，$\varphi=a_{i_1}a_{i_2}\cdots a_{i_p}$。在 G' 中增加新非终结符 $B_1,B_2,\cdots,B_{p-1}$，将生成式 $A\to a_{i_1}a_{i_2}\cdots a_{i_p}$ 改写为：

$$A\to a_{i_1}B_1,B_1\to a_{i_2}B_2,\cdots,B_{p-2}\to a_{i_{p-1}}B_{p-1},B_{p-1}\to a_{i_p}$$

c) 如果 P 中有生成式 $A\to\varphi B$，$\varphi=b_{j_1}b_{j_2}\cdots b_{j_k}$，在 G' 中增加新非终结符 $C_1,C_2,\cdots,C_{k-1}$。将生成式 $A\to b_{j_1}b_{j_2}\cdots b_{j_k}B$ 改写为：

$$A\to b_{j_1}C_1,C_1\to b_{j_2}C_2,\cdots,C_{k-2}\to b_{j_{k-1}}C_{k-1},C_{k-1}\to b_{j_k}B$$

这样构造的新文法 G'，有 $L(G')=L(G)$。且 G' 是右线性文法。

例如 $G=(\{\sigma,A\},\{0,1\},P,\sigma)$，其中 P：$\sigma\to 0$，$\sigma\to 10$，$\sigma\to 0A$，$A\to 01A$，$A\to 1$。构造 $G'=(\{\sigma,A,B,C\},\{0,1\},P',\sigma)$，其中 P'：$\sigma\to 0$，$\sigma\to 1B$，$B\to 0$，$\sigma\to 0A$，$A\to 0C$，$C\to 1A$，$A\to 1$。G' 为右线性文法，且 $L(G')=L(G)$。

8-25 给定正则文法 $G=(V_N,V_T,P,\sigma)$，其中 $V_N=\{\sigma,A,B\}$，$V_T=\{0,1\}$，生成式集 P 为：

(1) $\sigma\to 0\sigma$；	(2) $\sigma\to 1A$；	(3) $A\to 0\sigma$；
(4) $A\to 1B$；	(5) $B\to 0\sigma$；	(6) $B\to 0A$；
(7) $\sigma\to 0$；	(8) $\sigma\to 1$；	(9) $A\to 0$；

(10) $A \to 1$;　　　(11) $B \to 0$。

描述 $L(G)$，并写出 00110100011 的派生过程。

解　构造接受 $L(G)$ 的有限状态接收器为：$M=(\{\sigma,A,B,C\},\{0,1\},\delta,\{\sigma\},\{C\})$，其中 δ 为：

$$\delta(\sigma,0)=\{\sigma,C\},\delta(\sigma,1)=\{A,C\}$$
$$\delta(A,0)=\{\sigma,C\},\delta(A,1)=\{B,C\}$$
$$\delta(B,0)=\{\sigma,A,C\}$$

它的状态图如图 8-25 所示。

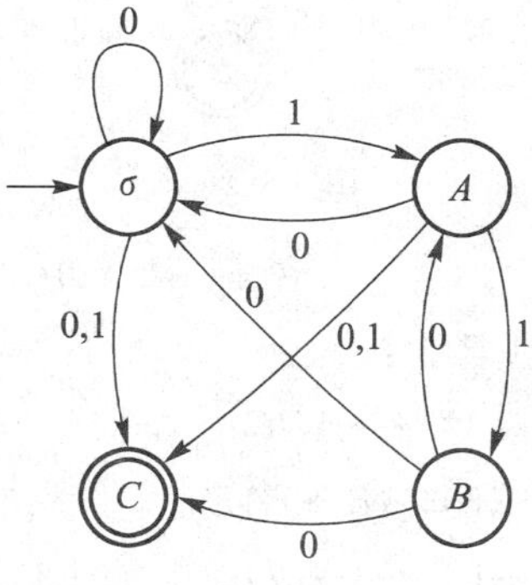

图　8-25

令 $\alpha\in\{0,1\}^*$，由状态图可知，当输入串是 $\alpha 0$ 时，M 可处于状态 σ；当输入串是 1 或 $\alpha 01$ 时，M 可处于状态 A；当输入串是 11 或 $\alpha 011$ 时，M 可处于状态 B。当 M 处于状态 B 时，只有输入字母 0 时才能离开状态 B 而到达状态 σ，A 或终态 C。因此，当输入串含有三个以上连续的 1，必被 M 拒绝，当输入串含有连续的 1 的个数不超过两个时，能被 M 接受。$L(G)=L(M)=\{\omega\,|\,\omega\in(0,1)^+$ 且 ω 中不包含三个以上连续的 1$\}$。

00110100011 的派生过程为：

$$\sigma \overset{(1)}{\Rightarrow} 0\sigma \overset{(1)}{\Rightarrow} 00\sigma \overset{(2)}{\Rightarrow} 001A \overset{(4)}{\Rightarrow} 0011B$$
$$\overset{(5)}{\Rightarrow} 00110\sigma \overset{(2)}{\Rightarrow} 001101A \overset{(3)}{\Rightarrow} 0011010\sigma$$
$$\overset{(1)}{\Rightarrow} 00110100\sigma \overset{(1)}{\Rightarrow} 001101000\sigma$$
$$\overset{(2)}{\Rightarrow} 0011010001A \overset{(10)}{\Rightarrow} 00110100011$$

8-26　给出一个产生语言 $L=\{\omega\,|\,\omega\in\{0,1\}^*$ 且 ω 不含有两个相邻的 1$\}$ 的正则文法。　　【8-2.(6)】

解　产生语言 L 的正则文法为 $G=(\{\sigma,A\},\{0,1\},P,\sigma)$，其中 P 为：$\sigma\to\lambda$，$\sigma\to 0$，$\sigma\to 1$，$\sigma\to 0\sigma$，$\sigma\to 1A$，$A\to 0\sigma$，$A\to 0$。

接受 L 的有限状态接收器 M 的状态图如图 8-26 所示。

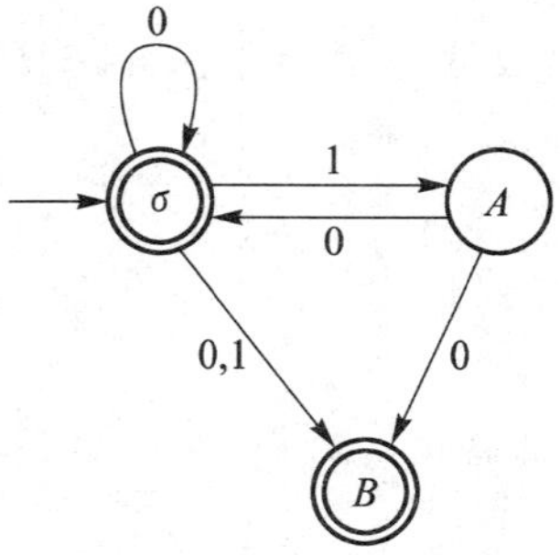

图 8-26

8-27 给出一个产生语言 $L=\{\omega\omega' \mid \omega \in \{0,1\}^*\}$ 的上下文有关文法。【8-2.(7)】

解 产生语言 L 的上下文有关文法为 $G=(\{\sigma,A\},\{0,1\},P,\sigma)$，其中 P 为：$\sigma\to\lambda$，$\sigma\to 00$，$\sigma\to 11$，$\sigma\to 0A0$，$\sigma\to 1A1$，$A\to 0\sigma 0$，$A\to 1\sigma 1$，$A\to 00$，$A\to 11$。

8-28 考察下列 0 型文法：

$$G=(\{\sigma,A,B,C,D,E\},\{0,1\},P,\sigma)$$

其中 P 为：

(1) $\sigma\to ABC$；　(2) $AB\to 0AD$；

(3) $AB\to 1AE$；　(4) $AB\to\lambda$；

(5) $D0\to 0D$；　(6) $D1\to 1D$；

(7) $E0\to 0E$；　(8) $E1\to 1E$；

(9) $C\to\lambda$；　(10) $DC\to B0C$；

(11) $EC\to B1C$；　(12) $0B\to B0$；　(13) $1B\to B1$。

描述 $L(G)$，并写出 01100110 的派生过程。【8-2.(8)】

解 该文法产生的语言为：

$$L(G)=\{\omega\omega \mid \omega\in\{0,1\}^*\}$$

01100110 的派生过程为：

$$\sigma\overset{(1)}{\Rightarrow}ABC\overset{(2)}{\Rightarrow}0ADC\overset{(10)}{\Rightarrow}0AB0C\overset{(3)}{\Rightarrow}01AE0C$$

$$\overset{(7)}{\Rightarrow}01A0EC\overset{(11)}{\Rightarrow}01A0B1C\overset{(12)}{\Rightarrow}01AB01C\overset{(3)}{\Rightarrow}011AE01C$$

$$\overset{(7)}{\Rightarrow}011A0E1C\overset{(8)}{\Rightarrow}011A01EC\overset{(11)}{\Rightarrow}011A01B1C$$

$$\overset{(13)}{\Rightarrow}011A0B11C\overset{(12)}{\Rightarrow}011AB011C\overset{(2)}{\Rightarrow}0110AD011C$$

$$\overset{(5)}{\Rightarrow}0110A0D11C\overset{(6)}{\Rightarrow}0110A01D1C\overset{(6)}{\Rightarrow}0110A011DC$$

$\overset{(10)}{\Rightarrow}0110A011B0C\overset{(13)}{\Rightarrow}0110A01B10C\overset{(13)}{\Rightarrow}0110A0B110C$

$\overset{(12)}{\Rightarrow}0110AB0110C\overset{(4)}{\Rightarrow}01100110C\overset{(9)}{\Rightarrow}01100110$

由上述派生过程可知:(1)式右端 ABC 中的 AB 用来产生字符串 $\omega\omega$ 中左边的 ω,C 用来产生右边的 ω。(2)式和(3)式分别用来产生左边 ω 中的 0 和 1。如果产生 0,同时消去非终结符 B,产生终结符 D 来标志;如果产生 1,同时消去非终结符 B,产生终结符 E 来标志。(5)式和(6)式使 D 右移。(7)式和(8)式使 E 右移。(10)式和(11)式用来产生右边 ω 中相应的 0 和 1,同时消去 D 或 E,恢复非终结符 B。(12)式和(13)式使 B 左移。(4)式和(9)式在派生得到字符串 $\omega AB\omega C$ 后,用来消去 AB 和 C,从而得到终结符串 $\omega\omega$。

8-29 构造有限状态机 $M=(Q,S,R,f,g,q_I)$,其中 $S=R=\{0,1,2,3\}$,对于 $t>2$,有 $r(t)=m(t)+n(t)$,这里

$$m(t)=\begin{cases}2, & \text{如果 } s(t-1) \text{ 是 } 0 \text{ 或 } 2\\ 0, & \text{其他}\end{cases}$$

和

$$n(t)=\begin{cases}1, & \text{如果 } s(t-2) \text{ 是 } 1 \text{ 或 } 3\\ 0, & \text{其他}\end{cases}$$

如果令 $s(-1)=s(0)=0$,确定 $r(1)$ 和 $r(2)$。 【8-3.(1)】

解 由 $r(t)$ 的定义可知,$r(t)$ 由 $s(t-2)$ 和 $s(t-1)$ 决定,因此,机器应有记忆 $s(t-2)s(t-1)$ 的功能。M 有四个状态:A,B,C,D。他们与 $s(t-2)s(t-1)$ 的关系如表 8-6 所示。

表 8-6

状态	A	B	C	D
$s(t-2)s(t-1)$	10,12,30,32	00,02,20,22	11,13,31,33	01,03,21,23

有限状态机 M 的状态图如图 8-27 所示。

对图 8-27 说明一下。如果机器处于状态 A,即 $s(t-2)s(t-1)=10,12,30$ 或 32。当输入字母为 0,则:$s(t-2)s(t-1)s(t)=$

100,120,300 或 320。他们的后两位是 00,20,机器 M 转向状态 B。由于 $s(t-1)$是 0 或 2,$m(t)=2$;由于 $s(t-2)$是 1 或 3,$n(t)=1$,$r(t)=m(t)+n(t)=3$。因此,在状态图中有Ⓐ$\xrightarrow{0/3}$Ⓑ,其余依此类推。

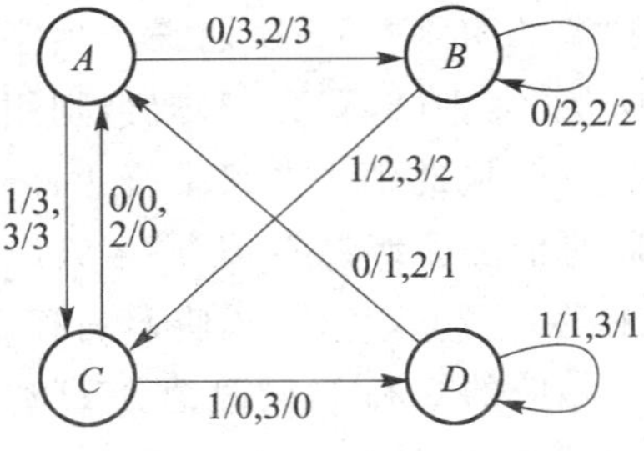

图 8-27

当 $s(-1)=s(0)=0$ 时,即取 B 为初态,$r(1)=m(1)+n(1)=2+0=2$。当 $s(1)=1,3$ 时,$r(2)=m(2)+n(2)=0+0=0$。当 $s(1)=0,2$ 时,$r(2)=m(2)+n(2)=2+0=2$。

8-30 设 $S=\{a,b,c\}$,对于 S 中每一符号 s 和 S^* 中每一串 ω,定义 $N_s(\omega)=\omega$ 中 s 出现的次数。给出转换赋值机 $M=(Q,S,R,f,g,q_I)$的状态图,对于输入串 ω,它的最终输出是:

$$r=(N_a(\omega)+2N_b(\omega)-3N_c(\omega))\bmod 5$$

求激励是 $abbccbaabc$ 的响应。【8-3.(2)】

解 由初等数论知道,r 的取值有 0, 1, 2, 3 和 4 共五种,需

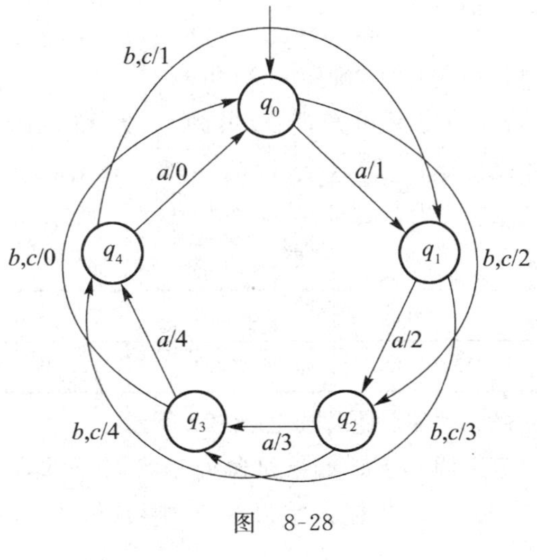

图 8-28

要五个状态分别表示，他们为 q_0, q_1, q_2, q_3 和 q_4。由于(2)mod 5 =(−3)mod 5 = 2，故而，输入串 ω 和 ω' 的最终输出 r 和 r' 有关系式：

$$r' = \begin{cases} (r+1) \bmod 5, \omega' = \omega a \\ (r+2) \bmod 5, \omega' = \omega b \text{ 或 } \omega' = \omega c \end{cases}$$

转换赋值机 M 的状态图如图 8-28 所示。激励是 *abbccbaabc* 的响应为 1302412302。

8－31 已知有限状态机的状态图，如图 8-29(a)，(b)和(c)所示，写出相应的状态表。【8-3.(3)】

解 图 8-29(a)，(b)，(c)所示的有限状态机的状态表分别如表 8-7(a)，(b)，(c)所示。

表 8-7

	00	01	10	11	
A	A	A	B	B	00
B	B	A	C	C	01
C	C	A	D	D	11
D	D	A	A	A	10

(a)

	c_1	c_2	c_3	
q_0	q_1	q_2	q_7	0
q_1	q_2	q_3	q_0	1
q_2	q_3	q_4	q_1	0
q_3	q_4	q_5	q_2	1
q_4	q_5	q_6	q_3	0
q_5	q_6	q_0	q_4	1
q_6	q_7	q_1	q_5	0
q_7	q_0	q_2	q_6	1

(b)

	0	1
A	B,1	C,0
B	C,1	D,0
C	D,1	E,0
D	E,0	A,1
E	E,0	A,1

(c)

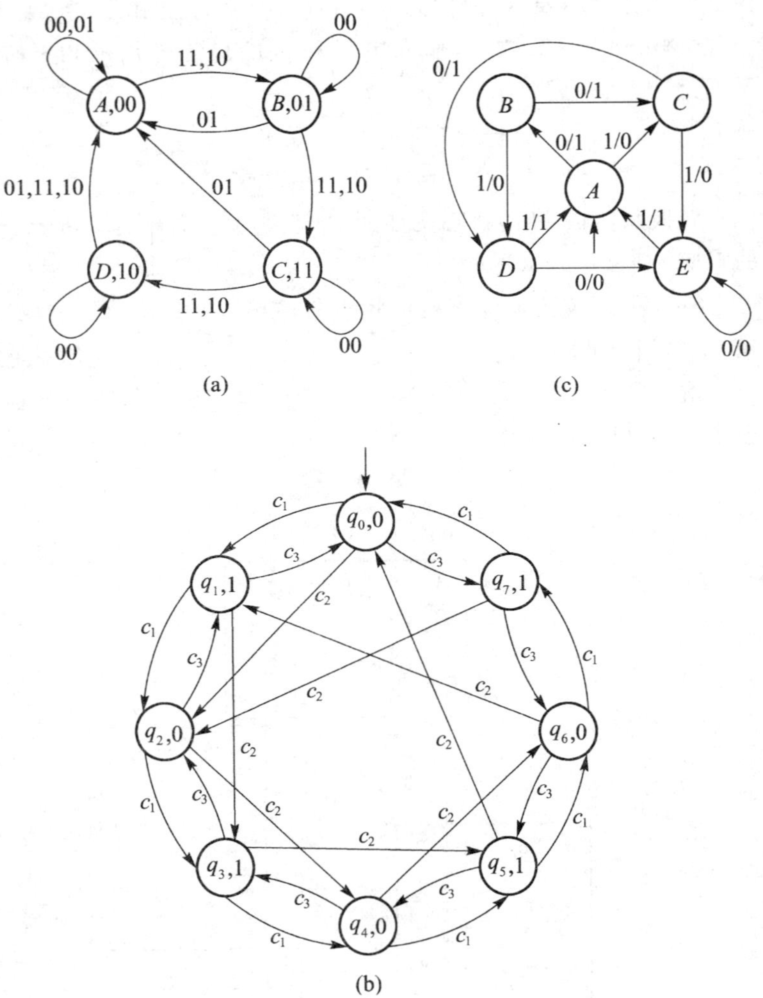

图 8-29

8-32 给定有限状态机的状态表如表 8-8(a)和(b)所示，画出相应的状态图。【8-3.(4)】

解 状态表如表 8-8(a)和(b)所示的有限状态机的状态图分别如图 8.30(a)和(b)所示。

表 8-8

	0	1	
A	C	B	0
B	C	D	0
C	D	B	0
D	B	A	1

(a)

	0	1
q_0	q_0,0	q_1,0
q_1	q_0,0	q_2,0
q_2	q_0,0	q_2,1

(b)

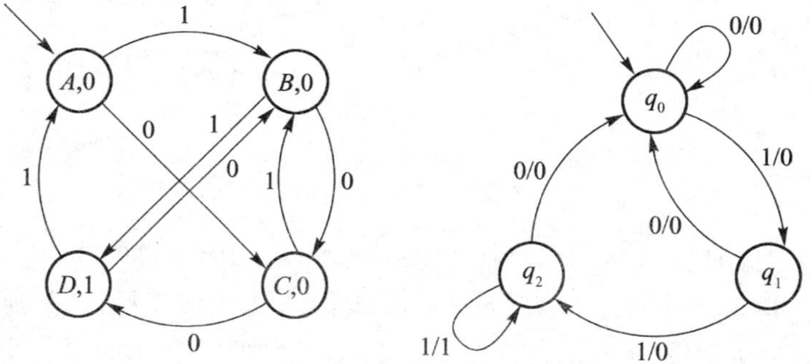

(a) (b)

图 8-30

8-33 设计一台有限自动机,它的输入是若干个以字母 X 分隔的符号串,这些符号串由字母 a,b,c 组成。要求它的输出能记录输入中符号串的数目以及对应每个符号串中第一个字母所在的位置。

解 令输出由字母 0 和 1 组成,在每一个符号串的第一个字母处输出 1,其他输出均为 0,1 的位置对应每个符号串中第一个字母所在的位置,1 的数目对应符号串的数目。该有限自动机需要两个状态 q_0 和 q_1。q_0 是初态,它表示输入的前一个字母是 X。q_1 表示输入的前一个字母是 a,b 或 c。因此,有限状态机从状态 q_0 转向状态 q_1 时应输出 1,其他情况下输出均为 0。它的状态表如表 8-9 所示,状态图如图 8-31 所示。

对应输入 $XXacXXbccaXcXa$ 的输出为:00100010000101。状态转换为:

表 8-9

	X	a	b	c
q_0	$q_0, 0$	$q_1, 1$	$q_1, 1$	$q_1, 1$
q_1	$q_0, 0$	$q_1, 0$	$q_1, 0$	$q_1, 0$

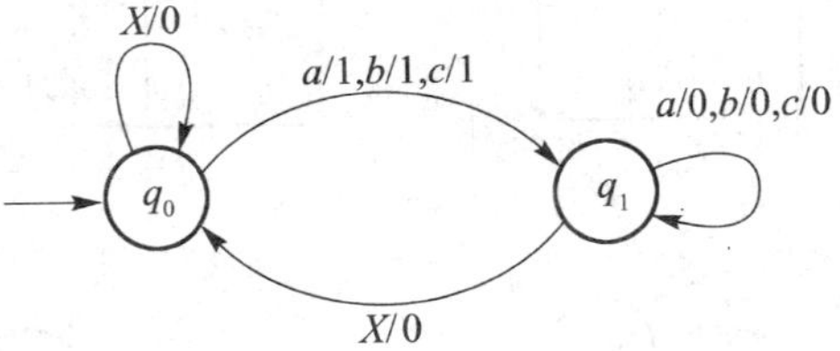

图 8-31

$$q_0 \xrightarrow{X/0} q_0 \xrightarrow{X/0} q_0 \xrightarrow{a/1} q_1 \xrightarrow{c/0} q_1 \xrightarrow{X/0} q_0 \xrightarrow{X/0} q_0 \xrightarrow{b/1} q_1$$

$$\xrightarrow{c/0} q_1 \xrightarrow{c/0} q_1 \xrightarrow{a/0} q_1 \xrightarrow{X/0} q_0 \xrightarrow{c/1} q_1 \xrightarrow{X/0} q_0 \xrightarrow{a/1} q_1$$

8-34 设计字母表$\{a,b,c,d\}$上的一个转换器，它能复制全部 a 和 b，将 c 改为 a，d 改为 b 直到读入连续两个 d 的第二个为止，将这第二个 d 改为 a，输入带上以后读入的各符号都改为 c。

解 先看一个例子。如果输入为 $abcdcabd\underline{d}bcad$，字母从左到右输入机器。输出为 $ababaabb\underline{a}cccc$。它需要三个状态，$q_0$ 为初态，q_1 记录已经读入一个 d，q_2 记录已经读入两个连续 d。状态表

表 8-10

	a	b	c	d
q_0	q_0, a	q_0, b	q_0, a	q_1, b
q_1	q_0, a	q_0, b	q_0, a	q_2, a
q_2	q_2, c	q_2, c	q_2, c	q_2, c

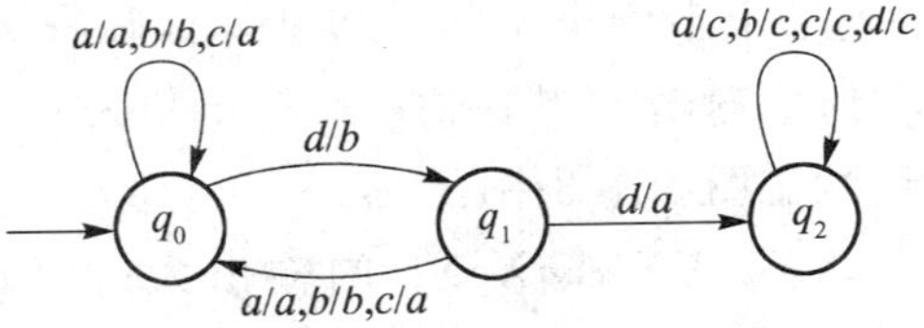

图 8-32

如表 8-10 所示，状态图如图 8-32 所示。

8-35 设 M 是 n 个状态的有限状态机。如果有一个激励将 M 从状态 q_I 转向状态 q，证明必存在一个长度小于 n 的激励，使 M 从状态 q_I 转向状态 q。【8-3.(5)】

证明 对于 n 个状态的有限状态机的状态图，如果将每一状态看为一个结点，它就是具有 n 个结点的有向图。如果有激励能将 M 从状态 q_I 转向状态 q，表示在有向图中，从 q_I 所对应的结点到 q 所对应的结点之间存在有向路。由图论可知，必存在长度 $<n$ 的从 q_I 所对应的结点到 q 所对应的结点的有向路，该有向路中各有向弧所标记的输入字母所组成的字，就是使 M 使状态 q_I 转向状态 q 且长度 $<n$ 的激励。

8-36 设计一台有限状态机 M，其中 $S=R=\{0,1\}$，当输入串中有三个连续的 0 或 1 时，它输出 1，其他均输出 0。【8-3.(6)】

解 分析一下 M 所需要的状态。一个初态，用 A 表示。另一个状态表示输入串中已含有三个连续 0 或三个连续 1，用 F 表示，F 为终态。输入串还可含有一个 0，一个 1，两个连续 0，两个连续 1，还需要四个状态，分别用 B,C,D,E 表示。状态 B 表示在转入该状态之前的最新输入中恰含有一个 0；状态 C 表示在转入该状态之前的最新输入中恰含有两个连续的 0；状态 D 表示在转入该状态之前的最新输入中恰含有一个 1；状态 E 表示在转入该状态之前的最新输入中恰含有两个连续的 1。显然，状态 A,B,C,D,E 的输出为 0，状态 F 的输出为 1。有限状态机 M 的状态图如

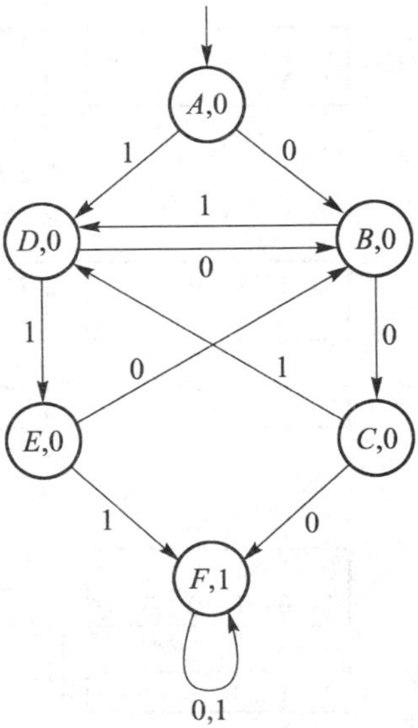

图 8-33

图8-33所示。

8-37 设计一个二进制加法器。

解 如果输入的两个二进制数分别有 m 位和 n 位。如果 $n \leqslant m$，则其和将有 m 位或 $m+1$ 位。我们把输入的两个数都扩充为

表 8-11

a_1	a_2	s	c
0	0	0	0
0	1	1	0
1	0	1	0
1	1	0	1

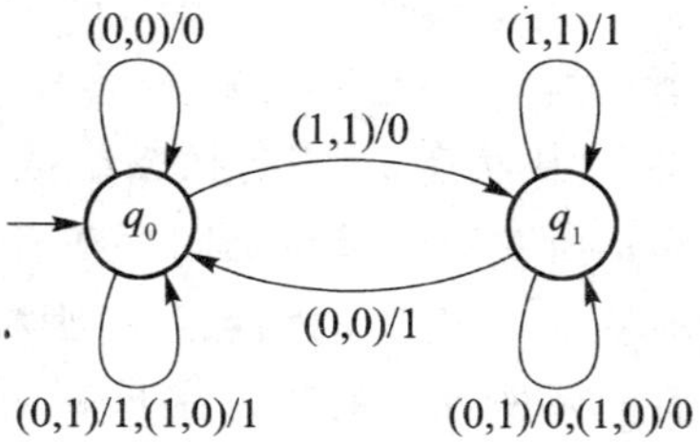

图 8-34

$m+1$ 位，这只要在高位部分分别添加一个 0 和 $m+1-n$ 个 0 就可。例如要执行 10110+101，分别将 10110 和 101 扩充为 010110

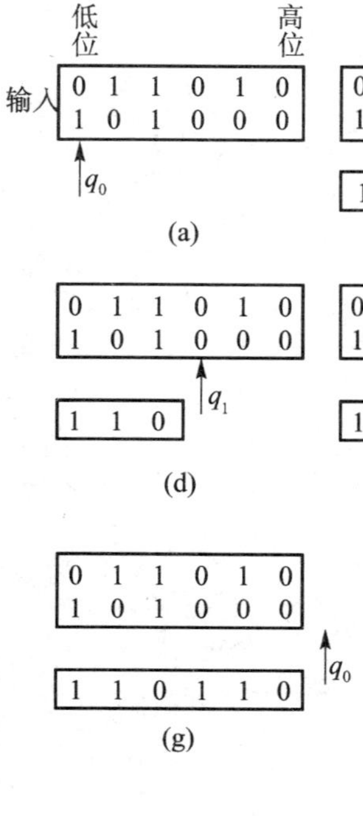

图 8-35

和 000101。输入由低位开始，逐位输入。输入由二元组表示，它有四种可能：(0,0)，(0,1)，(1,0)或(1,1)。两个二进制位相加，其和可为 0 或 1，进位可为 0 或 1。和位 s 及进位 c 由表 8-11 所示。因此，我们需要两个状态 q_0 和 q_1，分别表示进位 $c=0$ 和 $c=1$。其和 s 就是输出。二进制加法器的状态图如图 8-34 所示，初态为 q_0。

对于 10110+101 的运算过程如图 8-35 所示，图中箭号表示当时的输入符号，箭号旁的字母表示机器 M 所处的状态。图 8-35(g)的末行给出和为 011011。

8-38 设计一台有限状态机，其中 $S=\{a,b\}$，当且仅当输入符号串中包含两个连续的 a 或两个连续的 b 时，输出为 1，否则输出为 0。【8-3.(7)】

解 类似于 8-30 题的分析可得该有限状态机的状态图如图 8-36 所示。

8-39 给定有限状态机 M_1 和 M_2，其状态图分别如图 8-37(a)和(b)所示。证明：

a) 当且仅当输入串是能被 3 整除的二进制数时，有限状态机 M_1 输出为 1，其他为 0。

b) 当且仅当输入串是能被 4 整除的二进制数时，有限状态机 M_2 输出为 1，其他为 0。【8-3.(8)】

证明 a) 一个数被 3 除，余数有三种：0，1 和 2。我们分别用三种状态 A，B 和 C 表示，状态 A 输出 1，其他状态输出 0。输入是 $\{0, 1\}$ 上的符号串，设已有输入串 $\omega\in\{0, 1\}^*$，ω 的数值大小记为 a。如果再输入字母 0，则输入串 $\omega'=\omega 0$，ω'的数值大小记为 a'，ω'相当于将 ω 左移一位，故数值

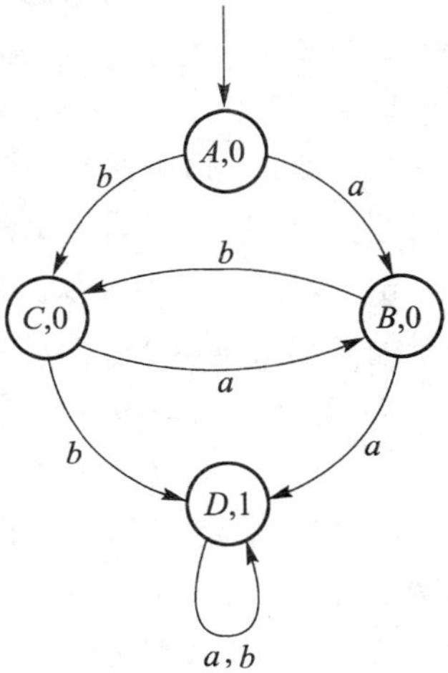

图 8-36

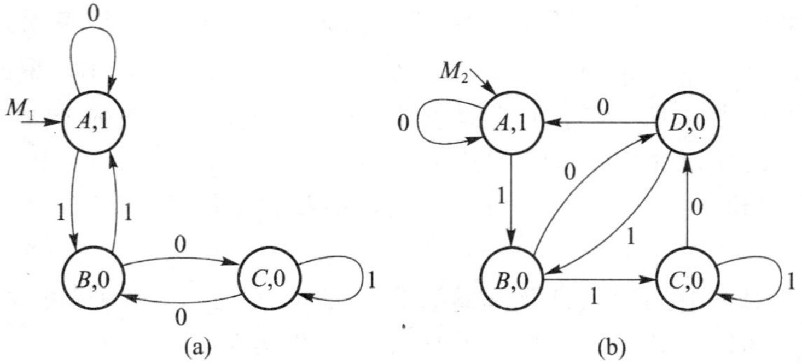

图 8-37

扩大为原来的二倍，$a'=2a$。如果再输入字母 1，$\omega'=\omega 1$，ω'相当于将 ω 左移一位再加 1，$a'=2a+1$。

如果机器 M_1 处于状态 A，$a=3k(k\in N)$。下一输入字母是 0，$a'=2a=3(2k)$，M_1 仍处于状态 A。下一输入字母是 1，$a'=2a+1=3(2k)+1$，M_1 转向状态 B。

如果机器 M_1 处于状态 B，$a=3k+1$。下一输入字母是 0，$a'=2a=3(2k)+2$，M_1 转向状态 C。下一输入字母是 1，$a'=2a+1=3(2k+1)$，M_1 转向状态 A。

如果机器 M_1 处于状态 C，$a=3k+2$。下一输入字母是 0，$a'=2a=3(2k+1)+1$，M_1 转向状态 B。下一输入字母是 1，$a'=2a+1=3(2k+1)+2$，M_1 仍处于状态 C。

因此，当且仅当输入串能被 3 整除时，M_1 输出 1。

b）与 a)的讨论类似。状态 A 表示输入串被 4 整除；状态 B 表示输入串被 4 除余数为 1；状态 C 表示输入串被 4 除余数为 3；状态 D 表示输入串被 4 除余数为 2。状态 A 输出 1，其他状态输出 0。

8-40 给定有限状态机 $M=(Q,S,R,f,h,A)$，它的状态图如图 8-38 所示。

a）求状态 A 的 01110 的后继以及可接受状态序列。

b）求状态 E 的 100101 的后继以及可接受状态序列。

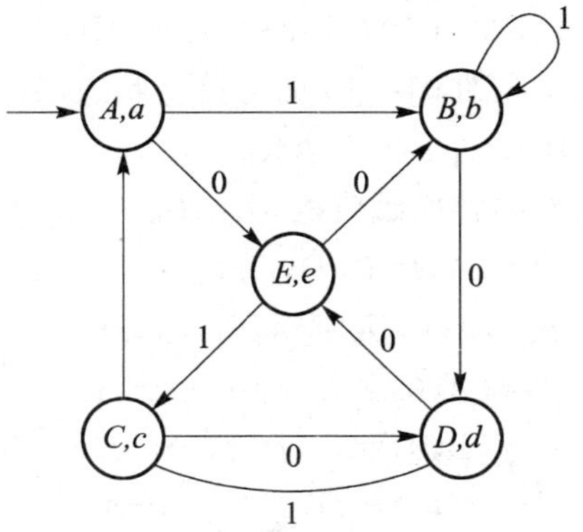

图 8-38

c）验证：

$$f(f(A,010),110)=f(A,010110)$$

$$h(f(A,010),110)=h(A,010110)$$

d）求 M 对于激励 010110 的响应。

e）构造一台与 M 相似的转换赋值机，并求它对于激励 010110 的响应。【8-4.(1)】

解 a）由图 8-38 可知：

$$A\xrightarrow{0}E\xrightarrow{1}C\xrightarrow{1}A\xrightarrow{1}B\xrightarrow{0}D$$

A 的 01110 的后继状态是 D，可接受状态序列是 $AECABD$。

b）因为

$$E\xrightarrow{1}C\xrightarrow{0}D\xrightarrow{0}E\xrightarrow{1}C\xrightarrow{0}D\xrightarrow{1}C$$

E 的 100101 的后继状态是 C，可接受状态序列是 $ECDECDC$。

c）因为

$$A\xrightarrow{0}E\xrightarrow{1}C\xrightarrow{0}D\xrightarrow{1}C\xrightarrow{1}A\xrightarrow{0}E$$

$$f(A,010)=D,f(D,110)=E,f(A,010110)=E$$

故而 $$f(f(A,010),110)=f(A,010110)$$

又因为

$$h(f(A,010),110)=h(D,110)=h(f(D,110))=h(E)=e$$

$$h(A,010110)=h(f(A,010110))=h(E)=e$$

所以，　　　$h(f(A,010),110)=h(A,010110)$

d）因为状态 A 的 010110 的可接受状态序列是 $AECDCAE$，故而对于激励 010110 的响应为 $aecdcae$。

e）与 M 相似的转换赋值机 $M_t=(Q,S,R,f,g,g_I)$，其中：

$$Q=\{A,B,C,D,E\},q_I=A$$
$$S=\{0,1\},R=\{a,b,c,d,e\}$$
$$f:f(A,0)=E,f(A,1)=B$$
$$f(B,0)=D,f(B,1)=B$$
$$f(C,0)=D,f(C,1)=A$$
$$f(D,0)=E,f(D,1)=C$$
$$f(E,0)=B,f(E,1)=C$$
$$g:g(A,0)=e,g(A,1)=b$$
$$g(B,0)=d,g(B,1)=b$$
$$g(C,0)=d,g(C,1)=a$$
$$g(D,0)=e,g(D,1)=c$$
$$g(E,0)=b,g(E,1)=c$$

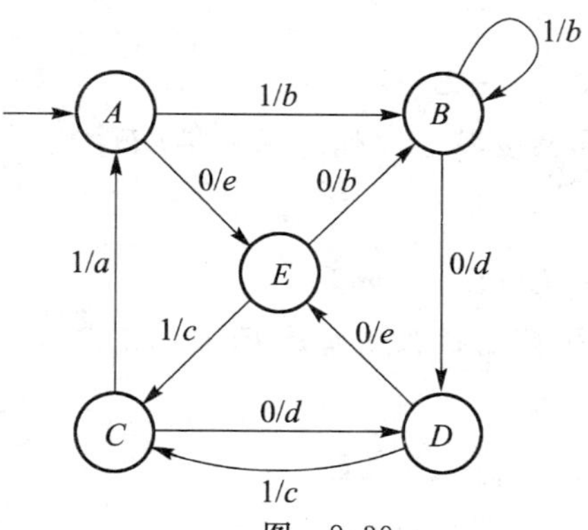

图　8-39

它的状态图如图 8-39 所示。对于激励 010110 的响应为 $ecdcae$。

8-41　对于有限状态机 M，证明

$$O(q,\omega\varphi)=O(f(q,\omega),\varphi)$$

其中 q 是 q_I 的 ψ 一后继，$\omega,\varphi\in S^+,\psi\in S^*$。

【8-4.(2)】

证明　先证　$O(q_I,\omega\varphi)=O(f(q_I,\omega),\varphi)$

对$|\varphi|$进行归纳证明。

当$|\varphi|=1$时，φ 是一个输入字母 a，由输出函数 O 的定义有：

$$O(q_I,\omega a)=O(f(q_I,\omega),a)$$

在上式中将 q_I 换为任意状态 q，也有：

$$O(q,\omega a)=O(f(q,\omega),a)$$

设 $|\varphi|=k$ 时，上式成立。

当 $|\varphi|=k+1$ 时，令 $\varphi=\varphi' a$，其中 $|\varphi'|=k$，

$$\begin{aligned}O(q_I,\omega\varphi)&=O(q_I,\omega\varphi' a)=O(f(q_I,\omega\varphi'),a)\\&=O(f(f(q_I,\omega),\varphi'),a)\\&=O(f(q',\varphi'),a)=O(q',\varphi' a)\\&=O(f(q_I,\omega),\varphi)\end{aligned}$$

设 q 是 q_I 的 ψ—后继，即 $q=f(q_I,\psi)$，有

$$\begin{aligned}O(q,\omega\varphi)&=O(f(q_I,\psi),\omega\varphi)=O(q_I,\psi\omega\varphi)\\&=O(f(q_I,\psi\omega),\varphi)=O(f(f(q_I,\psi),\omega),\varphi)\\&=O(f(q,\omega),\varphi)\end{aligned}$$

8-42 给定有限状态机 $M=(Q,S,R,f,g,q_I)$，它的状态图如图 8-40 所示。

a）求状态 q_2 的 $aabba$ 的后继以及可接受状态序列。

b）求状态 q_3 的 $bbaaba$ 的后继以及可接受状态序列。

c）验证：

$$f(f(q_2,aba),aba)=f(q_2,abaaba)$$

$$g(f(q_2,aba),aba)=g(q_2,abaaba)$$

d）求 M 对于激励 $abaaba$ 的响应。

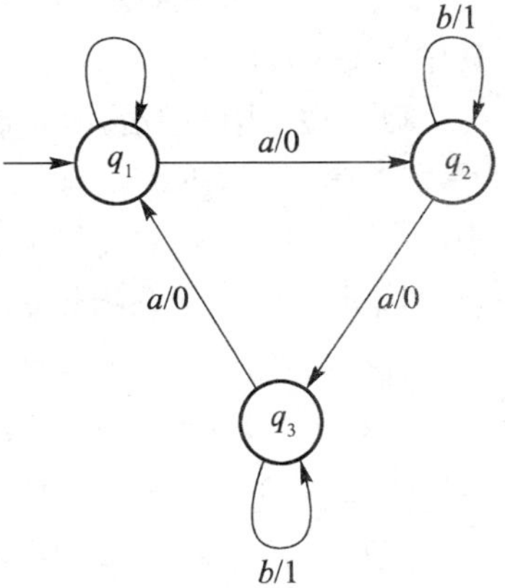

图 8-40

e）构造一台与 M 相似的状态赋值机，并求它对于激励 $abaaba$ 的响应。【8-4.(3)】

解 a）由图 8-40 可知：

$$q_2\xrightarrow{a}q_3\xrightarrow{a}q_1\xrightarrow{b}q_1\xrightarrow{b}q_1\xrightarrow{a}q_2$$

q_2 的 $aabba$ 的后继是 q_2，可接受状态序列为：$q_2q_3q_1q_1q_1q_2$。

b）因为

$$q_3 \xrightarrow{b} q_3 \xrightarrow{b} q_3 \xrightarrow{a} q_1 \xrightarrow{a} q_2 \xrightarrow{b} q_2 \xrightarrow{a} q_3$$

q_3 的 $bbaaba$ 的后继是 q_3，可接受状态序列为：$q_3q_3q_3q_1q_2q_2q_3$。

c）$f(f(q_2,aba),aba)=f(q_1,aba)=q_3=f(q_2,abaaba)$。

因为 $$g(f(q_2,aba),aba)=g(q_1,aba)$$
$$=g(f(q_1,ab),a)=g(q_2,a)=0$$
$$g(q_2,abaaba)=g(f(q_2,abaab),a)=g(q_2,a)=0$$

所以 $$g(f(q_2,aba),aba)=g(q_2,abaaba)$$

d）因为

$$q_1 \xrightarrow{a/0} q_2 \xrightarrow{b/1} q_2 \xrightarrow{a/0} q_3 \xrightarrow{a/0} q_1 \xrightarrow{b/1} q_1 \xrightarrow{a/0} q_2$$

故对于激励 $abaaba$ 的响应为 010010。

e）与 M 相似的状态赋值机

$$M_s=(Q_3,\{a,b\},\{0,1\},f_s,h,\langle q_1,r_0\rangle)$$

其中 $r_0\in\{0,1\}$，

$$Q_s=Q\times R=\{\langle q_1,0\rangle,\langle q_1,1\rangle,\langle q_2,0\rangle,\langle q_2,1\rangle,$$
$$\langle q_3,0\rangle,\langle q_3,1\rangle\}$$

表 8-12 给出由 M 的转换所构造的相应的状态赋值机 M_s 中的转换。因此，M_s 的状态函数 f_s 定义为：

$$f_s(\langle q_1,0\rangle,a)=\langle q_2,0\rangle,f_s(\langle q_1,0\rangle,b)=\langle q_1,1\rangle$$
$$f_s(\langle q_1,0\rangle,a)=\langle q_2,0\rangle,f_s(\langle q_1,1\rangle,b)=\langle q_1,1\rangle$$
$$f_s(\langle q_2,0\rangle,a)=\langle q_3,0\rangle,f_s(\langle q_2,0\rangle,b)=\langle q_2,1\rangle$$
$$f_s(\langle q_2,1\rangle,a)=\langle q_3,0\rangle,f_s(\langle q_2,1\rangle,b)=\langle q_2,1\rangle$$
$$f_s(\langle q_3,0\rangle,a)=\langle q_1,0\rangle,f_s(\langle q_3,0\rangle,b)=\langle q_3,1\rangle$$
$$f_s(\langle q_3,1\rangle,a)=\langle q_1,0\rangle,f_s(\langle q_3,1\rangle,b)=\langle q_3,1\rangle$$

M_s 的输出函数 h 定义为：

$$h(\langle q_1,0\rangle)=0,h(\langle q_1,1\rangle)=1$$
$$h(\langle q_2,0\rangle)=0,h(\langle q_2,1\rangle)=1$$
$$h(\langle q_3,0\rangle)=0,h(\langle q_3,1\rangle)=1$$

M_s 的状态图如图 8-41 所示。如以 $\langle q_1,0\rangle$ 为初态，激励 $abaaba$ 的

表 8-12

M	M_s
$q_1 \xrightarrow{a/0} q_2$	$\langle\langle q_1,0\rangle,0\rangle \xrightarrow{a} \langle\langle q_2,0\rangle,0\rangle$
	$\langle\langle q_1,1\rangle,1\rangle \xrightarrow{a} \langle\langle q_2,0\rangle,0\rangle$
$q_1 \xrightarrow{b/1} q_1$	$\langle\langle q_1,0\rangle,0\rangle \xrightarrow{b} \langle\langle q_1,1\rangle,1\rangle$
	$\langle\langle q_1,1\rangle,1\rangle \xrightarrow{b} \langle\langle q_1,1\rangle,1\rangle$
$q_2 \xrightarrow{a/0} q_3$	$\langle\langle q_2,0\rangle,0\rangle \xrightarrow{a} \langle\langle q_3,0\rangle,0\rangle$
	$\langle\langle q_2,1\rangle,1\rangle \xrightarrow{a} \langle\langle q_3,0\rangle,0\rangle$
$q_2 \xrightarrow{b/1} q_2$	$\langle\langle q_2,0\rangle,0\rangle \xrightarrow{b} \langle\langle q_2,1\rangle,1\rangle$
	$\langle\langle q_2,1\rangle,1\rangle \xrightarrow{b} \langle\langle q_2,1\rangle,1\rangle$
$q_3 \xrightarrow{a/0} q_1$	$\langle\langle q_3,0\rangle,0\rangle \xrightarrow{a} \langle\langle q_1,0\rangle,0\rangle$
	$\langle\langle q_3,1\rangle,1\rangle \xrightarrow{a} \langle\langle q_1,0\rangle,0\rangle$
$q_3 \xrightarrow{b/1} q_3$	$\langle\langle q_3,0\rangle,0\rangle \xrightarrow{b} \langle\langle q_3,1\rangle,1\rangle$
	$\langle\langle q_3,1\rangle,1\rangle \xrightarrow{b} \langle\langle q_3,1\rangle,1\rangle$

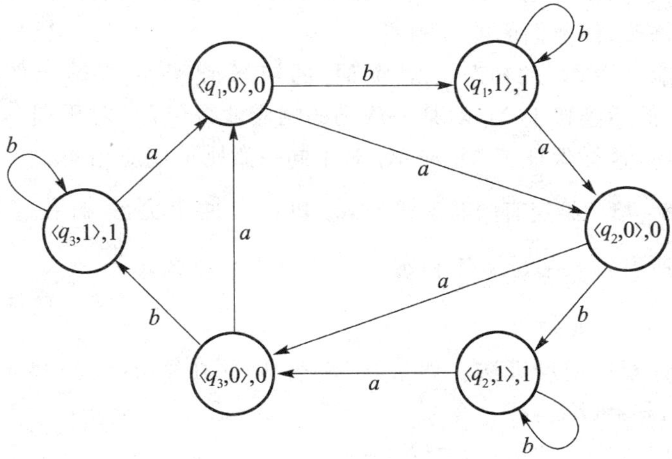

图 8-41

响应为 0010010。如以 $\langle q_1,1\rangle$ 为初态，激励 *abaaba* 的响应为 1010010。

8-43 构造一台与图 8-42(a)相似的转换赋值机。 【8-4.(4)】

解 所需的转换赋值机如图 8-42(b)所示。

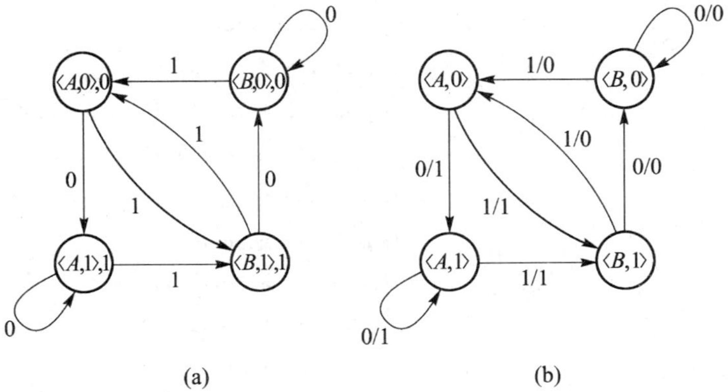

图 8-42

8-44 设 M_s 是与给定的转换赋值机 M_t 相似的状态赋值机，对于同一激励，M_s 的响应比 M_t 的响应多一首字母，请对 M_t 稍作修改，使他们的响应相同。 【8-4.(5)】

解 设 M_t 的初态 q_t 对应 M_s 的初态 q_s，将 q_s 的输出作为首字母，然后连接上 M_t 对某一激励的响应就得到 M_s 对于同一激励的响应，这样保证了 M_s 和 M_t 对于同一激励的响应相同。

8-45 给定有限状态机 M，q_a 和 q_b 是两个状态。如果 $q_a \overset{k}{\sim} q_b$，且对所有输入字母 s 有 $f(q_a, s) \overset{k}{\sim} f(q_b, s)$，那么 $q_a \overset{k+1}{\sim} q_b$。

【8-5.(1)】

证明 用反证法。如果 $q_a \overset{k+1}{\not\sim} q_b$，则存在字 φ，$|\varphi| = k+1$ 且 $O(q_a, \varphi) \neq O(q_b, \varphi)$。令 $\varphi = s\omega$，s 是一输入字母，$|\omega| = k$。

因为 $O(q_a, \varphi) = O(q_a, s\omega) = O(f(q_a, s), \omega)$

$O(q_b, \varphi) = O(q_b, s\omega) = O(f(q_b, s), \omega)$

故而 $O(f(q_a, s), \omega) \neq O(f(q_b, s), \omega)$

即 $$f(q_a, s) \overset{k}{\not\sim} f(q_b, s)$$

与假设矛盾，因此，$q_a \overset{k+1}{\sim} q_b$。

8-46 证明：如果有限自动机 M 有 n 个状态，其中 $n \geqslant 2$，则存在一个整数 $k \leqslant n-1$，使得 $P_k = P$。 【8-5.(2)】

证明 设有限自动机 M 的状态集 $Q = \{q_1, q_2, \cdots, q_n\}$。如果 $P_1 = \{\{q_1, q_2, \cdots, q_n\}\}$，显然，$P_2 = P_1$，故而 $P = P_1$。如果划分 P_1 中元素数目 $\geqslant 2$，根据有限自动机 M 的简化过程，由 P_1 可得 P_1 的加细 P_2。如果 $P_2 \neq P_1$，则 $|P_2| \geqslant |P_1| + 1 \geqslant 3$。如果 $P_3 \neq P_2$，则 $|P_3| \geqslant |P_2| + 1 \geqslant 4$。依次类推，如果 $P_{i+1} \neq P_i$，$|P_{i+1}| \geqslant |P_i| + 1 \geqslant i+2$。另外，我们知道 n 个状态集合 Q 的最细划分是每一划分块由一个状态构成，即 $|P_{i+1}| \leqslant |Q| = n$，有 $i+2 \leqslant n$，$i \leqslant n-2$。因此，对于任意有限自动机 M，如果它有 n 个状态，必有 $k \leqslant n-1$，使 $P_k = P$。

8-47 试简化（如果有可能）转换赋值机 M，它的状态表如表 8-13 所示。 【8-5.(4)】

表 8-13

	0	1
s_0	$s_1, 0$	$s_7, 0$
s_1	$s_7, 0$	$s_0, 1$
s_2	$s_8, 0$	$s_7, 1$
s_3	$s_7, 0$	$s_5, 1$
s_4	$s_3, 0$	$s_2, 0$
s_5	$s_6, 0$	$s_7, 0$
s_6	$s_8, 0$	$s_5, 1$
s_7	$s_2, 0$	$s_7, 1$
s_8	$s_2, 0$	$s_0, 1$

解 $P_1 = \{\{s_0, s_4, s_5\}, \{s_1, s_2, s_3, s_6, s_7, s_8\}\}$

$P_2 = \{\{s_0, s_4, s_5\}, \{s_1, s_3, s_6, s_8\}, \{s_2, s_7\}\}$

$P_3 = \{\{s_0, s_4, s_5\}, \{s_1, s_3, s_8\}, \{s_6\}, \{s_2\}, \{s_7\}\}$

$P_4 = \{\{s_0\}, \{s_4\}, \{s_5\}, \{s_1, s_3\}, \{s_8\}, \{s_6\}, \{s_2\}, \{s_7\}\}$

$P_5 = \{\{s_0\}, \{s_4\}, \{s_5\}, \{s_1\}, \{s_3\}, \{s_8\}, \{s_6\}, \{s_2\}, \{s_7\}\}$

因此，M 不能简化。

8-48 简化转换赋值机 M,它的状态表如表 8-14 所示。画出简化机的状态图,对于状态 s_0, s_7 求出有不同响应的激励。

【8-5.(5)】

表 8-14

	a	b	c	d
s_0	$s_4,1$	$s_2,0$	$s_1,1$	$s_4,1$
s_1	$s_2,0$	$s_5,1$	$s_4,1$	$s_1,0$
s_2	$s_1,1$	$s_0,0$	$s_3,1$	$s_5,1$
s_3	$s_6,0$	$s_5,1$	$s_4,1$	$s_1,0$
s_4	$s_2,0$	$s_5,1$	$s_3,1$	$s_4,0$
s_5	$s_2,1$	$s_5,1$	$s_3,0$	$s_7,0$
s_6	$s_3,1$	$s_0,0$	$s_1,1$	$s_5,1$
s_7	$s_1,1$	$s_2,0$	$s_4,1$	$s_5,1$

解 $P_1=\{\{s_0,s_2,s_6,s_7\},\{s_1,s_3,s_4\},\{s_5\}\}$

$P_2=\{\{s_0\},\{s_2,s_6,s_7\},\{s_2,s_3,s_4\},\{s_5\}\}$

$P_3=\{\{s_0\},\{s_2,s_6\},\{s_7\},\{s_1,s_3,s_4\},\{s_5\}\}$

$=P_4=P$

P:	$\{s_0\}$,	$\{s_2,s_6\}$,	$\{s_7\}$,	$\{s_1,s_3,s_4\}$,	$\{s_5\}$
	|	|	|	|	|
M'中的新名:	A,	B,	C,	D,	E

简化机 M'所对应的状态表如表 8-15 所示,M'的状态图如图 8-43 所示。

表 8-15

	a	b	c	d
A	$D,1$	$B,0$	$D,1$	$D,1$
B	$D,1$	$A,0$	$D,1$	$E,1$
C	$D,1$	$B,0$	$D,1$	$E,1$
D	$B,0$	$E,1$	$D,1$	$D,0$
E	$B,1$	$E,1$	$D,0$	$C,0$

状态 s_0, s_7 在 P_3 的不同等价类中有:

(a) 状态 s_0, s_7 的 $s(1)$后继必须在 P_2 的不同等价类中,故只能取 $s(1)=d$, $s_0 \xrightarrow{d/1} s_4$, $s_7 \xrightarrow{d/1} s_5$。

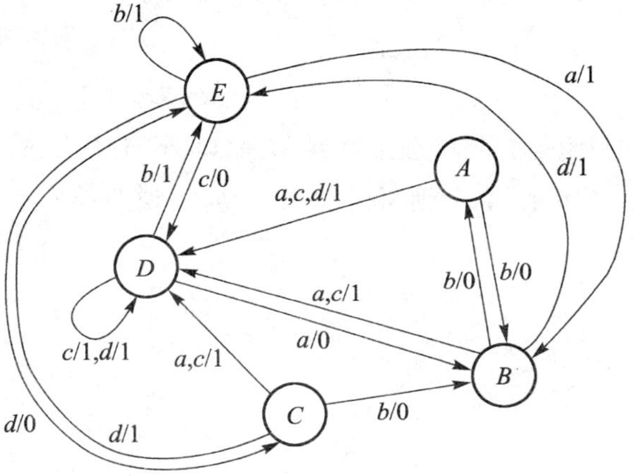

图 8-43

(b) 状态 s_4, s_5 的 $s(2)$后继必须在 P_1 的不同等价类中,故只能取 $s(2)=d$, $s_4 \xrightarrow{d/0} s_4$, $s_5 \xrightarrow{d/0} s_7$。

(c) 状态 s_4, s_7 必须有不同的输出,可取 $s(3)=a, b$ 或 d。$g(s_4, a)=0$, $g(s_7, a)=1$; $g(s_4, b)=1$, $g(s_7, b)=0$; $g(s_4, d)=0$, $g(s_7, d)=1$。因而,使 s_0, s_7 有不同响应的激励是:$\omega_1=dda$,或 $\omega_2=ddb$,或 $\omega_3=ddd$。

对于 $\omega_1=dda$,有

$s_0 \xrightarrow{d/1} s_4 \xrightarrow{d/0} s_4 \xrightarrow{a/0} s_2$, 响应为 100;

$s_7 \xrightarrow{d/1} s_5 \xrightarrow{d/0} s_7 \xrightarrow{a/1} s_1$, 响应为 101。

对于 $\omega_2=ddb$,有

$s_0 \xrightarrow{d/1} s_4 \xrightarrow{d/0} s_4 \xrightarrow{b/1} s_5$, 响应为 101;

$s_7 \xrightarrow{d/1} s_5 \xrightarrow{d/0} s_7 \xrightarrow{b/0} s_2$, 响应为 100。

对于 $\omega_3=ddd$,有

$s_0 \xrightarrow{d/1} s_4 \xrightarrow{d/0} s_4 \xrightarrow{d/0} s_4$, 响应为 100;

$s_7 \xrightarrow{d/1} s_5 \xrightarrow{d/0} s_7 \xrightarrow{d/1} s_5$, 响应为 101。

8-49 证明,如果 $P_k \neq P$,则 $|P| \geqslant k+2$。 【8-5.(6)】

证明 因为 $P_k \neq P$,故而 $P_k \neq P_{k+1}$。由 8-46 题可知,$|P_{k+1}| \geqslant |P_k|+1 \geqslant k+2$。而 $|P| \geqslant |P_{k+1}|$,故 $|P| \geqslant k+2$。

8-50 给定有限状态接收器 $M=(Q,S,\delta,I,F)$ 的状态图如图 8-44,45,46 所示,分别写出 Q,S,δ,I,F,说明他们是确定的还是不确定的。 【8-6.(1)】

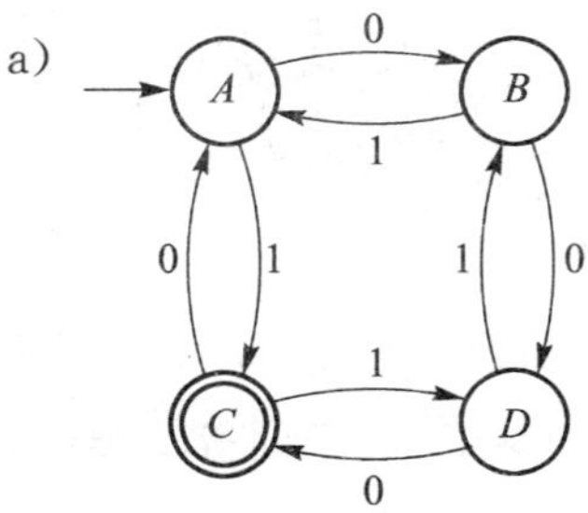

图 8-44

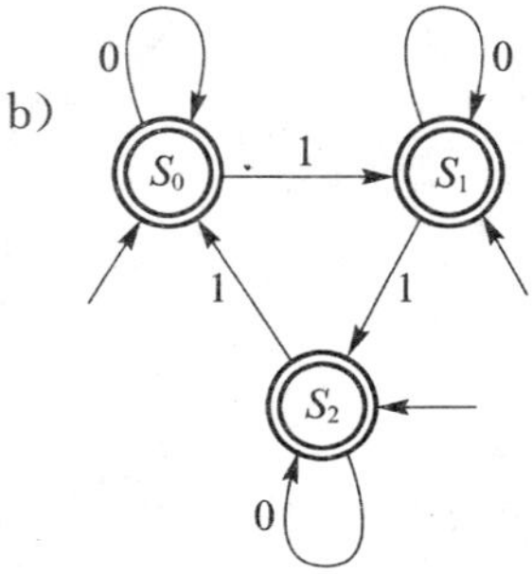

图 8-45

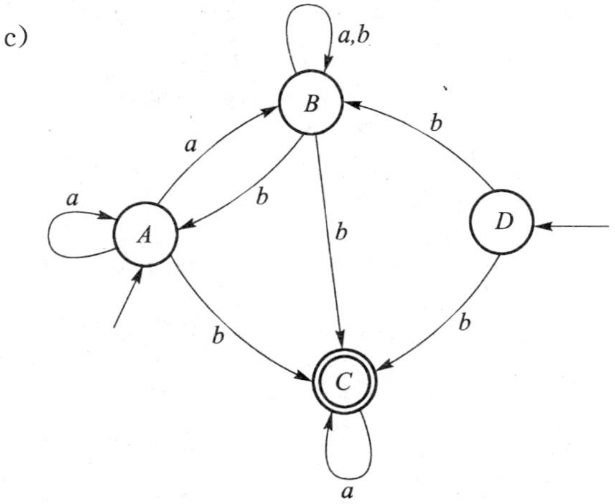

图 8-46

解 a) $Q=\{A,B,C,D\}$

$S=\{0,1\}$

$I=\{A\}$

$F=\{D\}$

$\delta(A,0)=\{B\},\delta(A,1)=\{D\}$

$\delta(B,0)=\{C\},\delta(B,1)=\{A\}$

$\delta(C,0)=\{D\},\delta(C,1)=\{B\}$

$\delta(D,0)=\{A\},\delta(D,1)=\{C\}$

它是确定的。

b) $Q=\{s_0,s_1,s_2\}$

$S=\{0,1\}$

$I=\{s_0,s_1,s_2\}$

$F=\{s_0,s_1,s_2\}$

$\delta(s_0,0)=\{s_0\},\delta(s_0,1)=\{s_1\}$

$\delta(s_1,0)=\{s_1\},\delta(s_1,1)=\{s_2\}$

$\delta(s_2,0)=\{s_2\},\delta(s_2,1)=\{s_0\}$

它是确定的。

c) $Q=\{A,B,C,D\}$

$S=\{a,b\}$

$I=\{A,D\}$

$F=\{C\}$

$\delta(A,a)=\{A,B\},\delta(A,b)=\{C\}$

$\delta(B,a)=\{B\},\delta(B,b)=\{A,B,C\}$

$\delta(C,a)=\{C\},\delta(C,b)=\varnothing$

$\delta(D,a)=\varnothing,\delta(D,b)=\{B,C\}$

它是不确定的。

8-51 构造一台有限状态接收器 M,它只接受 a 的数目能被 4 整除的由 a,b 组成的串。

解 M 需要四个状态,这四个状态分别表示输入串中 a 的数目被 4 除,其余数为 0,1,2 和 3。M 的状态图如图 8-47 所示。

8-52 分别写出图 8-48,图 8-49 有限状态接收器接受的语言。【8-6.(2)】

解 $L(M_1)=\{0^*1,0^*01^*1\}$(图 4-48)

$L(M_2)=\{1(00)^*1\}$(图 4-49)

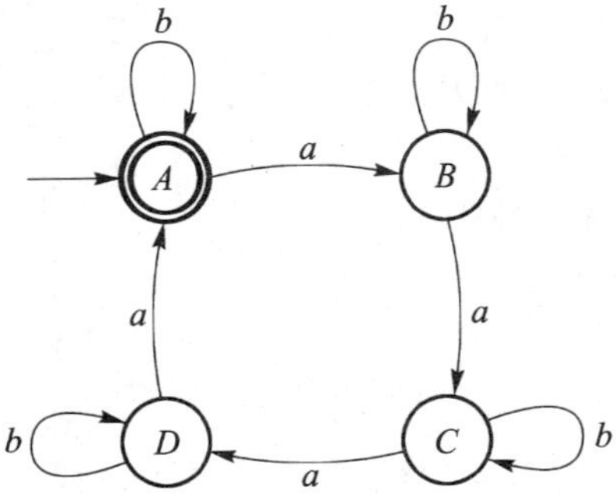

图 8-47

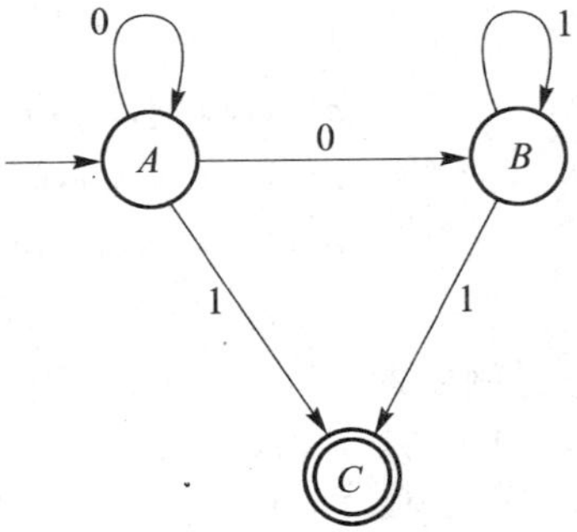

图 8-48

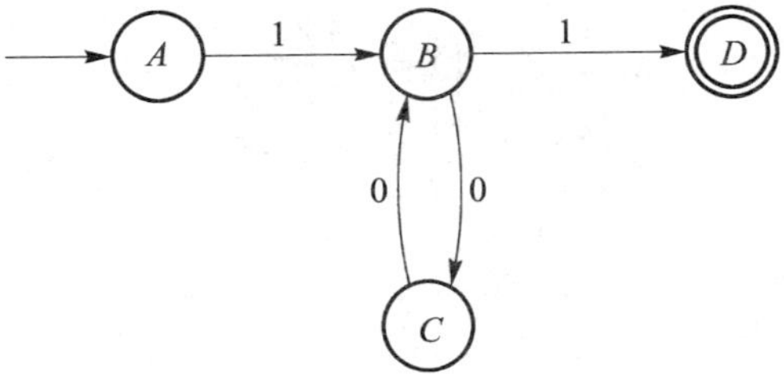

图 8-49

8-53 构造一台有限状态接收器 M,输入符号为 a 和 b,它只接受由 a 和 b 组成的串且 a 的数目是偶数而 b 的数目可以被 3 除尽。

解 该有限状态接收器 M 所对应的状态图如图 8-50 所示。

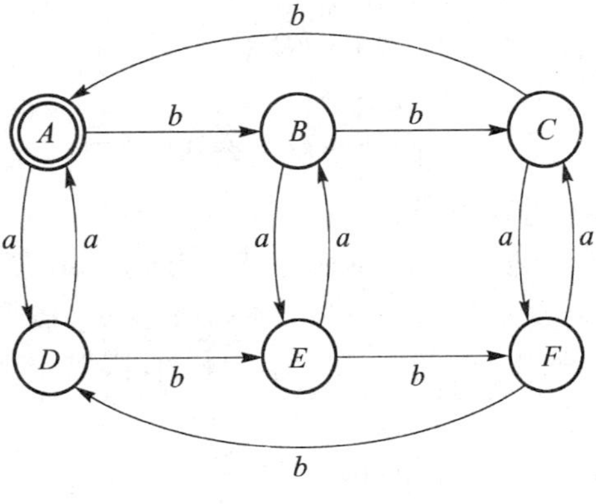

图 8-50

8-54 设$M=(Q,S,\delta,I,F)$是一台有限状态接收器,则存在一个3型文法G,使$L(G)=L(M)$。 【8-6.(3)】

证明 构造一个右线性文法G,使$L(G)=L(M)$。

令$G=(V_N,V_T,P,\sigma)$,其中$V_T=S$。

(1) 当I只包含一个状态$I=\{q_I\}$时,则$\sigma=q_I,V_N=Q,P$这样来构造:

a) 若$\delta(B,a)=\{C_1,C_2,\cdots,C_k\}$,则$P$中含有生成式:

$$B\to aC_1,B\to aC_2,\cdots,B\to aC_k$$

b) 若$C_i\in\delta(B,a)$且$C_i\in F$,则P中含有生成式:

$$B\to a$$

c) 若$I\cap F\neq\varnothing$,则P中含有生成式:

$$\sigma\to\lambda$$

(2) 当I包含多个状态时,增加一个不在Q中的字母σ,作为G的初始符,$V_N=Q\cup\{\sigma\}$。P的构造与上面类似,同时再增加生成式:$\sigma\to A$,这里$A\in I$。

由上述方法构造的文法,由于包含生成式$\sigma\to A$,还不是右线性文法。我们可以删去生成式$\sigma\to A$,且在剩下的生成式中,将所有出现在生成式左端的初态A用σ代替。代替后,如果生成式右端还有A,则保留左端为A的原生成式。

下面证明$L(G)=L(M)$。

设$\omega\in L(G),\omega\neq\lambda,\omega=a_1a_2\cdots a_k\in V_T^+$,在$L(G)$中有某个非终结符序列$B_1,B_2,\cdots,B_{k-1}$,使$\sigma\Rightarrow a_1B_1\Rightarrow a_1a_2B_2\Rightarrow\cdots\Rightarrow a_1a_2\cdots a_{k-1}B_{k-1}\Rightarrow a_1a_2\cdots a_{k-1}a_k$,即有生成式:$\sigma\to a_1B_1,B_1\to a_2B_2,\cdots,B_{k-2}\to a_{k-1}B_{k-1},B_{k-1}\to a_k$。由$P$的构造可知,$B_1\in\delta(\sigma,a_1),B_2\in\delta(B_1,a_2),\cdots,B_{k-1}\in\delta(B_{k-2},a_{k-1}),B\in\delta(B_{k-1},a_k)$且$B\in F$。即$\sigma$的$\omega$-后继在终态集$F$中,$\omega\in L(M)$。

设$\omega\in L(G)$,当$\omega=\lambda$,则P中含有生成式$\sigma\to\lambda,I\cap F\neq\varnothing,\lambda\in L(M)$。

综上所述,有

$$L(G)\subseteq L(M)$$

设 $\omega=a_1a_2\cdots a_k\in L(M)$，$(k\geqslant 1)$，即 σ 的 ω-后继在 F 中，于是存在状态序列 $\sigma,Q_1,Q_2,\cdots,Q_{k-1}$，使得 $Q_1\in\delta(\sigma,a_1)$，$Q_2\in\delta(Q_1,a_2)$，$\cdots$，$Q_{k-1}\in\delta(Q_{k-2},a_{k-1})$，$A\in\delta(Q_{k-1},a_k)$ 且 $A\in F$。所以，P 中有生成式：$\sigma\to a_1Q_1$，$Q_1\to a_2Q_2$，$\cdots$，$Q_{k-2}\to a_{k-1}Q_{k-1}$，$Q_{k-1}\to a_k$。因此，

$$\begin{aligned}\sigma &\Rightarrow a_1Q_1\Rightarrow a_1a_2Q_2\\ &\Rightarrow\cdots\Rightarrow a_1a_2\cdots a_{k-1}Q_{k-1}\\ &\Rightarrow a_1a_2\cdots a_{k-1}a_k,\ \omega\in L(G)\end{aligned}$$

如果 $\omega=\lambda\in L(M)$，则 $\sigma\in F$，$I\cap F\neq\varnothing$，P 中有生成式 $\sigma\to\lambda$，$\lambda\in L(G)$。

综上所述，有

$$L(M)\subseteq L(G)$$

因此 $$L(G)=L(M)$$

8-55 对于图 8-51 所示的有限状态接收器 M，构造文法 G，使 $L(G)=L(M)$。【8-6.(4)】

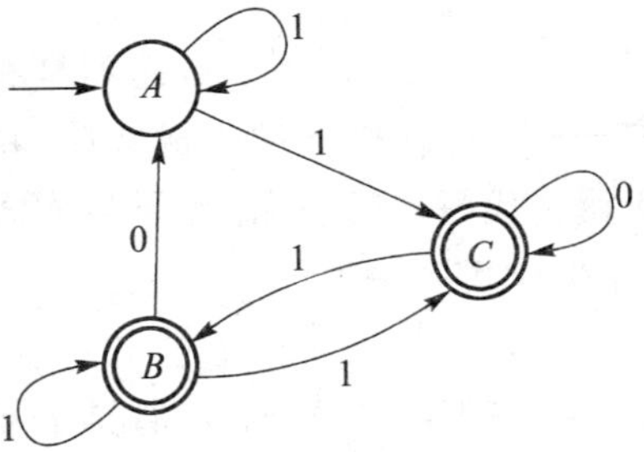

图 8-51

解 $G=(\{A,B,C\},\{0,1\},P,A)$，其中 P 为：

$A\to 1A$，$A\to 1C$，$A\to 1$

$B\to 0A$，$B\to 1B$，

$B\to 1C$，$B\to 1$

$C\to 0C$，$C\to 1B$，$C\to 0$，$C\to 1$

8-56 给定正则文法 $G=(\{\sigma,A,B\},\{0,1\},P,\sigma)$，其中 P：

$$\sigma\to 1A,A\to 1B,B\to 1B,B\to 0\sigma,B\to 0$$

试描述 $L(G)$ 并给出接受该语言的有限状态接收器。【8-6.(5)】

解 $L(G)=\{(111^*0)^k\mid k\geqslant 1\}$。接受该语言的有限状态接收器为 $M=\{\{\sigma,A,B,C\},\{0,1\},\delta,\{\sigma\},\{C\}\}$，其中 δ 为：

$$\delta(\sigma,1)=\{A\},\delta(\sigma,0)=\varnothing$$

$$\delta(A,1)=\{B\},\delta(A,0)=\varnothing$$

$\delta(B,0)=\{\sigma,C\},\delta(B,1)=\{B\}$

$\delta(C,0)=\varnothing,\delta(C,1)=\varnothing$

8-57 设 $V=\{a,b\}$，写出下列正则表达式所对应的正则集：

$R_1=a,R_2=b,R_1^*=a^*$

$R_1^*R_1=a^*a,R_1R_2^*=ab^*$

$R_2R_1^*=ba^*,R_1R_2^*+R_2R_1^*=ab^*+ba^*$

$R_1R_2=ab,(R_1R_2)^*=(ab)^*$

解 $\widetilde{R}_1=\{a\}$

$\widetilde{R}_2=\{b\}$

$\widetilde{R}_1^*=\{a^n\mid n\geqslant 0\}=(\widetilde{R}_1)^*$

$\widetilde{R_1^*R_1}=\{a^n\mid n\geqslant 1\}=(\widetilde{R}_1)^+$

$\widetilde{R_1R_2^*}=\{ab^n\mid n\geqslant 0\}=\widetilde{R}_1\widetilde{R}_2^*$

$\widetilde{R_2R_1^*}=\{ba^n\mid n\geqslant 0\}=\widetilde{R}_2\widetilde{R}_1^*$

$\widetilde{R_1R_2^*+R_2R_1^*}=\{ab^i\mid i\geqslant 0\}\cup\{ba^j\mid j\geqslant 0\}=\widetilde{R}_1\widetilde{R}_2^*\cup\widetilde{R}_2\widetilde{R}_1^*$

$\widetilde{R_1R_2}=\{ab\}=\widetilde{R}_1\widetilde{R}_2$

$\widetilde{(R_1R_2)^*}=\{(ab)^n\mid n\geqslant 0\}$

8-58 描述下列正则表达式：

$(0+1)^*,(0+1)^*00(0+1)^*$

$(1+10)^*,(0+\lambda)(1+10)^*$

$(0+1)^*011,0^*1^*2^*,00^*11^*22^*$

解

$(0+1)^*$ 表示由 0 和 1 组成的所有串以及空串。

$(0+1)^*00(0+1)^*$ 表示由 0 和 1 组成的串，其中至少有两个 0 连接在一起。

因为 $(1+10)^i=\underbrace{(1+10)(1+10)\cdots(1+10)}_{(i)}$，是以 1 开始，中间没有两个 0 相邻，故而 $(1+10)^*$ 表示空串及以 1 开始，中间没有两个 0 相邻由 0 和 1 组成的串。

$(0+\lambda)(1+10)^*$ 表示空串及由 0 和 1 组成的串且没有两个 0

相邻。

$(0+1)^*011$ 表示以 011 结尾的由 0 和 1 组成的串。

$0^*1^*2^*$ 表示若干个(可为零个)0,接着若干个(可为零个)1,再接着若干个(可为零个)2 组成的串。

$00^*11^*22^*$ 表示 $0^*1^*2^*$ 中至少 0,1,2 各出现一次的串。

8-59 证明:集合 $R=\{0^{a^2}\mid a\in I_+\}$不是正则集。

证明 用反证法。如果 R 是正则集,那么存在一台 n 个状态的有限自动机 M,使 $L(M)=R$。令 $m^2\geqslant n$,$S=0^{m^2}=s_1s_2s_3\in R$,$s_1(s_2)^ls_3\in R(l\geqslant 1)$。令 $k_1=|s_1|$,$k_2=|s_2|$,$k_3=|s_3|$,那么 $P_l=|s_1(s_2)^ls_3|=k_1+lk_2+k_3$ 必须是一个平方数。两个相邻平方数之差 $P_{l+1}-P_l=k_2$ 是一个常数。但我们知道,$m^2-(m-1)^2=2m-1$ 可以无限增大,产生矛盾,所以 R 不是正则集。

8-60 给定正则表达式 $R=01^*+1$,构造一台有限自动机 M,使 $L(M)=\widetilde{R}$。

解 有限自动机 M 的构造过程如图 8-52 所示,其中图 8-52(a),(b)表示分解过程,图 8-52(c),(d)表示消去 λ-转换过程。

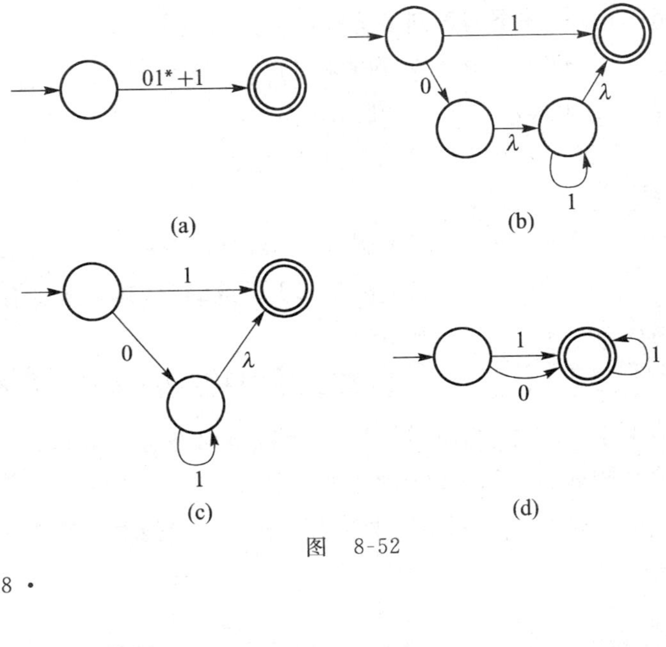

图 8-52

8-61 找出正则表达式$((ab)^*(ac)^*+a)^*$所对应的有限自动机。

解 构造有限自动机的过程如图 8-53 所示。

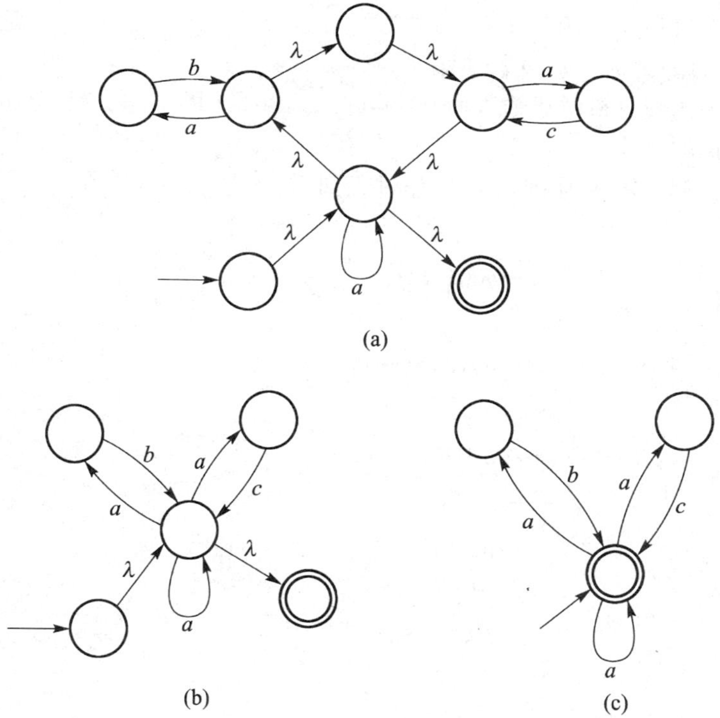

图 8-53

8-62 给定图灵机 T,带字母表 $V=\{0,1,A,B\}$,状态集 $Q=\{q_1,q_2,q_3,q_4,q_5,q_6\}$,$q_1$ 为初态。程序为:

(1) q_1 0 A r q_2,

(2) q_1 b b r q_6,

(3) q_2 B B r q_2,

(4) q_2 0 0 r q_2,

(5) q_2 1 B l q_3,

(6) q_3 B B l q_3,

(7) q_3 0 0 l q_4,

(8) q_3 A A r q_5,

(9) q_4 0 0 l q_4,

(10) q_4 A A r q_1,

(11) q_5 B B r q_5,

(12) q_5 b b r q_6。

描述该图灵机对于输入为 0011,00011,00111 的工作过程,分析图灵机的功能。

解 输入为 0011 的工作过程如下:

$$\cdots b\overset{\overset{q_1}{\downarrow}}{0}011bb\cdots$$

$$\Rightarrow\cdots bA\overset{\overset{q_2}{\downarrow}}{0}11bb\cdots$$

$$\Rightarrow\cdots bA0\overset{\overset{q_2}{\downarrow}}{1}1bb\cdots$$

$$\Rightarrow\cdots bA\overset{\overset{q_3}{\downarrow}}{0}B1bb\cdots$$

$$\Rightarrow\cdots b\overset{\overset{q_4}{\downarrow}}{A}0B1bb\cdots$$

$$\Rightarrow\cdots bA\overset{\overset{q_1}{\downarrow}}{0}B1bb\cdots$$

$$\Rightarrow\cdots bAA\overset{\overset{q_2}{\downarrow}}{B}1bb\cdots$$

$$\Rightarrow\cdots bAAB\overset{\overset{q_2}{\downarrow}}{1}bb\cdots$$

$$\Rightarrow\cdots bAA\overset{\overset{q_3}{\downarrow}}{B}Bbb\cdots$$

$$\Rightarrow\cdots bA\overset{\overset{q_3}{\downarrow}}{A}BBbb\cdots$$

$$\Rightarrow \cdots bAA\overset{q_5}{\overset{\downarrow}{B}}Bbb\cdots$$

$$\Rightarrow \cdots bAAB\overset{q_5}{\overset{\downarrow}{B}}bb\cdots$$

$$\Rightarrow \cdots bAABB\overset{q_5}{\overset{\downarrow}{b}}b\cdots$$

$$\Rightarrow \cdots bAABBb\overset{q_6}{\overset{\downarrow}{b}}\cdots$$

输入为 00011 的工作过程如下：

$$\cdots b\overset{q_1}{\overset{\downarrow}{0}}0011b\cdots$$

$$\Rightarrow \cdots bA\overset{q_2}{\overset{\downarrow}{0}}011b\cdots$$

$$\Rightarrow \cdots bA0\overset{q_2}{\overset{\downarrow}{0}}11b\cdots$$

$$\Rightarrow \cdots bA00\overset{q_2}{\overset{\downarrow}{1}}1b\cdots$$

$$\Rightarrow \cdots bA0\overset{q_3}{\overset{\downarrow}{0}}B1b\cdots$$

$$\Rightarrow \cdots bA\overset{q_4}{\overset{\downarrow}{0}}0B1b\cdots$$

$$\Rightarrow \cdots b\overset{q_4}{\overset{\downarrow}{A}}00B1b\cdots$$

$$\Rightarrow \cdots bA\overset{q_1}{\overset{\downarrow}{0}}0B1b\cdots$$

$$\Rightarrow \cdots bAA\overset{q_2}{\overset{\downarrow}{0}}B1b\cdots$$

$$\Rightarrow\cdots bAA0\overset{\substack{q_2\\ \downarrow}}{B}1b\cdots$$

$$\Rightarrow\cdots bAA0B\overset{\substack{q_2\\ \downarrow}}{1}b\cdots$$

$$\Rightarrow\cdots bAA0\overset{\substack{q_3\\ \downarrow}}{B}Bb\cdots$$

$$\Rightarrow\cdots bAA\overset{\substack{q_3\\ \downarrow}}{0}BBb\cdots$$

$$\Rightarrow\cdots bA\overset{\substack{q_4\\ \downarrow}}{A}0BBb\cdots$$

$$\Rightarrow\cdots bAA\overset{\substack{q_1\\ \downarrow}}{0}BBb\cdots$$

$$\Rightarrow\cdots bAAA\overset{\substack{q_2\\ \downarrow}}{B}Bb\cdots$$

$$\Rightarrow\cdots bAAAB\overset{\substack{q_2\\ \downarrow}}{B}b\cdots$$

$$\Rightarrow\cdots bAAABB\overset{\substack{q_2\\ \downarrow}}{b}\cdots$$

输入为 00111 的工作过程如下：

$$\cdots b\overset{\substack{q_1\\ \downarrow}}{0}0111b\cdots$$

$$\Rightarrow\cdots bA\overset{\substack{q_2\\ \downarrow}}{0}111b\cdots$$

$$\Rightarrow\cdots bA0\overset{\substack{q_2\\ \downarrow}}{1}11b\cdots$$

$$\Rightarrow\cdots bA\overset{\substack{q_3\\ \downarrow}}{0}B11b\cdots$$

$$\Rightarrow\cdots b\overset{\substack{q_4\\ \downarrow}}{A}0B11b\cdots$$

$$\Rightarrow\cdots bA\overset{\substack{q_1\\ \downarrow}}{0}B11b\cdots$$

$$\Rightarrow\cdots bAA\overset{\substack{q_2\\ \downarrow}}{B}11b\cdots$$

$$\Rightarrow\cdots bAAB\overset{\substack{q_2\\ \downarrow}}{1}1b\cdots$$

$$\Rightarrow\cdots bAA\overset{\substack{q_3\\ \downarrow}}{B}B1b\cdots$$

$$\Rightarrow\cdots bA\overset{\substack{q_3\\ \downarrow}}{A}BB1b\cdots$$

$$\Rightarrow\cdots bAA\overset{\substack{q_5\\ \downarrow}}{B}B1b\cdots$$

$$\Rightarrow\cdots bAAB\overset{\substack{q_5\\ \downarrow}}{B}1b\cdots$$

$$\Rightarrow\cdots bAABB\overset{\substack{q_5\\ \downarrow}}{1}b\cdots$$

由上述三个工作过程分析可知，当且仅当输入为 $0^n1^n(n\geqslant1)$ 时，图灵机 T 在状态 q_6 停机，输出为 A^nB^n，将字母 0,1 分别换为 A,B。如果输入不是 0^n1^n 时，将在其他状态停机且输出中可能字母 A 的数目超过字母 B 的数目或者可能包含字母 1，因此，如果确定 q_6 为正常停机状态，则该图灵机能接受 $\{0,1\}$ 上所有形为 0^n1^n 的串而拒绝其他串。

第九章　纠错码初步

A　内容提要

1　通讯模型和纠错的基本概念

通讯系统模型　一个典型的通讯系统模型如图 9-1 所示。信源可以是人或机器，它输出信号 s，s 可以是连续波形也可以是离散的信号序列。信源编码器将 s 转换为二进制数据 m。信道编码器将 m 转换为更长的二进制码 c，增添了校验位。调制器将 c 的每一位转换为正脉冲或负脉冲，脉冲信号通过信道传送至接收方的解调器，传送途中受噪声干扰。解调器将接收的脉冲信号转换为接收序列 r，它由 0,1 组成。信道译码器试图纠正 r 中的传送错误，产生 c 的估值 c^* 并将 c^* 转换为 m 的估值 m^*。信源译码器将 m^* 转换为信号 s 的估值 s^* 并送至用户。

码，码字，码元　任一个由字母 0,1 组成的字符串称为字。由

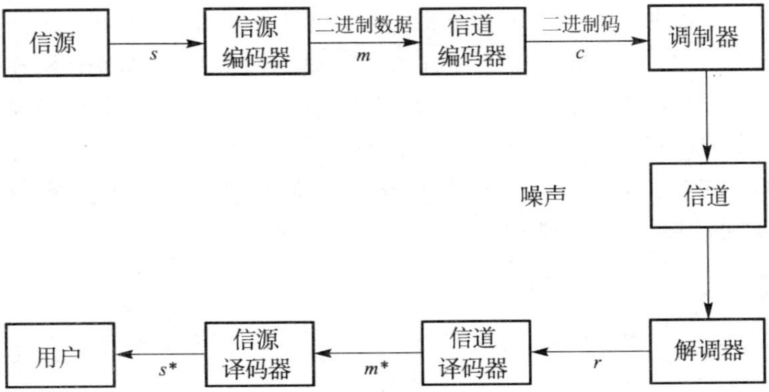

图　9-1

一些字组成的集合称为码。码中的字称为码字。不在码中的字称为废码(非法码),码字中的每一个字母 0 或 1 称为码元。

字长 字中 0 和 1 的数目之和称为字长。字长为 n 的不同字有 2^n 个,他们分别是 n 立方的顶点。两个字中不同字母的个数恰等于从一个字出发沿着 n 立方的棱到另一个字所经过的最少棱数。

2 线性分组码的纠错能力

码上运算⊕ 令 s_n 是所有长度为 n 的二进制串组成的集合,

$$S_n=\{x_1x_2\cdots x_n \mid x_i\in\{0,1\},1\leqslant i\leqslant n\}$$

对于 $X=x_1x_2\cdots x_n$ 与 $Y=y_1y_2\cdots y_n\in S_n$,有 $X\oplus Y=z_1z_2\cdots z_n$,其中 $z_i=x_i+y_i(1\leqslant i\leqslant n)$,这里运算“+”是指模 2 和。

群码 S_n 的任一子集 C,如果$\langle C,\oplus\rangle$是群,称码 C 是群码。

海明距 对于 $X=x_1x_2\cdots x_n$ 与 $Y=y_1y_2\cdots y_n\in S_n$,$X$ 和 Y 中对应位字母不同的个数称为海明距,记为 $H(X,Y)$,即

$$H(X,Y)=\sum_{i=1}^{n}(x_i+y_i)$$

极小距 码 C 中所有不同码字的海明距的极小值称为码 C 的极小距,记为 $d_{\min}(C)$,即

$$d_{\min}(C)=\min_{\substack{X,Y\in C\\ X\neq Y}} H(X,Y)$$

最小距离译码准则 给定码 C, 设接收字为 X', 在 C 中找一个码字 X, 使 $H(X, X')$是 X' 与 C 中所有码字海明距的极小值, 即

$$H(X,X')=\min_{Y\in C}H(Y,X')$$

我们将 X' 译为码字 X,这种译码准则称为最小距离译码准则。

定理 9-2.1 代数系统$\langle S_n,\oplus\rangle$是群,$\underbrace{00\cdots0}_{n}$是幺元。

定理 9-2.2 设 $X,Y,Z\in S_n$,有

a) $H(X,X)=0$;

b) $H(X,Y)=H(Y,X)$;

c) $H(X,Y)+H(Y,Z)\geqslant H(X,Z)$。

定理 9-2.3 码 C 能查出 $\leqslant k$ 个错误的充要条件是

$$d_{\min}(C)\geqslant k+1$$

定理 9-2.4 码 C 能纠 k 个错的充要条件是

$$d_{\min}(C)\geqslant 2k+1$$

3 海 明 码

线性分组码 码字长度相同且校验位是信息位线性函数的码称为线性分组码。码字长 n，有 m 位信息位的线性分组码称为 (n,m) 线性分组码。

海明码 能纠单错的线性分组码称为海明码。

码字的重量 码字 X 中所含 1 的个数，称为 X 的重量，记为 $W(X)$。

一致校验矩阵 给定群码

$$S=\{X\mid \mathbf{X}\cdot H^{T}=\mathbf{0}\}$$

矩阵 H 称为 S 的一致校验矩阵，S 称为由 H 产生的群码。

定理 9-3.1 对于两个码字 X 和 Y，有

$$H(X,Y)=H(X\oplus Y,\mathbf{0})=W(X\oplus Y)$$

其中 $\mathbf{0}=00\cdots0$，称为零码字。

定理 9-3.2 群码 C 中非零码字的最小重量等于此群码的最小距。

定理 9-3.3 设 H 是 $k\times n$ 阶矩阵，$X=x_1x_2\cdots x_n$ 是 n 位二进制串，那么集合

$$S=\{X\mid \mathbf{X}\cdot H^{T}=\mathbf{0}\}$$

对于运算 $\oplus$ 构成群，即 S 是群码，其中 $\mathbf{X}=(x_1,x_2,\cdots,x_n)$ 是码字 X 对应的向量。

定理 9-3.4 一致校验矩阵 H 产生一个重量为 q 的码字的充要条件是在 H 中存在 q 个列向量，他们的和为 $\mathbf{0}$。

推论 由 H 产生的群码中非零码字的最小重量等于矩阵 H

中列向量和为 **0** 的最少列数。

4 查表译码法

查表译码法 给定海明码 C,码字长 n,信息位长 m,校验位长 $k=n-m$。查表译码法可如下进行：

a）将 C 中所有码字组成第一行,零码字作为首项。

b）构造所有陪集 $e_1\oplus C,e_2\oplus C,\cdots,e_n\oplus C$,分别组成第二行,第三行,…,第 $n+1$ 行,使得陪集 $e_i\oplus C$ 中元素 $e_i\oplus c_j(c_j\in C)$与元素 c_j 在同一列。

c）如果 $2^k=n+1$,译码表构造完毕。

如果 $2^k>n+1$,取一个不在 C 中且也不在已有陪集中的字 z,构造陪集 $z\oplus C$,使元素 $z\oplus c_j$ 与 c_j 在同一列,以此类推,直至 2^k 个陪集全部构造好,译码表就构造结束。

如果接收字为 X',它在 i 行 j 列,那么 X' 的发送字为 c_j,且 i 行首项元素中字母 1 的所在位就是传送过程中的出错位,这种译码方法称为查表译码法。

例 给定(6,3)线性分组码：

$$C=\{000000,001011,010101,011110,\\100111,101100,110010,111001\}$$

它的译码表如表 9-1 所示。表 9-2 给出了几个接收字以及他们相应的发送字以及出错位。

表 9-1

C:	000000	001011	010101	011110	100111	101100	110010	111001
$e_1\oplus C$:	100000	101011	110101	111110	000111	001100	010010	011001
$e_2\oplus C$:	010000	011011	000101	001110	110111	111100	100010	101001
$e_3\oplus C$:	001000	000011	011101	010110	101111	100100	111010	110001
$e_4\oplus C$:	000100	001111	010001	011010	100011	101000	110110	111101
$e_5\oplus C$:	000010	001001	010111	011100	100101	101110	110000	111011
$e_6\oplus C$:	000001	001010	010100	011111	100110	101101	110011	111000
$000110\oplus C$:	000110	001101	010011	011000	100001	101010	110100	111111

表 9-2

接收字	发送字	出错位
001001	001011	5
000110	000000	5,6
101100	101100	无
111110	011110	1

5 生成矩阵

生成矩阵 给定群码

$$S=\{X|\mathbf{X}\cdot H^T=\mathbf{0}\}$$

如果矩阵 H 以标准形式给出，即

$$H=(Q_{k\times m}\quad I_k)_{k\times n}$$

其中 m 是信息位位数，k 是校验位位数，$n=m+k$，

$$Q_{k\times m}=\begin{pmatrix} q_{11} & \cdots & q_{1m} \\ \vdots & & \vdots \\ q_{k1} & \cdots & q_{km} \end{pmatrix}_{k\times m}$$

$$I_k=\begin{pmatrix} 1 & & 0 \\ & \ddots & \\ 0 & & 1 \end{pmatrix}_{k\times k}$$

展开为方程形式得：

$$\begin{cases} x_1q_{11}+\cdots+x_mq_{1m}+x_{m+1}=0 \\ x_2q_{21}+\cdots+x_mq_{2m}+x_{m+2}=0 \\ \cdots\cdots\cdots\cdots\cdots\cdots\cdots\cdots \\ x_1q_{k1}+\cdots+x_mq_{km}+x_n=0 \end{cases}$$

即

$$\begin{cases} x_{m+1}=q_{11}x_1+\cdots+q_{1m}x_m \\ x_{m+2}=q_{21}x_1+\cdots+q_{2m}x_m \\ \cdots\cdots\cdots\cdots\cdots\cdots\cdots \\ x_n=q_{k1}x_1+\cdots+q_{km}x_m \end{cases}$$

添加 m 个方程得：

$$\begin{cases} x_1 = x_1 \\ x_2 = x_2 \\ \cdots\cdots\cdots\cdots \\ x_m = x_m \\ x_{m+1} = q_{11}x_1 + \cdots + q_{1m}x_m \\ x_{m+2} = q_{21}x_1 + \cdots + q_{2m}x_m \\ \cdots\cdots\cdots\cdots\cdots\cdots \\ x_n = q_{k1}x_1 + \cdots + q_{km}x_m \end{cases}$$

令 $X' = x_1 x_2 \cdots x_m$，则有

$$\boldsymbol{X} = \boldsymbol{X}'G$$

其中

$$G = (I_m \quad Q^T_{k\times m})_{m\times n}$$

称 G 为生成矩阵。如果将 X' 取遍 $\underbrace{00\cdots0}_{m}, 00\cdots1, \cdots, \underbrace{11\cdots1}_{m}$，就可得 2^m 个码字。

由一致校验矩阵 H 与生成矩阵 G 的形式可知，他们是一一对应的。

6　循　环　码

循环码　给定一个 (n,m) 线性分组码 S，$c_1c_2\cdots c_{n-1}c_n \in S$，将码元向右循环移位一次所得字 $c_nc_1c_2\cdots c_{n-1}$ 如果也是码字，称 S 为循环码。

由循环码定义可知，当 $c_1c_2\cdots c_n$ 是码字时，下面的字都是码字：

$$c_1c_2\cdots c_{n-1}c_n, c_nc_1\cdots c_{n-2}c_{n-1}, c_{n-1}c_nc_1\cdots c_{n-3}c_{n-2}, \cdots, c_2c_3\cdots c_nc_1$$

码多项式　给定循环码 S，将码字 $C = c_1c_2\cdots c_{n-1}c_n$ 与一个 $(n-1)$ 次多项式 $C(x)$ 相对应，即

$$C(x) = c_1 + c_2x + \cdots + c_{n-1}x^{n-2} + c_nx^{n-1}$$

称 $C(x)$ 为码多项式。

码字 C 右移 i 位 $(1\leqslant i\leqslant n-1)$ 所得码字的码多项式等于多项式 x^n+1 除 $x^iC(x)$ 的余式。特别当 $x^iC(x)$ 的次数 $\leqslant n-1$ 时，$x^iC(x)$ 就是码多项式。

定理 9-6.1　在一个 (n, m) 循环码中，存在且只存在一个

$(n-m)$次的码多项式：

$$g(x)=1+g_2x+g_3x^2+\cdots+g_{n-m}x^{n-m-1}+x^{n-m}$$

使任一个次数$\leqslant(n-1)$次的多项式 $C(x)$为码多项式的充要条件是 $C(x)$为 $g(x)$的倍式。$g(x)$称为生成多项式，它的次数为 $n-m$，最高项与最低项的系数为 1，对应码字为 $1g_2g_3\cdots g_{n-m}1$。

定理 9-6.2 一个$(n-m)$次多项式 $g(x)$是某一个(n,m)循环码的生成多项式的充要条件为 $g(x)$整除 x^n+1。

B 选题例解

例题 9-1 校验位是信息位的重复的码称为重复码。分析(2,1)重复码{00,11}，(3,1)重复码{000,111}的检错、纠错能力。对于一般$(n,1)$重复码，结果怎样?

分析 编码的检错、纠错能力可由码字与废码之间的海明距运用最小距离译码准则得到。

解 字长为 2 的二进制串有 00,01,10 和 11，对应(2,1)重复码{00,11}的废码为{01,10}。如果在信息传送过程中只有一位出错，例如 00,11 分别在第一位，第二位出错，变成 10;00,11 分别在第二位，第一位出错，变成 01，如图 9-2(a)所示，他们都成为废码，因此能检查出一位错。但收到废码后不能确定是由哪个码字错了哪位形成的，不能纠一位错。如果在传送过程中产生二位错，那么 00 变成 11,11 变成 00，不能检查出二位错。因此，(2,1)重复码是检 1 码。

字长为 3 的二进制串有 000,001,010,011,100,101,110,111。对应(3,1)重复码{000,111}的废码根据他们的重量可分为两个集合 $S_1=\{001,010,100\}$和 $S_2=\{011,101,110\}$。码字 000 出了一位错，得到的废码在 S_1 中;出了二位错，得到的废码在 S_2 中。码字 111 出了一位错，得到的废码在 S_2 中;出了二位错，得到的废码在 S_1 中，如图 9-2(b)所示。总之，出了一位或二位错，得到的都是废码。但出了三位错，码字 000 变成码字 111，码字 111

变成码字 000，因此能检查出二位错。根据最小距离译码准则，如果接收字在 S_1 中，应认为是由于 000 出了一位错形成的，而不能认为是由于 111 出了二位错形成的，应该译为码字 000。同理接收字在 S_2 中，应译为码字 111，能纠一位错。(3,1)重复码是检 2 纠 1 码。

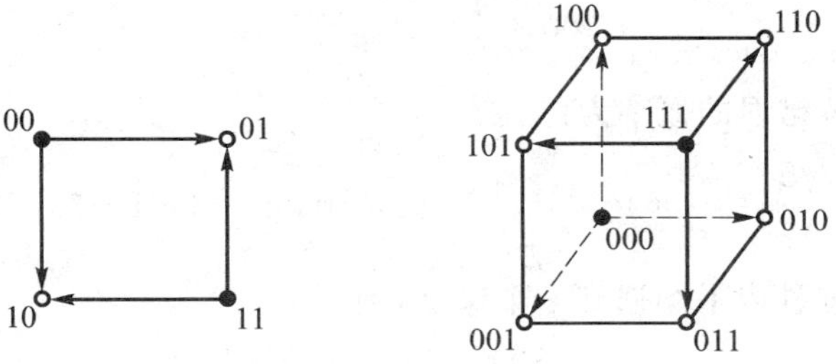

图　9-2

同样分析可得：$(n,1)$重复码能检$(n-1)$错。当 n 是奇数时，能纠$\frac{1}{2}(n-1)$位错。当 n 是偶数时，能纠$\frac{n}{2}-1$位错。

运用内容提要 2 中定理 9-2.3 和定理 9-2.4 也可得同样结论。

例题 9-2　给定了一个字长为 4 的码，以每秒传送 100 个码字的速度传送。如果一位出错的概率为 3.1×10^{-5}，比较该码以及增加一位奇(偶)校验位后出错漏查的差错率。

分析　应求出两种情况下出现一个错字的平均周期。前者错字是指一位发生错误，后者是指二位发生错误，因为奇(偶)校验位能查出一位错。

解　一位出错概率为 3.1×10^{-5}，不出错概率为$(1-3.1\times10^{-5})$。字长为 4 的码字，出错一位的概率为：

$$\binom{4}{1}(3.1\times10^{-5})(1-3.1\times10^{-5})^3\approx1.21\times10^{-4}$$

因为每秒传送 100 个码字，假设在 x 秒内平均遇到一个错字，则

$$x\times 100\times 1.21\times 10^{-4}=1$$

$$x\approx 83\text{ 秒}$$

这表示码字在无抗干扰能力下，平均 83 秒遇到一个错字。

增加了一位奇(偶)校验位，出现一位错能发现，出现二位错不能发现。此时，每个码字长度为 5，从而传输速率降低为：

$$100\times\frac{4}{5}=80\text{ 码字/秒}$$

出现二位错误的概率为：

$$\binom{5}{2}(3.1\times 10^{-5})^2(1-3.1\times 10^{-5})^3\approx 9.61\times 10^{-9}$$

假设在 y 秒内平均遇到一个错字，则

$$y\times 80\times 9.61\times 10^{-9}=1$$

$$y\approx 1.3\times 10^6\text{ 秒}\approx 15\text{ 天}$$

平均 15 天才会遇到一个错字，大大降低了码字的差错率。

例题 9-3 设有五位信息数字 c_1, c_2, c_3, c_4 和 c_5，要求构成能纠一位错误的线性分组码。 【9-3.(1)】

分析 首先应考虑组成一个纠 1 码必须增加多少位校验位，我们知道校验位的位数由相应的一致校验矩阵的构造决定，下面先从一致校验矩阵 H 的构造着手。

解 设为了构成纠 1 码必须增加 k 位校验位，每一码字形为

$$X=\underbrace{c_1c_2c_3c_4c_5}_{\text{信息位}}\underbrace{c_6\cdots c_{5+k}}_{\text{校验位}}$$

k 位校验位与 5 位信息位之间有如下关系式：

$$c_{5+i}=q_{i1}c_1+q_{i2}c_2+q_{i3}c_3+q_{i4}c_4+q_{i5}c_5$$

$$q_{ij}\in\{0,1\},(1\leqslant i\leqslant k, 1\leqslant j\leqslant 5)$$

令
$$H=(Q\quad I_k)_{k\times(5+k)}$$

$$Q=\begin{pmatrix} q_{11} & \cdots & q_{15}\\ \vdots & & \vdots\\ q_{k1} & \cdots & q_{k5}\end{pmatrix}_{k\times 5}$$

$$I_k=\begin{pmatrix}1 & & 0\\ & \ddots & \\ 0 & & 1\end{pmatrix}_{k\times k}$$

那么,任一码字 X 就满足方程

$$\boldsymbol{X}\cdot H^T=\boldsymbol{0}$$

由于该码能纠 1 错,由定理 9-3.4 的推论可知,矩阵 H 中必须没有零列向量,也没有两个相同的列向量。H 的列向量是 k 维的,由 0 和 1 组成的 k 维列向量共有 2^k 个:$(0,0,\cdots,0)^T$,$(0,0,\cdots,1)^T$,……,$(1,1,\cdots,1)^T$。由于 H 中列向量均不相同且无零列向量,即矩阵 Q 的列向量中不能出现零列向量和单位阵 I_k 中 k 个单位列向量:$(1,0,\cdots,0)^T$,$(0,1,\cdots,0)^T$,…,$(0,0,\cdots,1)^T$。因此,Q 的 5 个列向量可从所有 2^k 个列向量中除去零列向量及 k 个单位列向量中选取,即要求 5 与 k 满足不等式:$5\leqslant 2^k-1-k$。使上式满足的最小 $k=4$。因此,由 5 位信息位构成纠 1 码至少要增加 4 位校验位,即构成(9,5)线性分组码。

现取 $k=4$,$2^k-1-k=2^4-1-4=11$。在 11 个不同的四维列向量中选取 5 个列向量,共有 $\binom{11}{5}=462$ 种选择方案,即有 462 个不同的能纠 1 错的(9,5)线性分组码。

下面一些矩阵都是(9,5)线性分组码的一致校验矩阵:

$$H_1=\begin{pmatrix}0&0&1&0&1&1&0&0&0\\0&1&0&1&0&0&1&0&0\\1&0&0&1&1&0&0&1&0\\1&1&1&0&0&0&0&0&1\end{pmatrix}$$

$$H_2=\begin{pmatrix}0&0&1&1&1&1&0&0&0\\0&1&0&1&1&0&1&0&0\\1&1&1&1&0&0&0&1&0\\1&1&1&0&0&0&0&0&1\end{pmatrix}$$

$$H_3=\begin{pmatrix}1&1&0&1&1&1&0&0&0\\1&1&1&0&1&0&1&0&0\\0&1&1&1&1&0&0&1&0\\0&0&1&1&1&0&0&0&1\end{pmatrix}$$

$$H_4=\begin{pmatrix}1&0&0&1&1&1&0&0&0\\1&0&1&1&1&0&1&0&0\\0&1&1&1&1&0&0&1&0\\0&1&1&0&1&0&0&0&1\end{pmatrix}$$

例题 9-4 对于例题 9-3 中的一致校验矩阵 H_1 构造对应的生成矩阵 G_1，并写出(9,5)线性分组码。

分析 对应 H_1 的方程组为

$$\mathbf{X}\cdot H_1^T=\mathbf{0}$$

由它可将校验位表示为信息位的线性函数，添加五个方程：

$$x_1=x_1,x_2=x_2,x_3=x_3,x_4=x_4,x_5=x_5$$

这样就可求得生成矩阵 G_1。

解 H_1 对应的矩阵方程为

$$(x_1\ x_2\ x_3\ x_4\ x_5\ x_6\ x_7\ x_8\ x_9)\cdot\begin{pmatrix}0&0&1&1\\0&1&0&1\\1&0&0&1\\0&1&1&0\\1&0&1&0\\1&0&0&0\\0&1&0&0\\0&0&1&0\\0&0&0&1\end{pmatrix}=\mathbf{0}$$

对应的方程组为：

$$\begin{cases}x_3+x_5+x_6=0\\x_2+x_4+x_7=0\\x_1+x_4+x_5+x_8=0\\x_1+x_2+x_3+x_9=0\end{cases}$$

添加五个方程且将校验位表示为信息位的线性函数得：

$$\begin{cases} x_1 = x_1 \\ x_2 = \quad x_2 \\ x_3 = \quad\quad x_3 \\ x_4 = \quad\quad\quad x_4 \\ x_5 = \quad\quad\quad\quad x_5 \\ x_6 = \quad\quad x_3 \quad + x_5 \\ x_7 = \quad x_2 \quad + x_4 \\ x_8 = x_1 \quad\quad + x_4 + x_5 \\ x_9 = x_1 + x_2 + x_3 \end{cases}$$

矩阵形式为：

$$(x_1\ x_2\ x_3\ x_4\ x_5\ x_6\ x_7\ x_8\ x_9)$$

$$=(x_1\ x_2\ x_3\ x_4\ x_5)\cdot\begin{pmatrix} 1 & 0 & 0 & 0 & 0 & 0 & 0 & 1 & 1 \\ 0 & 1 & 0 & 0 & 0 & 0 & 1 & 0 & 1 \\ 0 & 0 & 1 & 0 & 0 & 1 & 0 & 0 & 1 \\ 0 & 0 & 0 & 1 & 0 & 0 & 1 & 1 & 0 \\ 0 & 0 & 0 & 0 & 1 & 1 & 0 & 1 & 0 \end{pmatrix}$$

因此，生成矩阵：

$$G_1=\begin{pmatrix} 1 & 0 & 0 & 0 & 0 & 0 & 0 & 1 & 1 \\ 0 & 1 & 0 & 0 & 0 & 0 & 1 & 0 & 1 \\ 0 & 0 & 1 & 0 & 0 & 1 & 0 & 0 & 1 \\ 0 & 0 & 0 & 1 & 0 & 0 & 1 & 1 & 0 \\ 0 & 0 & 0 & 0 & 1 & 1 & 0 & 1 & 0 \end{pmatrix}$$

(9,5)线性分组码如表 9-3 所示。

例题 9-5 构造一个码，使它的非零码字的最小重量不等于该码的最小距。

分析 由内容提要 3 中定理 9-3.2 可知，群码中非零码字的最小重量等于该码的最小距，所以构造的码必须不是群码。码字的重量由码字中码元 1 的数目决定，码字的距离由两码字中不同码元的数目决定，所以存在非零码字最小重量大于最小距的码，也存在非零码字最小重量小于最小距的码。

表 9-3

信息位					校验位			
c_1	c_2	c_3	c_4	c_5	c_6	c_7	c_8	c_9
0	0	0	0	0	0	0	0	0
0	0	0	0	1	1	0	1	0
0	0	0	1	0	0	1	1	0
0	0	0	1	1	1	1	0	0
0	0	1	0	0	1	0	0	1
0	0	1	0	1	0	0	1	1
0	0	1	1	0	1	1	1	1
0	0	1	1	1	0	1	0	1
0	1	0	0	0	0	1	0	1
0	1	0	0	1	1	1	1	1
0	1	0	1	0	0	0	1	1
0	1	0	1	1	1	0	0	1
0	1	1	0	0	1	1	0	0
0	1	1	0	1	0	1	1	0
0	1	1	1	0	1	0	1	0
0	1	1	1	1	0	0	0	0
1	0	0	0	0	0	0	1	1
1	0	0	0	1	1	0	0	1
1	0	0	1	0	0	1	0	1
1	0	0	1	1	1	1	1	1
1	0	1	0	0	1	0	1	0
1	0	1	0	1	0	0	0	0
1	0	1	1	0	1	1	0	0
1	0	1	1	1	0	1	1	0
1	1	0	0	0	0	1	1	0
1	1	0	0	1	1	1	0	0
1	1	0	1	0	0	0	0	0
1	1	0	1	1	1	0	1	0
1	1	1	0	0	1	1	1	1
1	1	1	0	1	0	1	0	1
1	1	1	1	0	1	0	0	1
1	1	1	1	1	0	0	1	1

解 码 $C_1=\{0111,\ 1111\}$，码字最小重量 3 大于码字最小距 1。

码 $C_2=\{0011,1100\}$，码字最小重量 2 小于码字最小距 4。

例题 9-6 给定(7,3)线性分组码，它的校验位与信息位满足方程：

$$\begin{cases} x_4=x_1+x_2 \\ x_5=\quad\ \ x_2+x_3 \\ x_6=x_1+x_2+x_3 \\ x_7=x_1\quad\ \ +x_3 \end{cases} \tag{1}$$

求它的生成矩阵。说明该码也是循环码，构造各码字并求生成多项式，写出生成多项式与码多项式之间的关系式。

分析 构造出生成矩阵及各码字，可以看出各码字可由一码字经循环右移得到。写出对应的码多项式，其中次数最低的非零多项式就是生成多项式。生成多项式与码多项式之间的关系式可由码字之间循环右移的次数得到。

解 添加 $x_1=x_1$，$x_2=x_2$，$x_3=x_3$ 三个方程，得到方程组的矩阵形式为：

$$\begin{pmatrix} x_1 \\ x_2 \\ x_3 \\ x_4 \\ x_5 \\ x_6 \\ x_7 \end{pmatrix}=\begin{pmatrix} 1 & 0 & 0 \\ 0 & 1 & 0 \\ 0 & 0 & 1 \\ 1 & 1 & 0 \\ 0 & 1 & 1 \\ 1 & 1 & 1 \\ 1 & 0 & 1 \end{pmatrix}\begin{pmatrix} x_1 \\ x_2 \\ x_3 \end{pmatrix} \tag{2}$$

生成矩阵 G 为：

$$G=\begin{pmatrix} 1 & 0 & 0 & 1 & 0 & 1 & 1 \\ 0 & 1 & 0 & 1 & 1 & 1 & 0 \\ 0 & 0 & 1 & 0 & 1 & 1 & 1 \end{pmatrix}$$

根据方程组可得(7,3)线性分组码，如表 9-4 所示。

表 9-4

编号	信息位			校验位				码字						
	x_1	x_2	x_3	x_4	x_5	x_6	x_7							
c_1	0	0	0	0	0	0	0	0	0	0	0	0	0	0
c_2	0	0	1	0	1	1	1	0	0	1	0	1	1	1
c_3	0	1	0	1	1	1	0	0	1	0	1	1	1	0
c_4	0	1	1	1	0	0	1	0	1	1	1	0	0	1
c_5	1	0	0	1	0	1	1	1	0	0	1	0	1	1
c_6	1	0	1	1	1	0	0	1	0	1	1	1	0	0
c_7	1	1	0	0	1	0	1	1	1	0	0	1	0	1
c_8	1	1	1	0	0	1	0	1	1	1	0	0	1	0

各码字之间循环右移的关系如下：

$$c_2 \to c_5 \to c_7 \to c_8 \to c_4 \to c_6 \to c_3 \;(\to c_2)$$

所以该码是循环码。

各个码多项式为：

$$C_1(x)=0$$

$$C_2(x)=x^2+x^4+x^5+x^6$$

$$C_3(x)=x+x^3+x^4+x^5$$

$$C_4(x)=x+x^2+x^3+x^6$$

$$C_5(x)=1+x^3+x^5+x^6$$

$$C_6(x)=1+x^2+x^3+x^4$$

$$C_7(x)=1+x+x^4+x^6$$

$$C_8(x)=1+x+x^2+x^5$$

生成多项式 $g(x)=G_6(x)$，各码多项式与 $g(x)$ 的关系式为：

$$C_1(x)=0\cdot g(x)$$

$$C_6(x)=g(x)$$

$$C_3(x)=xg(x)$$

$$C_2(x)=x^2g(x)$$

$$C_5(x)=x^3g(x),(\mathrm{mod}(x^7+1))$$

$$C_7(x)=x^4g(x),(\bmod(x^7+1))$$
$$C_8(x)=x^5g(x),(\bmod(x^7+1))$$
$$C_4(x)=x^6g(x),(\bmod(x^7+1))$$

例题 9-7 证明字长为 4 的循环码只有一个，并将它构造出来。

分析 循环码由生成多项式决定，由内容提要 6 中定理9-6.2 可知，字长为 4 的循环码的生成多项式应是 x^4+1 的因式，我们先分解多项式 x^4+1，证明它只有一个因式。

证明 注意到多项式因式分解中的加法是模 2 和，就有

$$x^4+1=(x+1)(x^3+x^2+x+1)=(x+1)^2(x^2+1)=(x+1)^4$$

因此，生成多项式只有一个，$g(x)=x+1$。

由内容提要 6 中定理 9-6.1 可知，三次码多项式 $C(x)$是$g(x)$的倍式，

$$C(x)=(m_0+m_1x+m_2x^2)(1+x)$$
$$=m_0+(m_0+m_1)x+(m_1+m_2)x^2+m_2x^3$$

所以，码长为 4 的循环码为(4,3)循环码，如表 9-5 所示。该 8 个码字组成四组：$S_1=\{0000\}$，$S_2=\{1111\}$，$S_3=\{0101,1010\}$，$S_4=\{0011,0110,1100,1001\}$，每组中码字相互可经循环移位得到。

表 9-5

信息位			码字			
m_0	m_1	m_2	c_1	c_2	c_3	c_4
0	0	0	0	0	0	0
0	0	1	0	0	1	1
0	1	0	0	1	1	0
0	1	1	0	1	0	1
1	0	0	1	1	0	0
1	0	1	1	1	1	1
1	1	0	1	0	1	0
1	1	1	1	0	0	1

例题 9-8 证明$(n,n-1)$循环码是偶校验码。

分析　$(n,n-1)$循环码中任一码字有$(n-1)$位信息位，一位校验位。要证明它是偶校验码，只要证明每一码字中含有偶数个1即可。码字由码多项式决定，码多项式是生成多项式的倍式，应先分析$(n,n-1)$循环码的生成多项式的形式。

证明　$(n,n-1)$循环码的生成多项式 $g(x)$的次数为

$$n-(n-1)=1\text{ 次}$$

又是 x^n+1 的因式，故

$$g(x)=1+x$$

码字 C 对应的码多项式 $C(x)$是 $1+x$ 的倍式，有

$$\begin{aligned}C(x)&=(m_0+m_1x+m_2x^2+\cdots+m_{n-2}x^{n-2})(1+x)\\&=m_0+(m_0+m_1)x+(m_1+m_2)x^2+\cdots\\&\quad+(m_{n-3}+m_{n-2})x^{n-2}+m_{n-2}x^{n-1}\end{aligned}$$

故码字　$C=m_0(m_0+m_1)(m_1+m_2)\cdots(m_{n-3}+m_{n-2})m_{n-2}$

各码元之和为：

$$m_0+(m_0+m_1)+(m_1+m_2)+\cdots+(m_{n-3}+m_{n-2})+m_{n-2}=0$$

C 中含有偶数个 1，校验位是信息位的模 2 和，故$(n,n-1)$循环码是偶校验码。

C　习 题 与 解

9-1　构造所有长度为 2 的二进制编码。找出能检查出单错的编码。是否存在能纠正单错的编码，为什么？　【9-1.(1)】

解　长度为 2 的二进制串有四个：00，01，10，11。长度为 2 的二进制编码有 $2^4-1=15$ 个。

$C_1=\{00\}$，$C_2=\{01\}$，$C_3=\{10\}$，$C_4=\{11\}$，$C_5=\{00,01\}$，$C_6=\{00,10\}$，$C_7=\{00,11\}$，$C_8=\{01,10\}$，$C_9=\{01,11\}$，$C_{10}=\{10,11\}$，$C_{11}=\{00,01,10\}$，$C_{12}=\{00,01,11\}$，$C_{13}=\{00,10,11\}$，$C_{14}=\{01,10,11\}$，$C_{15}=\{00,01,10,11\}$。

由于 C_1,C_2,C_3,C_4 这四码个中只有一个码字，任一位出错得到的都是废码，因此这四个码都能纠错。

码 C_5,C_6,C_9,C_{10},C_{11},C_{12},C_{13},C_{14},C_{15} 的海明距为 1,不能检查出单错。

码 C_7,C_8 的海明距为 2,能查出单错,不能纠单错。

9-2 写出下列单词的五单位电传码和 3∶4码:CHINA,SHANGHAI。 【9-1.(2)】

解 英文字母的五单位电传码和 3∶4码可见:《离散数学》(上海科学技术文献出版社,1982.9)一书第 397 页,我们得五单位电传码为:

0111000101011000011011000001101010000101110000011001011001011100000110000111。

3∶4码为:

1001100101001011100001010100001101010101000101010101001000110101010100110000110100100011010111000010100001。

9-3 群计数码是先将传送的信息中码元"1"的数目用二进制数字表示,然后把此二进制数作为校验位,放在信息位后面,组成一个码字。如 10111 中有四个"1",4 的二进制为 100,故 10111 变为码字 10111100。写出所有信息位长五位所对应的群计数码,并说明群计数码能检单错,不能纠单错

解 由于信息位长五位,至多含有五个"1",故需增加三位校验位,该码如表 9-6 所示。

如果信息位中有一位出错,改变了信息位中"1"的数目,与校验位表示的二进制数不符,是废码。如果校验位中有一位出错,同样出错后校验位表示的二进制数与信息位中"1"的数目不符,是废码。所以,群计数码能检单错。

码字 00101010 在第八位出错,码字 00111011 在第四位出错均变成废码 00101011,所以不能纠单错。

9-4 给定三个信息位 c_1,c_2,c_3 与两个校验位 c_4,c_5,他们满足等式:

$$c_1+c_2+c_3+c_4+c_5=0$$

写出重量均为 2 的所有码字,讨论它的检错纠错能力。

表 9-6

信息位					校验位			码字							
c_1	c_2	c_3	c_4	c_5	c_6	c_7	c_8								
0	0	0	0	0	0	0	0	0	0	0	0	0	0	0	0
0	0	0	0	1	0	0	1	0	0	0	0	1	0	0	1
0	0	0	1	0	0	0	1	0	0	0	1	0	0	0	1
0	0	0	1	1	0	1	0	0	0	0	1	1	0	1	0
0	0	1	0	0	0	0	1	0	0	1	0	0	0	0	1
0	0	1	0	1	0	1	0	0	0	1	0	1	0	1	0
0	0	1	1	0	0	1	0	0	0	1	1	0	0	1	0
0	0	1	1	1	0	1	1	0	0	1	1	1	0	1	1
0	1	0	0	0	0	0	1	0	1	0	0	0	0	0	1
0	1	0	0	1	0	1	0	0	1	0	0	1	0	1	0
0	1	0	1	0	0	1	0	0	1	0	1	0	0	1	0
0	1	0	1	1	0	1	1	0	1	0	1	1	0	1	1
0	1	1	0	0	0	1	0	0	1	1	0	0	0	1	0
0	1	1	0	1	0	1	1	0	1	1	0	1	0	1	1
0	1	1	1	0	0	1	1	0	1	1	1	0	0	1	1
0	1	1	1	1	1	0	0	0	1	1	1	1	1	0	0
1	0	0	0	0	0	0	1	1	0	0	0	0	0	0	1
1	0	0	0	1	0	1	0	1	0	0	0	1	0	1	0
1	0	0	1	0	0	1	0	1	0	0	1	0	0	1	0
1	0	0	1	1	0	1	1	1	0	0	1	1	0	1	1
1	0	1	0	0	0	1	0	1	0	1	0	0	0	1	0
1	0	1	0	1	0	1	1	1	0	1	0	1	0	1	1
1	0	1	1	0	0	1	1	1	0	1	1	0	0	1	1
1	0	1	1	1	1	0	0	1	0	1	1	1	1	0	0
1	1	0	0	0	0	1	0	1	1	0	0	0	0	1	0
1	1	0	0	1	0	1	1	1	1	0	0	1	0	1	1
1	1	0	1	0	0	1	1	1	1	0	1	0	0	1	1
1	1	0	1	1	1	0	0	1	1	0	1	1	1	0	0
1	1	1	0	0	0	1	1	1	1	1	0	0	0	1	1
1	1	1	0	1	1	0	0	1	1	1	0	1	1	0	0
1	1	1	1	0	1	0	0	1	1	1	1	0	1	0	0
1	1	1	1	1	1	0	1	1	1	1	1	1	1	0	1

解　该码如表 9-7 所示。

表 9-7

信息位 c_1	c_2	c_3	校验位 c_4	c_5	码字				
0	0	0	1	1	0	0	0	1	1
0	0	1	0	1	0	0	1	0	1
0	0	1	1	0	0	0	1	1	0
0	1	0	0	1	0	1	0	0	1
0	1	0	1	0	0	1	0	1	0
0	1	1	0	0	0	1	1	0	0
1	0	0	0	1	1	0	0	0	1
1	0	0	1	0	1	0	0	1	0
1	0	1	0	0	1	0	1	0	0
1	1	0	0	0	1	1	0	0	0

由表 9-7 可知，该码的最小距为 2，能检单错不能纠单错。这种码的每个码字，其五个码元中，码元“1”占二位，码元“0”占三位，称为 2:3码，电传码中每个码字有三个“1”，四个“0”，是与它类似的码。

9-5　已知字母 0,1 正确传送的概率是 0.98，试求：

a）CHINA 的五单位电传码只在前三位出错的概率；

b）CHINA 的五单位电传码有一位出错的概率。　【9-1.(3)】

解　五单位电传码中每个字母用五位二进制表示，故CHINA 的五单位电传码长 25 位。

a）前三位出错的概率：

$$(1-0.98)^3 \cdot (0.98)^{22} \approx 5.13\times 10^{-6}$$

b）有一位出错的概率：

$$\binom{25}{1}(1-0.98)(0.98)^{24} \approx 0.3079$$

9-6　一个字长十位的码字在传送过程中要求两位出错的概率不超过 10^{-3}，试求字母正确传送的概率。　【9-1.(4)】

解 设字母正确传送的概率为 x，字母出错的概率为 $y=1-x$，字长十位的码字两位出错的概率为：

$$\binom{10}{2}y^2(1-y)^8\approx\binom{10}{2}y^2(1-8y)$$

由不等式
$$\binom{10}{2}y^2(1-8y)\leqslant 10^{-3}$$

解得 $y\leqslant 4.7\times 10^{-3}$，故字母正确传送的概率 $x\geqslant 0.9953$。

9-7 给定码 $C=\{00000,10001,01100,10101\}$，试求码 C 中任两个码字的海明距和 $d_{\min}(C)$。【9-2.(1)】

解 $H(00000,10001)=2, H(00000,01100)=2$

$H(00000,10101)=3, H(10001,01100)=4$

$H(10001,10101)=1, H(01100,10101)=3$

$$d_{\min}(C)=1$$

9-8 设 X,Y,Z 是线性码 C 中三个不同的码字，写出

$$H(X,Y)+H(Y,Z)=H(X,Z)$$

的充要条件，并加以证明。【9-2.(2)】

证明 令 $X=x_1x_2\cdots x_n, Y=y_1y_2\cdots y_n, Z=z_1z_2\cdots z_n$，那么

$$H(X,Y)=(x_1+y_1)+(x_2+y_2)+\cdots+(x_n+y_n)^{[注]}$$

$$H(Y,Z)=(y_1+z_1)+(y_2+z_2)+\cdots+(y_n+z_n)$$

$$H(X,Z)=(x_1+z_1)+(x_2+z_2)+\cdots+(x_n+z_n)$$

使 $H(X,Y)+H(Y,Z)=H(X,Z)$ 成立的充要条件是对每一 $i(1\leqslant i\leqslant n)$，有 $(x_i+y_i)+(y_i+z_i)=x_i+z_i$。显然，当 $x_i=z_i$ 时，必须有 $x_i=y_i=z_i$。当 $x_i\neq z_i$ 时，y_i 可为任意值。因此上述等式成立的充要条件是如果码字 X 与码字 Z 的某一位的码元相同，那么码字 Y 的该位的码元也与 X 的对应位的码元相同。

9-9 方阵码：计算机系统内部各部件之间交换数据常常是成块进行，这些数据排成方阵，我们对每一行，每一列都配上一位

［注］ 和式中两个括弧式之间的"+"是普通加号，每个括弧式内的"+"是模 2 和，以下同。

奇(偶)校验位,这种码称为方阵码。以字长为 5 的 10 个码字为一组,如表 9-8 所示,分析它的检错,纠错能力。

表 9-8

	码					字					组偶校验
	1	2	3	4	5	6	7	8	9	10	11
低位 c_1	0	0	1	1	0	1	1	0	1	1	0
c_2	1	0	1	1	0	0	1	1	0	1	0
c_3	1	0	0	1	1	1	0	0	0	1	1
c_4	0	1	1	0	0	0	0	1	0	1	0
高位 c_5	1	1	1	1	0	1	0	0	0	1	0
码字偶校验位 c_6	1	0	0	0	1	1	0	0	1	1	1

解 该数据组共有 $6\times11=66$ 位,其中信息位为 $5\times10=50$,校验位为 16 位。用 a_{ij} 表示 i 行 j 列的数。

(1) 一位出错。如 a_{37} 出错,由 0 变成 1,那么第三行中“1”的数目由偶数(6)变成奇数(7),第七列中“1”的数目由偶数(2)变成奇数(3)。出错位就在“1”的数目为奇数的行和列的相交处,因此,可以纠 1 错。

(2) 两位出错。

a) 两位出错位在同一行(列),该行(列)的“1”的数目奇偶性不变,而这两个出错位所在的两列(行),改变了“1”的数目的奇偶性,由偶变奇。例如 a_{34},a_{37} 出错,第三行仍含偶数个 1,第四、七列含有奇数个 1,能检 2 错。但由于 a_{24},a_{27} 出错,也只改变第四、七列的奇偶性,不能纠 2 错。

b) 两位出错位不在同一行也不在同一列。例如 a_{24},a_{37} 出错,那么第二、三行与第四、七列要改变“1”的数目的奇偶性,能检 2 错。但是,a_{27} 与 a_{34} 出错,其出错的现象相同,不能纠 2 错。

(3) 三位出错。

a) 三个出错位在同一行(列),那么该行(列)及出错位所在的三列(行)的“1”的数目由偶变奇,能检 3 错。

b) 两个出错位在同一行(列),另一个出错位在另一行(列),

那么后一行(列)的“1”的数目由偶变奇。再者,如果这三个出错位在不同的三列(行),就有三列(行)的“1”的数目由偶变奇。如果这三个出错位中有两位在同一列(行),另一位在另一列(行),后一列(行)的“1”的数目由偶变奇,能检 3 错。

c) 三个出错位中任意两个不在同一行也不在同一列,那么就有三行及三列的“1”的数目由偶变奇,能检 3 错。

但是,a_{34}、a_{39} 和 a_{14} 三位同时出错,使第一行、第九列的“1”的数目由偶变奇,这与 a_{19} 一位出错的现象相同,不能纠 3 错。

(4) 四位出错。如果四位出错位的位置恰好组成一矩形,例如 a_{14},a_{19},a_{34},a_{39} 四位出错,各行,各列的“1”的数目未改变奇偶性,不能检 4 错。

总结上述,方阵码的检错与纠错能力如表 9-9 所示。

表 9-9

“1”的数目改变奇偶性		出错位数	出错位置
行数	列数		
1	1	1	出错行与出错列交叉处
0 2 2	2 0 2	2	
1 3 3	3 1 3	3	

9-10 证明字长不超过 $2k$ 的码不能纠 k 个错。字长不超过 k 的码不能检 k 个错。【9-2.(3)】

证明 字长不超过 $2k$ 的码的极小距不超过 $2k$,由定理 9-2.4 可知,不能纠 k 个错。

字长不超过 k 的码的极小距不超过 k,由定理 9-2.3 可知,不能检 k 个错。

9-11 给定线性码 C,如果 $d_{\min}(C) \geqslant k+k'+1(k' \geqslant k)$,则码

C 能查 k' 个错且能纠 k 个错。请构造一个能纠单错且能查两个错的线性码。
【9-2.(4)】

证明 $d_{\min}(C) \geqslant k+k'+1 \geqslant k'+1$，故 C 能查 k' 个错。因为 $k' \geqslant k$，$d_{\min}(C) \geqslant k+k'+1 \geqslant 2k+1$，故 C 能纠 k 个错。

给定码 $C=\{0000,1111\}$，其中前三位 c_1,c_2,c_3 是信息位，第四位 c_4 是校验位，显然，$c_1+c_2+c_3+c_4=0$，是线性码。

$$d_{\min}(C)=4=1+2+1, k=1, k'=2$$

能查两个错，纠单错。

9-12 设 C 是一个线性分组码，它同时具有偶数重量和奇数重量的码字。证明：偶数重量码字的数目等于奇数重量码字的数目。
【9-3.(2)】

证明 给定线性分组码 C，字长 n 位。任取码字

$$A,B \in C, A=a_1a_2\cdots a_n, B=b_1b_2\cdots b_n$$

因为码 C 是线性码，

$$a_1+a_2+\cdots+a_n=0, b_1+b_2+\cdots+b_n=0$$

两式相加得

$$(a_1+b_1)+(a_2+b_2)+\cdots+(a_n+b_n)=0$$

所以

$$A+B \in C$$

线性码中任两个码字之和也是该码中的码字。

设码字 A 与 B 中有 $a_{i_1}=b_{i_1}=1,\cdots,a_{i_k}=b_{i_k}=1$，显然

$$W(A+B)=W(A)+W(B)-2k$$

令 C 中重量为偶数的码字组成集合 $X=\{X_1,\cdots,X_i\}$；重量为奇数的码字组成集合 $Y=\{Y_1,\cdots,Y_j\}$。那么，$Y_1+X_1, Y_1+X_2,\cdots,Y_1+X_i \in C$，且对于 $1 \leqslant h \leqslant i$ 有

$$W(Y_1+X_h)=W(Y_1)+W(X_h)-2m$$

m 是码字 Y_1 与 X_h 中同为 1 的码元的数目，$W(Y_1)$ 是奇数，$W(X_h)$ 和 $2m$ 是偶数，$W(Y_1+X_h)$ 是奇数。因此，$Y_1+X_1,\cdots,Y_1+X_i \in Y$，$i \leqslant j$。

同理，$Y_1+Y_1,\cdots,Y_1+Y_j \in X$，$j \leqslant i$。

由此可知，$i=j$，码 C 中重量为偶数的码字数目等于重量为奇

数的码字数目。

9-13 构造一个包含8位信息位且能纠1错的线性码。

解 满足 $8\leqslant 2^k-k-1$ 的 k 的最小值为 $k=4$，需要增加四位校验位。构成一致校验矩阵 H 可从长四位的十六个向量中除去零向量和四个单位向量还余下的十一个向量中任取八个即可，共有 $\binom{11}{8}=165$ 个。下列都是(12,8)线性分组码的一致校验矩阵。

$$H_1=\begin{pmatrix}1&1&1&0&0&0&1&0&1&0&0&0\\1&0&0&1&1&0&1&1&0&1&0&0\\0&1&0&1&0&1&1&1&0&0&1&0\\0&0&1&0&1&1&0&1&0&0&0&1\end{pmatrix}$$

$$H_2=\begin{pmatrix}1&1&1&0&1&1&1&0&1&0&0&0\\1&0&0&1&1&1&0&1&0&1&0&0\\0&1&0&1&1&0&1&1&0&0&1&0\\0&0&1&0&0&1&1&1&0&0&0&1\end{pmatrix}$$

$$H_3=\begin{pmatrix}0&0&1&0&1&1&0&1&1&0&0&0\\0&1&1&1&0&1&1&1&0&1&0&0\\1&1&0&0&0&1&1&1&0&0&1&0\\1&0&0&1&1&1&1&0&0&0&0&1\end{pmatrix}$$

他们对应的(12,8)码从略。

9-14 考察一个(8,4)码 C，它的校验位 a_5,a_6,a_7,a_8 满足下列方程：

$$a_5=a_1+a_2+a_4$$
$$a_6=a_1+a_3+a_4$$
$$a_7=a_1+a_2+a_3$$
$$a_8=a_2+a_3+a_4$$

其中 a_1,a_2,a_3,a_4 为信息位。求出这个码的一致校验矩阵。证明 $\min\limits_{\substack{X\in C\\X\neq 0}} W(X)=4$，且不存在可纠2错的(8,4)线性分组码。

【9-3.(3)】

解 上述方程可改写为矩阵形式：

$$(a_1\ a_2\ a_3\ a_4\ a_5\ a_6\ a_7\ a_8)\begin{pmatrix}1&1&1&0\\1&0&1&1\\0&1&1&1\\1&1&0&1\\1&0&0&0\\0&1&0&0\\0&0&1&0\\0&0&0&1\end{pmatrix}=\mathbf{0}$$

一致校验矩阵为：

$$H=\begin{pmatrix}1&1&0&1&1&0&0&0\\1&0&1&1&0&1&0&0\\1&1&1&0&0&0&1&0\\0&1&1&1&0&0&0&1\end{pmatrix}$$

矩阵 H 中无零列向量，且任意两个，三个列向量之和不等于零向量。而第一、二，六和八列向量之和为零向量，所以，

$$\min_{\substack{X\in C\\X\neq 0}} W(X)=4$$

因为(8,4)线性分组码的一致校验矩阵 H 为：

$$H=(Q_{4\times4}\quad I_4)$$

由于 $Q_{4\times4}$ 中四个列向量都是四维，四维列向量中只有一个列向量，其四个分量全为 1，所以，$Q_{4\times4}$ 中至少有一个列向量，它的四个分量不能全为 1，设它为$(a_1,a_2,a_3,a_4)^T$。如有 $a_1=0$，$a_2=a_3=a_4=1$，则

$$\begin{pmatrix}a_1\\a_2\\a_3\\a_4\end{pmatrix}+\begin{pmatrix}0\\1\\0\\0\end{pmatrix}+\begin{pmatrix}0\\0\\1\\0\end{pmatrix}+\begin{pmatrix}0\\0\\0\\1\end{pmatrix}=\begin{pmatrix}0\\0\\0\\0\end{pmatrix}$$

H 矩阵中和为零的列向量数≤4，即 $W(C)\leqslant 4$，不能纠 2 错。

9-15 写出一致校验矩阵 H_1

$$H_1=\begin{pmatrix}1&0&0&1&0&0&0\\1&1&0&0&1&0&0\\0&1&1&0&0&1&0\\0&0&1&0&0&0&1\end{pmatrix}$$

的(7,3)码中所有码字,并求出此码中非零码字的最小重量。

【9-3.(4)】

解 对应 H_1 的(7,3)码的校验位 a_4,a_5,a_6,a_7 与信息位 a_1, a_2,a_3 之间有关系式:

$$\begin{cases}a_4=a_1\\a_5=a_1+a_2\\a_6=a_2+a_3\\a_7=a_3\end{cases}$$

(7,3)码如表 9-10 所示。

表 9-10

码字	信息位			校验位			
	a_1	a_2	a_3	a_4	a_5	a_6	a_7
c_1	0	0	0	0	0	0	0
c_2	0	0	1	0	0	1	1
c_3	0	1	0	0	1	1	0
c_4	0	1	1	0	1	0	1
c_5	1	0	0	1	1	0	0
c_6	1	0	1	1	1	1	1
c_7	1	1	0	1	0	1	0
c_8	1	1	1	1	0	0	1

非零码字的最小重量为

$$W(C_2)=W(C_3)=W(C_5)=3$$

9-16 写出习题 9-13 中一致校验矩阵 H_1, H_2 和 H_3 所对应的生成矩阵。

解 H_1, H_2 和 H_3 所对应的生成矩阵 G_1, G_2 和 G_3 为:

$$G_1=\begin{pmatrix}1&0&0&0&0&0&0&0&1&1&0&0\\0&1&0&0&0&0&0&0&1&0&1&0\\0&0&1&0&0&0&0&0&1&0&0&1\\0&0&0&1&0&0&0&0&0&1&1&0\\0&0&0&0&1&0&0&0&0&1&0&1\\0&0&0&0&0&1&0&0&0&0&1&1\\0&0&0&0&0&0&1&0&1&1&1&0\\0&0&0&0&0&0&0&1&0&1&1&1\end{pmatrix}$$

$$G_2=\begin{pmatrix}1&0&0&0&0&0&0&0&1&1&0&0\\0&1&0&0&0&0&0&0&1&0&1&0\\0&0&1&0&0&0&0&0&1&0&0&1\\0&0&0&1&0&0&0&0&0&1&1&0\\0&0&0&0&1&0&0&0&1&1&1&0\\0&0&0&0&0&1&0&0&1&1&0&1\\0&0&0&0&0&0&1&0&1&0&1&1\\0&0&0&0&0&0&0&1&0&1&1&1\end{pmatrix}$$

$$G_3=\begin{pmatrix}1&0&0&0&0&0&0&0&0&0&1&1\\0&1&0&0&0&0&0&0&0&1&1&0\\0&0&1&0&0&0&0&0&1&1&0&0\\0&0&0&1&0&0&0&0&0&1&0&1\\0&0&0&0&1&0&0&0&1&0&0&1\\0&0&0&0&0&1&0&0&1&1&1&1\\0&0&0&0&0&0&1&0&0&1&1&1\\0&0&0&0&0&0&0&1&1&1&1&0\end{pmatrix}$$

9－17　求出海明码中校验位数不超过信息位数的最小信息位数。　　【9-3.(5)】

解　信息位长 m 位，校验位长 k 位，他们满足不等式

$$m\leqslant 2^k-k-1$$

且还要求满足 $k\leqslant m$，最小的 m 等于 3。

9－18　给定字长 n 位的海明码 C，证明

$$e_j \notin C \cup (e_1 \oplus C) \cup (e_2 \oplus C) \cup \cdots \cup (e_{j-1} \oplus C)$$

其中 $e_i = \underbrace{0\cdots010\cdots0}_{n}$,1 恰在第 i 位。 【9-4.(1)】

证明 因为海明码 C 能纠单错且它是群码,所以 C 中非零码字的重量$\geqslant 3$,而 $W(e_j)=1, e_j \notin C$。如果

$$e_j \in e_k \oplus C \quad (1 \leqslant k \leqslant j-1)$$

则有 $X \in C$,使

$$e_j = e_k \oplus X, X = e_j \oplus e_k, W(X)=2$$

与 C 中非零码字的重量$\geqslant 3$ 矛盾。故

$$e_j \notin C \cup (e_1 \oplus C) \cup (e_2 \oplus C) \cup \cdots \cup (e_{j-1} \oplus C)$$

同理可证

$$e_j \notin C \cup \left(\bigcup_{i \neq j} (e_i \oplus C) \right)$$

9-19 给定(7,4)码,它的一致校验矩阵是

$$H = \begin{pmatrix} 1 & 1 & 1 & 0 & 1 & 0 & 0 \\ 1 & 1 & 0 & 1 & 0 & 1 & 0 \\ 1 & 0 & 1 & 1 & 0 & 0 & 1 \end{pmatrix}$$

构造译码表，并求接收字 1000111，0110010 和 1111111 的发送字。 【9-4.(2)】

解 该(7,4)码如表 9-11 所示,译码表如表 9-12 所示。接收字 1000111，0110010，1111111 的发送字分别为 1000111，0110011，

表 9-11

信息位				校验位			信息位				校验位		
c_1	c_2	c_3	c_4	c_5	c_6	c_7	c_1	c_2	c_3	c_4	c_5	c_6	c_7
0	0	0	0	0	0	0	1	0	0	0	1	1	1
0	0	0	1	0	1	1	1	0	0	1	1	0	0
0	0	1	0	1	0	1	1	0	1	0	0	1	0
0	0	1	1	1	1	0	1	0	1	1	0	0	1
0	1	0	0	1	1	0	1	1	0	0	0	0	1
0	1	0	1	1	0	1	1	1	0	1	0	1	0
0	1	1	0	0	1	1	1	1	1	0	1	0	0
0	1	1	1	0	0	0	1	1	1	1	1	1	1

表 9-12

0000000	0001011	0010101	0011110	0100110	0101101	0110011	0111000
0000001	0001010	0010100	0011111	0100111	0101100	0110010	0111001
0000010	0001001	0010111	0011100	0100100	0101111	0110001	0111010
0000100	0001111	0010001	0011010	0100010	0101001	0110111	0111100
0001000	0000011	0011101	0010110	0101110	0100101	0111011	0110000
0010000	0011011	0000101	0001110	0110110	0111101	0100011	0101000
0100000	0101011	0110101	0111110	0000110	0001101	0010011	0011000
1000000	1001011	1010101	1011110	1100110	1101101	1110011	1111000
1000111	1001100	1010010	1011001	1100001	1101010	1110100	1111111
1000110	1001101	1010011	1011000	1100000	1101011	1110101	1111110
1000101	1001110	1010000	1011011	1100011	1101000	1110110	1111101
1000011	1001000	1010110	1011101	1100101	1101110	1110000	1111011
1001111	1000100	1011010	1010001	1101001	1100010	1111100	1110111
1010111	1011100	1000010	1001001	1110001	1111010	1100100	1101111
1100111	1101100	1110010	1111001	1000001	1001010	1010100	1011111
0000111	0001100	0010010	0011001	0100001	0101010	0110100	0111111

1111111。该码只能单纠错。

9-20 给定码 $C=\{00000,11111\}$，证明它是一个群码并能纠两个传送错误。构造译码表，确定接收字为 00101，01110，11011，01011 和 11111 的发送字。【9-4.(3)】

证明 因为

$$00000 \oplus 00000 = 11111 \oplus 11111 = 00000 \in C$$

$$00000 \oplus 11111 = 11111 \oplus 00000 = 11111 \in C$$

由定理 5-4.7 可知，$\langle C, \oplus \rangle$ 是群码。$d_{\min}(C)=5$，可纠 2 错。译码如表 9-13 所示，00101，01110，11011，01011 和 11111 的发送字分别为 00000，11111，11111，11111 和 11111。

表 9-13

00000	11111
00001	11110
00010	11101
00100	11011
01000	10111
10000	01111
00011	11100
00101	11010
01001	10110
10001	01110
00110	11001
01010	10101
10010	01101
01100	10011
10100	01011
11000	00111

9-21 考察一个(8,4)码，它的校验位 a_5,a_6,a_7,a_8 满足下列方程：

$$a_5=a_1+a_2+a_3+a_4$$

$$a_6=a_1+a_2$$

$$a_7=a_2+a_3$$

$$a_8=a_3+a_4$$

构造译码表，并求接收字为 00011010，11110000，10000111 的发送字。【9-4.(4)】

解 译码表如表 9-14 所示，该表的第一行是(8,4)码的各码字。接收字 00011010，11110000，10000111 的发送字分别为 00011001，11110000，10100111。

9-22 构造出所有字长为 6 的循环码。【9-5.(1)】

解 字长为 6 的循环码的生成多项式是 x^6+1 的因式。由于

$$x^6+1=(x+1)^2(x^2+x+1)^2$$

生成多项式有

$$g_1(x)=x+1$$

和

$$g_2(x)=x^2+x+1$$

对应 $g_1(x)$ 的循环码的码多项式为：

$$\begin{aligned}C_1(x)&=(m_0+m_1x+m_2x^2+m_3x^3+m_4x^4)(1+x)\\&=m_0+(m_0+m_1)x+(m_1+m_2)x^2\\&\quad+(m_2+m_3)x^3+(m_3+m_4)x^4\\&\quad+m_4x^5\end{aligned}$$

该循环码如表 9-15 所示。

对应 $g_2(x)$ 的循环码的码多项式为：

$$\begin{aligned}C_2(x)&=(m_0+m_1x+m_2x^2+m_3x^3)(1+x+x^2)\\&=m_0+(m_0+m_1)x+(m_0+m_1+m_2)x^2\\&\quad+(m_1+m_2+m_3)x^3+(m_2+m_3)x^4\\&\quad+m_3x^5\end{aligned}$$

表 9–14

00000000	00011001	00101011	00110010	01001110	01010111	01100101	01111100
00000001	00011000	00101010	00110011	01001111	01010110	01100100	01111101
00000010	00011011	00101001	00110000	01001100	01010101	01100111	01111110
00000100	00011101	00101111	00110110	01001010	01010011	01100001	01111000
00001000	00010001	00100011	00111010	01000110	01011111	01101101	01110100
00010000	00001001	00111011	00100010	01011110	01000111	01110101	01101100
00100000	00111001	00001011	00010010	01101110	01110111	01000101	01011100
01000000	01011001	01101011	01110010	00001110	00010111	00100101	00111100
10000000	10011001	10101011	10110010	11001110	11010111	11100101	11111100
00000011	00011010	00101000	00110001	01001101	01010100	01100110	01111111
00000110	00011111	00101101	00110100	01001000	01010001	01100011	01111010
01100000	01111001	01001011	01010010	00101110	00100111	00000101	00011100
00001010	00010011	00100001	00111000	01000100	01011101	01100111	01110110
10100000	10111001	10001011	10010010	11101110	11110111	11000101	11011100
10000001	10011000	10101010	10110011	11001111	11010110	11100100	11111101
00100100	00111101	00001111	00010110	01101010	01110011	01000001	01011000
10001100	10010101	10100111	10111110	11000010	11011011	11101001	11110000
10001101	10010100	10100110	10111111	11000011	11011010	11101000	11110001
10001110	10010111	10100101	10111100	11000000	11011001	11101011	11110010
10001000	10010001	10100011	10111010	11000110	11011111	11101101	11110100
10000100	10011101	10101111	10110110	11001010	11010011	11100001	11111000
10011100	10000101	10110111	10101110	11010010	11001011	11111001	11100000
10101100	10110101	10000111	10011110	11100010	11111011	11001001	11010000
11001100	11010101	11100111	11111110	10000010	10011011	10101001	10110000
00001100	00010101	00100111	00111110	01000010	01011011	01101001	01110000
10001111	10010110	10100100	10111101	11000001	11011000	11101010	11110011
10001010	10010011	10100001	10111000	11000100	11011101	11101111	11110110
11101100	11110101	11000111	11011110	10100010	10111011	10001001	10010000
10000110	10011111	10101101	10110100	11001000	11010001	11100011	11111010
00101100	00110101	00000111	00011110	01100010	01111011	01001001	01010000
00001101	00010100	00100110	00111111	01000011	01011010	01101000	01110001
10101000	10110001	10000011	10011010	11100110	11111111	11001101	11010100

表 9-15

信息位					码字					
m_0	m_1	m_2	m_3	m_4	c_1	c_2	c_3	c_4	c_5	c_6
0	0	0	0	0	0	0	0	0	0	0
0	0	0	0	1	0	0	0	0	1	1
0	0	0	1	0	0	0	0	1	1	0
0	0	0	1	1	0	0	0	1	0	1
0	0	1	0	0	0	0	1	1	0	0
0	0	1	0	1	0	0	1	1	1	1
0	0	1	1	0	0	0	1	0	1	0
0	0	1	1	1	0	0	1	0	0	1
0	1	0	0	0	0	1	1	0	0	0
0	1	0	0	1	0	1	1	0	1	1
0	1	0	1	0	0	1	1	1	1	0
0	1	0	1	1	0	1	1	1	0	1
0	1	1	0	0	0	1	0	1	0	0
0	1	1	0	1	0	1	0	1	1	1
0	1	1	1	0	0	1	0	0	1	0
0	1	1	1	1	0	1	0	0	0	1
1	0	0	0	0	1	1	0	0	0	0
1	0	0	0	1	1	1	0	0	1	1
1	0	0	1	0	1	1	0	1	1	0
1	0	0	1	1	1	1	0	1	0	1
1	0	1	0	0	1	1	1	1	0	0
1	0	1	0	1	1	1	1	1	1	1
1	0	1	1	0	1	1	1	0	1	0
1	0	1	1	1	1	1	1	0	0	1
1	1	0	0	0	1	0	1	0	0	0
1	1	0	0	1	1	0	1	0	1	1
1	1	0	1	0	1	0	1	1	1	0
1	1	0	1	1	1	0	1	1	0	1
1	1	1	0	0	1	0	0	1	0	0
1	1	1	0	1	1	0	0	1	1	1
1	1	1	1	0	1	0	0	0	1	0
1	1	1	1	1	1	0	0	0	0	1

表 9-16

信息位				码字					
m_0	m_1	m_2	m_3	c_1	c_2	c_3	c_4	c_5	c_6
0	0	0	0	0	0	0	0	0	0
0	0	0	1	0	0	0	1	1	1
0	0	1	0	0	0	1	1	1	0
0	0	1	1	0	0	1	0	0	1
0	1	0	0	0	1	1	1	0	0
0	1	0	1	0	1	1	0	1	1
0	1	1	0	0	1	0	0	1	0
0	1	1	1	0	1	0	1	0	1
1	0	0	0	1	1	1	0	0	0
1	0	0	1	1	1	1	1	1	1
1	0	1	0	1	1	0	1	1	0
1	0	1	1	1	1	0	0	0	1
1	1	0	0	1	0	0	1	0	0
1	1	0	1	1	0	0	0	1	1
1	1	1	0	1	0	1	0	1	0
1	1	1	1	1	0	1	1	0	1

该循环码如表 9-16 所示。

9-23 对于任意正整数 $n(\geqslant 2)$，证明 $(n,n-1)$ 循环码中每一个码字必含有偶数个 1。 【9-5.(2)】

证明 $(n, n-1)$ 循环码的码多项式 $g(x)$ 为一次多项式，

$$g(x)=1+x$$

由定理 9-6.1 可知，任一码多项式 $C(x)$ 是 $1+x$ 的倍式，即

$$\begin{aligned}C(x)&=(m_0+m_1x+\cdots+m_{n-1}x^{n-1})(1+x)\\&=m_0+(m_0+m_1)x+\cdots+(m_{n-2}+m_{n-1})x^{n-1}\\&\quad+m_{n-1}x^{n-1}\end{aligned}$$

对应的码字为：

$$C=m_0(m_0+m_1)\cdots(m_{n-2}+m_{n-1})m_{n-1}$$

其各位和为：

$$m_0+(m_0+m_1)+\cdots+(m_{n-2}+m_{n-1})+m_{n-1}=0$$

故 C 中含有偶数个 1。

9-24 对于(7,4)循环码 S,它的校验位 c_5, c_6, c_7 与信息位 c_1, c_2, c_3 和 c_4 满足下列方程:

$$\begin{pmatrix} c_5 \\ c_6 \\ c_7 \end{pmatrix} = \begin{pmatrix} 1 & 0 & 1 & 1 \\ 1 & 1 & 1 & 0 \\ 0 & 1 & 1 & 1 \end{pmatrix} \begin{pmatrix} c_1 \\ c_2 \\ c_3 \\ c_4 \end{pmatrix}$$

讨论它的一致校验矩阵与生成多项式之间的关系。 【9-5.(3)】

解 该(7,4)循环码的码字与相应的码多项式如表 9-17 所示。

表 9-17

码 字	码 多 项 式
0000000	$0=0\cdot g(x)$
0001101	$x^3+x^4+x^6=x^3g(x)$
0010111	$x^2+x^4+x^5+x^6=(x^2+x^3)g(x)$
0011010	$x^2+x^3+x^5=x^2g(x)$
0100011	$x+x^5+x^6=(x+x^2+x^3)g(x)$
0101110	$x+x^3+x^4+x^5=(x+x^2)g(x)$
0110100	$x+x^2+x^4=xg(x)$
0111001	$x+x^2+x^3+x^6=(x+x^3)g(x)$
1000110	$1+x^4+x^5=(1+x+x^2)g(x)$
1001011	$1+x^3+x^5+x^6=(1+x+x^2+x^3)g(x)$
1010001	$1+x^2+x^6=(1+x+x^3)g(x)$
1011100	$1+x^2+x^3+x^4=(1+x)g(x)$
1100101	$1+x+x^4+x^6=(1+x^3)g(x)$
1101000	$1+x+x^3=g(x)$
1110010	$1+x+x^2+x^5=(1+x^2)g(x)$
1111111	$1+x+x^2+x^3+x^4+x^5+x^6=(1+x^2+x^3)g(x)$

它的一致校验矩阵为:

$$H=\begin{pmatrix}1&0&1&1&1&0&0\\1&1&1&0&0&1&0\\0&1&1&1&0&0&1\end{pmatrix}$$

对应的生成矩阵为：

$$G=\begin{pmatrix}1&0&0&0&1&1&0\\0&1&0&0&0&1&1\\0&0&1&0&1&1&1\\0&0&0&1&1&0&1\end{pmatrix}$$

从上表可知，G 的四行组成四个码字 1000110，0100011，0010111，0001101，其对应的码多项式为 $(1+x+x^2)g(x)$，$(x+x^2+x^3)g(x)$，$(x^2+x^3)g(x)$ 和 $x^3g(x)$，这四个码多项式是互相线性独立的。

参 考 文 献

[1] Aho A. V., J. E. Hopcroft, and J. D. Ullman, "The Design and Analysis of Computer Algorithms", Reading, Mass. : Addison-Weley, 1974

[2] Brualdi, Richard A., "Introduction to Error-Correcting Codes", Prentice-Hall, Inc., 1970

[3] Denning, Peter J., Jack B. Dennis, Joseph E. Qualitz, "Machines, Languages, and Computation", Prentice-Hall, Inc., Englewood Cliffs, New Jersey, 1978

[4] Conald F. Stanat, David F. Mcallister "Discrete Mathematics in Computer Science" Prentice-Hall. Inc., 1977

[5] Erwin Engeler, "Introduction to the Theory of Compution", Academic Press, Inc. 1973

[6] Fred Hennie, "Introduction to Computability", Addison-Wesley Publishing Company, Inc. 1977

[7] Hopcroft, J. E., J. D. Ullman, "Introduction to Automata Theory, Languages, and Computation", Addison-Wesley Publishing Company, Inc., 1979

[8] Judith L. Gersting "Mathematical Structures For Computer Science" W. H. Freeman and Company 1982

[9] Kohavi, Zvi, and Azaria Paz, "Theory of Machines and Computations", Academic Press New York and London, 1971

[10] Lin, Shu, "An Introduction to Error-Correcting Codes", Prentice-Hall, Inc., 1970

[11] Manna, Zohar, "Mathematical Theory of Computation", McGraw-Hill, 1974

[12] Marek, Wiktor "Elements of logic and foundations of mathematics in Problems" PWN-polish Scientific Publishers-Warszawa 1982

[13] Menry B. Laufer "Discrete Mathematics and Applied Modern Algebra", 1984 by PWS Publishers.

[14] Sigler L. E. "Exercises in Set Theory" Springer-Verlag New York

1974

[15] Tramblay J. P. & R. Manohar "Discrete Mathematical Structures with Applications to Computer Science", 1975 by McGraw-Hill, Inc.

[16] William J. Gilbert "Modern Algebra with Applications", 1976 by John Wiley & Sons, Inc.

[17] 左孝凌,李为鉴,刘永才编著. 离散数学. 上海:上海科学技术文献出版社,1982